W0264177

Werner Müller

Handbuch der PE-HD-Dichtungsbahnen in der Geotechnik

Springer Basel AG

Der Autor:

Dr.rer.nat. Werner Müller
Leiter des Laboratoriums IV.32
«Deponietechnik»
Bundesanstalt für Materialforschung und -prüfung
Unter den Eichen 87
D-12205 Berlin
E-mail: werner.mueller@bam.de

Die Deutsche Bibliothek – CIP-Einheitsaufnahme
Müller, Werner:
Handbuch der PE-HD-Dichtungsbahnen in der Geotechnik : mit 46 Tabellen / Werner
Müller. - Springer Basel AG , 2001
  (BauHandbuch Birkhäuser)
  ISBN 978-3-0348-9510-1   ISBN 978-3-0348-8305-4 (eBook)
  DOI 10.1007/978-3-0348-8305-4

Das Werk ist urheberrechtlich geschützt. Die dadurch begründeten Rechte, insbesondere die des
Nachdrucks, des Vortrags, der Entnahme von Abbildungen und Tabellen, der Funksendung, der
Mikroverfilmung, der Wiedergabe auf photomechanischem oder ähnlichem Weg und der Speicherung
in Datenverarbeitungsanlagen bleiben, auch bei nur auszugsweiser Verwertung, vorbehalten. Eine
Vervielfältigung dieses Werkes oder von Teilen dieses Werkes ist auch im Einzelfall nur in den Grenzen
der gesetzlichen Bestimmungen des Urheberrechtsgesetzes in der jeweils geltenden Fassung zulässig.
Sie ist grundsätzlich vergütungspflichtig. Zuwiderhandlungen unterliegen den Strafbedingungen des
Urheberrechts.

© 2001 Springer Basel AG
Ursprünglich erschienen bei Birkhäuser Verlag, Basel, Schweiz 2001
Softcover reprint of the hardcover 1st edition 2001

Gedruckt auf säurefreiem Papier, hergestellt aus chlorfrei gebleichtem Zellstoff. TCF ∞
Umschlaggestaltung: Micha Lotrovsky, Therwil, Schweiz
Umschlagfotos: Vorderseite: Deponieabdichtung (Quelle: Ingenieurbüro Schicketanz, Aachen), Was-
serreservoir in Bitburg und Tunnel in Hallandsås, Schweden (Quelle: Naue Fasertechnik, Lübbecke);
Rückseite: Dichtungsbahnherstellung (Quelle: Serrot International), Deponieabdichtung (Quelle:
Gebrüder Friedrich GmbH)

ISBN 978-3-0348-9510-1

9 8 7 6 5 4 3 2 1   www.birkhasuer-science.com

Für Tine und Jenny

Vorwort

Die Geburtsstunde der großflächigen Abdichtung mit PE-HD-Dichtungsbahnen hatte Anfang der 70er Jahre in Deutschland (Deponie Galing, SCHLEGEL-Platte) geschlagen. Unter einer PE-HD-Dichtungsbahn verstehe ich hier ein „Flächengebilde" von mindestens anderthalb Millimeter Dicke, mehreren Metern Breite und einigen Dutzend Metern Länge aus Polyethylen mittlerer bis hoher Dichte[1]. Pechschwarz sind die PE-HD-Dichtungsbahnen, weil ein feiner Ruß beigemischt wird, der vor der UV-Strahlung schützt. Der Einsatz von PE-HD-Dichtungsbahnen bei kleineren Abdichtungsmaßnahmen im Wasserbau und bei Bauwerksabdichtungen reicht aber weit in die 60er Jahre zurück[2]. 1977 wurde zum ersten Mal von F. W. KNIPSCHILD und Mitarbeitern in der Zeitschrift[3] *Kunststoffe im Bau* und später dann auch in einem Sonderheft[4] der Zeitschrift *Müll und Abfall* ausführlich über die Erfahrungen mit PE-HD-Dichtungsbahnen bei Deponieabdichtungen berichtet. Ein weiterer Meilenstein war 1984 die Errichtung einer Breitschlitzdüsenanlage für 5 m breite PE-HD-Dichtungsbahnen durch A. GRUBER in Linz (AGRU-Dichtungsbahn), der wenig später eine ähnliche von A. SCHLÜTTER aufgebaute Anlage (Carbofol-Dichtungsbahn) in Kempen-Tönisberg folgte.

Von Deutschland aus hat sich die PE-HD-Dichtungsbahn im Laufe der 80er Jahre über die Stationen USA und Südafrika zu einem weltweit eingesetzten Produkt entwickelt. PE-HD-Dichtungsbahnen werden heute bei allen Arten von großflächigen Abdichtungsmaßnahmen eingesetzt: Dämme, Speicherbecken, alle Arten von Behandlungsbecken: z.B. Absetzbecken oder Auslaugbecken bei der Erzaufbereitung, Deponiebasisabdichtungen, Deponieoberflächenabdichtungen, großflächige Abdichtungen bei der Sicherung von Altlasten, Tunnelbau, Kanalbau, großflächige Abdichtungen im Industrieanlagen- und Verkehrswegebau.

Deponien wurden zu Beginn der 70er Jahre mit Dichtungsbahnen aus unterschiedlichen Materialien abgedichtet. Die Dichtungsbahnen konkurrierten mit den rein mineralischen Abdichtungen. Nach und nach wurden sehr hohe Anforderungen an die Beständigkeit der Dichtungsbahnen gegen die vielfältigen Einwirkungen in der Deponie gestellt. Unter dem Eindruck spektakulärer Altlastenfälle (z.B. die Müllkippe Georgswerder) galt dies vor allem für die Anforderungen

---

[1] Der früher oft verwendete Begriff PE-HD-Folie ist inzwischen hoffentlich ausgestorben, da Folien Flächengebilde mit einer Dicke bis allenfalls 0,5 mm sind.

[2] F.-F. ZITSCHER, Kunststoffe für den Wasserbau, Bauingenieur-Praxis, Heft 125. Berlin: Verlag Ernst & Sohn 1971.

[3] *Kunststoffe im Bau* 12 (1977), H.4, S.154–160 und 14 (1979), H. 3, S.130–134.

[4] Beiheft 15 zu *Müll und Abfall*, Deponiebasisabdichtung, Erfahrungen, Stand der Technik, Forschung, hrsg. von K. STIEF. Berlin: Erich Schmidt Verlag 1979.

an die Beständigkeit gegen Chemikalien aller Art. Die Fügetechnik sollte verfahrenstechnisch einfach, sicher und gut zu kontrollieren sein. Die Herstellung möglichst großflächiger Dichtungsbahnen wurde angestrebt, um den Umfang der Fügearbeiten und die Nahtlängen gering zu halten. Dieses breitgefächerte Anforderungsspektrum und das damit zusammenhängende Preis-Leistungsverhältnis hat im Laufe der Jahre dazu geführt, dass sich Kunststoffdichtungsbahnen aus PE-HD-Werkstoffen gegenüber Dichtungsbahnen aus anderen Werkstoffen weitgehend durchgesetzt haben. Auch als sich die Betrachtung der Alterung und hohe Anforderungen an das Langzeitverhalten und die Funktionsdauer gegenüber den Anforderungen an die Beständigkeit gegen alle möglichen Chemikalien in den Vordergrund schob, verstärkte sich noch die Wertschätzung für die PE-HD-Werkstoffe. Seit Ende der 80er Jahre werden in Deutschland nur noch Dichtungsbahnen aus ausgewählten PE-HD-Werkstoffen für die Abdichtung von Deponien und Altlasten zugelassen. Diese Entwicklung in der Deponietechnik hatte auch Auswirkungen auf andere Anwendungsgebiete. Die PE-HD-Dichtungsbahnen haben daher nicht nur bei Deponieabdichtungen, sondern auch in den anderen Gebieten, wo es um die Herstellung langlebiger, großflächiger Abdichtungen geht, Dichtungsbahnen aus anderen Werkstoffen (z.B. Weich-PVC, bituminöse Dichtungsbahnen usw.) weitgehend verdrängt.

In Deutschland werden jährlich zwischen 2 und 4 Millionen Quadratmeter PE-HD-Dichtungsbahnen verlegt. Dabei handelt es sich um ein werkstofflich hochwertiges, aber dennoch relativ preisgünstiges Abdichtungsmaterial. Der Quadratmeter-Preis verlegte Dichtungsbahn unterliegt Schwankungen. Als Anhaltspunkt kann jedoch bei BAM-zugelassenen Produkten auf dem deutschen Markt ein Quadratmeter-Preis von 6 bis 8 DM pro Millimeter Dichtungsbahndicke angenommen werden. Weltweit konkurrieren etwa ein Dutzend große Anbieter auf dem Markt mit einer geschätzten Jahresproduktion von mindestens 100 Millionen Quadratmetern.

Vor dem Hintergrund des sehr breiten und der Menge nach auch sehr umfangreichen weltweiten Einsatzes von PE-HD-Dichtungsbahnen im Grundbau und auch im Wasserbau oder allgemeiner in der Geotechnik[5] erscheint es nahe-

---

[5] Nach der Brockhaus Enzyklopädie, 19. Auflage, versteht man unter:

„*Geotechnik*: Oberbegriff für diejenigen Einzeldisziplinen im Bauingenieurswesen, die sich mit der Herstellung von Bauwerken im Untergrund oder auf der Geländeoberfläche sowie dem Bauen mit Boden oder Fels befassen... Inbegriffen sind Umweltschutzmaßnahmen wie Sicherungen von Deponien und Altlasten ...“

„*Grundbau*: Teilgebiet des Bauwesens, das die Herstellung von Bauwerken umfasst, bei denen Boden oder Fels einen wesentlichen Teil der Konstruktion darstellen. Hierzu zählen vor allem Fundamente aller Art, Böschungen, Baugruben, Tunnel, Stollen, Schächte, Kavernen, Dämme und Halden. Theoretische Grundlagen sind die Bodenmechanik sowie die Hydraulik, neuerdings, im Zusammenhang mit der Deponietechnik, auch die Chemie und Mikrobiologie.“ Hinzufügen kann man: Mit dem zunehmenden Einsatz von Geokunststoffen, auch die Kunststofftechnik.

„*Wasserbau*: bauliche Maßnahmen für Ziele der Wasserwirtschaft, also zum Schutz vor Naturkatastrophen, zur Minimierung von Landverlusten, zur Vermeidung von Wassermangel, zur Regelung des Bodenwasserhaushalts, zur Reduzierung oder Verhinderung von Wasserverschmutzung, zum Landschafts- und Umweltschutz, zur Energieerzeugung, für die Belange der Schifffahrtsstraßen und der Fischerei sowie für Erholungszwecke.“ Auch hier spielen Geokunststoffe eine immer größere Rolle.

liegend, sich mit diesem Bauprodukt in einer eigenen Monographie ausführlicher zu beschäftigen.

Mitarbeiter der Bundesanstalt für Materialforschung und -prüfung (BAM) in Berlin haben seit Mitte der 80er Jahre intensiv die wissenschaftlich-technischen Fragen beim Einsatz von Kunststoffdichtungsbahnen und Geotextilien in der Deponietechnik und bei der Sicherung von Altlasten bearbeitet. Die Arbeiten wurden im Labor Physik und Technologie der Kunststoffe von dessen damaligem Leiter H. AUGUST initiiert und später dann in dem 1991 daraus hervorgegangenen und von mir geleiteten Labor Deponietechnik weitergeführt. Die Aufmerksamkeit galt zunächst der Beständigkeit der Kunststoffdichtungsbahnen und dem Schadstofftransport in Abdichtungen. Ab 1989 wurden dann für das Land Niedersachsen Eignungsnachweise und Zulassungen von Kunststoffdichtungsbahnen für Basis- und Oberflächenabdichtungen von Deponien durchgeführt. Ausgangspunkt waren dabei die eigenen wissenschaftlichen Ergebnisse und die vom damaligen Landesamt für Wasser und Abfall des Landes Nordrhein-Westfalen herausgegebene Richtlinie „Deponiebasisabdichtungen aus Dichtungsbahnen". Nachdem die Forderung nach einer Zulassung der Kunststoffdichtungsbahnen Eingang in die TA Abfall und TA Siedlungsabfall gefunden hatte, wird heutzutage die „BAM-Zulassung" bundesweit als Nachweis der Eignung der Kunststoffdichtungsbahnen für den Deponiebau verwendet.

Im Zusammenhang mit den Zulassungen war ein Meinungs- und Erfahrungsaustausch mit Institutionen und Firmen entstanden, die in den USA auf dem Gebiet der Abdichtung mit Kunststoffdichtungsbahnen tätig sind. Bei den Kunststoffdichtungsbahnen hatten sich in den USA ähnliche, wenn auch zum Teil deutlich anders akzentuierte Entwicklungen vollzogen. Die Entwicklung in Deutschland wie in den USA strahlt nach wie vor aus auf die internationale Entwicklung. Der Austausch kulminierte 1996 in einem großen „First Germany/USA Geomembrane Workshop", der Anlass bot, den erreichten Entwicklungsstand und die noch offenen Probleme intensiv zu diskutieren und kritisch zu reflektieren.

Die bei all den Aktivitäten gesammelten Erfahrungen und das dabei erarbeitete Wissen liegen diesem Buch zugrunde. Vor dem geschilderten fachlichen Hintergrund ist auch die Schwerpunktsetzung bei den Themen verständlich: Werkstoffauswahl, Herstellung, Prüftechnik, Stofftransport und insbesondere das Langzeitverhalten der PE-HD-Dichtungsbahnen werden ausführlich behandelt. Es werden dabei auch die chemischen und physikalischen Grundlagen für die Beschreibung der Alterungsvorgänge bei polyolefinen Kunststoffen dargestellt. Gerade das letzte Thema, das Langzeitverhalten, ist von grundsätzlicher Bedeutung für die Entwicklungschancen von Kunststoffprodukten im Bauwesen. Das wissenschaftlich-technische Niveau, das beim Verständnis des Langzeitverhaltens der PE-HD-Dichtungsbahnen erreicht wurde, setzt den Standard, der auch für die anderen Geokunststoffprodukte erreicht werden muss. Werkstoffkundliche und prüftechnische Fragen stehen also in diesem Buch im Vordergrund, daneben werden aber auch anwendungstechnische Probleme angesprochen.

Geotechnik ist daher ein etwas zu weit gefasster, aber doch der beste Oberbegriff des Anwendungsgebiets der PE-HD-Dichtungsbahnen, um die es hier geht.

Das Schweißen der Dichtungsbahnen wird im Zusammenhang mit der Darstellung neuerer Untersuchungsergebnisse zu den Schweißeigenschaften von PE-HD-Werkstoffen und zur Charakterisierung der Güte von Schweißnähten diskutiert. In einem Kapitel wird auf das rein bautechnische Thema der Verlegetechnik, allerdings nur am Beispiel der Herstellung von großflächigen Deponieabdichtungen, eingegangen. Die dort gemachten Erfahrungen und entwickelten Techniken sind jedoch für alle Anwendungsbereiche interessant. Etwas ausführlicher wird auf das Thema Schutzschichten für Dichtungsbahnen eingegangen, da ausreichend dimensionierte Schutzschichten für die Funktionstüchtigkeit von Dichtungsbahnen unverzichtbar sind. Das Thema Dichtungskontrollsysteme, mit denen Leckagen in bereits verlegten Dichtungsbahnen aufgespürt werden können, ist sicherlich eine interessante thematische Ergänzung, da solche Systeme zunehmend angeboten und eingesetzt werden.

Gar nicht behandelt wird das Thema der Technik von Bauwerksanbindungen, Anschlüssen, Durchdringungen usw. Das behandelte Gebiet ist jedoch so schon umfangreich genug. Die Themenauswahl ist auch dadurch gerechtfertigt, dass von Fachverbänden, z.B. vom Deutschen Verband für Schweißen und verwandte Verfahren (DVS) e.V., detaillierte Merkblätter und Empfehlungen zur Verlege- und Schweißtechnik, zur Qualitätssicherung und zur Gestaltung von Bauwerksanbindungen vorliegen.

Am Zulassungsverfahren der BAM war von Anfang an ein Fachbeirat beteiligt. Der Fachbeirat ist ein Arbeitsausschuss, der sich unter Vorsitz eines Vertreters des Umweltbundesamts, aus Vertretern von Länderbehörden, der planenden, fremdüberwachenden und -prüfenden Stellen, der Prüfinstitute, der Formmassenhersteller, der Dichtungsbahnhersteller, der Verlegefachbetriebe, und der BAM zusammensetzt. Zusammen mit dem Fachbeirat wurde der Stand der Technik bei den Deponieabdichtungen mit Kunststoffdichtungsbahnen intensiv diskutiert und weiterentwickelt. Aus der Zusammenarbeit mit dem Fachbeirat gingen nicht nur die Zulassungsrichtlinien für Kunststoffdichtungsbahnen und Schutzschichten, sondern auch verschiedenen Empfehlung zu Anforderungen an Verlegefachbetriebe, an fremdprüfende Stellen, an die Gestaltung temporärer Abdeckungen hervor. Ausgehend von den Diskussionen im Fachbeirat wurden Aufsätze zu Musterleistungsverzeichnissen und zusätzlichen technischen Vertragsbedingungen bei Kunststoffdichtungsbahnen und Geotextilien veröffentlicht. Die Arbeit von BAM und Fachbeirat umfasste daher in den letzten Jahren den gesamten Bereich des Einsatzes von Kunststoffdichtungsbahnen in der Deponietechnik und bei der Sicherung von Altlasten.

Auf diese Arbeiten wird vielfach Bezug genommen. Die Anforderungstabelle aus der Zulassungsrichtlinie für die Dichtungsbahnen wurde im Anhang mit aufgenommen. Zusammen mit dem Verzeichnis der einschlägigen Normen und sonstigen Richtlinien und einer umfassenden Literaturzusammenstellung ist so ein Handbuch und Nachschlagewerk entstanden, das alle, die mit Abdichtungen zu tun haben, umfassend informiert.

Viele hervorragende Fachleute haben damit indirekt zu diesem Buch beigetragen. An den Beratungen des Fachbeirates waren nämlich in all den Jahren viele Beiratsmitglieder und Gäste beteiligt:

Dipl.-Ing. K.-H. ALBERS, Prof. Dr. H. AUGUST, Prof. Dr. H.-P. BARBEY, Ing. K. BOHATY, Dipl.-Ing. W. BRÄCKER, Prof. Dr. E. DAHMS, Dr. B. ENGELMANN, B.S.Ch.Eng. D. ETTER, Dipl.-Ing. L. GLÜCK, Dipl.-Ing. PH. FRANK, Herr R. HARTMANN, Dr. G. HEERTEN, Dipl.-Ing. G. HEIMER, Dipl.-Ing. A. HUTTEN, Dipl.-Ing. W. KARCZMARZYK (†), Dr. KLINGENFUSS, Dr. F. W. KNIPSCHILD, Dr. G. KOCH, Dipl.-Ing. B. KOPP, Dr. G. LÜDERS, Dipl.-Ing. V. OLISCHLÄGER, Dipl.-Ing. R. PREUSCHMANN, Dipl.-Ing. W. QUACK, Dr. F. SÄNGER, Dipl.-Ing. R. SCHICKETANZ, Dr. S. SEEGER, Dipl.-Ing. A. SCHLÜTTER, Dipl.-Ing. E. SPITZ und Dipl.-Ing. K. STIEF.

Hat solch ein Buch schließlich das Licht der Welt erblickt, so möchte man einigen Menschen Dank sagen: Das Buch ist aus der Zusammenarbeit mit den Mitarbeitern und Mitarbeiterinnen des Labors Deponietechnik gewachsen: H. BÖHM, B. BÜTTGENBACH, I. JAKOB, Dr. G. LÜDERS, Dipl.-Ing. R. PREUSCHMANN, Dr. S. SEEGER, G. SÖHRING und Dipl.-Ing. R. TATZKY-GERTH. Hervorheben möchte ich dabei I. JAKOB, Dr. S. SEEGER und Dr. G. LÜDERS, die mit ihrer fachlichen Arbeit ganz wesentlich zu den Abschnitten 5.4 und 7.2 (JAKOB), zu den Kapiteln 8 und 11 (SEEGER) und zum Abschnitt 10.3 (LÜDERS) beigetragen haben. Prof. Dr. H. AUGUST hat mich in dieses Arbeitsgebiet eingeführt, und mich dort lange Jahre an seinem Wissen und seiner reichen Erfahrung teilhaben lassen. Meine Frau CH. BERGER, C. GERLOFF, Dr. G. LÜDERS, Dr. F. W. KNIPSCHILD, R. SCHICKETANZ, Prof. Dr. E. SCHMACHTENBERG, Dr. S. SEEGER, P. TRUBIROHA und N. VISSING haben einzelne Kapitel durchgesehen und wertvolle Hinweise gegeben. Dipl-Ing. E. KLEMENTZ hat das Buchprojekt beim Birkhäuser Verlag betreut.

Besonderen Dank schulde ich Dr. M. BAHNER, die in ganz eigener Weise zu diesem Buch beigetragen hat.

Die Verantwortung für den Inhalt des Textes und der Anhänge, vor allem für auftauchende Fehler und Unzulänglichkeiten, liegt jedoch allein beim Autor. Ich erhoffe mir daher auch weiterhin viel Kritik, Ergänzungen und Verbesserungsvorschläge.

Berlin, Februar 2001   *Werner Müller*

Inhaltsverzeichnis

1 Technische Regelwerke

Spezielle technische Regelwerke für den Einsatz von Kunststoffdichtungsbahnen in der Geotechnik, also in großflächigen Abdichtungen des Tiefbaus, die auch speziell Bezug auf PE-HD-Dichtungsbahnen nehmen, existieren vor allem in der Deponietechnik, im Wasserbau und auch im Bereich Tunnelbau. Daneben gibt es natürlich die anerkannten Regeln der Technik für Bauwerksabdichtungen, die in Normen der nationalen und internationalen Normungsorganisationen und in Richtlinien und Empfehlungen von fachtechnischen Organisationen beschrieben werden. Auf die Entwicklung der Regelwerke in der Deponietechnik in Deutschland, einem wichtigen und beispielgebenden Anwendungsfeld für die PE-HD-Dichtungsbahnen, sei hier etwa ausführlicher eingegangen.

Seit Mitte der 80er Jahre haben sich in der Deponietechnik wie auch in anderen Bereichen der Abfallwirtschaft beträchtliche Entwicklungen und Veränderungen vollzogen. Angeregt durch Ideen für ein Multibarrierenkonzept [1] gab es intensive wissenschaftliche Untersuchungen zu Eigenart und Wechselwirkung der Barrieren (Deponiestandort, Deponieabdichtung, Deponiekörper, Deponienutzung und -nachsorge), die in drei Verbundforschungsvorhaben gebündelt wurden. In einem dieser Vorhaben wurden Fragen der Weiterentwicklung von Abdichtungssystemen untersucht und insbesondere auch Fragen der Einbautechnik und der Schutzschichten für die PE-HD-Dichtungsbahnen behandelt [2]. Ziel aller Forschungsbemühungen war dabei, einen zuverlässigen Schutz vor umweltschädlichen Emissionen aus den Deponien, insbesondere einen langfristigen Grundwasserschutz, zu gewährleisten.

Parallel zu den technischen Entwicklungen wurde der Stand der Technik in Verwaltungsvorschriften beschrieben. Die erste allgemeine Verwaltungsvorschrift zum Abfallgesetz (AbfG) forderte in Umsetzung der EG-Richtlinie zum Grundwasserschutz, alle Vorkehrungen nach dem Stand der Technik zu ergreifen, um eine Verschmutzung des Grundwassers zu verhüten [3]. Mit dem Erlass der zweiten allgemeinen Verwaltungsvorschrift zum AbfG, der TA Abfall, Teil 1, wurde u.a. der erreichte Stand der Technik für die Ablagerung besonders überwachungsbedürftiger Abfälle zusammengefasst und als Leitlinie für Planung, Bau, Betrieb und Nachsorge von oberirdischen Deponien vorgeschrieben [4]. Mit der am 1. Juni 1993 in Kraft getretenen TA Siedlungsabfall werden auch bei den Siedlungsabfällen bundeseinheitliche Normen, Richtwerte und Rahmenbedingungen [5] gesetzt. Vorschriften und Richtlinien der Bundesländer ergänzen und konkretisieren die technischen Anleitungen. Es sind dies der Niedersächsische Dichtungserlass [6] und das Niedersächsische Deponiehandbuch [7], die Thüringer Verwaltungsvorschrift über die geordnete Ablagerung von Abfällen [8] und das Nordrheinwestfälische Merkblatt zur TA Siedlungsabfall [9]. Bei der Sanierung bzw. Sicherung von Altlasten ergeben sich ebenfalls Abdichtungsaufgaben, bei denen die Bestimmungen der auf Grundlage des Abfallgesetzes erlassenen Verwaltungsvorschriften zur Anwendung kommen. Hier kann der in der Deponietechnik erreichte Standard die Maßstäbe für den Stand der Technik setzen. Die Vorschriften beschreiben die Rahmenbedingungen auch für den Einsatz von Geokunststoffen, insbesondere Kunststoffdichtungsbahnen, in der Deponietechnik.

Auf dieser Grundlage erarbeitet das Labor Deponietechnik der BAM, unterstützt vom Fachbeirat zur BAM-Zulassung, die technischen Anforderungen an die Kunststoffdichtungsbahnen und Schutzschichten, die in Zulassungsrichtlinien veröffentlicht werden [10], [11]. Soweit möglich wird dabei auf die Empfehlungen und Richtlinien von Fachverbänden Bezug genommen.

So wie die BAM ihre Zulassungen von Kunststoffdichtungsbahnen für den Deponiebereich erteilt, werden für den gesamten, vom Wasserhaushaltsgesetz [12] erfassten Bereich des Grundwasserschutzes bei allen Anlagen zum Lagern, Abfüllen und Umschlagen (LAU-Anlagen) wassergefährdender Stoffe vom Deutschen Institut für Bautechnik (DIBt) in Berlin bauaufsichtliche Zulassungen für die Kunststoffdichtungsbahnen ausgestellt. Die Anforderungen werden in den *Zulassungsgrundsätzen (ZG) Kunststoffbahnen für LAU-Anlagen* beschrieben, die von einem Sachverständigenausschuss, Beschichtungen und Kunststoffbahnen, beim DIBt erarbeitet wurden [13].

Der Arbeitskreis 5.1, Kunststoffe in der Geotechnik und im Wasserbau, der Fachsektion Geokunststoffe der Deutschen Gesellschaft für Geotechnik e. V. (DGGt) beschäftigt sich ebenfalls mit Fragen des Einsatzes von Kunststoffdichtungsbahnen in der Geotechnik, insbesondere in der Deponietechnik und im Wasserbau. Seine Arbeitsergebnisse wurden zum einen zusammen mit dem Deutschen Verband für Wasserwirtschaft und Kulturbau e.V. (DVWK) als Merkblätter zur Wasserwirtschaft herausgegeben [14], [15], zum anderen gemeinsam mit dem Arbeitskreis 6.1, Geotechnik der Deponiebauwerke, der Fachsektion Deponien und Altlasten der DGGt als sogenannte GDA-Empfehlungen veröffentlicht [16], siehe Anhang A2, Tabelle A2-4. Aktuelle Entwürfe und Überarbeitungen der GDA-Empfehlungen finden sich jeweils im Septemberheft der Zeitschrift *Bautechnik*, Verlag Ernst & Sohn.

Am Rande erwähnt seien technische Regelwerke für den Tunnelbau, da auch hier Dichtungsbahnen aus mittel- bis hochdichten PE-Werkstoffen wegen der hohen Langzeitbeständigkeit eine zunehmende Rolle spielen. Eine Unterarbeitsgruppe des Arbeitskreises 5.1 der DGGt unter Leitung von A. SCHLÜTTER erarbeitet Empfehlungen für den Einsatz von Kunststoffdichtungsbahnen in Tunnelabdichtungen. Zu druckwasserhaltenden Abdichtungen von Verkehrstunnelbauwerken mit Doppeldichtungen aus Kunststoffdichtungsbahnen wurde eine ausführliche Empfehlung veröffentlicht [17]. Von weitreichender Bedeutung für Grundsätze der technischen Gestaltung von Tunnelabdichtungen mit Dichtungsbahnen über den eigentlichen Bereich des Eisenbahntunnels hinaus sind hier aber die Richtlinien[1] der Deutschen Bahn AG, und zwar die Richtlinie 853:99-03, *Eisen-*

---

[1] Erhältlich über: DB Netz, Zentrale NEF 1, Theodor-Heuss-Allee 7, 60486 Frankfurt am Main.

bahntunnel planen, bauen und instand halten, mit dem Teil 10, *Abdichtung und Entwässerung*. Die Dichtungsbahnen sollen danach zwar „auf Dauer beständig" sein. Es werden jedoch keine speziellen kunststofftechnischen Prüfungen und Anforderungen zum Langzeitverhalten aufgestellt. Hinsichtlich der Eigenschaften von PE-Dichtungsbahnen wird im Tunnelbereich gelegentlich Bezug genommen auf die SIA-Norm V280:1996, *Kunststoff-Dichtungsbahnen (Polymer-Dichtungs-bahnen) – Anforderungswerte und Materialprüfung*, des Schweizerischen Ingeni-eur- und Architektenvereins (*www.sia.ch*).

Natürlich wird für die Durchführung von Eignungsnachweisen bei PE-HD-Dichtungsbahnen so weit wie möglich auf genormte Prüfverfahren zurückgegrif-fen[2], siehe Anhang 2, Tabelle 1 und Tabelle 2. Entsprechende Normen können über die Homepages der Normungsorganisationen (Deutsches Institut für Nor-mung (*www.din.de* bzw. *www2.beuth.de*), Österreichisches Normungsinstitut (*www.on-norm.at*), Schweizerische Normen-Vereinigung (*www.snv.ch*)) im In-ternet recherchiert und inzwischen sogar kostenpflichtig eingesehen oder bestellt werden. Das DIN-Taschenbuch 150 [18] gibt in der jeweils aktuellen Auflage eine Zusammenstellung von DIN bzw. CEN oder ISO Normen, die bei Kunst-stoffdichtungsbahnen angewendet werden. Vom Österreichischen Normungs-institut werden zwei Normen speziell für die Anwendung von Kunststoffdich-tungsbahnen im Deponiebereich herausgegeben: ÖNORM S 2073:1998-03, *De-ponien – Dichtungsbahnen aus Kunststoff – Anforderungen und Prüfungen* und ÖNORM S 2076-1:1999-10, *Deponien – Dichtungsbahnen aus Kunststoff – Ver-legung*.

Die jeweiligen nationalen Normen sind inzwischen jedoch schon recht weit-gehend durch europäische Normen ersetzt. Von der Internationalen Geosynthe-tic Society (IGS) wird ein *Inventory of Geomembrane Standards* veröffentlicht, das Normen nationaler und internationaler Normungsorganisationen zusammen-stellt.[3]

Zum Thema Fügen von Kunststoffdichtungsbahnen werden Merkblätter und Empfehlungen vom Deutschen Verband für Schweißen und verwandte Verfahren (DVS) e.V. erarbeitet [19], siehe Anhang 2, Tabelle 4. Im Verband befasst sich der Arbeitskreis W4, Fügen von Kunststoffen, und insbesondere seine Untergrup-pe AG W4.7, u.a. mit dem Einsatz von PE-HD-Dichtungsbahnen in der Depo-nietechnik.

Vom Geosynthetic Research Institute (GRI), Philadelphia, USA wurde eine detaillierte Zusammenstellung von Anforderungen an PE-HD-Dichtungsbahnen unter Einschluss der Qualitätssicherungsmaßnahmen herausgegeben, die ähnlich wie die Zulassungsrichtlinie der BAM in enger Zusammenarbeit mit Fachleuten der Hersteller und anderer einschlägiger Institutionen erarbeitet wurde [20]. Vom GRI werden weiterhin spezielle Prüfverfahren für Dichtungsbahnen und Geotex-

---

[2] Umgekehrt wurde auch aus Anforderungen der BAM-Zulassung eine Entwurf gebliebene Norm des Deutschen Instituts für Normung (DIN) abgeleitet: (Norm-Entwurf) DIN 16739:1994-05, *Kunststoff-Dichtungsbahnen aus Polyethylen (PE) für Deponieabdichtungen; Anforderun-gen, Prüfung*.

[3] Erhältlich über IGS Secretariat, P.O. Box 347, Easley, South Carolina 29641-0347, USA, e-mail: IGSsec@aol.com.

tilien als GRI Standard Test Methods beschrieben und veröffentlicht. Die Zusammenstellung von Normen der American Society for Testing and Materials (ASTM) für die Prüfungen von Kunststoffdichtungsbahnen, die im Erd- und Grundbau eingesetzt werden, sogenannte *geomembranes*[4], findet sich in den jeweils aktuellen Jahrbüchern [21], siehe Anhang 2, Tabelle 3.

Am 10. und 11. Juni 1996 fand an der Bundesanstalt für Materialforschung und -prüfung in Berlin ein erster Deutsch-Amerikanischer Workshop über den Einsatz von Dichtungsbahnen in Deponieabdichtungen statt. In einem intensiven Fachgespräch wurden Erfahrungen, Kenntnisstand und zukünftige Entwicklungslinien diskutiert. Das in einem Sonderheft von *Geotextiles and Geomembrane* veröffentlichte Protokoll gibt einen Überblick über den Stand der Technik in den beiden Ländern [22].

Abschließend erwähnt sei schließlich die Kunststoff-Datenbank CAMPUS. An die vierzig Hersteller von Kunststoffen haben sich zusammengetan, um eine Datenbank den Anwendern zur Verfügung zu stellen, die nach einem einheitlichen Schema über die wichtigsten physikalisch-chemischen Kennwerte und Verarbeitungseigenschaften aller angebotenen Formmassentypen, insbesondere auch der PE-HD-Formmassen, informiert.

Über die Homepage (*www.campusplastics.com*) kann man sich über die Datenbank und den Zugang zu den einzelnen Datensätzen der beteiligten Firmen informieren.

1.1 Literatur

[1] STIEF, K.
     Das Multibarrierensystem als Grundlage von Planung, Bau, Betrieb und Nachsorge
     von Deponien. *Müll und Abfall*, 18 (1986), H. 1, S. 15

[2] AUGUST, H.; HOLZLÖHNER, U.; MEGGYES, T.
     Verbundvorhaben Weiterentwicklung von Deponieabdichtungssystemen, Schlußbe-
     richt. Berlin: Umweltbundesamt, Projektträger Abfallwirtschaft und Altlastensanie-
     rung 1997, 482 Seiten

[3] Erste Allgemeine Abfallverwaltungsvorschrift über die Anforderungen zum Schutz
     des Grundwassers bei der Lagerung und Ablagerung von Abfällen, vom 31.01.1990.
     Gemeinsames Ministerialblatt (GMBl.), S. 74

[4] Zweite Allgemeine Verwaltungsvorschrift zum Abfallgesetz (TA Abfall, Teil 1), Tech-
     nische Anleitung zur Lagerung, chemisch/physikalischen und biologischen Behand-

---

[4] Im folgenden Text werden bei wichtigen Fachbegriffen gelegentlich kursiv die englischen Bezeichnungen beigefügt. Damit soll die Lektüre englischer Normen und Fachaufsätze erleichtert, keinesfalls aber der leider zunehmenden Einbürgerung englische Fachbegriffe im deutschen Sprachraum Vorschub geleistet werden. Manchmal wird sogar schon der Begriff Geomembranen im Deutschen verwendet: eine arg verunglückte Wortbildung. Noch schlechter ist jedoch eine falsche Eindeutschung englischer Wortungetüme. So wird etwa der schöne Begriff Bentonitmatte gelegentlich durch den Begriff geosynthetische Tondichtungsbahn, einer falschen Übersetzung des englischen Begriffs *geosynthetic clay liner*, verdrängt.

lung, Verbrennung und Ablagerung von besonders überwachungsbedürftigen Abfällen, vom 12.03.91. Gemeinsames Ministerialblatt (GMBl.), S. 139

[5] Dritte Allgemeine Verwaltungsvorschrift zum Abfallgesetz (TA Siedlungsabfall), Technische Anleitung zur Verwertung, Behandlung und sonstigen Entsorgung von Siedlungsabfällen, vom 14.05.93. Bundesanzeiger (BAnz.) Nr. 99a

[6] Runderlaß des Niedersächsischen Ministers für Umwelt 207-62812/21 – Abdichtung von Deponien für Siedlungsabfälle, vom 24.06.1988. Nds. MBl., Nr. 22, S. 632

[7] Anforderungen an Siedlungsabfalldeponien in Niedersachsen, Deponiehandbuch. Hildesheim: Niedersächsisches Landesamt für Ökologie 1994

[8] Verwaltungsvorschrift des Thüringer Ministeriums für Umwelt und Landesplanung – Die geordnete Ablagerung von Abfälle – vom 11.09.1992. Thüringer StAnz., Nr. 40, S. 1344

[9] Merkblatt zur Anwendung der TA Siedlungsabfall bei Deponien. Düsseldorf: Landesumweltamt Nordrhein-Westfalen 1998

[10] MÜLLER, W. (Hrsg.)
Richtlinie für die Zulassung von Kunststoffdichtungsbahnen für die Abdichtung von Deponien und Altlasten. Bremerhaven: Wirtschaftsverlag NW, Verlag für neue Wissenschaften GmbH 1999

[11] MÜLLER, W. (Hrsg.)
Anforderungen an die Schutzschicht für die Dichtungsbahnen in der Kombinationsdichtung, Zulassungsrichtlinie für Schutzschichten. Berlin: BAM, Labor Deponietechnik 1995

[12] Gesetz zur Ordnung des Wasserhaushalts (Wasserhaushaltsgesetz – WHG). BGBl. I (1986) S.1529, S.1654, BGBl. I (1990) S.205, BGBl. I (1992) S.1564, BGBl. I (1994) S. 1440

[13] DEUTSCHES INSTITUT FÜR BAUTECHNIK (DIBt) (Hrsg.)
Zulassungsgrundsätze für Kunststoffbahnen als Abdichtungsmittel von Auffangwannen, Auffangräumen, Auffangvorrichtungen und Flächen für die Lagerung und das Abfüllen und das Umschlagen wassergefährdender Stoffe (ZG Kunststoffbahnen in LAU-Anlagen). Berlin: Deutsches Institut für Bautechnik (DIBt) 2000

[14] DEUTSCHER VERBAND FÜR WASSERWIRTSCHAFT UND KULTURBAU E.V. (Hrsg.)
Anwendung von Kunststoffdichtungsbahnen im Wasserbau und für den Grundwasserschutz. Hamburg und Berlin: Verlag Paul Parey 1992, 35 Seiten

[15] DEUTSCHER VERBAND FÜR WASSERWIRTSCHAFT UND KULTURBAU E.V. (Hrsg.)
Anwendung von Geotextilien im Wasserbau, Merkblätter zur Wasserwirtschaft 221. Hamburg und Berlin: Verlag Paul Parey 1992, 31 Seiten

[16] DEUTSCHEN GESELLSCHAFT FÜR GEOTECHNIK E.V. (DGGT) (Hrsg.)
GDA-Empfehlungen. Berlin: Verlag Ernst & Sohn 1997, 716 Seiten

[17] Empfehlung Doppeldichtung Tunnel-EDT. Berlin: Verlag Ernst & Sohn 1997

[18] DIN-Taschenbuch 150, Kunststoff-Dachbahnen, Kunststoff-Dichtungsbahnen, Kunststoff-Folien und kunststoffbeschichtete Flächengebilde (Kunstleder). Berlin: Beuth Verlag 1998, 372 Seiten

[19] DEUTSCHER VERBAND FÜR SCHWEISSEN UND VERWANDTE VERFAHREN E.V. (Hrsg.)
Taschenbuch DVS-Merkblätter und -Richtlinien, Fügen von Kunststoffen, Teil 1: Apparatebau. Düsseldorf: DVS-Verlag 1998, 540 Seiten

[20] GEOSYNTHETIC RESEARCH INSTITUTE (eds.)
      GRI Standard GM13: Test Properties, Testing Frequency and Recommended Warrant
      for High Density Polyethylene (HDPE) Smooth and Textured Geomembranes.
      Folsom, USA: Geosynthetic Institute (GI) 1998

[21] Annual Book of ASTM Standards, Volume 04.09, Soil and Rock (II): D 4943 - latest;
      Geosynthetics. West Conshohocken: American Society for Testing and Materials
      (ASTM) 1998

[22] CORBET, S. P.; PETERS, M.
      First Germany/USA Geomembrane Workshop. *Geotextiles and Geomembrane*,
      14 (1996), H. 12, S. 647–726

2 Beschreibung der PE-HD-Werkstoffe und Herstellung der Dichtungsbahnen

2.1 Werkstoff

Polyethylen (PE) nennt man den durch die Polymerisation des Ethylen hergestellten Kunststoff. Abhängig von den physikalischen Bedingungen, dem chemischen Milieu und vor allem der Art der Polymerisationsreaktion ergeben sich jedoch Polyethylenmoleküle unterschiedlicher Molekülarchitektur, die zu Werkstoffen mit unterschiedlicher Dichte und Morphologie und damit auch mit ganz unterschiedlichen Werkstoffeigenschaften führen. PE ist daher zugleich ein Sammelbegriff für eine Palette von polymeren Werkstoffen, denen lediglich der Grundbaustein ~CH_2CH_2~ der Polymerketten gemeinsam ist.

Das älteste Herstellungsverfahren (1930er Jahre) ist die sogenannte Hochdrucksynthese. Im Ethylen, das bei hoher Temperatur (bis zu 275 °C) unter hohem Druck (bis zu 280 MPa) steht, wird durch Sauerstoff oder andere Radikalbildner eine Polymerisationsreaktion ausgelöst. Das entstehende Polymer ist mit wenigen langen (1 ... 5 Seitenketten/1000 C-Atome) und vielen kleineren Seitenketten (20 ... 30 Seitenketten/1000 C-Atome) stark verzweigt (Abbildung 2.1). Der polymere Werkstoff hat entsprechend eine nur geringe Dichte und Kristallinität.

Mit Hilfe von Übergangsmetall-Katalysatoren kann Ethylen jedoch auch bei wesentlich geringeren Drücken (< 10 MPa) und Temperaturen (< 200 °C) in einer sogenannten Niederdrucksynthese polymerisiert werden (Abbildung 2.2). Abhängig vom chemischen Milieu, von den physikalischen Bedingungen und den verfahrenstechnischen Besonderheiten bei denen die Polymerisation stattfindet, unterscheidet man verschiedene Herstellungsverfahren: Beim Lösungsmittelverfahren ist das entstehende Polymer in einem flüssigen Kohlenwasserstoff gelöst, beim Suspensionsverfahren (Ziegler-, Phillips-Prozess) dort suspendiert und beim Gasphasenverfahren (Unipol-Prozess) schwebt es im Gasstrom der Monomere. Es entstehen lineare, fast gänzlich unverzweigte (1 ... 2 Ethylketten/1000 C-Atome) Polymere (Abbildung 2.1). Der polymere Werkstoff zeigt entsprechend eine hohe Dichte und eine hohe Kristallinität.

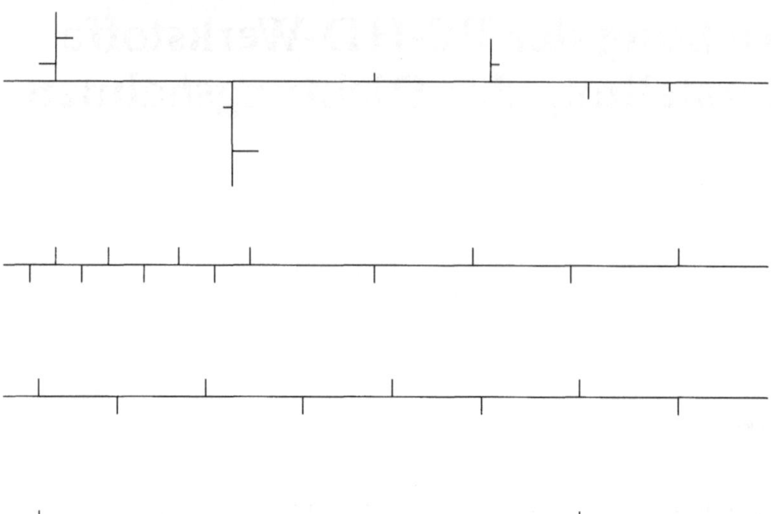

Abb. 2.1: Schematische Darstellung der Struktur von Polyethylenen aus unterschiedlichen Dichtebereichen [12]. Oben: PE-LD, durch die radikalische Polymerisation entstehen eine Vielzahl auch längerer Seitenketten. Unten: PE-HD, bei der katalytischen Polymerisation entstehen lineare Ketten mit einer nur geringen Anzahl kurzer Verzweigungen. Die beiden mittleren Zeichnungen illustrieren die durch katalytische Polymerisation mit α-Olefinen hergestellten PE-LLD. Kleine Mengen von Buten-1, Hexen-1 oder Okten-1 führen zu Ethyl-, Butyl- oder Hexyl-Seitenketten. Bei der Polymerisation in der Gasphase sind die Ketten eher blockartig mit unterschiedlicher Häufigkeit entlang der Kette verteilt, bei der Lösungs-Polymerisation entsteht eine statistische Verteilung über die gesamte Kette.

Für Polyethylen hat sich eine aus den ASTM-Standards herkommende Klassifizierung (Tabelle 2.1) nach der Dichte eingebürgert. Die Differenzierung nach der Dichte durch diese Nomenklatur korreliert einigermaßen mit derjenigen nach den Syntheseverfahren. Die PE-LD sind daher in der Regel die im Hochdruckverfahren hergestellten, die PE-HD die in der Niederdrucksynthese hergestellten Polyethylen-Werkstoffe. Wobei die Bezeichnungsweise PE-MD und PE-LMD kaum mehr gebräuchlich ist. Man schlägt auch diese Materialien den PE-LD bzw. den PE-LLD zu.

Seit Ende der 70er Jahre werden in großem Umfang Kopolymere aus Ethylen und α-Olefinen (Buten-1, Hexen-1, Okten-1) zumeist in Verfahren der Niederdrucksynthese hergestellt (Abbildung 2.2). Es entsteht ein Polymer bei dem über die lineare Polyethylenkette verteilt die Ethyl- bzw. Butyl- bzw. Hexylketten abzweigen (Abbildung 2.1). Dieser Werkstoff ähnelt in vielen positiven Eigenschaften dem PE-HD (z.B. Beständigkeit gegen Chemikalien), vermeidet jedoch die Nachteile des PE-HD, vor allem die Neigung zur Spannungsrissempfindlichkeit. Da die Dichte dieses Werkstoffs jedoch relativ gering ist, fügt er sich nur schlecht in die oben genannte ältere Nomenklatur ein. In der Literatur wurde daher die neue Bezeichnungsweise als Polyethylen-Linear Low Density (PE-LLD) geschaffen [1].

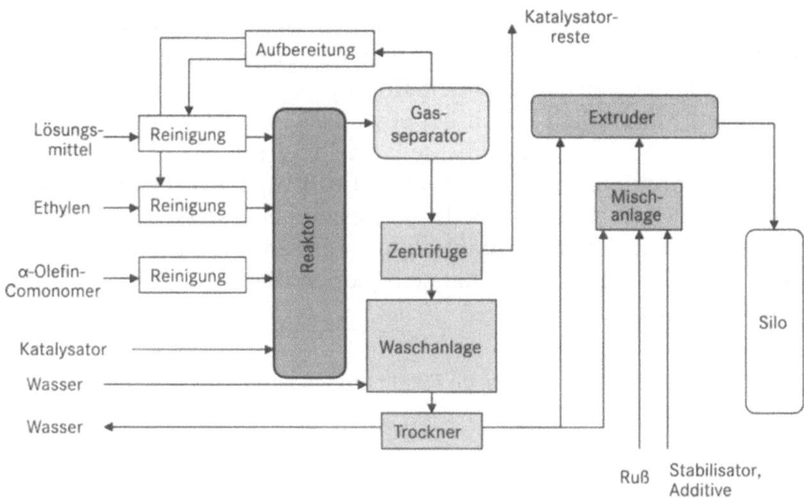

Abb. 2.2: Vereinfachtes Flussdiagramm für das Phillipsverfahren (Suspensionspolymerisati-
on, *slurry polymerization*) [12]. Das Lösungsmittel (z.B. Isobutan), Ethylen, die Komonomere
und der Katalysator werden in den Reaktor eingeschleust. Über einen Gasseparator wird
nach einer gewissen Reaktionszeit die Polymersuspension aus dem Reaktor ausgegast. In
einer Reinigungsanlage (Zentrifuge, Waschanlage, Trockner) wird das Polymer abgetrennt.
Ethylen und Lösungsmittelreste werden aufbereitet. Das Polymer fällt aus dem Trockner als
schneeweißes, griesartiges Pulver (flakes) an. In einem Mischer werden Pulver, Ruß, Stabilisator und weitere Additive, z.B. Ca-Stearat, gemischt. Die Mischung wird mit dem Polymerpulver im entsprechenden Mischungsverhältnis in einen Extruder gegeben. Dort wird die
Mischung aufgeschmolzen, homogenisiert und schließlich granuliert. Das schwarze Granulat
wandert dann in die Lagereinrichtungen.

Tabelle 2.1: Klassifizierung und Bezeichnung von PE-Formmassen, früher nach ASTM
D 1248–84, Standard Specification for Polyethylen Plastics Molding and Extrusion Materials,
bzw. heute nach ASTM D883–96, Standard Terminology Relating to Plastics

Dichte (g/cm³)[1)]	Herstellungsverfahren	Ältere Bezeichnung nach ASTM D1248	Neuere Bezeichnung nach ASTM D883
0,910–0,925	Radikalische Polymerisation	Low Density (LD)	Low Density (LD)
0,919–0,925	Katalytische Polymerisation		Linear Low Density (LLD)
0,926–0,940	Radikalische Polymerisation	Medium Density (MD)	Medium Density (MD)
0,926–0,940	Katalytische Polymerisation		Linear Medium Density (LMD)
0,941 und größer	Katalytische Polymerisation	High Density (HD)	High Density (HD)

[1)] am naturfarbenen, nicht pigmentierten Material gemessen

Die für den Tiefbau geeigneten Dichtungsbahnen werden aus solchen in der Niederdrucksynthese hergestellten Polyethylenen mit einem Anteil von einigen Gew.-% an Buten- oder Hexen- oder Okten-Kopolymeren hergestellt. Die Dichten der naturfarbenen Materialien liegen bei etwa 0,932 bis 0,942 g/cm^3. Es gibt Materialien mit sehr schmaler Molekülmassenverteilung ($M_w/M_n \approx 4$, siehe Abschnitt 3.3) bis hin zu breit verteilten Materialien ($M_w/M_n \approx 15$). Typische Eigenschaften dieser Formmassen sind in Tabelle 2.2 zusammengestellt. Da die Dichte der mit Ruß eingefärbten Dichtungsbahnen aus diesen PE-LLD-Formmassen zumeist oberhalb von 0,941 g/m^3 liegt, hat sich jedoch die Bezeichnung PE-HD-Dichtungsbahnen fest eingebürgert.

Tabelle 2.2: Eigenschaften von PE-Formmassen für Dichtungsbahnen im Tiefbau

Merkmal	Eigenschaft
Kopolymer	Buten-1, Hexen-1, Okten-1
Kopolymeranteil	< 10 Gew.-%
Dichte	0,932 ... 0,942 g/cm^3
Schmelzindex (190/5)	0,3 ... 3 g/10 min
Schmelztemperatur	$\approx$ 130 °C
Kristallinität[1]	50 ... 55%
Mittlere Molekülmasse, M_n	15000 ... 35000
Breite der Verteilung, M_w/M_n	4 ... 15

[1] Schmelzwärme bezogen auf 293 J/g für kristallines PE-HD

Solche Daten wie Dichte, Schmelzindex, Schmelztemperatur, Kristallinität, Molekülmassenverteilung, Breite der Verteilung können die Eigenschaften des polymeren Werkstoffs noch nicht vollständig charakterisieren. Das spezielle Herstellungsverfahren und die Verfahrensparameter bedingen weitere Eigenschaften, wie Art und Umfang der Verunreinigung, z.B. Katalysatorreste, niedermolekulare Anteile und Verteilung der Kopolymere innerhalb und zwischen den Polymerketten, die sich nur schwierig quantitativ erfassen lassen.

Auch damit ist der Werkstoff noch nicht vollständig beschrieben, da in die fertige Formmasse, aus der die Dichtungsbahn dann extrudiert wird, noch Additive (Antioxidantien und Lichtschutzmittel) schon vom Formmassenhersteller oder erst während der Dichtungsbahnherstellung gemischt werden [2].

Auch organische Moleküle können durch Sauerstoff oxidiert werden. Auslöser der komplexen chemischen Reaktion sind Radikale. Ein Radikal entsteht, wenn die gepaarten Elektronen einer chemischen Bindung (z.B. die zwischen den Wasserstoff- und Kohlenstoffatomen entlang der Polymerkette P) auseinanderbrechen und sich die Molekülfragmente mit dem jeweils ungepaarten Elektron nicht sogleich wieder finden.

In der chemischen Formel wird ein ungepaartes, eine neue Bindung suchendes Elektron mit einem Punkt ($\cdot$) bezeichnet. Wichtige Beispiele sind das Alkylradikal ($\sim CH_2\dot{C}HCH_2\sim$) und das sich mit Sauerstoff bildende Peroxyradikal ($P\dot{O}_2$). Die Radikale setzen zusammen mit dem Sauerstoff eine Reaktionskette in Gang, bei der ein Reaktionszyklus viele Male durchlaufen wird, bevor er abbricht, siehe Abschnitt 5.2.1. Bei jedem Zyklus wird Hydroperoxid (POOH) gebildet. Dieses Molekül zerfällt wieder in Radikale (z.B. in das Peroxyradikal und das Alkylradikal), die dann aufs neue Träger von oxidierenden Reaktionszyklen werden. Im Verlauf des Reaktionszyklus und mit der Abbruchreaktion werden Polymerketten gespalten oder vernetzt. Der polymere Werkstoff versprödet. Ein Produkt aus dem Werkstoff kann dabei seine Funktionstüchtigkeit verlieren.

Radikale entstehen durch Verunreinigungen (Katalysatorreste), thermische Fluktuationen, bei hohen Temperaturen durch Spannungen, der Sauerstoff selbst kann zur Radikalenbildung führen. Dramatische Auswirkung hat die UV-Strahlung. Ohne UV-Strahlung entstehen unter normalen Bedingungen Radikale nur äußerst selten. Eine Oxidation kann daher nur sehr langsam in Gang kommen. Erst bei hohen Temperaturen, wie sie z.B. bei der Verarbeitung des Polyethylen entstehen, beschleunigt sich die Radikalbildung und der oxidative Reaktionsmechanismus beträchtlich.

Dem Werkstoff Polyethylen werden chemische Verbindungen (Antioxidantien oder Stabilisatoren) beigemischt, die den Oxidationsvorgang behindern, siehe Abschnitt 5.2.2. Die sogenannten kettenabbrechenden oder primären Antioxidantien, die auch als Inhibitoren bezeichnet werden, reagieren mit den chemischen Radikalen. Sie unterbrechen damit die Kette der Reaktionszyklen. Die sogenannten vorbeugenden oder sekundären Antioxidantien reagieren mit dem Hydroperoxid, bevor es in Radikale zerfallen kann. Sie verhindern damit das Anlaufen von neuen Reaktionszyklen.

Zu den primären Antioxidantien gehören Verbindungen aus folgenden Gruppen: sterisch gehinderte Phenole, sekundäre aromatische Amine und sterisch gehinderte Amine. Zu den sekundären Antioxidantien gehören Verbindungen aus den Gruppen: Phosphite und Phosphonite, die organischen Sulfide und die Thioether. Für die Antioxidantien wird gelegentlich eine eigene Nomenklatur verwendet. Die einzelnen Verbindungen aus der Gruppe der Phenole und Amine werden mit dem Symbol AO-n und die gehinderten Amine mit dem Symbol HALS-n durchnummeriert, für Phosphite und Phosphonite wird P-n und für die Thioether S-n verwendet. Tabelle 2.3 listet die Gruppen der Antioxidantien auf, zusammen mit Beispielen von Handelsnamen unter denen die Produkte vertrieben werden und dem Temperaturbereich, in dem die Antioxidantien ihre Wirkung entfalten.

Den Polyethylen-Werkstoffen ist in der Regel ein Paket von Stabilisatoren beigemischt: bei den hohen Verarbeitungstemperaturen wirksame Verbindungen als Verarbeitungsstabilisator und andere auch bei Anwendungstemperaturen wirksame Antioxidantien als Langzeitstabilisierung. Die Kombination unterschiedlicher Antioxidantien kann die Wirksamkeit der einzelnen Komponenten verstärken. Die beigemischte Menge einer Komponente beträgt etwa einige Hundert ppm, so dass also etwa 0,5 bis 1 Gew.-% Antioxidantien im Werkstoff vorhanden sind. Das „klassische" Stabilisatorpaket besteht aus einer hochmolekularen phenolischen Antioxidants (Langzeitstabilisierung) und aus einem Phosphit (Verarbeitungsstabilisierung). Dieses Paket ist in seinem Verhalten und seiner Wirksamkeit vielfach untersucht worden.

Tabelle 2.3: Übersicht über Antioxidantien (nach [3])

Bezeichnung der Substanzen	Handelsnamen[2]	Temperaturbereich [4]
Primäre Antioxidantien		
Phenole	Irganox® 1076, Irganox 1010	bis 300 °C
sterisch gehinderte Amine (HALS)[1]	Tinuvin® 770, Tinuvin 622; Chimassorb® 944; Hostavin® N10, N24, N30; Uvinul® 4050H, 4049H, 5050H	bis 150 °C
Sekundäre Antioxidantien		
Phosphite	Irgafos® 168	150 ... 300 °C
organische Sulfide (Thioether)	Dilaurylthiodipropionat (DLTDP); Distearylthiodiproprionat (DSTDP)	bis 200 °C
Stabilisatorpakete		
Phosphit und Phenol, 1:1	Irganox B225	
Phosphit und Phenol, 2:1	Irganox B215	

[1] Hindered Amine Light Stabilizer

[2] Irganox, Chimassorb, Tinuvin, Irgafos sind Handelsnamen der CIBA-GEIGY, Hostavin ist ein Handelsname von HOECHST, Uvinul ist ein Handelsname der BASF

Neben den eigentlichen Antioxidantien werden auch andere Additive hinzugegeben etwa Metallseifen als Säureakzeptor. Art und Menge der Antioxidantien sind Firmengeheimnis der Polymerhersteller. Trotz der geringen Menge ist die Beimischung der Antioxidantien von essentieller Bedeutung für das Langzeitverhalten des Werkstoffs[1], übrigens nicht nur in technischer Hinsicht. Die Chemikalien sind sehr teuer und tragen trotz der geringen Menge merklich zu dem Preis des Werkstoffs bei.

---

[1] Altern und Krankheiten des Alters (z.B. Diabetes) werden auch beim Menschen durch Radikale und deren oxidierende Wirkung mitbedingt. *„Glücklicherweise sind unsere Körper nicht vollständig machtlos gegen die Angriffe der freien Radikale. Antioxidantien wie die Vitamine E und C können die freien Radikale aufbrauchen und dadurch die Fortpflanzung der radikalischen Reaktionskette verlangsamen. Neben den Vitaminen gibt es einige Enzyme, die die Reaktionskette unterbrechen, indem sie als Zwischenprodukt entstehende Moleküle aus der Reaktionskette herausnehmen. Dennoch muß man die freien Radikale als ständig wirksame Ursache von chemischen Schäden an lebenswichtigen Makromolekülen, insbesondere der DNA, den Proteinen und den Lipiden der Zellmembran, betrachten."* (R. E. RICKLEFS UND C. E. FINCH, Aging, A Natural History, Scientific American Library. New York: Freeman and Company 1995, S. 24). So wie das Stabilisatorpaket die Funktionsdauer des Werkstoffs wesentlich bestimmt, ist die vitamin- und balaststoffreiche Ernährung des Werkstoffprüfers für dessen Lebensdauer von größter Bedeutung.

Auf die schädliche Wirkung des UV-Anteils im Sonnenlicht für die Kunststoffe, u.a. eben auch für das Polyethylen, wurde bereits hingewiesen. Die Absorption der UV-Quanten an Verunreinigungen und Strukturunregelmäßigkeiten, wie Hydroperoxide, Carbonylgruppen, Doppelbindungen, die bei der Verarbeitung entstanden sind, an Katalysatorresten und an Ladungsübertragungskomplexen aus dem Polyethylen und molekularem Sauerstoff kann mit hoher Quantenausbeute zur Bildung von freien Radikalen führen, die ihrerseits die Oxidation in Gang setzen. Man spricht hier von der Photooxidation. Auf die Photooxidation wird etwas näher im Abschnitt 3.2.14 eingegangen. Durch Lichtschutzmittel sollen die Werkstoffe vor der UV-Strahlung geschützt werden. Lichtschutzmittel sind Substanzen, die das schädliche UV-Licht absorbieren oder die die angeregten Zustände „löschen", die der Bildung freier Radikale vorausgehenden. Auch Antioxidantien, die die entstehenden freien Radikale abfangen, wirken in diesem Sinne als Lichtschutzmittel. Es gibt eine Vielzahl chemischer Verbindungen, die als Lichtschutzmittel eingesetzt werden können. Darauf wird hier nicht weiter eingegangen.

Ein sehr wirkungsvolles Lichtschutzmittel ist nämlich fein dispergierter Ruß (*carbon black*), der die UV-Strahlung absorbiert [5], [6]. Der Nachteil besteht darin, dass der Kunststoff dabei tief schwarz eingefärbt wird. Bei vielen Gebrauchsgegenständen müssen ästhetischen Gesichtspunkt beachtet werden. Die fallen bei den Kunststoffdichtungsbahnen für den Tiefbau nicht ins Gewicht. Die schwarzen Dichtungsbahnen heizen sich allerdings auf frei liegenden, sonnenbestrahlten Flächen stärker auf, was sich in der durch die thermische Ausdehnung bedingten Wellenbildung bemerkbar macht. Dieser Nachteil kann jedoch verlegetechnisch beherrscht werden. Die PE-HD-Dichtungsbahnen werden daher fast durchweg mit Ruß stabilisiert.

Ruß wird in der Regel durch die unvollständige Verbrennung von Kohlenwasserstoffen (Erdöl, Steinkohlenteeröl, Erdgas etc.) hergestellt. Abhängig vom Verfahren (Channel-Verfahren, Gasruß-Verfahren, Furnace-Verfahren[2]), Flammrußverfahren) entstehen Ruße mit unterschiedlichen Eigenschaften [5], [7]. Die wesentlichen Eigenschaften eines Rußes (Abbildung 2.3) sind dabei die mittlere Größe der primären Teilchen (aus Stapeln von Graphitschichten aufgebaute Kügelchen), die Struktur (d.h. Ausmaß der Agglomeration der Primärteilchen zu größeren traubenartigen Gebilden, den primären Rußaggregaten), die Größe und chemische Beschaffenheit der Rußoberfläche (sauerstoffhaltige Gruppen in der Oberfläche und physikalisch adsorbierte Substanzen) sowie die Feuchtigkeitsaufnahme. Die Größe der Primärteilchen bei Rußen, die zur Pigmentierung, UV-Stabilisierung oder Erhöhung der Leitfähigkeit verwendet werden, liegt bei etwa 10 bis 100 nm, die Oberfläche bei 25 bis 1500 m^2/g. Für die UV-Stabilisierung eignet sich einerseits ein möglichst feinteiliger Ruß, da die Absorption der UV-Quanten mit kleiner werdender Primärpartikelgröße zunimmt und bei etwa 20 nm den maximalen Wert erreicht [6]. Andererseits muss der Ruß für eine gute Ab-

---

[2] Beim Furnace-Verfahren werden in einem geschlossenen Ofen mit einem Brenngas (Erdgas, Stadtgas) eingesprühte Erdölrückstände oder Steinkohlenteeröle unter einem definierten Sauerstoffmangel verbrannt. Durch eine Wassereinspritzung wird die Verweilzeit im Brennraum geregelt. Je nach Einstellung der Verfahrensparameter können unterschiedliche Ruße hergestellt werden.

sorption auch möglichst gleichmäßig im Polyethylen der Kunststoffdichtungsbahn dispergiert und die Agglomerate möglichst bis zu den primären Aggregaten
aufgeschlossen werden. Dazu ist ein eher höher strukturierter Ruß mit nicht zu
großer Oberfläche geeignet. Als Ruß für die UV-Stabilisierung wird daher ein
feinteiliger, dabei aber hoch strukturierter Furnace-Ruß verwendet. Die Homogenität der Rußverteilung wird zumeist mit dem Mikroskop beurteilt, siehe Abschnitt 3.2.3 und die Abbildungen 3.1a und b.

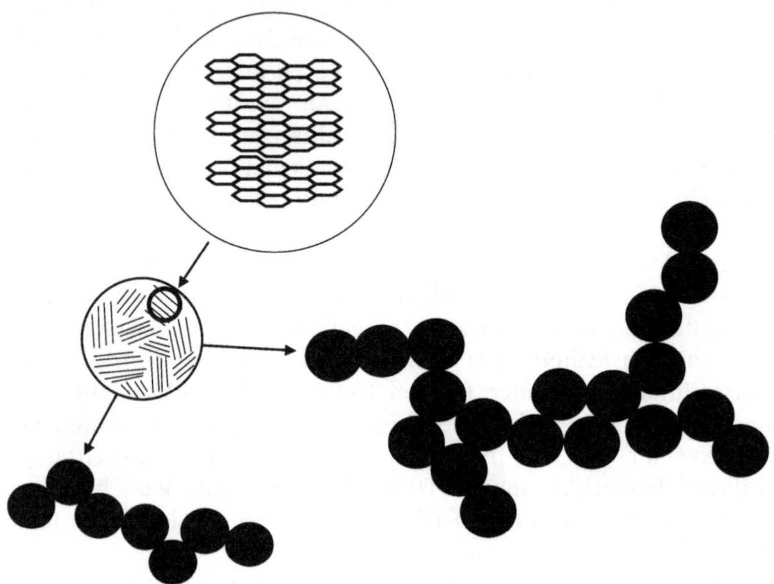

Abb. 2.3: Morphologie (schematisch) des Rußes. Die Primärteilchen (schwarze Kreise) bau-
en sich aus Stapeln von Ebenen auf, in denen ähnlich wie beim Graphit die Kohlenstoffatome
in einem hexagonalen Gitter angeordnet sind. Der Abstand der Schichten beträgt etwa
3,5 Å, die Größe der Stapel etwa 2 nm. Die Größe der Primärteilchen liegt bei 10 bis 100 nm.
Die Primärteilchen agglomerieren zu primären Aggregaten, den eigentlichen Rußpartikelchen, die wiederum zusammenklumpen können. Je nach Größe und Komplexität der Agglomerate spricht man von einem niederstrukturierten Ruß (rechts) oder einem hochstruktu-
rierten Ruß (links). Die Größe der Agglomerate liegt bei nieder strukturiertem Ruß bei etwa 1
Mikrometer. Siehe dazu auch Abbildung 3.1a und b.

Schon bei der Herstellung der PE-HD-Formmasse kann im letzten Verarbei-
tungsschritt der Ruß mit weiteren Additiven dem Polymerpulver (*flakes*) zuge-
mischt und daraus dann ein schwarzes Formmassen-Granulat mit homogen ver-
teiltem Ruß extrudiert werden. Die granulierte, naturfarbene Formmasse kann
jedoch auch erst bei der Fertigung der Dichtungsbahn über einen sogenannten
Rußbatch mit dem Ruß vermischt werden. Dazu wird zunächst eine Formmasse,
eben der Rußbatch, aus einem Trägermaterial, in der Regel ein PE-LD-Werkstoff,
und Ruß mit einem Gewichtsanteil von etwa 40 Gew.-% hergestellt. Bei der Extrusion der Dichtungsbahn (siehe Abschnitt 2.3) wird dann das Granulat des
Rußbatches über eine dem Extruder vorgeschaltete Mischanlage mit dem Granulat der naturfarbenen PE-HD-Formmasse vermischt und der Ruß im Extruder

homogen verteilt. Der Batch wird so dosiert, dass das fertige Produkt einen Ruß-
anteil von etwa 2 Gew.-% hat. Beigemischt sind dann auch etwa 3 Gew.-% PE-
LD-Material.

Durch die Beimischung von Ruß zum Polyethylen kann dessen Leitfähigkeit
drastisch verändert werden [7]. Je nach Eigenart des Rußes kann oberhalb einer
gewissen Konzentration nämlich ein Netzwerk von Rußaggregaten entstehen,
über das Elektronen transportiert werden können. Die Konzentration liegt bei
etwa 8 Gew.-%. Aus dem nichtleitenden Polyethylen (spezifischer Widerstand
$> 10^{15}$ Ωcm) wird dabei ein elektrisch leitender Werkstoff mit einem spezifischen
Widerstand in der Größenordnung von 10^0 Ωcm. Durch Koextrusion können
damit z.B. Dichtungsbahnen hergestellt werden, die aus einer leitenden und einer
isolierenden Schicht bestehen.

Polyethylen-Dichtungsbahnen werden also aus einem recht komplex zusam-
mengesetzten Werkstoff gefertigt. Die Kennwerte und das Herstellungsverfahren
des Basispolymers sowie die Rezepturen des Stabilisatorpakets und des Rußbatches kennzeichnen den Werkstoff. Veränderungen in den Kennwerten, im Herstellungsverfahren und in den Rezepturen können gerade das Langzeitverhalten
erheblich beeinflussen. Die sehr aufwendigen Untersuchungen zum Langzeitverhalten und die daraus abgeleiteten Eignungsnachweise setzen daher voraus, dass
der Werkstoff eines untersuchten Produkts eindeutig beschrieben wird. Die Eignungsnachweise gelten dann nur für Produkte, deren Werkstoff im Rahmen zumeist sehr enger Grenzen dem Werkstoff des untersuchten Produkts entspricht.

2.2 Morphologie

Neben der Zusammensetzung des Werkstoffs bestimmt seine Morphologie [8],
die sich bei der Verarbeitung ausbildet, die Eigenschaften der Dichtungsbahnen
und zwar nicht nur das Schmelzverhalten, die mechanischen Eigenschaften, die
Beständigkeit gegen Chemikalien usw., sondern gerade auch solche Langzeiteigenschaften wie Kriechen, oxidativer Abbau und Spannungsrissbildung.

Polyethylen ist ein thermoplastischer Kunststoff. Oberhalb der Schmelztemperatur bildet sich eine Schmelze aus einem fast gänzlich ungeordneten, amorphen Gewirr der Polymerketten. Lediglich in einem Bereich kleiner als 20 Å ist,
ähnlich wie in Flüssigkeiten, eine Nahordnung vorhanden. Aus dieser amorphen
Phase bilden sich dann beim Abkühlen kristalline Strukturen aus. Mikrokristalli-
ner Baustein der Kristallstrukturen ist die Lamelle, ein flächenartiges Gebilde, zu
dem sich Segmente der Polymerketten senkrecht zur Lamellenfläche zusam-
menfalten (Abbildung 2.4). Die Polymerknäuel entflechten sich dabei nicht. Teile
einer Polymerkette falten sich in einem Bereich der Lamelle, die Kette verlässt
dann die Lamelle, um an anderer Stelle erneut in derselben Lamelle oder einer
benachbarten Lamelle einzutauchen und sich zu falten. Zwischen den Lamellen
sind daher amorphe Bereiche von Schlaufen, Kettenenden, und die Lamellen
überbrückenden Polymerketten (sogenannte Brückenmoleküle oder *tiemole-
cules*) vorhanden (Abbildung 5.14). Die Dicke der Lamellen (c-Achse) liegt typi-

scherweise bei 100 ... 300 Å. Die flächige Ausdehnung (a-Achse und b-Achse) kann bis zu einigen Mikrometern betragen.

Auf makrokristalliner Ebene zeigen sich in der kristallinen Phase typische, dicht aneinandergelagerte, kugelförmige kristalline Bereiche, die sogenannten Sphärolithe, die bei den linearen Polyethylenen bis zu etwa 10 µm groß sind (Abbildung 2.4). Die Lamellen lagern sich dabei zu länglichen Lamellenstapeln zusammen, die sich vom Zentrum des Sphärolithen aus radial nach außen erstrecken. Die b-Achse entlang der größeren Längsausdehnung der Lamellen zeigt in Richtung des Sphärolithradius, die zum Radius senkrecht stehende a-Achse der Lamellen in den Stapeln dreht sich jedoch, so dass die Stapel radial nach außen strebende Spiralen (Fibrillen) bilden (Abbildung 2.4).

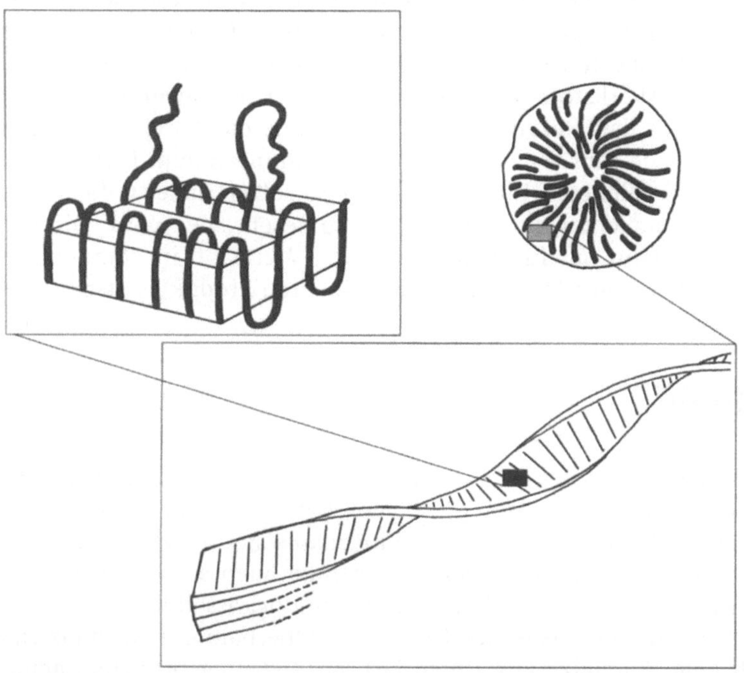

Abb. 2.4: Skizze der nach der gängigen Auffassung wesentlichen Strukturelemente in der Morphologie der PE-HD-Dichtungsbahnen. Die gefalteten Polymerketten bilden ausgedehnte Lamellen (links oben). Verdrehte Lamellenstapel bilden längliche Fibrillen (unten). Der kugelartige Sphärolith (rechts oben) baut sich schließlich aus den radial nach außen strebenden Fibrillen und dazwischen liegenden amorphen Bereichen auf. Mit diesem Strukturmodell können wesentliche Vorgänge, wie die Spannungsrissbildung, interpretiert werden, siehe Abschnitt 5.3.4.

Die während der Bildung der Sphärolithe wachsenden Lamellenstapel können abbrechen und sich verzweigen, neue Lamellenstapel können entstehen oder mit anderen zusammenwachsen. Der kugelförmige Sphärolith ist also angefüllt mit solchen kristallinen Fragmenten. Der Raum zwischen den mikrokristallinen Bereichen innerhalb eines Sphäroliths und zwischen den Sphärolithen wird durch die amorphen Bereiche der aus den Lamellen austretenden Kettenschlaufen, Kettenenden und überbrückenden Ketten ausgefüllt. Der PE-Werkstoff der Dichtungsbahnen besteht typisch je zur Hälfte aus amorphen und kristallinen Bereichen.

Im Material, das aus den Sphärolithen unterschiedlicher Größe aufgebaut ist, die durch den „Zement" der amorphen Bereiche zusammengehalten und verbunden werden, sind die Rußpartikel verteilt. Niedermolekulare Polymeranteile, die Antioxidantien und andere niedermolekulare Additive sind in den amorphen Bereichen gelöst. Auch nur dort diffundieren die Schadstoffe, dringt der Sauerstoff ein und findet der oxidative Abbau statt. Mikrorisse in den amorphen Bereichen, die durch das Entschlaufen der Brückenmoleküle zwischen den kristallinen Bereichen entstehen, wenn das Material unter Spannung steht, sind der Auslöser für die Spannungsrissbildung, siehe Abschnitt 5.3.4.

Dem sehr komplexen Gebilde aus amorphen und kristallinen Bereichen in der Dichtungsbahn wird bei deren Herstellung eine Orientierung aufgeprägt. Dadurch sind z.B. die mechanischen Eigenschaften und die Empfindlichkeit gegen Spannungsrissbildung quer oder längs zur Extrusionsrichtung unterschiedlich. Erwärmt man die Dichtungsbahn so relaxiert diese Orientierung zum Teil, siehe Abschnitt 3.2.5. Wenn die Orientierung zu groß ist, so können sich beim Erwärmen Formveränderungen bilden, die beim Schweißen zu Verwellungen und zu Spannungen im Schweißnahtbereich führen können. Die Morphologie wird lokal verändert, wenn heiße Strukturpartikel bei der nachträglichen Strukturierung der Dichtungsbahnenoberfläche mit der Grunddichtungsbahn verschmelzen, siehe Abschnitt 6.1. Eine solche Inhomogenität in der Morphologie könnte die Ursache sein für die starke Veränderung in der Spannungsrissempfindlichkeit, die bei manchen strukturierten Dichtungsbahnen beobachtet wird. Neben den Eigenschaften des Werkstoffes hat also auch das Herstellungsverfahren wesentlichen Einfluss auf die Ausprägung der Morphologie.

2.3 Herstellung

Kunststoffdichtungsbahnen für großflächige Abdichtungen werden im Breitschlitzdüsenverfahren und im Blasverfahren hergestellt. Eine rasche großflächige Verlegung und die Vermeidung von Schweißnähten, die eine potentielle Schwachstelle im Abdichtungselement darstellen, erfordern möglichst breite Dichtungsbahnen. Als Stand der Technik hat sich eine Mindestbreite von etwa 5 m eingebürgert. Inzwischen gibt es gewaltige Maschinen mit denen im Breitschlitzdüsenverfahren 9 m breite Bahnen und im Blasverfahren 7 m breite Dichtungsbahnen hergestellt werden können. Die Dichtungsbahnenrollen müssen beim Transport und Verlegen jedoch noch gut handhabbar sein. Bei einer Mindestdicke von 2,50 mm, wie sie in den technischen Anleitungen z.B. für Deponiedichtungsbahnen gefordert wird, und einer typischen Rollenlänge von 100 m hätte eine 10 m breite Dichtungsbahnenrolle bereits ein Gewicht von 2,5 t. Dichtungsbahnen, die wesentlich breiter als 10 m sind, wird man auf den typischen Baustellen des Tiefbaus, mit Verlegeflächen von allenfalls einigen Hektar, nur mit einer sehr aufwendigen Logistik einsetzen können.

Allen Verfahren zur Herstellung der Dichtungsbahnen gleich ist die Plastifizierung und thermische (und stoffliche) Homogenisierung des Granulats (und Rußbatch) in einem Extruder und die anschließende Formung der Schmelze mit entsprechenden Werkzeugen. Es handelt sich um eine für verschiedene Anwendungszwecke unterschiedlich ausgestaltete, hochentwickelte Kunststoff-Verarbeitungstechnik. Eine ausführlichere Darstellung der Extrusionsverfahren findet sich in [9] und [10]. Eine kurze, die wesentlichen Aspekte darstellende Übersicht findet sich in [11]. Dem Aufsatz von F. STRUVE wurden die Abbildungen 2.5 und 2.6 entnommen. Anhand dieser Skizzen und der Fotographien sollen die Verfahren erläutert werden.

Über einen Trichter und eine Mischeinrichtung wird kontinuierlich das Granulat der Formmasse (gegebenenfalls mit dem Granulat des Rußbatch) sowie in gewissem Umfang granulierter Randverschnitt aus der laufenden Produktion in den Extruder (Abbildung 2.5) eingeführt. Herzstück des Extruders ist die Förderschnecke (Abbildung 2.6). Die typischen Verarbeitungstemperaturen für Polyethylen liegen bei etwa 200 ... 230 °C.

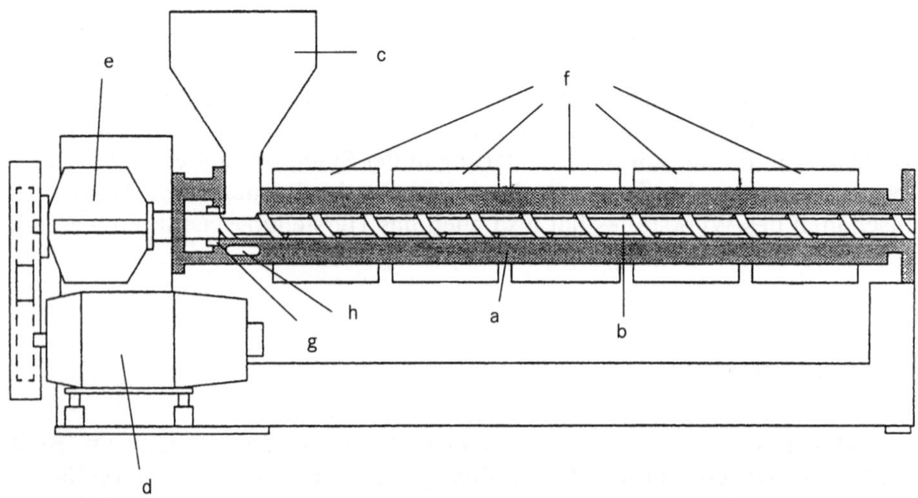

Abb. 2.5: Ein Extruder besteht aus einem Hüllrohr (a), in dem eine Schnecke (b) läuft. Über eine Mischeinrichtung und einen Trichter (c) wird der Extruder mit dem Granulat gefüttert. Ein Motor (d) samt Getriebe (e) treibt die Schnecke an. Drehzahlen liegen in der Größenordnung von 100 min⁻¹. Das Hüllrohr ist von regelbaren Heiz- und Kühlelementen umgeben (f). Angedeutet sind hier auch Anschlüsse für die Schneckenheizung (g) und Kühlkanäle im Hüllrohr (h). Im Extruder wird das Granulat aufgeschmolzen, homogenisiert und dabei transportiert. Dies soll in einem stationären Prozess bei möglichst geringer thermischer und mechanischer Belastung stattfinden. Das Hüllrohr muss beträchtlichen Drücken standhalten (einige Zehn MPa). Die Oberfläche von Hüllrohr und Schnecke werden aus speziellen, auf die Polymere abgestimmten Legierungen hergestellt, um die Reibung und das Anhaften der Schmelze so gering wie möglich zu halten. [Quelle: [11]]

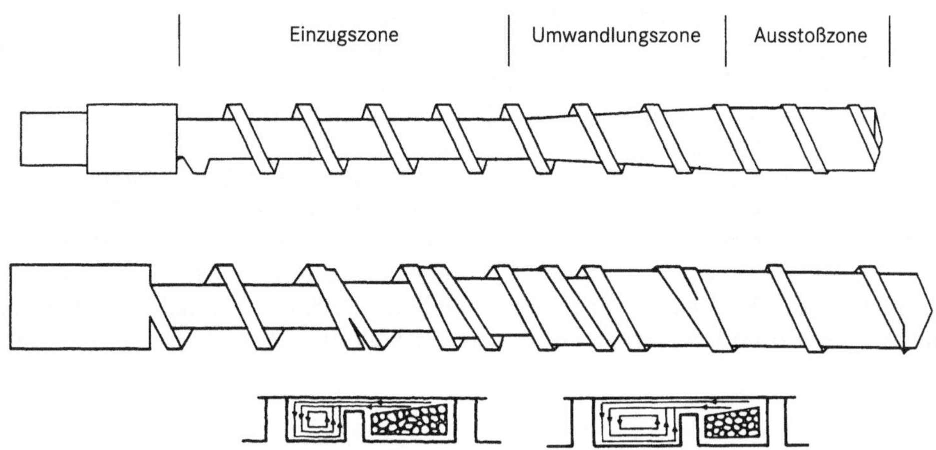

Abb. 2.6: Eine Extruderschnecke (oben) untergliedert sich in drei Bereiche. In der Einzugzone oder Transportzone ist die Ganghöhe zunächst groß, da hier das erst allmählich aufschmelzende Granulat mit seiner geringen Dichte transportiert wird. In der Kompressionsoder Umwandlungszone wandelt sich das Granulat in eine homogene Schmelze mit deutlich größerer Dichte um, die Gangtiefe muss daher stetig abnehmen. In der Ausstoßzone oder Meteringzone wird schließlich die Schmelze zum Extruderausgang transportiert und der Druck für die weitere Förderung des austretenden Schmelzestrangs aufgebaut.
Das Granulat schmilzt an den Wänden von Hüllrohr und Schnecke auf. Es verbleibt zunächst ein Kern unaufgeschmolzenen Materials im Schmelzestrang des Gewindekanals, was die stetige und vollständige Plastifizierung und Homogenisierung erschwert. Es werden daher sogenannte Barrieren-Schnecken (Mitte) aus zwei Gewindegängen im Umwandlungsbereich verwendet. Ganghöhe und Volumen des einen Gewindekanals nehmen ab, die des Zweiten nehmen zu. Der Barrierensteg ist niedriger als der normale Steg. Die sich bildende wandnahe Schmelze tritt daher in den zweiten Gewindegang und sammelt sich dort.
Die im ersten Kanal verbleibende Feststoffmasse kann leichter aufgeschmolzen werden (untere Bilder). Es sind die vielfältigsten Formen und Geometrien von Extruderschnecken möglich. Gezeigt ist hier die einfachste Form einer solchen Schnecke, die sogenannte Maillefer-Schnecke. Eine besonders gute Homogenisierung und Dispergierung von Granulatmischungen erreicht man, indem zwei- oder mehrere Schnecken verzahnt werden (Doppelschnecken oder Planetwalzenextruder) [13], [14]. Das Design von Extrudern bildet eine eigene kleine Wissenschaft für sich [9].

Dem Extruder oft nachgeschaltet ist eine Schmelzepumpe (Zahnradpumpe), die für einen gleichförmigen Massestrom mit konstantem Druck in die Düse sorgt. Der Extruder presst die Formmasse zunächst jedoch durch die Siebe einer Siebwechseleinrichtung. Die Siebe halten Verunreinigungen (Fremdkörper, unaufgeschlossene Granulatteilchen) zurück. Beim Breitschlitzdüsenverfahren fließt dann der Schmelzestrang in die Breitschlitzdüse (Abbildung 2.7) und wird dort über einen kleiderbügelförmigen Verteilerkanal in die Breite verteilt. Vom Verteilerkanal geht über die ganze Breite ein dünner schlitzförmiger Kanal ab, in den die Schmelze eindringt und der Schmelzeteppich (auch als Fell bezeichnet) ausgeformt wird. Die Schmelze wird dabei über einen Staubalken geführt, mit dem die Schlitzhöhe lokal unterschiedlich eingestellt werden kann. Der Teppich tritt dann an den Düsenlippen aus, deren Öffnungsweite ebenfalls variabel über die

Breite eingestellt werden kann. Staubalken und Lippen werden so eingestellt, dass über die ganze Breite der Schmelzeteppich mit gleicher Geschwindigkeit und Dicke aus der Düse austritt. Dieser zähflüssige Teppich wird in einem Kühl- und Glättwalzwerk aus in der Regel drei gekühlten Präzisionswalzen geglättet und abgekühlt (Abbildung 2.8 und 2.9). Statt der glatten Walzen können auch Walzen mit Prägungen eingesetzt werden, die dann der Oberfläche des noch nicht auskristallisierten Schmelzeteppichs eine Struktur aufprägen. Die Walzen im Kühl- und Glättwerk können ganz unterschiedlich angeordnet sein (horizontal, vertikal, Mischformen). Die verschiedenen Anordnungen haben jeweils Vor- und Nachteile [15]. Nach einer Kühlstrecke läuft die Kunststoffdichtungsbahn in eine Abzugsvorrichtung, wo sie auf einen Wickelkern aufgewickelt wird (Abbildung 2.10).

Abb. 2.7: Breitschlitzdüse einer Anlage für 5 m breite PE-HD-Dichtungsbahnen. Die Düse wird von 2 Extrudern gefüttert, Anschlüsse ganz rechts. Die Anordnung der im Oberteil versenkten Schrauben deutet den Verlauf des kleiderbügelförmigen Kanals an. Mit den Muttern der herausstehenden Bolzenreihe wird der Staubalken eingestellt, mit der Imbusschraubenreihe ganz links, wird die Düsenlippe justiert. Aus der Düsenlippe tritt der Schmelzeteppich horizontal aus und wird in den Spalt der unteren beiden Walzen des Glättwerks gezogen. [Foto: Naue Serrot Europe (NSE)]

Abb. 2.8: Gesamtansicht einer 5 m Anlage. Man sieht im Vordergrund zunächst die beiden Extruder. Im hinteren Drittel der Extruder sind Entgasungsanlagen eingebaut. Beide Extruders münden über ein Wechselsieb und eine Schmelzpumpe in die querstehende Breitschlitzdüse. Im Walzenstuhl des Kühl- und Glättwalzwerks sind drei verchromte, wassergekühlte Walzen vertikal übereinander angeordnet. Die Geländer und Treppen (Vordergrund) geben einen zusätzlichen Anhaltspunkt für die Größenverhältnisse der Anlage. [Foto: Naue Serrot Europe (NSE)]

Abb. 2.9: Kühl- und Glättwalzwerk sowie Breitschlitzdüse einer Anlage für 9 m breite Dichtungsbahnen. Im Walzenstuhl sind zwei Walzen horizontal und die dritte Walze nach unten versetzt angeordnet. Der Schmelzeteppich wird aus der Düse schräg unter 45° in den Walzenspalt gezogen. [Foto: Naue Serrot Europe (NSE)]

Abb. 2.10: Kühlstrecke einer Anlage für 7 m breite Dichtungsbahnen. Hinter dem Kühl- und Walzwerk wird die Dichtungsbahn zunächst noch über eine Kühlstrecke, die je nach Größe der Anlage bis zu 20 m lang sein kann, geführt und dabei durch die Umgebungsluft weiter abgekühlt. Am Ende der Kühlstrecke wird die Dichtungsbahn auf einen Rollenkern (Vordergrund) aufgewickelt. Typischerweise werden 100 bis 150 m lange Dichtungsbahnen gefertigt. Der Rollenwechsel erfolgt daher alle 1 bis 2 Stunden. Dabei wird jeweils ein Querstreifen abgeschnitten, der dann zur Prüfung in das QS-Labor geht. Oft wird die Rolle noch verpackt. Bei einwandfreier Beschaffenheit wird die Rolle freigegeben und wandert in das Auslieferungslager. [Foto: Serrot International]

Vor dem Abzug werden vom rechten und linken Rand der Dichtungsbahn etwa 5 ... 10 cm abgeschnitten, um eine scharfe und gerade laufende Dichtungsbahnkante zu erhalten. Auf den Rand wird dann laufend eine etwa 10 ... 15 cm breite, dünne Schutzfolie aufkaschiert oder geklebt[3], um diesen später zu verschweißenden Bereich vor Verschmutzung bei Lagerung, Transport und Verlegung zu schützen. Die verschiedenen Prozessparameter werden automatisch erfasst und geregelt. Zur Prozesssteuerung gehört auch eine Dickenkontrolle, z.B. über ein β-Strahler-Dickenmessgerät. Die so hergestellten Dichtungsbahnen zeigen gleichmäßige, fehlerfreie Oberflächen. Die Dicke kann mit enger Toleranz eingestellt werden. Beim Breitschlitzdüsenverfahren können relativ starke Orientierungen in das Material eingetragen werden. Man kann die Verfahrensparameter jedoch auch so wählen, dass diese sogenannte Maßänderung (Abschnitt 3.2.5) gering bleibt.

---

[3] Der Kleber auf der Schutzfolie muss so gewählt werden, dass beim Abziehen der Folie vor dem Verschweißen keine Kleberückstände auf der Dichtungsbahn verbleiben.

Beim Blasverfahren wird die aus dem Extruder austretende Formmasse in ein kreisrundes Ausformwerkzeug gelenkt, in dem über eine Düse ein Schlauch ausgeformt wird, der durch Stützluft in seinem Inneren aufgeblasen wird. Über einen bis zu 40 m hohen Abzugsturm wird der Schlauch hochgezogen und dabei abgekühlt. Er läuft in eine satteldachförmige Flachlegeeinrichtung und mündet als flachgelegter Schlauch in die Abzugswalze (Abbildung 2.11). Vor dem Aufwickeln wird der flachgelegte Schlauch aufgeschnitten und zu einer Dichtungsbahn aufgeklappt. Danach kann eine Schutzfolie im Randbereich aufgebracht werden. Auch hier erfolgt wie bei den anderen Verfahren eine weitgehend automatisierte Prozesssteuerung. Die Oberflächenbeschaffenheit und große Dickenschwankungen können bei diesem Verfahren Probleme bereiten. Zusätzlich entstehen zwei Falten durch das Flachlegen, Umlenken und Aufschneiden des Materialschlauchs, in denen ein vom Grundmaterial abweichendes Werkstoffverhalten auftreten kann. Mit modernen Anlagen werden jedoch beide Probleme beherrscht.

Abb. 2.11: Blick auf eine Blasverfahrenanlage. Im Hintergrund unten links ist die Ringdüse erkennbar, aus der ein PE-HD-Schlauch, von Stützluft gehalten, austritt. Oben blickt man auf den bereits nach unten laufenden aufgeschnittenen Schlauch, der den nach oben in die Flachlegeeinrichtung laufenden geschlossenen Schlauch verdeckt. Der aufgeschnittene Schlauch mündet in die Abzieheinrichtung (Mittelgrund) und wird schließlich in der Wickeleinrichtung (Vordergrund) auf einen Kern gewickelt. Der Anlageturm ist bis zu 40 m hoch und ragt weithin sichtbar aus dem Fabrikgelände. [Foto: Serrot International]

Tabelle 2.4: Hersteller von für Deponieabdichtungen in Deutschland zugelassenen PE-HD-Dichtungsbahnen

Hersteller	Vertriebspartner	Anlage
AGRU-Alois Gruber GmbH Kunststoffwerk Ing.-Pesendorfer-Str. 31 A-4540 Bad Hall *www.agru.at*	Frank-Deponietechnik GmbH Industriestraße 10 D-61200 Wölfersheim	Breitschlitzdüsenanlage, 5 m breite Dichtungsbahnen, ein- und beidseitig aufgeprägte Strukturen
GSE Lining Technology GmbH Buxtehuder Straße 112 D-21073 Hamburg Produktionsstätte: D-17248 Rechlin *www.gseworld.com*	aTu Anwendungstechnik Umweltschutz GmbH Kornkamp 40 D-22926 Ahrensburg; Polyfelt Deutschland GmbH Max-Planck-Straße 6 D-63128 Dietzenbach	Breitschlitzdüsenanlage, 7 m breite Dichtungsbahnen, ein- und beidseitig aufgeprägte und aufgesprühte Strukturen
JUTA a. s. Dukelská 417 CZ – 544 15 Dvúr Králové n. L. Tel.: +42 0437 829500	FUB Gesellschaft für Folientechnik und Bautenschutz Robert-Bosch-Str. 4 D-65719 Hofheim-Wallau	Breitschlitzdüsenanlage, 5 m breite glatte Dichtungsbahnen
Naue Serrot Europe GmbH & Co. KG Werk Tönisberg Windmühlenweg D-47906 Kempen *www.naue.com* *www.serrot.com*	Naue Fasertechnik GmbH & Co. KG Wartturmstr. 1 D-32312 Lübbecke Geolining Abdichtungstechnik GmbH Altes Feld 21 D-22885 Barsbüttel/Hbg. Serrot International, Inc. European Division Chilcherlistrasse 1 CH-6055 Alpnach	Breitschlitzdüsenanlage, 5 m und 9 m breite Dichtungsbahnen, ein- und beidseitig aufgeprägte und aufgeschäumte Strukturen

Die Reibungskräfte zwischen der Kunststoffdichtungsbahn und ihrem Auflager, z.B. einer mineralischen Dichtung, sowie zwischen Dichtungsbahn und der darüber liegenden Schutzschicht können durch Strukturierung der Dichtungsbahnoberfläche ein- oder beidseitig erhöht werden[4]. Auf die Arten von Strukturen, die Herstellung und die Prüfung strukturierter Dichtungsbahnen wird im Kapitel 6 ausführlicher eingegangen.

Die Herstellungsgeschwindigkeit einer PE-HD-Dichtungsbahn richtet sich nach der Anlage, der Dicke der Dichtungsbahn, der Art der Oberfläche und nach der Formmasse. Bei einer 2,5 oder 3 mm dicken Dichtungsbahn hoher Güte, mit einer über die Walzen eingeprägten Oberflächenstruktur, muss eher langsam produziert werden und die Geschwindigkeit liegt bei etwa 1 m/min. Bei dünnen glatten Dichtungsbahnen kann erheblich schneller, bis zu einigen Metern pro Minute,

---

[4] Die Oberflächenstruktur der Dichtungsbahnen wird im Englischen mit *texture*, die Kunststoffdichtungsbahn mit strukturierter Oberfläche als *textured geomembrane* bezeichnet.

gefahren werden. Bei einer Anlage für 5 m breite Dichtungsbahnen beträgt der Materialdurchsatz dann etwa 1 ... 2 t/h.

Die Herstellung der Dichtungsbahnen unterliegt einem Qualitätsmanagement (siehe Abschnitt 9.3). Im Rahmen der Qualitätssicherung werden in regelmäßigen Abständen aus den angelieferten Formmassen und den produzierten Dichtungsbahnen Proben genommen und im eigenen Labor des Dichtungsbahnenherstellers untersucht. Für jede Rollenlieferung wird dann ein Abnahmeprüfzeugnis in Anlehnung an DIN EN 10204, *Metallische Erzeugnisse – Arten von Prüfbescheinigungen*, Abschnitt 3.1B ausgestellt. Die Art, der Umfang und die Häufigkeit der Prüfungen bei dieser sogenannten Eigenüberwachung der Herstellung von BAM-zugelassenen Dichtungsbahnen wird im Anhang 1 in der Tabelle 5 und Tabelle 6, Teil 1 und 2, angegeben.

Tabelle 2.4 zeigt einen Überblick über Hersteller von PE-HD-Dichtungsbahnen und über deren Produkte[5], die von der BAM für Deponieabdichtungen zugelassen wurden. Es gibt daneben natürlich noch andere Hersteller, die nicht für den Deponiebau (Mindestdicke 2,5 mm), sondern nur für andere Anwendungsbereiche produzieren. Hersteller, die über eine bauaufsichtliche Zulassung des Deutschen Instituts für Bautechnik (DIBt) für den vom Wasserhaushaltsgesetz geregelten Bereich verfügen, können beim DIBt erfragt werden.

2.4 Literatur

[1] BORK, S.
Lineares Polyethylen niedriger Dichte (LLDPE) – Eigenschaften, Verarbeitung und Anwendung. *Kunststoffe*, 74 (1984), H. 9, S. 474–486

[2] GUGUMUS, F.
Antioxidantien. In: Gächter, R.; Müller, H. (Hrsg.): Taschenbuch der Kunststoff-Additive. München: Carl Hanser Verlag 1990

[3] HSUAN, Y. G.; KOERNER, R. M.
Antioxidant Depletion Lifetime in High Density Polyethylene Geomembranes. *Journal of Geotechnical and Geoenvironmental Engineering*, 124 (1998), H. 6, S. 532–541

[4] FAY, J. J.; KING III, R. E.
Antioxidants for geosynthetic resins and applications, in: Hsuan, G.; Koerner, R.M. (Hrsg.): Proceedings of the 8th GRI Conference, Geosynthetic Resins, Formulations and Manufacturing. St. Paul, USA: Industrial Fabrics Association International (IFAI) 1994

[5] BODE, R.
Ruß als Pigment für Kunststoffe. *Kautschuk und Gummi – Kunststoffe*, 22 (1969), H. 4, S. 167–174

[6] ACCORSI, J.; ROMERO, E.
Special Carbon Black for Plastics. *Plastics Engineering*, (1995), H. 5, S. 29–32

---

[5] Stand 31.12.2000. Die aktuelle Liste zugelassener Dichtungsbahnen kann über die Homepage des Labors Deponietechnik der BAM eingesehen werden: *www.bam.de/kompetenzen/arbeitsgebiete/abteilung_4/fachgruppe_43/laboratorium_432.html.*

[7] GILG, R.-G.
Ruß für leitfähige Kunststoffe. In: Mair, H. J.; Roth, S. (Hrsg.): Elektrisch leitende Kunststoffe. München: Carl Hanser Verlag 1989

[8] KANIG, G.
Neue elektronenmikroskopische Untersuchungen über die Morphologie von Polyethylen. *Progr. Colloid & Polymer Sci.*, 57 (1975), S. 176–191

[9] HENSEN, F.; KNAPPE, W.; POTENTE, H. (Hrsg.)
Handbuch der Kunststoff-Extrusionstechnik I: Grundlagen. München: Carl Hanser Verlag 1989, 582 Seiten

[10] HENSEN, F.; KNAPPE, W.; POTENTE, H. (Hrsg.)
Handbuch der Kunststoff-Extrusionstechnik II: Extrusionsanlagen. München: Carl Hanser Verlag 1989, 749 Seiten

[11] STRUVE, F.
Extrusion of Geomembranes. In: Hsuan, G.; Koerner, R. M. (eds.): Proceedings of the 8th GRI Conference, Geosynthetic Resins, Formulation and Manufacturing. St. Paul, USA: Industrial Fabrics Association International (IFAI) 1994

[12] ELIAS, H.-G.
Makromoleküle, Band 2, Technologie. Basel, Heidelberg, New York: Hüthig & Wepf Verlag 1992

[13] LIMPER, A.; STEHR, R.
Der Planetwalzenextruder – ein vielseitiges Aufbereitungsaggregat. *Kunststoffe*, 80 (1990), H. 1, S. 26–30

[14] MÜLLER, W.; DIENST, M.
In-line-Herstellung von Platten und Folien. *Kunststoffe*, 80 (1990), H. 1, S. 21–25

[15] GROSS H.
Wie sieht die günstigste Walzenanordnung aus? *Kunststoffe*, 87 (1997), H. 5, S. 564–568

3 Prüfung der Eigenschaften von PE-HD-Dichtungsbahnen

3.1 Übersicht

Die Prüfungen an der Kunststoffdichtungsbahn dienen unterschiedlichen Zwecken. Zum einen müssen die Gebrauchseigenschaften ermittelt werden. Daneben muss im Rahmen der Qualitätssicherung überprüft werden, ob die Kunststoffdichtungsbahn aus dem gewählten Werkstoff einwandfrei hergestellt wurde. Dazu gehören Prüfungen, mit denen man feststellen kann, ob überhaupt der richtige Werkstoff verwendet wurde. Für die Anwendung im Bauwesen sind nicht nur die Gebrauchseigenschaften, sondern vor allem auch das Langzeitverhalten, d.h. die langfristige Veränderung der Gebrauchseigenschaften, besonders wichtig. Das Langzeitverhalten muss also ebenfalls geprüft werden.

Es hat sich eingebürgert, die Vielzahl von Prüfungen nach Prüfungen der Gebrauchseigenschaften (*performance tests*), nach Prüfungen von Kennwerten (*index tests*) und nach Prüfungen der Langzeiteigenschaften (*durability tests*) zu klassifizieren. Zu jeder Prüfung gehört mindestens ein in einer Prüfvorschrift möglichst eindeutig und vollständig beschriebenes Prüfverfahren (*test standard*). Auch die Prüfverfahren können daher in diese Gruppen eingeteilt werden. Die Begriffe Performance-Test und Index-Test beginnen sich auch im Deutschen einzubürgern.

Eine Prüfung der Gebrauchseigenschaft ist eine möglichst anwendungsnahe Prüfung, wo im Prüfverfahren tatsächliche Beanspruchungen simuliert werden. Das gelingt aber immer nur unvollständig. Je eindeutiger und präziser das Prüfverfahren festgelegt wird, umso mehr verwandelt sich die Prüfung dann in eine Kennwert-Prüfung. Bei der Kennwert-Prüfung geht es darum, möglichst eindeutig, trennscharf und gut reproduzierbar eine Eigenschaft in einer bestimmten Prüfgröße quantitativ zu erfassen. In der Prüfung des Langzeitverhaltens werden die Prüfbedingungen so gewählt, dass Alterung und die langfristigen Auswirkungen von Beanspruchungen vorzeitig eintreten und einer Untersuchung zugänglich werden. Auch hier entfernt man sich immer mehr oder weniger weit von den tatsächlichen Gegebenheiten. Prüfungen der Gebrauchseigenschaften und des Langzeitverhaltens ähneln also immer mehr oder weniger nur Kennwert-Prüfungen. Umgekehrt muss der Fachmann durch Erfahrung und Vergleiche aus den Kennwert-Prüfungen auf die Gebrauchseigenschaften und das Langzeitverhalten schließen. Die Übergänge zwischen den drei Klassen von Prüfungen sind also fließend und die Zuordnung ist nicht eindeutig. Aus dem Zugversuch kann z.B. eine Gebrauchseigenschaft, nämlich die Flexibilität (E-Modul), hier aufgefasst als Verformungsverhalten bei kleinen Kräften, abgelesen werden. Zugleich dienen die im Zugversuch ermittelten Kennwerte Streckspannung und -dehnung sowie Höchstzugkraft (Festigkeit) und die Bruchdehnung (älter: Reißdehnung) als Kennwerte für die Qualitätssicherung und Identifikation.

Bei der Interpretation von Prüfungen und den Prüfergebnissen können sich immer wieder Missverständnisse und Fehlinterpretationen einschleichen, wenn diese Unschärfen in der Bedeutung der Prüfungen nicht beachtet werden. Zwei Beispiele sollen dies illustrieren. Der Wölbversuch scheint auf den ersten Blick Hinweise auf eine wichtige Gebrauchseigenschaft einer Kunststoffdichtungsbahn, nämlich das Verformungsverhalten bei einem ebenen Spannungszustand, zu geben. Die Versagensgrenze der Kunststoffdichtungsbahn im Wölbversuch darf jedoch nicht als generell zulässige Belastungsgrenze aufgefasst werden. Tatsächlich ist dieser Kennwert für die Langzeit-Anwendung irrelevant, da hier nur die langfristig zulässige Dehnungsgrenze zählt, die durch das spezifische Alterungsverhalten des Werkstoffs geprägt wird.

Manche Kennwerte, wie etwa die Bruchdehnung einer strukturierten Dichtungsbahn, müssen mit großer Vorsicht interpretiert werden. Die Bruchdehnung einer PE-HD-Dichtungsbahn ist so groß, dass sie keine Gebrauchseigenschaft darstellt: zulässige Verformungen in einem Bauwerk sind sicherlich immer wesentlich kleiner. Die Prüfung der Bruchdehnung wird jedoch für die Qualitätssicherung und für Langzeituntersuchungen verwendet, da die Prüfgröße sehr empfindlich auf Materialveränderungen reagiert. Bei Dichtungsbahnen mit strukturierter Oberfläche hängt der ermittelte Kennwert aber sehr stark von der Art des Probekörpers und der Probenahme ab. Die Art und Lage der Strukturelemente auf dem Probekörper beeinflusst Ausmaß und Bereich des Scherfließens oberhalb der Streckgrenze, und es kann zum raschen Abreißen an Kerben oder Stellen kommen, wo durch die Strukturausbildung die Spannung konzentriert wird. Die Bruchdehnung einer strukturierten Dichtungsbahn kann daher nur für die Qualitätssicherung verwendet werden, wenn für den Einzelfall die Prüfbedingungen (vor allem der Probenausschnitt aus der Struktur) genau festgelegt werden. Bruchdehnungen verschieden strukturierter Dichtungsbahnen dürfen dann aber nicht miteinander verglichen werden.

An der Dichtungsbahn wie auch am Werkstoff der Dichtungsbahn sind eine Vielzahl von Prüfungen möglich. Der zur Charakterisierung und zum Eignungsnachweis einer Dichtungsbahn gewählte Prüfumfang wird jedoch nicht alle denkbaren Prüfungen enthalten. Die Auswahl der Prüfungen richtet sich nach den voraussichtlichen kurzzeitigen Beanspruchungen, nach den langzeitig wirksamen Beanspruchungen, nach den Erfordernissen einer Qualitätssicherung, die Mängel rasch und eindeutig erkennen muss, sowie danach, den Werkstoff möglichst eindeutig identifizieren zu können. Manche Prüfungen, wie z.B. das Kriechverhalten einer PE-HD-Dichtungsbahn, sind für die Anwendung nicht unmittelbar relevant, da PE-HD-Dichtungsbahnen immer so eingebaut werden müssen, dass sie nicht dauerhaft Lasten tragen. Andere der Gebrauchseigenschaften, wie die Robustheit gegen mechanische Beanspruchungen, können durch viele, unterschiedliche Prüfungen erfasst werden. Man muss hier eine Auswahl treffen und kann sich auf wenige Prüfungen beschränken. Dennoch lässt sich eine Redundanz im Prüfumfang nicht vollständig vermeiden. Weiterhin hängt die Auswahl vor allem der Prüfungen zur Identifikation und zur Beständigkeit sehr vom Werkstoff der Kunststoffdichtungsbahn ab.

Ausgehend von den kurzzeitigen und den langzeitig wirksamen Beanspruchungen einer Deponieabdichtung wurde zum erstenmal in der NRW-Richtlinie [1] ein Katalog von Prüfungen und ein zugehöriges Anforderungsprofil für Kunststoffdichtungsbahnen ausgearbeitet. Die Anforderungen werden in [2] und [3] erläutert. Seither sind jedoch Prüfungen und Anforderungen zum Alterungsverhalten hinzugekommen. Das Alterungsverhalten spielt heute die zentrale Rolle bei der Beurteilung von Kunststoffdichtungsbahnen für Langzeitanwendungen, wie sie gerade in der Geotechnik gegeben sind. Einen ausführlicheren, inzwischen allerdings teilweise veralterten Überblick über Prüfverfahren bei Kunststoffdichtungsbahnen, die in der Geotechnik eingesetzt werden, wird in [4] gegeben.

Eine Erläuterung aller Prüfungen und zugehörigen Prüfverfahren an PE-HD-Dichtungsbahnen würde den Rahmen dieses Buches sprengen. Im Folgenden wird nur auf Verfahren eingegangen, die bei der BAM-Zulassung für PE-HD-Dichtungsbahnen angewendet werden. Es werden dabei vor allem Prüfungen erläutert, die besonders wichtig sind, die in einer Normvorschrift im Hinblick auf PE-HD-Dichtungsbahnen noch nicht vollständig und eindeutig beschrieben wurden oder für die noch gar keine Normvorschrift vorliegt.

In der Tabelle 3.1 sind die Prüfungen an Kunststoffdichtungsbahnen aus dem Werkstoff PE-HD, die im Rahmen der BAM-Zulassung generell oder einzelfallbezogen angewendet werden, den verschiedenen Prüfzwecken zugeordnet. Für Dichtungsbahnen mit strukturierter Oberfläche sind zusätzlich spezielle Prüfungen erforderlich: Die Prüfung der Dicke, die Prüfung der Rückwirkung der Strukturausbildung auf die Spannungsrissbeständigkeit, die Prüfung der Langzeitscherfestigkeit bei aufgebrachten Strukturpartikeln und die Prüfung der Reibungseigenschaften. Auf die Prüfung der Eigenschaften von Dichtungsbahnen mit strukturierter Oberfläche wird im Abschnitt 6.2 näher eingegangen. Die Prüfung von Schweißnähten wird in den Abschnitten 10.2 und 10.3 behandelt.

Tabelle 3.2 listet die geprüften Eigenschaften und die dabei verwendeten Prüfvorschriften der BAM-Zulassung auf. In der letzten Spalte wird auf den jeweiligen Abschnitt dieses Kapitels verwiesen, in dem die Prüfung und die Anforderungen eingehend erläutert werden. Eine ausführliche Zusammenstellung der Anforderungstabellen findet sich im Anhang 1.

Tabelle 3.3 gibt zum Vergleich die Liste der geprüften Eigenschaften und Prüfvorschriften die vom Geosynthetic Institute, Philadelphia, für die Prüfung und Zulassung von PE-HD-Dichtungsbahnen aufgestellt wurden. In Tabelle 3.3 sind zusätzlich die Kennwerte angegeben.

Tabelle 3.1: Prüfungen an PE-HD-Dichtungsbahnen

Eigenschaft (Prüfverfahren)	Gebrauchs-eigenschaft	Qualität der Ver-arbeitung	Identifika-tion	Beständig-keit
Oberflächenbeschaffenheit		X		
Homogenität		X		
Rußgehalt	X	X		X
Rußverteilung	X	X		X
Geradheit	X	X		
Planlage	X	X		
Dicke	X	X		
Dichte		X	X	
Schmelzindex und Schmelzindexänderung bei der Verarbeitung		X	X	
Maßänderung nach Warmlagerung	X	X		
Permeation von Schadstoffen	X			
Schmelzwärme, Schmelzpunkt			X	
Oxidationsstabilität (OIT-Messung)			X	
Verhalten im Zugversuch	X	X	X	
Verhalten bei mehraxialer Verformung (Wölb-versuch)	X	X		
Widerstand gegen Weiterreißen	X			
Widerstand gegen punktförmige, statische Einzellasten (Stempeldurchdrückversuch)	X			
Widerstand gegen fallende Lasten	X			
Kältesprödigkeit (Biegen in der Kälte)	X			
Relaxationsverhalten	X			
Nahtqualität (Schälversuch an der Schweißnaht) (Zug-Scherversuch an der Schweißnaht)	X	X		
Beständigkeit gegen Chemikalien	X			X
Beständigkeit gegen Spannungsrissbildung	X			X
Beständigkeit gegen thermisch oxidativen Abbau	X			X
Langzeitverhalten bei kombinierter Bean-spruchung	X			X
Witterungsbeständigkeit	X			X
Beständigkeit gegen Mikroorganismen	X			X
Wurzelfestigkeit	X			X
Nagetierbeständigkeit	X			X
Zeitstand-Zugversuch an strukturierten Dich-tungsbahnen				X
Zeitstand-Scherversuch an strukturierten Dichtungsbahnen	X			X
Reibung (Scherkastenversuch)	X			

Tabelle 3.2: Prüfungen und Prüfnormen für PE-HD-Dichtungsbahnen im Rahmen der BAM-Zulassung

Eigenschaft (Prüfverfahren)	Prüfvorschrift	Hinweise[1] und Anforderung (2,5 mm nom. Dicke)
Oberflächenbeschaffenheit	DIN 16726, Abschnitt 5.1	Abschnitt 3.2.1
Homogenität		
Geradheit	DIN 16726, Abschnitt 5.2	
Planlage		
Dicke	DIN 16726, Abschnitt 5.3	Abschnitt 3.2.2
Rußgehalt	DIN EN ISO 11358	Abschnitt 3.2.3
Rußverteilung	ASTM D5596	
Dichte	DIN 53479	Abschnitt 3.2.4
Schmelzindex und Schmelzindexänderung bei der Verarbeitung	DIN EN ISO 1133	
Maßänderung nach Warmlagerung	DIN 16726, Abschnitt 5.13.1, DIN 53377	Abschnitt 3.2.5
Permeation von Schadstoffen	–	Abschnitt 3.2.6
Schmelzwärme, Schmelzpunkt	–	Abschnitt 3.2.7
Oxidationsstabilität (OIT-Messung)	DIN EN 728	
Verhalten im Zugversuch	DIN EN ISO 527-3	Abschnitt 3.2.8
Verhalten bei mehraxialer Verformung (Wölbversuch)	–	Abschnitt 3.2.9
Widerstand gegen Weiterreißen	DIN 53356-A, DIN 53515	Abschnitt 3.3
Widerstand gegen punktförmige, statische Einzellasten (Stempeldurchdrückversuch)	DIN EN ISO 12236	Abschnitt 3.3
Widerstand gegen fallende Lasten	DIN 16726, Abschnitt 5.12	Abschnitt 3.3
Kältesprödigkeit (Biegen in der Kälte)	DIN EN 1876-1	Abschnitt 3.3
Relaxationsverhalten	DIN 53441	Abschnitt 3.2.10
Nahtqualität (Schälversuch an der Schweißnaht) (Zug-Scherversuch an der Schweißnaht)	DVS R 2226-3 DVS R 2226-2	Kapitel 10
Beständigkeit gegen Chemikalien	DIN ISO 175	Abschnitt 3.2.11
Beständigkeit gegen thermisch oxidativen Abbau	–	Abschnitt 3.2.12
Beständigkeit gegen Spannungsrissbildung	ASTM D5397	Abschnitt 3.2.13
Langzeitverhalten bei kombinierter Beanspruchung	DIN 16887	Abschnitt 3.2.13
Witterungsbeständigkeit	DIN EN 12224	Abschnitt 3.2.14
Beständigkeit gegen Mikroorganismen	DIN EN ISO 846, Verfahren D	
Wurzelfestigkeit	FLL-Richtlinie Dachbegrünung	Abschnitt 3.2.15
Nagetierbeständigkeit	–	
Zeitstand-Zugversuch an strukturierten Dichtungsbahnen	DVS R 2203-4	Abschnitt 3.2.16
Reibung (Scherkastenversuch)	GDA E3-8	Abschnitt 3.2.17
Zeitstand-Scherversuch an strukturierten Dichtungsbahnen	–	Abschnitt 3.2.18

[1] Hinweis auf die Abschnitte, in denen im Folgenden die Prüfverfahren diskutiert und die Anforderungen beschrieben werden

Tabelle 3.3: Prüfungen, Prüfnormen und Anforderungen für glatte PE-HD-Dichtungsbahnen nach den Vorschriften (GM 13) des Geosynthetic Institute (GI)

Property, Test	Test Standard	Test Value (2,5 mm nom. thickness)
Thickness (lowest individual of 10 values)	ASTM D5199	Nom. thickness ≥ ave. nom. thickness – 10%
Density	ASTM D1505/ ASTM D792	0,940 g/ml (min.)
Tensile Properties Yield stress Break stress Yield elongation Break elongation	ASTM D638, Type IV	37 kN/m (min. ave.) 67 kN/m (min. ave.) 12% (min. ave.) 700% (min. ave.)
Tear Resistance	ASTM D1004	311 N
Puncture Resistance	ASTM D4833	800 N
Stress Crack Resistance	ASTM D5397	200 h
Oxidative Induction Time (OIT) Standard OIT High Pressure OIT	ASTM D3895 ASTM D5885	100 min (min. ave.) 400 min (min. ave.)
Oven Aging at 85 °C	ASTM D5721	55% Std.-OIT retained after 90 days 80% HP-OIT retained after 90 days
UV-Resistance	GM 11	50% HP-OIT retained after 1600 h

ave.: Mittelwert; min. ave.: untere Grenze für den Mittelwert

3.2 Prüfverfahren

3.2.1 Äußere Beschaffenheit, Homogenität, Geradheit und Planlage

Die Prüfung dieser Prüfgrößen erfolgt gemäß der DIN 16726:1986-12, *Kunststoff-Dachbahnen; Kunststoff-Dichtungsbahnen; Prüfungen*, die ganz allgemein für die Prüfung von Kunststoffdichtungsbahnen herangezogen wird. Die äußere Beschaffenheit wird nach Abschnitt 5.1 der Norm nur qualitativ durch eine visuelle Untersuchung auf Blasen, Risse und Poren beurteilt. Es dürfen keine Beschädigungen vorhanden sein. Bei einer sorgfältig vorbereiteten und durchgeführten Fertigung entsteht eine glatte, schlieren- und porenfreie Oberfläche der Dichtungsbahn. Gelegentlich können sich feine Riefen oder Kratzer und einzelne, von Staub und Schmutzpartikeln herrührende, winzige Abdrücke ausbilden. Eigentlich nur bei mangelhafter Fertigungstechnik kann das Problem entstehen, abgrenzen zu müssen zwischen Kratzern oder Abdrücken, die die äußere Beschaffenheit nicht beeinträchtigen und einer nicht mehr akzeptablen Riefe oder Pore. In Zweifelsfällen können die Rückwirkungen auf das Spannungs-/Dehnungs-Verhalten (Zugversuch, Wölbversuch) und auf die Beständigkeit gegen Spannungsrissbildung zu einer Beurteilung herangezogen werden. Dichtungsbahnen, deren Oberfläche jedoch Kratzer, Schlieren, Poren und Schmutzabdrücke zeigen, die in großer Häufung über die ganze Fläche verteilt sind, erfüllen nicht die Anforderungen. Während der Fertigung überprüft der Maschinenführer fortlaufend die äußere Beschaffenheit.

Die Homogenität wird bei der Zulassung und der Fremdüberwachung der Fertigung überprüft. Dazu werden nach DIN 16726, Abschnitt 5.1, Schnittflächen bei 6facher Vergrößerung betrachtet. Diese müssen frei von Lunkern, Poren oder gar Fremdeinschlüssen sein. Gibt die äußere Beschaffenheit Anlass zu Bedenken, sollte immer auch die Homogenität nachgeprüft werden.

Die Prüfung der Geradheit und Planlage wird detailliert in DIN 16726, Abschnitt 5.2 beschrieben. Die Prüfung wird im Rahmen der Eigenüberwachung in der Regel vor jedem Betriebsanlauf durchgeführt. Unter einem Betriebsanlauf wird dabei ein Wiederanfahren nach Stillstand der Anlage, ein Formmassenwechsel oder eine Änderung der Dicke verstanden. Zur Prüfung wird ein mindestens 12 m langer Dichtungsbahnabschnitt auf einer ebenen Unterlage ausgerollt. Geprüft wird bei Raumtemperatur (siehe Abschnitt 3.2.8, Fußnote 1). Über eine Länge von 10 m wird dann der größte Abstand der Dichtungsbahnkante vom gedachten geraden Kantenverlauf (Geradheit) und der größte Abstand der sich abhebenden Wellen von der ebenen Unterlage (Planlage) ermittelt. Der Abstand muss jeweils kleiner als 50 mm sein. Die Erfüllung dieser Anforderung ist jedoch nicht immer hinreichend, um dann auf der Baustelle tatsächlich eine weitgehende Glattlage zu erreichen (siehe Abschnitt 9.3). Zu Problemen führen dabei Verwellungen, bei denen in der Mitte oder an den Rändern der Dichtungsbahn eine Abfolge vieler kurzer Wellen auftritt, von denen zwar jede einzelne die Anforderung erfüllt, insgesamt aber sich erheblich Längenunterschiede in Teilbereichen der Dichtungsbahn ergeben.

3.2.2 Dicke

Die Prüfung der Dicke der glatten Dichtungsbahn wird wieder nach DIN 16726, und zwar Abschnitt 5.3 der Norm, durchgeführt. Gemessen wird mit einer Schieblehre oder mechanischen Tastern. Die dabei erforderliche Genauigkeit der Messwerkzeuge richtet sich nach den Anforderungen an die Mindestdicke und die Dickentoleranzen. In der DIN 16726 wird im wesentlichen auf die alte Norm DIN 53353:1971, *Bestimmung der Dicke mit mechanischen Tastgeräten*, verwiesen. Diese Norm ist inzwischen ersetzt durch DIN EN ISO 2286-3:1998-07, *Mit Kautschuk oder Kunststoff beschichtete Textilien – Bestimmung der Rollencharakteristik, Teil 3: Bestimmung der Dicke*. Die dort nur noch geforderte Genauigkeit des Messgeräts reicht jedoch vielfach nicht aus. Die mechanischen Taster sollten nämlich die Dicke auf $\pm0,005$ mm messen können. Dickenmessungen an

Kunststoffdichtungsbahnen und Geotextilien werden detailliert auch in der Norm ASTM D5199 – 95, *Standard Test Method for Measuring Nominal Thickness of Geotextiles and Geomembranes*, beschrieben.

Erwähnt wurde bereits, dass die Dicke während der laufenden Produktion mit einem β-Strahler-Dickenmessgerät gemessen und überwacht werden kann. Dazu wird ein β-Strahler bekannter Intensität über die Dichtungsbahn geführt. Die Intensität der Strahlung nimmt exponentiell mit der durchstrahlten Dicke ab. Nach einer Kalibrierung (Bestimmung des Schwächungskoeffizienten) kann aus der unter der Dichtungsbahn gemessenen Intensität die Dicke berechnet werden.

Die Dicke kann ebenfalls mit einfachen, tragbaren Ultraschallgeräten ermittelt werden. Gemessen wird die Laufzeit des Rückwandechos eines Ultraschallimpulses, der mit einem auf die Dichtungsbahn aufgesetzten Ultraschallmesskopf gesendet wird. Dieses Verfahren wird vor allem zur Messung der Nahtdicke von Schweißnähten eingesetzt (siehe Abschnitt 10.2).

Schließlich kann die Dicke optisch gemessen werden. Dazu wird eine glatte Schnittkante in einem Handmikroskop betrachtet. Aufwendigere optische Verfahren können zur Ermittlung der z.T. schwierig zu bestimmenden Dicke von Dichtungsbahnen mit strukturierter Oberfläche eingesetzt werden (siehe Abschnitt 6.2).

In der Geotechnik werden unterschiedlich dicke PE-HD-Dichtungsbahnen verwendet. Man muss bei der Auswahl zwischen mechanischer Robustheit, Verhalten beim Verlegen und vor allem Schweißen einerseits und dem finanziellen Aufwand anderseits abwägen. Eine kurzfristige Einsparung beim Einkauf kann dabei leicht durch langfristig erforderliche Reparatur- und Sanierungskosten mehr als verloren gehen. Die PE-HD-Dichtungsbahnen sollten mindestens 2,0 mm dick [5], keinesfalls jedoch dünner als 1,5 mm sein. Üblicherweise werden 2,0 bis 2,5 mm dicke Dichtungsbahnen verwendet. Die Dicke ist die einzige Eigenschaft der Kunststoffdichtungsbahn in der Deponieabdichtung für die die TA Siedlungsabfall und die TA Abfall unmittelbar eine Anforderung festlegen: Sie muss $\geq 2,5$ mm sein. Nach den Zulassungsanforderungen der BAM für Deponiedichtungsbahnen müssen die über die Breite der Dichtungsbahn alle 0,2 m gemessenen Einzelwerte daher $\geq 2,50$ mm sein. Die zulässige Dickentoleranz (Differenz zwischen Minimum und Maximum der Einzelmessungen) beträgt danach 0,3 mm bei Dichtungsbahnen mit einer Nenndicke < 3 mm und 0,4 mm bei einer Nenndicke ≥ 3 mm.

3.2.3 Rußgehalt und Rußverteilung

Homogen verteilter, feinkörniger Ruß hat sich als effektiver und dabei preisgünstiger Stabilisator gegen UV-Strahlung erwiesen. Er wird dem Polyethylen bereits vom Rohstoffhersteller oder erst während der Herstellung der Dichtungsbahnen beigemischt. Die Eigenschaften des Rußes, der Gehalt und die Homogenität der Verteilung bestimmen die Güte der UV-Stabilisierung.

Der Rußgehalt kann durch eine Thermogravimetrie-Messung (TG-Messung) bestimmt werden. TG-Messeinrichtungen mit entsprechenden Auswerteeinheiten sind bei einer Vielzahl von Messgeräteherstellern erhältlich. Das Verfahren ist in der Anschaffung aufwendig, in der Durchführung jedoch schnell und einfach. Es ersetzt zunehmend das früher übliche Verfahren nach der ASTM D1603-94, *Standard Test Method for Carbon Black in Olefin Plastics*, oder der ASTM D4218-96, *Standard Test Method for Determination of Carbon Black Content in Polyethylene Compounds by the Muffle-Furnace Technique.* Die Grundlagen der Thermogravimetrie an Polymeren werden in der DIN EN ISO 11358:1997-11, *Kunststoffe – Thermogravimetrie (TG) von Polymeren – Allgemeine Grundlagen*, beschrieben. Bei der TG-Messung des Rußgehalts wird eine Probe aus der Dichtungsbahn auf einer Mikrowaage erwärmt. Die Temperatur wird dabei kontinuierlich gemessen und ebenso über die Mikrowaage der Masseverlust. Die Erwärmung erfolgt zunächst in einer Stickstoffatmosphäre. Das Polyethylen in der rußhaltigen Probe wird bei etwa 480 °C vollständig pyrolisiert. Danach wird auf eine sauerstoffhaltige Atmosphäre (z.B. synthetische Luft) umgestellt und dabei der Ruß verbrannt. Durch eine Standardauswertung der Masseänderung-Temperatur-Kurve kann der Gewichtsanteil des Ruß ermittelt werden.

Im Einzelnen wird an der BAM mit folgenden Prüfbedingungen gearbeitet. Ein 10 mg bis 50 mg schweres, aus der Dichtungsbahn ausgestanztes Probenstück wird in einen 150 µl Al_2O_3-Tiegel oder Platin-Tiegel eingewogen. Bis 600 °C wird mit 200 ml/min Stickstoff (N_2 Reinheit 5), danach mit 200 ml/min synthetischer Luft gespült. Die Starttemperatur beträgt 30 °C, die Endtemperatur 900 °C und die Heizrate 20 K/min. Bei dieser Versuchsdurchführung ergeben sich fast keine Rückstände ($< 0,05$ Gew.-%).

Der Rußgehalt wird aus dem Sprung in der Masseänderung-Temperaturkurve beim Verbrennen des Rußes nach dem Standardauswerteverfahren der jeweiligen Geräte bestimmt. Es werden mindestens 3 Einzelmessungen durchgeführt. Voraussetzung für eine einwandfreie TG-Messung ist die Kalibrierung der Temperaturmessung und eine Auftriebskorrektur. Dabei ist nach den jeweiligen Vorschriften der Gerätehersteller zu verfahren.

Nach dem starken Abfall in der Masseänderung-Temperatur-Kurve, der von der Pyrolyse des Polyethylen herrührt, bleibt die Restmasse in der Regel nicht konstant. Die Kurve fällt vielmehr ganz allmählich weiter ab. Der Zeitpunkt bzw. Temperaturpunkt für das Umschalten auf die Spülung mit synthetischer Luft kann daher das Messergebnis für den Rußgehalt beeinflussen. Die hierzu gemachten Vorgaben müssen beachtet werden, wenn die Ergebnisse vergleichbar sein sollen. Es empfiehlt sich, bei Inbetriebnahme einer TG-Messeinrichtung die Messergebnisse mit Messungen nach den herkömmlichen Verfahren oder von bereits eingesetzten und überprüften TG-Messeinrichtungen zu vergleichen.

Im Rahmen der Erarbeitung der DIN 16739:1994-05 (Entwurf), *Kunststoff-Dichtungsbahnen aus Polyethylen (PE) für Deponieabdichtungen; Anforderungen, Prüfung*, die Entwurf geblieben ist, wurde mit dem oben beschriebenen Verfahren ein Rundversuch (Süddeutsches Kunststoffzentrum (SKZ), Hüls AG, BAM) durchgeführt. Es ergab sich eine sehr gute Übereinstimmung sowohl im Vergleich der Ergebnisse und der beiden Verfahren TG-Messung und ASTM 1603, als auch der Ergebnisse der verschiedenen Prüfstellen.

Abb. 3.1a: Beispiele für eine ausreichende Homogenität der Rußverteilung. Die Aufnahmen wurden an einem Mikrotomschnitt aus einer PE-HD-Dichtungsbahn mit 100facher Vergrößerung gemacht. Die Breite der Bilder entspricht dabei 1,20 mm und die Höhe 0,90 mm.

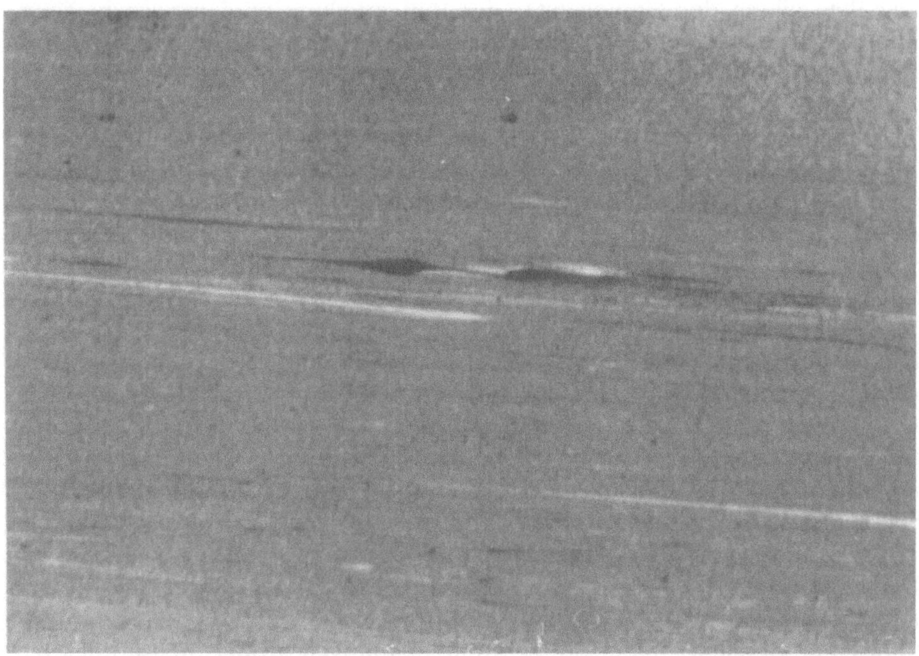

Abb. 3.1b: Beispiele für eine schlechte Rußverteilung (unzulässig große Agglomerate und mangelhafte Durchmischung). Die Aufnahmen wurden an einem Mikrotomschnitt aus einer PE-HD-Dichtungsbahn mit 100facher Vergrößerung gemacht. Die Breite der Bilder entspricht dabei 1,20 mm und die Höhe 0,90 mm.

Die Beurteilung der Homogenität der Rußverteilung wird in verschiedenen Richtlinien der Gütegemeinschaft Kunststoffrohre e.V. beschrieben. Das Verfahren ähnelt dem der ISO 11420:1996-10, *Verfahren zur Bestimmung des Grades der Rußverteilung in Polyolefin-Rohren, Formstücken und Formmassen*, und der ASTM D5596-94, *Standard Test Method for Microscopic Evaluation of the Dispersion of Carbon Black in Polyolefin Geosynthetics*. Gelegentlich wird die französische Norm NF T 51-142: Février 1992, *Plastiques – Compositions à base de polyéthylènes et de leurs copolymères – Détermination du degré de dispersion du noir de carbone*, oder die britische Norm BS 2782-8, *Methods 823A and 823B. Methods for the assessment of carbon black dispersion in polyethylene using a microscope*, herangezogen. Eine deutsche Norm gibt es nicht.

Die Prüfung der Homogenität der Rußverteilung im Rahmen der BAM-Zulassung erfolgt in Anlehnung an ASTM D5596-94. Dazu werden aus 10 Probekörpern, die an zufällig verteilten Stellen der Dichtungsbahn herausgeschnitten wurden, Mikrotomschnitte von ca. 10 μm Dicke aus dem Dichtungsbahnquerschnitt entnommen. Bei 100facher Vergrößerung werden die Mikrotomschnitte im Hinblick auf die Homogenität der Rußverteilung und etwaige Fehlstellen beurteilt. Dabei wird mindestens eine Fläche von 10 mm^2 erfasst.

Das Erscheinungsbild wird nach folgenden Kriterien beurteilt. Es dürfen keine Rußstreifen oder Streifen von naturfarbenem Material, keine Schlieren schlecht durchmischter Bereiche, keine Rußzusammenballungen größer 30 μm oder Flecken naturfarbenen Materials oder Fehlstellen wie Blasen und Lunker sichtbar sein. Eine qualitativ gute Homogenität der Verteilung zeigt vielmehr nur feine Rußstippen (bis ca. 30 μm Durchmesser) über die gleichmäßig grau eingefärbte Fläche gesprenkelt. Die Abbildungen 3.1a und 3.1b geben Beispiele für anforderungsgemäße und für mangelhafte Rußverteilungen. Nach der ASTM D5596-94 wird die Homogenität durch den Vergleich mit Bildern einer Musterkarte (ASTM-Adjunct D35-Carbon Classification Chart for Geosynthetics) klassifiziert. Die bei der BAM-Zulassung geforderte Homogenität der Verteilung entspricht danach in allen Bildern mindestens der Kategorie 1. Nach der ISO 11420 wird die Häufigkeit der Größe von Rußstippen quantitativ und das Erscheinungsbild der Verteilung durch den Vergleich mit Referenzbildern qualitativ beurteilt.

3.2.4 Schmelzindex und Dichte

Architektur und chemische Zusammensetzung des Polymers bedingen das Fließverhalten der Polymerschmelze. Dieses Fließverhalten, oder genauer der Zusammenhang zwischen Scherspannung und Schergeschwindigkeit (Viskosität), ist eine für die Verarbeitung sehr wesentliche Eigenschaft. Die Bestimmung der Viskosität (siehe Abschnitt 3.3) ist bei Polyethylen mühsam, da wegen der sehr guten Beständigkeit gegen Chemikalien nur bei hohen Temperaturen eine Lösung hergestellt werden kann. Mit dem Schmelzindex (oder Schmelze-Massefließrate) steht jedoch ein einfach zu bestimmender Kennwert für das Fließverhalten zur Verfügung, aus dem dann sogar die Viskosität nach einem rechnerischen Verfahren abgeschätzt werden kann [6]. Die Schmelzindexmessung wird nach DIN EN

ISO 1133:2000-02, *Kunststoffe – Bestimmung der Schmelze-Massefließrate (MFR) und der Schmelze-Volumenfließrate (MVR) von Thermoplasten*, durchgeführt. Im Bereich der US-amerikanischen Normung wird zumeist auf die ASTM D1238-99, *Standard Test Method for Flow Rates of Thermoplastics by Extrusion Plastometer*, zurückgegriffen.

Das Gerät zur Schmelzindexmessung besteht aus einem heizbaren Zylinder, an dessen unteren Ende eine Düse angebracht ist. Zylinder und Düsenöffnung müssen nach den genauen Vorschriften der Prüfnorm mit enger Maßtoleranzen gefertigt werden. Im Zylinder bewegt sich passgenau ein Kolben über dessen Kolbenstange Gewichte aufgebracht werden können. Bei der Messung wird das Probenmaterial (Granulat oder zerkleinerte Stücke aus der Dichtungsbahn) in den Zylinder gefüllt, auf eine vorgegebene Temperatur über der Schmelztemperatur der Probe aufgeheizt und dann mit dem vorgegebenen Gewicht auf dem Kolben durch die Düse gedrückt. Der austretende Schmelzstrang wird nach vorgegebenen Zeitintervallen automatisch abgeschnitten und die Abschnitte gewogen. Die Prüfgröße, eben der Schmelzindex, ist dann die bei der Prüftemperatur und der Masse des Prüfgewichts bezogen auf die Zeit von 10 Minuten ausgetretene Polymermasse. Die Einheit ist g/10 min. Die Prüftemperatur in °C und die Masse der Prüfgewichte in kg muss immer mit angegeben werden. Bei PE-HD-Werkstoffen wird die Temperatur 190 °C verwendet und eine der drei Prüfgewichte 2,16 kg, 5 kg oder 21,6 kg.

Daneben kann aus der Kolbenbewegung das pro Zeitintervall aus der Düse ausgetretene Volumen der Polymerschmelze berechnet werden. Diese Prüfgröße, deren Einheit $cm^3/10$ min ist, wird als Volumen-Fließindex (Schmelze-Volumenfließrate) bezeichnet. Üblicherweise werden für die Prüfgrößen Schmelzindex und Volumen-Fließindex die Abkürzungen aus den englischen Bezeichnungen verwendet, nämlich MFR (*melt flow rate*) und MVR (*melt volume rate*). Oft ist jedoch noch die ältere Abkürzung MFI (von *melt flow index*) in Gebrauch. Ein weiterer Kennwert ist das Verhältnis des bei hohem Gewicht und niedrigem Gewicht gemessenen MFR. Diese als *melt flow ratio* bezeichnete Größe wird leider oft ebenfalls mit MFR abgekürzt. Sie ist eine Maß für die Breite (Uneinheitlichkeit) der Molekülmassenverteilung.

Zusammen mit dem Schmelzindex wird zumeist auch die Dichte bestimmt, die ebenfalls ein charakteristischer Kennwert für den Werkstoff darstellt. Die Dichte kann nach den auch in anderen Bereichen der Materialprüfung üblichen Verfahren bestimmt werden. Das Auftriebsverfahren, die Bestimmung der Dichte mit dem Pyknometer, das Schwebeverfahren und das Dichte-Gradienten-Verfahren sind in der DIN 53479:76-07, *Prüfung von Kunststoffen und Elastomeren, Bestimmung der Dichte*, ausführlich beschrieben. Die Verfahren fußen in der einen oder anderen Weise immer auf dem Archimedischen Prinzip. Ein nach einem anderen physikalischen Prinzip arbeitendes Verfahren wird z.B. in der ASTM D4883-99, *Standard Test Method for Density of Polyethylene by Ultrasound Technique*, beschrieben.

Für eine genaue und reproduzierbare Dichte-Bestimmung muss die Probe konditioniert werden und die Vorgeschichte der Probenherstellung bekannt sein. Geringe Unterschiede in der Kristallinität wirken sich in der Dichte aus. Bewährt hat sich das in Anlehnung an die ASTM D2839-87, *Standard Practice for Use of a Melt Index Strand for Determining Density of Polyethylene*, durchgeführte Herstellungs- und Konditionierungsverfahren. Die Dichte wird dabei an Strängen aus der Schmelzindexmessung ermittelt, die zuvor in 100 °C heißem Wasser eine Stunde gekocht wurden.

Die Messung von Schmelzindex und Dichte stehen an erster Stelle bei der Spezifikation und Identifikation von Polyethylen-Werkstoffen. Man muss beachten, dass die Dichte des Basispolymers sich von der Dichte der mit Ruß gemischten fertigen Dichtungsbahn unterscheidet. Auf die Konfusion in der Bezeichnungsweise der PE-Formmasse, die dabei entstehen kann, wurde im Abschnitt 2.2 bereits kurz eingegangen. In der Regel erreicht nur die mit Ruß schwarz eingefärbte Dichtungsbahn und nicht deren naturfarbene Formmasse eine Dichte, die formal der Klassifikation als PE-HD-Dichtungsbahn entspricht (siehe Kapitel 2, Tabelle 2.1). Man darf diese Klassifizierungsgrenzen jedoch nicht streng als technisches Kriterium handhaben: selbst wenn die Dichte der schwarzen Dichtungsbahn knapp unter 0,940 g/cm^3 liegt, kann sie in ihrem ganzen Eigenschaftsspektrum dem entsprechen, was hier als PE-HD-Dichtungsbahn bezeichnet wird.

In der DIN 16776-1:84-12, *Kunststoff-Formmassen, Polyethylen(PE)-Formmassen, Einteilung und Bezeichnung*, wird ein Bezeichnungssystem u.a. für Dichte und Schmelzindexbereiche eingeführt, das der Einteilung und kurzen Bezeichnung der Formmassen dient. Die Schmelzindexklassen, Tabelle 3.4, sind für die Beurteilung der Verschweißbarkeit zweier PE-HD-Dichtungsbahnen aus unterschiedlichen Formmassen wichtig, siehe Abschnitt 10.1. Die PE-HD-Dichtungsbahnen haben in der Regel Schmelzindizes, die in den beiden Klassen T012 und T022 liegen.

Tabelle 3.4: Kennzeichnung von Schmelzindexklassen nach DIN 16776-1

Prüfgröße			Prüfbedingungen	
Zeichen	Schmelzindex (g/10 min)		Zeichen	Prüfbedingung
000	≤ 0,1		D	190 °C/2,16 kg
001	0,1 < ... ≤ 0,2		T	190 °C/5 kg
003	0,2 < ... ≤ 0,4		G	190 °C/21,6 kg
006	0,4 < ... ≤ 0,8			
012	0,8 < ... ≤ 1,5			
022	1,5 < ... ≤ 3			
045	3 < ... ≤ 6			
090	6 < ... ≤ 12			
200	12 < ... ≤ 25			
400	25 < ... ≤ 50			
700	50 <			

3.2.5 Maßänderung

Bei der Herstellung der Dichtungsbahnen werden dem Material Orientierung eingeprägt und dadurch innere Spannungen „eingefroren". Beim Erwärmen relaxieren diese Spannungen und Orientierungen. Die Maße eines Probekörpers verändern sich dabei. Die Änderungen sind bei kleinen Probekörpern geringfügig. Die Maßänderung kann positiv wie negativ sein (Abbildung 3.2). In Extrusionsrichtung (oft auch als Maschinenrichtung bezeichnet) schrumpfen die Dichtungsbahnen, quer dazu können Ausdehnung und Schrumpf auftreten. Über die Breite der Dichtungsbahn ist die Maßänderung je nach Fertigungsprozess uneinheitlich.

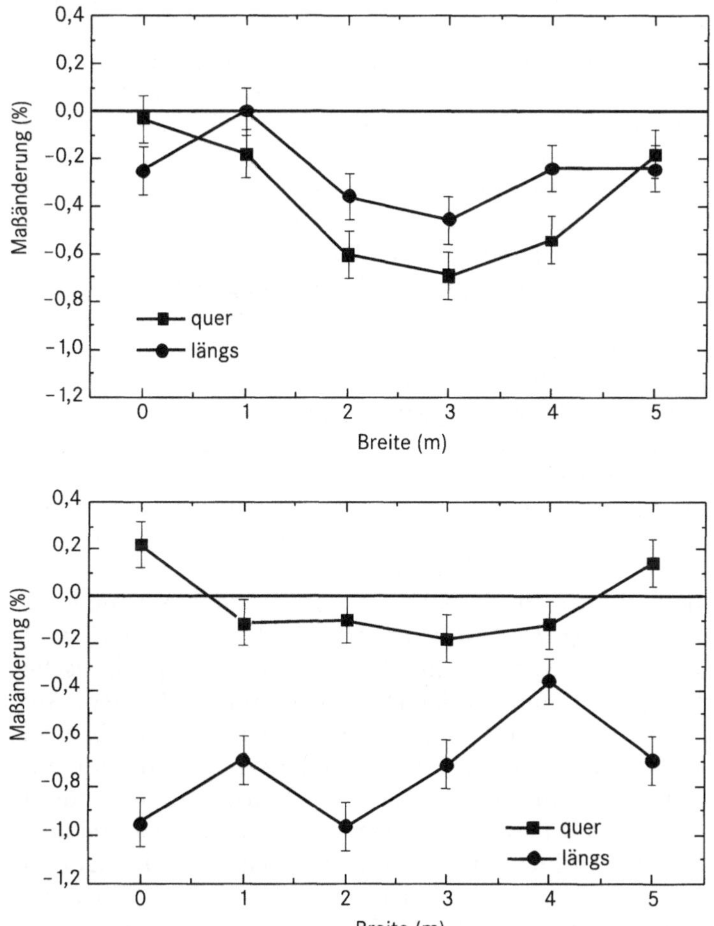

Abb. 3.2: Die Maßänderung (längs und quer zur Extrusionsrichtung) von zwei PE-HD-Dichtungsbahnen (oben und unten), die jeweils im Breitschlitzdüsenverfahren hergestellt wurden. Über die Breite der Dichtungsbahn wurden (100 x 100) mm^2 große Proben am Rand und im Abstand von einem Meter entnommen. Die Maßänderung wurde nach einer einstündigen Lagerung bei 120 °C gemessen.

Die schwarzen Dichtungsbahnen können im Feld durch die direkte Sonneneinstrahlung Temperaturen von 70 °C erreichen. Die mit den Temperaturdifferenzen von bis zu 40 °C verbundene thermische Ausdehnung ist zum großen Teil
reversibel. Dies gilt nicht für die fertigungsbedingte Maßänderung, die bei Erwärmung über längere Zeit entsteht. Da die Maßänderung über die Breite der Dichtungsbahn sich ändert, entstehen bei einer zu großen Maßänderung bleibende
wellenförmige Verzerrungen in der Dichtungsbahn. Eine glatte, wellenfreie Verlegung ist dann unmöglich. Ebenso wirkt sich die Maßänderung beim Wärmeeintrag im Bereich der Schweißnaht aus. Es können auch dort kleinere Verwellungen und damit Spannungen in der Schweißnaht entstehen. Die Orientierung
und die innere Spannung haben Rückwirkung auf die Spannungsrissbeständigkeit. Bei der Herstellung von Folien, Platten und Dichtungsbahnen gilt daher
generell eine nur geringe Maßänderung bei einer Erwärmung als Bewertungskri-
terium für eine einwandfreie, werkstoffgerechte Verarbeitung.

Zur Bestimmung der Maßänderung bei den PE-HD-Dichtungsbahnen wird
an der BAM die DIN 53377:69-05, *Prüfung von Kunststoff-Folien, Bestimmung
der Maßänderung*, herangezogen. Aus der Dichtungsbahn werden quadratische
Proben (Plättchen) der Kantenlänge 100 mm ausgeschnitten. Die Kanten müssen
rechtwinkelig und die Seitenflächen eben sein. Die Proben werden bei 120 °C im
Wärmeschrank eine Stunde lang gelagert. Die Schwankung der Temperatur im
Bereich der Probe darf ±2 °C nicht übersteigen. Die Plättchen müssen im Wärm-
schrank so gelagert werden, dass Schrumpf und Ausdehnung nicht behindert
werden. Dazu werden z.B. Glasplatten, die mit Talk bestreut oder auf die Al-Folie
oder Backfolie gelegt wird, verwendet. Vor und nach der Warmlagerung wird die
Kantenlänge (l_{vor} bzw. l_{nach}) der Plättchen in Extrusionsrichtung und quer dazu
gemessen und daraus jeweils die relative Längenänderung (l_{vor} / l_{nach} − 1) · 100
berechnet. Die Plättchen dürfen dabei nicht gewölbt sein. Mit einer einfachen
Vorrichtung kann eine völlig ebene Ausrichtung erreicht werden. Die Längen-
messeinrichtung muss eine Messgenauigkeit von mindestens 0,01 mm haben. Die
Maßänderung ist dann definiert als relative Längenänderung, ausgedrückt in %
und auf eine Kommastelle (also ‰-Werte) gerundet.

Eine etwas andere Methode wird in der DIN EN 1107-1:2000-09 (Entwurf),
*Abdichtungsbahnen − Bestimmung der Maßhaltigkeit − Teil 2: Kunststoff- und
Elastomerbahnen für Dachabdichtungen*, beschrieben. Hier werden quadratische
Probekörper der Kantenlänge 250 mm aus der Dichtungsbahn geschnitten. Auf
der horizontalen und der vertikalen Mittellinie der Probe werden jeweils zwei
dauerhafte Markierungen im Abstand von 200 mm symmetrisch zum Mittelpunkt
aufgebracht. Deren Abstand soll dann vor und nach der Warmlagerung optisch
oder mechanisch auf mindestens 0,1 mm genau gemessen werden. Die relative
Veränderung der Abstände der Markierungen (hier als Maßhaltigkeit bezeichnet)
durch die Warmlagerung wird berechnet und dann ebenfalls auf ‰-Werte gerundet. In Anlehnung an diese Norm kann die Bestimmung der Maßänderung bei
PE-HD-Dichtungsbahnen alternativ zu dem oben beschriebenen Verfahren folgendermaßen durchgeführt werden: Es werden 120 mm große quadratische Proben verwendet und im Abstand von 100 mm die vier Markierungen oder aber
vier Bohrungen (mit Bohrer und Reibahle) aufgebracht. Die Art der Markierung
(z.B. Schnitt mit einer Rasierklinge) muss eine eindeutige und reproduzierbare

Festlegung des Messpunktes ermöglichen. Die Innenkante der Bohrung muss glatt und scharfkantig sein. Bei Markierungen werden die Abstände vor und nach der Warmlagerung optisch, bei Bohrungen mechanisch ausgemessen. Die Messeinrichtungen müssen auch hier eine Messgenauigkeit von mindestens 0,01 mm haben. Ansonsten erfolgt der Prüfablauf wie oben bereits beschrieben.

Lagerungstemperatur, Lagerungsdauer und Probengröße werden in den Normen gar nicht oder unterschiedlich festgelegt. Die Zulassungsrichtlinie der BAM und der Normentwurf DIN 16739:1994-05, *Kunststoff-Dichtungsbahnen aus Polyethylen (PE) für Deponieabdichtungen; Anforderungen, Prüfung*, fordern die oben angegebenen Prüfbedingungen: bei einer Erwärmung auf 120 °C sind schon 50% der Schmelzwärme verbraucht, so dass kleinere Kristallite aufgeschmolzen sind. Die Orientierung und die inneren Spannungen sollten daher weitgehend verlorengegangen sein.

Die DIN 16726 für Kunststoff-Dachbahnen und Kunststoffdichtungsbahnen fordert bei einer Probegröße von 100 mm eine Lagerung über 6 Stunden bei 80 °C: Diese Anforderung unterschätzt die bleibende Maßänderung, die sich nach mehrtägiger Erwärmung in einer verlegten, durch die Sonneneinstrahlung aufgeheizten Dichtungsbahnen ergeben kann, siehe Abbildung 3.3. Die Lagerungsdauer ist für eine fortlaufende Produktionskontrolle auch zu lang.

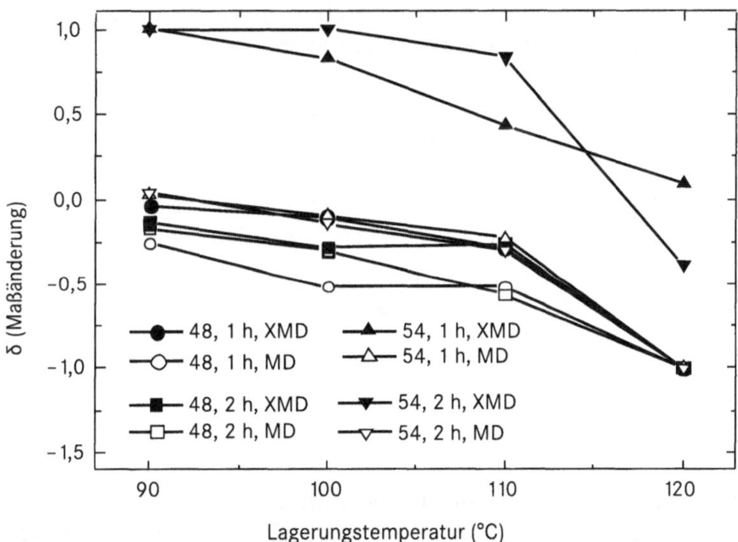

Abb. 3.3: Relative Veränderung der Maßänderung (nicht die Maßänderung selbst (!)) bezogen auf die jeweilige maximale Maßänderung, wenn die Lagerungstemperaturen verändert wird. Gemessen wurde nach ein- und zweistündiger Lagerung bei 90 °C, 100 °C, 110 °C und 120 °C an zwei PE-HD-Dichtungsbahnen (Probe 48 und 54) jeweils in Maschinenrichtung (MD) und quer zur Maschinenrichtung (XMD). In allen Fällen, wo überhaupt eine Maßänderung zu beobachten ist, steigt deren Absolutwert mit zunehmender Lagerungstemperatur deutlich an. Unterschiede zwischen einer nur einstündigen und der zweistündigen Lagerung sind dabei nicht zu erkennen. Eine sehr lange Lagerung über mehrere Monate bei 80 °C führt jedoch zu Maßänderungen, die im Bereich der Änderungen liegt, die bei 120 °C nach einer Stunde gemessen wurden.

Ein älterer europäischer Norm-Entwurf, DIN EN 495-1:1991-12, *Dach- und Dichtungsbahnen aus Kunststoffen und Elastomeren, Bestimmung der Maßänderung nach Warmlagerung*, legt keine Lagerungstemperatur und -dauer fest. Es wird jedoch eine quadratische Probe von 250 mm Kantenlänge gefordert. Solch große Proben erscheinen unhandlich und daher wenig zweckmäßig. Die neue DIN EN 1107-2 fordert ebenfalls 250 mm große Probe. Eine normgerechte Prüfung würde nach den Vorgaben dieser Norm mindestens 27 Stunden dauern (20 h Konditionierung im Normalklima 50014-23/50-2, 6 h Warmlagerung bei 80 °C und 1 h Konditionierung im Normalklima nach Entnahme aus dem Wärmeschrank). Dieses Verfahren ist daher für Qualitätssicherungsmaßnahmen gar nicht praktikabel. Die ASTM D1204-94, *Standard Test Method for Linear Dimensional Changes of Nonrigid Thermoplastic Sheeting or Film at Elevated Temperature*, fordert jedoch ebenfalls diese Probengröße, legt die Temperatur auf 100 °C fest und lässt die Lagerungszeit offen.

Die Bestimmung der Maßänderung ist nicht Bestandteil der Anforderungen an PE-HD-Dichtungsbahnen des Geosynthetic Institute (Tabelle 3.3), obwohl diese Prüfgröße ein wichtiger und sehr einfach zu messender Kennwert für eine einwandfreie Verarbeitung darstellt.

Die zulässige Maßänderung bei vorgegebenen Prüfbedingungen soll einerseits so gering wie möglich sein. Andererseits führt die Herstellungstechnik, insbesondere bei der Breitschlitzdüsentechnik mit dem anschließenden Kalanderwerk, unvermeidlich zu einer gewissen Maßänderung. Gerade strukturierte Dichtungsbahnen mit eingeprägten Strukturen sind davon betroffen. In der Zulassungsrichtlinie wird gefordert, dass der Absolutbetrag der Maßänderung $\leq 1{,}0\%$ für glatte Dichtungsbahnen und $\leq 1{,}5\%$ für Dichtungsbahnen mit eingeprägten Oberflächenstrukturen sein muss. Diese Werte sind nicht zu eng gewählt, da zum Vergleich die thermische Ausdehnung z.B. bei einer Temperaturdifferenz von 40 °C nur bis zu 1% beträgt (berechnet mit einem thermischen Ausdehnungskoeffizienten der PE-HD-Werkstoffe von $1{,}5 \dots 2{,}5 \cdot 10^{-4}$ K^{-1} im Bereich zwischen 20 °C und 70 °C). Bei einer einwandfreien Verarbeitungstechnik können diese Grenzwerte problemlos eingehalten werden.

3.2.6 Permeation

Die Permeation von Schadstoffen durch die Kunststoffdichtungsbahn spielt bei der Auswahl von geeigneten Werkstoffen eine wichtige Rolle, wenn es um die Abdichtung gegen schädliche Wasserinhaltsstoffe, flüssige Chemikalien oder Gase geht. Das Permeationsverhalten muss dabei immer im Zusammenhang mit der Beständigkeit des Werkstoffs gegen die Prüfflüssigkeit beurteilt werden. Diffusion und Lösungsvorgänge sind die physikalischen Prozesse, die bei den Kunststoffdichtungsbahnen die Permeation bestimmen. Für die PE-HD-Dichtungsbahnen sind die Werte der zugehörigen physikalischen Kenngrößen des Diffusions- und Lösungsprozesses, nämlich der Löslichkeit s bzw. des Verteilungskoeffizienten σ und des Diffusionskoeffizienten D, für eine Vielzahl organischer Stoffe und wässeriger Lösungen organischer Stoffe inzwischen bekannt, siehe dazu Kapitel 7. Die Prüfung zur Ermittlung der Kennwerte kann als Permeationsversuch oder als Immersionsversuch durchgeführt werden. Eine Einführung in die Methodik der Untersuchung der Diffusion in polymeren Werkstoffen wird in [7] gegeben.

Beim Permeationsversuch wird die Permeationsrate J und Induktionszeit t_{ind} bestimmt (Abbildung 3.4). Man betrachte dazu folgende typische Situation: Oberhalb der Dichtungsbahn mit der Dicke d stehe ständig eine flüssige Chemikalie oder eine wässerige Lösung dieser Chemikalie der Konzentration c_0 an. Unterhalb der Dichtungsbahn werde durch einen Abtransport die Konzentration der Chemikalie immer auf Null gehalten. Die Dichtungsbahn wird dann durch eine konstante Konzentrationsdifferenz $\Delta c = c_0$ beansprucht. Im Dichtungsbahnmaterial bildet sich dadurch ebenfalls eine konstante Konzentrationsdifferenz aus, die den diffusiven Stofftransport antreibt. Stellt sich das Konzentrationsgleichgewicht in der Grenzfläche schnell genug ein, so ist diese Konzentrationsdifferenz in der Dichtungsbahn im stationären Zustand gegeben durch $s\Delta c$ bei einer reinen Prüfflüssigkeit bzw. durch $\sigma\Delta c$ bei einer wässerigen Lösung. Zunächst dauert es aber eine gewisse Zeit bis die ersten diffundierenden Moleküle die Dichtungsbahn durchwandert haben und sich die konstante Konzentrationsdifferenz ausgebildet hat (Induktionszeit). Danach findet jedoch ein mit konstanter Rate ablaufender diffusiver Massetransport statt. Die Permeationsrate und die Induktionszeit sind dann für die reine Flüssigkeit gegeben durch:

$$J = \frac{sD\,\Delta c}{d} \quad t_{ind} = \frac{d^2}{6D} \ . \tag{3.1}$$

Für eine wässerige Lösung wird s durch σ ersetzt.

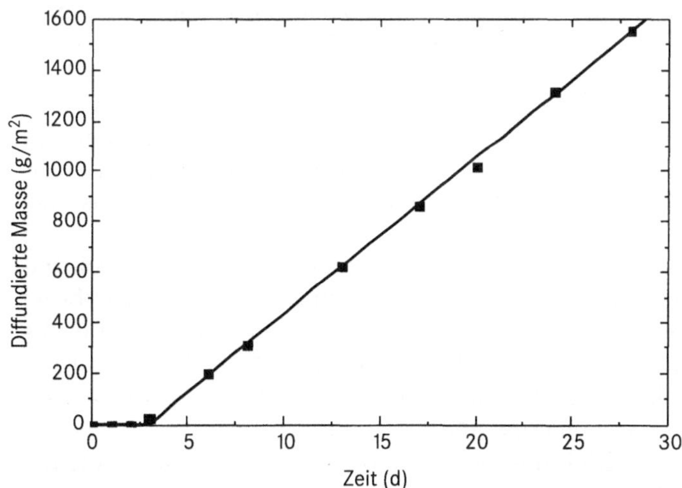

Abb. 3.4: Diffundierte Masse Trichlorethylen bezogen auf die Flächeneinheit, die aus einer mit flüssigem Trichlorethylen gefüllten Prüfzelle bei der gravimetrische Permeationsmessung im Laufe der Zeit entweicht. Eingebaut war eine 2,5 mm dicke PE-HD-Dichtungsbahn. Die Ausgleichsgerade an die Datenpunkte im stationären Zustand liefert die Permeationsrate (Masse, die pro Zeit- und Flächeneinheit durch die Dichtungsbahn diffundiert, hier 30 g/m² · d) und die Induktionszeit (Zeit-Achsenabschnitt der Ausgleichsgeraden, hier: 3 Tage).

Die Dichtigkeit eines Werkstoffs wird durch die Permeabilität $P = Jd/\Delta c$ charakterisiert, die das Verhältnis der mit der Dicke multiplizierten Permeationsrate zur den diffusiven Stofftransport antreibenden Konzentrationsdifferenz angibt. Der Kehrwert d/P wird oft auch als Diffusionswiderstand bezeichnet. Die Permeabilität einer Kunststoffdichtungsbahn für eine Chemikalie oder eine wässerige Lösung dieser Chemikalie ist also gegeben durch das Produkt aus Diffusionskoeffizient und Löslichkeit bzw. Verteilungskoeffizient.

Ein Überblick über Verfahren zur Messung der Permeation gasförmiger und flüssiger Stoffe wird in der ASTM D5886-95, *Standard Guide for Selection of Test Methods to Determine Rate of Fluid Permeation Through Geomembranes for Specific Application*, gegeben. Die Permeation durch die Dichtungsbahn bei Beaufschlagung mit einer reinen Flüssigkeit kann in der Regel mit einem einfachen gravimetrischen Verfahren in Anlehnung an DIN 53532:1989-06, *Bestimmung des Verhaltens gegen Flüssigkeiten, Dämpfe und Gase (Prüfung von Kautschuk und Elastomeren)*, gemessen werden.

Geprüft wird mit zylindrischen Prüfgefäßen aus Aluminium oder einem anderen verträglichen, leichten Werkstoff, die an einer Seite offen sind und dort mit dem Probekörper, einem kreisförmigen Dichtungsbahnensegment, gasdicht verschlossen werden. An der BAM wird ein Aluminiumtopf mit aufschraubbarer Kappe verwendet. Der Flansch des Topfes ist mit drei und der in der Kappe befindliche Flansch mit zwei Dichtrippen versehen, die zueinander versetzt angeordnet sind. Der Dichtflansch ist in der Kappe auf Kugeln gelagert. Beim Zusammenschrauben drücken sich die Rippen in die Dichtungsbahn. Es entsteht eine formschlüssige dichte Verbindung. Das Fassungsvermögen beträgt ungefähr 150 ml. Tiefe und Füllungsgrad des Gefäßes muss so bemessen werden, dass auch gequollene und dadurch wellig verzogene oder gewölbte Probekörper noch völlig mit der Prüfflüssigkeit bedeckt sind. Die Messung wird im Normalklima DIN 50014-23/50-2 durchgeführt (siehe Abschnitt 3.2.8, Fußnote 1). Gemessen wird der Gewichtsverlust des Prüfgefäßes durch die Permeation der Prüfflüssigkeit über der Zeit (Abbildung 3.4). Die Induktionszeit und die Permeationsrate werden aus der Ausgleichsgerade an die Datenpunkte in der stationären Phase bestimmt.

Die Kennwerte von D und s bzw. σ lassen sich experimentell auch durch Immersionsversuche ermitteln. Bei einem Immersionsversuch wird ein Probekörper aus der Dichtungsbahn in eine flüssige Chemikalie oder eine wässerige Lösung mit definierter, konstant gehaltener Konzentration c_0 der Chemikalie eingelagert. Die Aufnahme der Chemikalie durch den Probekörper mit der Masse G wird durch dessen allmähliche Massezunahme $\Delta G(t)$ gemessen. Besteht eine begrenzte Löslichkeit der Chemikalie im Dichtungsbahnmaterial, so stellt sich im Laufe der Zeit ein Sättigungswert $\Delta G(\infty)$ für die Massezunahme ein. Bei einem Diffusionsprozess nach den Fickschen Gesetzen mit einem konstanten Diffusionskoeffizienten D erfolgt der Anstieg der Masseänderung über der Zeit t bis zu etwa 2/3 des Sättigungswertes proportional zu $\sqrt{Dt}$. Der Proportionalitätsfaktor hängt dabei von der Gestalt des Probekörpers ab. Für eine im Vergleich zu ihrer Dicke d großflächigen Platte ist

$$\Delta G(t) = \Delta G(\infty)\left(\frac{4}{d\sqrt{\pi}}\right)\sqrt{Dt} \ . \tag{3.2}$$

Die Löslichkeit lässt sich bei Einlagerung in die flüssige Chemikalie aus dem Sättigungswert gemäß

$$s = \frac{\Delta G(\infty)}{G} \tag{3.3}$$

bestimmen. Der Verteilungskoeffizient bei Einlagerung in die wässerige Lösung wird aus der Konzentration $c(\infty) = \Delta G(\infty)/V$ der Chemikalie im Probekörper (mit dem Volumen V und der Dichte ϱ), die mit der Konzentration der Chemikalie in der wässerigen Lösung c_0 im Gleichgewicht steht, gemäß

$$\sigma = \frac{c(\infty)}{c_0} = \frac{\dfrac{\Delta G(\infty)}{G}\varrho}{c_0} \tag{3.4}$$

ermittelt.

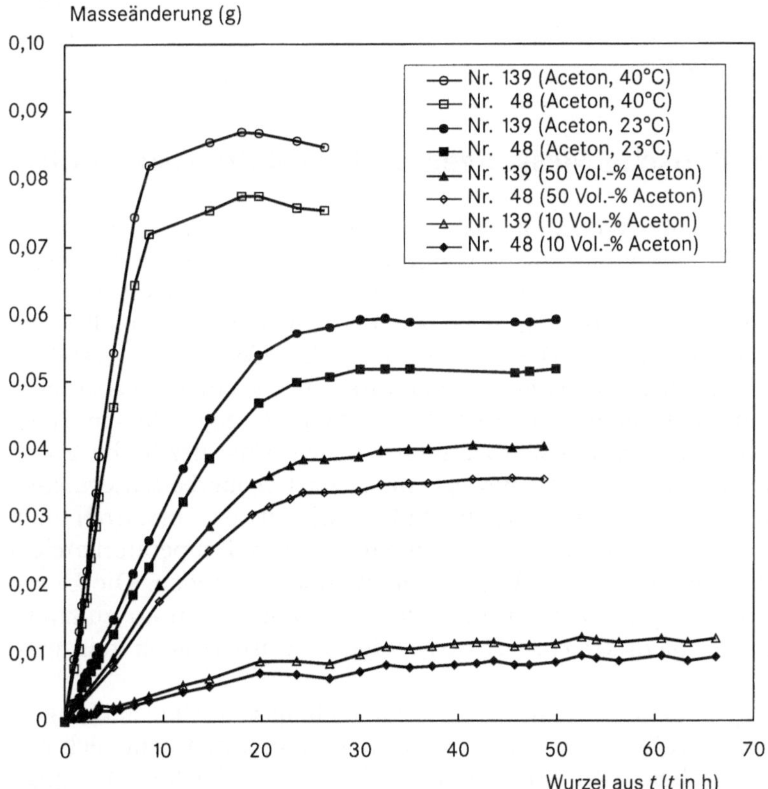

Abb. 3.5: Die Masseänderung-Zeit-Kurven von Immersionsversuchen an einer 2,5 mm dicken PE-HD-Dichtungsbahn. Die Immersion wurde in reinem Aceton sowie in einer Aceton-Wasser-Lösung bei 23 °C und bei 40 °C durchgeführt. Als Probekörper wurden kreisförmige Dichtungsbahnen-Scheiben (Dicke: 2,5 mm, Durchmesser: 58 mm) verwendet.

Im Einzelnen kann der Immersionsversuch folgendermaßen durchgeführt werden. Aus der Dichtungsbahn werden mit einer Spindelstanze kreisförmige Scheiben mit einem Durchmesser von etwa 5 ... 6 cm ausgestanzt. Die Proben werden mit Wasser und anschließend mit Ethanol gereinigt. Die gereinigten Proben werden im Vakuum-Trockenschrank bei 40 °C bis zur Gewichtskonstanz getrocknet und zur Abkühlung im Exsikkator über Kieselgel als Trocknungsmittel gelagert. Die Proben werden in Glasdosen mit Glasnadeln als Abstandshalter gestapelt und mit Glaskörpern beschwert. Danach wird die Prüfflüssigkeit eingefüllt und das Glasgefäß mit einem Glasdeckel und einer Parafilmfolie verschlossen. Die Glasgefäße werden in einem klimatisierten Raum bei einer Temperatur von 23 °C aufgestellt. Man kann die Immersionsversuche auch bei erhöhter Temperatur durchführen und dazu die Glasgefäße in einen gegebenenfalls für die Lagerung feuergefährlicher oder explosiver Flüssigkeiten geeigneten Wärmeschrank aufstellen. Die eingelagerten Proben werden in regelmäßigen Abständen mit einer Pinzette entnommen, mit saugfähigem, fusselfreiem Papiervlies kurz abgetupft, in ein verschließbares Wägeglas gelegt und sofort gewogen. Als Waage wird eine Feinwaage mit einer Genauigkeit von 0,1 mg verwendet. Anschließend werden die Proben wieder in die Glasgefäße eingelagert. Bei dieser Gelegenheit kann die Prüfflüssigkeit in Augenschein genommen und gegebenenfalls erneuert werden. Abbildung 3.5 zeigt als Beispiel so ermittelte Masseänderung-Zeit-Kurven für die Prüfflüssigkeit Aceton.

3.2.7 Thermoanalytische Messungen und Oxidationsstabilität

Auch die thermoplastischen Werkstoffe haben unterschiedliche Aggregatzustände: zu hohen Temperaturen hin entsteht eine amorphe, zähflüssige Polymerschmelze. Beim Abkühlen können sich, wenn eine bestimmte Temperatur unterschritten wird, Polymerketten zu Kristallen falten. Die Polymere kristallisieren praktisch jedoch nie vollständig. Die bleibenden, mehr oder weniger großen, amorphen Bereiche gehen zu niederen Temperaturen hin in einen Glaszustand über. Diesen Zustand kann man sich so vorstellen, dass die ungeordneten Polymerketten gleichsam erstarren und sich zusammenziehen. Das spezifische Volumen nimmt dabei sprunghaft ab. Die Beweglichkeit der Polymerkettensegmente ist stark eingeschränkt. Das Aufschmelzen und Einfrieren, das Erstarren und Auftauen aus dem Glaszustand findet jeweils in einem engen Temperaturbereich statt und ist mit der Aufnahme und Abgabe von Wärme verbunden. Die Übergänge zwischen den Aggregatzuständen sind jedoch, etwa im Gegensatz zu anorganischen Werkstoffen, nicht sehr scharf ausgeprägt. Es existiert auch kein gasförmiger Zustand.

Bei sehr hohen Temperaturen finden irreversible chemische Umwandlungen statt. Bei großem Sauerstoffpartialdruck und hohen Temperaturen kann sich ein oxidativer Abbau innerhalb von Minuten oder Stunden vollziehen. In einer Inertgasatmosphäre wird das Polymer thermisch zersetzt, ein Vorgang, der als Pyrolyse bezeichnet wird. Auch diese chemischen Reaktionen setzen bei bestimmten Temperaturen ein, die von den Umgebungsbedingungen der Probe abhängen. Sie sind mit der Aufnahme und Abgabe von erheblichen Wärmemengen verbunden. Schmelzen, Auftauen und die Pyrolyse sind endotherme Vorgänge. Kristallisieren, Erstarren und Oxidation sind exotherme Vorgänge. Die Temperaturen, bei denen die Übergänge bzw. Umwandlungen stattfinden, und die spezifischen Wärmemengen, die dabei umgesetzt werden, sind charakteristische Kennwerte eines Werkstoffs (Tabelle 3.5). Die Temperaturen und die Wärmen zu messen, ist eine der Aufgaben der thermischen Analyse. Als Analyseverfahren wird dabei die sogenannte Dynamische Differenz-Kalometrie (DDK) verwendet. Gebräuchlicher ist jedoch die englische Bezeichnung *Differential Scanning Calorimetry* (DSC). In der thermischen Analyse, deren Begriffe in der DIN 51005:93-08, *Thermische Analyse, TA, Begriffe,* erläutert werden, kommen jedoch auch noch andere Verfahren zum Einsatz, wie z.B. die oben im Abschnitt 3.2.3 kurz erläuterte Thermogravimetrie (TGA). Ein Überblick über die Methoden der Thermoanalyse wird in [8] gegeben.

Tabelle 3.5: Übergangstemperaturen (in °C) thermoplastischer Werkstoffe, die für Geokunststoffe (Dichtungsbahnen, Vliesstoffe, Dränmatten, Geogitter usw.) verwendet werden. Neben den Polyolefinen PE und PP werden der Polyester PET und die Polyamide PA 6.6 und PA 6 sowie in allerdings nur geringem Umfang der Polyhalogenkohlenwasserstoff PVC verarbeitet

Werkstoff	Glastemperatur	Schmelztemperatur	Zersetzungstemperatur
PE-LD	−130	85 … 125	≈ 420
PE-HD	−125	130 … 140	≈ 480
PP	−20 … −5	165 … 175	328 … 410
PET	70 … 80	245 … 265	283 … 306
PA	40 … 60	210 … 265	310 … 380
PVC	65 … 85	−	180

Eine DSC-Apparatur besteht im einfachsten Falle aus zwei Öfen. In den einen Ofen wird ein mit der Probe gefüllter Tiegel eingebaut, in den anderen Ofen der leere Tiegel als Referenzprobe. In den Öfen herrscht eine vorgegebene Gasatmosphäre. Beide Öfen werden nach einem geregelten Temperaturprogramm geheizt, abgekühlt oder konstant auf einer bestimmten Temperatur gehalten. Die Differenz im Wärmestrom der beiden Öfen, der jeweils für die Durchführung des Temperaturprogramms erforderlich ist, wird über der Zeit oder über der Ofentemperatur gemessen.

Bei der Messung der Schmelzkurve und Schmelzwärme wird die Temperatur beider Öfen mit einer konstanten Rate erhöht. Beginnt die Probe zu schmelzen und verbraucht dabei Wärme, so muss der Wärmestrom W in diesen Ofen hinein deutlich erhöht werden, um die konstante Rate der Temperaturerhöhung beibehalten zu können. Ist die Kurve der Differenz im Wärmestrom ΔW zwischen Referenzofen und Probenofen über der Ofentemperatur zunächst annähernd konstant, so wird sie beim Schmelzen der Probe zu immer kleineren Werten abfallen, ein Minimum durchlaufen und bei gänzlich aufgeschmolzener Probe wieder zum konstanten Ausgangswert zurückkehren (Abbildung 3.6). Die Temperatur (Peak-Temperatur) im Minimum der Schmelzkurve wird in der Regel als Schmelztemperatur bezeichnet. Oft wird jedoch zusätzlich die Temperatur am Fußpunkt der abfallenden Linie (Onset-Temperatur) angegeben. Die Fläche, die die Schmelzkurve überstreicht, kann als Maß für die Schmelzwärme dienen. Für die thermoanalytische Messung des Schmelzverhaltens kann die DIN EN ISO 3146:1997-03, *Kunststoffe – Bestimmung des Schmelzverhaltens (Schmelztemperatur oder Schmelzbereich) von teilkristallinen Polymeren*, herangezogen werden.

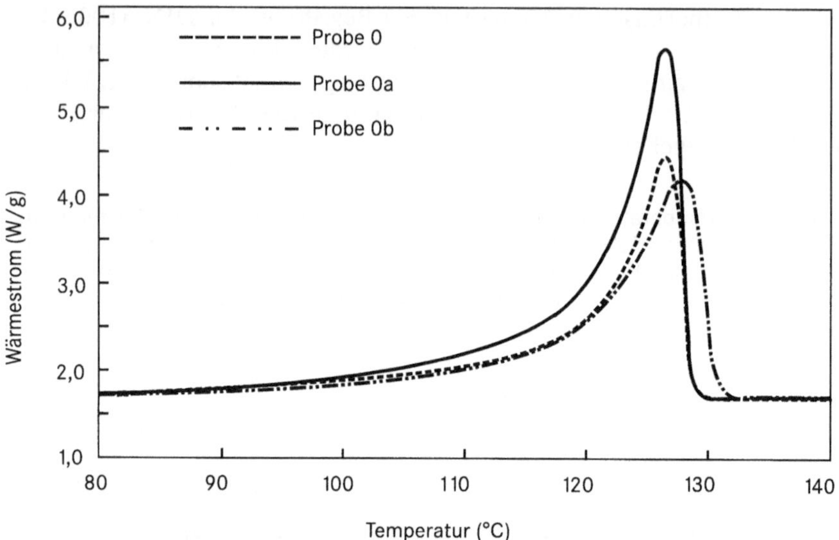

Abb. 3.6: Schmelzkurven einer PE-HD-Dichtungsbahn im Anlieferungszustand (Probe 0) und nach Warmlagerung in Luft über mehrere Jahre bei 80 °C (Probe 0a: 6 Jahre, Probe 0b: 8,4 Jahre). Abweichend vom Text wird hier nicht die Differenz im (auf die Masse bezogenen, spezifischen) Wärmestrom (*heat flow*) zwischen Referenzofen und Probenofen, sondern umgekehrt zwischen Probenofen und Referenzofen dargestellt. Beim endothermen Schmelzvorgang wächst bei dieser Darstellung also die Wärmestromdifferenz an und die Kurve durchläuft ein Maximum.

Der Glasübergang kann in der gleichen Weise gemessen werden. Die Öfen müssen dazu jedoch mit flüssigem Stickstoff gekühlt werden, um die sehr tiefen Temperaturen des Glasübergangs beim Polyethylen erreichen zu können.

Die Oxidationsstabilität eines thermoplastischen Werkstoffs wird durch die sogenannte Oxidations-Induktions-Zeit (*oxidative induction time*), abgekürzt OIT, charakterisiert. Bei der OIT-Messung werden die mit Inertgas durchströmten Öfen auf eine vorgegebene hohe Messtemperatur geheizt und dann einer oxidierenden Atmosphäre ausgesetzt. Statt des Inertgases lässt man reinen Sauerstoff durch die Öfen strömen. Bei einer Hochdruck-OIT-Messung sind die Öfen in eine Hochdruckmesszelle eingebaut, in der nach Erreichen der Messtemperatur ein hoher Sauerstoffpartialdruck (bis zu 5 MPa) eingestellt wird. Die Messung beginnt mit der Umstellung der Gasatmosphäre. Die Differenz im Wärmstrom ΔW zwischen Referenzofen und Probenofen wird jetzt als Funktion der Zeit gemessen. Nach einer gewissen Zeit beginnt die sich rasch beschleunigende Autoxidation der Probe. Durch die frei werdende Reaktionswärme muss der Wärmestrom im Probeofen stark gedrosselt werden, um eine weitere Aufheizung des Ofens zu verhindern. Die über der Zeit zunächst horizontal verlaufende Kurve der Wärmestromdifferenz wird stark ansteigen. Die Zeitdauer vom Messbeginn bis zum Umknicken der Messkurve ist die Oxidations-Induktions-Zeit. Als Zeitpunkt des Umknickens kann das Überschreiten eines Schwellenwertes der Abweichung von der horizontalen Basislinie oder der Schnittpunkt der Tangenten an die Basislinie und an die ansteigende Flanke im Punkt größter Steigung gewählt werden (Abbildung 3.7). Zum OIT-Wert gehören immer Angaben zur Messtemperatur und zur Sauerstoffatmosphäre, in der gemessen wurde.

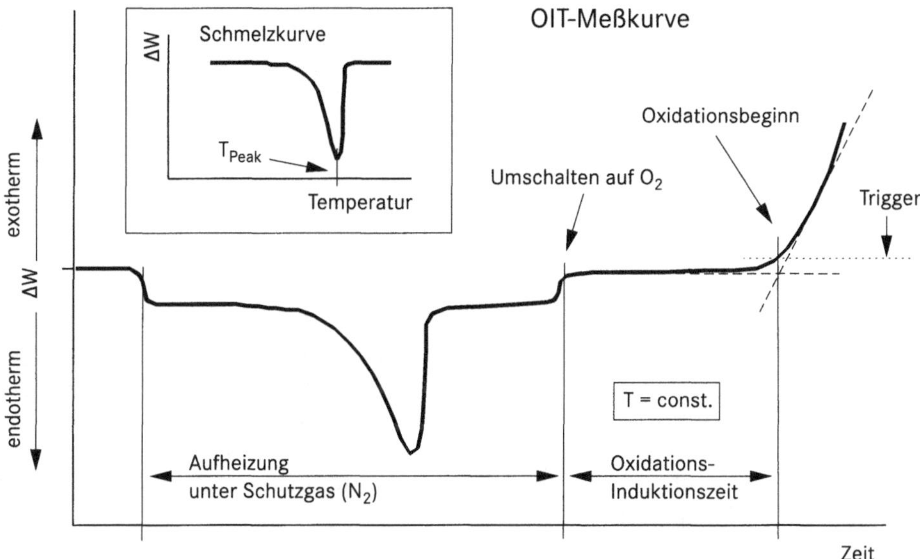

Abb. 3.7: Prinzipieller Verlauf einer OIT-Kurve (großes Bild) und einer Schmelzkurve (kleines Bild).

Für die Messung der Oxidations-Induktions-Zeit an den PE-HD-Dichtungsbahnen können die Normen DIN EN 728:1997-03, *Kunststoff-Rohrleitungs- und Schutzrohrsysteme – Rohre und Formteile aus Polyolefinen – Bestimmung der Oxidations-Induktionszeit*, und ASTM D3895-95, *Standard Test Method for Oxidative-Induction Time of Polyolefins by Differential Scanning Calorimetry*, herangezogen werden. Die Hochdruck-OIT-Messung an Polyolefinen wird in der Norm ASTM D5885-95, *Standard Test Method for Oxidative-Induction Time of Polyolefin Geosynthetics by High-Pressure Differential Scanning Calorimetry*, beschrieben.

Tabelle 3.6: Verfahrensschritte, die bei einem handelsüblichen DSC-Gerät miteinander kombiniert werden können. Bei dem Gerät dienen zwei offene Platin-Pfännchen als Öfen, die in einer normalen oder in einer Hochdruckmesszelle untergebracht sind. Mit einer fl. Stickstoffkühlung wird die Umgebung der Öfen auf einer konstanten Temperatur (z.B. 0 °C) gehalten. Die Zellen können mit Gas gespült und durchströmt werden

Nr.	Verfahrensschritt	Verfahrensparameter
1	isotherme Gasspülung	konstante Temperatur (Raumtemperatur oder Messtemperatur T_M); N_2 als strömendes Gas (30 ml/min); Dauer ca. 1 min
2	Aufheizung	bis zur T_M oder zur maximalen Temperatur T_{max} des Prüfprogramms; Heizrate 10 °C/min; N_2 als strömendes Gas (30 ml/min)
3	Abkühlung	Kühlrate 50 °C/min bis zur Ausgangstemperatur; Gasatmosphäre des vorausgehenden Verfahrensschritts
4	isotherme Oxidation (Standard)	konstante Temperatur T_M; Umschalten von stömendem N_2 auf O_2; 3 bar Druck vor dem O_2-Einlassventil; die Messung beginnt mit dem Umschalten
5	isotherme Oxidation (Hochdruck)	konstante Temperatur T_M; Umschalten von stömendem N_2 auf O_2; Dauer der O_2-Spülung ca. 5 min.; Schließen des Auslassventils; Druckaufbau und schließen des O_2-Einlassventil; Die Messung beginnt zu diesem Zeitpunkt

Gelegentlich wird auch die Oxidations-Induktions-Temperatur (ebenfalls abgekürzt mit OIT) gemessen. Dabei wird von Anfang an die Probe einer Sauerstoff-Atmosphäre ausgesetzt, mit konstanter Rate aufgeheizt und die Wärmestromdifferenz als Funktion der Temperatur gemessen. Bei hohen Temperaturen setzt dann die Oxidation ein, die wieder zu einem starken Anstieg der Kurve der Wärmestromdifferenz führt. Die Temperatur des Umknickens gilt dann als Oxidations-Induktions-Temperatur.

Die detaillierte messtechnische Umsetzung des hier im Prinzipiellen geschilderten Messverfahrens kann unterschiedlich sein. Tabelle 3.6 zeigt als Beispiel die Verfahrensschritte, wie sie in einem handelsüblichen Dynamischen Leistungskompensations-Differenz-Kalorimeter und in einer dazugehörigen Druckzelle durchgeführt werden. Die Messung der Schmelzkurve an einer PE-HD-Probe besteht danach aus den nacheinander ablaufenden Verfahrensschritten 1 bis 3. Die Standard-OIT-Messung besteht aus den Verfahrensschritten 1, 2, 1, 4 und 3 und die Hochdruck-OIT-Messungen aus den Verfahrensschritten 1, 2, 1, 4 und 3. Es müssen jedoch stets die Hinweise der Gerätehersteller, bei den Hochdruckmessungen insbesondere die Sicherheitshinweise, beachtet werden.

Die Masse der Proben beträgt ca. 5 mg. Es werden in der Regel Tiegel aus Aluminium (50 ml Fassungsvermögen) erwendet. Bei der Messung der Schmelzkurve werden die Tiegel mit einem gelochten Deckel verschlossen. Die OIT-Messungen erfolgen mit offenem Tiegel. Bei Verwendung von Cu-Tiegel kommt die katalytische Wirkung von Übergangsmetallen auf den oxidativen Abbau zum Tragen. Die OIT-Werte verkürzen sich ganz erheblich. Die Interpretation der gemessenen Zeiten wird dadurch aber auch schwieriger. Bei der Messung der Schmelzkurve wird die Temperatur in der Regel bis zu $T_{max} = 180$ °C gefahren.

Die Messung der Standard-OIT von PE-HD-Werkstoffen erfolgt bei $T_M = 200\ °C$ oder 210 °C. Der Hochdruck-OIT-Wert wird knapp über dem Schmelzbereich bei $T_M = 150\ °C$ und einem Sauerstoffdruck von 3.4 MPa gemessen.

Die typischen Schmelztemperaturen und Schmelzwärmen von PE-HD-Dichtungsbahnen, oder die zugehörigen Kristallinitätsgrade, die aus der Schmelzwärme mit einem extrapolierten Wert von 293 J/g für einen vollständig kristallisierten PE-HD-Werkstoff berechnet werden, sind in den Tabellen 2.2 und 3.5 aufgeführt. Die Standard-OIT-Werte von gut stabilisierten PE-HD-Formmassen sollten $\geq$ 20 min bei 210 °C [9] bzw. $\geq$ 100 min bei 200 °C [10] und die Hochdruck-OIT-Werte $\geq$ 400 min bei 150 °C und 3,4 MPa [10] sein.

Es kommt immer wieder zu Missverständnissen, wenn gemessene OIT-Werte interpretiert werden, um Aussagen über die langzeitige Oxidationsstabilität der Werkstoffe unter Anwendungsbedingungen zu gewinnen. Einige wichtige Sachverhalte muss man dabei nämlich im Auge behalten. Art und Menge von Antioxidantien bestimmen im wesentlichen die Oxidations-Induktions-Zeit einer PE-HD-Formmasse. Der OIT-Wert einer unstabilisierten PE-HD-Formmasse ist bei den hohen Temperaturen sehr gering: allenfalls wenige Minuten bei der Standard-OIT-Messung, einige Zehn Minuten bei der Hochdruck-OIT-Messung. Es sind jedoch der Wirkungsmechanismus und das Migrationsverhalten des Stabilisators bei der hohen Messtemperatur und nicht der Wirkungsmechanismus und das Migrationsverhalten bei der Anwendungstemperatur, die in der OIT-Messung zum Tragen kommt. Die Wirksamkeit und das Migrationsverhalten (Flüchtigkeit) des Stabilisators können beide sehr stark von der Temperatur abhängen. Insbesondere die phosphitischen Stabilisatoren werden als Verarbeitungsstabilisatoren zum Schutz gegen Oxidation bei den hohen Verarbeitungstemperaturen eingesetzt. Zur langfristigen Stabilisierung bei Anwendungstemperaturen tragen sie im Vergleich dazu nur wenig bei. Umgekehrt haben die sterisch gehinderten Amine, die sogenannten HALS (*Hindered Amine Light Stabilisers*), bei Messungen oberhalb 150 °C keinen Einfluss mehr auf die Oxidationsstabilität. Der OIT-Wert sagt daher für sich genommen noch nichts über die Qualität der Langzeitstabilisierung unter Anwendungsbedingungen aus. Er kann daher nicht zum Vergleich der Oxidationsstabilität verschiedener Stabilisatorpakete in einer Formmasse und verschiedener Formmassen mit demselben Stabilisatorpaket verwendet werden.

Werden die OIT-Werte über einen Bereich hoher Messtemperaturen gemessen und die Ergebnisse in ein Arrhenius-Diagramm eingetragen, so liegen die Daten oft recht genau auf einer Arrhenius-Geraden (Abbildung 3.8). Es ist daher zwar ein über eine Aktivierungsenergie identifizierbarer physikalisch-chemischer Prozess, der bei der Oxidation in der Schmelze abläuft. Diese Arrhenius-Gerade darf jedoch nicht über den Schmelzpunkt hinweg zu tiefen Temperaturen extrapoliert werden, da sich wesentliche physikalische Vorgänge, z.B. die Lösungsvorgänge und das Migrationsverhalten, oder die Reaktionskinetik unterhalb der Schmelztemperatur stark ändern können. Bei einer Arrhenius-Extrapolation von OIT-Werten, die bei hohen Temperaturen gewonnen wurden, auf Anwendungstemperaturen können sich bei PE-HD-Werkstoffen utopische Induktionszeiten von Hunderttausenden von Jahren ergeben. Der Fehler der Extrapolation kann jedoch leicht ebenfalls viele Größenordnungen betragen [11].

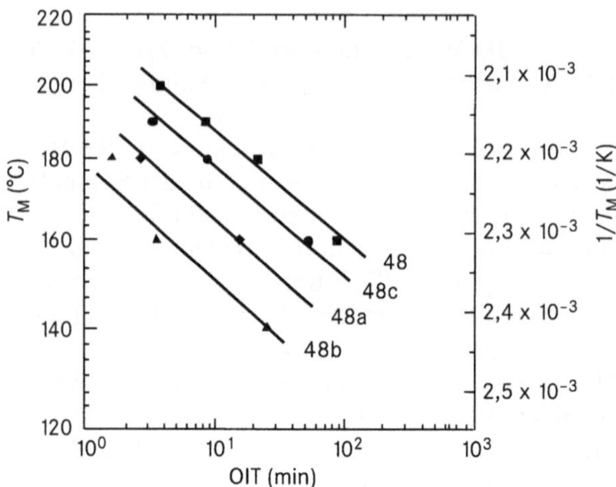

Abb. 3.8: Die bei unterschiedlichen Messtemperaturen T_M gemessenen OIT-Werte einer PE-HD-Dichtungsbahn im Anlieferungszustand (Probe 48), nach einer Warmlagerung in Luft bei 80 °C über 6 Jahre (Proben 48a) und über 8 Jahre (Probe 48b) und nach einer Lagerung in einem Gemisch flüssiger Kohlenwasserstoffe über 2977 Tage (Probe 48c) [52]. Die Daten zeigen einen näherungsweise linearen Zusammenhang zwischen dem Logarithmus der Induktionszeit und der inversen absoluten Messtemperatur ($1/T_M$).

Das typische Stabilistorpaket, das bei den rußstabilisierten PE-HD-Werkstoffen aber auch bei anderen polyolefinen Kunststoffen verwendet wird, besteht im wesentlichen aus einer Mischung aus einer phenolischen und phosphitischen Antioxidants. HALS werden bislang nur sehr selten bei den PE-HD-Dichtungsbahnen eingesetzt. Für eine gegebene Rezeptur und einen gegebenen PE-HD-Werkstoff ist dessen OIT-Wert eine eindeutige Funktion der Menge an Stabilisator im Werkstoff. Bei geringen Mengen ist der OIT-Wert sehr klein und wächst dann mit zunehmendem Gehalt über einen weiten Bereich an. Es ist möglich eine Eichkurve zu erarbeiten, die den genauen Verlauf der OIT-Werte als Funktion der Stabilisatormenge für das spezielle Stabilisatorpaket und den Werkstoff angibt[12]. Eine Eichkurve ist jedoch nur erforderlich, wenn man aus OIT-Werten quantitative Aussagen über den Stabilisatorgehalt gewinnen will. Für das typische Stabilisatorpaket kann man auch ohne genaue Kenntnis der Eichkurve annehmen, dass in grober Näherung eine Proportionalität zwischen OIT-Wert und Stabilisatorgehalt besteht. Wird daher die aus diesem Werkstoff gefertigte PE-HD-Dichtungsbahn Langzeitprüfungen zur Oxidationsstabilität unterworfen, z.B. Warmlagerungen an Luft und im Wasser, so kann mit der Messung der relativen Änderung des OIT-Wertes näherungsweise die Veränderung des Stabilisatorgehalts in der Langzeitprüfung erfasst werden.

Dass dieser Zusammenhang tatsächlich gilt, lässt sich untermauern, indem für jede Lagerungsstufe im Langzeitversuch bei verschiedenen Messtemperaturen die OIT-Werte gemessen werden, siehe dazu Abbildung 3.8. Die Abbildung zeigt Daten von Dichtungsbahnen, die einmal bei 80 °C im Wärmeschrank jahrelang gealtert und zum anderen über 12 Jahre in flüssigen Kohlenwasserstoffen bei Raumtemperatur gelagert wurden. Bei beiden Beanspruchungen sollte der Stabilisatorgehalt exponentiell mit der Zeit abfallen. Im ersten Fall geht der Stabilisator durch Entmischung und Sublimation sowie in geringem Umfang durch oxidativen Verbrauch verloren, im zweiten Fall wird er durch die mehrjährige Einlagerung der Dichtungsbahn in flüssigen Kohlenwasserstoffe extrahiert. Die bei unterschiedlichen Temperaturen gemessenen OIT-Werte der Dichtungsbahnproben einer bestimmten Lagerungsdauer liegen, wie bereits angesprochen, auf einer Arrhenius-Geraden. Die Arrhenius-Gerade wird bei anwachsender Lagerungsdauer zwar zu niedrigeren OIT-Werten verschoben, die Steigung der Geraden, also die Aktivierungsenergie, bleibt jedoch gleich. Es ist daher naheliegend, den exponentiellen Abfall der OIT-Werte mit der Lagerungszeit, der sich in der Verschiebung der Geraden zeigt, als Verlust an wirksamer Menge des Stabilisatorpakets und nicht als Veränderung im Wirkungsmechanismus zu interpretieren.

Die Veränderung des OIT-Wertes im Langzeitversuch kann also die Langzeit-Oxidationsstabilität eines Werkstoffs charakterisieren. Ändert sich der OIT-Wert bei einem Langzeitversuch nur wenig und ist am Ende des Versuchs noch ein erheblicher OIT-Wert zu messen, so kann für den Zeitrahmen, den der Langzeitversuch unter Berücksichtigung der beschleunigenden Versuchsbedingungen abdeckt, von einer ausreichenden Oxidationsstabilität ausgegangen werden. In der Richtlinie der BAM für die Zulassung von Kunststoffdichtungsbahnen [13] wird daher gefordert, dass nach einer einjährigen Warmlagerung im Umluftwärmeschrank bei 80 °C die relative Änderung des OIT-Wertes nach einem Jahr OIT(1y) gegenüber dem OIT-Wert nach einem halben Jahr OIT(0,5y) kleiner als 0,3 ist oder einfacher gesagt, dass OIT(1y) noch mindestens 70% von OIT(0,5y) betragen soll:

$$\frac{\text{OIT}(1\,\text{y})}{\text{OIT}(0,5\,\text{y})} \geq 0,7 . \tag{3.5}$$

Da abweichend von einem strengen Exponentialgesetz der OIT-Wert am Beginn der Einlagerung oft stärker abfällt, wird als Referenzwert der Wert genommen, der sich nach einem halben Jahr eingestellt hat. Dieser Wert selbst, gemessen bei 210 °C, sollte aber OIT(0,5y) $\geq$ 10 min sein. In den Anforderungen des Geosynthetic Institutes [10] wird ein Rest-Wert des Standard-OIT von 55% bzw. ein Rest-Wert des Hochdruck-OIT von 80% nach Lagerung bei 85 °C im Umluftwärmeschrank für 90 Tage gefordert:

$$\frac{\text{OIT}(90\,\text{d})}{\text{OIT}(0)} \geq 0,55\,(\text{Std.-OIT}) \quad \text{bzw.} \quad \geq 0,8\,(\text{HP}-\text{OIT}) . \tag{3.6}$$

Der OIT-Wert kann weiterhin als Kennwert bei der Qualitätssicherung verwendet werden. Die Formmassenhersteller geben in ihren Spezifikationen der Formmassen Mindestwerte für den OIT-Wert an, die in der Regel bei 200 °C oder 210 °C gemessen werden. Der OIT-Wert wird bei der Abnahmeprüfung kontrolliert und im Abnahmeprüfzeugnis die Einhaltung des Mindestwertes garantiert. Bei der Formmasseneingangskontrolle der Dichtungsbahnhersteller und im Rahmen der Fremdüberwachung der Dichtungsbahnproduktion sollte der OIT-Wert regelmäßig kontrolliert werden.

Auch bei Ausgrabungen und Feldstudien zum Langzeitverhalten von polyolefinen Geokunststoffen sollte der OIT-Wert ermittelt und mit dem Ausgangswert verglichen werden. Nur so erhält man eine substantielle Information über die Veränderung der Oxidationsstabilität unter Feldbedingungen.

Beim Vergleich von OIT-Werten in der Qualitätssicherung oder bei Feldstudien muss die Streuung der Einzelmessungen berücksichtigt werden und durch eine statistische Analyse die Signifikanz von Aussagen über Veränderungen abgesichert werden. Von S. SEEGER wird ein entsprechendes statistische Verfahren beschrieben [14].

3.2.8 Zugversuch

Die Eigenschaften der Kunststoffdichtungsbahn im Zugversuch werden nach DIN ISO 527-1:1996, *Bestimmung der Zugeigenschaften, Teil 1, Allgemeine Grundsätze*, und DIN ISO 527-3:1995, *Bestimmung der Zugeigenschaften, Teil 3: Prüfbedingungen für Folien und Tafeln*, geprüft. Im Bereich der US-amerikanischen Normung wird auf die ASTM D638-99, *Standard Test Method for Tensile Properties of Plastics*, zurückgegriffen, die jedoch technisch weitgehend der DIN ISO 527 entspricht. Abbildung 3.9 zeigt typische Spannungs-Dehnungs-Kurven für den thermoplastischen Werkstoff PE-HD.

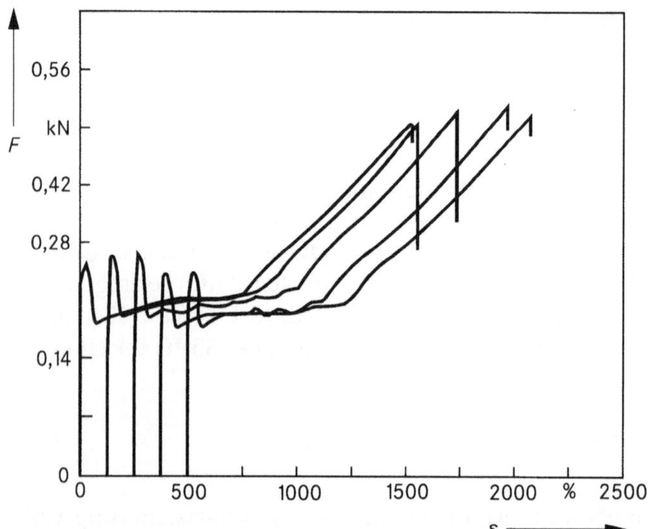

Abb. 3.9: Typische Spannungs-Dehnungs-Diagramme der Zugversuche an fünf Probekörpern aus einer PE-HD-Dichtungsbahn. Die Probestäbe (Probekörper 5 in Anlehnung an EN ISO 527-3) wurden quer zur Extrusionsrichtung entnommen. Aufgetragen ist die Zugkraft über der Dehnung. Der Prüfquerschnitt des Probekörpers beträgt ca. 2,3 · 6 mm^2. Die einzelnen Kurven wurden der besseren Lesbarkeit wegen um jeweils 100% versetzt eingezeichnet. Die Prüfgeschwindigkeit betrug 50 mm/min. Die Prüfung wurde im Normalklima 50014-23/50-2 durchgeführt.

Folgende charakteristische Prüfgrößen werden aus dieser Kurve abgelesen: Die Streckspannung (*yield stress*) als erster Spannungswert, bei dem ein Zuwachs der Dehnung ohne Steigerung der Spannung auftritt; die Bruchspannung (*stress at break*) als Spannung beim Bruch des Probekörpers; die Streckdehnung (*yield strain*) als Dehnung bei der Streckspannung; die Bruchdehnung (*strain at break*) als Dehnung bei der Bruchspannung und schließlich der Elastizitätsmodul als Differenzenquotient aus dem Spannungs- und Dehnungsunterschied zwischen den Dehnungswerten 0,0025 und 0,0005. Die Spannung wird in der Einheit MPa (= 1 N/mm^2) angegeben. Dehnung wird definiert als auf die ursprüngliche Messlänge des Probekörpers bezogene Änderung der Messlänge und in der Dimension 1 oder % gemessen. Für die Bruchdehnung wird oft auch die nominelle Dehnung verwendet, die als auf die ursprüngliche Einspannlänge der Probe bezogene Änderung der Einspannlänge, also als Verhältnis von Klemmenweg zu Einspannlänge, definiert ist. Beim Vergleich von Bruchdehnungswerten muss dieser Unterschied beachtet werden.

Die Messergebnisse hängen von den Bedingungen Temperatur, Prüfgeschwindigkeit und vom verwendeten Probekörper ab. Nach der Norm kann das Prüfklima[1] vereinbart werden. Streng genommen, müssen die Probekörper im Normalklima 50014-23/50-2 konditioniert und geprüft werden. Zumeist wird jedoch bei Raumklima geprüft. Als Prüfgeschwindigkeit wird üblicherweise ein Wert von 100 mm/min verwendet. Bei der Überwachung einer laufenden Produktion wird zumeist oberhalb der Streckgrenze auf 200 mm/min umgeschaltet, um die Prüfzeit zu verkürzen. Bei einer Messlänge von 50 mm und einer Dehnung von 1000% würde die Prüfung sonst 5 min dauern. Die DIN ISO 527-3 bezieht sich formal nur auf Folien und Tafeln mit einer Dicke bis zu 1 mm. Dennoch wird dieser Teil auch für die Prüfung der Dichtungsbahnen mit Dicken von 1,5 mm und größer herangezogen. Als Probekörper wird dabei üblicherweise der Typ 5 verwendet, der in Abbildung 3.10 zusammen mit den beiden anderen bei Prüfungen gelegentlich verwendeten Probekörpern Typ 1B und Typ 2 dargestellt ist.

Die aus dem Zugversuch abgeleiteten Prüfgrößen können zur Beurteilung der Gebrauchseigenschaften, als Qualitätsmerkmal im Rahmen der Qualitätssicherung und zu einer groben Werkstoffidentifizierung verwendet werden. Die teilkri-

---

[1] Nach der DIN 50014:1985-07, *Klimate und ihre technische Anwendung, Normalklimate*, versteht man unter dem Normalklima 50014-23/50-2 eine Lufttemperatur von 23 °C und eine relative Luftfeuchte von 50%. Die zusätzlichen Anforderungen an die Taupunkttemperatur, den Luftdruck und die Luftgeschwindigkeit spielen hier in der Regel keine Rolle. Die nachstehende 2 bezeichnet eine Genauigkeitsklasse (± 2 °C und ± 6%). Die Angabe Raumtemperatur bezieht sich nach dieser Norm auf einen Raum, „in dem die Lufttemperatur in einem festgelegten Bereich liegt, ohne Berücksichtigung der relativen Luftfeuchte, des Luftdrucks und der Luftgeschwindigkeit." In der Regel nimmt man einen Temperaturbereich von 18 °C ... 23 °C an. Die neue DIN EN ISO 291:1997-08, *Kunststoffe, Normalklima für Konditionierung und Prüfung*, definiert als Normalklima 23/50, Klasse 2 ein Laborklima mit einer Lufttemperatur von 23 °C und einer relativen Feuchte von 50%. Die Klasse 2 bezieht sich auf die Genauigkeit (± 2 °C und ± 10%). Die Norm führt den Begriff Umgebungstemperatur ein, der so wie die Raumtemperatur in der DIN 50014 definiert wird. Für den Temperaturbereich wird jetzt jedoch 18 °C ... 28 °C festgelegt. Die Konditionierung von Kunststoffproben wird im Anhang A der DIN EN ISO 291 erläutert.

stallinen Dichtungsbahnen sollten einerseits bei nicht allzu großen Verformungen schon Kräfte aufnehmen können, so dass aufgezwungene Verformungen über einen weiteren Bereich verteilt werden. Andererseits sollten die Dichtungsbahnen nicht zu steif sein, sich also mit nicht allzu großen Kräften noch verformen lassen. In [2] wird z.B. eine aufnehmbare Zugkraft von mindestens 400 N je 50 mm Dichtungsbahnbreite bei einer Verformung von 5% gefordert. PE-HD-Dichtungsbahnen haben einen Elastizitätsmodul von etwa 600 MPa. Die Streckspannung liegt bei den oben genannten Prüfbedingungen oberhalb von 15 MPa und die Streckdehnung oberhalb von 10%. Die Bruchspannung erreicht Werte von etwa 30 MPa. Die Bruchdehnung liegt in der Regel oberhalb von 1000%. Gerade die Bruchdehnung reagiert empfindlich auf Materialveränderungen, die z.B. von einer nicht einwandfreien Fertigung oder einer beginnenden Alterung herrühren. Die Änderung der Bruchdehnung kann daher in Langzeituntersuchungen als Indikator für Alterungsvorgänge verwendet werden. Das visko-elastische Verformungsverhalten thermoplastischer Werkstoffe wird im nächsten Kapitel 4 ausführlich behandelt.

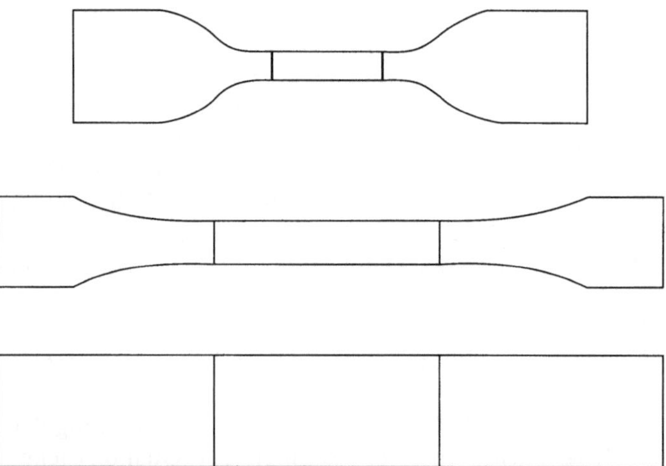

Abb. 3.10: Probeköper Typ 5 (oben), Typ 1B (Mitte) und Typ 2 (unten), die in Anlehnung an EN ISO 527-3 bzw. nach der dadurch ersetzten DIN 53455 bei der Prüfung von PE-HD-Dichtungsbahnen verwendet werden. Die Probekörper haben folgende Maße:

Probekörper-Typ			5	1B	2
Breite des engen parallelen Teils	(mm)	b_1	$6 \pm 0{,}4$	$10 \pm 0{,}2$	–
Breite an den Enden	(mm)	b_2	25 ± 1	$20 \pm 0{,}5$	10 bis 25
Messlänge zwischen den Markierungen	(mm)	L_0	$25 \pm 0{,}25$	$50 \pm 0{,}5$	$50 \pm 0{,}5$
Länge des engen parallelen Teils	(mm)	l_1	33 ± 2	$60 \pm 0{,}5$	–
Anfangsabstand der Einspannklemmen	(mm)	L	80 ± 5	115 ± 5	100 ± 5
Gesamtlänge	(mm)	l_3	≥ 115	≥ 150	≥ 150

3.2.9 Wölbversuch

Eingebaute Dichtungsbahnen werden durch Setzungen im Bauwerk verformt. Die Dichtungsbahn wird dabei in der Regel in einen ebenen Spannungszustand gezwungen, der mit aufgezwungenen mehrachsigen Verformungen (Dehnungen entlang beider Achsen in der Tangentialebene und eine Dickenreduzierung senkrecht dazu) verbunden ist. Eine solche Verformung bildet die hauptsächliche mechanische Beanspruchung. Es wurde deshalb nach einer Prüfung gesucht, mit der direkt das mehrachsige Spannungs-Dehnungs-Verhalten getestet und durch Kennwerte charakterisiert werden kann. Für textile Flächengebilde wird in der DIN 53861:1970-08, *Prüfung von Textilien, Wölb- und Berstversuch*, ein Versuchsaufbau beschrieben, der dann 1984 vom damaligen Arbeitskreis AK 14, Kunststoffe in der Geotechnik, der DGGt in modifizierter Form für die Prüfung der Dichtungsbahn eingeführt wurde [15]. Der Versuch hat rasch weltweit Verbreitung gefunden. Die Prüfung wurde auch in die Zulassungsanforderungen der BAM aufgenommen und in der Zulassungsrichtlinie eine Prüfvorschrift angegeben. Sie wurde bislang jedoch nur durch die American Society for Testing and Materials, als ASTM D5617-94, *Standard Test Method for Multi-Axial Tension Test for Geosynthetics*, genormt. Eine DIN-Norm oder eine DIN EN-Norm existiert bislang nur im Entwurf. Der Wölbversuch wird oft etwas irreführend als Berstdruckversuch oder Berstversuch (*burst testing*) bezeichnet. Relevant sind jedoch nur die Dehnungswerte und die Kennlinien des Spannungs-Dehnungs-Verhalten und nicht die erreichten Berstdrücke. Insofern ist auch die neuere englische Bezeichnung als Multi-Axial-Tension-Test unglücklich.

Es gibt die unterschiedlichsten technischen Varianten, in denen der prinzipielle Versuchsaufbau praktisch realisiert wird. Abbildung 3.11 zeigt eine Prinzipskizze der Versuchsapparatur. Eine runde Scheibe aus der Dichtungsbahn wird zwischen den Kreisringen der Einspannvorrichtungen so eingespannt, dass eine freie, kreisförmige Einspannfläche von 800 mm bis 1000 mm Durchmesser belastet werden kann. Zum Abdichten im Einspannbereich können z.B. Elastomerringe zwischen Spannring bzw. Auflage und der Dichtungsbahnscheibe eingelegt werden. Die Belastung erfolgt durch Luft oder Wasser als Druckübertragungsmedium. Mit dem einströmenden Medium wölbt sich die Dichtungsbahn und es baut sich ein Druck auf. Durch eine Regelung am Einlassventil kann der Druckaufbau in Stufen oder auch kontinuierlich erfolgen. Die ASTM-Norm fordert für den stufenlosen wie den gestuften Druckaufbau eine Rate von 7 kPa/min. Nach den Anforderungen der Zulassungsrichtlinie [16] bzw. der DVWK-Schrift [15] wird der Druck in Stufen von 20 kPa bzw. 10 kPa erhöht und bei jeder Stufe für 2 min gehalten. Die Wölbhöhe wird beim kontinuierlichen Druckaufbau mindesten jede Minute, beim stufenweisen Druckaufbau in der Mitte (DVWK, BAM-Richtlinie) oder am Ende des Zeitintervalls (ASTM) zwischen den Druckerhöhungen gemessen. Der Versuch wird bis zu einem deutlichen lokalen Verstrecken (Fließen) der aufgewölbten Probe, das in der Regel gut sichtbar ist, geführt. Abbildung 3.12 zeigt den Verlauf der Wölbhöhe als Funktion des Wasserdrucks.

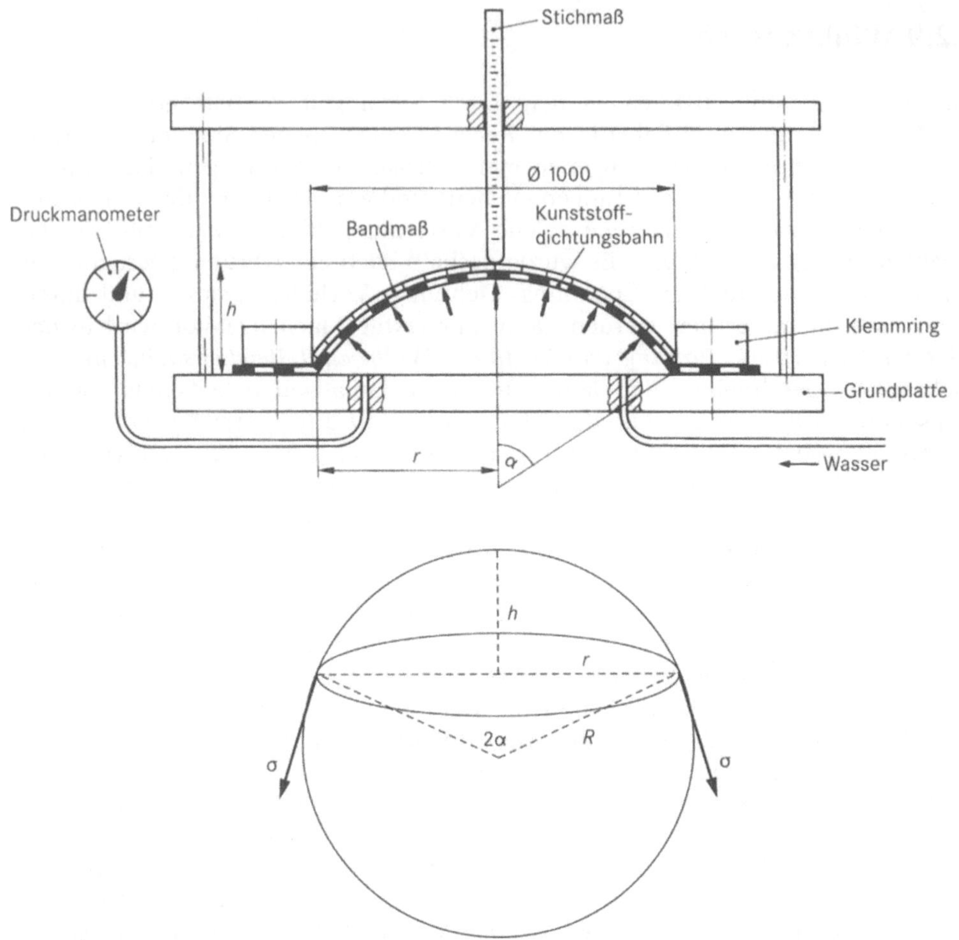

Abb. 3.11: Schematische Darstellung der Apparatur für einen Wölbversuch (Quelle: Inge-nieurbüro Schicketanz, Amtliche Materialprüfanstalt Hannover) [16]. Die beigefügte Skizze (unten) illustriert die geometrische Bedeutung der im Text verwendeten Größen.

Dieser Verlauf der Wölbhöhe im Wölbhöhe-Druck-Diagramm kann in ein Spannungs-Dehnungs-Diagramm umgerechnet werden. Dabei kann für PE-HD-Dichtungsbahnen angenommen werden, dass die gewölbte Dichtungsbahn nähe-rungsweise die Form einer Kugelkalotte hat (Abbildung 3.11). R ist dabei der Radius der entsprechenden Kugel, h ist die Höhe der Kalotte (sogenannte Wölb-höhe). Der freie Einspannradius r ist der Radius des Basiskreises der Kalotte.

Aus der Wölbhöhe h sowie dem freien Einspannradius r wird die sogenannte Wölbbogendehnung ε_b nach DIN 53861 folgendermaßen bestimmt. Es gilt:

$$\varepsilon_L = \frac{\arc \alpha}{\sin \alpha} - 1 \quad \text{wobei} \quad \sin \alpha = \frac{2rh}{r^2 + h^2} \quad \text{und} \quad \arc \alpha = \frac{2\pi}{360}\, \alpha \; . \tag{3.7}$$

Die Wölbbogendehnung kann auch über die direkte Messung der Änderung der Wölbbogenlänge b ermittelt werden: $\varepsilon_L = \Delta b / b$, $\Delta b = b - 2r$.

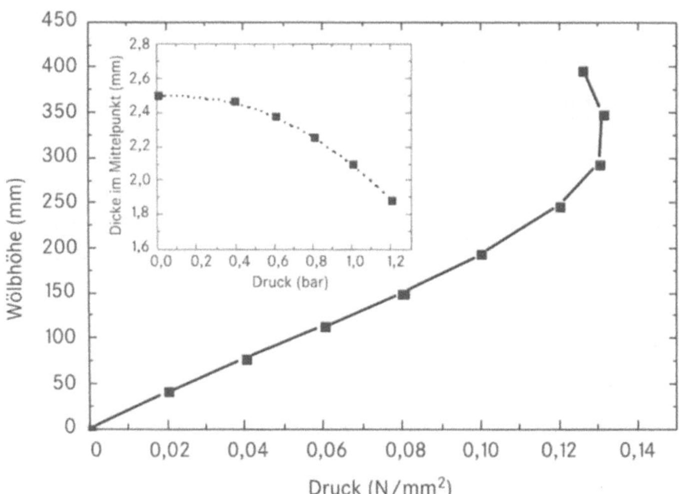

Abb. 3.12: Die bei einem Wölbversuch an einer 2,5 mm dicken PE-HD-Dichtungsbahn gemessene Wölbhöhe als Funktion des Wasserdrucks [53]. Der freie Einspanndurchmesser war 1050 mm. Der Druck wurde um 0,2 bar (0,02 N/mm²) pro zwei Minuten angehoben. Bei etwa 1,3 bar (0,13 N/mm²) verstreckt das Material. Die Geschwindigkeit des Wassereinlaufs reicht dabei nicht mehr aus um die Volumenzunahme unter der Dichtungsbahn auszugleichen: der Druck fällt ab. Schließlich reißt der verstreckte Bereich. Der Versuch endet mit einer spektakulären Wasserfontäne. Das kleine Bild zeigt die Verringerung der Dicke der Dichtungsbahn in der Mitte des sich aufwölbenden Probekörpers.

Der Zusammenhang zwischen Prüfdruck p und der Tangentialspannung σ, siehe Abbildung 3.11, ist gegeben durch:

$$\sigma = \frac{pR}{2d} \, , \tag{3.8}$$

d ist dabei die Dicke der geprüften Dichtungsbahn.

Die Aufwölbung im Test führt zu einem ebenen Spannungszustand in der Dichtungsbahn, siehe Abschnitt 5.3.3. Der zugehörige Verformungszustand ist jedoch dreidimensional: auch die Dicke der Dichtungsbahn ändert sich, siehe Abbildung 3.12. Die Größe und der Verlauf der Wölbbogendehnungen hängt sehr empfindlich von der Art der Versuchsdurchführung ab, die daher immer genau angegeben werden muss. Die Prüfung wird bei Raumtemperatur (siehe Abschnitt 3.2.8, Fußnote 1) durchgeführt. Der Versuch wird zumeist mit der oben beschriebenen, einfachen, stufenweisen Druckerhöhung gefahren. Geringere Streuungen und eine eindeutigere Charakterisierung des Verformungsverhaltens der Dichtungsbahn erhält man, wenn der Druck kontinuierlich mit einer konstanten Rate erhöht wird und dabei die Wölbhöhe kontinuierlich aufgezeichnet wird. Die Wölbhöhen-Druck-Kurve bzw. die daraus berechnete Wölbbogendehnung-Tangentialspannungs-Kurve beschreibt dann quantitativ das mehrachsige Verformungsverhalten bei einer definierten Verformungsgeschwindigkeit. Zur Versuchsauswertung gehört jedoch immer die qualitative Beschreibung des Versagensbildes.

Der Versuchsaufbau kann auch für Relaxationsversuche bei mehraxialer Verformung verwendet werden. Dazu wird rasch eine vorgegebene Wassermenge eingepumpt, die zu einer bestimmten Wölbhöhe und damit Verformung führt. Dabei muss darauf geachtet werden, dass sich keine Luftpolster bilden. Am Manometer kann dann der allmähliche Druckabfall über der Zeit abgelesen werden. Die Versuchsdurchführung und die Auswertung kann in Anlehnung an den Relaxationsversuch bei einachsiger Verformung geschehen. Abbildung 3.13 zeigt eine solche Relaxationskurve beim aufgezwungenen mehraxialen Verformungszustand.

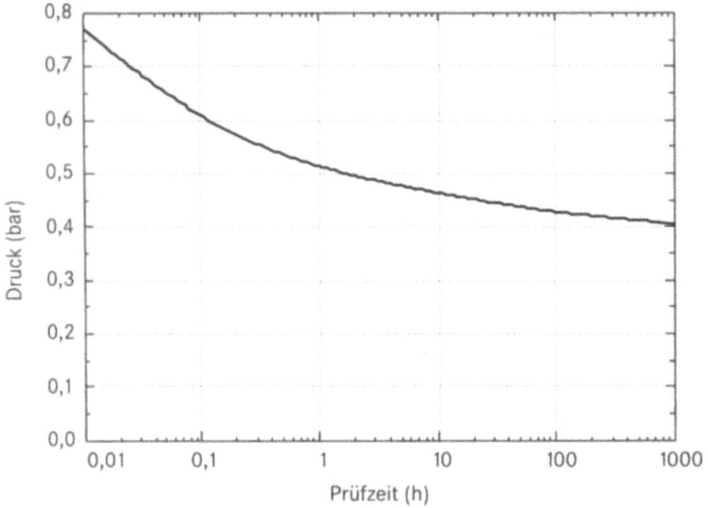

Abb. 3.13: Mit einer vorgegebenen Wassermenge, die in die Wölbversuchapparatur rasch einläuft, wird der eingebauten PE-HD-Dichtungsbahn eine bestimmte Wölbhöhe aufgezwungen. Wegen der Inkompressibilität des Wasserkörpers verändert sich danach diese Höhe nicht mehr. Anhand des Abfalls des Wasserdrucks über der Zeit kann daher eine Relaxationskurve für einen dreiachsigen Verformungszustand (wie er typisch bei Setzungen auftritt) ermittelt werden [53].

3.2.10 Relaxationsversuch

Das Relaxationsverhalten der Kunststoffdichtungsbahnen, also der Spannungsabbau bei aufgezwungenen Verformungen, geht in die Beurteilung des Langzeitverhaltens ein. Keine Anwendungsrelevanz besitzt dagegen das Kriechverhalten, also die sich bei einer aufgezwungenen Last entwickelnden Verformungen. Bei den Kunststoffrohren ist es gerade umgekehrt. Hier liefert der Scheiteldruckversuch, als Kurzzeitversuch oder als Zeitstandversuch, oder der Zeitstand-Rohrinnendruckversuch unmittelbar für die Anwendung wichtige Eigenschaften. Dies rührt daher, dass Kunststoffdichtungsbahnen so eingebaut werden müssen, dass sie nicht dauerhaft auf Zug beansprucht sind [2]. In einer auf der Böschungskrone verankerten Dichtungsbahn, die nur geringe Reibung mit dem Auflager hat, kann schon durch das Eigengewicht eine Zugspannung entstehen. Selbst bei langen, steilen Böschungen ist diese Spannung aber unkritisch (ca. 1 N/mm^2). Die Hangabtriebskräfte oder Spreizkräfte von weiteren Aufbauten können wegen des dünnen Querschnitts der Dichtungsbahn jedoch rasch zu einer Zugspannung bis in den Bereich der Streckgrenze führen. Solche Spannungen werden z.B. wirksam, wenn die Reibungskraft zwischen Dichtungsbahn und darüber liegender Schicht größer ist als die zwischen Dichtungsbahn und Auflager und die Reibungskraft in dieser Grenzfläche die Hangabtriebskräfte oder die Spreizkraft nicht auffangen kann. Die Dichtungsbahn kriecht, verstreckt und reißt schließlich (duktiles Versagen). Selbst wenn das Spannungsniveau so gering ist, dass es nicht zum raschen Verstrecken und Abreißen kommt, können langfristig Spannungsrisse entstehen, siehe Abschnitt 5.3.

In einzelnen Fällen wurden bei PE-HD-Dichtungsbahnen mit tatsächlich hoher Dichte, die großflächig unter hoher Zugspannung standen, sogar eine schlagartige, spröde Rissbildung beobachtet [17]. Dieses Phänomen tritt allerdings ausschließlich bei extremer Kälte auf. Die Risse erstrecken sich dabei verzweigt über die ganze Fläche. Diese Art der Rissbildung wird unter dem *Begriff „rapid crack propagation (RCP)"* als eigenständiger Mechanismus der Spannungsrissbildung in der Fachliteratur behandelt.

Auch einwandfrei eingebaute Dichtungsbahnen werden jedoch in der Einbauphase und im Betriebszustand Verformungen aufgezwungen. Diese Beanspruchung lässt sich grundsätzlich nicht vermeiden. Die aufgezwungenen Verformungen führen ebenfalls zu Spannungen, die jedoch im Laufe der Zeit zum Teil abgebaut werden. Im Kapitel 4 werden Kriechen, Relaxieren und das Verformungsverhalten von PE-HD-Dichtungsbahnen näher behandelt.

Da aufgezwungene Verformungen eine häufige und sozusagen planmäßige Beanspruchung darstellen, sollten einerseits besonders spannungsrissbeständige PE-HD-Formmassen ausgewählt, andererseits aber auch das Relaxationsverhalten der Dichtungsbahnen überprüft werden.

Die Prüfung des Relaxationsverhaltens wird in der DIN 53441:1984-01, *Prüfungen von Kunststoffen, Spannungsrelaxationsversuch*, beschrieben. Das Prinzip des Prüfverfahrens besteht darin, dass durch eine einachsige Zugbeanspruchung dem Probekörper eine Dehnung aufgezwungen und diese dann konstant gehalten wird. Die zum Aufrechterhalten der konstanten Dehnung erforderliche Kraft nimmt durch die Relaxation mit der Zeit ab. Die zeitliche Abnahme der Kraft bzw. der Spannung, als Verhältnis der Kraft zum ursprünglichen Querschnitt der Probe, wird gemessen. Das Prüfergebnis ist daher eine Zeit-Spannungs-Linie $\sigma(t)$ für eine vorgegebene konstante Dehnung ε. Das Spannen der Probe erfordert eine gewisse Zeit t_S. Die Probe habe dabei zu einem bestimmten Zeitpunkt t_0 die Dehnung ε erreicht, die erste Spannungsmessung erfolge danach zum Zeitpunkt t_1. Die Norm fordert dann, dass die Spanngeschwindigkeit so gewählt wird, dass $t_1 - t_0 \geq 10\, t_S$ ist. Die Zeit-Spannungs-Linien sind sehr stark von der Temperatur abhängig. Die Prüfung muss daher in einem definierten Klima, z.B. im Normalklima DIN 50014-23/50-2 (siehe Abschnitt 3.2.8, Fußnote 1) stattfinden. Als Probekörper werden Parallelstäbe (Abbildung 3.10, Typ 2) verwendet.

Nach den Anforderungen der Richtlinie der BAM für die Zulassung von Kunststoffdichtungsbahnen soll der erste Messwert nach einer Minute ermittelt werden, also $t_1 - t_0 = 1$ min oder $t_S \approx 6$ s. Die Messung wird über 1000 Stunden geführt. Ermittelt wird dann das Verhältnis der Spannung nach 1000 Stunden, $\sigma(1000\text{h})$, zur Spannung nach einer Minute, $\sigma(1\text{min})$. Die Spannungsrelaxation muss so groß sein, dass der Spannungsabfall mindestens 50% beträgt:

$$\frac{\sigma(1000\ \text{h})}{\sigma(1\ \text{min})} \leq 0{,}5 \ . \tag{3.9}$$

3.2.11 Beständigkeit gegen Chemikalien

Je nach Art und Eigenschaft können Chemikalien in vielfältiger Weise auf Kunststoffe einwirken. Moleküle einer Chemikalie können in den Kunststoff eindiffundieren und sich dort, je nach der Löslichkeit, stark anreichern. Dabei verändern sich die physikalischen Eigenschaften des Kunststoffs: Vergrößerung des Volumens, Zunahme der Masse, Veränderung der Festigkeitseigenschaften und des Verformungsverhaltens. Man spricht von Quellung. Mit der Quellung verbunden ist ein Quellungsdruck. Die Quellkräfte können im Innern des Kunststoffs zu Zugspannungen führen [6]. Solche Chemikalien können Kunststoffe schließlich auch vollständig auflösen.

Von diesen physikalischen Effekten der Chemikalieneinwirkung zu unterscheiden sind die eigentlich chemischen Effekte. Die Moleküle einer Chemikalie können chemische Reaktionen mit den reaktiven Gruppen der Polymerkette eingehen. Bei den Polyolefinen kommt vor allem die Oxidation in Betracht, bei Polyestern und Polyamiden die Hydrolyse. Chemische Reaktionen können, von der bloßen Verfärbung eines Kunststoffs bis hin zu dessen vollständiger Zerstörung, zu unterschiedlichsten Auswirkungen führen.

Neben diesen sozusagen primären Einwirkungen können auch sekundäre Einwirkungen entstehen. Chemikalien können Additive extrahieren oder verändern und damit indirekt die Eigenschaften des Kunststoffs beeinflussen. Die Auswirkungen von mechanischen Einwirkungen können durch Chemikalien verstärkt werden. Vor allem die Spannungsrissbildung kann sich durch die Chemikalieneinwirkung drastisch beschleunigen. Umgekehrt können mechanische Beanspruchungen die chemischen Effekte, z.B. den oxidativen oder hydrolytischen Angriff, verstärken.

Die Beständigkeit gegen Chemikalien wird durch Einlagerungsversuche (Immersionsversuche) geprüft. Dabei werden die Probekörper nach einem definierten Verfahren in der Chemikalie unter definierten Bedingungen gelagert, nach einer gewissen Lagerungsdauer entnommen und auf irreversible oder nach Konditionierung, z.B. Trocknung im Wärmeschrank, reversible Veränderung der Eigenschaften hin untersucht. Bei den PE-HD-Dichtungsbahnen ist die Prüfung der Veränderungen der folgenden Eigenschaften sinnvoll: äußeres Erscheinungsbild (Oberflächenbeschaffenheit), Masse der Probekörper unmittelbar nach Entnahme und nach Rücktrocknung, mechanische Kennwerte aus dem Zugversuch (insbesondere Bruchspannung und -dehnung) unmittelbar nach Entnahme und nach Rücktrocknung, Oxidationsstabilität (Oxidations-Induktions-Zeit) nach

Rücktrocknung, Spannungsrissbeständigkeit nach Rücktrocknung (NCTL-Test). Bei der Prüfung von Schweißnähten sind es der Kurzzeit-Schälversuch und Kurzzeit-Zugscherversuch, aber auch der Zeitstand-Schälversuch, die Anhaltspunkte für Veränderungen durch die Chemikalien geben. Bei den strukturierten Dichtungsbahnen kann die Veränderung der Haftung aufgebrachter Strukturpartikel untersucht werden. Dazu kann ein Abhobelversuch oder Abriebversuch verwendet werden. Die Ergebnisse von Immersionsversuchen dürfen nur auf mechanisch nicht belastete Bauteile angewendet werden. Das Zusammenwirken von Chemikalien und mechanischer Beanspruchung kann im Zeitstand-Rohrinnendruckversuch mit den jeweiligen Chemikalien als Prüfmittel untersucht werden, siehe Abschnitt 3.2.13. Auch der Zeitstand-Scherversuch, Abschnitt 3.2.18, kann unter Chemikalieneinwirkung durchgeführt werden.

Die DIN ISO 175:1989-04, *Kunststoffe; Bestimmung des Verhaltens gegen Flüssigkeiten, einschließlich Wasser* und die DIN 53521:1987-11, *Prüfung von Kautschuk und Elastomeren; Bestimmung des Verhaltens gegen Flüssigkeiten, Dämpfe und Gase*, geben Hinweise zur Durchführung von Immersionsversuchen. In Anlehnung an diese Normen wurde von der BAM in der Zulassungsrichtlinie für Schutzschichten [18], [19] ein Prüfverfahren zur Prüfung der Beständigkeit von Geotextilien gegenüber hochkonzentrierten flüssigen Medien angegeben, das sinngemäß auch auf Dichtungsbahnen angewandt werden kann. Die ASTM D5747-95a, *Standard Practice for Tests to Evaluate the Chemical Resistance of Geomembranes to Liquids*, beschreibt in Verbindung mit der ASTM D5322-92, *Standard Practice for Immersion Procedures for Evaluating the Chemical Resistance of Geosynthetics to Liquids*, Immersionsversuche zur Beständigkeit gegen flüssige Chemikalien (flüssigen Abfall, Industriechemikalien, Sickerwasser) von Dichtungsbahnen, die in der Geotechnik eingesetzt werden.

Art und Zusammensetzung der Chemikalien, Immersionstemperatur und Immersionsdauer stellen die wesentlichen Prüfbedingungen dar. Eine Charakterisierung der Beständigkeit muss immer im Zusammenhang mit diesen Prüfbedingungen gesehen werden. Es gibt hier unterschiedliche Vorgehensweisen, die an zwei Beispielen aus dem Anwendungsbereich Deponieabdichtungen illustriert werden sollen. Vom US-amerikanischen Umweltamt (US-EPA) wurde eine Prüfvorschrift, EPA Method 9090, *Compatibility Tests for Wastes and Membrane Liners*, für die Prüfung von Dichtungsbahnen für Deponieabdichtungen vorgelegt [20]. Die Dichtungsbahnen werden dabei in den Sickerwässern geprüft, mit denen sie tatsächlich oder voraussichtlich im geplanten Deponieabschnitt in Berührung kommen. Dazu wird vom Betreiber der Deponie Sickerwasser angeliefert oder es wird von vergleichbaren, schon bestehenden Deponien Sickerwasser entnommen und als Prüfflüssigkeit verwendet. Die Prüfung wird in geschlossenen Behältern durchgeführt, damit die flüchtigen Bestandteile im Sickerwasser nicht zu sehr entweichen. Die Immersionstemperaturen betragen 22 °C und 50 °C. Die Einlagerung dauert 120 Tage. Danach wird die Veränderung einer Vielzahl von Eigenschaften geprüft: Härte, Eigenschaften im Zugversuch, Elastizitätsmodul, Widerstand gegen punktförmige Lasten, Widerstand gegen Weiterreißen, Berstversuch, Volumenänderung, Masseänderung, Gehalt an flüchtigen Bestandteilen, Gehalt an extrahierbaren Bestandteilen. Das Prüfverfahren ist sehr anwendungsnah, was die Auswahl der Prüfflüssigkeiten und Kenngrößen betrifft. Ursprünglich musste die Prüfung sogar bezogen auf jedes einzelne Bauvorhaben durchgeführt werden. Das Prüfverfahren ist andererseits sehr aufwendig und durch die Verwendung von originalem Sickerwasser als Prüfflüssigkeit auch sehr unangenehm in der Durchführung.

Solche scheinbar anwendungsnahe Prüfverfahren haben verschiedenen Nachteile: die Lagerungsdauer reicht auch bei erhöhten Temperaturen, z.B. 50 °C, nicht aus, um auch nur näherungsweise die tatsächliche Beanspruchungsdauer im Abdichtungsbauwerk widerzuspiegeln. Die Prüfflüssigkeit ist wenig definiert und verändert sich u.U. während der Prüfung. Es wird zwar eine Vielzahl von Kenngrößen überprüft, diese Kenngrößen sprechen in der Regel jedoch erst dann auf die chemisch-physikalischen Veränderungen auf molekularer Ebene an, wenn diese schon weit fortgeschritten sind. Bei der nur geringen Lagerungsdauer wird dieser Zustand aber gar nicht erreicht. Dichtungsbahnen, die diese Prüfung nicht bestehen, bei denen es also zu signifikanten, irreversiblen Veränderungen kommt, sind sicherlich unbrauchbar für Deponieabdichtungen. Umgekehrt ist beim Bestehen der Prüfung aber noch nicht gewährleistet, dass das Produkt wirklich geeignet ist.

Ein anderer Ansatz für die Anforderungen an die Beständigkeit gegen Chemikalien wird im Zulassungsverfahren der BAM verfolgt. Diese Anforderungen gehen zurück auf die Richtlinie Deponiebasisabdichtungen aus Dichtungsbahnen (NRW-Richtlinie), die von einer Arbeitsgruppe des damaligen Landesamtes für Wasser und Abfall Nordrhein-Westfalen erarbeitet wurde. Ausgangspunkt war dabei die Überlegung, dass die Dauer der Beanspruchung in einer Deponieabdichtung extrem lange ist, dass daher Art und Ausmaß der Chemikalieneinwirkung sich repräsentativ gar nicht darstellen lässt, zumal zusätzlich über längere Zeiten auch erhöhte Temperaturen entstehen können. Es sollten daher nur Dichtungsbahnen eingesetzt werden, die von vornherein sehr große funktionelle Reserven (siehe Abschnitt 5.1) hinsichtlich der Beständigkeit gegen ein breites Spektrum von Chemikalien besitzen. Die Dichtungsbahnen werden daher einem Angriff von hochkonzentrierten Chemikalien aus unterschiedlichsten Stoffgruppen ausgesetzt. Nur Dichtungsbahnen, die sich gegen diesen Angriff als resistent erweisen, besitzen diese großen funktionellen Reserven.

Die Einzelheiten des sinngemäß auch bei Dichtungsbahnen anwendbaren Prüfverfahrens wird in der oben bereits erwähnten BAM-Zulassungsrichtlinie für Schutzschichten beschrieben. Die Einlagerungsdauer beträgt insgesamt mindestens 3 Monate. Die Kennwerte werden nach Einlagerung über eine Woche, vierzehn Tage und 3 Monaten an den unmittelbar nach der Entnahme rückgetrockneten Proben (5 Tage bei 50 °C und 2 Tage bei 23 °C im Vakuumtrockenschrank) ermittelt. Die Einlagerungstemperatur beträgt 23 °C. Die Einlagerung darf zu keiner Änderung der äußeren Beschaffenheit führen. Die mechanischen Kennwerte und die Masse dürfen sich im Verlauf der Einlagerung und nach Rücktrocknung um nicht mehr als 25% ändern. Bei den in quellenden Medien eingelegten Proben, die erst nach Rücktrocknung eine ausreichende mechanische Festigkeit wiedererlangen, sollte durch OIT-Messungen geklärt werden, inwieweit sich eine Beeinträchtigung der Stabilisierung gegen den thermisch-oxidativen Abbau ergeben hat.

Die Auswahl der Prüfflüssigkeiten richtet sich nach der NRW-Richtlinie, Gruppe A, hochkonzentrierte flüssige Medien (Tabelle 3.7). In der Liste der Prüfmedien nach der NRW-Richtlinie wurde beim Medium 1 aus versuchstechnischen Gründen das Benzol zu gleichen Teilen durch Toluol und Xylol ersetzt.

Tabelle 3.7: Liste der Prüfflüssigkeiten für die Prüfung der Beständigkeit gegen Chemikalien

Nr.	Stoffgruppen	Zusammensetzung der Prüfflüssigkeiten
1	Benzine (Otto-Kraftstoffe) und aromatische Kohlenwasserstoffe	40 Vol.-% 2,2,4-Trimethylpentan (Isooktan), 30 Vol.-% Methylbenzol (Toluol), 20 Vol.-% Dimethylbenzol (Xylol), 10 Vol.-% Methylnaphthalin
2	Heizöl, Dieselkraftstoffe, Paraffinöle, Schmieröle	35 Vol.-% Dieselkraftstoff, 35 Vol.-% Paraffinöl (C_{10}-C_{20}), 30 Vol.-% Schmieröl HD 30
3	Amine	40%ige wässerige Dimethylaminlösung
4	Alkohole	30 Vol.-% Methanol, 30 Vol.-% Propanol-(2) (Isopropanol), 40 Vol.-% Ethandiol-(1,2) (Glykol)
5	aliphatische Kohlenwasserstoffe	30 Vol.-% Trichlorethylen, 30 Vol.-% Tetrachlorethylen, 40 Vol.-% Dichlormethan
6	aliphatische Ester und Ketone	50 Vol.-% Ethansäureethylester (Ethylacetat), 50 Vol.-% 4-Methyl-pentanol-(2) (Methylisobutylketon)
7	aliphatische Aldehyde	37%ige wässerige Methanallösung (wässerige Formaldehydlösung)
8	organische Säuren	50% Vol.-% Ethansäure (Essigsäure), 50 Vol.-% Propansäure (Propionsäure)
9	anorganische Mineralsäuren (oxidierend)	50 Vol.-% Schwefelsäure (95 ... 97%ig), 50 Vol.-% Salpetersäure (65%ig)
10	anorganische Laugen	60%ige Natronlauge
11	anorganische Neutralsalzlösungen	gesättigte NaCl / Na_2SO_4-Lösung (Verhältnis 1:1)

Während die EPA Method 9090 sehr wenig zwischen den unterschiedlichen Dichtungsbahnwerkstoffen differenziert, wird das BAM-Prüfverfahren nur von Dichtungsbahnen aus wenigen speziellen Werkstoffen bestanden, eben auch von den PE-HD-Dichtungsbahnen.

Da Polyethylen aus gesättigten C–C-Bindungen und C–H-Bindungen besteht, die strukturell einfach und relativ stark sind, und dadurch wenig zu chemischen Reaktionen neigen, gehört es generell zu den gegen Chemikalieneinwirkung sehr beständigen Werkstoffen. Polyethylen mittlerer bis hoher Dichte kann bei normalen Temperaturen von Chemikalien nicht aufgelöst werden. Eine genauere Analyse der Auswirkung der in Tabelle 3.7 genannten Stoffklassen auf Polyethylen mittlerer bis hoher Dichte zeigt, wie unterschiedlich die Einwirkungsszenarien selbst bei diesem Werkstoff sind [21]. Es können mehrere Fälle unterschieden werden.

Im Idealfall finden über einen weiten Temperaturbereich keine chemischen oder physikalischen Veränderungen (hier keine Oxidation und keine Quellung), auch nicht sekundärer Natur (hier keine Beschleunigung der Stabilisatorextraktion und der Spannungsrissbildung) statt. Dies ist bei der Einwirkung der Stoffgruppen 10 und 11, anorganische Laugen und anorganische Neutralsalze auf PE-HD-Werkstoffe der Fall.

Ein anderer Fall ist gegeben, wenn zwar über einen weiten Temperaturbereich keine chemischen Reaktionen stattfinden und die Löslichkeit und damit die Quellung gering ist, also auch keine wesentlichen physikalischen Effekte stattfinden, sich jedoch ein sekundärer Effekt, z.B. die Beschleunigung der Spannungsrissbildung, bemerkbar machen kann. Dies ist bei den Stoffgruppen 3 (aromatische Amine), 4 (Alkohole), 6 (aromatische Ester und Ketone), 7 (Aldehyde) und 8 (organische Säuren) der Fall. Bei diesen Stoffgruppen, insbesondere bei den Alkoholen und den organischen Säuren, wird die Spannungsrissbildung beschleunigt. Zur Beurteilung der Auswirkung von konzentrierten flüssigen Medien auf die Spannungsrissbildung können die sogenannten Resistenzfaktoren herangezogen werden (Abschnitt 3.2.13). Diese Faktoren sind für viele PE-HD-Werkstoffe und für eine Vielzahl von Chemikalien in Zeitstand-Rohrinnendruckversuchen gemessen worden. Die Rückwirkung von Chemikalien auf die Spannungsrissbildung wird genauer im Abschnitt 5.3.4 beschrieben.

Bei den Stoffgruppen 2 (Dieselkraftstoff, Parafinöle und Schmieröle) und 5 (aliphatische Chlorkohlenwasserstoffe) und auch bei den aliphatischen Kohlenwasserstoffen (z.B. Benzine) treten ebenfalls keine chemischen Reaktionen auf, es kommt jedoch zu physikalischen Effekten durch die Quellung, z.B. zu einer Veränderung der mechanischen Eigenschaften während der Einwirkung. Bei der Stoffgruppe 2 ist die Löslichkeit gering, bei den aliphatischen Kohlenwasserstoffen und Chlorkohlenwasserstoffen jedoch schon recht groß. Auf die Diffusion und die Löslichkeit von Chemikalien in PE-HD-Dichtungsbahnen wird im Kapitel 7 ausführlich eingegangen. Wegen der aber immer noch begrenzten Löslichkeit sind diese Effekte auch nach sehr langer Einlagerung vollständig reversibel. Mit der Quellung ist in diesem Fall jedoch eine allmähliche Veränderung der Stabilisierung verbunden. Abbildung 3.8 zeigt die Messung der Veränderung des OIT-Wertes einer PE-HD-Dichtungsbahn, die in einer Versuchszelle zur Messung der Permeation durch eine Kombinationsdichtung über 12 Jahre mit einem Gemisch von aromatischen und aliphatischen Kohlenwasserstoffen und Chlorkohlenwasserstoffen beaufschlagt war. Die ausgebauten Proben waren nach Rücktrocknung im Wärmeschrank in allen Eigenschaften identisch mit der unbeaufschlagten Referenzprobe, nur in der Oxidationsstabilität zeigten sich merkliche Änderungen, die auf Stabilisatorelution zurückgeführt werden müssen.

Das Verhalten gegenüber den aromatischen Kohlenwasserstoffen (Toluol, Xylol) entspricht bei normalen Temperaturen dem eben diskutierten Fall. Bei hohen Temperaturen ($\geq$ 80 °C) ist die Auswirkung der Quellung hier jedoch irreversibel: mit organischen Lösungsmitteln kann erst unter diesen Bedingungen auch ein PE-HD-Werkstoff aufgelöst werden. Diese sehr schlechte Löslichkeit von Polyethylen führt zu erheblichem experimentellen Aufwand bei der Flüssigkeitschromatographie zur Bestimmung der Molekülmassenverteilung oder bei der Viskositätsmessung, da diese Messungen mit einer heißen Lösung durchgeführt werden müssen.

Schließlich gibt es den Fall, dass die Chemikalien im eigentlichen Sinne chemische Reaktionen mit dem Polyethylen eingehen. Dies ist nur bei der Stoffgruppe 9, den oxidierenden Säuren (Schwefelsäuren, Salpetersäuren usw.), der Fall. Aber auch hier sind merkliche Effekte erst bei hohen Konzentrationen und hohen Temperaturen zu beobachten. Die Oxidation durch diese Säuren unterscheidet sich von der speziellen radikalischen Kettenreaktion der Oxidation durch Sauerstoff. Dem oxidativen Abbau durch Sauerstoff ist der Abschnitt 5.2 sowie die Abschnitte 3.2.7 und 3.2.12 gewidmet.

Diese Betrachtung der verschiedenen Fälle der Chemikalieneinwirkung auf PE-HD-Werkstoffe rechtfertigt die schon mehrfach angesprochene Schlussfolgerung, dass PE-HD-Dichtungsbahnen zwar nicht völlig inert, bei normalen Temperaturen jedoch außerordentlich beständig gegen ein breites Spektrum hochkonzentrierter Chemikalien sind. Dies wird auch deutlich in der Beurteilung der chemischen Widerstandsfähigkeit, die in der DIN 8075-Beiblatt 1:1984-02, *Rohre aus Polyethylen hoher Dichte (HDPE), Chemische Widerstandsfähigkeit von Rohren und Rohrleitungsteilen*, vorgenommen wird. Für eine Vielzahl von Chemikalien wird dort angegeben, ob die PE-HD-Werkstoffe im Temperaturbereich zwischen 20 °C und 60 °C widerstandsfähig, nur bedingt widerstandsfähig oder nicht widerstandsfähig sind. Letzteres ist nur bei wenigen Chemikalien der Fall (z.B. Chromschwefelsäure, Königswassern, Brom-, Chlor oder Fluorgas, Dichlorethylen). Bei den speziellen für die PE-HD-Dichtungsbahnen ausgewählten Formmassen ist nach den inzwischen vorliegenden Erfahrungen die Prüfung der Chemikalienbeständigkeit im Zulassungsverfahren in der Regel nicht mehr notwendig. Generell sind bei Geokunststoffprodukten aus polyolefinen Werkstoffen nur Immersionsversuche sinnvoll, mit denen die Beständigkeit gegen quellende oder oxidierende Chemikalien und die stark spannungsrissauslösenden Medien geprüft werden. Prüfungen mit den Stoffgruppen 2, 3, 6, 7, 10 und 11 der Tabelle 3.7 sind daher in der Regel nicht erforderlich.

Abschließend soll kurz auf die unterschiedliche Bedeutung des Begriffs „Beständigkeit gegen Chemikalien", wie er gerade im Bauwesen verwendet wird, eingegangen werden [22]. Der Begriff spielt bei der Beurteilung von Abdichtungsmaterialien eine wichtige Rolle und es kommt wegen den unterschiedlichen Bedeutungen zu Missverständnissen.

Im Rahmen des Zulassungsverfahrens der BAM für Dichtungsbahnen wird unter Beständigkeit gegen Chemikalien verstanden, dass die Dichtungsbahnen der Einwirkung hochkonzentrierter Medien über einen gewissen Zeitraum ohne gravierende Veränderungen standhalten. Es geht dabei darum die funktionellen Reserven des Materials zu erkunden.

Im der Geotechnik kommt eine Einwirkung von hochkonzentrierten, aggressiven Chemikalien nur in sehr speziellen Fällen vor, möglicherweise bei der Lagerung von Sonderabfällen oder bei der Sicherung von Altlasten. In der Regel sind es wässerige Lösungen von Chemikalien oder gasförmige Chemikalien in der Bodenluft, die auf die Dichtungsbahnen einwirken. Nach dem Gleichverteilungssatz bildet sich im Gleichgewicht bei vorgegebener Konzentration der Chemikalie in der wässerigen Lösung oder vorgegebenem Partialdruck in der Bodenluft eine gewisse Konzentration im Abdichtungsmaterial aus. Diese kann bei entsprechend geringer Konzentration in der Lösung oder geringem Partialdruck im Gleichgewicht gering genug sein, so dass zumindest für einen längeren Zeitraum keine nachteiligen Materialveränderungen entstehen, selbst wenn das Material nicht beständig gegen die konzentrierte Chemikalie ist. Dann kann das Material gegen wässerige Lösungen und Gaskontaminationen in der Bodenluft bis zu einer gewissen Konzentration zwar noch als beständig bezeichnet werden, bei Angaben zur Beständigkeit müssen dabei aber die noch zulässigen Konzentrationen in der wässerigen Lösung oder die noch zulässigen Partialdrücke berücksichtigt werden. In diesem Sinne stellt die EPA Method 9090 Anforderungen an die Beständigkeit. Wobei die Vorschrift selbst nicht von Beständigkeit (*resistance*), sondern nur von Verträglichkeit (*combatibility*) der Materialien mit den voraussichtlichen Einwirkungen spricht.

Schließlich wird der Begriff Beständigkeit gelegentlich bezogen auf eine mengenmäßig und zeitlich stark begrenzte Beanspruchung durch die Chemikalie. Ist die Menge bzw. der Zeitraum, über den die Chemikalie angeboten wird, gering, verglichen mit der Masse des Abdichtungsmaterials bzw. dem Zeitablauf von Anlösevorgängen oder anderen Materialveränderungen und hat die naturgemäß stärkere Beeinträchtigung von zunächst nur oberflächennahen Bereichen keine nachteiligen Auswirkungen auf die Wirksamkeit des Abdichtungsmaterials, so kann ein an und für sich nicht beständiges Material der Beanspruchung ohne nachteilige Veränderungen im Hinblick auf den Anwendungszweck standhalten. Bei Angaben zur Beständigkeit und Dichtigkeit muss man dann aber die jeweilige Beschränkung von Menge und Einwirkungszeit, das spezielle Beanspruchungsszenario und das unter diesen Bedingungen gegebene Materialverhalten genau beschreiben.

Man sollte in solchen Fällen immer von bedingter Beständigkeit oder der englischen Sprachregelung folgend von Verträglichkeit sprechen, um hervorzuheben, dass nur unter speziellen Bedingungen (geringe Konzentration in der wässerigen Lösung oder Bodenluft, zeitlich und mengenmäßige Begrenzung der Einwirkung) das Abdichtungssystem funktionstüchtig bleibt.

3.2.12 Beständigkeit gegen thermisch-oxidativen Abbau

Unter thermisch-oxidativem Abbau versteht man einfach den oxidativen Abbau bei höheren Temperaturen. Der oxidative Abbau der Polyolefine vollzieht sich bei normalen Anwendungstemperaturen in der Regel sehr langsam. Merkliche Effekte in überschaubaren Zeiträumen ergeben sich erst bei höheren Temperaturen. Deshalb hat sich der Begriff thermisch-oxidativer Abbau eingebürgert. Geprüft wird die Beständigkeit durch Warmlagerungsversuche im Wärmeschrank, oft auch als Wärmealterung (*oven aging*) bezeichnet. Beobachtet wird dabei die Veränderung der Eigenschaften der Dichtungsbahn, die sich im Laufe der Lagerungszeit ergibt. Im Abschnitt 3.2.7 wurde bereits darauf eingegangen, wie durch solche Warmlagerungsversuche und die Messung der Veränderung der Oxidationsstabilität generell die Beständigkeit der PE-HD-Dichtungsbahnen gegen die oxidative Alterung charakterisiert werden kann. Im Abschnitt 5.4 wird diskutiert, wie aus solchen Versuchen Funktionsdauerabschätzung abgeleitet werden können. Hier geht es darum, die Prüfmethode der Lagerung im Wärmeschrank näher zu beschreiben.

Die verwendeten Begriffe bei Prüfungen mit Wärmeschränken und die Anforderungen an die Geräte werden in der alten, inzwischen zurückgezogenen Norm DIN 50011-1:1978-01, *Wärmeschränke, Begriffe und Anforderungen*, sowie in den diese ersetzenden Normen DIN 50011-11:1982-03, *Klimaprüfeinrichtungen, Allgemeine Begriffe und Anforderungen*, und DIN 50011-12:1987-09, *Klimaprüfeinrichtungen, Klimagröße: Lufttemperatur*, beschrieben. Hinweise zur Warmlagerung gibt die DIN 50011-2:1960-05, *Wärmeschränke, Richtlinien für die Lagerung von Proben*. Im Bereich der US-amerikanischen Normung spezifiziert die Norm ASTM E145-94, *Standard Specification for Gravity-Convection And Forced-Ventilation Ovens*, Anforderungen an Wärmeschränke. Die Norm ASTM D5721-95, *Standard Practice for Air-Oven Aging of Polyolefin Geomembranes*, beschreibt ein Prüfverfahren der Wärmealterung polyolefiner Dichtungsbahnen, die im Erd- und Grundbau verwendet werden. Die Wärmealterung wird in DIN 16726 erwähnt. Vom Technical Committee (TC) 189 des europäischen Komitees für Normung (CEN) wurde ein Leitfaden CR ISO 13434:1998-12, *Guidelines on durability of geotextiles and geotextile-related products*, vorgelegt, in dem auf einen Vorschlag für einen „Screening test" zur Oxidationsstabilität von Geokunststoffen durch Warmlagerung, ISO/TR 13438:1999-02, *Geotextiles and geotextile-related products – Screening test method for determining the resistance to oxidation*, Bezug genommen wird.

Es gibt unterschiedliche Arten von Wärmeschränken, also von Schränken, in denen Proben bei erhöhten Temperaturen ohne Regelung oder Kontrolle der Luftfeuchtigkeit gelagert werden. Im Wärmeschrank mit natürlicher Durchlüftung erfolgt der Luftaustausch allmählich, indem die durch eine Lufteintrittsöffnung im unteren Bereich eintretende Luft durch den Auftrieb aufgrund von Dichteunterschieden (*gravity convection*) nach oben steigt und dort durch eine Ausgangsöffnung austritt. Im Wärmeschrank mit zwangsläufiger Durchlüftung (*forced ventilation*) wird die Luft durch einen Ventilator umgewälzt. Der Wärmeschrank kann dabei in unterschiedlicher Weise betrieben werden. Beim Frischluftbetrieb drückt der Ventilator die Innenluft durch eine Öffnung nach außen, durch eine Eintrittsöffnung strömt Frischluft nach. Bei geschlossenen Öffnungen wird die Luft ohne Erneuerung nur umgewälzt, man spricht vom Umluftbetrieb.

Bei der Warmlagerung polyolefiner Dichtungsbahnen entweichen neben flüchtigen Bestandteilen auch Stabilisatoren. Diese Stabilisatorevaporation ist ein wesentlicher Aspekt der oxidativen Alterung. In sehr geringem Umfang wird auch Sauerstoff verbraucht. Um möglichst gleichmäßige Verhältnisse in der Innenraumluft zu haben, sollten Warmlagerung daher in Wärmeschränken mit zwangsweiser Durchlüftung und Frischluftzufuhr durchgeführt werden (ASTM D5721-95). Bei der Verwendung von Wärmeschränken mit natürlicher Durchlüftung sollte zumindest in erheblichem Umfang ein Luftaustausch gegeben sein.

Der eigentliche Nutzungsraum des Wärmeschranks, d.h. der räumliche Bereich, in dem die vom Hersteller angegebenen oder die für die Prüfung erforderlichen Temperaturabweichungen eingehalten werden, ist kleiner als der Innenraum. Seine Größe hängt zudem von der Beladung ab. Die Temperaturen im Wärmeschrank unterscheiden sich also zu einem bestimmten Zeitpunkt an verschiedenen Stellen. Im Laufe der Zeit schwankt die Temperatur an einem Ort. Je nach der Größe dieser räumlichen und zeitlichen Temperaturschwankungen im Nutzraum des leeren Wärmeschrankes unterscheidet die DIN 50011-12 verschiedene Genauigkeitsklassen. Bei den üblichen Prüfungen sollte die Summe räumlicher und zeitlicher Temperaturschwankung nicht größer als ± 2 °C und die zeitliche Schwankung allein nicht größer als ± 1 °C sein.

Die Proben müssen mit genügendem Abstand untereinander (mindestens 20 mm nach ASTM D572) und mit genügendem Abstand zur Wand (mindestens 100 mm nach der ISO/TR 13438) so eingebaut werden, dass sie möglichst allseitig von der Luft umströmt werden. In der Regel werden die Proben an Gitter-Einlegeböden aufgehängt. Der Kontakt mit metallischen Oberflächen muss dabei weitgehend vermieden werden (ASTM D5721-95). Eine gleichmäßige Beanspruchung der Proben wird erreicht, indem die einzelnen Proben von vorne nach hinten und von unten nach oben regelmäßig umgelagert werden (ASTM D5721-95).

Die Prüfbedingungen werden in den Normen und Richtlinien sehr unterschiedlich gewählt. In der DIN 16726 ist lediglich eine Wärmealterungsprüfung bei (80 ± 2) °C für 7 Tage vorgesehen. Die sehr grobe Faustregel[2], dass Alterungsprozesse bei einer Temperaturerhöhung um 10 °C um den Faktor 2 ... 3 beschleunigt werden, kann Anhaltspunkte geben, wie relevant Lagerungsdauern sind. Eine 7-tägige Lagerung reicht danach nicht einmal aus, um für nur kurze Bauwerkslebensdauern von 10 Jahre eine ausreichende Beständigkeit sicherzustellen. In der Zulassungsrichtlinie der BAM wird eine Lagerung bei (80 ± 2) °C für 1 Jahr gefordert, in dem GRI Standard GM 13 eine Lagerung bei (85 ± 2) °C für 90 Tage. Bei diesen Prüfungen wird die Veränderung der Oxidationsstabilität (OIT-Wert) bei der Warmlagerung bewertet, siehe Abschnitt 3.2.7. Die Prüfung zielt damit auf normale bis sehr lange Funktionsdauern (50 bis > 100 Jahre).

Der Screening Test nach der CR ISO 13434 soll dazu dienen, bei Geokunststoffen aus Polyethylen und Polypropylen Produkte auszuwählen, die für eine zumindest mittlere Funktionsdauer von 25 Jahren geeignet sind. Dennoch wird die Warmlagerung bei sehr hohen Temperaturen durchgeführt, um möglichst kurze Prüfzeiten zu erreichen. Die Prüfbedingungen und Anforderungen richten sich danach, welchen Einfluss die Festigkeit auf die Funktion des Geokunststoffs hat. Ist der Einfluss wesentlich, darf der Festigkeitsverlust nicht mehr als 50% betragen bei einer Wärmalterung von 110 °C und 28 Tage bei Polypropylen und 100 °C und 56 Tage bei Polyethylen. Ist der Einfluss dagegen unwesentlich, wird die Lagerungsdauer halbiert: der Festigkeitsverlust darf nicht mehr als 50% betragen bei einer Wärmalterung von 110 °C und 14 Tage bei Polypropylen und 100 °C und 28 Tage bei Polyethylen. Warmlagerungsprüfungen bei so hohen

---

[2] Die Regel wurde von dem holländischen Chemiker JACOBUS VAN'T HOFF 1884 für die Geschwindigkeit chemischer Reaktionen aufgestellt. Sie wird oft auch als van't Hoff Regel oder RTG (Reaktionsgeschwindigkeit-Temperatur)-Regel bezeichnet. Diese Regel beruht darauf, dass die Reaktionsgeschwindigkeit exponentiell von der inversen absoluten Temperatur abhängt (siehe Abschnitt 5.1) und das die Aktivierungsenergie vieler chemischer Vorgänge im Bereich von etwa 50 ... 100 kJ/mol liegt.

Temperaturen dürfen keinesfalls mit Hilfe eines Arrhenius-Gesetzes auf Anwendungstemperaturen extrapoliert werden und auch nicht nach der groben Faustregel (siehe Fußnote 2) berechnet werden. Gerade bei Polypropylen können dabei Überschätzungen der Funktionsdauer von mindestens einer Größenordnung entstehen. Dieses Verfahren kann daher nur zur groben Auswahl im Hinblick auf die ausdrücklich angegebene Funktionsdauer von 25 Jahren dienen. Es beruht auf der Erfahrung, dass polyolefine Geokunststoffprodukte, die sich über viele Jahre in der Praxis bewährt haben, in der Regel auch diese Prüfung bestehen.

3.2.13 Spannungsrissprüfung: Zeitstand-Rohrinnendruckversuch und NCTL-Test

Dichtungsbahnen aus teilkristallinen Thermoplasten können durch die sogenannte Spannungsrissbildung geschädigt werden. Darunter versteht man die allmähliche Rissbildung unter der dauerhaften Einwirkung einer Spannung, die durch den Einfluss von Medien, z.B. Wasser und im Wasser gelösten, seine Oberflächenspannung herabsetzenden Substanzen, stark beschleunigt wird. Es handelt sich im Gegensatz zur Spannungsrisskorrosion um einen rein physikalischen Vorgang. Nach der üblichen Modellvorstellung kommt es unter der Einwirkung der Spannung und des oberflächenaktiven Mediums, ausgehend von lokalen Schwachstellen, zu einem allmählichen Entschlaufen der die kristallinen Bereiche verbindenden Polymerketten des amorphen Bereichs. Ein zunächst nur mikroskopischer Riss wächst sich dann allmählich zu einem großen, zum Versagen führenden Riss aus. Abschnitt 5.3 behandelt ausführlich das Phänomen der Spannungsrissbildung.

Die eigentlich hochdichten Polyethylene (Dichte $> 0,960$ g/cm^3) sind in der Regel sehr spannungsrissempfindlich. PE-HD-Dichtungsbahnen werden jedoch aus mitteldichten Polyethylenen hergestellt, die einen Anteil von einigen Gew.-% anderer α-Olefine (Buten-1, Hexen-1, Okten-1) enthalten (Kapitel 2). Bei diesen Kopolymeren bilden die α-Olefine Seitenzweige an der langen Ethylenkette. Die PE-LLD-Werkstoffe haben daher eine hohe Beständigkeit gegen die Spannungsrissbildung. Dennoch ist die Prüfung der Spannungsrissbeständigkeit ein wichtiges Element der Werkstoffauswahl, und es werden hier sehr hohe Anforderungen gestellt.

Bei den üblichen Prüfungen zur Spannungsrissbeständigkeit (Abschnitt 5.3.2), z.B. beim Stifteindrückversuch (DIN EN ISO 4600:1998-02, *Kunststoffe – Bestimmung der umgebungsbedingten Spannungsrissbildung (ESC) – Kugel- oder Stifteindrückverfahren*) oder beim sogenannten *„bend strip"* Test oder Bell-Test nach ASTM D1693-97a, *Standard Test Method for Environmental Stress-Cracking of Ethylene Plastics*, wird unter den in den Normen geforderten Prüfbedingungen gar kein Versagen der PE-HD-Dichtungsbahnen mehr beobachtet. Diese Index-Tests können daher für die Beurteilung der Spannungsrissbeständigkeit nicht herangezogen werden.

Zur Prüfung und Beurteilung des Langzeitverhaltens von PE-HD-Rohren wurde ein Konzept entwickelt, das auf den Zeitstandkurven von Zeitstand-Rohrinnendruckversuchen aufbaut [23]. Dieses Konzept kann auch auf PE-HD-Dichtungsbahnen angewendet werden, wenn solche Zeitstandkurven für Rohre vorliegen, die aus dem PE-HD-Werkstoff der Dichtungsbahn gefertigt wurden [24]. Ausführlich wird darauf im Abschnitt 5.4 eingegangen. Hier seien nur die wesentlichen Aspekte dieser Beurteilung der Spannungsrissbeständigkeit zusammengefasst.

Beim Zeitstand-Rohrinnendruckversuch wird ein Rohrabschnitt im Inneren unter einen bestimmten Prüfdruck gesetzt, im Wasserbad bei einer bestimmten Prüftemperatur gelagert und dann die Zeiten bis zum Bruch des Rohrs, die sogenannte Standzeit, gemessen. In diesem Zusammenhang wird die sich in der Rohrwand einstellende Spannung in Umfangsrichtung, die vom Innendruck, Rohrdurchmesser und von der Wanddicke des Rohrs abhängt (siehe Gleichung 5.52), als Innendruckfestigkeit bezeichnet. In einem Diagramm wird der Logarithmus der Innendruckfestigkeiten über dem Logarithmus der zugehörigen Versagenszeiten dargestellt. Es ergeben sich sogenannte Zeitstandkurven, die sich abschnittsweise aus Geraden zusammensetzen. Aus Zeitstandkurven, die bei 95 °C, 80 °C und 60 °C gemessen wurden, wird die Zeitstandkurve für 40 °C extrapoliert. Das Extrapolationsverfahren wird in der ISO/DIS 9080:1998-02 (Entwurf), *Kunststoff-Rohrleitungssysteme – Bestimmung der Zeitstand-Innendruckfestigkeit von Rohren aus Thermoplasten mittels Extrapolation*, beschrieben. In das Diagramm Innendruckfestigkeit-Versagenszeit mit dieser extrapolierten Zeitstandkurve wird dann die Relaxationskurve der PE-HD-Dichtungsbahn bei 40 °C mit 3% Dehnung der größten Dehnungskomponente des mehrachsigen Verformungszustands, wie er sich bei einer Setzung ergibt, eingezeichnet. Der Schnittpunkt der beiden Kurven wird als untere Grenze für die Funktionsdauer angenommen und dafür mindestens 50 Jahre gefordert. Werden typische Relaxationskurven von PE-HD-Werkstoffen verwendet, so lässt sich aus dem Schnittpunkt ablesen, dass bei einer Beanspruchungstemperatur von 40 °C und einer Funktionsdauer von mindestens 50 Jahren, die noch zulässige Innendruckfestigkeit des Rohrs aus dem Dichtungsbahnwerkstoff mindestens 4 N/mm^2 betragen muss.

Bei Dichtungsbahnwerkstoffen stehen in der Regel nicht genügend Daten aus Zeitstand-Rohrinnendruckversuchen zur Verfügung, aus denen man die Zeitstandkurve bei 40 °C nach den Vorschriften der ISO/DIS 9080 in den Bereich kleiner Spannungen und langer Zeiten direkt extrapolieren könnte. Es geht dabei insbesondere um den spröden Ast der Zeitstandkurve, der von den Sprödbrüchen herrührt und bei kleinen Spannungen und extrem langen Funktionsdauern das Versagensverhalten bestimmt. Hier kann man jedoch die über viele Jahrzehnte angesammelte Erfahrung mit PE-HD-Werkstoffen nutzen [25], [26] und auf die Extrapolationsfaktoren der DIN 16887:1990-07, *Prüfung von Rohren aus thermoplastischen Kunststoffen, Bestimmung des Zeitstand-Innendruckverhaltens*, zurückgreifen, die an gemessenen Zeitstandkurven von Polyethylenen überprüft wurden. Diese Faktoren K_e geben die zeitlichen Grenzen einer noch zulässigen Extrapolation der Zeitstandkurven in folgendem Sinne. Bei mehreren Prüftemperaturen mit T_{max} als maximaler Prüftemperatur seien die Standzeiten gemessen und daraus die gesamte Zeitstandkurve bei einer bestimmten Anwendungstemperatur T_S extrapoliert worden. t_{max} sei nun der Mittelwert der 5 längsten Standzeiten bei T_{max}. Die rechnerisch ermittelte gesamte Zeitstandkurve bei T_S darf dann bis zu einer Zeit $t_e = K_e \, t_{max}$ für Langzeitaussagen herangezogen werden. K_e

ist dabei eine Funktion von $T_{max} - T_S$, d.h. je höher die Temperaturen sind bei denen Zeitstanddaten herhoben und in die Extrapolation eingegeben wurden und je länger diese Standzeiten sind, um so länger sind die zulässigen Zeitgrenzen für die Extrapolation bei T_S, siehe Tabelle 5.4. Für z.B. $T_{max} = 80\ °C$ und $T_S = 40$ bis $45\ °C$ ist $K_e = 50$.

Die Festlegung der zulässigen Extrapolationsgrenzen beinhaltet, dass die Verhältnisse der Zeiten der Übergange vom duktilen zum spröden Ast oder der Übergange vom spröden Ast zum Ast des oxidativen Abbaus bei den verschiedenen Temperaturen auf alle Fälle größer sind als die Extrapolationsfaktoren. Weiterhin können die Äste der Zeitstandkurven für die PE-HD-Werkstoffe als jeweils parallel zueinander angenommen werden. Man kann daher die Extrapolationsfaktoren selbst zur Abschätzung einer unteren Grenze der Funktionsdauer verwenden, in dem man sie auf die bei T_{max} gemessene Kurve anwendet. Sind die Standzeiten bei 80 °C und 4 N/mm^2 nämlich größer als 8760 h (1 Jahr), so werden die Standzeiten bei 4 N/mm^2 und 40 °C (20 °C) sicherlich größer als 50 Jahre (100 Jahre) sein[3]. Die Beurteilung der Werkstoffe erfolgt dabei also nur noch aufgrund einer nach DIN 16887 bei 80 °C an Rohren aus dem Dichtungsbahnwerkstoff gemessenen Zeitstandkurve. Dabei muss bis in den Bereich von größer 10^4 h (417 Tage) gemessen werden. Im Abschnitt 5.4 wird ausführlicher auf solche Funktionsdauerabschätzungen eingegangen.

Dieses Beurteilungsverfahren ist sehr konservativ, da angenommen wird, dass die bei einer aufgezwungenen Verformung langfristig noch vorhandene Restspannung, in gleicher Weise wie eine aufgezwungene dauerhaft wirksame äußere Spannung einen Spannungsriss auslöst. Die so formulierte Anforderung an die Spannungsrissbeständigkeit der PE-HD-Dichtungsbahnen fand jedoch Eingang in die BAM-Zulassungsrichtlinie für Kunststoffdichtungsbahnen in Deponieabdichtungen [16], [13], da ihr echte Langzeitversuche zugrunde liegen.

Es ist jedoch wünschenswert, an den Dichtungsbahnen selbst mit einer Labormethode die Spannungsrissbeständigkeit prüfen zu können. Von M. FLEISSNER wurde 1987 ein Prüfverfahren angegeben, das sich auch auf Dichtungsbahnen übertragen lässt [27]. Beim Verfahren von FLEISSNER wurde an einem quadratischen Parallelstab mit einer Rasierklinge eine Umfangskerbe angebracht. In einem Zeitstand-Zugversuch bei 80 °C in Ethylenglykol wurden dann die Zeitstandkurven gemessen. Dabei wurde der typische Übergang vom duktilen zum spröden Bruchverhalten beobachtet, dessen Lage als Maß für die Spannungsrissbeständigkeit verwendet werden kann. Von R. M. KÖRNER und Mitarbeitern vom Geosynthetic Research Institute (GRI) wurde Anfang der 90er Jahre ein ähnliches Verfahren für Dichtungsbahnen in Ringversuchen überprüft und schließlich als ASTM D5397-95, *Standard Test Method für Evaluation of Stress Crack Resistance of Polyolefin Geomembranes Using Notched Constant Tensile Load Test*, als sogenannter NCTL-Test, genormt [28]. Auslöser waren Schäden, die in den USA an PE-HD-Dichtungsbahnen durch die Spannungsrissbildung im Schweißnahtbereich beobachtet wurden. In einem ausführlichen Report an die US-EPA

---

[3] Nach den Vergleichskurven der neuen DIN 8075:1999-08 (Entwurf), *Rohre aus Polyethylen (PE), PE 63, PE 80, PE 100, PE-HD, Allgemeine Güteanforderungen, Prüfung*, dürfte dann sogar eine Innendruckfestigkeit von 5,8 N/mm^2 angenommen werden.

wurde über die Felduntersuchungen zum Auftreten von Spannungsrissen und das Prüfverfahren berichtet [17], [28].

Der NCTL-Test ist ein Zeitstand-Zugversuch an speziell gekerbten Probekörpern aus der Dichtungsbahn. Dabei werden kleine Schulterstäbe (Abbildung 3.14) aus der Dichtungsbahn (längs oder quer zur Fertigungsrichtung) gestanzt. Diese werden mit einer Rasierklinge gekerbt. Die Tiefe der Kerbe beträgt dabei 20% der Probendicke. In einem Zeitstand-Zugversuch bei (50 ± 1) °C in einem Bad aus 80 Vol.-% Wasser und 10 Vol.-% oberflächenaktiver Substanz (Tensid, z.B. Igepal CO-630®) wird dann die Zeitstandkurve ermittelt.

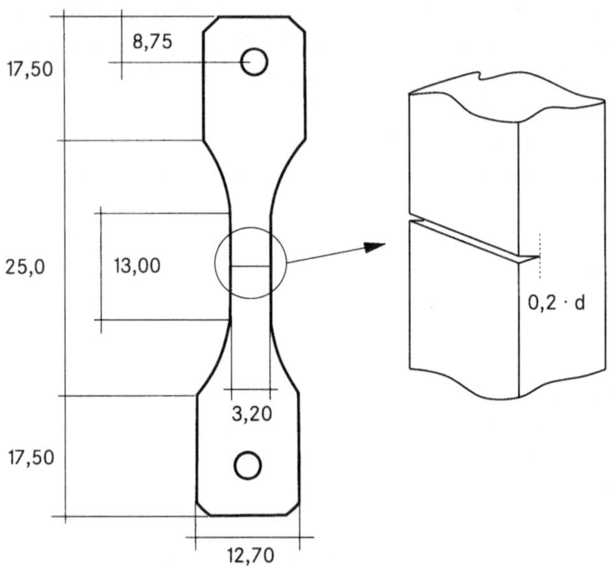

Abb. 3.14: Maße des Probekörpers (mm) für den Notched Constant Tensile Load Test (NCTL-Test). Der Probekörper wird aus der Dichtungsbahn mit einem Stanzeisen ausgestanzt. In einer speziellen Schneideeinrichtung (*notcher*) wird die Probe mit einer Rasierklinge so gekerbt, dass die Kerbtiefe 20% der mittleren Dicke der Dichtungsbahn beträgt.

Bei der Auswertung des NCTL-Tests wird die relative Spannung (d.h. die Prüfspannung bezogen auf die Streckspannung bei Raumtemperatur) über der Versagenszeit aufgetragen. Gemessen wird typischerweise mit Prüfspannungen im Bereich zwischen 20% und 65% relativer Spannung in Schritten von 5%. Für jede Prüfspannung wird der Mittelwert der Versagenszeiten aus mindestens 3 Einzelmessungen berechnet. Ähnlich wie bei der Auswertung des Zeitstand-Rohrinnendruckversuchs ergeben sich Zeitstandkurven, mit abschnittsweise gerade verlaufenden Kurvenästen (Abbildung 3.15). Die Koordinaten (rel. Spannung und Versagenszeit) des Übergangs des Kurvenastes für das duktile Versagen zum Ast für das spröde Versagen dienen dann für die quantitative Beurteilung der Spannungsrissbeständigkeit. Dieser Übergang darf frühestens nach 100 h erfolgen und sollte oberhalb einer rel. Spannung von 30% der Streckspannung (bei Raumtemperatur) liegen. Inzwischen werden zumeist nur noch sogenannte Einpunktmessungen durchgeführt (NCTL-SP(*single point*)-Test). Dabei wird bei einer rel. Spannung von 30% die mittlere Standzeit ermittelt. Diese muss größer als 200 h sein. Diese Anforderungen wurden aus den Ergebnissen der oben genannten Felduntersuchungen abgeleitet: Die PE-HD-Werkstoffe, bei denen es zur Spannungsrissbildung im Feld gekommen war, haben dieses Kriterium gerade nicht erfüllt. Im Kapitel 2 war bereits darauf eingegangen worden, das der Begriff PE-HD einen breiten Bereich von Werkstoffen umfasst. Das obere Ende dieses Bereichs, die eigentlich hochdichten PE-HD-Werkstoffe, sind wegen der Spannungsrissempfindlichkeit für Dichtungsbahnen nicht geeignet. Mit dem NCTL-Test können solche Werkstoffe ausgeschlossen werden.

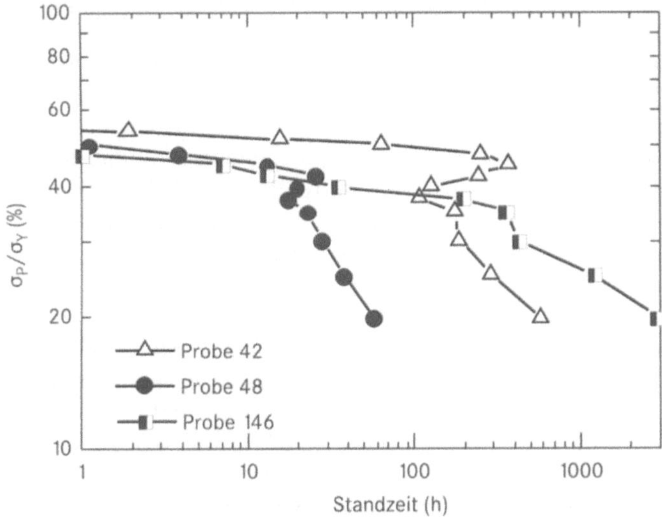

Abb. 3.15: Zeitstandkurven von PE-HD-Dichtungsbahnen aus unterschiedlichen Formmassen (Probe 42, 48, 146) im NCTL-Test. Aufgetragen wird die relative Spannung, also die Prüfspannung σ_P bezogen auf die Streckspannung σ_Y, über der Standzeit (Mittelwert aus drei Messungen). Im Übergang von duktilen zum spröden Ast der Zeitstandkurve können sich unterschiedliche Verläufe ausbilden. Manchmal entsteht eine „Nase" in der Zeitstandkurve (Probe 42 und weniger ausgeprägt Probe 48), siehe Abschnitt 5.3.4.

Nur bei sorgfältiger Beachtung der Details des Prüfverfahrens, insbesondere des Verfahrens der Kerbung der Proben, ergeben sich beim NCTL-Test reproduzierbare und vergleichbare Prüfergebnisse. In Deutschland wird der Test gelegentlich unter Verwendung des Probestabs Typ 5 oder Typ 1B der hier geltenden und für die Dichtungsbahnen heranzuziehenden Zugversuchs-Norm DIN EN ISO 527-3 durchgeführt (Abschnitt 3.2.8).

Der NCLT-Test hat den Vorteil, dass er nur geringe Prüfzeit erfordert und direkt an Proben aus der Dichtungsbahn durchgeführt werden kann. Der Test differenziert dabei sehr stark zwischen den Werkstoffen. Nach den vorliegenden Erfahrungen reicht eine Prüfung im NCTL-Test aus, um bei entsprechenden Anforderungen eine ausreichende Spannungsrissbeständigkeit der PE-HD-Dichtungsbahnen zu gewährleisten.

Der Zeitstand-Rohrinnendruckversuch ist eine echte Langzeitprüfung. Er hat den Vorteil zugleich eine Prüfung der Oxidationsstabilität zu sein. Bei ungenügender Stabilisierung zeigt sich ein dritter, senkrechter Ast in der Zeitstandkurve, der die Versprödung des Materials durch den oxidativen Abbau anzeigt. Auf die Beurteilung von PE-HD-Werkstoffen an Hand von Zeitstand-Rohrinnendruckversuchen sollte man daher nur verzichten, wenn der NCTL-Test durch eine Langzeit-Prüfung der Oxidationsstabilität ergänzt wird.

Im Rahmen des BAM-Zulassungsverfahrens für Deponiedichtungsbahnen wird alternativ zu den Zeitstand-Rohrinnendruckversuchen die Spannungsrissbeständigkeit nach ASTM D5397-95 geprüft, wobei abweichend von der Norm auch der Probekörper Typ 5 verwendet werden kann. Hinzu kommen dann aber Immersionsversuche (80 °C, 10^4 h, Luft und Wasser) zur Ermittlung der Oxidationsstabilität.

Die Auswirkung von Chemikalien auf die Spannungsrissbildung oder generell die Beständigkeit gegen die kombinierte Einwirkung von Chemikalie und mechanischer Beanspruchung kann ebenfalls in der Zeitstand-Rohrinnendruckprüfung ermittelt werden [29]. Als Prüfflüssigkeit wird dabei die jeweilige Chemikalie verwendet. Aus den Zeitstandkurven können sogenannte Resistenzfaktoren abgeleitet werden. Der zeitbezogene Resistenzfaktor gibt an, wie die Standzeit in der Chemikalie bei einer gegebenen Spannung und Temperatur gegenüber der entsprechenden Standzeit im Wasser reduziert ist. Der spannungsbezogene Resistenzfaktor gibt an, wie die Prüfspannung vermindert werden muss, um in der Chemikalie die gleiche Standzeit zu erreichen wie im Wasser. Die Resistenzfaktoren hängen in der Regel stark von der Höhe der Spannung und der Temperatur ab. Die Resistenzfaktoren für PE-HD-, PP- und PVC-Werkstoffe haben inzwischen auch Eingang in Regelwerke gefunden: die DVS 2205-1:1987-06, *Berechnung von Behältern und Apparaten aus Thermoplasten, Kennwerte*, listet für eine Vielzahl von Medien die Abminderungsfaktoren für die Spannung (Kehrwert des spannungsbezogenen Resistenzfaktors) auf. Ein Resistenzfaktor 1, d.h. keine Abminderung gegenüber dem Verhalten im Wasser, wurde bei 4 N/mm² Prüfspannung und Temperaturen bis zu 80 °C z.B. bei folgenden Medien ermittelt: Meerwasser, Harnsäure, Kalilauge (50%), Natronlauge (50%), Kochsalzlösungen bis zur Sättigung, Branntweine aller Art, Erdgas und viele andere Chemikalien. Ein gewisses, wenn auch sehr geringes Spannungsrissbildung förderndes Potential haben dagegen Abwässer. So wurde bei 4 N/mm² und 80 °C bei einem Abwasser aus einer Cellulose-Fabrik ein spannungsbezogener Resistenzfaktor von 0,95, bei einem Abwasser aus einer Chemiefaser-Fabrik ein Faktor von 0,75 und bei einem Abwasser aus einer Molkeverwertung ein Faktor von 0,73 gefunden, ebenso hat Erdgaskondensat ein Resistenzfaktor von 0,78 [29].

3.2.14 Witterungsbeständigkeit

Die Kunststoffdichtungsbahnen sind beim Tiefbau den Unbilden des Wetters, insbesondere der direkten und diffusen Strahlung der Sonne ausgesetzt. Normalerweise werden die Dichtungsbahnen nur während vorübergehender Einbau- und Betriebszustände bewittert. Zumeist werden sie bald abgedeckt und überbaut. In manchen Bauwerken, z.B. Speicherbecken, liegen die Dichtungsbahnen jedoch über viele Jahre hinweg frei. Die dabei gesammelten Erfahrungen, insbesondere in heißen Regionen mit langer Sonneneinstrahlung, zeigen, dass ausreichend rußstabilisierte PE-HD-Dichtungsbahnen eine außerordentlich hohe Witterungsbeständigkeit besitzen. Solche Erfahrungen wurden in Bewitterungsprüfungen bestätigt. Bei guter Qualität, ausreichender Menge und homogener Verteilung des beigemischten Rußes erübrigt sich daher eine Prüfung der Witterungsbeständigkeit an den PE-HD-Dichtungsbahnen. Es werden jedoch auch naturfarbene oder mit weißen Pigmenten eingefärbte PE-HD-Dichtungsbahnen verwendet, die durch Beimischung von speziellen Additiven als UV-Stabilisatoren geschützt werden. Geokunststoffprodukte aus gar nicht oder nur ungenügend stabilisierten Polyolefinen können unter Umständen binnen Wochen oder Monaten durch die Witterung zerstört werden. Aus diesem Grund wird hier auf die Auswirkung des Wetters und die Prüfung der Witterungsbeständigkeit kurz eingegangen[30], [31].

Die eigentliche Ursache der durch die Witterung ausgelösten Alterung ist die UV-Strahlung der Sonne, die im Bereich von 290 nm bis 400 nm liegt. Der sich im Spektrum der elektromagnetischen Strahlung der Sonne anschließende Teil, das sichtbare Licht und die Infrarotstrahlung, wirkt nur indirekt, indem er den Dichtungsbahnen oder allgemeiner den Geokunststoffe Wärme zuführt, sie damit aufheizt und so alle chemischen und physikalischen Prozesse beschleunigt. Die Feuchtigkeit wirkt bei den Produkten aus polyolefinen Werkstoffen ebenfalls nur indirekt, indem sie z.B. die Extraktion und Diffusion von Stabilisatoren fördert.

Die gesättigten Kohlenstoff-Kohlenstoff-Bindungen des Polyethylen und Polypropylen absorbieren nicht direkt die UV-Quanten. Strukturanomalien mit ungesättigten Bindungen, Verunreinigung, wie die praktisch immer vorhandenen Katalysatorreste aus dem Polymerisationsvorgang, oder bereits gebildete Oxidationsprodukte, die insbesondere während der Verarbeitung entstanden sein können, absorbieren jedoch die Strahlungsanteile im ultravioletten Bereich. Solche die UV-Strahlung absorbierenden Bestandteile des Polymers werden als Chromophore bezeichnet. Die Energie der UV-Quanten (hv) wird dabei in chemische Anregungsenergie der Polymermoleküle umgewandelt. Die Anregung führt schließlich zum Aufbrechen chemischer Bindungen und zur Entstehung von freien Radikalen. Zusammen mit dem normalerweise allgegenwärtigen Sauerstoff setzten die freien Radikale den oxidativen Abbau in Gang. Die UV-Strahlung wirkt hier also als Radikalbildner, als „Treibstoff" für die Autoxidation. Man spricht in diesem Zusammenhang daher auch von Photooxidation. Die chemischen Vorgänge bei der Autoxidation werden ausführlich im Abschnitt 5.2 behandelt. All die dort angegebenen chemischen Gleichungen der oxidativen Kettenreaktion behalten ihre Gültigkeit. Bei der Photooxidation tritt aber als dominierender Kettenstart die Reaktion

$$\text{Chromophore} + \text{PH} + hv \rightarrow \text{freie Radikale } \dot{P}, P\dot{O}, H\dot{O}, H\dot{O}_2 \qquad (3.10)$$

hinzu. Da die Oxidationsprodukte, zum Beispiel das Hydroperoxid, UV-Strahlung absorbieren, greift die Strahlung jedoch auch in die Kettenfortpflanzungsreaktionen ein.

Ist durch die UV-Strahlung der Autooxidationsprozess in Gang gesetzt, so entwickelt er sich auch in der Dunkelheit weiter. Bei mangelhaft stabilisierten polyolefinen Werkstoffen kann daher auch eine nur kurze Bewitterung zur raschen Alterung führen.

Die Kunststoffe können auf drei Arten gegen die UV-Strahlung geschützt werden. Zum einen durch die Zugaben von Molekülen oder Pigmenten, die die UV-Strahlung stark absorbieren und dabei die Strahlungsenergie direkt in Wärmeenergie umwandeln. Auf die besondere Wirksamkeit von feinem Ruß wurde bereits hingewiesen. Ruß absorbiert nicht nur die UV-Strahlung, sondern bindet zusätzlich freie Radikale über die Vielzahl der an der Rußoberfläche adsorbierten organischen Verbindungen. Absorbierende Lichtschutzmittel entfalten ihre volle Wirksamkeit erst ab einer gewissen Schichtdicke.

Sogenannte Quencher wurden in der Vergangenheit wegen der von der Schichtdicke unabhängigen Wirksamkeit vor allem zur Stabilisierung von Fasern und dünnen Filmen eingesetzt. Quencher sind metallorganische Verbindungen, die die Anregungsenergie der durch UV-Strahlung angeregten Moleküle aufnehmen und in chemisch unwirksame Wärmeenergie umwandeln.

Schließlich können Antioxidantien (Radikalfänger, Hydroperoxidzersetzer) beigemischt werden, um die Photooxidation zu behindern. Als besonders wirksam haben sich dabei die sogenannten sterisch gehinderten Amine (HALS) erwiesen [32], [33]. Die HALS-Verbindungen sind Derivate des 2,2,6,6-Tetramethylpiperidins. Die Verbindungen können sowohl als Radikalfänger wie auch als Peroxyradikal- und Hydroperoxidzersetzer wirken und sich dabei sogar in gewissem Umfang regenerieren. Lichtschutzmittel auf der Basis von HALS-Verbindung haben inzwischen mengenmäßig die Hälfte des Lichtschutzmittelmarktes erobert [33].

Die Witterungsbeständigkeit kann durch Freibewitterung oder durch künstliche Bewitterung geprüft werden. Die Auswirkungen der Strahlung der Sonne in Verbindung mit Wärme, Feuchtigkeit, Regen, Trockenheit, Sauerstoff und anderen Bestandteilen der Luft auf die Dichtungsbahnen, oder allgemeiner auf Geokunststoffe, kann natürlich unmittelbar durch Lagerung im Freien und Messung der sich dabei ergebenden Veränderungen in den Eigenschaften geprüft werden. Das Verfahren der Freibewitterung wird in DIN EN ISO 877:1997-05, *Kunststoffe – Verfahren zur natürlichen Bewitterung, zur Bestrahlung hinter Fensterglas und zur beschleunigten Bewitterung durch Sonnenstrahlung mit Hilfe von Fresnel-Spiegeln*, beschrieben. Das Wetter ist während seines jahreszeitlichen Verlaufs jedoch sehr unterschiedlich. Zusätzlich sind langjährige Klimaschwankungen, z.B. in der Gesamtbestrahlung durch die Sonne an einem bestimmten Ort, vorhanden. Aus Freibewitterungsprüfungen an einem Ort gewonnene Ergebnisse können daher nicht auf Anwendungen an anderen Orten mit anderen klimatischen Verhältnissen übertragen werden. Die Prüfergebnisse sind meistens nicht reproduzierbar. Die Prüfzeiten müssen bei der Freibewitterung mindestens so lange sein, wie die geplante Gebrauchsdauer. Es sind also in der Regel sehr langwierige Prüfungen erforderlich.

Man hat daher schon früh versucht, durch ein Prüfverfahren, das künstlich die Beanspruchungen durch das Wetter nachstellt, zu eindeutig definierten Prüfbedingungen und damit zu reproduzierbaren und untereinander vergleichbaren Prüfergebnissen zu kommen. Dabei wollte man Kriterien erarbeiten, wie die Prüfbedingungen für die Simulation bestimmter Klimate und Gebrauchsdauern zu wählen sind. Die Lichtquelle einer Prüfeinrichtung für die künstliche Bewitterung muss die spektrale Verteilung der Bestrahlungsstärke der solaren Globalstrahlung, d.h. der direkten Sonnenstrahlung und der Streustrahlung aus der Atmosphäre, im relevanten UV-Bereich widerspiegeln. Die Erwärmung des Probekörpers stellt eine weitere sehr wichtige Prüfbedingung dar. Als Maß dafür dient die Schwarzstandard-Temperatur. Das ist die Temperatur, die sich bei der künstlichen Bewitterung einer schwarz lackierten Metallplatte mit thermisch isolierter Rückseite einstellt, die an derselben Position wie die Probe angebracht ist. Weitere wichtige Prüfbedingungen sind die Dauer von Beregnung und Trockenheit und die dabei herrschenden Temperaturen und Feuchtigkeiten.

Über die Gerätewahl, die einzustellenden Bedingungen und die Bestrahlungsdauern wird immer wieder diskutiert. Auf europäischer Ebene ist ein Stand der Technik bei der Prüfung der Witterungsbeständigkeit mit der DIN EN 12224:2000-11 (in Vorbereitung), *Geotextilien und geotextilverwandte Produkte – Bestimmung der Witterungsbeständigkeit*, inzwischen festgeschrieben [34], [35].

Nach dieser Norm wird als Lichtquelle eine UV-Leuchtstofflampe oder UV-Leuchtstofflampenkombinationen verwendet. Die spektrale Verteilung der Bestrahlungsstärke, die mit den Lampen eingehalten werden muss, wird dabei genau vorgegeben. Die Bewitterung erfolgt in Nass-/Trockenzyklen. Jeder Zyklus besteht aus einer 5 Stunden dauernden Trockenperiode mit einer Schwarzstandard-Temperatur von (50 ± 3) °C bei einer Luftfeuchtigkeit von $(10 \pm 5)\%$ und einer einstündigen Besprühung mit Wasser bei einer Schwarzstandard-Temperatur von (25 ± 3) °C. Die Norm fordert jedoch indirekt dazu auf, die Temperaturschwankungen soweit als möglich (z.B. auf ± 1 °C) zu begrenzen, weil z.B. beim Polyethylen eine Temperaturerhöhung um 1 °C die Geschwindigkeit der Photooxidation um 8% anwachsen lässt, also auch eine entsprechend große Ergebnisänderung zur Folge haben kann. Die Prüfung der Geotextilien und der verwandten Produkte soll bis zu einer applizierten Strahlungsenergie von 50 MJ/m^2 geführt werden. Je nach Lampentyp ergibt sich daraus eine Bestrahlungsdauer von 320 Stunden bis 430 Stunden. Eine UV-Bestrahlung von 100 MJ/m^2 entspricht in etwa der maximalen Bestrahlung während zweier Sommermonate in Mitteleuropa und der mittleren Bestrahlung während dreier Sommermonate [34].

Tabelle 3.8: Zulässige Expositionszeiten bei Veränderungen der Festigkeit nach einer künstlichen Bewitterungsprüfung gemäß DIN EN 12224.

Anwendung	Restfestigkeit nach Alterungsprüfung	Zulässige Expositionszeiten während des Einbaus
Bewehrung oder andere Anwendungen, bei denen die Langzeitfestigkeit ein bestimmender Parameter ist	> 80%	1 bis 4 Monate[1]
	60% ... 80%	2 Wochen
	< 60%	Bedeckung am Tag des Einbaus
Weitere Anwendungen	> 60%	1 bis 4 Monate[1]
	20% ... 60%	2 Wochen
	< 20%	Bedeckung am Tag des Einbaus

[1] abhängig von der Jahreszeit und dem Einbauort in Europa

In der *Richtlinie für die Beständigkeit von Geotextilien und geotextilverwandten Produkten*, die vom Europäischen Komitee für Normung (CEN) als CR ISO 13434:1999-06 herausgegeben wurden, werden den Prüfergebnissen der Prüfung nach DIN EN 12224 die in Tabelle 3.8 dargestellten zulässigen Expositionszeiten zugeordnet.

Bei der künstlichen Bewitterung mit den im Vergleich zur Freibewitterung stark verkürzten Prüfzeiten wird die Stabilisatormigration und -extraktion oder ein Stabilisatorabbau oft nicht ausreichend berücksichtigt; Vorgänge, die bei längeren Beanspruchungen durch die Witterung das Langzeitverhalten wesentlich beeinflussen können. Von H. SCHRÖDER wurde daher vorgeschlagen, dass der eigentlichen Bewitterungsprüfung eine Immersion der Proben über 100 Stunden in 60 °C heißem Wasser mit einem zweistündigen Wasserwechsel vorgeschaltet wird. Dieses Verfahren wird im *Merkblatt für die Anwendung von Geotextilien und Geogittern im Erdbau des Straßenbaus* (1994) der Forschungsgesellschaft für Straßen- und Verkehrswesen, Köln bei der Bewitterungsprüfung berücksichtigt [36]. Nach diesem Merkblatt wird bei einer Restfestigkeit nach der künstlichen Bewitterung von > 80% dem Produkt eine hohe, bei 60% ... 80% ein mittlere und bei < 60% eine nur noch niedrige Witterungsbeständigkeit bescheinigt. Niedrigbeständiges Material muss innerhalb einer Woche, mittelbeständiges innerhalb von zwei Wochen, hochbeständiges spätestens nach zwei Monaten überschüttet bzw. geschützt werden.

Insbesondere die zulässigen Expositionszeiten der CR ISO 13434 sind sehr großzügig gewählt. Der Autoxidationsvorgang bei polyolefinen Werkstoffen befindet sich nämlich schon in einem weit fortgeschrittenen Stadium, wenn merkliche Festigkeitsverluste gemessen werden. Nach einer Bedeckung setzt sich der Abbau fort. Geokunststoffe sollten daher grundsätzlich nur über einen Zeitraum der Witterung ausgesetzt werden, während dessen noch keine Veränderung in den mechanischen Eigenschaften zu beobachten ist.

Mit der Beimischung von Ruß wird bei den PE-HD-Dichtungsbahnen eine sehr hohe Witterungsbeständigkeit erreicht. Der Nachweis, dass mit einer chemischen UV-Stabilisierung eine ähnliche Witterungsbeständigkeit gegeben ist, erfordert daher sehr lange Bestrahlungsdauern. Bei einer künstlichen Bewitterungsprüfung nach DIN EN 12224 bzw. nach dem Merkblatt muss eine nur chemisch stabilisierte Dichtungsbahn eine Bestrahlungsdauer von mindestens 1500 Stunden aushalten können, ohne das sich signifikante Veränderungen in den mechanischen Eigenschaften ergeben. Diese Bestrahlungsdauer entspricht einer Freibewitterung über einen Zeitraum von etwa 2 Jahren.

3.2.15 Beständigkeit gegen biologische Einwirkungen

Biologische oder biogene Beanspruchungen, also Beanspruchungen durch Organismen, können nach eben diesen Organismen und den Schäden, die sie bei den Dichtungsbahnen oder generell bei den Geokunststoffen hervorrufen können, eingeteilt werden: Es kommen dann Biss-Schäden durch Wirbeltiere, Insektenfraß, Beschädigungen durch Wurzeln und Veränderungen oder Abbau durch Mikroorganismen (Bakterien und Pilze) in Betracht.

Man kann biogene Beanspruchungen auch nach den Wirkungsmechanismen grob unterteilen in [37]:

- Biophysikalische Effekte, bei denen durch mechanische Einwirkung Risse und Löcher entstehen, z.B. beim Verbiss durch Tiere oder durch die Ausdehnung und den dabei entstehenden Quellungsdruck wachsender Zellverbände bei den Pflanzenwurzeln.
- Sekundäre biochemische Effekte, bei denen die beim Wachstum oder Stoffwechsel der Organismen ausgeschiedenen Chemikalien die Materialien angreifen. So wird etwa an Wurzelspitzen Säure freigesetzt, die die biophysikalische Einwirkung begleitet.
- Primäre biochemische Effekte, bei denen die Materialien direkt durch enzymatischen Abbau in den Stoffwechsel der Organismen einbezogen werden.

Schäden durch Nagetiere und Insekten können entstehen, wenn die Beißwerkzeuge der Tiere Angriffspunkte finden. Die glatte, porenfreie, sehr feste und lokal nur sehr schwer verformbare Oberfläche der dicken PE-HD-Dichtungsbahnen setzt dem Verbiss und dem Insektenfraß großen Widerstand entgegen. Das „Verhalten von Abdichtungsfolien gegen Nagetiere" wurde von R. RUMBERG und Mitarbeitern in einem Forschungsprojekt ausführlich untersucht [38]. Im Forschungsbericht wird eine Übersicht über den Kenntnisstand gegeben. Aus dem Vorhaben heraus entwickelte sich auch das unten angegebene Prüfverfahren. PE-HD-Dichtungsbahnen gewährleisten nach diesen Untersuchungsergebnissen bei ausreichender Dicke ($> 1{,}5$ mm) im Vergleich zu anderen Kunststoffdichtungsbahnen einen „optimalen Schutz". Auch vom Rand her ist eine Verbiss bei einer Dicke von 2,5 mm für kleine Nagetiere nur schwer möglich. Polyethylen wird zudem als Nahrungsmittel nicht angenommen und ist als solches auch nicht verwertbar. Arten, die besonders aggressiv nagen und beißen, können jedoch auch PE-HD-Dichtungsbahnen schädigen. Bei Ausgrabungen wurden daher in Einzelfällen an Rändern angenagte Bereiche gefunden.

In der alten Fassung der *Bau- und Prüfgrundsätze für Kunststoffbahnen als Abdichtungsmittel von Auffangwannen und Auffangräumen für die Lagerung wassergefährdender Flüssigkeiten* (BPG Kunststoffbahnen) des Deutschen Instituts für Bautechnik (DIBt) von 1982 wurde eine Prüfung der Beständigkeit gegen Nagetiere beschrieben: Mit Probestücken aus der Dichtungsbahn wird eine Wanne geschweißt, im Boden eines Geheges eingebaut und mit Erde gefüllt. An der Futterstelle werden lose Probestücke ausgelegt. Zum Vergleich wird der gleiche Aufbau mit einem Referenzmaterial hergestellt. Im Gehege werden große Wühlmäuse (Schermaus, *arvicola terrestris*) gehalten. Der Bestand muss durch Fremdfänge immer wieder aufgefrischt werden. Die Proben werden so lange im Gehege belassen, bis an den Referenzproben Durchnagungen an wenigstens 5 Stellen aufgetreten sind, mindestens jedoch für ein halbes Jahr.

Diese Prüfung wurde von den 2,5 mm dicken PE-HD-Dichtungsbahnen immer wieder bestanden, so dass heute auf dieses doch sehr aufwendigen Prüfverfahren bei der Zulassung von Kunststoffdichtungsbahnen für die Deponieabdichtungen verzichtet wird[4]. Die vom DIBt bauaufsichtlich [39] und von der

---

[4] Das Prüfverfahren ist auch nicht ganz ungefährlich. In Grzimeks Tierleben heißt es: „*Als Träger und Überträger der Tularämie, einer Nagetierpest, die auch den Menschen befallen kann,*

BAM für Deponieabdichtungen zugelassenen [13] PE-HD-Dichtungsbahnen gelten nach den Anforderungen dieser Prüfung als nagetierbeständig.

An der BAM wurden Versuche zum Fraß durch Termiten (*Coptotermes formosanus, Zootermopsis angusticollis, Neotermes jouteli*) bei PE-HD-Dichtungsbahnen in Anlehnung an DIN EN 117:1990-08, *Holzschutzmittel; Bestimmung der Grenze der Wirksamkeit gegenüber Reticulitermes santonensis de Feytaud (Laboratoriumsverfahren)*, durchgeführt [40]. Vor allem die Schnittkanten wurden von den Termiten stark angenagt. PE-HD-Dichtungsbahnen sind daher nicht termitenfest, ebenso wie mehr oder weniger fast alle nicht speziell geschützten Kunststoffe [21].

Allen Prüfungen zur Wurzelfestigkeit gemeinsam ist das folgende Verfahrensprinzip (Gefäßversuch). In ein Gefäß werden drei Schichten eingebaut: eine Feuchtigkeitsschicht, die Dichtungsbahn und eine Rekultivierungsschicht, in die Samen gesät oder junge Triebe eingepflanzt werden. Eine Prüfung besteht aus dem eigentlichen Versuch bei dem mehrere Gefäße mit Dichtungsbahnproben angesetzt werden und dazu aus einem Referenzversuch aus mehreren Gefäßen mit einer Bitumenschicht bzw. Bitumenbahn. Die Prüfung wird so lange durchgeführt, bis eine starke Durchwurzelung der Bitumenschicht im Referenzversuch aufgetreten ist, mindestens jedoch bis zum Ablauf eine vorgegebene Prüfdauer. Die Dichtungsbahn gilt als wurzelfest, wenn nach Ablauf der Prüfung keine Durchwurzelung der Dichtungsbahn aufgetreten ist.

In den BPG Kunststoffbahnen des DIBt und in der DIN 16726 für Kunststoff-Dachbahnen und Kunststoffdichtungsbahnen wird die Wurzelfestigkeit in Anlehnung an die Anforderungen der DIN 4062:1978-09, *Dichtstoffe für Bauteile aus Beton, Anforderungen, Prüfungen und Verarbeitung* durchgeführt. Als Gefäße werden dabei unglasierte Tontöpfe verwendet. Die Feuchtigkeitsschicht und die Rekultivierungsschicht bestehen aus Ackerboden. In die Rekultivierungsschicht werden Lupinen der Sorte Lupinus albus gesät. Als Referenzprobe dient eine Platte aus Bitumen 85/40. Die Prüfung dauert hier in der Regel 6 bis 8 Wochen.

Als anerkannte Regel der Technik für die Prüfung der Wurzelfestigkeit von Dichtungsbahnen dient heute jedoch das *Verfahren zur Untersuchung der Durchwurzelungsfestigkeit bei Dachbegrünung* (1995) der Forschungsgesellschaft Landschaftsentwicklung Landschaftsbau e.V. (FLL), Troisdorf. Bei diesem Verfahren wird ein großvolumiges, quaderförmiges Gefäß von mindestens 800 x 800 x 350 mm^3 Kantenlängen verwendet. Als Feuchtigkeitsschicht wird eine Lage aus Blähschiefer/Blauton eingebaut, über der als Ausgleichs- und Schutzschicht ein dünnes Vlies verlegt wird. Aus einzelnen Dichtungsbahnenstücken wird ein Kasten zusammengeschweißt, der auf das Vlies in das Gefäß eingesetzt wird. Die Seitenflächen des Dichtungsbahnen-Kastens reichen dabei bis zur Oberkante des Gefäßes. Im Probekörper sind also Bodeneck- und Wandecknähte und Boden-

---

spielen Schermäuse in der Seuchenbekämpfung eine Rolle. ... Wer Schermäusen auf Kulturflächen oder im Keller nachstellt, hüte sich davor, von Tieren, die noch lebend in der Falle hängen, gebissen zu werden. Um auch jede andere Ansteckungsgefahr auszuschließen, grabe man tote Schermäuse einen halben Meter tief in die Erde ein und wasche sich danach gründlich die Hände." (Grzimeks Tierleben, Band 2, Säugetiere. München: Deutscher Taschenbuch Verlag, 1979, S. 331).

nähte vorhanden. In der Bodennaht ist ein T-Stoß enthalten. Als Rekultivierungsschicht wird dann ein Gemisch aus Hochmoortorf und Blähton/Blauschiefer eingefüllt. In die Rekultivierungsschicht werden Grauerle (*Alnus incana*) und Zitterpappel (*Populus tremula*) gepflanzt und Samen der Ackerquecke (*Agropyron repens*) gesät. Auch hier werden mehrere Parallelversuche aufgebaut. Die Referenzprobe wird aus 20 mm dicken Platten aus Bitumen 85/25 gefertigt. Der Boden der hochgestellten Prüfgefäße ist durchsichtig und verdunkelbar, so dass in regelmäßigen Abständen eine Durchwurzelungskontrolle an der Feuchtigkeitsschicht durchgeführt werden kann. Die Prüfdauer beträgt mindestens 4 Jahre. Nach Auffassung der Forschungsgesellschaft ist dies *„bei Vegetationsversuchen mit Gehölzen und Kräutern unter Freilandbedingungen die kürzeste Dauer, um gesicherte Ergebnisse zu erhalten und Aussagen treffen zu können"*.

Die Pflanzenwurzeln finden in der Oberfläche der PE-HD-Dichtungsbahnen und entlang von einwandfrei hergestellten Auftrag- oder Überlappnähten (Kapitel 10) keine Angriffspunkte für die mechanische Einwirkung. Sekundäre biochemische Effekte spielen wegen der sehr großen Beständigkeit der PE-HD-Dichtungsbahnen gegen Chemikalien keine Rolle. Die Wurzelfestigkeit der PE-HD-Dichtungsbahnen wurde daher in diesen Prüfungen bestätigt.

Das Hauptthema unter dem Stichwort biologische Beständigkeit ist jedoch der primäre biologische Effekt, also die Abbaubarkeit von polymeren Werkstoffen durch Mikroorganismen. Auf diesem Arbeitsgebiet wird schon seit vielen Jahrzehnten umfangreich geforscht [21], [37]. Dabei geht es schon seit längerem nicht so sehr darum, die Beständigkeit der Werkstoffe zu verbessern, sondern umgekehrt darum, polymere Werkstoffe zu finden, die möglichst vollständig in der Natur abbaubar sind, und diese Eigenschaft prüftechnisch zu charakterisieren. Die beiden wichtigsten polyolefinen Werkstoffe (PE und PP) wurden in dieser Hinsicht vielfältig untersucht. Sie haben sich in den Versuchen immer als sehr beständig erwiesen. Aus den Versuchen wurde die Faustregel abgeleitet, dass nur Polyolefine bis zu einem Molekulargewicht von 800 abgebaut und als Kohlenstoffquelle von Mikroorganismen (Bakterien und Pilze) genutzt werden können [37]. In Polyethylen-Werkstoffen können in geringem Umfang niedermolekulare Anteile, sogenannte Polyethylen-Wachse, enthalten sein. Diese Wachse diffundieren an die Oberfläche und bilden dort einen dünnen Film. In Prüfungen zur Beständigkeit gegen Mikroorganismen, z.B. beim Erdeingrabtest, kann daher gelegentlich beobachtet werden, dass Pilze sich auf der Oberfläche von Geokunststoffen aus PE ausbreiten. Dadurch wird jedoch nur das Aussehen verändert. Die Gebrauchseigenschaften des Produkts werden davon nicht betroffen.

Plastikmüll aus Polyethylen in der Umwelt wird nur dann biologisch abgebaut, wenn der durch die UV-Strahlung und den Sauerstoff ausgelöste photooxidative Abbau schon sehr weit fortgeschritten ist. Unter Umständen kann die Verweildauer des Plastikmülls in der Umwelt daher sehr lang sein. Aufgrabungen in Müllkörpern fördern zutage, dass Verpackungen, Folien, Tüten aus Polyethylen auch in diesem mikrobiologisch sehr reichhaltigen Milieu noch nach Jahrzehnten weitgehend unverändert sind[5].

---

[5] Ich erinnere mich an eine der Deponietagungen der Landesgewerbeanstalt Nürnberg: Es war ein Vortrag über Untersuchungen des Müllkörpers auf der Zentraldeponie Hannover gehalten worden. Bilder hatten Jahrzehnte alten Kunststoffmüll gezeigt, der noch gänzlich unverändert

Die Prüfung der Beständigkeit von Kunststoffen gegen Mikroorganismen wird in der DIN EN ISO 846:1997-10, *Bestimmung der Einwirkung von Mikroorgansimen auf Kunststoffe*, geregelt. Bei den dort beschriebenen Verfahren geht es darum, ob ein Kunststoff Nahrung für Pilze enthält (Verfahren A), ob für Bakterien (Verfahren C), ob antimykotische Bestandteile enthalten sind (Verfahren B) oder wie der Kunststoff sich in mikrobiell aktiver Erde verhält. Vom europäischen Komitee für Normung wurde ein Entwurf für eine Norm zum Erdeingrabungsversuch für Geotextilien vorgelegt, ENV 12225:1997-03, *Geotextilien und geotextilverwandte Produkte, Prüfverfahren zur Bestimmung der mikrobiologischen Beständigkeit durch einen Erdeingrabungsversuch*. Dabei werden Probekörper in mikrobiell aktiver Erde eingegraben. Die mikrobielle Aktivität wird über Referenzprobekörper kontrolliert: Gebleichte und unbehandelte Baumwollgewebe müssen am Ende des Versuchs vollständig zerstört sein. Die Prüfbehälter werden bei $(95 \pm 5)\%$ relativer Luftfeuchte und (26 ± 1) °C unter Frischluftzufuhr für mindestens 16 Wochen gelagert und die Proben danach durch in Augenscheinnahme und Prüfung z.B. der mechanischen Eigenschaften charakterisiert. Nach dem bereits im Abschnitt 3.2.14 erwähnten Leitfaden CR ISO 13434 sind bei Neuwaren aus nicht recyceltem Polyethylen, Polypropylen, Polyester (PET) und Polyamid 6 bzw. 6.6 keine Prüfungen zur mikrobiellen Beständigkeit mehr erforderlich.

3.2.16 Zeitstand-Zugversuch

Mit dem Zeitstand-Zugversuch wird die Spannungsrissbeständigkeit von Probekörpern aus der Dichtungsbahn geprüft. Bei der Herstellung von Dichtungsbahnen mit strukturierter Oberfläche oder bei Schweißnähten (Auftragnähte und Überlappnähte) entstehen charakteristische Schwachstellen wie Kerben, Spannungskonzentrationen durch den geometrischen Verlauf der Struktur oder der Nahtgeometrie oder Anomalien in der Morphologie, die zu einer erheblichen Veränderung der Spannungsrissbeständigkeit führen können. Mit dem Zeitstand-Zugversuch können diese Schwachstellen erfasst werden. Bei der Prüfung von Proben aus glatten PE-HD-Dichtungsbahnen entstehen die Spannungsrisse dagegen fast immer vom Probenrand oder der Probeneinspannung her, wo Bearbeitungsspuren aus der Probenhersteller die Rissbildung auslösen: Gestanzte Proben

---

ausgegraben worden war. Wenig später kam ein Vortrag über Schadstoffemissionen durch Kombinationsdichtungen. In den Berechnungen wurde angenommen, dass die PE-HD-Dichtungsbahn nach 50 Jahren großflächig verschwunden ist. In seiner unnachahmlichen Art meldete sich K. STIEF in der Diskussion mit dem Vorschlag zu Wort, zukünftig kurzlebige Haushaltsgegenstände aus den hochwertigen Polyethylen-Formmassen der Dichtungsbahn zu fertigen, da diese offenbar rasch verrotten, und dafür die Deponiedichtungsbahnen aus möglichst billigen Kunststoffen, wie sie für Haushaltsgegenstände eingesetzt werden, zu fertigen, da diese umgekehrt offenbar sehr lange halten. Nur die Hälfte des Saales hatte er als Lacher auf seiner Seite. Die andere Hälfte schwieg verbissen: so groß waren in der Gründerzeit die Vorbehalte gegen Kunststoffdichtungsbahnen. Nebenbei bemerkt, ist das Alterungsverhalten des Kunststoffmülls ein interessantes Thema. Bei der Bewertung der Langzeitscherfestigkeit von Müllkörpern muss beachtet werden, dass die sehr hohen Werte der Scherparameter durch die „Armierung" des Mülls mit Plastiktüten, Plastikverpackungen und dergleichen bedingt sind.

versagen relativ rasch, gesägte Proben mit nachgearbeiteten Schnittkanten kön-nen sehr lange stehen. Mit dem Zeitstand-Zugversuch würde hier also nur die Qualität der Probenvorbereitung und nicht eine Eigenschaft der Dichtungsbahn geprüft. Daher wird die Spannungsrissbeständigkeit der glatten Dichtungsbahn in einem Zeitstand-Zugversuch mit gekerbten Proben untersucht (NCTL-Test), siehe Abschnitt 3.2.13. Zur Überprüfung der Spannungsrissbeständigkeit von PE-HD-Dichtungsbahnen mit strukturierter Oberfläche kann dagegen der im Fol-genden beschriebene Zeitstand-Zugversuch verwendet werden. Der Zeitstand-Zugversuch ist ein Indexversuch. Durch Festlegung von Mindestanforderungen wird das Ausmaß beschränkt, indem z.B. die Strukturausbildung die Spannungs-rissbeständigkeit beeinträchtigen darf.

Die Prüfung wird in Anlehnung an die DIN EN ISO 6252:1998-02, *Kunst-stoffe – Bestimmung der umgebungsbedingten Spannungsrissbildung (ESC) – Zeit-standzugversuch*, und die DVS-Richtlinie 2203-4:1997-07, *Prüfen von Schweißver-bindungen an Tafeln und Rohren aus thermoplastischen Kunststoffen – Zeit-stand-Zugversuch*, durchgeführt.

Das Prinzip der Prüfung besteht darin, dass ein Probekörper dauerhaft unter eine uniaxiale Zugspannung gesetzt wird. Der Probekörper wird dabei in einer spannungsrissauslösenden Flüssigkeit bei erhöhter Temperatur gelagert. Die Zeit bis zum Bruch des Probekörpers, die Standzeit, wird gemessen.

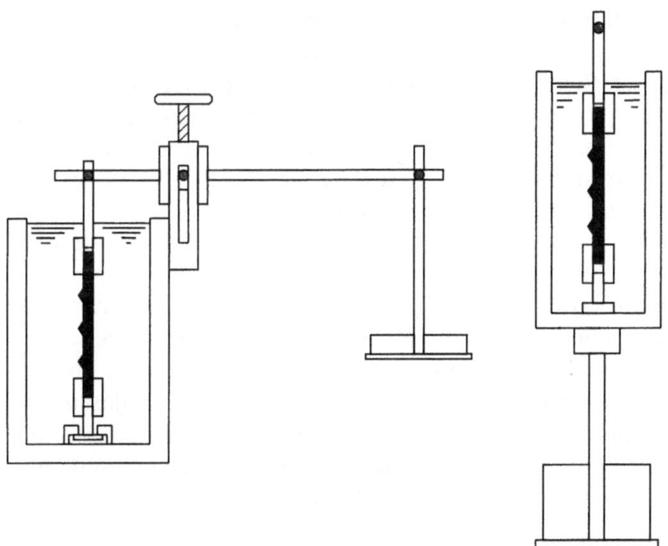

Abb. 3.16: Schematische Darstellung von Prüfeinrichtungen für den Zeitstand-Zugversuch. Gezeigt werden das Prüfgefäß, die Probe mit Probeneinspannung und zwei verschiedene Arten, wie die Zugspannung aufgebracht wird. Bei der Prüfeinrichtung links wird das Prüfge-fäß mit einer geregelten Heizung temperiert. Die Prüfeinrichtung rechts kann z.B. in einen Wärmeschrank gehängt werden.

Das Prinzip kann mit unterschiedlichen Prüfeinrichtungen realisiert werden. Abbildung 3.16 zeigt eine schematische Darstellung von möglichen Prüfeinrich-tungen. Eine definierte, konstante Krafteinleitung muss dabei gewährleistet sein.

Bei einer Hebeleinrichtung zur Kraftübertragung muss die Masse der Einrichtung korrekt berücksichtigt und die Auswirkung der Reibung im Hebellager überprüft werden. Die Probentemperatur muss über den ganzen Probenbereich konstant sein. Als Prüfmittel wird in der Regel ein Gemisch aus 2 ... 6 Gew.-% Tensid (Netzmittel), z.B. Arcopal N 110®, Marlophen 812®, Laventin W®, und Wasser verwendet. Je nach der Löslichkeit des Netzmittels muss die Prüfflüssigkeit u.U. umgerührt oder umgewälzt werden. Die Korrosion der Prüfeinrichtung durch die Prüfflüssigkeit kann zu Niederschlägen auf den Probekörpern und Verunreinigungen führen. Für die Prüfeinrichtung werden daher korrosionsfeste Werkstoffe verwendet. Der Zeitpunkt des Bruchs und damit die Standzeit wird elektrisch oder elektronisch gemessen und aufgezeichnet. Oft werden auch Einrichtungen zur Messung der Dehnungs-Zeit-Kurve der Probe, also der Kriechkurve, installiert.

Als Probekörper werden Parallelstäbe oder Schulterstäbe in Anlehnung an die Norm für den Zugversuch DIN EN ISO 527 (Abbildung 3.10) mit schnelllaufenden Hartmetallsägen oder hochtourigen Fräsen gefertigt. Die Maße des Probekörpers werden jeweils so gewählt, dass er einen repräsentativen Ausschnitt der Oberflächenstruktur erfasst. Die Schnittkanten müssen glatt und frei von Riefen sein.

Strukturierte Dichtungsbahnen werden an der BAM mit folgenden Bedingungen geprüft. Die Prüfspannung aus der gleichbleibenden, ruhenden Zugkraft (Schwankungsbereich $\pm 1\%$) beträgt 4 N/mm² bzw. 4 MPa. Die Fläche des Probenquerschnitts wird dabei aus der Breite an der schmalsten Stelle und der Dicke an der dünnsten Stelle in der Strukturausbildung des Probekörpers berechnet. Die Prüftemperatur wird auf (80 ± 1) °C eingestellt. Als Prüfflüssigkeit wird ein Gemisch aus entionisiertem Wasser und 2 Gew.-% Tensid Marlophen 812® verwendet. Vor jeder Prüfung wird die Prüfflüssigkeit erneuert. Nach einem Vorlauf von 24 h bei 80 °C kann dann die Probe eingebaut werden.

Prüfergebnis ist das geometrische Mittel der Standzeiten von mindestens 5 Proben. Dabei dürfen nur die Standzeiten berücksichtigt werden, bei denen eindeutig ausgeschlossen werden kann, dass die Rissbildung durch Beanspruchungen in der Einspannung oder vom Rand her entstanden ist. Abbildung 5.4 zeigt schematisch Bruchbilder wie sie an strukturierten Dichtungsbahnen und glatten Dichtungsbahnen beobachtet werden. Nach den Anforderungen der Zulassungsrichtlinie der BAM müssen die Strukturen so ausgebildet und die strukturierten Dichtungsbahnen so schonend gefertigt werden, dass bei diesen Prüfbedingungen ein Prüfergebnis von mindestens 700 Stunden erreicht wird.

3.2.17 Reibungseigenschaften

Bauwerke müssen standsicher sein. Die Oberseite eingebauter Kunststoffdichtungsbahnen darf daher nicht zu einer Gleitfläche werden, auf der der weitere Aufbau abrutscht. Der Aufbau darf jedoch auch nicht mit der Kunststoffdichtungsbahn auf deren Auflager abgleiten. Bei einer verankerten Kunststoffdichtungsbahn würden in diesem Falle Zugspannungen entstehen, die in der Regel wegen der geringen Dicke der Dichtungsbahnen so groß sind, das die Dichtungsbahnen abreißen. In [41] wird z.B. ein solcher Schadensfall diskutiert. Standsicherheitsprobleme können nicht nur auf geneigten Flächen durch die Hangabtriebskräfte entstehen. Spreizkräfte oder Wasserdruck in den Aufbauten können die Standsicherheit auch auf ebenen Flächen gefährden. Hangabtriebskräfte und Spreizkräfte müssen durch Reibungskräfte auf der Unter- und Oberseite der Dichtungsbahn sicher aufgefangen werden. Die Reibung zwischen glatten Dichtungsbahnen oder Dichtungsbahnen mit strukturierter Oberfläche und den Materialien von Auflager und Schutzschicht, wie Sand, feiner Kies, Ton, Vliesstoffe oder Gewebe, ist daher eine wichtige Eigenschaft, die in der Regel bei jedem Bauvorhaben geprüft werden muss [42], [43], [44].

Für die Reibung zwischen zwei festen Flächen gilt in zumeist guter Näherung das Coulombsche Gesetz: die Reibungskraft F_R ist der Kraft F_N proportional mit der die Flächen aufeinander gedrückt werden:

$$F_R = \mu F_N \ . \tag{3.11}$$

Die Reibungskraft, die dabei zwischen zwei ruhenden Flächen überwunden werden muss, ist größer als die Reibungskraft, die dann zwischen den aufeinander abgleitenden Flächen entsteht. Man spricht von Haftreibung und von Gleitreibung. Der jeweilige Proportionalitätskoeffizient μ_H bzw. μ_G wird als Reibungskoeffizient oder Reibungszahl bezeichnet. Diese Größe ist immer eine Eigenschaft von zwei Materialien, den Reibungspartnern. Durch die Beziehung

$$\mu = \tan\delta \tag{3.12}$$

wird der sogenannte Reibungswinkel δ definiert. Der Haftreibungswinkel ist gerade der Winkel, bei dem ein Körper aus dem einen Material auf einer schiefen Ebene aus dem anderen Material abrutschen würde.

Bei der Reibung zwischen Geokunststoffen oder Geokunststoffen und mineralischen Stoffen beobachtet man jedoch in manchen Fällen, dass die Gerade, die sich näherungsweise ergibt, wenn die Reibungskraft über der Andrückkraft aufgetragen wird, nicht durch den Nullpunkt geht, sondern einen positiven Achsenabschnitt hat. Scheinbar oder auch tatsächlich ist selbst bei einer sehr kleinen Andruckkraft noch eine relativ große Kraft F_A erforderlich, um die Reibungspartner zum Gleiten zu bringen. Statt Gleichung (3.11) gilt also die Beziehung:

$$F_R = F_A + \mu F_N \ . \tag{3.13}$$

Die Kraft F_A wird als Adhäsionskraft bezeichnet. Diese Bezeichnung darf jedoch nicht zu Missverständnissen führen. Adhäsion im eigentlichen Sinne entsteht durch die elektrostatischen Molekularkräfte, mit denen sich die Moleküle oder Atome in der Oberfläche zweier Körper anziehen, wenn diese sich berühren. Bei den Reibungspartnern aus Geokunststoffen und Erdstoffen (Böden, Sand, Kies etc.) spielt dieser Effekt jedoch keine Rolle.

Die Geokunststoffe oder mineralischen Stoffe bilden keine glatten, festen Reibungsflächen. Die Oberflächen der strukturierten Dichtungsbahnen zeigen ausgeprägte Profile. Die Strukturelemente können sich in das Wirrgelege der Fasern und das Gewebe der Bändchen von Vliesen und Geweben einhaken. Die mineralischen Stoffe sind weich und verformbar. Die Strukturelemente können sich in die mineralischen Stoffe eindrücken. Die Oberflächen können sich also verhaken oder aneinander in einer Weise anpassen, die man allgemein als Formschluss oder Verzahnung bezeichnen könnte. Dadurch ist auch ohne große Auflast eine unter Umständen nicht unerhebliche Kraft erforderlich, um diesen Formschluss zu überwinden. Zwischen Dichtungsbahnen und Erdstoffen können Saugspannungen aus Kapillarkräften wirksam werden, die auch noch bei kleinem Andruck herrschen. Aus solchen Effekten resultiert die scheinbare Adhäsionskraft F_A.

Die Wirkung des Formschlusses verändert sich mit der Auflast. Die Beziehung (3.13) mit einer festen Adhäsionskraft gilt daher nicht über den gesamten Auflastbereich. Der Kurvenverlauf von Reibungskraft über Normalkraft lässt sich nur in mehr oder weniger großen Auflastbereichen gemäß (3.13) linearisieren.

Bezieht man die Kräfte auf die Kontaktfläche, so erhält man die Gleichung für die sogenannte Schergerade:

$$\tau = \alpha + \sigma_N \tan\delta, \tag{3.14}$$

τ ist dabei die aus der Reibungskraft in der Grenzfläche herrührende Reibungsspannung, σ_N ist die Normalspannung und a die Adhäsionsspannung. Die Adhäsionsspannung a und der Reibungswinkel δ sind die Reibungsparameter, die in einer Prüfung der Reibungseigenschaften ermittelt werden müssen. Diese Parameter gelten wie gesagt jeweils nur für gewisse Auflastbereiche. Insbesondere die bei hohen Normalspannungen gemessene Schergerade zeigt oft scheinbar große Adhäsionsanteile, die dann bei geringen Normalspannungen gar nicht mehr wirksam sind [45]. Aus den Reibungsparametern bei hohen Auflasten (z.B. bei einer Deponiebasisabdichtung) kann nicht ohne weiteres auf die Reibungsparameter bei sehr geringen Auflasten (z.B. bei einer Deponieoberflächenabdichtung) geschlossen werden.

Scherversuche mit dem Rahmenschergerät haben sich als besonders zweckmäßig erwiesen, um die Reibungsparameter zu bestimmen [42], [45]. Den prinzipiellen Aufbau solcher Geräte zeigt Abbildung 3.17. Auf dem unteren Scherrahmen wird die Dichtungsbahnenprobe befestigt, auf dem oberen Rahmen wird die Geokunststoffprobe festgeklemmt und darauf eine Stützschicht in den Rahmen gefüllt. Bei der Prüfung der Reibung zwischen mineralischen Stoffen und Dichtungsbahn wird der mineralische Reibungspartner in den Rahmen eingebaut. Durch Lastplatten wird eine vorgegebene Normalspannung aufgebracht. Die Innenseite des oberen Rahmens muss mit einer Gleitschicht ausgekleidet werden, damit die Normalspannung ohne Abstriche auf der Grenzfläche wirksam wird. Die Höhe des Spaltes zwischen dem oberen und unteren Rahmen muss sorgfältig je nach Reibungspartner eingestellt werden. Einerseits muss der Spalt so eng gewählt werden, dass die Gleitfläche nicht in den Erdstoff verlagert wird. Andererseits darf der Geokunststoffs nicht in den Rahmen eingezwängt werden. Das Gerät soll eine konstant bleibende, mindestens 30 x 30 cm^2 große Nennreibungsfläche haben. Nur unter dieser Voraussetzung sind in der Regel die Prüfergebnisse zuverlässig und reproduzierbar.

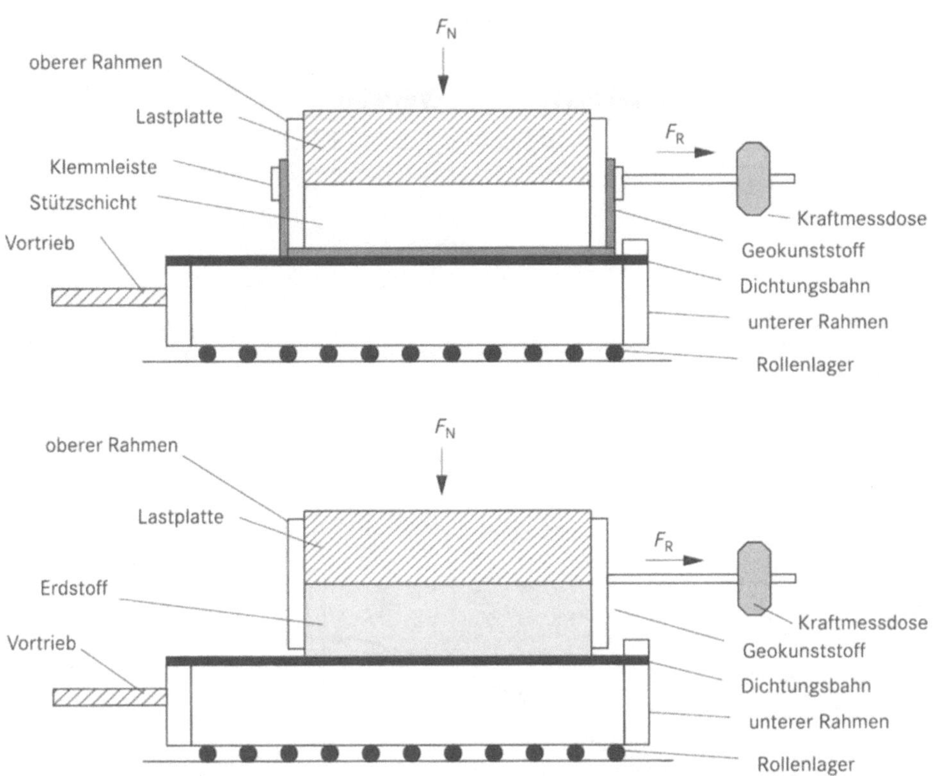

Abb. 3.17: Schematische Darstellung eines Rahmenschergeräts zur Prüfung der Reibungs-eigenschaften zwischen Dichtungsbahn und Geokunststoff (oben) und zwischen Dichtungs-bahn und Erdstoffen (unten).

Bei vorgegebener Normalspannung werden die Rahmen mit konstanter Ge-schwindigkeit gegeneinander verschoben und die dafür erforderliche Kraft, eben die Reibungskraft bzw. die Reibungsspannung, als Funktion des Verschiebeweges gemessen (oberes Teilbild in den Abbildungen 3.18a und 3.18b). Zunächst wird die Haftreibung wirksam. Die Scherspannung steigt bei kleinen Verschiebungs-wegen, die aus der Verformung der Reibungspartner herrühren, stark an. Nach Erreichen eines Maximums, das den Wert der Haftreibung bestimmt, beginnen die Reibungspartner zu gleiten und die Scherspannung fällt auf den zur Gleitrei-bung gehörenden Wert ab. Nicht in allen Fällen bildet sich ein Maximum aus. Bei der Reibung zwischen Dichtungsbahnen mit stark ausgeprägten Strukturen und Ton ist die Gleitreibung u.U. sogar größer oder nur geringfügig kleiner als die Haftreibung, da die Strukturelemente beim Gleiten durch den Ton pflügen müs-sen (Abb. 13.18a). Bei aufgesprühten Strukturen ist die Haftreibung zur minerali-schen Dichtung dagegen wesentlich größer als die Gleitreibung (Abbildung 13.18b). Die Reibungsspannung steigt rasch an und fällt dann aber allmählich auf den Gleitreibungswert ab. Bei Vliesstoffen kann der umgekehrte Fall beobachtet werden. In den aufgesprühten Strukturen können sich Fasern an den Hinter-schneidungen verhaken, was zu hohen Gleitreibungswerten führt. Für die An-wendung relevant ist jedoch immer nur der Maximalwert der Haftreibung.

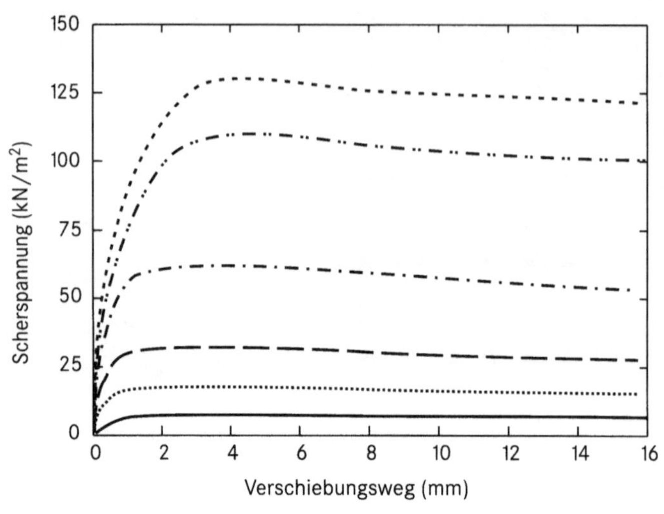

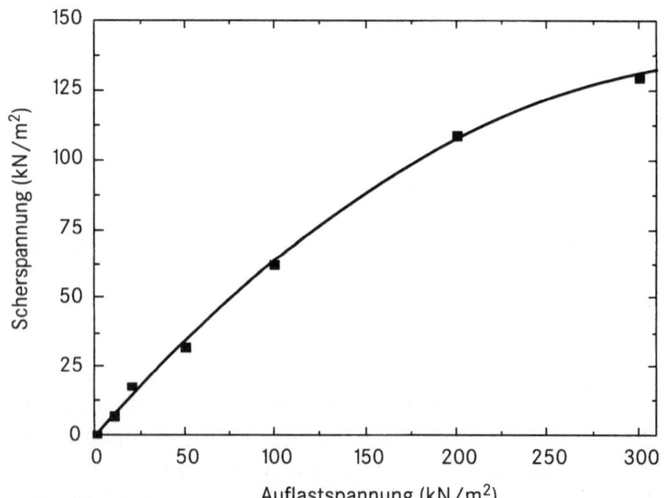

Abb. 3.18a: Diagramm der Scherspannung über dem Verschiebungsweg wie es im Scher-kastenversuch bei verschiedenen Auflasten gemessen wird. Unten ist dann die Scherspan-nung im Maximum der Scherspannung-Verschiebungsweg-Kurve über der Auflast aufgetra-gen. Die Kurvenverläufe sind typisch für geprägte Strukturen in Kombination mit einer tonmineralischen Dichtung. Die Daten wurden aus [45] entnommen.

Die Werte der Haftreibungsspannung und der Gleitreibungsspannung werden für mindestens 3 Normalspannungen ermittelt. Die lineare Regression liefert dann die Adhäsionsspannung als Achsenabschnitt und den Reibungswinkel als Steigung der Ausgleichsgeraden (unteres Teilbild in den Abbildungen 3.18a und 3.18b).

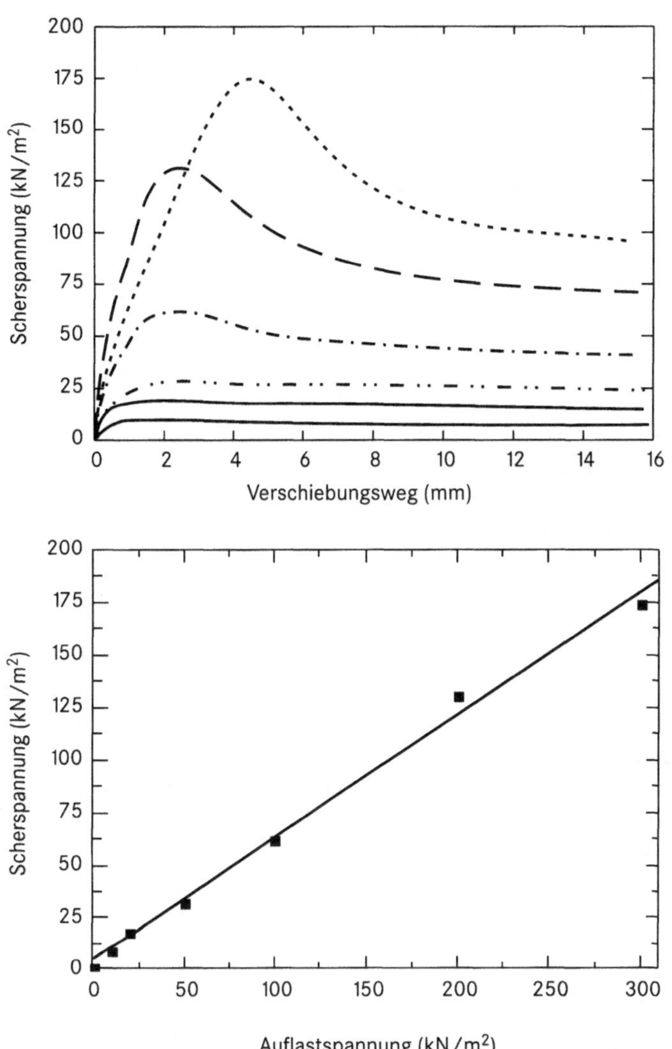

Auflastspannung (kN/m^2)

Abb. 3.18b: Diagramm der Scherspannung über dem Verschiebungsweg mit einem ausgeprägten Maximum in der Scherspannung-Verschiebungsweg-Kurve. Unten ist dann die Scherspannung im Maximum der Scherspannung-Verschiebungsweg-Kurve über der Auflast aufgetragen. Die Kurvenverläufe sind typisch für aufgesprühte Strukturen in Kombination mit
einer tonmineralischen Dichtung. Die Daten wurden aus [45] entnommen.

So einfach der prinzipielle Aufbau des Prüfverfahrens erscheint, so schwierig
sind die tatsächliche Durchführung und die Auswertung der Prüfung. Viele Feh-
lerquellen müssen erkannt und ausgeschlossen werden. Vom Arbeitskreis 5.1,
Kunststoffe in der Geotechnik, der Deutschen Gesellschaft für Geotechnik
(DGGt) wurde unter Federführung von W. BLÜMEL eine Empfehlung, *E 3-8,
Reibungsverhalten von Geokunststoffen*, erarbeitet, die genau die Versuchsbe-
dingungen und Verfahrensweisen beschreibt. Die Empfehlungen wurden an
Hand der Ergebnisse von Rundversuchen überprüft und weiterentwickelt [44].

Dort wird auch beschrieben, wie aus den Versuchswerten, die Bemessungswerte für den erdstatischen Standsicherheitsnachweis nach den geltenden Sicherheitskonzepten gewonnen werden.

3.2.18 Zeitstand-Scherversuch

Die Oberfläche der Dichtungsbahnen wird strukturiert, damit die für die Standsicherheit erforderlichen Reibungskräfte zum Auflager unterhalb der Dichtungsbahn und zur Schutzschicht auf der Dichtungsbahn entstehen. Im vorstehenden Abschnitt wurde auf die Bestimmung dieser Reibungskräfte eingegangen. Der Reibungsverbund muss jedoch oft langfristig gewährleistet sein. Daraus ergeben sich Anforderungen an die Haftung der Strukturpartikel, wenn Strukturen nachträglich aufgebracht werden. Die Fügestellen der Strukturpartikel können durch die Rückwirkung von Spannungsrissbildung, durch einen duktilen Bruch und durch oxidative Versprödung beeinträchtigt werden. Möglicherweise sind bereits bei der Herstellung durch mangelndes Aufschmelzen und Verschweißen in den Kontaktbereichen zwischen Strukturpartikel und Dichtungsbahn Schwachstellen entstanden. Solche Versagensmechanismen und Fehlstellen können im Scherkastenversuch (Abschnitt 3.2.17) zur Ermittlung der Reibungsparameter bei kurzen Prüfzeiten und vergleichsweise hohen Geschwindigkeiten nicht erfasst werden. Es ist daher erforderlich die Langzeit-Scherfestigkeit von strukturierten Dichtungsbahnen speziell zu prüfen. In Anlehnung an andere Zeitstandversuchseinrichtungen (Zeitstand-Zugversuch, Zeitstand-Rohrinnendruckversuch) wurden an der BAM Prüfstände für Zeitstand-Scherversuche aufgebaut (Abbildung 3.19), um das Langzeitverhalten neuer Werkstoffe für die Strukturpartikel nachträglich strukturierter Dichtungsbahnen zu überprüfen [46], [47].

Abb. 3.19: Prüfeinrichtung für den Zeitstand-Scherversuch mit allen Komponenten.

Ein Ausschnitt aus dem zu untersuchenden Produkt (ca. 12 x 13 cm^2) wird zwischen zwei Stahlkeile (Steigungswinkel der Stahlkeile 21,8°; bzw. 1/2,5) montiert, siehe Abbildung 3.20. Über einen Hebelmechanismus wird eine für die Anwendung repräsentative Auflast auf den oberen Keil ausgeübt. Der hangparallele Anteil der Auflast wird als Scherspannung zwischen Ober- und Unterlage in den Verbund aus strukturierter Dichtungsbahn und Reibungspartner (z.B. Vliesstoff) eingetragen. Der Aufbau befindet sich in einem heizbaren Wasserbad ($T_{\mathrm{max}} \approx 80\,°\mathrm{C}$). Durch erhöhte Temperatur wird, analog zu den Rohrinnendruck-Zeitständen, das Kriechen, die Spannungsrissbildung und der oxidative Abbau beschleunigt ablaufen. Versuchsparameter sind Auflast (bzw. Auflast/Scherkraft-Verhältnis) und Temperatur. Über einen Wegaufnehmer werden die Kompression und der Scherweg Δs des Probenpakets in der Hangebene über lange Zeit mit hoher Präzision ($\Delta s \leq 1/10$ mm) automatisch erfasst. Ein Versagen des Probekörpers, d.h. zum Beispiel Abgleiten der Strukturpartikel nach Bruch der Verbindungsstellen, kann hierdurch dokumentiert werden, unabhängig davon, ob sich dieser Prozess eher schlagartig oder sehr langsam vollzieht. In Anlehnung an die Zeitstand-Rohrinnendruckprüfung werden die Prüfungen bei 80 °C über mindestens 10.000 h geführt.

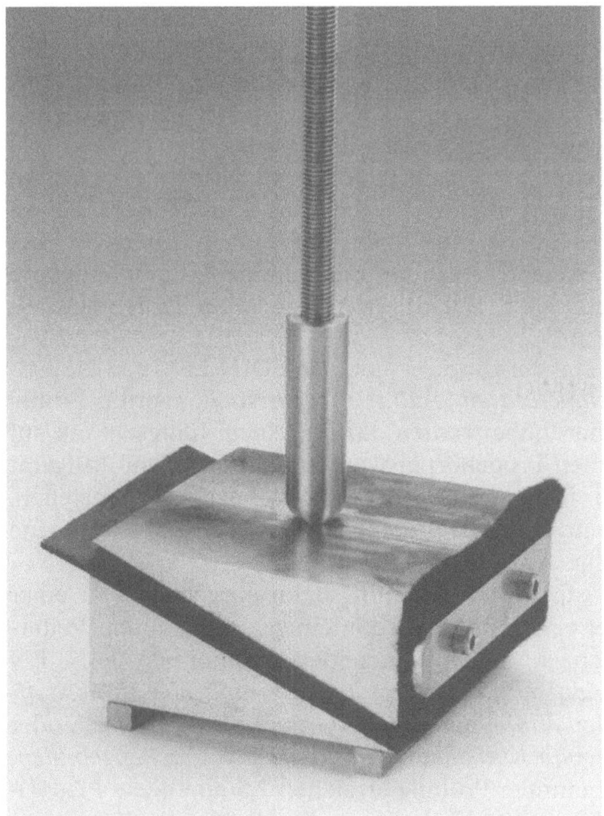

Abb. 3.20:
Vorrichtung zum Einspannen der Probekörper. Der obere Keil wird allein durch die Reibungskraft hier zwischen Dichtungsbahn auf dem unteren Keil und Vliesstoff auf der Unterseite des oberen Keils gehalten.

Die Prüfeinrichtung kann auch für die Prüfung der Langzeit-Scherfestigkeit anderer Geokunststoffprodukte (Bentonitmatten, geotextile Dränmatten) verwendet werden. Die Versuchseinrichtungen waren ursprünglich sogar für die Untersuchung der Scherfestigkeit von Bentonitmatten konzipiert worden.

3.3 Weitere Prüfungen

In den vorstehenden Abschnitten sind die wichtigsten Prüfungen an den PE-HD-Dichtungsbahnen, die in der Geotechnik verwendet werden, besprochen worden. Damit ist die Zahl möglicher und tatsächlich angewandter Prüfungen noch nicht erschöpft. Insbesondere werden zumeist noch umfangreichere mechanische Prüfungen im Rahmen des Zulassungsverfahrens der BAM oder auch bei der bauaufsichtlichen Zulassung durch das DIBt durchgeführt. Zur Anwendung kommen der Stempeldurchdrückversuch, ein Perforationsversuch, eine Prüfung der Kältesprödigkeit und Prüfungen der Weiterreißkraft.

Der Stempeldurchdrückversuch wird in der DIN EN ISO 12236:1996-04, *Geotextilien und geotextilverwandte Produkte – Stempeldurchdrückversuch*, beschrieben. Dabei wird ein zylinderförmiger Stempel (50 mm Durchmesser) mit 50 mm/min durch eine eingespannte Dichtungsbahnscheibe gedrückt und damit der Widerstand gegen punktförmige, quasistatische Einzellasten ermittelt. Prüfgröße ist die maximal erforderliche Kraft (Durchdrückkraft). Die 2,5 mm dicken PE-HD-Dichtungsbahnen erreichen typischerweise Werte > 6000 N.

Ein Fallversuch (Perforationsversuch) nach DIN 16726, Abschnitt 5.12 dient der Prüfung des Widerstands gegen fallende Lasten. Aus 2 m Höhe wird ein 0,5 kg schwerer zylindrischer Fallkörper aus Stahl, auf dessen Unterseite eine Kugel (Durchmesser 12,7 mm) eingepresst ist, auf die auf einer Aluminiumplatte liegende Dichtungsbahn fallen gelassen. Dabei dürfen sich keine undichten Stellen in der Dichtungsbahn ergeben.

Die Kältesprödigkeit wird in einem Biegeversuch nach DIN EN 1876-1:1998-01, *Prüfungen bei niedrigen Temperaturen, Teil 1: Biegeversuch*, geprüft. Probekörper, Biegeprüfgerät und Handschuhe werden dazu in einem Kälteschrank auf –20 °C abgekühlt. Die noch kalten Probekörper werden dann mit dem Prüfgerät um ca. 180° umgebogen. Dabei dürfen keine Risse in der Biegekante entstehen. Bei den PE-HD-Werkstoffen mit einer Glastemperaturen bei –120 °C ist eine solche Prüfungen aber überflüssig.

Die Kraft, die erforderlich ist, um die Dichtungsbahn ausgehend von einer Kerbe oder einem Schnitt weiter einzureißen, wird in einem sogenannten Weiterreißversuch geprüft. In Betracht kommen die beiden Prüfnormen DIN EN 53515: 1990-01, *Prüfung von Kautschuk und Elastomeren und von Kunststoff-Folien; Weiterreißversuch mit der Winkelprobe nach Graves mit Einschnitt*, oder DIN 53356-A:1982-08, *Prüfung von Kunstleder und ähnlichen Flächengebilden; Weiterreißversuch*. In der erstgenannten Prüfung erreichen 2,5 mm dicke PE-HD-Dichtungsbahnen Weiterreißkräfte > 300 N, in der zweiten Prüfung > 500 N.

Eine genaue Beschreibung all dieser Prüfungen findet sich im DIN-Taschenbuch 150 [48].

Den Rahmen des Buches sprengen würde auch, auf die polymeranalytischen Methoden einzugehen, die bei der Werkstoffidentifikation und –charakterisierung sowie bei der Untersuchung von Veränderungen in der chemischen Beschaffenheit eingesetzt werden. Hier sei auf die Übersichtsliteratur verwiesen [49], in der sich dann auch Hinweise auf Spezialaufsätze finden. Kurz erwähnt werden sollen jedoch drei Methoden, die immer wieder eine Rolle spielen: Die Viskosimetrie, die Gelpermeations-Chromatographie (GC) und die Fourier-transformierte Infrarot-Spektroskopie (FTIR).

Bei der Viskosimetrie wird die Viskosität einer verdünnten Lösung aus einem speziellen Lösungsmittel und der PE-HD-Formmasse, z.B. durch die Kapillarviskosimetrie, DIN 53728-4:1975, *Prüfung von Kunststoffen, Bestimmung der Viskosität von Lösungen, Polyäthylen(PE) und Polypropylen (PP) in verdünnter Lösung*, bestimmt. Daraus wird die Viskositätszahl *J* ermittelt. Die ist definiert als die relative Veränderung der (dynamischen) Viskosität der Lösung η mit der Konzentration *c* gegenüber der Viskosität des Lösungsmittels η_0:

$$J = \left(\frac{\eta}{\eta_0} - 1 \right) \cdot \frac{1}{c} \ . \tag{3.15}$$

Aus den bei verschiedenen Konzentrationen ermittelten Viskositätszahlen wird dann der Grenzwert bei unendlicher Verdünnung bestimmt, die sogenannte Grenzviskosität J_0, auch als Staudinger-Index bezeichnet:

$$J_0 = \lim_{c \to 0} \left(\frac{\eta}{\eta_0} - 1 \right) \cdot \frac{1}{c} \ . \tag{3.16}$$

Wegen der hohen chemischen Beständigkeit kann PE-HD erst bei höheren Temperaturen gelöst werden. Die Messung muss an einer heißen Flüssigkeiten durchgeführt werden und ist daher recht aufwendig. In der Regel erhält man aus der Viskositätsmessung keine früheren oder genaueren Anhaltspunkt für eine Materialveränderung, als dies bei der wesentlich einfacheren Schmelzindexmessung der Fall ist.

Die Molekülmassenverteilung, deren Zahlenmittel und Gewichtsmittel sowie die Breite der Molekülmassenverteilung gehören zu den wesentlichen Kennwerten einer PE-HD-Formmassen. Es sei n_i die Zahl der Moleküle mit der Molekülmasse M_i gemäß der Verteilung der Molekülmassen in der gegebenen Formmasse. Das Zahlenmittel der Molekülmasse M_n und das Massemittel der Molekülmasse M_w sind dann gegeben durch:

$$M_n = \sum_i \frac{n_i M_i}{n_i} \qquad M_w = \sum_i \frac{(n_i M_i) M_i}{n_i M_i} \ . \tag{3.17}$$

Die Einheit der beiden Größen ist g/mol. Gelegentlich wird die Einheit Dalton = g/mol verwendet. Dividiert man M_n durch die Molekülmasse des Grundbausteins der Polyethylenkette CH_2 (14 g/mol), so erhält man den mittleren Polymerisationsgrad. Ein Maß für die Breite der Molekülmassenverteilung ist das Verhältnis von Zahlenmittel und Gewichtsmittel, die sogenannte Uneinheitlichkeit *U*:

$$U = \frac{M_\mathrm{w}}{M_\mathrm{n}} - 1 \ . \tag{3.18}$$

Die Methode der Wahl für die Bestimmung dieser Größen ist die Gelpermeations-Chromatographie. Bei dieser chromatographischen Methode strömt ein Lösungsmittel mit dem gelösten Polyethylen durch eine Säule, die mit einem porösen Material gefüllt ist. In der Regel ist es ein Gel aus vernetzten Polymeren. Je nach der Größe der Polyethylen-Knäueln in der Lösung passen diese zu den Poren des Gels, können sich dort anlagern und eindringen, wodurch der Transport verzögert wird. Zu große Polyethylenketten werden dagegen ungehindert mit dem Lösungsmittelstrom transportiert. Es findet also eine größenabhängige Retardation statt, daher auch die Bezeichnung Ausschlusschromatographie (*size exclusion chromatography* (SEC)). Im Chromatogramm (Polymerkonzentration über der Zeit) ist die Konzentration über der Zeitachse nach der Polymergröße aufgelöst. Aus dem Chromatogramm kann daher die Molekülmasssenverteilung ermittelt werden.

Die Fourier-transformierte Infrarot-Spektroskopie (FTIR) dient der Identifikation und quantitativen Bestimmung von funktionellen Gruppen in der Polymerkette, die aufgrund ihrer spezifischen Molekül-Eigenschwingungen und -Rotationen, Energie im Infrarotbereich der elektromagnetischen Strahlung absorbieren können. Von besonderer Bedeutung ist die FTIR-Spektroskopie bei der Untersuchung der Autoxidation, da die dabei entstehenden Oxidationsprodukte, z.B. die Carbonylgruppe oder die Hydroperoxidgruppe, typische Infrarotbanden im Absorptionsspektrum haben, die Carbonylgruppe z.B. bei 1714 cm^{-1} und die freien oder assoziierten Hydroperoxidgruppen bei 3550 und 3410 cm^{-1}[50].

Ein wichtiges Teilgebiet der Polymeranalyse, das im Zusammenhang mit PE-HD-Dichtungsbahnen auftaucht, ist schließlich die Analyse von Additiven [51]. In den meisten Fällen geht der nasschemischen, chromatographischen oder infrarotspektroskopischen Analyse eine Extraktion voraus. Es wird jedoch auch versucht, direkt an den Dichtungsbahnen Additive und deren Gehalte zu bestimmen, z.B. durch Pyrolyse mit einer nachgeschalteten gaschromatographischen und massenspektrometrischen Bestimmung.

3.4 Literatur

[1] Richtlinie über die Deponiebasisabdichtung aus Dichtungsbahnen. Düsseldorf: Landesamt für Wasser und Abfall NRW im Einvernehmen mit dem Minister für Ernährung, Landwirtschaft und Forsten des Landes Nordrhein-Westfalen 1985

[2] KNIPSCHILD, F. W.
Werkstoffauswahl und Dimensionierung von Kunststoffdichtungsbahnen für Grundwasserschutzmaßnahmen. In: Knipschild, F. W. (Hrsg.), Deponiebasisabdichtungen mit Kunststoffdichtungsbahnen. *Müll und Abfall*, Beiheft 22. Berlin: Erich Schmidt Verlag 1985, S. 49–60

[3] GLÜCK, L.
Kunststoffbahnen als Abdichtungsmittel im Grundwasserschutz, Beitrag zum Stand der Technik bei Produktion, Verlegung und Qualitätssicherung. In: Knipschild, F.W.

(Hrsg.), Deponiebasisabdichtungen mit Kunststoffdichtungsbahnen. *Müll und Abfall*, Beiheft 22. Berlin: Erich Schmidt Verlag 1985, S. 33–41

[4] ROLLIN, A.; RIGO, J.-M. (Hrsg.)
Geomembranes, Identification and Performance Testing. London: Chapman and Hall 1991, 355 Seiten

[5] KNIPSCHILD, F. W.; TORNOW, K.
Großflächen-Dichtungselemente aus Niederdruckpolyethylen. *Kunststoffe im Bau*, 14 (1979), H. 3, S. 130–134

[6] MENGES, G.
Werkstoffkunde Kunststoffe. München: Carl Hanser Verlag 1990

[7] CRANK, J.; PARK, G. S.
Diffusion in Polymers. London: Academic Press 1968

[8] HEMMINGER, W. F.; CAMMENGA, H. K.
Methoden der Thermischen Analyse. Berlin: Springer Verlag 1989, 299 Seiten

[9] MÜLLER, W.
Die neue BAM-Richtlinie für die Zulassung von Kunststoffdichtungsbahnen für die Abdichtung von Deponien und die Sicherung von Altlasten. In: Egloffstein, T.; Burkhardt, G.; Czurda, K. (Hrsg.), Oberflächenabdichtung von Deponien und Altlasten 1999, Zeitgemäße Oberflächenabdichtungssysteme – ist die Regelabdichtung nach TA-Si noch zeitgemäß? Berlin: Erich-Schmidt Verlag 1999, 314 Seiten

[10] GEOSYNTHETIC RESEARCH INSTITUTE (Hrsg.)
GRI Standard GM13: Test Properties, Testing Frequency and Recommended Warrant for High Density Polyethylene (HDPE) Smooth and Textured Geomembranes. Folsom, USA: Geosynthetic Institute (GI) 1998

[11] HOWARD, J. B.
DTA for Control of Stability in Polyolefin Wire and Cable Combounds. *Polymer Engineering and Science*, 13 (1973), H. 6, S. 429–434

[12] GRAY, R. L.
Accelerated Testing Method for Evaluating Polyolefin Stability. In: Koerner, R. M. (Hrsg.), Geosynthetic Testing for Waste Containment Applications, ASTM special technical Publication: 1081. West Conshohocken: American Society for Testing and Materials (ASTM) 1990

[13] MÜLLER, W. (Hrsg.)
Richtlinie für die Zulassung von Kunststoffdichtungsbahnen für die Abdichtung von Deponien und Altlasten. Bremerhaven: Wirtschaftsverlag NW, Verlag für neue Wissenschaften GmbH 1999

[14] SEEGER, S.
Empfehlung zur Werkstoffidentifikation bei der Eigen- und Fremdüberwachung von BAM-zugelassenen PEHD-Schutzsystemen, Berlin: BAM, Fachgruppe IV.3 1999

[15] DEUTSCHER VERBAND FÜR WASSERWIRTSCHAFT UND KULTURBAU (DVWK) E.V. (Hrsg.)
Anwendung und Prüfung von Kunststoffen im Erdbau und Wasserbau, DVWK-Schriften, Heft 76. Hamburg und Berlin: Verlag Paul Parey 1989

[16] MÜLLER, W. (Hrsg.)
Richtlinie für die Zulassung von Kunststoffdichtungsbahnen als Bestandteil einer Kombinationsdichtung für Siedlungs- und Sonderabfalldeponien sowie für Abdichtungen von Altlasten. Berlin: BAM, Labor Deponietechnik 1992

[17] ENVIRONMENTAL PROTECTION AGENCY (EPA) (Hrsg.)
Stress cracking behavior in HDPE geomembranes and its prevention. Cinicinnati,
USA: Environmental Protection Agency (EPA) 1992

[18] MÜLLER, W.
Anforderungen an die Schutzschicht für die Dichtungsbahnen in der Kombinations-
dichtung, Teil 2: Zulassungsanforderungen. *Müll und Abfall*, 28 (1996), H. 2,
S. 90–99

[19] MÜLLER, W. (Hrsg.)
Anforderungen an die Schutzschicht für die Dichtungsbahnen in der Kombinationsdichtung, Zulassungsrichtlinie für Schutzschichten. Berlin: BAM, Labor Deponietechnik 1995

[20] WHITE, D. F.; VERSCHOOR, K. L.
Practical Aspects of evaluating the chemical compatibility of geomembranes for waste
containment applications. In: Koerner, R. M. (Hrsg.), Geosynthetics Testing for Waste
Containment Applications, ASTM special technical Publication: 1081. West Conshohocken: American Society for Testing and Materials (ASTM) 1990

[21] DOLEZEL, B.
Die Beständigkeit von Kunststoffen und Gummi. München: Carl Hanser 1978

[22] MÜLLER, W.; JAKOB, I.; TATZKY-GERTH, R.; AUGUST, H.
Stofftransport in Deponieabdichtungssystemen, Teil 1: Diffusions- und Verteilungs-
koeffizienten von Schadstoffen bei der Permeation in PEHD-Dichtungsbahnen.
Bautechnik, 74 (1997), H. 3, S. 176–190

[23] GEBLER
Langzeitverhalten und Alterung von PE-HD-Rohren. *Kunststoffe*, 79 (1989),
S. 823–826

[24] KOCH, R.; GAUBE, E.; HESSEL, J.; GONDRO, C.; HEIL, H.
Langzeitfestigkeit von Deponiedichtungsbahnen aus Polyethylen. *Müll und Abfall*,
20 (1988), H. 8, S. 3–12

[25] SCHULTE, U.
Rohrleitungssysteme aus Kunststoffen – unbegrenzte Lebensdauer? In: Tagungsband
des Internationalen Rohrleitungsforums. Oldenburg: Fachhochschule Oldenburg
1999

[26] SCHULTE, U.
100 Jahre Lebensdauer, Langzeitfestigkeit von Druckrohren aus bimodalem PE-HD
nach ISO/TR 9080. *Kunststoffe*, 87 (1997), H. 2, S. 203–206

[27] FLEISSNER, M.
Langsames Rißwachstum und Zeitstandfestigkeit von Rohren aus Polyethylen. *Kunststoffe*, 77(1987), H. 1, S. 45–50

[28] HSUAN, Y. G.
Data base of field incidents used to establish HDPE geomembrane stress crack resis-
tence specifications. *Geotextiles and Geomembranes*, 18 (2000), H. 1, S. 1–22

[29] KEMPE, B.
Prüfmethoden zur Ermittlung des Verhaltens von Polyolefinen bei der Einwirkung
von Chemikalien. *Z. Werkstofftech.*, 15 (1984), S. 157–172

[30] GUGUMUS, F.
Lichtschutzmittel. In: Gächter, R.; Müller, H. (Hrsg.), Taschenbuch der Kunststoff-
Additive. München: Carl Hanser Verlag 1990

[31] HUFENUS, R.; RÜEGGER, R.; REIFLER, F.; RASCHLE, P.
Das Geotextil-Handbuch, Kapitel 12, Langzeitverhalten von Geotextilien. St. Gallen
(Schweiz): Schweizerischer Verband der Geotextilfachleute (SVG) 1998

[32] KLINGERT, B.
Optimierte Stabilisatorsysteme für Polyolefine. Beitrag zur Konferenz: Bewitterung
von Kunststoffen. Würzburg, 8.11-9.11.1995. Süddeutsches Kunststoffzentrum (SKZ)

[33] SCHRIJVER-RZYMELKA, P.
Lichtschutzmittel. *Kunststoffe*, 89 (1999), H. 7, S. 87–90

[34] TRUBIROHA, P.; SCHRÖDER, H.
Klassifizierung von Geotextilien hinsichtlich der Wetterbeständigkeit. *Geotechnik*,
Sonderheft zur KGeo 1997, S. 181–186

[35] GREENWOOD, J. H.; TRUBIROHA, P.; SCHRÖDER, H. F.; FRANKE, P.; HUFENUS, R.
Durability standards for geosynthetics: The tests for weathering and biological resistance. In: De Groot, M. B.; Den Hoedt, G.; Termaat, R. J. (eds.), Geosynthetics:
Applications, Design and Construction, Proceedings of the first european geosynthetic conference Eurogeo 1. Rotterdam: A. A. Balkema 1996

[36] FGSV (Hrsg.)
Merkblatt für die Anwendung von Geotextilien und Geogittern im Erdbau des Straßenbaus. Köln: Forschungsgesellschaft für Straßen und Verkehrswesen (FGSV) 1994

[37] ALBERTSON, A.-C.
Biodegradation of Polymers. In: Hamid, S. H.; Amin, M. B.; Maadhah, A. G. (eds.)
Handbook of Polymer Degradation.. New York, Basel, Hong Kong: Marcel Dekker,
Inc. 1992

[38] RUMBERG, E.; EINBRODT, H. J.; ERPENBECK, J.; WEISHEIT, W.
Untersuchungen über das Verhalten von Abdichtungsfolien gegen Nagetiere,
Abschlußbericht (Nr. 10203401) des BMI Forschungsvorhabens Nr. 102 02 401.
Berlin: Umweltbundesamt 1982

[39] DEUTSCHES INSTITUT FÜR BAUTECHNIK (DIBt) (Hrsg.)
Zulassungsgrundsätze für Kunststoffbahnen als Abdichtungsmittel von Auffangwan-
nen, Auffangräumen, Auffangvorrichtungen und Flächen für die Lagerung und das
Abfüllen und das Umschlagen wassergefährdender Stoffe (ZG Kunststoffbahnen in
LAU-Anlagen). Berlin: Deutsches Institut für Bautechnik (DIBt) 2000

[40] HERTEL, H.
Interner Prüfbericht. Berlin: BAM, Labor IV.11 1999

[41] KAYSER, J.; RODATZ, W.
Verhalten einer Kombinationsabdichtung unter extremer Belastung, Analyse eines
Schadensfalles. In: Knipschild, F. W. (Hrsg.), Tagungsband der 9. Fachtagung
„Die sichere Deponie – Wirksamer Grundwasserschutz mit Kunststoffen", Würzburg:
Süddeutsches Kunststoffzentrum (SKZ) 1993

[42] SAATHOFF, F.
Zum Scherverhalten von Geokunststoffen. *Bauingenieur*, 65 (1990), S. 195–207

[43] BLÜMEL, W.
Zur Untersuchung der Standsicherheit von oberirdischen Abfalldeponien. *Müll und
Abfall*, 25 (1993), H. 10, S. 739–751

[44] BLÜMEL, W.; BRUMMERMANN, K.
Standsicherheit von Dichtungssystemen - Theoretische und experimentelle Untersuchungen. In: Knipschild, F.W. (Hrsg.), 12. Fachtagung „Die sichere Deponie – Wirk-

samer Grundwasserschutz mit Kunststoffen". Würzburg: Süddeutsches Kunststoff-zentrum (SKZ) 1996

[45] BLÜMEL, W.; BRUMMERMANN, K.
Reibung zwischen Geokunststoffen und Erdstoffen in Deponiedichtungen. *Müll und Abfall*, 26(1994), H. 5, S. 242–259

[46] MÜLLER, W.; BÜTTGENBACH, B.; JAKOB, I.; SEEGER, S.
Prüftechnische Verfahren zur technischen Bewertung der Genehmigungsfähigkeit alternativer Abdichtungen. In: Savidis, S. (Hrsg.), Tagungsband Oberflächenabdichtungen für Deponien. Berlin: Technische Universität, wird veröffentlicht

[47] SEEGER, S.; BÖHM, H.; SÖHRING, G.; MÜLLER, W.
Long term testing of geomembranes and geotextiles under shear stress. In: Cancelli, A.; Cazzuffi, D.; Soccodato, C. (eds.), Proceedings of the Second European Geosynthetics Conference. Bologna: Pàtron Editore 2000

[48] DIN-Taschenbuch 150, Kunststoff-Dachbahnen, Kunststoff-Dichtungsbahnen, Kunst-stoff-Folien und kunststoffbeschichtete Flächengebilde (Kunstleder). Berlin: Beuth Verlag 1998, 372 Seiten

[49] HOFFMANN, M.; KRÖMER, H.; KUHN, R.
Polymeranalytik, Band I und II. Stuttgart: Georg Thieme Verlag 1977

[50] GUGUMUS, F.
Thermooxidative degradation of polyolefins in the solid state: Part 1. Experimental kinetics of functional group formation. *Polymer Degradation and Stability*, 52 (1996), S. 131–144

[51] FREITAG, W.
Analyse von Additiven. In: Gächter, R.; Müller, H. (Hrsg.), Taschenbuch der Kunst-stoff-Additive. München: Carl Hanser Verlag 1989

[52] KALBE, U.; BERGER, W.; MÜLLER, W.
Mineralogische und chemisch-physikalische Auswirkungen der Permeation von Kohlenwasserstoffen in Kombinationsdichtungen und -dichtwänden, Bericht zum Forschungsvorhaben 1461027 des BMBF. Berlin: Bundesanstalt für Materialfor-schung und -prüfung (BAM), Labor Kontaminationsbewertung 2000

[53] KREITER, J.; HUTTEN, A.
Ergebnisse aus Berstdruckversuchen an Deponiebahnen. *Müll und Abfall*, 22 (1990), H. 8, S. 497–506

4 Verformungsverhalten

4.1 Spannungsrelaxation und Kriechen

Thermoplastische Kunststoffe, wie die mitteldichten, hochmolekularen Polyethylene, zeigen ein ausgeprägtes visko-elastisches mechanisches Verhalten. Dies gilt bei nicht allzu großen Verformungen, z.B. Verformungen unterhalb der Streckgrenze, für alle Aggregatzustände des polymeren Werkstoffs.

Die Besonderheit visko-elastischen mechanischen Verhaltens lässt sich mit Hilfe einfacher mechanischer Modelle illustrieren. Dazu denke man sich eine Feder und ein Dämpfungstopf, der mit einer viskosen Flüssigkeit gefüllt ist, einmal in Reihe geschaltet (Maxwell-Modell) und einmal parallel geschaltet (Voigt-Kelvin-Modell), siehe Abbildung 4.1.

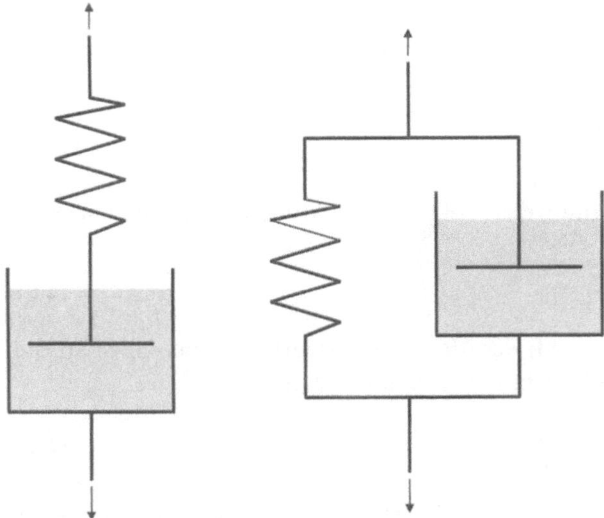

Abb. 4.1: Schematische Darstellung der Modelle aus Feder und Dämpfungstopf. Links: das sogenannte Maxwell-Modell mit Feder und Dämpfer in Reihe geschaltete, und rechts: das sogenannte Voigt-Kelvin-Modell mit Feder und Dämpfer parallel geschaltet. Das Maxwell-Modell zeigt ein typisches Relaxationsverhalten: Spannungsabbau in der Feder nach starker Auslenkung. Das Voigt-Kelvin-Modell zeigt ein typisches Kriechverhalten: Beim Anhängen eines Gewichts dehnt sich die Feder allmählich bis die Federkraft so groß ist wie die Gewichtskraft.

Das elastische Verformungsverhalten[1] der Feder werde durch das Hooke-sche Gesetz mit der Federkonstanten bzw. dem E-Modul E beschrieben, das zähe Verhalten des Dämpfers gehorche dem Newtonschen Gesetz mit der Viskosität η:

$$\sigma_{el} = E \cdot \varepsilon_{el} \qquad \sigma_{vis} = \eta \cdot \dot{\varepsilon}_{vis} \ . \tag{4.1}$$

Wegen der Reihenschaltung ist:

$$\sigma = \sigma_{el} = \sigma_{vis} \quad \text{und} \quad \varepsilon = \varepsilon_{el} + \varepsilon_{vis} \quad \text{daher} \quad \dot{\varepsilon} = \dot{\varepsilon}_{el} + \dot{\varepsilon}_{vis} \ . \tag{4.2}$$

Für das mechanische Verhalten des Maxwell-Modells gilt dann die Bewegungsgleichung:

$$\dot{\sigma} + \frac{E}{\eta}\sigma - E \cdot \dot{\varepsilon} = 0 \ . \tag{4.3}$$

Mit dieser Gleichung kann man die Zeitabhängigkeit der Spannung bei einer vorgegebenen Verformung bzw. Verformungsgeschwindigkeit berechnen. Wird das Modell rasch um einen konstanten Betrag gedehnt und in der neuen Lage festgehalten, so stellt sich eine der Längenänderung entsprechende Spannung σ_0 in der Feder ein. Diese Spannung baut sich jedoch über die Kolbenbewegung im Dämpfer allmählich ab. Da die Verformungsgeschwindigkeit nach Aufbringen der konstanten Verformung Null ist, errechnet sich aus (4.3):

$$\sigma(t) = \sigma_0 \cdot e^{-t/\tau_{rel}} \quad \text{wobei} \quad \tau_{rel} = \frac{\eta}{E} \ . \tag{4.4}$$

Die Spannung relaxiert also mit einer für die Kennwerte des Modells charakteristischen Relaxationszeit τ_{rel}.
Wegen der Parallelschaltung ist:

$$\sigma = \sigma_{el} + \sigma_{vis} \quad \text{und} \quad \varepsilon = \varepsilon_{el} = \varepsilon_{vis} \ . \tag{4.5}$$

Für das mechanische Verhalten des Voigt-Kelvin-Modells gilt daher analog die Bewegungsgleichung:

$$\sigma = E \cdot \varepsilon + \eta \cdot \dot{\varepsilon} \ . \tag{4.6}$$

Aus der Gleichung (4.6) lässt sich das Verformungsverhalten bei einer an die Modellvorrichtung angehängten konstanten Last σ_0 berechnen. Es ist:

$$\varepsilon = \frac{\sigma_0}{E}(1 - e^{-t/\tau_c}) \quad \text{wobei} \quad \tau_c = \frac{\eta}{E} \ . \tag{4.7}$$

Die Verformung wächst also allmählich an. Das Modell kriecht mit einer für die Kennwerte des Modells charakteristischen Retardationszeit τ_c.
Die Relaxation der Spannung bei einer aufgezwungenen Verformung und das Kriechen unter einer dauerhaft wirksamen Last sind die charakteristischen me-

---

[1] Wie üblich bezeichnet σ die Spannung, ε die Verformung und ein aufgesetzter Punkt die Ableitung nach der Zeit. Der Index „el" bezieht sich auf die Feder und der Index „vis" auf den Dämpfungstopf.

chanischen Eigenschaften eines visko-elastischen Werkstoffs. In den Feder-Dämpfer-Modellen war von einer konstanten Viskosität des Dämpfers und einem konstanten E-Modul der Feder ausgegangen worden. Man spricht in diesem Falle von einem linearen visko-elastischen Verhalten. Das tatsächliche Verhalten von Kunststoffen ist jedoch komplizierter. Man muss für deren Beschreibung nichtlineare Erweiterungen verwenden, z.B. eine Spannungsabhängigkeit der Viskosität einführen. Das mechanische Verhalten der thermoplastischen Kunststoffe lässt sich auch simulieren, indem mehrere der oben beschriebenen Modelle zusammengeschaltet werden. Es ergibt sich ein ganzes Spektrum von Relaxations- und Retardationszeiten. Ein anderer Ansatz wird mit dem im folgenden Abschnitt diskutierten phänomenologischen Werkstoffmodell verfolgt. Die Relaxation der Spannung führt dann auch nicht zu einem vollständigen Abbau der Spannung. Ebenso wird das Kriechen allmählich zum Erliegen kommen. Beim Kriechen unter einer dauerhaft wirksamen Last kann jedoch bei einem realistischen Probekörper die mit der Querschnittsänderung verbundene Spannungserhöhung so groß werden, dass auch der Bereich des nichtlinearen visko-elastischen Verhaltens verlassen wird: der Körper verstreckt, fließt und reißt.

Kriechen und Relaxation können auch unter einem anderen, einem thermodynamischen Blickwinkel betrachtet werden. Dies geschieht hier in einer stark vereinfachten, nur qualitativen Weise. Eine detaillierte quantitative Betrachtung wird z.B. in [1] gegeben. Thermoplastische Kunststoffe zeigen nicht nur eine sogenannte Energie-Elastizität, sondern auch eine sogenannte Entropie- oder Gummi-Elastizität. Im Idealfall eines energieelastischen Körpers wird die durch äußere Kräfte bei der Verformung geleistete Arbeit vollständig für die Verringerung der Bindungsenergien im Atomverband der Moleküle verbraucht. Bei der Dehnung eines Körpers, der aus einem polymeren Netz- oder Haufwerk besteht, ändern sich jedoch nicht nur Bindungslängen und -winkel. Die Polymerketten werden zusätzlich orientiert und sozusagen neu geordnet. Der dabei entstehende Zustand hat eine geringere Entropie. Die Entropie (Konfigurationsentropie) wird hier aufgefasst als Maß für die Anzahl von mikroskopischen Anordnungen der Polymerketten, die mit einem makroskopischen Zustand des Körpers, der z.B. durch eine vorgegebene Verformung oder eine einwirkende Kraft gekennzeichnet ist, verträglich sind[2]. Wird ein solcher Körper sehr langsam im Vergleich zu seinen typischen Relaxationszeiten verformt, so durchläuft er eine Folge von Gleichgewichtszuständen mit immer geringerer Entropie. Die Verringerung der Entropie ΔS ist dann damit verbunden, dass ein Teil der Verformungsarbeit in Wärme umgewandelt, nämlich gerade $T\Delta S$, und diese bei einer isothermen Prozessführung an die Umgebung abgegeben wird. Bei einem ideal entropieelastischen Körper wird die Verformungsarbeit vollständig in Wärme umgewandelt.

---

[2] Ein Gleichgewichtszustand ist dadurch gekennzeichnet, daß die thermodynamischen extensiven Größen des Systems, wie Energie oder Volumen, nur geringfügig um einen Mittelwert schwanken, ebenso wie seine intensiven Größen wie lokale Temperatur, lokale Verformung usw., die zusätzlich im Rahmen dieser Schwankungen überall im Volumen gleich groß sind. Sei E die mittlere Energie und ΔE die Breite der Verteilung der schwankenden Einzelwerte. Die Entropie S des Gleichgewichtszustandes läßt sich dann definieren als Logarithmus der Zahl P der mikroskopischen Konfigurationen des Systems, bei denen die zugehörigen Energiewerte im Bereich $E \pm \Delta E$ liegen: $S = k_\mathrm{B} \ln P$. Wobei k_B die Boltzmann-Konstante ist.

Der Einschränkung der Zahl seiner Mikrozustände scheint der Körper also, makroskopisch gesehen, Widerstand entgegenzusetzen: Es baut sich zusätzlich zur energieelastischen Spannung scheinbar eine entropieelastische Spannung auf, gegen die die äußere Kraft Arbeit verrichten muss[3]. Die geleistete Arbeit verwandelt sich dabei, wie gesagt, nicht in eine Verringerung der Bindungsenergie, sondern in Wärme.

Wird dieser Körper nun sehr schnell verformt (Relaxationsversuch), so wird er in einen Nichtgleichgewichtszustand gezwungen, dessen Entropie[4] noch wesentlich geringer ist als die Entropie des zur aufgezwungenen Verformung gehörenden Gleichgewichtszustands. Entsprechend höher ist die Spannung, die sich im Körper aufbaut. Durch Aufnahme von Wärme und die Wärmebewegung der Moleküle relaxiert der Nichtgleichgewichtszustand jedoch allmählich ins Gleichgewicht. Aufgenommene Wärme verwandelt sich wieder in Konfigurationsentropie. Daher verringert sich dann auch der entropieelastische Spannungsanteil. Dieser Spannungsabbau wird im Relaxationsversuch beobachtet. Letztlich verbleibt jedoch ein energieelastischer Spannungsanteil. Mit welcher „Relaxationsgeschwindigkeit" der Körper aus dem Nichtgleichgewichtszustand ins Gleichgewicht relaxieren kann, bzw. wie groß die Relaxationszeiten sind, ist eine Eigenschaft des jeweiligen Werkstoffes, die sehr stark von der Temperatur abhängt.

Beim Kriechversuch wird an den Körper ein Gewicht gehängt oder anderweitig rasch eine dauerhaft wirksame Zugspannung aufgebracht. Der Körper sei ideal entropieelastisch. Unter dieser neuen Zwangsbedingung befindet sich der Körper zunächst in einem extremen Nichtgleichgewichtszustand mit geringer Entropie. Erst allmählich stellt sich die Anordnung der Polymermoleküle auf diese Zwangsbedingung ein. Der Körper relaxiert in einen Gleichgewichtszustand und verformt sich dabei. Die Zunahme der Entropie durch die Relaxation aus dem Nichtgleichgewichtszustand wird jedoch durch den weiteren Entropieverlust, der aus der ständigen Verschiebung des Gleichgewichtszustands durch die Arbeit der dauerhaft wirksamen Last resultiert, überkompensiert, so dass bei weiter wachsender Verformung die insgesamte Entropieabnahme und die damit verbundene entropieelastische Spannung, der äußeren Spannung das Gleichgewicht halten kann. Bei einem thermoplastischen Kunststoffe muss zugleich der energieelastische Anteil berücksichtigt werden, der mit zunehmender Verformung anwächst. Das Kriechen kommt im Prinzip zum Stillstand, wenn der energieelastische Spannungsanteil der äußeren Spannung das Gleichgewicht halten kann.

---

[3] Sei $r = (x^2 + y^2 + z^2)^{1/2}$ die Ausdehnung eines polymeren Netzwerks. Die Zahl der Mikrozustände P, also der verschiedenen Konfigurationen des Netzwerkes im vorgegebenen Volumen, ist dann proportional zu $\exp(-h^2 r^2)$. Bei einer Verformung von x, y, z nach $x + \delta x, y + \delta y, z + \delta z$ ist die Verformungsarbeit $E = T \Delta S$ und damit:

$$E = k_\mathrm{B} T (\delta x^2 + \delta y^2 + \delta z^2)(hr)^2.$$

[4] Die Entropie eines Nichtgleichgewichtszustandes kann man sich folgendermaßen definiert denken. Der Körper wird in Zellen zerlegt. Die Zellen werden so klein gewählt werden, daß jede einzelne Zelle sich in jedem Zeitpunkt als in einem lokalen Gleichgewichtszustand befindlich aufgefaßt werden kann. Die Entropie des Körpers ist dann die Summe der Entropien der Gleichgewichtszustände der Zellen.

Diese thermodynamischen Betrachtungen machen zugleich deutlich, warum das Spannungs-Dehnungs-Verhalten eines visko-elastischen Werkstoffs sehr stark vom Verhältnis der Verformungsgeschwindigkeit zu der „Relaxationsgeschwindigkeit", mit der der Körper aufgrund seines Relaxationszeitspektrums auf äußere Einwirkungen reagieren kann, und von der Temperatur abhängt, da diese das Spektrum seiner Relaxationszeiten beeinflusst. Plausibel wird dabei auch, dass es eine Korrespondenz zwischen Verformungsgeschwindigkeit und Temperatur geben muss: Zu einer Spannungs-Dehnungs-Kurve, die bei kleiner Temperatur und kleiner Verformungsgeschwindigkeit gemessen wurde, kann man eine identische Kurve bei höherer Temperatur erzeugen, wenn die Verformungsgeschwindigkeit geeignet groß gewählt wird. Oder anders gesagt: Eine Spannung, die nach einer vorgegebenen Zeit in einem bei einer vorgegebenen Temperatur durchgeführten Relaxationsversuch beobachtet wird, findet man zu einer genau vorherbestimmbaren früheren Zeit, wenn der Relaxationsversuch bei einer vorgegebenen höheren Temperatur durchgeführt wird. Dieses sogenannte Zeit-Temperatur-Verschiebungsgesetz ist ein wesentliches Element der Beschreibung visko-elastischen Verhaltens. Das Gesetz findet man nicht nur bei Elastomeren und amorphen Kunststoffen, sondern auch bei teilkristallinen thermoplastischen Kunststoffen.

4.2 Phänomenologisches Werkstoffmodell

Von G. MENGES und E. SCHMACHTENBERG wurde auf der Grundlage von Betrachtungen, wie sie oben dargestellt wurden, das Verformungsverhalten des Werkstoffes PE-HD im nichtlinearen visko-elastischen Bereich unterhalb der Streckgrenze quantitativ beschrieben [2]. Die einzelnen PE-HD-Werkstoffe unterscheiden sich zwar in den Werten für Elastizitäts-Modul, Streckspannung und Streckdehnung über einen gewissen Bereich. Diese Unterschiede sind jedoch gering im Vergleich zu der typischen Abhängigkeit der Verformungen und Spannungen von Temperatur und Verformungsgeschwindigkeit, um die es hier geht.

Zugversuche an verschiedenen PE-HD-Werkstoffen zeigen danach, dass das Spannungs-, Dehnungsverhalten unterhalb der Streckgrenze (Abbildung 4.2) ganz allgemein durch folgenden empirischen Ansatz näherungsweise beschrieben werden kann:

$$\sigma = \frac{E_0\,\varepsilon}{1 + D_2\,\varepsilon}\;. \tag{4.8}$$

Die Module E_0 und D_2 sind Funktionen der Temperatur T und der Verformungsgeschwindigkeit $\dot{\varepsilon}$.

Es seien $E_0(T_{\mathrm{ref}}, \dot{\varepsilon}_{\mathrm{ref}})$ und $D_2(T_{\mathrm{ref}}, \dot{\varepsilon}_{\mathrm{ref}})$ die Werte dieser Module, die die Spannungs-Dehnungs-Kurve bei einer Referenztemperatur T_{ref} und einer Referenz-Verformungsgeschwindigkeit bzw. Referenz-Prüfgeschwindigkeit $\dot{\varepsilon}_{\mathrm{ref}}$ parametrisieren. Nach dem Zeit-Temperatur-Verschiebungsgesetz muss es dann bei einer anderen Temperatur T eine Prüfgeschwindigkeit $\dot{\varepsilon}$ geben, die zu einer identischen Spannungs-Dehnungs-Kurve führt. Es muss also gelten:

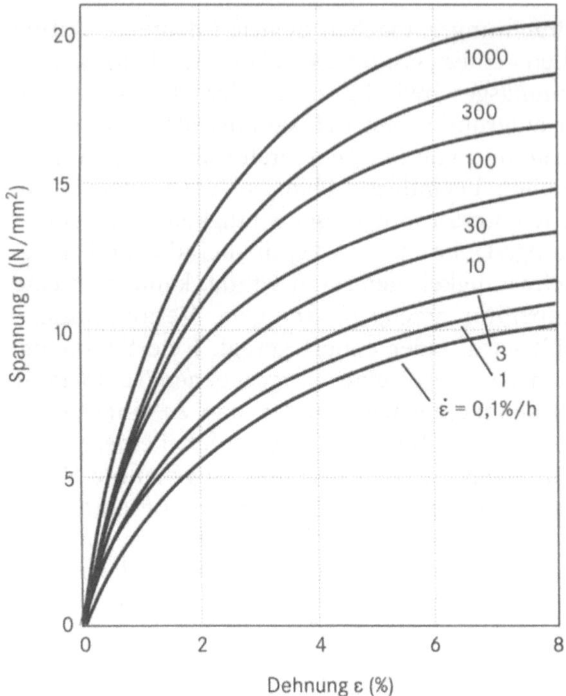

Abb. 4.2: Im Zugversuch bei 23 °C ermittelte Spannungs-Dehnungs-Kurven eines PE-HD-Werkstoffs bei unterschiedlichen Prüfgeschwindigkeiten und 23 °C (Quelle: [9]).

$$E_0(T_{\text{ref}}, \dot{\varepsilon}_{\text{ref}}) = E_0(T, \dot{\varepsilon}) \qquad D_2(T_{\text{ref}}, \dot{\varepsilon}_{\text{ref}}) = D_2(T, \dot{\varepsilon}) \ . \tag{4.9}$$

Indem man für eine vorgegebene Referenztemperatur und Referenz-Verformungsgeschwindigkeit die Wertepaare $(T, \dot{\varepsilon})$ sucht, die Gleichung (4.9) erfüllen, kann man den funktionalen Zusammenhang zwischen Temperatur und Verformungsgeschwindigkeit quantitativ bestimmen, der eben angibt, wie die Geschwindigkeit verändert werden muss, um bei veränderter Temperatur die gleiche Spannungs-Dehnungs-Kurve zu erhalten. Für eine Referenztemperatur $T_{\text{ref}} = 23\ °\text{C}$ bzw. 296 K wurde aus den Daten der Zugversuche die folgende Funktion abgeleitet, die für PE-HD-Werkstoffe charakteristisch ist, und als quantitative Formulierung[5] des Zeit-Temperatur-Verschiebungsgesetzes für diesen Werkstoff aufgefasst werden kann:

$$\log \frac{\dot{\varepsilon}}{\dot{\varepsilon}_{\text{ref}}} = 8100\ \text{K} \left(\frac{1}{T} - \frac{1}{296\ \text{K}} \right). \tag{4.10}$$

---

[5] Die Form der Gleichung ergibt sich dadurch, dass die Relaxationszeit und damit auch bei vorgegebener Verformung die Geschwindigkeit, mit der eine bestimmte Spannungsrelaxation erreicht wird, nach einem Arrhenius-Gesetz von der Temperatur abhängt, siehe Abschnitt 5.1, Gleichung (5.1).

Man kann jetzt bei der Referenztemperatur die Spannungs-Dehnungs-Kurve auch noch für Verformungsgeschwindigkeiten bestimmen, die so klein sind, dass sie im Zugversuch experimentell praktisch nicht mehr zugänglichen sind. Man führt dazu den Zugversuch bei einer prüftechnisch noch möglichen Verformungsgeschwindigkeiten und einer entsprechend hohen Temperaturen durch. Verformungsgeschwindigkeiten und Temperaturen werden dabei so gewählt, dass (4.10) erfüllt ist.

Damit erhält man bei der Referenztemperatur, z.B. bei $T_{\text{ref}} = 23\,°\mathrm{C}$, die Funktionen $E_0(23\,°\mathrm{C}, \dot{\varepsilon})$ und $D_0(23\,°\mathrm{C}, \dot{\varepsilon})$ über einen Bereich von vielen Größenordnungen der Verformungsgeschwindigkeit. Mit diesen Funktionen, den sogenannten Masterkurven für die Module, und dem Zeit-Temperatur-Verschiebungsgesetz (4.10) ist das uniaxiale Verformungsverhalten (bei konstanter Verformungsgeschwindigkeit und isothermen Bedingungen) des PE-HD-Werkstoffs im nichtlinearen visko-elastischen Bereich vollständig bestimmt. Abbildung 4.3 zeigt die Masterkurven.

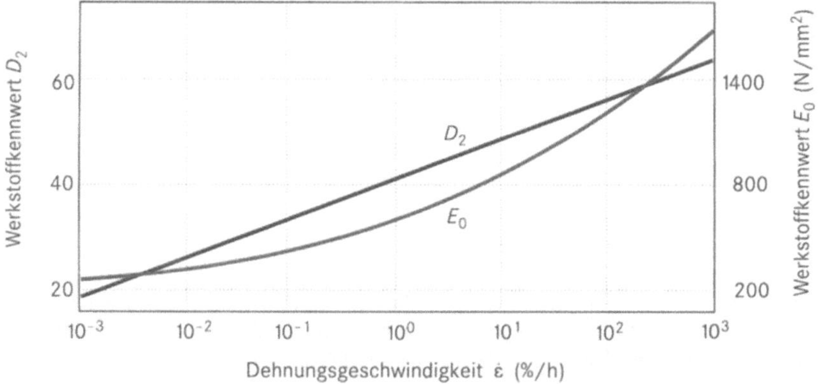

Abb. 4.3: Die Kennwerte E_0 und D_2 als Funktion der Verformungsgeschwindigkeit bei 23 °C für den Werkstoff PE-HD, sogenannte Masterkurven (Quelle: [9]).

Bislang diente die Verformungsgeschwindigkeit als Parameter zur Charakterisierung des Verformungsverhaltens. Man kann dafür jedoch auch die Zeit selbst verwenden. Jedem Punkt $(\sigma, \varepsilon, \dot{\varepsilon})$ in der Kurvenschar in Abbildung 4.2 denke man sich dazu über die Beziehung

$$t = \frac{\varepsilon}{\dot{\varepsilon}} \qquad (4.11)$$

das Tripel (σ, ε, t) zugeordnet. Indem man Punkte mit gleichem Wert t zu einer neuen Kurve zusammenfasst, erhält man eine neue Schar von Spannungs-Dehnungs-Kurven, die jetzt mit der Zeit t parametrisiert sind (Abbildung 4.4). Dieses sogenannte isochrone Spannungs-Dehnungs-Diagramm erscheint zunächst recht künstlich. Man kann aus ihm jedoch direkt das Verhalten im Relaxationsversuch bei der entsprechenden Temperatur ablesen. Für einen vorgegebenen Verformungswert erhält man aus der Kurvenschar Datenpunkte (σ_1, t_1), (σ_2, t_2), (σ_3, t_3) ... usw., die die Relaxationskurve bilden. Umgekehrt kann man im

Relaxationsversuch die zu einer Verformung gehörende Spannung nach langen
Zeiten bestimmen und entsprechend die nur berechneten Spannungs-Dehnungs-
Kurven bei sehr kleinen Verformungsgeschwindigkeiten verifizieren. Am isochronen Spannungs-Dehnungs-Diagramm erkennt man auch die Nichtlinearität des
visko-elastischen Verhaltens, die Kurven wären sonst Geraden.

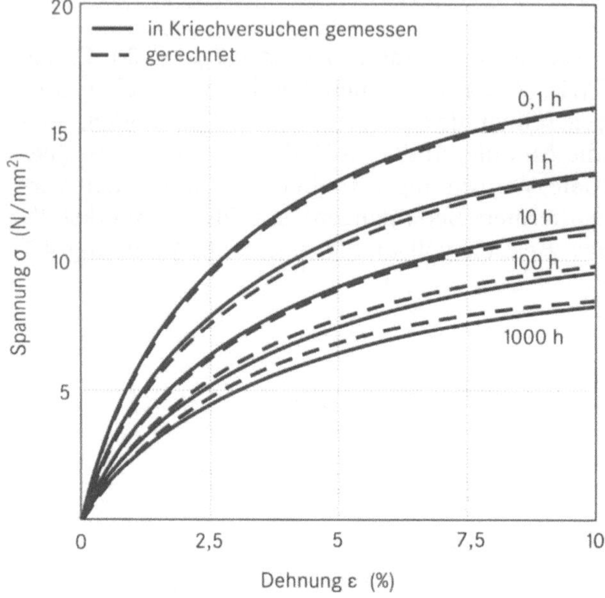

Abb. 4.4: Berechnetes und aus gemessenen Kriechkurven ermitteltes isochrones Spannungs-Dehnungs-Diagramm eines PE-HD-Werkstoffs für einen uniaxialen Spannungszustand,
wie er z.B. im Zugversuch (Abschnitt 3.2.8) entsteht (Quelle: [9]).

Für eine praxisrelevante Beschreibung des Verformungsverhaltens ist jedoch
noch ein weiterer Schritt erforderlich. Die Spannungs- und Verformungszustände
einer Kunststoffdichtungsbahn während und nach dem Einbau sind praktisch nie
uniaxial. Bei Setzungen tritt z.B. typischerweise ein ebener Spannungszustand auf
(Abschnitt 5.3.3). Streng genommen ist es sogar ein dreiachsiger Zustand, wobei
man jedoch die Wirkung der Druckspannung durch die Auflast vernachlässigen
kann. Die aus dem uniaxialen Zugversuch bestimmten Module können nicht
ohne weiteres für die Berechnung des Verformungsverhaltens bei mehrachsigen
Spannungszuständen verwendet werden. Sie hängen vielmehr selbst von den
Spannungszuständen ab. Klar ist, dass bei einem ebenen Spannungszustand die
für eine gewisse Verformung entlang einer Achse erforderliche Spannungskomponente wesentlich höher ist, als beim uniaxialen Spannungszustand, da jetzt die
Kontraktion in der dazu senkrechten Richtung durch die andere Spannungskomponente behindert wird. Umgekehrt führt ein aufgezwungener mehrachsiger
Verformungszustand zu höheren Spannungen im Material. Die Spannungserhö-
hungen sind jedoch nicht so gravierend, wie man es bei der Verwendung der
Module aus dem Zugversuch erwarten würde. Das tatsächliche Verformungsverhalten bei mehrachsiger Beanspruchung wurde von G. MENGES und E. SCHMACH-

TENBERG mit einem zusätzlichen, vom Spannungszustand abhängigen Umrechnungsfaktor parametrisiert. Nähere Einzelheiten werden in [2] beschrieben. Abbildung 4.5 zeigt das dabei ermittelte isochrone Spannungs-Dehnungs-Diagramm für einen ebenen Spannungszustand, d.h. $\sigma_1 = \sigma_2 (= \sigma)$, $\sigma_3 = 0$ und $\varepsilon_1 = \varepsilon_2 (= \varepsilon)$. Man liest daraus ab, dass bei einer Verformung von 2,5% die Spannung nach 1000 Stunden im ebenen 1:1-Spannungszustand etwa 6 N/mm² beträgt, während im uniaxialen Spannungszustand, siehe Abbildung 4.4, die Spannung nur etwa 4,5 N/mm² beträgt. Die Spannung ist also um den Faktor 1,3 höher. Von R. KOCH und Mitarbeitern wurden Spannungserhöhungsfaktoren zwischen 1,1 (bei 6% Dehnung) und 1,35 (bei 1% Dehnung) gemessen [3].

Auch mit dieser Korrektur ist die Reichhaltigkeit des mechanischen Verhaltens von Kunststoffen noch nicht erschöpfend beschrieben. Vorausgesetzt wurden isotherme Bedingungen und annähernd konstante Verformungsgeschwindigkeit. Das Modell kann jedoch so erweitert werden, dass auch nichtisotherme Verhältnisse und dynamische Einwirkungen berücksichtigt werden. Dazu sei jedoch auf die Spezialliteratur verwiesen [4], [5], [6].

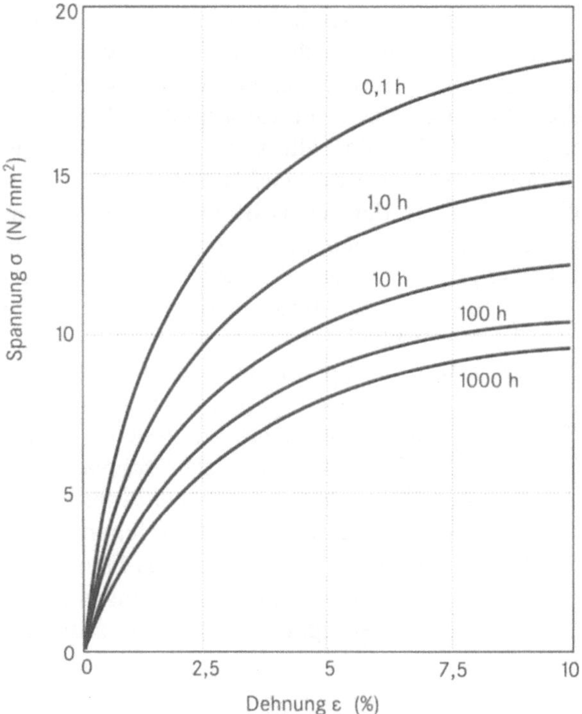

Abb. 4.5: Berechnetes isochrones Spannungs-Dehnungs-Diagramm eines PE-HD-Werkstoffs für einen ebenen Spannungszustand, wie er z.B. im Wölbversuch (Abschnitt 3.2.9) entsteht (Quelle: [9]).

4.3 Verformungsverhalten im Zug- und Wölbversuch

PE-HD, als thermoplastischer Werkstoff, setzt sich unterhalb der Schmelztemperatur aus kristallinen und amorphen Bereichen zusammen. Bei kleinen Verformungen bis zu 0,25% (Proportionalitätsgrenze) wird ein durch die energie- und entropieelastischen Eigenschaften des amorphen Bereiches geprägtes lineares und vollständig reversibles visko-elastisches Verformungsverhalten beobachtet. Bei größeren Verformungen bis zu etwa 10% kann das nichtlineare visko-elastische Verformungsverhalten zwar noch durch phänomenologische Ansätze wie der von G. MENGES und E. SCHMACHTENBERG beschrieben werden. Die Verformungen sind in diesem Bereich jedoch schon irreversibel. Die Morphologie wird bleibend verändert. Insbesondere bilden sich bei Verformungen oberhalb von etwa 3% Mikrorisse entlang von Sphärolithgrenzen aus, die zum Auslöser der Spannungsrissbildung werden können (siehe dazu den Abschnitt 5.3.4). Bei etwa 10% Verformung schnürt der Körper ein, und „fließt" unter der Beanspruchung in die Länge. In der Spannungs-Dehnungs-Kurve eines Zugversuchs (siehe Abschnitt 3.2.8, Abbildung 3.9) bildet sich ein Maximum aus, da die Einschnürung und damit verbundene Querschnittsverengung so stark ist, dass bei weiter anwachsender lokaler Spannung, die zum Dehnen erforderlich Kraft bzw. die auf den Ausgangsquerschnitt bezogene Spannung abnehmen kann. Das Maximum wird als obere Fließgrenze oder obere Streckgrenze, seine Koordinaten als Streckspannung und Streckdehnung bezeichnet. Das Verhältnis der Streckspannung zum E-Modul hat bei allen zähen Polymeren etwa den gleich Wert: 0,025. Man nimmt daher an, dass es zum Auflösen von van der Waals-Bindungen der Ketten untereinander kommt und die Kettensegmente aneinander vorbeirutschen. Die Morphologie wird oberhalb der Streckgrenze völlig verändert, die amorphen Bereich orientiert, die Fibrillen auseinandergezogen und verstreckt. Die Kurve durchläuft dabei ein Minimum, das als untere Fließgrenze (untere Streckgrenze) bezeichnet wird. Danach nimmt die Kraft bzw. Spannung wieder zu und es kommt schließlich zum Bruch des Körpers. Typische Spannungs-Dehnungs-Diagramme sind in Abbildung 3.9 dargestellt. Im Wölbversuch (ebener Spannungszustand) bildet sich das Maximum der Fließgrenze nur sehr schwach aus und es kommt rasch zum Reißen des fließenden Bereichs im Probekörper (siehe Abschnitt 3.2.9, Abbildung 3.12). Nach dem oben gesagten ist hinreichend klar, dass die charakteristischen Kennwerte aus dem Spannungs-Dehnungs-Diagramm (E-Modul, (obere bzw. untere) Streckspannung und -dehnung, Bruchspannung und -dehnung) Funktionen der Dehnungsgeschwindigkeit, der Temperatur und des Spannungszustandes sind.

4.4 Bestimmung der Verformung aus der Konturlinie

Das Ausmaß von Setzungen wird unterschiedlich beschrieben. Setzungstiefe, Krümmungsradien entlang der Konturlinie der Setzung oder lokale Verformungen werden verwendet. Es bestehen oft Unklarheiten, wie z.B. eine noch zulässige Verformung einer PE-HD-Dichtungsbahn in einen dann noch möglichen Krümmungsradius umgerechnet wird und welche Setzungstiefen dabei noch akzeptabel sind.

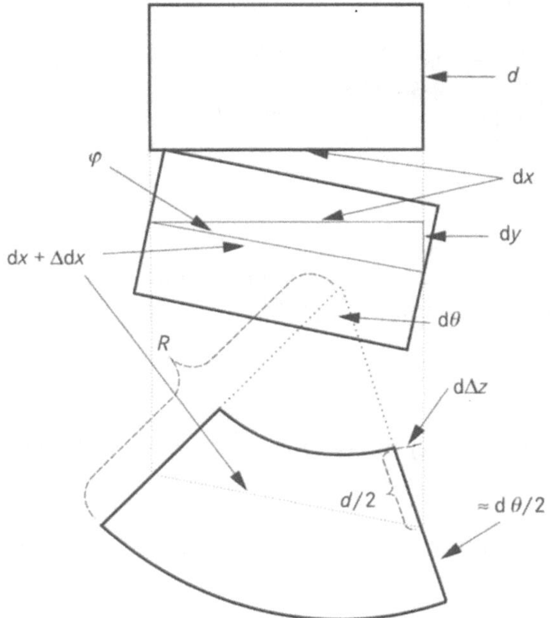

Abb. 4.6: Verformung eines Volumenelements der Länge dx aus einer Abdichtungskomponente der Dicke d bei einer Setzung. Das Volumenelement erfährt eine Längung um Δdx und eine Biegung um den Winkel d$\theta/2$ (für große Krümmungsradien R). Die äußerste Randfaser erfährt dabei insgesamt eine Verlängerung von dx auf d$x + \Delta$d$x + 2$dΔz.

Im Folgenden wird die maximale Dehnung $\varepsilon_{\mathrm{max}}$ in einer Abdichtungskomponente der Dicke d angegeben, die auftritt, wenn der Abdichtungskomponente eine neue Konturlinie $y(x)$ aufgezwungen wird. Aus der Konturlinie können Setzungstiefen und Krümmungsradien abgelesen werden. Betrachtet wird dazu ein Volumenelement mit der Kantenlänge dx, siehe Abbildung 4.6. Die Abbildung macht deutlich, dass das Volumenelement dabei eine Längung ε_{L} und eine Biegung ε_{B} erfährt, die durch den lokalen Krümmungsradius R charakterisiert wird. Weiterhin werden aus der Abbildung folgende Beziehungen deutlich:

$$\mathrm{d}x + \Delta\mathrm{d}x = \frac{\mathrm{d}y}{\sin(\varphi)} \tag{4.12}$$

$$\varphi = \arctan\left(\frac{\mathrm{d}y}{\mathrm{d}x}\right) \tag{4.13}$$

wobei

$$\mathrm{d}\Delta z = \frac{d}{2} \cdot \frac{\mathrm{d}\theta}{2} \tag{4.14}$$

$$d\theta = \frac{dx + \Delta dx}{R} \approx \frac{dx}{R} \approx \frac{1}{\dfrac{\left[1 + \left(\dfrac{dy}{dx}\right)^2\right]^{3/2}}{\dfrac{d^2y}{dx^2}}}\, dx \approx \frac{d^2y}{dx^2}\, dx \tag{4.15}$$

$y'(x)$ bzw. dy/dx und $y''(x)$ bzw. d^2y/dx^2 bezeichnen die erste und zweite Ableitung der Kurve $y(x)$. Für die maximale Dehnung $\varepsilon_{\max}$ gilt nun:

$$\varepsilon_{\max} = \frac{(dx + \Delta dx + 2d\Delta z) - dx}{dx} \; . \tag{4.16}$$

Mit den angegebenen Beziehungen (4.12) bis (4.15) folgt daraus nach einfacher Rechnung:

$$\varepsilon_{\max} = \left(\frac{y'(x)}{\sin(\arctan(y'(x)))} - 1\right) + \frac{d}{2}\, y''(x) \; . \tag{4.17}$$

wobei

$$\varepsilon_{\mathrm{L}} = \left(\frac{y'(x)}{\sin(\arctan(y'(x)))} - 1\right) \quad \text{und} \quad \varepsilon_{\mathrm{B}} = \frac{d}{2R} = \frac{d}{2}\, y''(x) \; . \tag{4.18}$$

Dies sind wohlbekannte Formeln, aus der Theorie über die Verformung von Stäben, wie sie auch zur Berechnung von maximalen Dehnungen in Abdichtungen, etwa in mineralischen Dichtungen bei Setzungen, verwendet werden, siehe z.B. [7], [8]. Bei der Herleitung wurde angenommen, dass die neutrale Faser in der Mitte des Abdichtungselements liegt. Dies ist jedoch nicht notwendigerweise immer der Fall. Die Dicke d in Gleichung (4.17) und (4.18) ist daher gegebenenfalls mit einem Faktor a der Größenordnung 1 zu korrigieren. Für mineralische Dichtungen wird bei R. SCHERBECK und H. L. JESSBERGER $a = 4/3$ angegeben.

Unabhängig von solchen Details ergeben sich aus dieser allgemeinen Formel für die Dehnung in einer Abdichtungskomponente jedoch folgende Schlussfolgerungen.

Bei Setzungen im Untergrund sind die Krümmungsradien immer sehr groß gegen die Dicke der Dichtungsbahn von nur wenigen Millimetern. Die Biegebeanspruchung kann dann für die Dichtungsbahn gänzlich vernachlässigt werden und die auftretende Dehnung wird nur durch ε_{L} gegeben. Dies gilt nicht für mineralische Dichtungen, für die Asphaltbetondichtung oder allgemein für dickere Dichtungsschichten. Hier kann, abhängig vom Setzungsverlauf und den sich dabei ausbildenden Krümmungsradien, die Biegebeanspruchung ε_{B} wesentlich zur Dehnung des Materials beitragen. Auch der sehr konservativ angesetzte Wert für die langfristig zulässige Dehnung bei der Dichtungsbahn von 3% ist zumeist größer als bei der mineralischen Dichtung (stark materialabhängig von 0,1% bis 3%) oder bei der Asphaltbetondichtung (0,85%). Eine PE-HD-Dichtungsbahn kann daher im Vergleich zu praktisch allen anderen Abdichtungselementen wesentlich größeren Setzungstiefen und Setzungsmulden mit starken Krümmungen schadlos folgen.

Tabelle 4.1: Zulässige Verformungen bei Abdichtungsmaterialien

Dichtungselement	Grenzwert (%)	Anmerkung
Mineralische Dichtung	0,1 ... 3	stark abhängig vom verwendeten Material
Asphalttragschicht	1,75	ohne Berücksichtigung von Alterung
Asphaltdichtungsschicht	0,85	ohne Berücksichtigung von Alterung
PE-HD-Dichtungsbahn	3 ... 6	langzeitig zulässige Verformung
Bentonitmatte	≈ 10	zulässiger Kurzzeitwert, ohne Berücksichtigung von Alterung

Bei einer Dicke der Kunststoffdichtungsbahn von $d = 2{,}5$ mm und einem Dehnungsgrenzwert von 3% beträgt der zulässige Krümmungsradius bei reiner Biegebeanspruchung etwa 4 cm. Dieser Wert wird bei normalen Verarbeitungs- und Einbaubeanspruchungen sicherlich nicht überschritten, wohl aber wenn Eindellungen durch Kieskörner entstehen. Bei kleinen Eindellungen, wie sie etwa durch die Körner einer Kiesdränschicht verursacht werden, treten nämlich auch bei der dünnen Dichtungsbahn erhebliche Biegebeanspruchungen auf. Typische Verläufe von Eindellungen zeigen, dass aufgrund der dabei auftretenden Krümmungsradien die Dehnung ε_B sogar den wesentlichen Beitrag liefert (Abbildung 8.3).

Zusammenfassend kann man sagen: Bei der dünnen Kunststoffdichtungsbahn sind weit größere Setzungen auch langfristig zulässig als bei allen anderen Dichtungen, insbesondere etwa als bei mineralischen Dichtungen oder bei der Asphaltbetondichtung. Sie muss jedoch gegen punktuelle Verformungen mit kleinen Krümmungsradien, etwa durch Kieskörner, zuverlässig geschützt werden. Auf die Arten, die Dimensionierung und die Prüfung von Schutzschichten wird im Kapitel 8 eingegangen.

4.5 Literatur

[1] BRUNT, N. A.
Statistical Theory of the Glas – Rubber Transition of High Polymers. *Kolloid-Z. u. Z. Polymere*, 209 (1966), H. 1, S. 5–19

[2] MENGES, G., SCHMACHTENBERG, E.
Das Verformungsverhalten von Kunststoffdichtungsbahnen bei mehrachsiger Beanspruchung. In: Knipschild, F. W. (Hrsg.), Deponieabdichtungen mit Kunststoffdichtungsbahnen, *Müll und Abfall*, Beiheft 22. Berlin: Erich Schmidt Verlag 1985, S. 68–74

[3] KOCH, R.; GAUBE, E.; HESSEL, J.; GONDRO, C.; HEIL, H.
     Langzeitfestigkeit von Deponiedichtungsbahnen aus Polyethylen. *Müll und Abfall*,
     20 (1988), H. 8, S. 3–12

[4] BONTEN; SCHMACHTENBERG; YAZICI
     Spritzgussteile mit FEM auslegen. *Kunststoffe*, 90 (2000), H. 11, S. 99–104

[5] WANDERS, M.
     Beitrag eines Modells zur Beschreibung des mechanischen Verhaltens nichtlinearer
     viskoelastischer Werkstoffe mit mehrachsiger Beanspruchung. Aachen: Shaker Verlag
     1999.

[6] SCHÖCHE, N.
     Wärmespannungen in Bauteilen aus Thermoplasten. Aachen: Shaker Verlag 1997.

[7] SCHERBECK, R.; JESSBERGER, H. L.
     Zur Bewertung der Verformbarkeit mineralischer Abdichtungsschichten. *Bautechnik*,
     69 (1992), H. 9, S. 497–506

[8] SCHERBECK, R.
     Verformungsnachweis für mineralische Abdichtungsschichten – Erläuterung der
     Grundlagen, Hinweise zur Anwendung. In: Schmidt, W. (Hrsg.), Oberflächenab-
     dichtung für Deponien, LWA-Materialien Nr. 4/93. Düsseldorf: Landesamt für
     Wasser und Abfall (LAW), Nordrhein-Westfalen 1993.

[9] SCHMACHTENBERG, E.
     Die mechanischen Eigenschaften nichtlinear viskoelastischer Werkstoffe. Aachen:
     Fakultät für Maschinenwesen der Rheinisch Westfälischen Technischen Hochschule
     Aachen 1985.

5 Langzeitverhalten

5.1 Alterung

Das Langzeitverhalten eines Bauprodukts, das in einem Bauwerk eine Funktion erfüllen muss, wird durch die damit verbundenen Beanspruchungen und die Alterungsvorgänge im gewählten Werkstoff bestimmt. Das Zusammenwirken von Beanspruchungen und Veränderungen der Eigenschaften durch die Alterungsvorgänge führt schließlich zum Versagen. Versagen bedeutet hier ganz allgemein, dass die zugewiesene Funktion nicht mehr erfüllt wird. Die Zeitdauer bis zum Versagen wird als Funktionsdauer oder Gebrauchsdauer (*service time*) des Produkts bezeichnet. Im Englischen ist der Begriff *live time* weit verbreitet. Der deutsche Begriff Lebensdauer klingt bei Bauprodukten und Bauwerken etwas seltsam.

Die Funktionsdauer eines Produkts wird einerseits bedingt durch seine funktionellen Reserven, d.h. durch das Ausmaß, in dem es Beanspruchungen (z.B. chemischen Angriff, Verformungen usw.) schadlos standhalten kann. Die Eigenschaften des Werkstoffs und die funktionelle Gestaltung des Produkts bedingen die Reserven. In Kurzzeitprüfungen unter hohen Belastungen werden diese Reserven ausgelotet. Zum anderen hängt die Funktionsdauer von den Alterungsvorgängen im Werkstoff und deren Rückwirkung auf die Produkteigenschaften ab. Unter Alterung wird dabei (nach DIN 50035-1:1989-03, *Begriffe auf dem Gebiet der Alterung von Materialien; Grundbegriffe* und DIN 50035-2:1989-04, *Begriffe auf dem Gebiet der Alterung von Materialien; Polymere Werkstoffe*) die Gesamtheit aller im Laufe der Zeit in einem Material irreversibel ablaufenden chemischen und physikalischen Vorgänge verstanden. Alterungserscheinungen können innere Alterungsursachen haben (wie z.B. bei der Nachkristallisation in teilkristallinen thermoplastischen Kunststoffen oder der destillativen und strukturellen Alterung beim Bitumen im Asphaltbeton): Materialien, deren Zusammensetzung und Struktur nicht einem thermodynamischen Gleichgewichtszustand entspricht, altern. Alterungsvorgänge werden jedoch vor allem durch äußere Alterungsursachen (wie bei der Oxidation der Polymere einer Kunststoffdichtungsbahn und der geotextilen Verpackung der Bentonitmatte oder des Bitumen im Asphaltbeton, bei der Spannungsrissbildung in teilkristallinen thermoplastischen Kunststoffen, beim Na-Ca-Austausch im Bentonit, bei der Korrosion von Stahlspundwänden, usw.) hervorgerufen. Chemische Einflüsse, mechanische Beanspruchungen, Wärme, Feuchtigkeitswechsel, Frost sind solche Ursachen. Das

Zusammenwirken verschiedener Alterungsursachen kann die Alterungserscheinungen erheblich beschleunigen.

Je geringer die funktionellen Reserven sind und je schneller diese durch die Alterung beeinträchtigt werden, umso kleiner ist die Funktionsdauer. Je größer die funktionellen Reserven und je „träger" die Alterungsvorgänge sind, umso länger vermag das Produkt den Beanspruchungen standzuhalten und seine Funktion zu erfüllen [1]. Abbildung 5.1 illustriert rein schematisch diese vielfach für die Beschreibung von Alterungsvorgängen verwendeten Zusammenhänge. Gerade wenn die Beanspruchungen komplex und im Einzelnen nicht genau fassbar sind, wie dies z.B. bei Deponieabdichtungen der Fall ist, muss das Produkt durch Werkstoffauswahl und Gestaltung über möglichst große funktionelle Reserven (z.B. hohe chemische Beständigkeit, große zulässige Grenzdehnungen, große Robustheit bei mechanischen Beanspruchungen) verfügen, und die Alterungsvorgänge dürfen erst nach sehr langen Zeiträumen Auswirkungen auf die funktionellen Reserven haben.

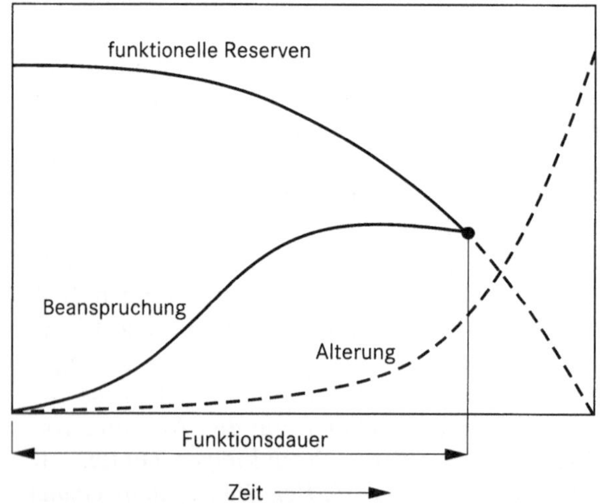

Abb. 5.1: Die Alterung beeinträchtigt die funktionellen Reserven. Je nach dem Niveau der Beanspruchung kommt es dann früher oder später zum Versagen. Langsame Alterung, aber auch große funktionelle Reserven führen zu langen Funktionsdauern [1].

Im Zusammenhang mit der Beschreibung des Langzeitverhaltens taucht oft auch der Begriff der Beständigkeit auf. Beständigkeit ist ein schillernder Begriff. Allgemein wird darunter die Widerstandsfähigkeit eines Produktes aus einem bestimmten Werkstoff gegen die Veränderung der Gebrauchseigenschaften infolge physikalischer, chemischer und biologischer Einflüsse verstanden. Oft wird er jedoch spezieller aufgefasst im Sinne von Ausmaß an funktionellen Reserven bei extremer Beanspruchung. Andererseits wird er auch verwendet, um die Erwartung an eine hohe Funktionsdauer bei normalen Beanspruchungen auszudrükken. Nach der allgemeinen Definition unterscheidet man Beständigkeit gegen atmosphärische Einflüsse, gegen ionisierende Strahlung, gegen thermischen und thermisch-oxidativen Abbau, gegen Chemikalieneinwirkung und gegen biologische Einflüsse. Unter biologischen Einflüssen versteht man dabei ganz allgemein Einflüsse von Organismen (im Tiefbau vor allem Pflanzenwurzeln, Nagetiere, Mikroorganismen). Zur quantitativen Charakterisierung der Beständigkeit eines Werkstoffes wird oft die in sogenannten Zeitstandversuchen ermittelte Standzeit verwendet. In einem Zeitstandversuch werden Probekörper, die nach einem vorgegebenen Verfahren aus dem Werkstoff hergestellt wurden, bestimmten Prüfbedingungen (Beanspruchungen) unterworfen und es wird die Zeit gemessen bis ein vorgegebenes Schädigungskriterium erfüllt ist. Aus Standzeiten können unter Umständen Funktionsdauern extrapoliert werden, umgekehrt resultieren aus geforderten Funktionsdauern Anforderungen an die Beständigkeit der Werkstoffe im Sinne eines bestimmten Verhaltens im Zeitstandversuch.

In diesem Kapitel geht es um die Alterungsvorgänge bei PE-HD-Dichtungsbahnen und daraus resultierende Funktionsdauern. Implizit sind damit immer auch Aussagen über die Beständigkeit verbunden. Explizite Aussagen über die Beständigkeit der PE-HD-Dichtungsbahnen gegen die einzelnen Einflüsse wurden bereits im Kapitel 3 im Zusammenhang mit den jeweiligen Prüfverfahren zur Beständigkeit gemacht. Eine breit angelegte Übersicht über die Beständigkeit von Kunststoffen und Gummi wird in [2] gegeben.

Der Beurteilung des Langzeitverhaltens von Produkten aus polymeren Werkstoffen müssen Vorstellungen über Art und Dauer der Beanspruchungen vorausgehen. Im Tiefbau sind oft sehr lange Funktionsdauern erforderlich. Die Beanspruchungen sind vielfältig und verändern sich im Laufe der Zeit. Dies gilt z.B. besonders ausgeprägt für den Einsatz von Kunststoffdichtungsbahnen in der Deponietechnik. In Deponien können über viele Jahrzehnte vielfältige biologische, chemische und physikalische Abbau- und Umsetzungsprozesse stattfinden. Der Deponiekörper besteht zu einem Gutteil aus Wasser. Niederschlag durchsickert den noch offenen Deponiekörper, oder wird geplant zugeführt, um die Prozesse zu forcieren. Wärme, Deponiegas und mit organischen wie anorganischen Schadstoffen belastetes Sickerwasser entstehen in dieser Phase. Das anwachsende Gewicht des Deponiekörpers führt zu Setzungen in der Deponiebasis. Durch die Umsetzungsprozesse verändert sich auch das Oberflächenprofil des Deponiekörpers. Chemikalien, Verformungen und Wärme wirken auf die Dichtungsbahn ein. Allmählich klingen diese Prozesse ab. Im Deponiekörper ist dann jedoch noch immer ein beträchtliches Schadstoffinventar vorhanden (vor allem Schwermetalle). Man kann also zwei Phasen unterscheiden: eine erste „aktive" Phase (die in etwa der Betriebs- und Nachsorgephase entspricht) und danach die unbegrenzte Endlagerphase. Auch die erste Phase dauert sehr lange ($\geq$ 100 Jahre).

Aus solchen Beanspruchungsszenarien können jedoch ganz unterschiedliche Anforderungen an die Funktionsdauer resultieren. Tabelle 5.1 zeigt wie nach den Regelungen im Zusammenhang mit der europäischen Bauproduktenrichtlinie die Funktionsdauern der Bauwerke und der dabei verwendeten Bauprodukte kategorisiert werden [3]. Ein Bauwerk kann auch dann eine sehr lange Funktionsdauer erreichen, wenn es regelmäßig gewartet wird und seine Komponenten repariert oder ersetzt werden, selbst wenn Reparatur und Ersatz im Einzelfall nicht leicht durchzuführen sind. Unter dieser Voraussetzung brauchen die Komponenten nur eine mittlere (25 Jahre) bis normale (50 Jahre) Funktionsdauer haben.

Oberflächenabdichtungen und erst recht Basisabdichtungen von Deponien müssen in diesem Schema als Bauwerke klassifiziert werden, die eine sehr lange Funktionsdauer haben ($\geq$ 100 Jahre) und die mit Übergang in die Nachsorgephase aus Sicht des Betreibers und der Genehmigungsbehörde für sehr lange Zeit nicht reparierbar sind, jedenfalls nicht wirtschaftlich vertretbar ersetzt werden können. Die verwendeten Bauprodukte, also z.B. die Kunststoffdichtungsbahnen, müssen dann ebenfalls eine lange Funktionsdauer besitzen. Wird dagegen eine Deponieabdichtung als reparierbares und gelegentlich zu sanierendes Bauwerk aufgefasst, so kann es keine Schlussabnahme und Übergang in die Nachsorgephase im Sinne der TA Siedlungsabfall geben. Wartung, Reparatur, Ersetzung der Abdichtung gehören zur Betriebsphase der Deponie.

Für die Abdichtung von Tunnelbauwerken wird man ebenfalls eine lange Funktionsdauer fordern müssen und nur in selten Fällen eine wirtschaftlich vertretbare Reparaturmöglichkeit annehmen können. Auch hier müssen also Produkte mit langer Funktionsdauer verwendet werden. In vielen anderen Anwendungsfällen genügt jedoch eine mittlere bis normale Funktionsdauer, da das Bauwerk leicht kontrolliert und repariert werden kann. Auch in diesen Fällen kann jedoch eine betriebswirtschaftliche Betrachtung dazu führen, dass Bauprodukte mit langer Funktionsdauer eingesetzt werden.

Tabelle 5.1: Lebensdauer von Bauwerken und die erforderliche Lebensdauer der verwendeten Bauprodukte [3]

Lebensdauer Bauwerk (Jahre)		Lebensdauer Bauprodukt (Jahre)		
Kategorie	Jahre	Kategorie		
		Reparabel oder leicht zu ersetzen	Weniger leicht reparabel oder zu ersetzen	Nicht reparabel oder nicht wirtschaftlich zu ersetzen
kurz	10	10	10	10
mittel	25	10	25	25
normal	50	10	25	50
lang	100	10	25	100

Das Langzeitverhalten, also die Zusammenhänge zwischen Beanspruchung und Alterung, können für eine bestimmte Abdichtungskomponente nach drei Verfahren beurteilt werden:

1. die systematische quantitative und qualitative Auswertung von bisher gemachten Erfahrungen (*case histories*), als Beispiel für Dichtungsbahnen sei auf den Aufsatz [4] oder allgemein für Geokunststoffe auf die Beiträge in [5] verwiesen,

2. anwendungsnahe Langzeitprüfungen unter zeitraffenden Prüfbedingungen (*durability tests*), die im Abschnitt 5.4 diskutierten Zeitstand-Rohrinnendruckversuche [6] können hier zur Illustration dienen,

3. qualitative und quantitative Modellbetrachtungen auf der Grundlage der genauen Kenntnis der Werkstoffeigenschaften und denkbarer Alterungsmecha-

nismen (*modeling*), als Beispiel seien die theoretischen Untersuchungen zur Austrocknung mineralischer Dichtung im Rahmen des BMBF-Verbundforschungsvorhabens *Weiterentwicklung von Deponieabdichtungssystemen* genannt [7].

Modellbildungen gehen auch in die Langzeitversuche ein, da die Ergebnisse, die unter zeitraffenden Prüfbedingungen gewonnen wurden, auf die Anwendungsbedingungen extrapoliert werden müssen. Die Konzentrationserhöhung einwirkender Medien, die Erhöhung der mechanischen Beanspruchungen, vor allem aber die Erhöhung der Temperatur beschleunigen die Alterungsprozesse. Der folgende Gedankengang soll dies illustrieren.

Den Mechanismus, der einer Alterungserscheinung zugrunde liegt, kann man sich aus vielen identischen Prozessen zusammengesetzt denken. Jeder Prozess läuft in einem Teilsystem ab. Das ganze System setzt sich aus vielen, voneinander unabhängigen Teilsysteme zusammen. Durch den Prozess wird das Teilsystem verändert. Die Alterungsgeschwindigkeit ist dann definiert als Anzahl der von der Veränderung betroffenen Teilsysteme pro Zeiteinheit. Die Temperaturerhöhung führt unter dieser Voraussetzung zu einer wohldefinierten Zeitraffung, die dann zur Extrapolation von Funktionsdauern bei Anwendungstemperaturen benutzt werden kann. Dies hängt damit zusammen, dass der Prozess im Teilsystem nur bei einer bestimmten Energie optimal abläuft. Viele chemische Reaktionen kommen z.B. erst bei einer sogenannten Aktivierungsenergie E_a in Gang. Weicht die kinetische Energie der beteiligten Reaktionspartner von dieser Energie ab, so wird die Reaktion mit zunehmendem Abstand der Energien rasch immer unwahrscheinlicher. Befindet sich ein Teilsystem bei einer vorgegebenen Umgebungstemperatur T im thermischen Gleichgewicht mit dieser Umgebung, so ist nach der Gibbschen Verteilung die Wahrscheinlichkeit, dass dieses Teilsystem die Energie E_a hat, proportional zu $e^{-E_a/RT}$ [8]. Die Geschwindigkeit der Alterung V ist dann proportional zu dieser Wahrscheinlichkeit, also ebenfalls proportional zu $e^{-E_a/RT}$. Versagen tritt ein, wenn die Alterung ein bestimmtes Ausmaß erreicht hat. Die Funktionsdauer t ist daher umgekehrt proportional zu V:

$$t \sim \frac{1}{V} \sim e^{\frac{E_a}{RT}} \ . \tag{5.1}$$

Der Zusammenhang (1) wird als Arrhenius-Gesetz bezeichnet. Trägt man den Logarithmus der bei verschiedenen höheren Beanspruchungstemperaturen gemessenen Funktionsdauern über dem Kehrwert der absoluten Messtemperaturen auf (Arrhenius-Diagramm), so erhält man bei Gültigkeit des Arrhenius-Gesetzes eine Gerade, deren Steigung die Aktivierungsenergie ergibt.

Bei Kenntnis der Aktivierungsenergie kann man dann die Funktionsdauer t_1 bei einer Anwendungstemperatur T_1 aus der bei einer hohen Temperatur T_2 gemessenen Funktionsdauer t_2 berechnen:

$$t_1 = t_2 \, e^{(E_a/R)[1/T_1 - 1/T_2]} \ . \tag{5.2}$$

Aus diesem Zusammenhang wurde auch eine allgemeine empirische Extrapolationsregel (van't Hoff Regel oder RTG(Reaktionsgeschwindigkeit-Temperatur)-Regel) abgeleitet, siehe dazu die Fußnote 2 im Kapitel 3. Eine Arrhenius-

Extrapolation ist in der Regel nur über einen begrenzten Funktionsdauerbereich von ein bis zwei Dekaden auf der logarithmischen Skala möglich. Es muss gewährleistet sein, dass sich zwischen den verschiedenen Temperaturen die Mechanismen des Alterungsvorgangs nicht qualitativ verändern. Einen Überblick über die Anwendung der Arrhenius-Extrapolation bei Geokunststoffen finden sich in [9].

In der Regel sind sowohl langjährige und umfangreiche Erfahrungen mit dem Dichtungsmaterial als auch spezielle Langzeituntersuchungen erforderlich, um glaubwürdig und zuverlässig solche sehr langen Funktionsdauern absichern zu können. Begrenzte Erfahrungen und Modellbetrachtungen allein reichen bei der Komplexität der Vorgänge in der Regel nicht aus, um zu mehr als nur spekulativen Langzeitbetrachtungen zu kommen.

5.2 Oxidativer Abbau

Polyolefine, wie Polyethylen oder Polypropylen, werden durch Sauerstoff oxidiert. Die Oxidation von Kohlenwasserstoffen durch molekularen Sauerstoff wird allgemein auch als Autoxidation bezeichnet. Es handelt sich um sehr komplexe Radikalreaktionen, die zur Spaltung, Verzweigung und Vernetzung der Polymerketten und zur Bildung niedermolekularer Reaktionsprodukte führen. Der Werkstoff verändert dabei seine Eigenschaften. Es kommt schließlich zur Versprödung und zum drastischen Verlust an Festigkeit und Flexibilität. Man spricht von oxidativem Abbau (*oxidative degradation*). Ein detailreicher Überblick zu diesem Thema wird in [10] und [11] gegeben.

Der Oxidationsvorgang hängt von der Art des Werkstoffes, dem Herstellungsverfahren und der Morphologie ab. Bei Polyethylen kann der Sauerstoff nicht in die kristallinen Bereiche eindringen. Die Oxidation findet daher nur in der amorphen Phase statt. Es überwiegen mit Beginn der Oxidation zunächst Langkettenverzweigungen und Vernetzungen. Beim Polypropylen kommt es von Anfang an häufiger zur Kettenspaltung, in geringem Umfang sind auch kristalline Bereich betroffen. Generell hat die Morphologie sehr großen Einfluss auf den Verlauf der Oxidation. Durch die Orientierung der Polymere, wie sie etwa beim Verstrecken von Fasern und Folien entsteht, wird die Oxidation behindert. Man spricht von struktureller oder physikalischer Stabilisierung gegen den oxidativen Abbau.

Da der Oxidationsvorgang durch freie chemische Radikale ausgelöst wird und Radikale unter normalen Bedingungen nur in sehr geringem Umfang entstehen, läuft er nur extrem langsam an. Bei hohen Temperaturen, z.B. bei der Verarbeitung des Polymers, oder bei Einwirkung von UV-Strahlung beschleunigt sich der Oxidationsvergang jedoch ganz erheblich. Man spricht dann von thermischoxidativem Abbau bzw. von photooxidativem Abbau. Durch Zugabe von Antioxidantien, die bereits bei geringen Konzentrationen wirksam sind, werden die Kunststoffe gegen den oxidativen Abbau stabilisiert. Darauf wurde bereits im Kapitel 2 eingegangen.

5.2.1 Autoxidation unstabilisierter Polyolefine

Die Kinetik des komplexen Reaktionsgeschehens bei der Autoxidation wird durch das Schema einer sogenannten Kettenreaktion[1] beschrieben. Bei einer Kettenreaktion werden zunächst in einer oder mehreren Anfangsreaktionen, dem sogenannten Kettenstart oder der Kettenauslösung, reaktionsfreudige Reaktionsprodukte gebildet, die weitere sogenannte Fortpflanzungsreaktionen eingehen können. Diese Fortpflanzungsreaktionen zeichnen sich dadurch aus, dass die Reaktionsprodukte zunächst verbraucht, dann aber wieder neu gebildet werden. Es ergibt sich also ein Reaktionszyklus, der viele Male durchlaufen werden kann. Erst wenn die Reaktionsprodukte in den sogenannten Kettenabbruchreaktionen endgültig verbraucht werden, kommt die Kettenreaktion zum Stillstand [12]. Bei den Fortpflanzungsreaktionen kann es zu Verzweigungen kommen, wobei dann jeweils neue Reaktionszyklen entstehen. Die Kettenreaktionen werden je nach der Zahl der Reaktionsträger, der Zahl der Verzweigungen und der Ordnung der Abbruchreaktion klassifiziert. Es ergeben sich jeweils besondere Gesetze für die Zeitabhängigkeit der Konzentrationen der Reaktionsteilnehmer und für die scheinbare Aktivierungsenergie der Gesamtreaktion.

Bei der Autoxidation von Polyethylen oder Polypropylen setzen sich sowohl der Kettenstart, als auch die Kettenfortpflanzung, Kettenverzweigung und der Kettenabbruch aus mehreren möglichen Reaktionen zusammen. Im Folgenden werden nur die wesentlichsten Reaktionsschritte angegeben. P bezeichnet dabei eine Polymerkette. „•" wird als Symbol für eine ungesättigte chemische Bindung mit einem ungepaarten Elektron verwendet. Polymere Moleküle, bei denen solche ungepaarten Elektronen auftreten, nennt man Radikale oder Makroradikale. Die übrigen Buchstaben bezeichnen in der üblichen Weise die chemischen Elemente.

Die Startreaktion besteht aus der Bildung von Alkylradikalen $\dot{P}$, etwa durch den thermischen Zerfall einer Polymerkette, durch die Einwirkung von Sauerstoff, oder durch die Auswirkung von Katalysatorresten. Das Alkylradikal reagiert zusammen mit molekularem Sauerstoff zu einem Peroxyradikal $P\dot{O}_2$, das mit einer Polymerkette erneut ein Alkylradikal und ein Hydroperoxid POOH bildet. Diese Fortpflanzungsreaktion kann sich nun wiederholen. Über Reaktionen, die zum Zerfall des Hydroperoxids führen, verzweigt sich die Reaktionskette, da wiederum ein Alkylradikal entsteht, das zum Ausgangspunkt einer neuen Kettenfortpflanzung wird. Es entstehen ständig neue Reaktionszyklen und die Zerfallsreaktionen der Hydroperoxide wird so zum eigentlichen Auslöser von Fortpflanzungsreaktionen. Metallionen können den Zerfall des Hydroperoxids sehr wirksam katalysieren [13]. Der Kontakt mit Metallen, etwa bei der Verarbeitung oder bei der Benetzung mit Wasser in dem metallische Ionen (z.B. Kupfer-Ionen) gelöst sind, kann daher die Oxidation beschleunigen. Der Kettenabbruch erfolgt schließlich vor allem durch Reaktionen, die die Peroxyradikale verbrauchen. Insgesamt ergibt sich das folgende, sehr vereinfachte Reaktionsschema:

---

[1] Der Begriff Kette bezieht sich hier auf eine Abfolge oder Kette von chemischen Reaktionen und nicht auf die Polymerkette. Dieser Unterschied muss im Folgenden jeweils beachtet werden.

Kettenstart

Auslöser (therm., mech. Beanspruchung, O_2, Katalysatorreste) $\xrightarrow{w_0} \dot{P} + \ldots$

$\ldots$ (5.3)

Kettenfortpflanzung

$$\dot{P} + O_2 \xrightarrow{k_1} P\dot{O}_2 \qquad (5.4)$$

$$P\dot{O}_2 + PH \xrightarrow{k_2} POOH + \dot{P} \qquad (5.5)$$

$\ldots$

Kettenverzweigung

$$POOH + PH \xrightarrow{\delta k_3} \dot{P} + P\dot{O} + H_2O \qquad (5.6)$$

$\ldots$

Kettenabbruch

$$P\dot{O}_2 + P\dot{O}_2 \xrightarrow{k_t} POOP + O_2 \qquad (5.7)$$

$\ldots$

w_0 ist dabei die Rate mit der Radikale, die eine Kettenreaktion auslösen, entstehen. k_1, k_2, k_3, k_t sind die Reaktionskonstanten der Fortpflanzungs-, Verzweigungs- und Abbruchreaktionen. δ bezeichnet den Bruchteil von Alkylradikalen, die bei der Verzweigungsreaktion (5.6) tatsächlich zu neuen Reaktionszyklen führen.

Die bei den verschiedenen Start-, Fortpflanzungs- und Verzweigungsreaktionen gebildeten Radikale können sich nicht nur mit molekularem Sauerstoff verbinden oder Wasserstoff von den Polymerketten abstrahieren, wie in Reaktion (5.4) und (5.5), sondern auch in Zerfallsreaktionen die Polymerkette spalten. Die Kettenabbruchreaktionen können zur Vernetzung von Polymerketten führen. Für die Spaltung der Polymerketten ist vor allem der Zerfall des Alkoxyradikals $P\dot{O}$ verantwortlich. Als Fragmente entstehen dabei wiederum ein Alkylradikal $\dot{P}'$ sowie eine Polymerkette mit einer Carbonylgruppe.

$$P\dot{O} \xrightarrow{k} \overset{|}{\underset{|}{C}}{=}O + \dot{P}' \qquad (5.8)$$

Mit der ständigen Bildung von Radikalen in der oxidativen Kettenreaktion gehen also Veränderungen in der Molekülmassenverteilung einher, die sich letztlich auch auf die mechanischen Eigenschaften auswirken. Abbildung 5.2 zeigt dies beispielhaft für Proben aus Polyethylen und Polypropylen, die in einer Sauerstoffatmosphäre bei 130 °C gelagert wurden. Neben der Messung der Veränderung in der Molekülmassenverteilung und in den mechanischen Eigenschaften kann der Oxidationsvorgang auch direkt durch die Messung der Konzentrationsänderung der wesentlichen Reaktionsprodukte beobachtet werden. Charakteristisch für den Oxidationsvorgang ist das Entstehen von funktionellen Gruppen, wie die Carbonylgruppen und die Hydroxyl-Gruppe der Hydroperoxide. Die

Hydroxyl-Gruppe und die Carbonylgruppe absorbieren Infrarotstrahlung bei charakteristischen Wellenlängen. Bei PE-HD liegt das Maximum der Infrarotbande freier und assoziierter Hydroperoxide bei 3410 cm^{-1} bzw. 3550 cm^{-1} und das der Carbonylgruppe bei 1710 cm^{-1}. Mit Hilfe der Infrarotspektroskopie kann die Konzentrationsänderung dieser Reaktionsprodukte gemessen werden.

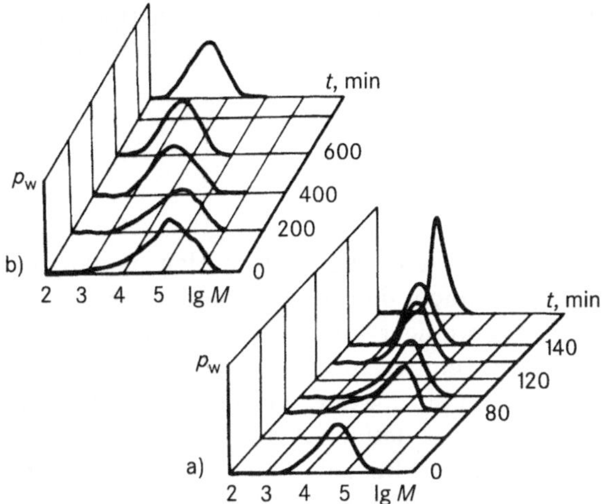

Abb. 5.2: Veränderung der Molekülmassenverteilung nach Warmlagerung (t: Lagerungsdauer) bei 130 °C in einer Sauerstoffatmosphäre p_{O2} = 760 mm Hg. a) Polypropylen, die Verteilung wird nicht nur zu niedrigen Molekülmassen verschoben, sondern sie wird auch schmaler. b) Polyethylen, die Verteilung wird zu niedrigen Molekülmassen verschoben, die Breite verändert sich nur geringfügig. (Quelle: [11])

Die Autoxidation von unstabilisiertem Polyethylen und Polypropylen zeigt dabei einen typischen zeitlichen Verlauf [14], [15]. Während einer Anfangsphase wächst die Konzentration der funktionellen Gruppen nur ganz allmählich an. Es zeigen sich keinerlei Veränderungen in den Eigenschaften des Kunststoffes. Die Dauer dieser Phase wird als Induktionszeit $t_{i,1}$ bezeichnet. Diese Induktionszeit ist zu unterscheiden von der weiter unten diskutierten Induktionszeit $t_{i,2}$, die sich zusätzlich für stabilisierte Werkstoffe ergibt. Nach der Induktionsphase kommt es zu einem exponentiellen Anwachsen der Konzentration der Reaktionsprodukte bis schließlich mit konstanter Rate Carbonylgruppen und Hydroperoxide entstehen. Dabei ändern sich dann auch drastisch die Eigenschaften des Kunststoffes. Insbesondere die Bruchdehnung reagiert sehr empfindlich auf den sich beschleunigenden Oxidationsvorgang. Nach der Induktionsphase kommt es zu einem drastischen Abfall der Bruchdehnung. Der Werkstoff versprödet immer stärker und verliert schließlich gänzlich seine Festigkeit (Abbildung 5.23).

Die Einzelheiten des zeitlichen Verlaufs, z.B. die Größe der Induktionszeit und der Raten, hängen von vielen Randbedingungen, wie Herstellungsverfahren und damit verbunden den Katalysatorresten, Sauerstoffpartialdruck, Temperatur, Probengeometrie, Verstreckungsgrad, Morphologie usw., ab. Das teilkristalline Polymer setzt sich im festen Zustand aus amorphen Bereichen und kristallinen Bereichen zusammen. Der Oxidationsvorgang kommt in den einzelnen amor-

phen Bereichen unterschiedlich schnell in Gang. Durch die Diffusion von Reak-
tionsprodukten aus Bereichen im fortgeschrittenen Oxidationszustand breitet
sich die Oxidation in andere amorphe Bereiche aus. Diese räumliche Heterogeni-
tät im Oxidationsvorgang spiegelt sich im integralen zeitlichen Verlauf, im Einfluss der Probendicke und der Temperatur wieder [15]. Die Aktivierungsenergie
der am Oxidationsvorgang beteiligten Reaktionen liegt im Bereich von 100 kJ/mol,
die der Sauerstoffdiffusion bei 40 kJ/mol [16]. Bei Anwendungstemperaturen ist
daher auch in dicken Proben in der Regel eine ausreichend Menge Sauerstoff für
den Oxidationsvorgang vorhanden.

5.2.2 Chemische Stabilisierung

Unstabilisierte Polyethylene und Polypropylene altern durch den oxidativen Abbau unter normalen Bedingungen, je nach den Eigenschaften der einzelnen
Werkstoffe, innerhalb einiger Jahre bis weniger Jahrzehnte. Bei der Einwirkung
von UV-Strahlung oder bei den hohen Temperaturen der Verarbeitung (200 °C)
der Formmassen zu End- oder Zwischenprodukten, wie Dichtungsbahnen, Fasern usw., kann es jedoch sehr rasch zum oxidativen Abbau kommen. Die Werkstoffe müssen daher für die Verarbeitung und für eine längere Lagerung und längeren Gebrauch vor der Oxidation geschützt werden. Durch die Zugabe von
bestimmten Stoffen, sogenannten Inhibitoren, kann in die Kettenreaktion einge-
griffen und die Reaktionsgeschwindigkeit erheblich verringert werden. Es können
dafür Stoffe verwendet werden, die von vornherein die Startreaktion verhindern,
oder Stoffe, die Abbruchreaktionen auslösen. Dazu werden geringe Mengen besonderer Chemikalien, typischerweise zwischen 0,1 und 0,5 Gew.-%, dem Basis-
polymer beigemischt. Die Chemikalien werden in diesem Zusammenhang als
Stabilisatoren oder Antioxidantien bezeichnet. Man unterscheidet nach der Wirkungsweise zwei Arten von Antioxidantien. Die sogenannten primären Antioxidantien greifen in die Kettenfortpflanzung ein und erzwingen deren Abbruch
durch den Verbrauch von Peroxyradikalen. Typischerweise wird dabei ein H-Ion
von der primären Antioxidants IH abgespaltet. Das allgemeine Reaktionsschema
lautet:

$$P\dot{O}_2 + IH \xrightarrow{k_i} POOH + \dot{I}\ , \tag{5.9}$$

$$P\dot{O}_2 + \dot{I} \xrightarrow{k_5} \text{stabile Reaktionsprodukte,} \tag{5.10}$$

$$\dot{I} + \dot{I} \xrightarrow{k_6} \text{stabile Reaktionsprodukte.} \tag{5.11}$$

Die sogenannten sekundären Antioxidantien X wandeln die Hydroperoxide
in unschädliche nichtradikalische Verbindungen um. Damit wird der Start immer
neuer Kettenreaktionen verhindert. Deshalb werden diese Substanzen auch als
vorbeugende Antioxidantien bezeichnet. Das allgemeine Reaktionsschema lautet
hier:

$$POOH + X \xrightarrow{k_4} \text{stabile Reaktionsprodukte.} \tag{5.12}$$

Typische Vertreter der primären Antioxidantien sind sterisch gehinderte Phenole und aromatische Amine. Die Reduktion des Hydroperoxids zu einem Alkohol durch ein Phosphit, das dabei in ein Phosphat übergeht, ist ein typisches Beispiel für eine sekundäre Stabilisierung. Auf die verschiedenen chemischen Verbindungen, die als Antioxidantien verwendet werden, und deren Bezeichnung wurde im Abschnitt 2.2 eingegangen.

An Hand der sehr stark vereinfachten Reaktionsgleichungen (5.3) bis (5.12) kann die Wirkungsweise der Stabilisatoren modellhaft verdeutlicht werden [11]. Dabei wird angenommen, dass sich ein quasi-stationärer Zustand im Verlauf der Kettenreaktion ausbildet, bei dem die Konzentrationen der Zwischenprodukte $\dot{P}$ und $\dot{I}$ sich nicht ändern. Kaum sind sie entstanden, werden sie wieder verbraucht: die Geschwindigkeit der Konzentrationsänderung ist also näherungsweise Null. Die Abbruchreaktion (5.7) wird ebenfalls vernachlässigt.

Aus den Gleichungen (5.3), (5.4), (5.5) und (5.6) folgt mit diesen Annahmen:

$$\frac{d[\dot{P}]}{dt} = w_0 - k_1[\dot{P}][O_2] + k_2[P\dot{O}_2][PH] + \delta k_3[POOH] = 0 \ . \tag{5.13}$$

Ebenso folgt aus den Gleichungen (5.9), (5.10) und (5.11):

$$\frac{d[\dot{I}]}{dt} = k_i[P\dot{O}_2][IH] - k_5[P\dot{O}_2][\dot{I}] - k_6[\dot{I}]^2 = 0 \ . \tag{5.14}$$

Diese Gleichung kann man nach $[\dot{I}]$ auflösen:

$$[\dot{I}] = \frac{k_i[P\dot{O}_2][IH]}{k_5[P\dot{O}_2] + k_6[\dot{I}]} = \frac{\alpha k_i[IH]}{k_5} \ , \text{ wobei } \ \alpha = \frac{k_5[P\dot{O}_2]}{k_5[P\dot{O}_2] + k_6[\dot{I}]} \ . \tag{5.15}$$

α kann offenbar aufgefasst werden, als relativer Anteil oder Wahrscheinlichkeit einer Kettenabbruchreaktion durch das Inhibitorradikal.

Für die Konzentrationsänderung der Peroxyradikale und der Hydroperoxide ergibt sich mit den Gleichungen (5.4), (5.5), (5.9) und (5.10):

$$\frac{d[P\dot{O}_2]}{dt} = k_1[\dot{P}][O_2] - k_2[P\dot{O}_2][PH] + k_i[P\dot{O}_2][IH] - k_5[P\dot{O}_2][\dot{I}] \ , \tag{5.16}$$

bzw. mit den Gleichungen (5.5), (5.6), (5.9) und (5.12):

$$\frac{d[POOH]}{dt} = k_2[P\dot{O}_2][PH] - \delta k_3[POOH][PH] - k_i[P\dot{O}_2][IH] - k_4[POOH][X] \ . \tag{5.17}$$

Ersetzt man mit (5.13) und (5.15) die Terme mit $[\dot{P}]$ und $[\dot{I}]$ in Gleichung (5.16), so findet man:

$$\frac{d[P\dot{O}_2]}{dt} = w_0 + \delta k_3[POOH][PH] - m k_i[P\dot{O}_2][IH] \ , \tag{5.18}$$

wobei $m = 1 + \alpha$ gesetzt wurde.

Die Gleichungen (5.17) und (5.18) bilden ein lineares Differentialgleichungssystem für die Zeitabhängigkeit der Konzentration der Peroxyradikale und Hydroperoxide. Die allgemeine Lösung eines solchen Systems hat die folgende Form:

$$[P\dot{O}_2] = \sum_{i=1,2} A_i\, e^{\lambda_i t} + C \quad \text{und} \quad [POOH] = \sum_{i=1,2} B_i\, e^{\lambda_i t} + D \; , \tag{5.19}$$

wobei die Konstanten λ_1 und λ_2 die Wurzeln der charakteristischen Gleichung des linearen Gleichungssystems sind, das sich ergibt, wenn (5.19) in das Differentialgleichungssystem (5.17) und (5.18) eingesetzt wird. Die charakteristische Gleichung lautet:

$$\begin{aligned}
&\lambda^2 + \left(k_3[\text{PH}] + k_4[\text{X}] + mk_i[\text{IH}]\right)\lambda \\
&+ \left(mk_i\, k_3[\text{PH}][\text{IH}] + mk_i\, k_4[\text{IH}][\text{X}] - \delta k_2\, k_3[\text{PH}]^2 - \delta k_i k_3[\text{PH}][\text{IH}]\right) = 0
\end{aligned} \tag{5.20}$$

Die Analyse der quadratischen Gleichung zeigt, dass die Wurzeln entweder beide positiv oder beide negativ sind. Das Vorzeichen hängt dabei vom konstanten Term in (5.20) ab:

$$mk_i\, k_3[\text{PH}][\text{IH}] + mk_i\, k_4[\text{IH}][\text{X}] - \delta k_2\, k_3[\text{PH}]^2 - \delta k_i\, k_3[\text{PH}][\text{IH}] = \omega \; . \tag{5.21}$$

Ist $\omega > 0$, so sind die beiden λ_1 und λ_2 negativ. Die Konzentrationen fallen dann rasch auf einen konstanten, zeitunabhängigen Wert. Das System befindet sich in einem durch die Antioxidantien stabilisierten, stationären Zustand bei dem die Oxidation mit sehr geringer, konstanter Rate abläuft. Diese Lösung ist konsistent mit den gemachten Annahmen. Ist dagegen $\omega < 0$, so sind die beiden λ_1 und λ_2 positiv. Die Konzentrationen wachsen exponentiell an. Das System befindet sich nicht mehr in einem stabilen Zustand. Es zeigt eine sich rasch beschleunigende Oxidation. Der Stabilisator entfaltet also seine Wirkung nur bis zu einer kritischen Konzentration für die $\omega = 0$ wird. Die kritische Konzentration ist dabei gegeben durch:

$$[\text{IH}]_{\text{kr}} = \frac{\delta k_2\, k_3[\text{PH}]^2}{(m - \delta)k_i\, k_3[\text{PH}] + mk_i\, k_4[\text{X}]} \; . \tag{5.22}$$

Solange also eine ausreichende Stabilisatorkonzentration vorhanden ist, wird die Oxidation stark unterdrückt und es bilden sich nur in geringem Umfang Oxidationsprodukte. Der Stabilisator wird dabei jedoch allmählich verbraucht. Wenn nach einer gewissen Zeit, die ebenfalls als Induktionszeit $t_{i,2}$ bezeichnet wird, der Stabilisatorgehalt eine kritische Schwelle unterschritten hat, läuft die sich selbst beschleunigende Autoxidation an, die dann zum Abbau des Kunststoffes führt. Die insgesamte Induktionszeit für den Abbau eines stabilisierten polyolefinen Kunststoffes oder dessen Funktionsdauer t_i, hier aufgefasst als Zeitraum bis zum Verlust der Gebrauchseigenschaften, setzt sich daher aus diesen beiden Induktionszeiten, der Induktionszeit, die den Stabilisatorverbrauch, und der Induktionszeit, die das Anlaufen der Autoxidation charakterisiert, zusammen:

$$t_i = t_{i,1} + t_{i,2} \ . \tag{5.23}$$

Der exponentielle Anstieg der Oxidationsprodukte beim Unterschreiten einer endlichen „kritischen" Stabilisatorkonzentration ist in diesem Modell allerdings nur ein Artefakt der nicht vollständigen Behandlung der Reaktionsgleichungen. So ist es gerade bei einer nur noch geringen Stabilisatorkonzentration nicht mehr zulässig, die Abbruchreaktion (5.7) zu vernachlässigen, die einen exponentiellen Anstieg abbremsen würde. Tatsächlich ist der Anstieg der Oxidationsrate nicht abrupt, sondern allmählich und es kann kein scharfer Übergang bei einer ganz bestimmten Konzentration, die dann als kritische Konzentration definiert werden kann, beobachtet werden. Es ist daher auf der einen Seite für die Interpretation und Beschreibung experimenteller Daten erst recht sinnvoll, die Phase des Verbrauchs von Stabilisator von der Phase des Anlaufens der Autoxidation zu trennen. Andererseits darf eine solche Trennung nicht im strengen Sinne, nämlich als durch eine wohldefinierte Stabilisatorkonzentration vorgegeben, aufgefasst werden.

Die Beschreibung der Wirkungsweise der Antioxidantien in diesem einfachen Modell illustriert auch, dass die Kombination einer primären und sekundären Antioxidants zu einer besonders wirksamen Stabilisierung führt. Die sich bei der Mischung von verschiedenen Antioxidantien ergebenden Synergien sind nach wie vor noch Gegenstand wissenschaftlicher Untersuchungen. Schon seit längerem haben sich jedoch ganz bestimmte Stabilisatorpakete eingebürgert und in der Praxis bewährt. So enthält ein typisches Stabilisatorpaket für Polyethylen und Polypropylen ein Phosphit und eine phenolische Antioxidants. In [17] wird über aktuelle Entwicklungen beim Angebot von Antioxidantien berichtet.

Unter normalen Bedingungen laufen die oxidativen Reaktionen extrem langsam ab. Entsprechend langsam ist der damit verbundene Verbrauch an Stabilisator. Nicht nur die Oxidation, sondern auch andere chemische Abbauvorgänge können die Antioxidantien zerstören. Z.B. sind die Phosphite, aber auch andere Antioxidantien, hydrolyseanfällig [10]. Die Konzentration der beigemischten Antioxidantien wird sich während Lagerung und Gebrauch des Kunststoffes jedoch auch durch Extraktions- und Migrationsvorgänge verringern [18]. Solche Vorgänge werden bei Anwendungstemperaturen in der Regel sogar die Hauptursache für den allmählichen Verlust von Wirksubstanz sein. Diese Vorgänge reduzieren die Induktionszeit $t_{i,2}$ und damit die Funktionsdauer t_i des Werkstoffes und beschleunigen so als äußere Alterungsursache indirekt den oxidativen Abbau.

Für die Geschwindigkeit von Extraktions- oder Migrationsvorgängen, aber auch des Verbrauchs durch die Oxidation oder anderer chemischer Abbauvorgänge, kann in grober Näherung angenommen werden, dass sie proportional zur noch vorhandenen Stabilisatormenge ist. Der zeitliche Verlauf des Gehalts an Antioxidants [A] folgt dann einer Exponentialfunktion:

$$\frac{d[A]}{dt} = -k_{\text{eff}}[A] \qquad [A](t) = [A]_0 \, e^{-k_{\text{eff}} t} \ . \tag{5.24}$$

Das Unterschreiten einer gewissen Stabilisatorkonzentration $[A]_{kr}$ markiert das Ende der vom Stabilisatorverbrauch geprägten Induktionsphase. Für die Induktionszeit $t_{i,2}$ gilt dann:

$$t_{i,2} = \frac{1}{k_{eff}} \ln \frac{[A]_0}{[A]_{kr}} \ . \tag{5.25}$$

Bei vielen Vorgängen ist die Abhängigkeit der Konstanten k_{eff} von der Temperatur T durch das Arrhenius-Gesetz gegeben, siehe Abschnitt 5.1:

$$k_{eff} = B\,e^{-\frac{E}{RT}} \ . \tag{5.26}$$

Für die Temperaturabhängigkeit der Induktionszeit folgt:

$$t_{i,2} = t_0\,e^{\frac{E}{RT}} \quad \text{mit} \quad t_0 = \frac{1}{B} \ln \frac{[A]_0}{[A]_{kr}} \ . \tag{5.27}$$

Das Arrhenius-Gesetz führt auf die alte Faustregel, dass eine Temperaturerhöhung um 10 °C die Reaktionsgeschwindigkeit verdoppelt bis verdreifacht, siehe auch Fußnote 1, Kapitel 3. Diese Regel kann auch als erste Orientierung für Funktionsdauerabschätzungen verwendet werden. Wenn bei einer Lagerung bei nicht all zu hoher Temperatur, z.B. bei 80 °C, im Wasser oder an Luft eine charakteristische Abnahme des Stabilisatorgehalts über einen Zeitraum von einigen Jahren beobachtet wird, so kann man bei normalen Umgebungstemperaturen mit einer Funktionsdauer von vielen Jahrzehnten rechnen. Mehr als eine grobe Orientierung ist damit jedoch nicht gegeben. Zuverlässige Funktionsdauerabschätzungen müssen die Besonderheiten des Alterungsvorganges berücksichtigen. Selbst bei dem einfachen Ansatz (5.24) setzt sich, streng genommen, die Reaktionskonstante k_{eff} aus verschiedenen Konstanten für die unterschiedlichen, den Stabilisatorgehalt beeinflussenden Prozesse zusammen, $k_{eff} = k' + k'' + ...$, wobei die Temperaturabhängigkeit der einzelnen Konstanten durch unterschiedliche Aktivierungsenergien E, E', E'' ... und Amplituden B, B', B''... gekennzeichnet ist. Bei hohen Temperaturen im flüssigen Zustand des Polymers oder bei hohen Sauerstoffpartialdrücken gemessene Arrhenius-Geraden wird man daher nicht einfach in Temperaturbereiche unterhalb der Schmelztemperatur extrapolieren oder für Funktionsdauerabschätzungen in Luft verwenden dürfen. Unterschiedlich Umgebungsbedingungen, z.B. bei der Lagerung im Wärmeschrank, im Umluft-Wärmeschrank oder im Wasserbad, und unterschiedliche Probengeometrien, z.B. eine Dichtungsbahnenprobe als flächenartiges Gebilde, eine Faserprobe als linienartiges Gebilde und ein vernadeltes Vlies, das zwischen flächenartigem und linienartigem Gebilde eingeordnet werden muss, führen zu unterschiedlichen zeitlichen Verläufen des Stabilisatorverlustes mit einer jeweils eigenen Arrhenius-Geraden der Abhängigkeit von der Temperatur.

In manchen Fällen weicht die Temperaturabhängigkeit der Induktionszeit des Oxidationsvorganges unter gegebenen Bedingungen sogar sehr ausgeprägt von der Arrhenius-Gleichung ab. Eine solche Abweichung wird für die Temperaturabhängigkeit der Zeiten bis zum Verspröden von stabilisiertem und unstabilisiertem Polypropylen im Umluftwärmeschrank beobachtet [19]. Die Versagenszeiten verkürzen sich dabei zu tieferen Temperaturen hin weit stärker als es eine Proportionalität zur inversen absoluten Temperatur erwarten lassen würde. Bei Polypropylen, das mit phenolischen Antioxidantien stabilisiert wurde, wird der Verlauf noch komplizierter, da die Versagenszeiten unterhalb von etwa 100 °C wieder stark ansteigen. Es ergibt sich hier ein S-förmiger Verlauf des Logarithmus der Versagenszeiten über der inversen Temperatur (Abbildung 5.3). Eine Arrhenius-Extrapolation von Versagenszeiten, die bei hohen Temperaturen (>100 °C) gemessen wurden, würde hier die tatsächlichen Versagenszeiten bei tiefen Temperaturen um eine Größenordnung überschätzen. Als Ursache der Abweichung von der Arrhenius-Geraden wird die Rückwirkung der Ti-Katalysatorreste im unstabilisierten Polypropylen auf den Oxidationsvorgang und zusätzlich die Wechselwirkung von Stabilisatorrest und phenolischer Antioxidants im stabilisierten Polypropylen vermutet. Im Hochdruckverfahren, also ohne spezielle metallorganische Katalysatoren, hergestelltes Polyethylen (PE-LD) wie auch mit HALS stabilisiertes Polypropylen zeigen nämlich keine solchen Abweichungen.

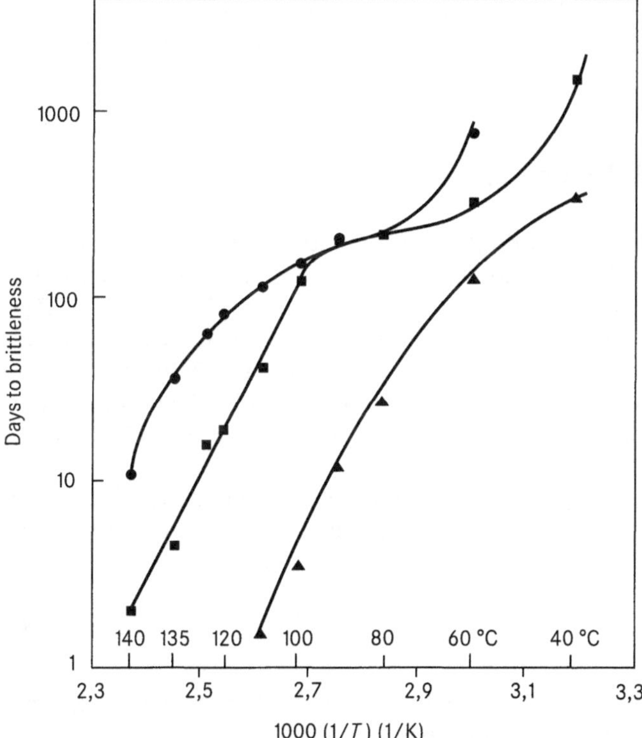

Abb. 5.3: Arrhenius-Diagramm für die Warmlagerung von unterschiedlich stabilisierten Polypropylen-Proben im Umluftwärmeschrank. Die Lagerzeit in Tagen bis zur Versprödung (*days of brittleness*) wurde über dem Kehrwert der Lagerungstemperatur aufgetragen. ▲: unstabilisiertes Polypropylen; ●: stabilisiert mit 0,05% AO-1, ■: stabilisiert mit 0,05% AO-2. (Quelle: [19])

Zuverlässige Funktionsdaueraussagen für normale Anwendungstemperaturen erfordern in der Regel Untersuchungen an repräsentativen Proben unter anwendungsnahen Prüfbedingungen (z.B. Warmlagerung in Luft bzw. im Wasserbad) bei nicht allzu hohen Temperaturen ($< 100\ °C$). Für Funktionsdauerabschätzungen bis zu 100 Jahren ergeben sich dabei notwendigerweise Prüfzeiten von vielen Jahren. Auf eine detailliertere Abschätzung der Funktionsdauer von PE-HD-Dichtungsbahnen wird im Abschnitt 5.4 eingegangen.

In den meisten Fällen wird $t_{i,2}$ erheblich größer als $t_{i,1}$ sein und die Funktionsdauer t_i im wesentlich durch $t_{i,2}$ bestimmt sein. An 0,5 mm dicken Folien aus unstabilisiertem PE-HD und PE-LLD werden z.B. in einer Warmlagerung bei 80 °C für $t_{i,1}$ Zeiten von bis zu einigen hundert Stunden gemessen. Gut stabilisierte 2,5 mm dicke Kunststoffdichtungsbahnen aus diesen Werkstoffen zeigen in einer Lagerung in Wasser oder Luft bei 80 °C auch nach 10.000 Stunden noch eine ausreichende Stabilisierung. Bei verstreckten Fasern hingegen scheint sich die Relation umzukehren. Das große Verhältnis von Oberfläche zu Volumen kann zu einem raschen Stabilisatorverlust führen, während die Verstreckung zu einer sogenannten strukturellen Stabilisierung führt, die $t_{i,1}$ um ein Vielfaches vergrößern kann [20]. Von dieser strukturellen Stabilisierung handelt der nächste Abschnitt.

5.2.3 Strukturelle Stabilisierung

Die Beweglichkeit der Reaktionsprodukte der oxidativen Kettenreaktion, der Stabilisatoren, aber auch der Polymermoleküle selbst beeinflussen die Kinetik der Radikalreaktionen. Die Morphologie eines Polymers und sein physikalischer Zustand, z.B. Spannungen, Verformungen, Orientierung, hat also Auswirkungen auf den Verlauf des oxidativen Abbaus. Fasern oder Bändchen aus Polyethylen werden bei der Herstellung kaltverstreckt. Die dabei entstehende Orientierung der Polymerketten hat eine besonders ausgeprägte Rückwirkung auf die Oxidationsstabilität.

Das Ausmaß der Verstreckung einer Faser oder eines Bändchens wird durch den Verstreckungsgrad λ als Verhältnis der Länge nach der Verstreckung L zur ursprünglicher Länge L_0 definiert:

$$\lambda = \frac{L}{L_0}\ .\tag{5.28}$$

An verstreckten Materialien wird beobachtet, dass die Induktionszeit $t_{i,1}$ exponentiell mit dem Verstreckungsgrad anwächst:

$$t_{i,1}(\lambda) = t_{i,1}(0)\exp(a\lambda)\ ,\tag{5.29}$$

a ist eine experimentelle Kenngröße, die von den experimentellen Bedingungen (z.B. Sauerstoffpartialdruck) und den Werkstoffen abhängt.

Auch der nach der Induktionszeit anlaufende Oxidationsvorgang ist bei den verstreckten Materialien zunächst verlangsamt.

Die Orientierung scheint die Bildung und die Ausbreitung von Hydroperoxyden zu behindern [11]. Die Kettenfortpflanzung und -verzweigung wird damit ähnlich wie bei der Zugabe von Stabilisatoren unterdrückt. Man spricht daher auch von einer strukturellen Stabilisierung, die besonders bei den teilkristallinen, stark orientierten polymeren Materialien zur Wirkung kommt.

5.3 Spannungsrissbildung

5.3.1 Beschreibung der Risserscheinungen und Begriffe

In einem teilkristallinen, thermoplastischen Kunststoff können Spannungen, die durch äußere Dauerbelastung oder durch aufgezwungene Verformungen hervorgerufen werden, zur Rissbildung und schließlich zum Zerbrechen des Materials führen, auch wenn die Spannung deutlich unter der Kurzzeit-Festigkeit und der Streckspannung des Kunststoffes liegt. Diese sogenannte Spannungsrissbildung [21] unterscheidet sich vom Versagen durch das Kriechen, das ebenfalls bei thermoplastischen Kunststoffen auftritt. Deren Festigkeit ist abhängig von der Verformungsgeschwindigkeit. Bei der Einwirkung äußerer Kräfte kriecht das Material. An Schwachstellen kommt es zur Querschnittsveränderung mit wachsender lokaler Spannung. Das Material dehnt sich dort immer weiter, verstreckt schließlich und reißt. Es kommt zu einem sogenannten Zähbruch oder duktilen Bruch. Bei der Spannungsrissbildung wächst dagegen eine augenscheinlich glatte Bruchfläche allmählich in den Materialquerschnitt, bis schließlich durch die so entstandene Querschnittsverringerung die entsprechend angewachsene lokale Spannung die Festigkeit übersteigt und das Material am Rand der Bruchfläche verstreckt und reißt. Der Bruch ist bei Inaugenscheinnahme durch eine weitgehend glatte, ebene Bruchfläche charakterisiert. Daher die Bezeichnung spröder Bruch. Der Sprödbruch ist typisch für die Spannungsrissbildung (Abbildung 5.4 und 5.6).

Dem makroskopischen Riss geht zunächst die Bildung mikroskopisch kleiner Risse vornehmlich zwischen den Sphärolithgrenzen voraus [22], [23]. Die Risse laufen quer zur Richtung der maximalen Dehnung. Diese mikroskopischen Fehlstellen weiten sich dann zu einem scheibenförmigen Raum auf, der mit stark verstreckten, faserartigen amorphen Bereichen des Polymers (Fibrillen) gefüllt ist, einer sogenannten Fließzone oder einem Pseudoriss. Oft wird dafür auch die englische Bezeichnung *craze* verwendet. Auch die Rissflächen oder Ränder der Fließzone verlaufen quer zur Spannungsrichtung. Die Rissflächen sind durch die Fibrillen miteinander verbunden (Abbildung 5.5 und 5.17). Schließlich reißen die Fibrillen und ein makroskopischer Riss entsteht. An der Spitze des in das Material wandernden Risses bildet sich immer eine Fließzone aus. Die augenscheinlich glatte Bruchfläche zeigt im vergrößerten Bild des Rasterelektronenmikroskops die charakteristische Struktur der abgerissenen Fibrillen (Abbildung 5.6).

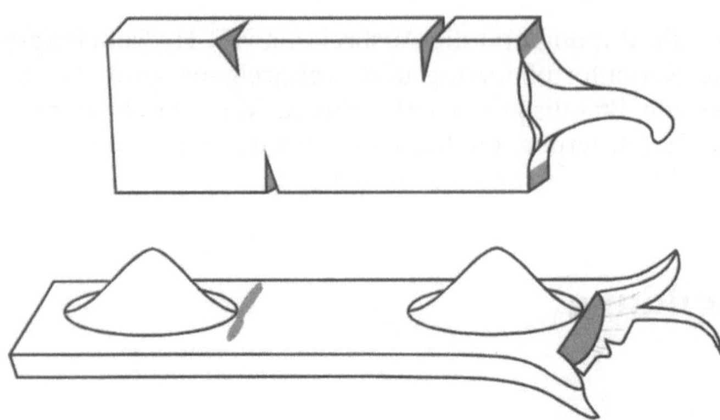

Abb. 5.4: Schematische Darstellung der Schadensbilder von Zugstäben aus der glatten Dichtungsbahn (oben) und einer strukturierten Dichtungsbahn (unten), die im Zeitstand-Zugversuch bei 80 °C in einer Netzmittellösung (2 Gew.-% Marlophen 812[®]) mit einer Belastung von 4 N/mm^2 geprüft worden waren. Bei der glatten Dichtungsbahn wachsen Spannungsrisse vom Rand her bis der Materialquerschnitt so stark verringert ist, dass es zum Verstrecken und Reißen kommt. Bei strukturierten Dichtungsbahnen entstehen Spannungsrisse an charakteristischen Schwachstellen in der Strukturausbildung.

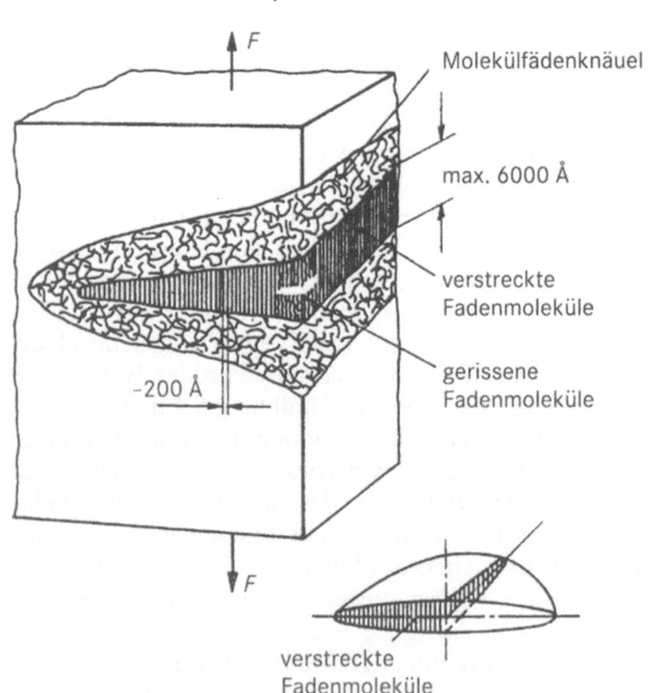

Abb. 5.5: Schematische Darstellung der Fließzone, die an der Rissspitze bei der Spannungsrissbildung entsteht und dem eigentlichen Risswachstum vorangeht. Die Darstellung geht auf die Arbeiten von R. P. Kambour zurück. (Quelle: [22])

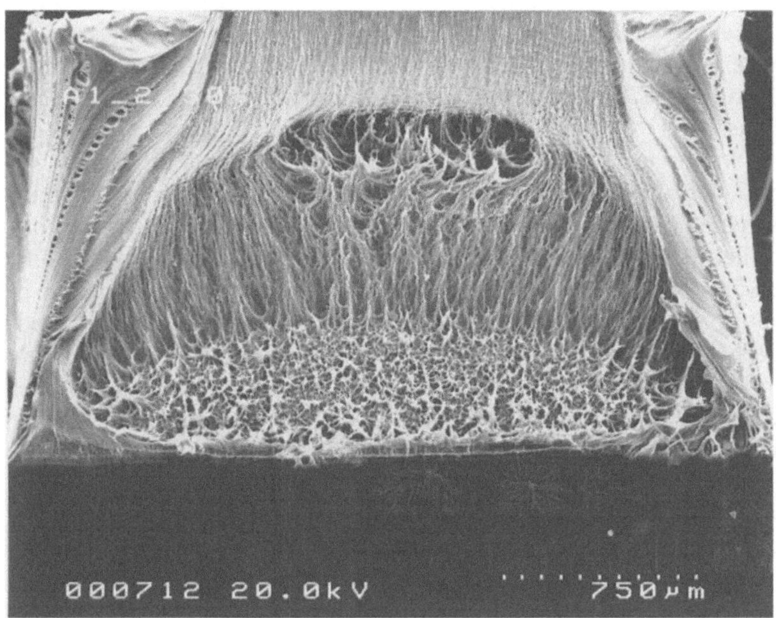

Abb. 5.6a: Rasterelektronenmikroskopische Aufnahme der Bruchfläche eines spröden Risses, der im NCTL-Test entstanden war. Der Blick fällt von vorne und oben auf die Oberseite des unteren Teils des gerissenen 3,2 mm breiten Probekörpers (siehe dazu Abbildung 3.14). Ganz im Vordergrund ist noch die Schnittkante der Kerbe erkennbar. Von der Kante aus entsteht eine halbkreisförmige Bruchfläche. Erst wenn der Restquerschnitt so klein geworden ist, dass die Prüfspannung die Streckdehnung übersteigt, verstreckt sich das Material im Restquerschnitt. Es entsteht dort dann das Bild eines duktilen Bruchs.

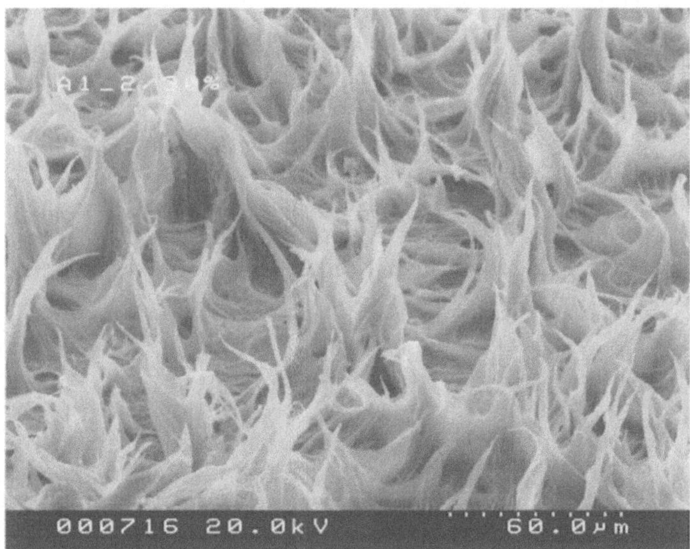

Abb. 5.6b: Rasterelektronenmikroskopische Aufnahme aus der in Abbildung 5.6a gezeigten Bruchfläche eines spröden Risses, der im NCTL-Test entstanden war. Die mit unbewaffnetem Auge betrachtete scheinbar noch glatte und spröde Bruchfläche zeigt bei dieser Vergrößerung eine Vielzahl von gerissenen Fibrillen.

Die Beständigkeit gegen Spannungsrissbildung verschiedener Polyethylen-Formmassen kann extrem unterschiedlich sein. Die Beständigkeit ist umso größer, je größer die Molekülmasse, die Zahl von Verzweigungen, der Komonomergehalt und die Molekülmasse der Komonomere ist. Grob gesprochen gilt daher, dass die Beständigkeit mit wachsender Dichte und wachsendem Kristallinitätsgrad abnimmt. Die eigentlichen, hochdichten PE-HD-Materialien aus linearen Polymerketten, die mit hoher Dichte und hohem Kristallinitätsgrad sich verfestigen, können daher außerordentlich empfindlich gegen Spannungsrissbildung sein. Die PE-LLD-Materialien können dagegen sehr beständig sein und unterscheiden sich in ihrer Beständigkeit vor allem nach dem Gehalt und der Molekülmasse der Komonomere. Die Verarbeitungsbedingung und die daraus resultierende Morphologie hat ebenfalls Einfluss auf die Spannungsrissbeständigkeit. Bei Belastung einer Dichtungsbahn quer zur Extrusionsrichtung treten Spannungsrisse zumeist eher auf als bei Belastungen in Extrusionsrichtung. Verstreckung der Materialien, z.B. bei Fasern oder Bändchen, reduziert nämlich die Empfindlichkeit gegen Spannungsrisse erheblich. Unstetigkeitsstellen in der Morphologie, wie sie sich beim Schweißen an Schweißnähten oder beim nachträglichen Aufbringen von Strukturpartikeln auf die Oberfläche der Dichtungsbahnen durch das teilweise Aufschmelzen von Materialbereichen ergeben, bilden Angriffspunkte für Spannungsrisse. Ebenso werden bei unstetigen geometrischen Verläufen und Querschnitten, die zu Spannungskonzentrationen führen, dort bevorzugt die Spannungsrisse entstehen.

Die Einwirkung von Flüssigkeiten kann die Spannungsrissbildung sehr stark beschleunigen. Die Spannungsrissbildung bei den Kunststoffen muss dennoch von der Spannungsrisskorrosion, wie man sie vor allem bei metallischen Werkstoffen kennt, abgegrenzt werden. Unter Korrosion versteht man vereinfacht den Abtrag von Atomen aus dem Werkstoff durch chemische Vorgänge, bei Metallen vor allem durch elektro-chemische Reaktionen. Zusätzlich Einwirkung von Spannungen führt zur Rissbildung und Sprödbrüchen, die den Schadensbildern der Spannungsrisse bei den Kunststoffen oft ähneln. Die Spannungsrissbildung bei den thermoplastischen Kunststoffen ist jedoch ein rein physikalischer Vorgang. Auch unter Medieneinfluss finden hier keine chemischen Veränderungen im Werkstoff statt. Die Sprachregelung ist dennoch nicht ganz einheitlich. Die beschleunigende Wirkung von Flüssigkeiten auf die Spannungsrissbildung im Kunststoff führt gelegentlich dazu, dass dennoch von einer durch diese verursachten Spannungsrisskorrosion gesprochen wird, obwohl damit eigentlich kein Korrosionsvorgang verbunden ist.

5.3.2 Prüfverfahren für Spannungsrissbeständigkeit

In Einzelfällen sind in der Vergangenheit Schadensfälle durch Spannungsrissbildung bei PE-HD-Dichtungsbahnen, insbesondere im Bereich von Schweißnähten, aufgetreten [24], [25]. Die Spannungsrissbeständigkeit ist daher ein wesentliches Kriterium für die Auswahl der Polyethylenformmassen für Dichtungsbahnen. Aus diesem Grund wird im Folgenden etwas ausführlicher auf die Prüfverfahren eingegangen, die dabei eingesetzt wurden und noch eingesetzt werden. Tabelle 5.2 stellt die Prüfverfahren zusammen. Zugleich soll damit auch das Phänomen weiter eingegrenzt werden.

Grundsätzlich kann man die Methoden danach unterscheiden, ob eine bestimmte Verformung aufgezwungen (Relaxationsversuch) oder ob eine bestimmte konstante Belastung aufgebracht wird (Retardationsversuch). Weiterhin unterscheiden sich die Verfahren danach, ob durch das Kerben der Proben mit einem genau definierten Verfahren eine Sollbruchstelle vorgegeben wird, oder ob ungekerbte Probekörper verwendet werden. Die Art wie die Kerbe erzeugt wird – z.B. durch verschiedene spanabhebende Verfahren (Fräsen, Sägen, Hobeln) oder durch schneidende Verfahren (z.B. Schneiden oder Stanzen mit einer Rasierklinge) – haben erheblichen Einfluss auf die Versuchsergebnisse. Mit der Vorgabe einer Kerbe wird die Spannungsrissbildung beschleunigt. Daneben wird durch hohe Prüftemperaturen und spannungsrissfördernde Medien eine Verkürzung der Standzeiten erreicht. Außer dem Zeitstand-Rohrinnendruckversuch sind alle Versuchsmethoden Indextests, auf deren Grundlage nur die Beständigkeit von Materialien verglichen werden kann. Es können jedoch keine Funktionsdauern unter Anwendungsbedingungen abgeleitet werden.

Tabelle 5.2: Prüfverfahren für die Spannungsrissbeständigkeit von Kunststoffdichtungsbahnen. Die Prüfdauer bezieht sich auf typische PE-HD-Werkstoffe, die für Dichtungsbahnen verwendet werden.

Prüfverfahren	Norm	Art	Prüfbedingungen	Prüfdauer	Prüfergebnis
Zeitstand-Rohrinnendruckprüfung	DIN 8075:1999, DIN 16887:1990	Retardationsversuche	mehrachsiger Spannungszustand, hohe Temperatur, Wasser	$\geq$ 10.000 h	Zeitstandkurven
Notched Constant Tensile Load Test	ASTM D5397-95		Kerbe, Zugspannung, 50 °C, Netzmittellösung	$\geq$ 100 h	Zeitstandkurve bzw. mittlere Standzeit bei 30% von σ_S
Zeitstand-Zugversuch	DIN EN ISO 6252:1998		Zugspannung, hohe Temperatur, Netzmittellösung oder Wasser	abhängig von der Probenpräparation	mittlere Standzeit bei vorgegebener Zugspannung
Bell-Test	ASTM D1693-98	Relaxationsversuche	Kerbe, Biegung quer zur Kerbe, 50 °C, Netzmittellösung	$\gg$ 1000 h	Zeitspanne nach der 50% der Proben gerissen sind
Stifteindrückverfahren	BAM-Zulassungsrichtlinie, 1992, DIN EN ISO 4600:1998		Kerbe, Dehnung im Kerbgrund, 40 °C, spannungsrissauslösende Medien	$\gg$ 10.000 h	Zeitspanne nach der 50% der Proben gerissen sind
Biegestreifenverfahren	DIN EN ISO 4599:1997		Biegung (Randfaserdehnung)	abhängig von der Probenpräparation	Randfaserdehnung, die x% Minderung der Festigkeit bewirkt

Auf den Zeitstand-Rohrinnendruckversuch und den NCTL-Test (*Notched Constant Tensile Load Test*) wird an anderer Stelle ausführlich eingegangen (Abschnitt 3.2.13), ebenso auf den Zeitstandzugversuch, soweit er zur Prüfung strukturierter Dichtungsbahnen verwendet wird (Abschnitt 3.2.16). Wird der Zeitstandzugversuch an Proben (Zugstab oder Parallelstab) aus glatten Dichtungsbahnen durchgeführt, so kommt es in der Regel zum Versagen durch Spannungsrissbildung vom Rand her, siehe Abbildung 5.4. Zufällig Riefen, Kerben oder sonstige Bearbeitungsspuren, die für das jeweilige Bearbeitungsverfahren der Probe typisch sind, werden zum Auslöser des Spannungsrisses. Die Standzeiten hängen daher sehr stark von der Probenpräparation ab. Bei gestanzten Proben kommt es rasch zum Versagen. Mit schnell laufenden Hartmetallsägen gesägte oder mit hochtourigen Fräsen gefräste Proben stehen dagegen sehr lange. In den Bereich der eigentlichen Standzeiten der glatten Dichtungsbahn, wo also Randeinflüsse nicht alleine das Versagen bestimmen, kommt man nur mit Proben, bei denen die Ränder speziell mit einem Mikrotommesser abgehobelt werden. Es muss dabei eine für den Augenschein vollkommen glatte Fläche entstehen. Dieses Herstellungsverfahren ist jedoch sehr aufwendig. Die Standzeiten der für Dichtungsbahnen verwendeten mitteldichten PE-Formmassen sind dann sehr lang ($\gg$ 1000 h bei 80 °C).

Der Zeitstand-Zugversuch kann also nicht verwendet werden, um die Spannungsrissbeständigkeit der glatten Dichtungsbahnen zu charakterisieren. Insbesondere können daher auch keine Langzeitschweißfaktoren für Dichtungsbahnen bestimmt werden, wie dies in [26] vorgeschlagen wurde.

Da Proben aus der glatten Dichtungsbahn im Zeitstand-Zugversuch ohnehin immer von Schwachstellen her versagen, die durch die Probenvorbereitung bedingt sind, muss von vornherein nach einem genau beschriebenen Verfahren eine Kerbe eingebracht werden. Der Zeitstand-Zugversuch an einer gekerbten glatten Probe aus der Dichtungsbahn, der NCTL-Test, in der Form wie er vom Geosynthetic Research Institute, Philadelphia, als Prüfverfahren eingeführt und dann in der ASTM D5397-95 genormt wurde, hat sich daher als Standardversuch zur Spannungsrissbeständigkeit von Dichtungsbahnen etabliert (siehe Abschnitt 3.2.13). Man darf die Anforderungen an die Standzeiten in diesem Indextext jedoch nicht überstrapazieren, da die Dichtungsbahnen für die Anwendung über ein breites Eigenschaftsspektrum verfügen müssen, insbesondere auch über eine ausgeprägte Spannungsrelaxation. Dieses Spektrum kann nicht allein im NCTL-Test erfasst werden, auch wenn die Berücksichtigung der Streckspannung bei der Festlegung der Prüfgröße (mittlere Standzeit bei 30% der Streckspannung) dem Spannungsrelaxationsverhalten in gewissem Umfang Rechnung trägt.

Beim Zeitstand-Rohrinnendruckversuch, NCTL-Test und Zeitstand-Zugversuch wird ein wohldefinierter Belastungszustand (Innendruck und Zugkraft) vorgegeben, unter dem sich der Riss entwickelt. Tatsächlich wird eine Dichtungsbahn jedoch überwiegend durch aufgezwungene Verformungen beansprucht. Es wurden daher auch Verfahren zur Prüfung der Dichtungsbahnen eingesetzt, die die Spannungsrissbeständigkeit unter konstanter Verformung charakterisieren.

Der sogenannte Bell-Test wurde Ende der 50er Jahre in den Laboratorien der Bell Telephone entwickelt, um die Spannungsrissbeständigkeit von Polyethylen bei der nur durch Verformung bedingten Beanspruchung zu überprüfen. Es werden zehn rechteckige, in der Mitte längs geschlitzte Proben U-förmig gebogen und in eine Schiene eingeklemmt. Die Schiene wird bei 50 °C in eine Netzmittellösung gestellt. Abbildung 5.7 zeigt die Prüfgeräte. Die Risse entwickeln sich in der Regel vom Schlitzrand her im Bereich der stärksten Biegung und wandern dann senkrecht zum Schlitz nach außen und durch die Probe. Ermittelt wird die Zeitspanne nach der 50% der Proben gerissen sind.

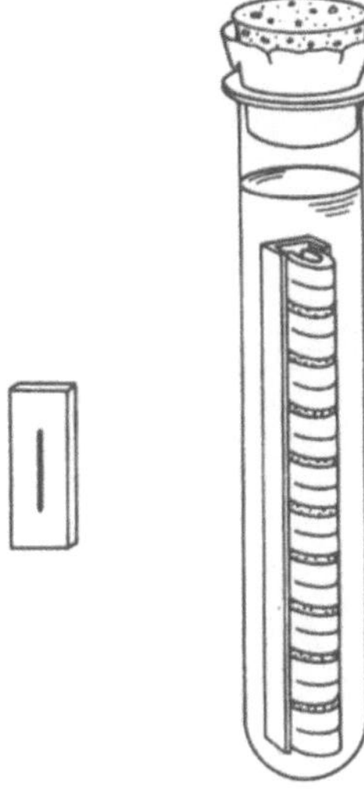

Abb. 5.7:
Geräte und Probekörper für die Prüfung der Spannungsrissbeständigkeit nach dem Bell-Test. Der mittig längs geschlitzte Probekörper hat die Maße (38 x 13 mm Dicke der Dichtungsbahn). Das Probenglas wird bei 50 °C (Temperatur der Prüfflüssigkeit) im Wärmeschrank aufbewahrt.

Über viele Jahre hinweg wurde dieser Test routinemäßig von Dichtungsbahnherstellern (Proben aus den Dichtungsbahnen) und Polyethylenherstellern (Pressplatten aus den Formmassen) zur Prüfung ihrer Produkte eingesetzt. Bei den heute für Dichtungsbahnen verwendeten Polyethylenformmassen wird jedoch bei einer Prüftemperatur von 50 °C auch nach vielen tausend Stunden kein Versagen mehr beobachtet. Die Formmassen und die daraus gefertigten Dichtungsbahnen können daher in ihren Eigenschaften mit diesem Prüfverfahren heute nicht mehr differenziert beurteilt werden. Der Bell-Test ist daher weitgehend durch den NCTL-Test abgelöst worden.

Ein weiteres Prüfverfahren, das sogenannte Stifteindrückverfahren, wurde zur Prüfung der Spannungsrissbeständigkeit von Behältern und Verpackungen entwickelt und genormt. Mit dem Verfahren sollte vor allem die Beständigkeit unter dem Einfluss der Chemikalien charakterisiert werden, die mit diesen Behältern transportiert und gelagert werden. Es wurde im Rahmen des Zulassungsverfahrens der BAM auch zur Prüfung der Kunststoffdichtungsbahnen für Deponieabdichtungen eingesetzt [27].

Ein rechteckiger Probekörper wird mit einer Bohrung versehen und an der Längsseite mit einer Rasierklinge gekerbt. In die Bohrung wird ein konischer Stahlstift mit einem Übermaß geschoben. Die Proben werden bei 40 °C in einer Netzmittellösung oder, je nach Anwendungsfall, in einer anderen Chemikalie gelagert. Abbildung 5.8 zeigt den Probekörper und den Stahlstift. Der Riss entsteht im Kerbgrund und wandert von dort aus durch die Probe. In regelmäßigen Abständen werden die Proben entnommen, parallel zur gekerbten Längsseite durch die Mitte der Bohrung mit einem Sägeschnitt geteilt und an der gekerbten Hälfte ein Zugversuch durchgeführt. Es kann dann die Standzeit ermittelt werden, bei der die Festigkeit auf einen bestimmten Prozentsatz abgesunken ist. Alternativ dazu kann die Zeitspanne ermittelt werden, bei der z.B. 50% der Proben durchgerissen sind.

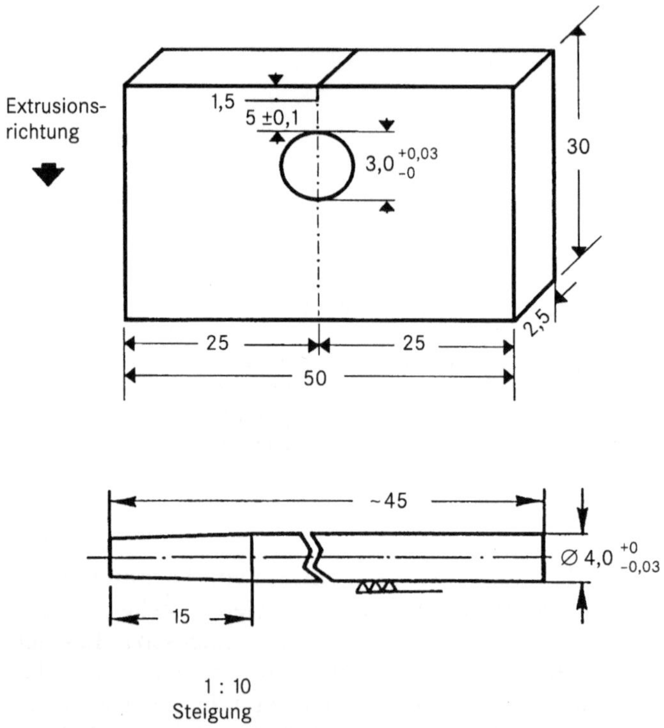

Abb. 5.8: Eine nicht maßstabsgerechte schematische Darstellung des Probekörpers aus der Dichtungsbahn und des Stahlstifts zum Aufdornen der Proben beim Stifteindrückversuch. Die Maße sind in der Einheit mm angegeben. Der Pfeil zeigt die Extrusionsrichtung der Dichtungsbahn. Mit einer jeweils neuen Rasierklinge wird eine 1,5 mm tiefe Kerbe gestanzt. Ein konischer Stahlstift mit einem Enddurchmesser von 4 mm wird in eine Bohrung mit einem Durchmesser von 3 mm geschoben.

Erwähnt sei schließlich noch das Biegestreifenverfahren. Bei diesem Verfahren werden Probekörper, z.B. Schulterstäbe oder Parallelstäbe, auf einer Biegeschablone eingeklemmt. Üblicherweise wird eine Kreisbogenschablone verwendet. Die aufgezwungene Dehnung ist dann gegeben durch: $\varepsilon = (d/d + 2r)$, wobei d die Probendicke und R den äußeren Krümmungsradius der Schablone bezeichnet. Abbildung 5.9 zeigt das Prüfgerät mit einem eingespannten Schulterstab. Die aufgespannten Probekörper werden bei einer vorgegebenen Temperatur je nach Anwendungsfall in pastösen, flüssigen oder gasförmigen Medien gelagert. Die

Veränderung einer typischen Eigenschaft, wie die äußere Beschaffenheit, die Zugfestigkeit, die Reißdehnung usw., kann dann als Indikator für das Versagen unter den vorgegebenen Prüfbedingungen verwendet werden. Zu diesem Prüfverfahren mit ungekerbten Proben muss die gleiche Anmerkung gemacht werden, wie beim Zeitstandzugversuch an Proben aus glatten Dichtungsbahnen: Die Spannungsrissbildung geht von zufälligen Schwachstellen im Randbereich der Proben aus. Die Art der Probenherstellung hat also maßgeblichen Einfluss auf das Prüfergebnis.

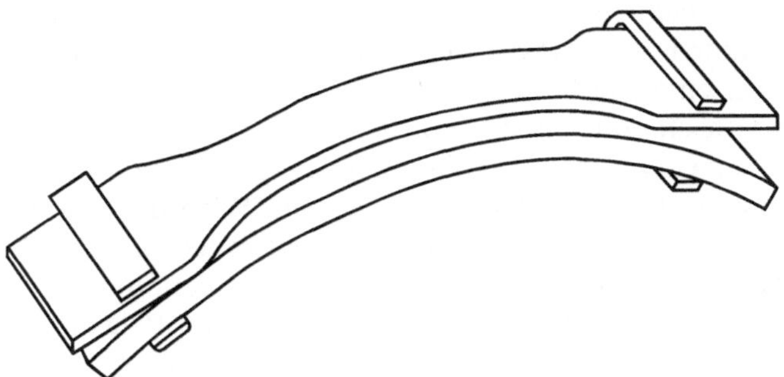

Abb. 5.9: Schematische Darstellung der Biegeschablone mit einem eingespannten Schulterstab aus der Dichtungsbahn zur Bestimmung der Spannungsrissbeständigkeit nach dem Biegestreifenverfahren.

Der Bell-Test, der Stifteindrückversuch, der auch in einer Variante als Kugeleindrückversuch ausgeführt werden kann, und der Biegestreifenversuch wurden ursprünglich entwickelt, um für einen aus einem bestimmten Material gefertigten Normprobekörper oder ein Fertigteil (z. B. ein Transportbehälter) den Einfluss von Chemikalien auf die Spannungsrissbildung als Funktion der Dehnung quantitativ beschreiben zu können. An Hand der Veränderung einer Indikatoreigenschaft (äußere Beschaffenheit, Zugfestigkeit, Biegefestigkeit, Reißdehnung, Schlagzugzähigkeit, Lochschlagzähigkeit) wird ein Schädigungskriterium definiert, eine Lagerungsdauer vorgegeben und dann für eine Reihe von Verformungen unter vorgegebenen Prüfbedingungen (Temperatur und Medium) das Verhalten der Probe untersucht. Die Schädigungsverformung ist dann die Verformung, bei der unter den vorgegebenen Prüfbedingungen und bei der vorgegebenen Lagerungsdauer das Schädigungskriterium erfüllt ist.

Bei der Prüfung von Kunststoffdichtungsbahnen geht es vor allem darum, die verschiedenen PE-Formmassen nach ihrer Spannungsrissbeständigkeit zu unterscheiden und so geeignete Formmassen auszuwählen. Weiterhin soll im Rahmen der Qualitätssicherung die gleichmäßige Qualität der Fertigung der Dichtungsbahn auch im Hinblick auf die Spannungsrissbeständigkeit überprüft werden. Die oben genannten Verfahren werden daher so durchgeführt, dass für ein vorgegebenes Medium (in der Regel ein Netzmittel) und für eine vorgegebene Verformung bei moderaten Temperaturen (20 ... 40 °C) die mittlere Standzeit bis zur Schädigung nach dem vorgegebenen Kriterium ermittelt wird. Diese Standzeit gilt dann als Maß für die Spannungsrissbeständigkeit.

Bei den heute üblicherweise verwendeten mitteldichten PE-Formmassen werden jedoch bei diesen Verfahren mit vorgegebener Verformung bei moderaten Temperaturen innerhalb noch handhabbarer Prüfdauern (100 ... 1000 h) keine Schädigungen mehr beobachtet. Dies gilt selbst dann, wenn sehr hohe Verformungen bis in den Bereich der Streckgrenze aufgezwungen werden. Eine rasche Schädigung durch die Spannungsrissbildung wird nur dann beobachtet, wenn sehr hohe Prüftemperaturen (80 ... 95 °C) gewählt werden.

Bei einer Prüfung unter einer aufgezwungenen Verformung (Relaxationsversuch) wird die Rissauslösung, d.h. die Ausbildung einer Fließzone, durch die gleichzeitig ablaufende Spannungsrelaxation verlangsamt. Rissauslösung und Spannungsrelaxation sind konkurrierende Prozesse, die beide sehr stark von der Temperatur abhängen. Erst bei einer bestimmten hohen Temperatur, kann sich die Rissauslösung hinreichend rasch vollziehen, so dass trotz der Spannungsrelaxation sich in vertretbaren Prüfzeiten eine Schädigung ausbildet. Diese Temperatur scheint jedoch wiederum stark materialabhängig zu sein. Wird daher eine bestimmte hohe Prüftemperatur vorgegeben, so gewinnt entweder die Spannungsrissbildung, und das Material versagt rasch, oder aber die Spannungsrelaxation, und es wird gar kein Versagen beobachtet. Im Widerstreit von Relaxation und Rissbildung gibt es daher für jedes Material im Wertebereich vorgegebener Verformungen und Prüftemperaturen ein schmales „Prüffenster" [28]. Nur wenn man dieses Prüffenster trifft, wird nach noch praktikablen Zeiten ein Schädigungskriterium erfüllt. Für die PE-HD-Dichtungsbahnen erscheinen die Prüfungen unter aufgezwungener Verformung daher wenig geeignet, um ein einfaches und gut diffenzierendes Kriterium für den Vergleich der Spannungsrissbeständigkeit zu gewinnen.

Obwohl dauerhaft wirksame, aufgezwungene Lasten keiner typischen Beanspruchung der Dichtungsbahnen entsprechen, im Bauwerk zur Vorbeugung gegen Spannungsrissbildung sogar konsequent vermieden werden müssen, ist nur die Prüfung der Spannungsrissbeständigkeit unter konstanter Last an gekerbten Proben (NCTL-Test) ein praktikables Verfahren zur Bewertung der Beständigkeit verschiedener Formmassen und zur Qualitätssicherung.

Das Langzeitverhalten der Dichtungsbahnen wird indirekt aus den Ergebnissen der Zeitstand-Rohrinnendruckversuche erschlossen, siehe die Abschnitte 3.2.13 und 5.4. Dazu wird der aus den typischen Verformungen der Dichtungsbahn (Setzungen) herrührende, im wesentlichen ebene Spannungszustand und dessen zeitliche Veränderung mit den über lange Zeiträume zulässigen Innendruckfestigkeiten von Rohrabschnitten aus dem Dichtungsbahnenwerkstoff verglichen. Man kann jedoch das Langzeitverhalten auch direkt untersuchen. Dazu muss der Wölbversuch, Abschnitt 3.2.9, mit dem ja eine für eine Setzung typische Verformung aufgezwungen wird, als Zeitstandversuch in Anlehnung an den Zeitstand-Rohrinnendruckversuch durchgeführt werden. D. E. DUVALL und D. B. EDWARDS berichten über solche Versuche [29]. Bislang liegen jedoch noch keine Daten von „echten" Zeitstand-Wölbversuchen vor, bei denen eine konstante Wölbhöhe und damit Verformungen vorgegeben wird, Daten also, mit denen die Zeitstandkurven der Wölbhöhe über der Versagenszeit für unterschiedliche Prüftemperaturen konstruiert werden könnten.

5.3.3 Exkurs in die Bruchmechanik

Bevor im Einzelnen auf Modelle zur Beschreibung der Spannungsrissbildung eingegangen wird, müssen einige bruchmechanische Begriffe und Zusammenhänge zusammengestellt und erläutert werden, die hilfreich für das Verständnis der Modellansätze sind [30].

Entsteht in einem Festkörper ein Riss durch an seiner Oberfläche einwirkende äußere Kräfte, so ist damit eine Änderung des Verzerrungs- und Spannungsfeldes im Körper verbunden. Vor allem in der Nähe der Rissspitze entstehen große Verzerrungen und Spannungen. Arbeit, die die äußeren Kräfte leisten, wird als elastische Energie in diesem Verzerrungs- bzw. Spannungsfeld gespeichert. Bei der Rissbildung entstehen jedoch zwei neue, einander gegenüberliegende Oberflächen. Auch die Bildung einer neuen Oberfläche erfordert Energie: die Atome oder Moleküle in der Oberfläche verlieren Bindungspartner. Die Arbeit der äußeren Kräfte wird daher auch zum Aufbrechen dieser Bindungen gebraucht. Die mit der Bildung einer Oberfläche (im Vakuum) verbundene spezifische Energie wird als Oberflächenspannung bezeichnet und ist eine charakteristische Größe eines Materials.

Man kann nun im Rahmen der linearen Elastizitätstheorie den allgemeinen Satz beweisen, dass die Arbeit, die konstante äußere Kräfte bei der Verformung eines elastischen Körpers verrichten, gerade doppelt so groß ist, wie die elastische Energie des dabei entstehenden Verzerrungs- und Spannungsfeldes[2]. Betrachtet wird nun der Fall, dass ein Riss in einem Probekörper unter der Einwirkung konstanter äußerer Kräfte entsteht (*constant load condition*). Die für die Bildung der Rissoberflächen zur Verfügung stehende Energie entspricht dann also höchstens dem Betrag der elastischen Energie, die bei der Rissbildung ebenfalls aufgebracht werden muss. Damit ist aber offenbar ein Kriterium für die Rissbildung gewonnen [31]: Ein Riss kann dann entstehen, wenn die dafür erforderliche Oberflächenenergie kleiner ist, als die dabei ebenfalls aufzubringende elastische Energie des mit dem Riss verbundenen Verzerrungs- und Spannungsfeldes. Ist die Oberflächenenergie größer kann die Arbeit der äußeren konstanten Kräfte keinen Riss ausbilden, da der Betrag der Reduzierung der potentiellen Energie der äußeren Kräfte notwendigerweise eine bestimmte Funktion der sich beim Reißen ausbil-

---

[2] Man kann sich diesen Satz am einfachen Beispiel einer Feder mit der Federkonstanten k_F klar machen, die durch ein Gewicht G und der damit verbunden Kraft F_G gespannt wird. Im Gleichgewicht sei die Feder um die Länge d gedehnt. Die Verformungsenergie in der Feder ist dann bekanntlich $\frac{1}{2} k_F \cdot d^2$. Die Arbeit der Kraft F_G ist $F_G \cdot d$. Nun ist im Gleichgewicht die Gewichtskraft F_G gerade so groß wie die Federkraft $k_F \cdot d$ (actio = reactio): $F_G = k_F \cdot d$. Also ist die Arbeit, die die Kraft verrichtet hat, bzw. die Reduzierung der potentiellen Energie des Gewichts, gerade $k_F \cdot d^2$, also doppelt so groß wie die in der Feder gespeicherte Verformungsenergie. Die konstante Gewichtskraft kann die Feder nicht verformen ohne sie in Bewegung zu setzen. Ein Teil der Arbeit wird also notwendigerweise in kinetische Energie verwandelt. Die Feder schwingt sich dann in den Gleichgewichtszustand ein. Die kinetische Energie wird dabei letztlich in Wärme verwandelt. Bei der Verformung einer Feder durch die konstante Gewichtskraft geht also ein der Verformungsenergie entsprechender Energiebetrag als Wärme verloren. Bei der Bildung eines Risses wird der der Verformungsenergie entsprechende Anteil in Oberflächenenergie der neu gebildeten Rissflächen umgewandelt (vorausgesetzt die Rissbildung vollzieht sich sehr langsam).

denden Deformation des Körpers ist und immer gerade nur doppelt so groß sein kann wie die im entstehenden Verzerrungs- und Spannungsfeld gespeicherte elastische Energie[3].

Eine quantitative Auswertung dieses Kriteriums setzt voraus, dass die elastische Energie, die in der Umgebung eines Risses gespeichert ist, berechnet werden kann. Vorausgesetzt wird dabei, dass die lineare Elastizitätstheorie anwendbar ist. Dennoch bleibt die Berechnung im allgemeinen Fall eines beliebigen Belastungszustandes, einer beliebigen Geometrie des Probekörpers und einer daraus resultierenden komplizierten Geometrie des Risses ein sehr schwieriges Problem. Man kann das Problem jedoch stufenweise vereinfachen und schließlich einfache Formeln für das Kriterium erarbeiten.

Zunächst kann man drei einfache Belastungszustände und damit verbundene Bruchformen oder Bruchmodi unterscheiden, aus denen sich dann kompliziertere Formen zusammensetzen lassen. Abbildung 5.10 zeigt die Bruchmodi, die üblicherweise mit römischen Ziffern durchnummeriert werden. Beim Modus I verläuft die Richtung der äußeren Zugkräfte senkrecht zur Rissfläche, man spricht von einem Zugbruch. Bei den Modi II und III liegt die Richtung der Kräfte in der Ebene der Rissfläche. Die Kräfte wirken dabei beim Modus II quer zur Rissfront, man spricht von einem Scherbruch, und beim Modus III parallel zur Rissfront, man spricht von einem Torsionsbruch.

Die Berechnungen vereinfachen sich, wenn besondere Symmetrien des Probekörpers und seiner Belastung berücksichtigt werden. Man betrachte z.B. eine große, aber sehr dünne Platte. Das Spannungs- und Verzerrungsfeld hängt nur von den zwei Koordinaten in der Ebene der Platte ab. Die x- und y-Achse liege in der Ebene der Platte, die z-Achse stehe senkrecht dazu, Abbildung 5.11. Die Kräfte sollen nur auf den Schmalseiten einwirken. Die Spannungskomponenten auf den beiden großen Außenflächen der Platte (σ_{zz}, σ_{zx}, σ_{zy} und damit auch σ_{xz} und σ_{yz}) sind dann Null, weil dort keine Kräfte angreifen. Da die Platte sehr schmal ist, werden diese Komponenten auch innerhalb der Platte keine großen Werte annehmen können. Man kann diese Komponenten daher generell Null setzen. Es müssen also nur noch drei, jeweils nur von x und y abhängige Spannungskomponenten berechnet werden: jeweils eine Zug- oder Druckspannung auf dem Flächenelement senkrecht zu x und senkrecht zu y (σ_{xx} und σ_{yy}) und eine im Flächenelement senkrecht zu x liegende Scherspannung in Richtung von y (σ_{xy}). Die Scherspannung σ_{yx} im Flächenelement senkrecht zu y in Richtung von x muss dann im Gleichgewicht notwendigerweise so groß sein wie σ_{xy}.

---

[3] Statt dieser praxisnahen, aber etwas schwer verständlichen Überlegung kann man auch eine praxisfernere, aber theoretisch eingängigere Betrachtung verwenden. Man stelle sich vor, dass die Enden eines Probekörpers, an denen die Zugkräfte angreifen, in ihrer räumlichen Lage fixiert sind (*constant grip condition*). Die äußeren Kräfte können dann keine Arbeit mehr leisten. Vergrößert sich jetzt der Riss im Probekörper, so wird elastische Energie frei, da sich die im Verzerrungs- und Spannungsfeld gespeicherte Energie unter diesen Randbedingungen mit dem Risswachstum verringert. Diese Energie steht zur Bildung von Oberflächen zur Verfügung. Auch diese Betrachtung führt dann zu dem Rissbildungskriterium.

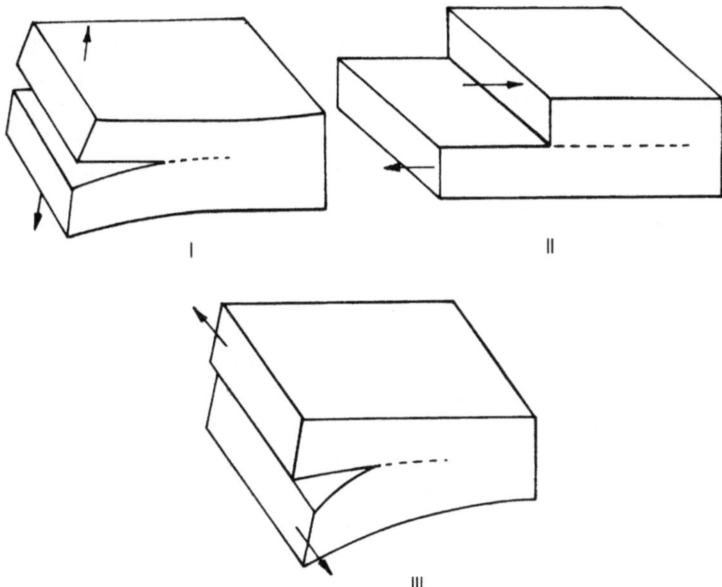

Abb. 5.10: Schematische Darstellung der reinen Bruchformen. Oben links: der Zugbruch (Modus I), bei dem die Kräfte senkrecht auf der Rissfläche stehen. Oben rechts: Der Scherbruch (Modus II), bei dem die Kräfte in der Rissfläche liegen, jedoch senkrecht zur Rissfront wirken, und schließlich der Torsionsbruch (Modus III), bei dem die Kräfte in der Rissfläche liegen, aber tangential zur Rissfront wirken.

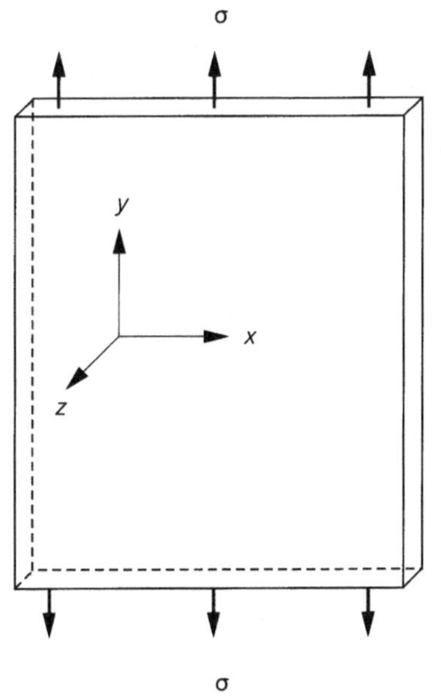

Abb. 5.11:
In einer dünnen, ausgedehnten Platte, auf deren oberer und unterer Schmalseite die Zugkräfte angreifen, entsteht ein ebener Spannungszustand. Die Spannungskomponenten hängen nur von den Koordinaten x und y ab. Alle Spannungskomponenten in z-Richtung sind vernachlässigbar. Unter dieser Voraussetzung kann das Spannungsfeld im Umfeld einer scharfen Kerbe berechnet werden.

Der Zustand einer an den Schmalseiten belasteten dünnen Platte ist ein Beispiel für einen sogenannten ebenen Spannungszustand: eine der Normalkomponenten der Spannung ist überall identisch Null. Ähnliche Vereinfachungen ergeben sich bei sogenannten ebenen Deformationszuständen. Bei einem solchen Zustand ist eine Komponente des Verschiebungsvektors, der die räumliche Verschiebung der Punkte des Körpers bei der elastischen Deformation beschreibt, überall identisch Null und die anderen Komponenten hängen wiederum nur von x und y ab. Ein Beispiel ist eine große, aber sehr dicke Platte. Beim ebenen Deformationszustand tritt neben σ_{xx}, σ_{yy} und σ_{yx} noch die Komponente σ_{zz} auf. Diese Komponente resultiert aus der Bedingung, dass keine Verschiebung in z-Richtung stattfinden soll.

Bei ebenen Spannungs- und Deformationszuständen können Methoden der Funktionentheorie angewendet werden, die erlauben die Spannungen und Verzerrungsfelder für die verschiedenen Bruchmodi bei verschiedenen Ausformungen des Kerb- bzw. Rissgrundes analytisch zu berechnen [32].

Die Spannungen werden in der Nähe des Rissgrundes groß sein, aber in Entfernungen, die groß im Vergleich zur Ausdehnung des Risses sind, rasch abfallen. Zur Beschreibung des Spannungsfeldes wählt man daher ein Koordinatensystem mit dem Ursprung im Kerb- bzw. Rissgrund. Für den ebenen Spannungs- bzw. Deformationszustand genügt ein zweidimensionales Koordinatensystem. Ein Punkt in der Umgebung des Risses kann durch den Abstand r zum Rissgrund und den Winkel θ zur Rissebene (x-Achse) gekennzeichnet werden (Abbildung 5.12). Im Ausdruck für das Spannungsfeld lassen sich Terme mit Potenzen von r/a vernachlässigen. a ist die Tiefe der Kerbe oder die (halbe) Länge des Risses. Es zeigt sich dabei, dass das Spannungsfeld bzw. das Deformationsfeld als Produkt von zwei Faktoren dargestellt werden kann, wobei der eine Faktor den räumlichen geometrischen Verlauf angibt, der andere Faktor aber die Stärke des Spannungsfeldes kennzeichnet, die aus der Größe der Belastung, dem Bruchmodus, der Geometrie des Probekörpers und der Form des Kerbgrundes resultiert[4]. Dieser Faktor wird als Spannungsintensitätsfaktor K bezeichnet [33].

Bei einem Zugbruch sind die Spannung σ_{xx} und σ_{yy} in der Ebene des Risses ($\theta = 0$) gegeben durch:

$$\sigma_{xx} = \sigma_{yy} = \frac{K_{\mathrm{I}}}{\sqrt{2\pi r}} \; . \tag{5.30}$$

---

[4] Nach all diesen vorbereitenden Betrachtungen sei das Spannungsfeld aber auch explizit angegeben, hier für den Bruchmodus I. Für $(r/a) < 1$ ist:

$$\begin{pmatrix} \sigma_x \\[2mm] \sigma_y \\[2mm] \sigma_{xy} \end{pmatrix} = \frac{K_{\mathrm{I}}}{\sqrt{2\pi r}} \cos\frac{\theta}{2} \begin{pmatrix} 1 - \sin\dfrac{\theta}{2}\sin\dfrac{3\theta}{2} \\[3mm] 1 + \sin\dfrac{\theta}{2}\sin\dfrac{3\theta}{2} \\[3mm] \sin\dfrac{\theta}{2}\cos\dfrac{3\theta}{2} \end{pmatrix} + \ldots$$

$\sigma_z = \nu(\sigma_x + \sigma_y)$ ebene Deformation

$\sigma_z = 0$ ebener Spannungszustand

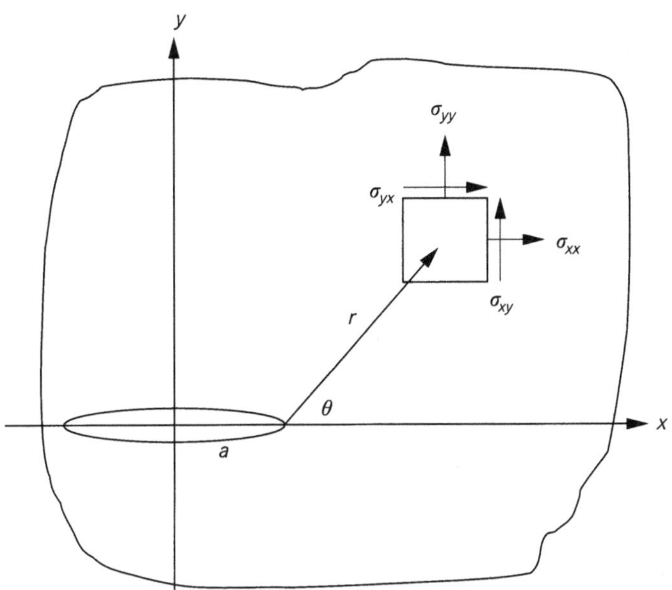

Abb. 5.12: Zur Beschreibung des Spannungsfeldes in der Umgebung eines Risses der Länge 2a wird ein Koordinatensystem (r,θ) mit dem Ursprung in der Rissspitze verwendet.

Sie fallen umgekehrt proportional mit der Wurzel der Entfernung zur Rissspitze ab. Bei einem Riss der Länge 2a in einer unendlich ausgedehnten Platte im ebenen Spannungs- oder Deformationszustand (Abbildung 5.13) erhält man für den Spannungsintensitätsfaktor:

$$K_{\mathrm{I}} = \sigma\sqrt{\pi a} \ . \tag{5.31}$$

Für eine Kerbe der Tiefe a in einer halb unendlich ausgedehnten Platte (Abbildung 5.13) ist

$$K_{\mathrm{I}} = 1{,}12\,\sigma\sqrt{\pi a} \ . \tag{5.32}$$

Die Bedeutung des Spannungsintensitätsfaktors kann man sich in einer Analogie zum elektrischen oder magnetischen Feld vereinfacht klar machen. Die Formel für ein elektrisches Feld $\boldsymbol{E} = (q/r)\boldsymbol{n}$ ($\boldsymbol{n}$ ist der radial nach außen zeigende Einheitsvektor) baut sich auf aus einem Ausdruck $\boldsymbol{n}/r$, der den allgemein geltenden geometrischen Verlauf beschreibt, und aus der Ladung q, von der die Stärke des elektrischen Feldes abhängt. Ähnlich wie die elektrischen oder magnetischen Ladungen die Stärke der Felder im Raum kennzeichnen, charakterisiert der Spannungsintensitätsfaktor die Stärke des Spannungsfeldes, das, wie bereits gesagt, zu einem bestimmten Bruchzustand gehört, dessen ungefährer geometrischer Verlauf außerhalb der unmittelbaren Nachbarschaft der Rissspitze aber unabhängig von den Details des Bruchzustands festliegt.

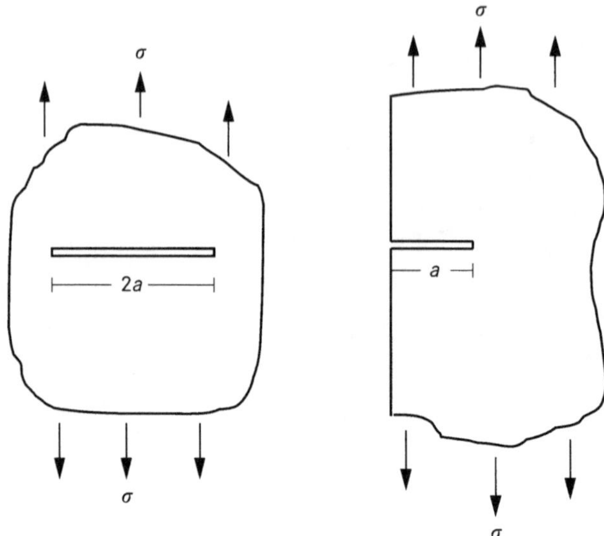

Abb. 5.13: Einfache Ausdrücke für den Spannungsintensitätsfaktor K_I ergeben sich bei einem Riss der Breite 2*a* in einer unendlich ausgedehnten Platte und für eine Kerbe der Tiefe *a* in einer halbunendlich ausgedehnten Platte.

Aus dem Spannungs- und dem Verzerrungsfeld kann jetzt die mit dem Riss verbundene elastische Energie (pro Längeneinheit der Rissbreite) U berechnet werden. Betrachtet werden die in Abbildung 5.13 gezeigten Fälle: ein Riss der Länge 2*a* oder eine Kerbe der Tiefe *a* in einer im Vergleich dazu sehr ausgedehnten Platte. Man erhält:

$$U_\mathrm{el} = \frac{1}{2} \cdot \frac{K_\mathrm{I}^2}{E}\, a \qquad \text{(ebener Spannungszustand)} ,$$

$$U_\mathrm{el} = \frac{1}{2} \cdot \frac{K_\mathrm{I}^2}{E}\left(1 - v^2\right)a \qquad \text{(ebene Deformation)} .$$

$$(5.33)$$

E ist dabei der Elastizitätsmodul oder die Youngsche Zahl und v die Poissonsche Zahl des untersuchten Werkstoffes. Dem oben nur qualitativ beschriebenen Kriterium für die Rissbildung kann jetzt eine quantitative Form gegeben werden. Dazu denke man sich, dass der Riss um die kleine Länge Δa wachsen soll. Bezogen auf die Längeneinheit der Rissbreite ist die für die Oberflächenvergrößerung erforderliche Energie gegeben durch:

$$\Delta U_\mathrm{F} = 2\gamma\,\Delta a .$$

$$(5.34)$$

γ ist die Oberflächenspannung des Materials. Die Veränderung der elastischen Energie (bzw. der zur Oberflächenbildung zur Verfügung stehende Anteil der Verringerung der potentiellen Energie der äußeren Kräfte) ist nach (5.33) unter Berücksichtigung von (5.31) bzw. (5.32):

$$\Delta U_{el} = \frac{dU_{el}}{da}\,\Delta a = \frac{K_I^2}{E}\,\Delta a \qquad \text{(ebener Spannungszustand)} \,,$$

$$\Delta U_{el} = \frac{dU_{el}}{da}\,\Delta a = \frac{K_I^2}{E}\left(1 - v^2\right)\Delta a \qquad \text{(ebene Deformation)} \,. \tag{5.35}$$

Ein Riss kann nur entstehen oder wachsen, wenn:

$$\Delta U_{el} \geq \Delta U_F \,. \tag{5.36}$$

Daraus errechnet sich ein Wert für die Bruchspannung σ_B, d.h. für die Spannung, bei der es zur Rissbildung kommen kann. Für den Riss der Breite $2a$ in der ausgedehnten Platte ist, wenn man K_I gemäß (5.31) und (5.32) ersetzt:

$$\sigma_B = \sqrt{\frac{2E\gamma}{\pi a}} \qquad \text{(ebener Spannungszustand)} \,,$$

$$\sigma_B = \sqrt{\frac{2E\gamma}{\pi\left(1 - v^2\right)a}} \qquad \text{(ebene Deformation)} \,. \tag{5.37}$$

Dieses Rissbildungskriterium, welches zuerst von A. A. GRIFFITH angegeben wurde, ist ein aus dem 1. Hauptsatz resultierendes, thermodynamisches Kriterium, das auf der Betrachtung der Änderung der Gesamtenergie des Körpers beim Wachsen eines Risses beruht, ohne das die Details des Rissbildungsvorganges in der Rissspitze betrachtet werden. Das Kriterium kann daher eigentlich nur bei sehr spröden Materialien angewendet werden, wo die plastische Verformung im Bereich des Risses keine Rolle spielt. Gerade bei den visko-elastischen Thermoplasten wird sich jedoch im Kerb- oder Rissgrund eine Fließzone aus stark verstreckten Bereichen ausbilden.

Die Auswirkung von flüssigen oder gasförmigen Medien, die den Körper umgeben, auf die Rissbildung kann jedoch auch in diesem Falle oft noch mit dem Ansatz (5.36) parametrisiert werden. Durch die Einwirkung einer benetzenden, oberflächenaktiven Substanzen kann nämlich die Fließzone „aufgeweicht" und deren Viskosität erhöht werden. Die Grenzflächenenergie, d.h. die Energie für die Bildung einer Grenzfläche des Materials zu dieser Substanz, wird dann immer noch der wesentliche Faktor für die Rissbildung sein, und die Abhängigkeit der Bruchspannung von der Grenzflächenenergie wird durch Gleichung (5.37) richtig beschrieben.

Die Rissbildung unter Berücksichtigung plastischer Verformungsanteile, also des Verstreckens im Kerb- oder Rissgrund, beim Aufbringen der Last, kann ebenfalls durch einen einfachen Modellansatz parametrisiert werden. Mit der Ausbildung einer Fließzone im Kerb- bzw. Rissgrund ist eine beobachtbare Aufweitung[5] verbunden, hier mit δ bezeichnet, siehe dazu Abbildung 5.17. Dies ist der Parameter über den bei plastischen Verformungen im Rissgrund das Rissbildungsgeschehen erfasst wird.

δ_0 sei der Wert der Rissaufweitung, die von der Ausbildung einer plastisch verformten Zone im Kerb- bzw. Rissgrund beim Aufbringen der Last herrührt. Im

---

[5] Im Englischen wird diese Rissaufweitung *crack opening displacement (COD)* genannt.

Randbereich der Fließzone entspricht im ebenen Spannungszustand die wirksame Spannung überall gerade der Streckspannung σ_S des Materials[6]. Die beim Anwachsen der Fließzone um den Wert Δa pro Längeneinheit der Rissbreite zu leistende plastische Verformungsarbeit ist dann $\Delta U_p = \delta_0\,\sigma_S\,\Delta a$. In Anlehnung an die oben angestellten energetischen Betrachtungen ist die Energie, die für diese plastische Verformungsarbeit zur Verfügung steht, gerade so groß wie die Zunahme der elastische Energie: $\Delta U_{el} = \Delta U_p$, oder:

$$\sigma_S\,\delta_0 = \frac{K_I^2}{E}\ . \tag{5.38}$$

Überschreitet die Aufweitung einen bestimmten, für das Material charakteristischen, „kritischen" Wert δ_c, so wächst der Riss weiter. Daraus resultiert dann das Kriterium für die Bruchspannung beim ebenen Spannungszustand:

$$\sigma_B = \sqrt{\frac{E\sigma_S\delta_c}{\pi a}}\ . \tag{5.39}$$

Soweit einige Betrachtungen zu bruchmechanischen Begriffen und grundlegenden Zusammenhängen.

5.3.4 Modelle zur Beschreibung der Spannungsrissbildung

Die Spannungsrissbildung in einem thermoplastischen Kunststoff ist ein außerordentlich komplexer Vorgang. Die molekulare Struktur des Polymers (Molekülmassenverteilung, Massenmittel der Moleküle, Art und Größe der Komonomere) und die Additive (z.B. Ruß), die aus dieser Struktur und den Additiven, aber auch aus der Ver- und Bearbeitungsvorgeschichte des Kunststoffprodukts herrührende Morphologie und damit z.B. eventuell verbundene innere Spannungen, die Geometrie und Oberflächenbeschaffenheit, die Belastungszustände, die Einwirkung von flüssigen oder gasförmigen Medien, die Temperatur, all diese Größen bestimmen den Verlauf der Rissbildung. Eine einheitliche Theorie, die alle Aspekte umfasst und Vorhersagen über Schadensverläufe erlauben würde, steht daher nicht zur Verfügung. Es gibt jedoch Modelle, die jeweils verschiedene Aspekte des Phänomens der Spannungsrissbildung beschreiben. Darauf aufbauende einfache theoretische Betrachtungen können dann jeweils auch quantitative Zusammenhänge aufzeigen. Drei Arten der Betrachtung oder drei Gruppen von Modellen, an denen jeweils wesentliche Aspekt der Spannungsrissbildung deutlich werden, können dabei unterschieden werden.

1. Modelle auf mikroskopischer Ebene beschreiben das Verhalten der sogenannten Brückenmoleküle (*tie-molecules*), denen eine besondere Bedeutung bei der Spannungsrissbildung zugemessen wird. Mit diesen Modellen kann die Auswirkung der molekularen Struktur erfasst werden.

---

[6] Dies gilt nur für den ebenen Spannungszustand. Bei einer ebenen Deformation treten alle drei Hauptkomponenten der Spannung auf und die Spannungsverläufe im plastischen Bereich können dann komplizierter sein.

2. Phänomenologische Modelle beschreiben die Erscheinungen der Fließzonen- und Rissbildung sowie des Risswachstums bei gekerbten Zugstäben im Zeitstand-Zugversuch. Die Vorgänge in Prüfungen werden quantitativ parametrisiert und mit Hilfe bruchmechanischer Ansätze analysiert.

3. Das sogenannte Partikelmodell führt die Fließzonenbildung und dann die Rissbildung auf Mikrorisse entlang der Grenze von Struktureinheiten (Partikel) zurück. Die Bildung der Mikrorisse wird durch die Grenzflächenenergie zwischen den Partikeln bestimmt. Mikrorisse entstehen, wenn eine mit der Grenzflächenenergie zusammenhängende kritische Verformungsgrenze überschritten wird. In diesem Modell kann vor allem die Einwirkung von Medien quantitativ charakterisiert werden.

Die Modellansätze werden im Folgenden auf der Grundlage einiger wichtiger Veröffentlichungen kurz diskutiert. Ausgewählt wurden vor allem Veröffentlichungen, die den Zeitstand-Zugversuch an gekerbten Proben (NCTL-Test) als Untersuchungsmethode gewählt hatten, da diese Prüfung bei den Kunststoffdichtungsbahnen eine wichtige Rolle spielt. Ein vollständiger Überblick über die Fachliteratur, die sehr umfangreich ist, kann hier natürlich nicht gegeben werden.

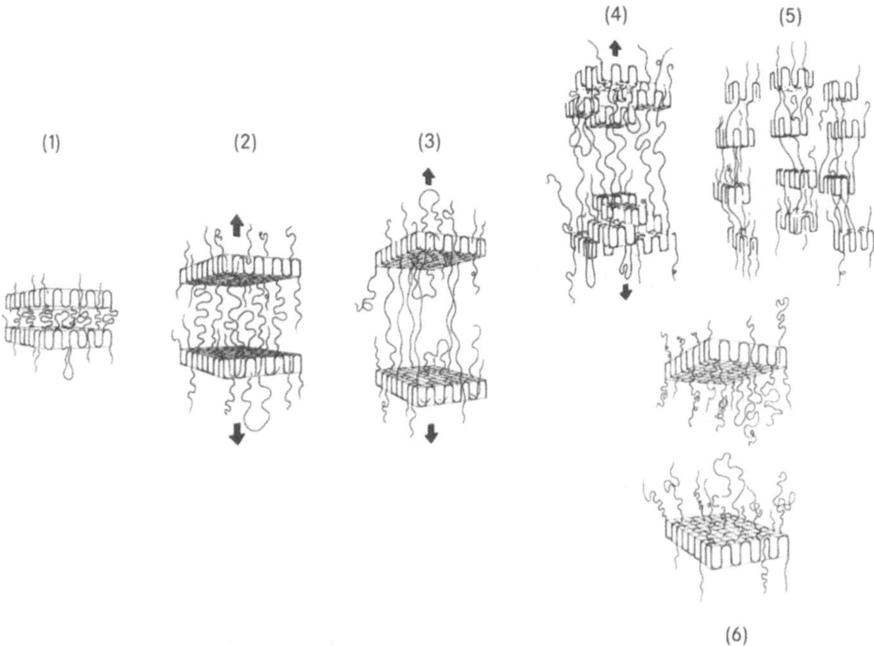

Abb. 5.14: Graphisches Modell eines Zähbruchs (duktiles Versagen) und eines für die Spannungsrissbildung charakteristischen spröden Bruchs. (1) zeigt den Ausgangszustand: Kristalllamellen, amorpher Zwischenbereich und Brückenmoleküle. (2) Unter Zugspannung weitet sich der amorphe Bereich. (3) Brückenmoleküle nehmen die Spannungen auf. Zähbruch: (4) Kristalllamellen brechen auf. (5) Die Fragmente ordnen sich zu einer Struktur von langgezogenen Fibrillen. Spröder Bruch: (6) Die Brückenmoleküle werden aus der Verankerung in den Lamellen herausgezogen. Tatsächlich unterscheiden sich Zähbruch und spröder Bruch eher dadurch, dass die Bereiche plastischer Verformung, wie in (5) und (6), einmal den ganzen Materialquerschnitt erfassen und zum anderen auf eine kleine Zone in der Umgebung der Rissspitze beschränkt bleiben, in der sich stark verstreckte Fibrillen ausbilden.

Zu 1:

A. Lustiger und R. L. Markham haben auf die Rolle der Brückenmoleküle für die Spannungsrissbeständigkeit hingewiesen [23]. Brückenmoleküle sind Moleküle, die in unterschiedlichen Kristalllamellen verankert sind und den amorphen Bereich zwischen den Lamellen überbrücken. Aus den Lamellen herausragende Molekülschlaufen, die untereinander verschlungen sind, können ebenfalls als Brückenmoleküle wirken. Abbildung 5.14 zeigt das einfache graphische Modell dieser Autoren für die Spannungsrissbildung. Bei einer duktilen Verformung werden die Lamellen aufgebrochen und neu geordnet. Es entstehen die fibrillenartigen Strukturen verstreckter Bereiche. Bei der Spannungsrissbildung kommt es dagegen zu einem allmählichen Entschlaufen und Herausziehen der Brückenmoleküle aus dem kristallinen Verbund. Der durch die äußere Kraft hervorgerufenen Ausziehkraft an einem Molekül wirkt dabei eine Reibungskraft entgegen, die sowohl von den anziehenden Kräften der Moleküle untereinander wie auch von sterischen Behinderungen herrührt.

Diese Modellvorstellung kann in einfacher Weise quantifiziert werden [34]. Die Reibungskraft wird der Ausziehlänge s und Ausziehgeschwindigkeit ds/dt proportional sein. Der Proportionalitätsfaktor η, eine sozusagen intrinsische Viskosität, wird abhängen von der Art und Struktur des Moleküls. Lange Moleküle mit vielen Seitenketten werden eine höhere Viskosität besitzen als kurze lineare Ketten. σ/N sei die auf das einzelne Brückenmolekül bezogene Ausziehkraft, wobei N die Anzahl der Brückenmoleküle ist. Dann gilt:

$$\frac{\sigma}{N} = -\eta \cdot s \cdot \frac{ds}{dt} \ . \qquad (5.40)$$

Die mittlere Zeit t_0 bis zum vollständigen Abgleiten der Moleküle mit einer mittleren Ausziehlänge s_0 ist dann proportional zur Bruchzeit t_B. Integration von (5.40) liefert:

$$\frac{\sigma}{\eta \cdot N} \int_0^{t_0} dt = -\int_{s_0}^{0} s \, ds \ , \qquad (5.41)$$

woraus folgt:

$$s_0^2 \sim \frac{\sigma}{\eta \cdot N} \cdot t_B \qquad (5.42)$$

oder, da die mittlere Ausziehlänge proportional zur Molekülmasse M angenommen werden kann:

$$t_B \sim \eta \cdot N \cdot M^2 \ . \qquad (5.43)$$

Schon diese einfache Betrachtung, die zur Gleichung (5.43) führt, macht die experimentellen Beobachtungen plausibel, dass die Spannungsrissbeständigkeit stark abhängt von der Molekülmasse, von der Anzahl der Brückenmoleküle und von Art und Anzahl der Komonomere, die die „intrinsische Viskosität" bestimmen.

Tabelle 5.3: Abhängigkeit der Spannungsrissbeständigkeit von der Molekülmasse

Fraktion	Dichte der Seitenketten (CH_3/1000C)	Bereich der Molekülmasse ($10^3 \cdot$ Dalton)	Kerbtiefe (mm)	Standzeit bei 80 °C, 1,8 MPa (min)
F1	7,4	1 ... 30	1	0
F2	5,1	30 ... 80	1	6,1
F3	3,3	80 ... 150	2	7,0
F4	1,9	150 ... 510	2	360.000
F5	1,4	410 ... 4000	2	>520.000
Gesamtes Polymer	4,5	1 ... 4000	2	250.000

In der Arbeitsgruppe von N. BROWN an der University of Pennsylvania wurden die Abhängigkeiten genauer untersucht. X. LU, N. ISHIKAWA und N. BROWN [35] hatten einen PE-LLD Werkstoff (Polyethylen-Hexen-Kopolymer) mit einer typischen Molekülmassenverteilung (M_w = 206.000, M_n = 26.900, U = 7) in verschiedene Fraktionen mit geringer, mittlerer und hoher Molekülmasse zerlegt. An Probekörpern, die aus den verschiedenen Fraktionen hergestellt worden waren, wurden dann Spannungsrissuntersuchungen in Anlehnung an den NCTL-Test durchgeführt. Die Standzeiten unterschieden sich um mehrere Größenordnungen. Die Autoren schlussfolgern aus den Untersuchungsergebnissen, dass das Massenmittel der Molekülmasse M_w wesentlichen Einfluss auf die Spannungsrissbeständigkeit hat und nur der Anteil mit Molekülmassen größer $1{,}5 \cdot 10^5$ Dalton zur Spannungsrissbeständigkeit des untersuchten Werkstoffs beiträgt. Tabelle 5.3 stellt die Untersuchungsergebnisse zusammen.

Der Einfluss der Dichte von Butyl-Seitenketten in Polyethylen-Hexen-Kopolymeren auf die Spannungsrissbeständigkeit wurde von Y. HUANG und N. BROWN untersucht [36]. Abbildung 5.15 zeigt die Ergebnisse. Die Geschwindigkeit der Rissaufweitung in einem NCTL-Test (siehe dazu die unter 2 rubrizierten Modelle) diente hier als Maß für die Spannungsrissbeständigkeit. Diese Geschwindigkeit ist bei vorgegebener Probengeometrie umgekehrt proportional zur Standzeit. Die Messergebnisse der Abbildung 5.15 zeigen daher auch wie stark sich die Standzeiten mit der Dichte der Seitenketten ändern.

Nach diesen Arbeiten ist die Spannungsrissbeständigkeit letztlich auf die Anzahl der Brückenmoleküle und die Stärke der Verankerung dieser Moleküle in den Kristalllamellen zurückzuführen. Der folgende Gedankengang wurde von den Autoren verwendet, um zu zeigen, wie die Molekülmasse und die Dichte der Seitenketten diese Anzahl beeinflussen können. In der amorphen Schmelze hat ein Molekül im Mittel einen bestimmten Abstand der Molekülenden. Der mittlere Abstand zwischen den Molekülenden wächst mit der Moleküllänge. Bei der Kristallisation bilden sich Lamellen aus, mit einer charakteristischen Dicke und einer damit zusammenhängenden Dicke der amorphen Bereiche dazwischen. Die Dicke der Lamellen und des amorphen Zwischenbereiches wird mit wachsender Dichte von Seitenketten immer kleiner. Ein Molekül wird nun mit großer Wahrscheinlichkeit dann zu einem Brückenmolekül werden, wenn der mittlere Abstand der Molekülenden größer ist als die Dicke des Pakets aus zwei Lamellen und dem dazwischen liegenden amorphen Bereich. Ein großer Anteil von sehr langen Molekülen und eine hohe Dichte von Seitenketten führen also zu einer großen Zahl von Brückenmolekülen.

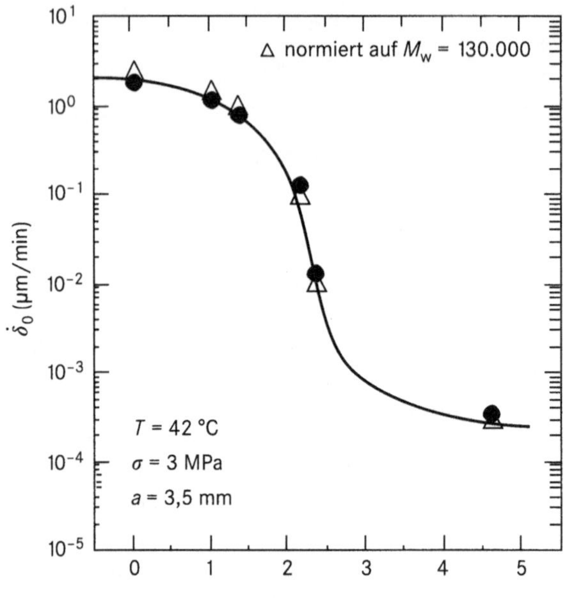

Abb. 5.15: Die Rate, mit der sich der COD-Wert in der Phase der Rissinitiierung (siehe Gleichung (5.44)) ändert, wurde für verschiedene Dichten von Butyl-Seitengruppen eines Polyethylen-Hexen-Kopolymer in einem NCTL-Test gemessen. Die Versuchsparameter (Zugspannung und Temperatur) sowie die Kerbtiefe sind angegeben. Die Rate nimmt drastisch mit der Anzahl der Seitenketten pro 1000 Kohlenstoffatome ab. Da die Rate umgekehrt proportional zur Standzeit ist, kann aus dieser Abbildung abgelesen werden, dass sich auch die Standzeiten um vier Zehnerpotenzen verändern. (Quelle: [36])

In diesen Zusammenhang gehört auch die Interpretation der Beobachtung, dass die Spannungsrissbeständigkeit im Zeitstand-Zugversuch mit Probestäben, die aus den Dichtungsbahnen in Extrusionsrichtung entnommen wurden, in der Regel wesentlich größer ist, als von quer dazu entnommen Stäben, die Orientierung also einen erheblichen Einfluss auf die Spannungsrissbeständigkeit hat. Z. ZHOU und N. BROWN berichten z.B. über NCTL-Tests an verstreckten Probekörper aus Pressplatten eines linearen PE-Homopolymers [37]. Die Pressplatte wurde bei 80 °C mit einer Dehnungsgeschwindigkeit von 10^{-3} s^{-1} mit Verstreckungsgraden bis zur $\lambda = 3$ verstreckt. Abbildung 5.16 zeigt die Standzeiten von Proben aus der Pressplatte mit Kerben quer zur Richtung der Verstreckung und parallel dazu. Während die Standzeiten der verstrecken Proben mit den Kerben quer zur Verstreckungsrichtung exponentiell mit dem Verstreckungsgrad anwachsen, fällt die Standzeit einer Probe mit einer Kerbe parallel dazu schon bei geringer Verstreckung stark ab. Die Interpretation kann sich auf das Modell der Brückenmoleküle in zweierlei Hinsicht abstützen. Zum einen kann man argumentieren, dass beim Verstrecken gerade jene kristallinen Lamellenfragmente, die sehr zahlreich über Brückenmoleküle verbunden sind, sich so orientieren, dass sie quer zur Verstreckungsrichtung liegen, siehe Abbildung 5.14. Die Brückenmoleküle sind also bevorzugt in diese Richtung orientiert. Zum anderen kann die Orientierung der amorphen Bereiche, in die die Brückenmoleküle eingebettet sind, die auf das einzelne Brückenmolekül wirkende Ausziehkraft reduzieren.

Die Spannungsrissbeständigkeit von PE-Werkstoffen wird nicht nur in diesem, sondern auch in vielen anderen Aufsätzen durch die Standzeiten im Zeitstand-Zugversuch an gekerbten Probestäben charakterisiert. Die phänomenologische Beschreibung der Rissbildung in diesem Versuch mit Hilfe bruchmechanischer Begriffe und Zusammenhänge war daher ebenfalls Gegenstand einer Vielzahl von Untersuchungen. Dies führt zur nächsten Gruppe von Arbeiten.

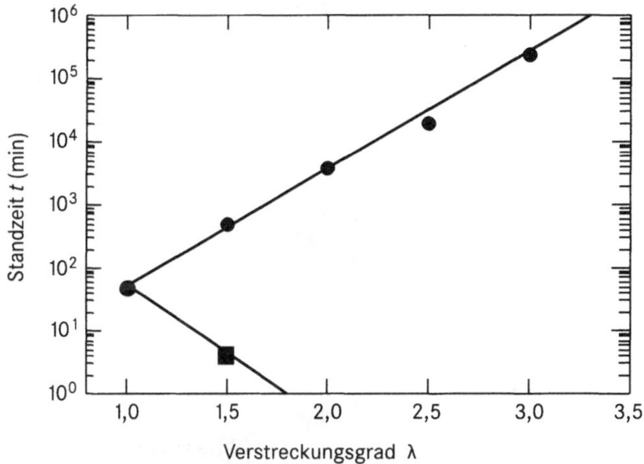

Abb. 5.16: Standzeit t im Zeitstand-Zugversuch (NCTL-Test) an verstreckten Probekörpern als Funktion des Verstreckungsgrades λ. Kreise: Zugspannung parallel zur Verstreckungsrichtung und damit die Kerbe quer dazu, Rechteck: angelegten Zugspannung quer zur Verstreckungsrichtung und damit die Kerbe parallel dazu. Im ersten Fall nimmt die Standzeit exponentiell mit dem Verstreckungsgrad zu, im zweiten Fall exponentiell ab. Orientierungen haben also einen drastischen Einfluss auf die Spannungsrissbeständigkeit. (Quelle: [37])

Zu 2:

Im NCTL-Test (siehe Abschnitt 3.2.13) tritt bei Zugspannungen oberhalb etwa 50% der Streckspannung ein duktiler Bruch auf. Unterhalb von etwa 30% der Streckspannung versagen die Proben durch einen spröden Bruch. Zwischen etwa 30% und 50% liegt ein Bereich, in dem beide Mechanismen – Kriechen und Verstrecken des gesamten Materialquerschnitts und Spannungsrissbildung – das Bruchverhalten bestimmen. Auf diesen Zwischenbereich und den Bereich des duktilen Versagens wird weiter unten kurz eingegangen. Die Aufmerksamkeit gilt hier zunächst vor allem der Rissbildung, die zum spröden Bruch führt.

   Diese Rissbildung an einer mit einer Rasierklinge gekerbten Probe – eine
Methode, die im NCTL-Test verwendet wird – wurde von X. LU, R. QIAN und N.
BROWN detailliert beschrieben [38]. Abbildung 5.17 zeigt Skizzen nach Aufnahmen von Dünnschnitten im Transmissionsmikroskop, die die verschiedenen Phasen der Rissbildung illustriert [39]. Durch die in das Material eindringende
Schneide der Rasierklinge entsteht eine scharfe Kerbe mit starken Deformationen
in einem schmalen Randbereich zur Klinge (Abbildung 5.17a). Die Kerbe schließt
sich nach dem Entfernen der Klinge (Abbildung 5.17b). Beim Aufbringen der
Zugkraft öffnet sich die Kerbe wieder, der Kerbgrund dehnt sich aus und es bildet
sich eine Zone plastischer Verformung, in deren vorderen Bereich Fibrillen der
verstreckten, stark deformierten Randzone liegen (Abbildung 5.17c).

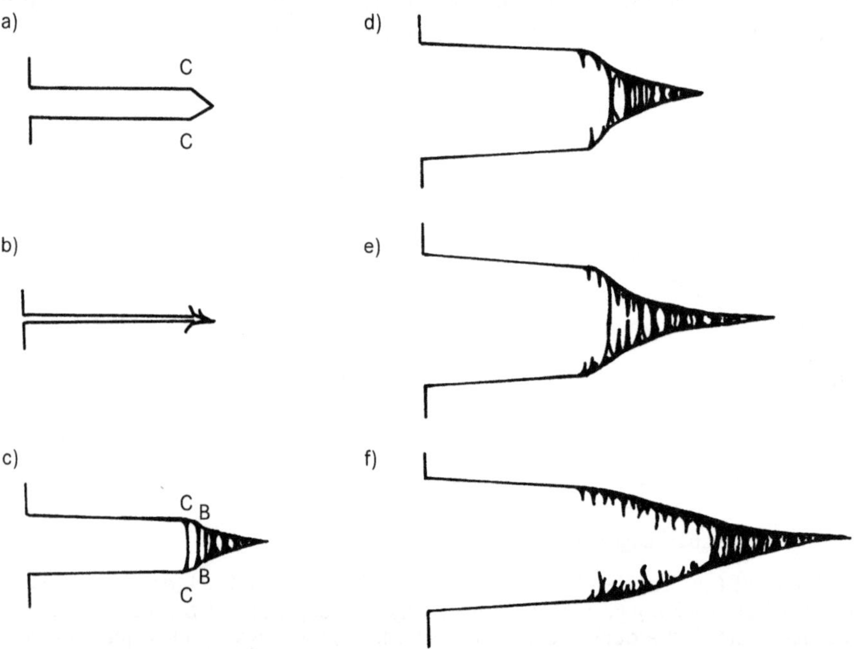

Abb. 5.17: Schematische Darstellung der Phasen der Rissbildung im NCTL-Test. Die Phasen
können mit Durchlichtaufnahmen an Dünnschnitten im Mikroskop dargestellt werden [39].
Diese Zeichnungen, in Anlehnung an die Abbildungen in [38], sind solchen Aufnahmen nach-
empfunden. Bild a) zeigt die Kerbe, die mit dem Eindringen der Rasierklinge entsteht. Der
Kerbgrund wird dabei stark plastisch verformt. Bild b) zeigt die Kerbe nach dem Herausziehen der Rasierklinge: Die Kerbe schließt sich, im Kerbgrund sind starke Schädigungen angedeutet. Bild c) zeigt die Kerbe unmittelbar nach dem Aufbringen der Last: Im Kerbgrund
bildet sich eine Fließzone aus. Die Rissaufweitung kann an zwei unterschiedlichen Stellen
gemessen werden: zum einen als Abstand CC, der die Aufweitung des Kerbgrunds angibt,
zum anderen als Abstand BB, der die Aufweitung der eigentlichen Fließzone beschreibt. CC
und BB liegen nahe beieinander und werden in der Regel zur Bestimmung des COD-Wertes
verwendet, indem mit einem Mikroskop in den Rissgrund geschaut wird. Die Bilder d), e) und
f) zeigen das weitere Anwachsen der Fließzone. Bei e) sind die ersten Fibrillen schon gerissen. Bild e) stellt also in etwa den Zustand zum Zeitpunkt t_B der Rissinitiierung (siehe die
folgende Abbildung) dar. Der DOC-Wert wächst jetzt rascher an, und es wandert ein Riss mit
einer Fließzone um die Rissspitze durch das Material (Bild f)).

Die vorderen, beim Kerben stark deformierten Bereich reißen gelegentlich, wenn die Last voll aufgebracht ist. Wesentlich ist jedoch das Ausmaß der plastischen Verformung, die durch eine damit verbundene typische Rissaufweitung (COD-Wert) δ_0 im Kerbgrund charakterisiert wird (Abstand CC oder BB in Abbildung 5.17c). Nach dem im Abschnitt 5.3.3 erläuterten bruchmechanischen Ansatz kann δ_0 gemäß Gleichung (5.38) mit dem Spannungsintensitätsfaktor in Zusammenhang gebracht und damit aus dem spezifischen Belastungszustand bestimmt werden.

Nachdem die Belastung aufgebracht ist, folgt die Phase der eigentlichen Rissinitiierung. Die Fließzone verschiebt sich dabei immer weiter in das Material hinein und weitet sich langsam auf (Abbildung 5.17d). Der COD-Wert $\delta(t)$ wächst allmählich an. Nach einer gewissen Standzeit t_B, nach der sich die Fließzone voll ausgebildet hat, reißen auch die Fibrillen in dieser stark verstreckten Zone (Abbildung 5.17e). Der Riss beginnt jetzt immer rascher durch das Material zu wandern, der COD-Wert nimmt überproportional zu (Abbildung 5.17f), bis schließlich die Restdicke nur noch so gering ist, dass es zum Verstrecken und schließlich Reißen des gesamten Materials im Restquerschnitt kommt. Abbildung 5.18 zeigt diesen zeitlichen Verlauf der Veränderung des COD-Wertes. Die Zeit bis zum Versagen ist die eigentliche Standzeit t_F.

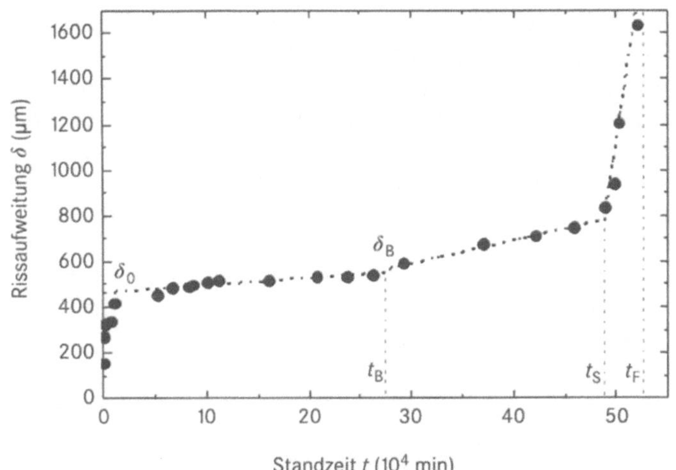

Abb. 5.18: Verlauf der bei einem NCTL-Test im Kerbgrund gemessenen Rissaufweitung δ (Crack Opening Displacement, DOC) über der Zeit. Mit dem vollständigen Aufbringen der Last stellt sich zunächst ein Ausgangswert δ_0 ein. Durch die weitere Ausbildung der Fließzone wächst dieser Wert jedoch allmählich an. Zum Zeitpunkt t_B beginnen die Fibrillen zu reißen und ein makroskopischer Riss wandert immer rascher durch den Querschnitt. Vom Wert δ_B der Rissaufweitung bei t_B an, wächst daher die Rissaufweitung stärker, bis schließlich bei t_S der Restquerschnitt der Probe so klein geworden ist, dass das Material unter der Last verstreckt und bei t_F reißt. (Quelle: [40])

Die Standzeiten t_B und t_F sind für ein vorgegebenes Material und vorgegebene Prüfbedingungen proportional zueinander, wobei der Proportionalitätsfaktor stark vom untersuchten Werkstoff abhängt. Dem Rissbildungsvorgang kann auch eine Rate des Risswachstums oder genauer der Rissinitiierung zugeordnet werden[7]:

$$\dot{\delta} = \frac{\delta(t_B) - \delta_0}{t_B} \; .$$ (5.44)

$\dot{\delta}$ ist dann umgekehrt proportional zur Standzeit t_B bzw. t_F. Alle drei Größen werden zur Charakterisierung der Spannungsrissbeständigkeit eines Werkstoffs verwendet.

Ganz allgemein wird in den NCTL-Tests im Bereich der Spannungsrissbildung folgender Zusammenhang zwischen den Größen $\dot{\delta}$ bzw. t_F und den Prüfbedingungen (Kerbtiefe a, angelegte Zugspannung σ und Prüftemperatur T) beobachtet [40]:

$$\dot{\delta} = C\,\sigma^n\,a^m\,e^{-Q/RT} \quad \text{bzw.} \quad t_F = C'\,\sigma^{-n}\,a^{-m}\,e^{Q/RT} \; .$$ (5.45)

Für PE-Homopolymere ist $n = 5$ und $m = 2$, für PE-Kopolymere wird $n = 3{,}2$ bis 2,6 und $m = 1{,}3$ gefunden. Die Aktivierungsenergie Q ist für alle linearen Polyethylene ähnlich und liegt bei etwa 100 kJ/mol. Die Konstanten C bzw. C' sind Materialkennwerte, die je nach der molekularen Struktur und der Morphologie eines PE-Werkstoffs um einige Größenordnungen verschieden sein können.

N. Brown und X. Lu haben eine einfache Betrachtung vorgeschlagen, die den Zusammenhang (5.45) erhellt [40]. Im Übergangsbereich zur Fließzone, wo die Verstreckung zu Fibrillen beginnt, wirkt gerade die Streckspannung σ_S des Materials. Die lokale Spannung σ_f, die in den Fibrillen selbst auftritt, wird jedoch wesentlich größer sein, da die plastische Verformung bei der Rissaufweitung δ_0 zu einer Querschnittsverringerung des Materials in der Fließzone führt. Eingeschnürten Fibrillen mit geringem Querschnitt tragen nämlich jetzt die im Übergangsbereich wirkende Kraft. Die Querschnittsverringerung ist proportional zu δ_0. Die lokale Spannung ist daher proportional zu $\sigma_S \cdot \delta_0$. Für den Zusammenhang zwischen Verformungsgeschwindigkeit $\dot{\varepsilon}$ und Spannung σ_f bei der weiteren Ausbildung der Fließzone wird der Newtonsche Ansatz angenommen. Mit einer intrinsischen Viskosität η ist $\dot{\varepsilon}$ also gegeben durch:

$$\dot{\varepsilon} = \frac{\dot{\delta}}{\delta_0} = \frac{\sigma_f}{\eta} \; .$$ (5.46)

Daraus folgt:

$$\dot{\delta} \sim \frac{\sigma_f}{\eta}\,\delta_0 \sim \frac{\sigma_S}{\eta}\,\delta_0^2 \; .$$ (5.47)

Die Gleichung (5.38) gibt den Zusammenhang zwischen der Rissaufweitung δ_0 und dem Spannungsintensitätsfaktor K. Verwendet man dann noch den Ausdruck (5.32) für den Spannungsintensitätsfaktor einer scharfen Kerbe, so erhält man abschließend die Beziehungen:

---

[7] Im Englischen wird diese Größe als *Slow Crack Groth rate* (SCG *rate*) bezeichnet

$$\dot{\delta} \sim \frac{1}{\eta E^2 \sigma_S} K^4 \sim \frac{1}{\eta E^2 \sigma_S} \sigma^4 a^2 \ . \tag{5.48}$$

Aufgrund dieser Betrachtung erwartet man also, dass $n = 4$ und $m = 2$ ist, was in etwa den beobachteten Exponenten entspricht. Die Konstante C enthält gemäß (5.48) den Kehrwert einer intrinsischen Viskosität bzw. C' die Viskosität selbst. Aus den gemessenen Zahlenwerten der Konstanten kann die Größenordnung der Viskosität abgeschätzt werden. Der Wert liegt erheblich über dem Wert wie man ihn für amorphe Bereiche (Schmelzeviskosität eines linearen Polyethylen) erwarten würde. Die hohen Viskositätswerte können nur aus der starken Verankerung der Brückenmoleküle in den Lamellen herrühren. Danach wäre die Stärke der kristallinen Verankerung, neben der Anzahl der Brückenmoleküle, die entscheidende Größe, die die Spannungsrissbeständigkeit bestimmt. Es ist jedoch noch weitgehend unbekannt, wie im einzelnen, strukturell und dynamisch, dieses Herausziehen aus dem kristallinen Verbund abläuft.

Um die Beschreibung der Vorgänge beim Zeitstand-Zugversuch zu vervollständigen, wird noch kurz auf die Vorgänge im Bereich des duktilen Versagens und im Zwischenbereich eingegangen. Der Ast des duktilen Versagens im Zeitstanddiagramm (log σ über log t_F) verläuft wesentlich flacher als der Ast des spröden Versagens. Abbildung 3.15 zeigt typische Zeitstandkurven. Im Bereich hoher Spannungen wird

$$t_F \sim \sigma^{-n} \tag{5.49}$$

mit $n = 20 \ ... \ 40$ beobachtet. Die Deformation durch das Kriechen, die anwachsende lokale Spannung im Materialquerschnitt und schließlich das Verstrecken und Scherfließen im gesamten Material, wenn eine kritische Verformungsgrenze überschritten wird, kennzeichnet das Versagensverhalten.

Auffällig ist das Verhalten vieler Werkstoffe im Zwischenbereich. Die Standzeit wird hier mit wachsender Spannung wieder größer, bis schließlich der Ast des duktilen Versagens erreicht wird (Abbildung 3.15). Die Breite des Zwischenbereichs und das Ausmaß, in dem die Standzeit sich wieder verlängert, kann bei verschiedenen Werkstoffen sehr unterschiedlich sein. In diesem Bereich sind die plastischen Verformungen in der Umgebung der Spitze der Kerbe bereits so groß und weitreichend, dass der Kerbgrund abgestumpft und ausgerundete wird [41]. Der tatsächlich wirksame Spannungsintensitätsfaktor verringert sich. Die Zeit bis zur Rissinitiierung und damit die Standzeit verlängert sich, bleibt zunächst jedoch immer noch kürzer als die Zeit, die erforderlich ist, um durch das Kriechen und die damit verbundenen Deformationen ein Verstrecken im gesamten Materialquerschnitt auszulösen. Der spröde Ast biegt daher mit wachsender Prüfspannung zu längeren Zeiten hin ab, bis schließlich bei weiter wachsender Prüfspannung das duktile Versagen wieder zu kürzeren Standzeiten führt. Damit eine scharfe Kerbe erhalten bleibt, darf bei einer gegebenen Kerbtiefe die Spannung und bei einer gegebenen Spannung die Kerbtiefe oder zusammenfassend der Spannungsintensitätsfaktor der scharfen Kerbe einen bestimmten „kritischen" Wert nicht überschreiten [42]. Beim NCTL-Test (bei 50 °C) an 2,5 mm dicken PE-HD-Dichtungsbahnen mit einer Kerbtiefe von 0,5 mm (20% der nominellen Dicke) fängt der Zwischenbereich typischerweise oberhalb von etwa 35% der

Streckspannung (Normalklima) an. Bei einer Streckspannung von 18 N/mm^2 (Normalklima) wäre also der kritische Wert des Spannungsintensitätsfaktors z.B. 0,25 MPa · m$^{1/2}$ bei 50 °C. Oberhalb dieses Grenzwertes kommt es zum duktilen Versagen, unterhalb zum Sprödbruch.

Es stellt sich natürlich die Frage, ob es auch eine untere Schwelle für den Spannungsintensitätsfaktor gibt, unterhalb derer eine Fließzone sich gar nicht mehr ausbilden kann. Ein Riss würde dann nicht mehr initiiert und es wäre keine Spannungsrissbildung mehr möglich. In der Literatur finden sich Hinweise, dass solch ein Schwellenwert bei etwa einem Zehntel des eben diskutierten kritischen Spannungskonzentrationsfaktors, der den Bereich der reinen Spannungsrissbildung nach oben begrenzt, liegen könnte. Diese Frage nach kritischen lokalen Spannungen und kritischen Deformationen, die überschritten werden müssen, damit es überhaupt zur Spannungsrissbildung kommt, führt zur dritten Gruppe von Arbeiten, nämlich jenen, die sich mit dem sogenannten Partikelmodell beschäftigen.

Zu 3:

Schon zu Beginn der 70er Jahre hatte sich die Arbeitsgruppe von G. MENGES am Institut für Kunststoffverarbeitung (IKV) in Aachen mit den Ursachen und dem Verlauf der Rissbildung in Kunststoffen beschäftigt [22], [43]. Es wurde dabei ein allgemeines Modell des mechanischen Verhaltens von Werkstoffen aufgestellt, das auf die Existenz werkstoffspezifischer kritischer Dehnungen abhebt (Partikelmodell).

Ein Ausgangspunkt für die Entwicklung dieses Modells war das Verhalten von amorphen, durchsichtigen Kunststoffen im Zeitstand-Zugversuch. Je nach der Größe der Last dehnen sich die Proben unterschiedlich schnell. Nach langen Zeiten und hohen Dehnungswerten kommt es dann zum Bruch. Lange bevor diese Bruchdehnung erreicht wird, bilden sich jedoch bei einer bestimmten Dehnung lokale Fließzonen, die in den durchsichtigen Proben mit unbewaffnetem Auge beobachtet werden können. Im Dehnungs-Zeit-Diagramm, Abbildung 5.19, ergibt sich für jede Last eine Kriechkurve. Bei einem bestimmten Punkt der Kriechkurve treten die Fließzonen auf. Werden diese Punkte auf den verschiedenen Kriechkurven verbunden, so ergibt sich eine Kurve für den zeitlichen Verlauf der Dehnung ε_F bei der Fließzonenbildung auftritt. Diese Kurve geht nun nicht gegen Null, sondern strebt für große Zeiten einem bestimmten Grenzwert $\varepsilon_{F\infty}$ zu. Dieser Grenzwert muss offenbar überschritten werden, damit es unabhängig von Art und Größe der Belastung überhaupt zur Fließzonenbildung kommen kann.

Ähnliche Beobachtungen wurden an teilkristallinen Kunststoffen gemacht, die nicht mehr durchsichtig, sondern nur noch durchscheinend sind. Hier kommt es zu einer stärkeren milchigen Eintrübung im Inneren, was auf die Bildung von Fließzonen hinweist. Es lässt sich auch hier eine Grenzdehnung extrapolieren. In den mikroskopischen Untersuchungen an Dünnschnitten aus den Zugproben zeigte sich dann, das beim Überschreiten dieser Grenzdehnung Mikrorisse entlang der Grenzflächen zwischen den Sphärolithen entstehen. Die Risse öffnen sich bevorzugt entlang von Grenzflächenabschnitten, die annähernd quer zur Verformungsrichtung verlaufen und im Bereich, wo mehrere Sphärolithe aufeinander stoßen. Abbildung 5.20 gibt eine schematische Darstellung des beschriebenen Sachverhalts.

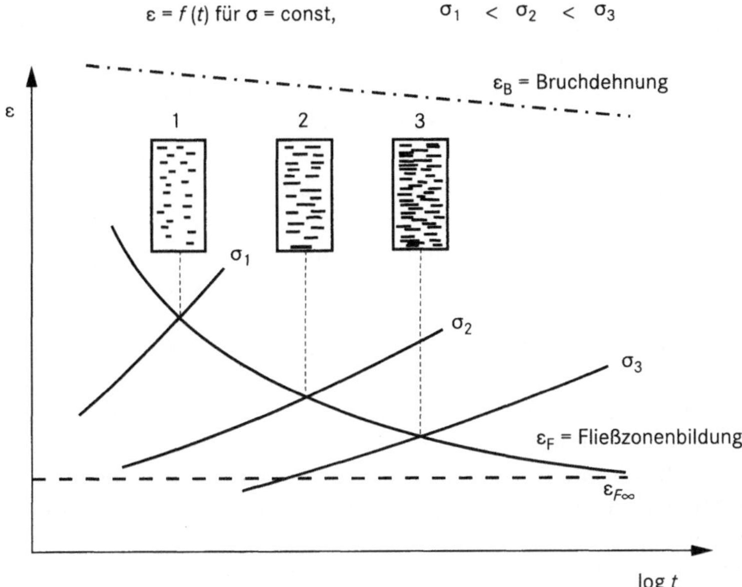

Abb. 5.19: Schematische Darstellung der Fleißzonenbildung im Kriechversuch an durchsichtigen amorphen Thermoplasten. Zu bestimmten Zeitpunkten im Verlauf der mit unterschiedlichen Spannungen gemessenen Kriechkurven treten sichtbare Fließzonen auf. Die Verbindungslinie dieser Punkte ergibt eine Kurve, die die Dehnungsgrenze, bei welcher Fließzonenbildung auftritt, als Funktion der Zeit bzw. Verformungsgeschwindigkeit beschreibt. Die Extrapolation dieser Kurve zu sehr großen Zeiten hin ergibt dann die Fließgrenzverformung oder kritische Dehnung.

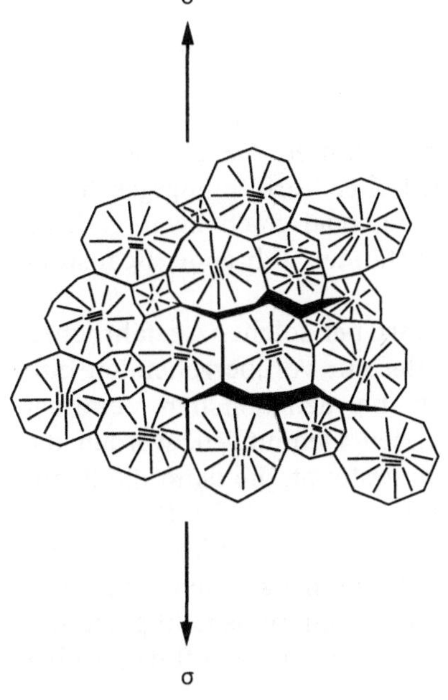

Abb. 5.20:
Schematische Darstellung der Mikrorissbildung entlang von Sphärolithgrenzen, die senkrecht zur Verformungsrichtung liegen. Die Darstellung folgt den lichtmikroskopischen Aufnahmen an gedehnten Dünnschnitten aus einem PP-Werkstoff, die von G. MENGES und E. ALF aufgenommen wurden [51].

Die je nach der Konstitution des Polymers mehr oder weniger großen und ausgeprägten Sphärolithe und deren Grenzflächen bilden in den teilkristallinen Thermoplasten offensichtlich wesentliche Strukturelemente. Auch die amorphen Thermoplasten sind jedoch nicht homogen, sondern zeigen bei genauerer Untersuchung ein Gefüge von Struktureinheiten mit den dazugehörigen Grenzflächen. Als Grund für die Grenzdehnung wurde daher auch bei den amorphen Thermoplasten vermutet, dass erst oberhalb dieser Dehnung Mikrorisse in der Gefügestruktur entstehen könnten. Bei Kunststoffen, die mit mineralischen, pulverförmigen Füllstoffen gefüllt sind, wird oberhalb bestimmter Verformung ein Ablösen der Matrix vom Füllstoffpartikel beobachtet. Auch dieses wegen der damit verbundenen Verfärbung als Weißbruch bezeichnete Phänomen ordnet sich in die Betrachtungsweise ein: Werkstoffe können aufgebaut gedacht werden aus Strukturpartikeln, ähnlich wie ein Mauerwerk aus den Ziegelsteinen. Die Grenzflächen sind, wie in der Analogie die Fugen des Mauerwerks, die Schwachstellen, wo sich Risse bei bestimmten kritischen Verformungen öffnen. Die weitere Entwicklung der Mikrorisse unter den mechanischen Belastungen bestimmt dann das gesamte mechanische Verhalten.

Im Partikelmodell wird die Fließzonenbildung, die die nächste Stufe der Rissentwicklung darstellt, folgendermaßen beschrieben. Die Mikrorisse brechen bevorzugt an den längsten und annähernd quer zur Verformungsrichtung liegenden Partikelgrenzen auf. Die angrenzenden Strukturpartikel entspannen sich dabei. Die Spannung konzentriert sich im Rissgrund. Die Mikrorisse wachsen, bis sie auf ein quer zur Rissfront liegendes Strukturpartikel stoßen, das diese Spannung aufnehmen kann und dabei verstreckt. In der Nachbarschaft brechen weitere Risse auf, die wiederum von querliegenden, verstreckten Strukturpartikel überbrückt werden. Bei dauerhaft wirksamen statischen oder dynamischen Belastungen wachsen sich die Mikrorisse also zu makroskopischen Rissflächen aus, die von einer Vielzahl stark verstreckter Strukturpartikeln überbrückt werden. Das eben sind die Fließzonen. Erst wenn auch diese verstreckten Strukturpartikel reißen, entsteht der eigentliche makroskopische Riss. Gefährlich sind Belastungen, die zum Reißen der verstreckten Strukturpartikel führen. Dazu gehören vor allem neben den Dauerbelastungen, z.B. auch mit hoher Verformungsgeschwindigkeit und -energie einwirkende Beanspruchungen, oder auch zwar geringe, aber zu ausgeprägten mehrachsigen Spannungszuständen führende Beanspruchungen.

Das Überschreiten der kritischen Dehnung führt bei solchen „gefährlichen Belastungen" zum Bruch des Bauteils insgesamt. Bei nur vorübergehenden hinreichend kleinen und langsamen Belastungen, z.B. bei den üblichen Verarbeitungsvorgängen, oder bei aufgezwungenen begrenzten Dehnungen, werden die Mikrorisse an verstreckten, querliegenden Partikeln gestoppt, die dann die Beanspruchung aufnehmen und einen noch weitgehenden Verbund der Partikel gewährleisten können. Die Bildung einer begrenzten Zahl von Mikrorissen und damit verbundenen lokal begrenzten Fließzonen bedeutet bei solchen „ungefährlichen Belastungen" noch keine Einschränkung der Funktionstüchtigkeit des Bauteils. Abhängig von der Art der Beanspruchung sind im Werkstoff daher über die kritische Dehnung hinaus noch Dehnungsreserven vorhanden.

Die bislang nur qualitative Betrachtung zur Bildung der Mikrorisse lässt sich mit Hilfe der Überlegungen, wie sie oben bei der Ableitung des Rissbildungskriteriums (5.37) nach A. A. GRIFFITH diskutiert wurden, quantifizieren [43]. Die angestellten Betrachtungen zur Energieerhaltung bei der Rissbildung lassen sich auch hier direkt anwenden. L sei die größte Länge kritischer, d.h. quer zur Verformungsrichtung laufender Grenzflächen, E^0 sei der Elastizitätsmodul der Strukturpartikel und γ sei die Grenzflächenenergie, d.h. die für das Aufbrechen der Grenzfläche der Strukturpartikel notwendige Energie. Man kann dann gemäß (5.37) für die Bruchspannung ansetzen:

$$\sigma_{\mathrm{B}} = C \sqrt{\frac{E^0 \gamma}{L}} \ , \tag{5.50}$$

wobei C eine Konstante ist. Nimmt man für den Zusammenhang zwischen lokaler Spannung und Dehnung das Hookesche Gesetz an, so erhält man für die kritische Dehnung oder eigentlich genauer für die Fleißgrenzverformung:

$$\varepsilon_{\mathrm{F}\infty} = C \sqrt{\frac{\gamma}{E^0 L}} \ . \tag{5.51}$$

Diese Formel erhellt die Auswirkungen von Umgebungsmedien auf die Spannungsrissbildung.

Selbst eine zunächst ungefährliche Beanspruchung oberhalb der kritischen Dehnungsgrenze, die lediglich zu einer begrenzten Zahl von Mikrorissen und ersten Fließzonen führt, kann sich bei der Einwirkung von Medien verheerend auswirken. Bestimmte Medien können nämlich in die Mikrorisse und dann auch in die Partikel eindringen. Die verstreckten, rissstoppenden Partikel können dabei „weicher" werden, die mechanische Festigkeit kann sich verändern. Die Grenzflächenenergie und damit nach Gleichung (5.51) die kritische Dehnung kann sich durch die Benetzung der Mikrorissoberflächen verringern. Beides forciert das weitere Risswachstum. Diese Effekte zeigen sich bei Medien mit geringer Viskosität und guter Löslichkeit, wenn also die Löslichkeitsparameter des Kunststoffs und des umgebenden Mediums nahe beieinander liegen. Die Einwirkung solcher Medien beeinträchtigt also erheblich die Spannungsrissbeständigkeit, wenn die kritische Dehnungsgrenze überschritten wird.

Mit Hilfe von Gleichung (5.51) kann im Rahmen des Partikelmodells aber auch die beobachtete Auswirkung der Orientierung oder Verstreckung von Formteilen auf die Spannungsrissbeständigkeit interpretiert werden [44]. Die Größe der Sphärolithe, der Strukturpartikel in den teilkristallinen Thermoplasten, hängt nicht nur von der Konstitution des Polymers, sondern auch von den Verarbeitungsbedingungen ab. Beim Verstrecken werden die Strukturpartikel ausgerichtet und gedehnt. Damit ändert sich die in Gleichung (5.51) eingehende Länge L der für die Mikrorissbildung anfälligen Grenzflächen je nach deren Lage zur Orientierungsrichtung. Die Länge der bruchanfälligen Grenzflächen ist quer zur Verstreckungsrichtung kleiner als längs dazu. Entsprechend unterscheiden sich auch die kritischen Verformungsgrenzen. Die Verformungsgrenze steigt mit zunehmendem Orientierungs- bzw. Verstreckungsgrad an. Sie ist bei Verformungen in Richtung der Orientierung größer als bei Verformungen quer dazu.

Nach den hier vorgestellten Untersuchungen und Überlegungen von G. MENGES und seinen Mitarbeitern ist die kritische Dehnung also ein wichtiger Materialkennwert, der beim Konstruieren mit Kunststoffen berücksichtigt werden muss. Die genaue Bestimmung der kritischen Dehnungen sollte daher von großem Interesse sein. Gemessen an der Vielzahl von thermoplastischen Werkstoffen sind die Angaben in der Literatur zu Grenzwerten jedoch sehr spärlich geblieben. Die Verfahren zur Bestimmung sind nicht einfach und nicht immer eindeutig und vergleichbar. Bei durchsichtigen amorphen Kunststoffen können mit bewaffnetem oder sogar unbewaffnetem Auge sichtbare Materialveränderungen im Zeitstand-Zugversuch als Ausgangspunkt für die Extrapolation der Dehnungsgrenze dienen. Das Verfahren ist schematisch in Abbildung 5.19 dargestellt. Bei nur durchscheinenden oder gar undurchsichtigen Kunststoffen ist dieses Verfahren jedoch nur eingeschränkt oder nicht mehr anwendbar. Von G. MENGES und seinen Mitarbeitern wurde die kritische Dehnung zugleich als Grenze identifiziert, bis zu der der Werkstoff ein exakt linear visko-elastisches Verhalten zeigt. Vereinfacht gesagt, ist das Verhalten dann linear visko-elastisch, wenn nach wie vor eine Proportionalität zwischen Spannung und Dehnung angenommen werden kann und alle visko-elastischen Effekte allein durch eine Abhängigkeit der Proportionalitätskonstanten von der Verformungsgeschwindigkeit ausgedrückt werden können. Im Kapitel 4 wird ausführlich auf das visko-elastische Verformungsverhalten eingegangen. Mit diesem Ansatz ist die kritische Dehnungsgrenze jedoch nur sehr unscharf definiert. Der Ansatz dient jedoch als Ausgangspunkt für ein experimentelles Verfahren zur Bestimmung der kritischen Dehnung [45]. Dabei wird die sogenannte spezifische Schädigungsarbeit gemessen. Das ist die Arbeit, die zur Erzeugung der irreversiblen mikroskopischen Schädigungen beim Überschreiten der kritischen Dehnung aufgebracht werden muss. Diese Arbeit unterscheidet sich von der „Verlustarbeit", die allein durch die Dämpfungseigenschaften des visko-elastischen Werkstoffs bedingt ist. In einachsigen zyklischen Zugversuchen an isotropen Proben aus dem Werkstoff wird die Verformungsarbeit für jeden Zyklus ermittelt: Unter einem Zyklus versteht man das Belasten der Probe bis zu einem bestimmten Spannungs- und Dehnungswert (Belastungsstufe) und das anschließende Entlasten. Aus der Spannungs-Dehnungs-Kurve bei der Belastung und Entlastung können die aufzubringenden und die frei werdenden Verformungsarbeiten und als deren Differenz die Verlustarbeit errechnet werden. Werden mehrere Zyklen mit jeweils der gleichen Belastungsstufe, die unterhalb der kritischen Dehnung liegt, hintereinander gefahren, so sollten die Verformungsarbeiten der Zyklen gleich groß sein. Wird die kritische Dehnung jedoch überschritten, so wird im ersten Zyklus zusätzlich zur Verlustarbeit eine spezifische Schädigungsarbeit geleistet. Die Verformungsarbeit des ersten Zyklus ist daher größer als die Verformungsarbeit der folgenden Zyklen, bei denen die Schädigungen bereits vorhanden sind. Die Differenz zwischen der Verformungsarbeit des ersten Zyklus und dem Mittelwert der folgenden Zyklen wird als Funktion der Belastungsstufe (maximale Dehnung) aufgetragen. Dort wo die Kurve von der Nulllinie abweicht, liegt dann die kritische Dehnung des Werkstoffs.

Mit diesem Verfahren wurden für verschiedenen Polyethylen-Werkstoffe kritische Dehnungen im Bereich von 4 ... 5% gefunden. Wegen der unterschiedlichen Morphologie der PE-Werkstoffe wird der Bereich möglicher Werte noch etwas breiter streuen. Die PE-LLD-Werkstoffe sollten im oberen Bereich liegen, da die Sphärolithe relativ zu PE-HD-Materialien klein sind. Bei Polypropylen mit den großen, im Lichtmikroskop noch gut sichtbaren Sphärolithen werden kritische Dehnungen von 2% gemessen. Die kritischen Dehnungswerte sind dabei über einen weiten Bereich (0 ... 100 °C) unabhängig von der Temperatur.

Nachdem hier die drei unterschiedlichen Betrachtungsweisen der Spannungsrissbildung vorgestellt wurden, stellt sich die Frage, ob es einen inneren Zusammenhang zwischen den Modellen und damit eine vereinheitlichte Beschreibung des Phänomens gibt. Ein solcher Zusammenhang kann sich am ehesten ergeben, wenn man die Modelle in eine Hierarchie der räumlichen Auflösung der Betrachtungsweise eingeordnet denkt. Auf der untersten Ebene bestimmt die Konstitution des Polymers die Ausbildung kristalliner Strukturen und deren Verknüpfung über amorphe Bereiche, im übertragenen Sinne die Struktur des Mauerwerks und die Bindungskräfte des Mörtels. Das Partikelmodell beschreibt wie sich in dieser Struktur Risse bilden und zu noch mikroskopischen Fließzonen auswachsen. Der zeitliche Verlauf des Anwachsens und Aufreißens der Fließzonen auf makroskopischer Ebene unter der Einwirkung äußerer Kräfte wird schließlich durch die bruchmechanischen Ansätze quantitativ erfasst.

Man muss jedoch hervorheben, dass die Modelle untereinander nicht gänzlich stimmig sind. Im Modell der Brückenmoleküle wird oft betont, dass die Konstitution des Polymers die Anzahl und die Festigkeit der Verankerung der Brückenmoleküle bestimmt. Aus der Wirkung dieser Brückenmoleküle resultiert unmittelbar der Widerstand gegen die Rissbildung. Im Partikelmodell bedingt hingegen die Konstitution des Polymers dessen Morphologie und die Art und Ausdehnung kritischer Grenzflächen zwischen kristallinen Überstrukturen. Erst aus der Art und Ausdehnung der Grenzflächen resultiert dann die Beständigkeit gegen die Rissbildung, Brückenmoleküle spielen nur indirekt eine Rolle, da ihre Anzahl mit einer bestimmten Morphologie verknüpft ist.

Die Spannungsrissbildung bei thermoplastischen Kunststoffen ist immer noch Gegenstand der Forschung. Es kann hier kein vollständiger Überblick gegeben werden. Bevor das Kapitel zur Alterung geschlossen wird, soll jedoch nach all den vorbereitenden Betrachtungen zu den Alterungsvorgängen, die Frage beantwortet werden, welche Funktionsdauern mit PE-HD-Dichtungsbahnen tatsächlich erreicht werden.

5.4 Funktionsdauer von PE-HD-Dichtungsbahnen

Polyethylen-Formmassen können, gerade was die Alterung anbelangt, die unterschiedlichsten Eigenschaften haben. Auch die Klassifizierung nach der Dichte und die Einschränkung auf sogenannte PE-HD-Formmassen reicht bei weitem nicht aus, um die im Rohr- und Dichtungsbahnbereich bewährten Formmassen hinreichend zu charakterisieren (siehe Abschnitt 2.2). Dennoch wird, dem üblichen Gebrauch folgend, hier vereinfacht von PE-HD-Formmassen gesprochen. Es muss jedoch nachdrücklich hervorgehoben werden, dass die im Folgenden angestellten Überlegungen zum Langzeitverhalten nur für PE-HD-Dichtungsbahnen gelten, die durch Langzeitversuche überprüft und dann anforderungsgerecht gefertigt und fachgerecht eingebaut werden.

Formmassen aus Polyethylen mittlerer bis hoher Dichte (PE-HD) haben eine sehr hohe chemische Beständigkeit. Als thermoplastische Werkstoffe lassen sie sich gut zu Rohren und Formteilen verarbeiten. Im chemischen Apparatebau, in der chemischen Verfahrenstechnik und für Gasrohre wird der Werkstoff daher schon seit vielen Jahrzehnten angewendet. Es liegen also lange und umfangreiche Erfahrungen vor. In diesen Anwendungsbereichen treten komplexe Beanspruchungen auf. Ein großes Gefahrenpotential muss beherrscht werden. Das Alterungsverhalten ist daher auch wissenschaftlich umfangreich untersucht und durch die Entwicklung von speziellen Prüftechniken genau erfassbar. Die beiden Alterungsmechanismen, um die es dabei geht, sind die Spannungsrissbildung und der oxidative Abbau. Da die PE-HD-Formmassen der Dichtungsbahnen aus den Formmassen des Rohrbereichs abgeleitet sind oder in beiden Bereichen angewendet werden, können Erfahrungen, wissenschaftliche Erkenntnisse und Prüfergebnisse aus dem Rohrbereich auf den Dichtungsbahnbereich übertragen werden.

Im Mittelpunkt der Untersuchung des Langzeitverhaltens steht der sogenannte Zeitstand-Rohrinnendruckversuch [6]. Das Prüfverfahren wird in der alten DIN 8075:1987-05, *Rohre aus Polyethylen hoher Dichte (PE-HD), Allgemeine Güteanforderungen, Prüfung*, und in DIN 16887:1990-07, *Prüfung von Rohren aus thermoplastischen Kunststoffen, Bestimmung des Zeitstand-Rohrinnendruckverhaltens*, beschrieben.

Aus dem zu untersuchenden Werkstoff werden Rohrabschnitte hergestellt. Die Rohre werden an beiden Enden mit Verschlussstücken abgeschlossen, durch eine Öffnung mit Wasser gefüllt, in ein temperiertes Wasserbad gehängt und über die Öffnung dann mit einem Innendruck beaufschlagt. Statt Wasser können auch andere Flüssigkeiten verwendet werden. Der Innendruck p führt zu einem zwar dreiachsigen Spannungszustand in der Rohrwand. Es sind jedoch praktisch nur zwei Spannungskomponenten relevant. Die tangentiale Spannungskomponente σ_φ in Umfangsrichtung verhält sich dabei zur axialen Spannungskomponente σ_z in Richtung der Rohrachse näherungsweise wie 2:1. Für diese also größte Spannungskomponente σ_φ, die sogenannte Prüfspannung oder Innendruckfestigkeit, gilt nach der Kesselformel:

$$\sigma_\varphi = p\,\frac{d-s}{2\,s}\,, \tag{5.52}$$

(d: mittlerer Außendurchmesser des Rohrs, s: Mindestwanddicke im Rohrabschnitt). Durch eine zusätzliche Zugbelastung der Rohrenden kann auch ein 1:1 Spannungszustand erzeugt werden. Die Prüfspannungen liegen immer im Bereich unterhalb der Streckspannung, die im Kurzzeitzugversuch beobachtet wird.

Die komplexe Beanspruchung durch einen mehraxialen Spannungszustand, einwirkendes Medium und hohe Temperatur führt nach gewissen Zeiten zum Riss im Rohr. Abhängig von den Prüfbedingungen und den daraus resultierenden

Prüfzeiten zeigen sich verschiedene Bruchbilder. Bei sehr hohen Spannungen verstreckt das Material an einer zufälligen Schwachstelle. Der verstreckte Bereich verbreitert sich längs zur Achse des Rohres, wölbt auf und reißt. Dieser sogenannte duktile Bruch ist durch das Kriechen unter hoher Spannung bedingt. Unter dieser Prüfbedingung wird die Kurzzeitfestigkeit und das Kriechverhalten ausgelotet. Obwohl das Kriechen eigentlich auch ein irreversibler physikalischer Vorgang ist, wird es üblicherweise nicht als Alterungserscheinung bezeichnet, da es eine inhärente Eigenschaft aller thermoplastischen Kunststoffe ist.

Bei mittleren Prüfspannungen entsteht nach sehr langen Zeiten ein spröder Bruch. Die glatte Bruchfläche eines Risses ist durch die Rohrwand gewandert. Nur am äußersten Rand der Bruchfläche zeigen sich duktile Verformungen. Materialproben aus dem so gerissenen Rohr haben im Zugversuch jedoch die gleichen Eigenschaften (z.B. Bruchdehnung, Festigkeit usw.) wie das Ausgangsmaterial. Dieses Versagen wird daher durch die Spannungsrissbildung bedingt.

Auch bei sehr kleinen Spannungen kann es nach extrem langen Zeiten zum glatten Bruch kommen. Die Materialproben aus dem Rohr sind dann jedoch versprödet, was sich in den Eigenschaften im Zugversuch, nämlich nur noch geringe Bruchdehnung und Festigkeit, zeigt. Die oxidative Alterung hat begonnen.

Bei gegebener Prüfspannung (Innendruckfestigkeit) und Temperatur sind die Versagenszeiten logarithmisch normalverteilt. Als die zu einer Prüfspannung und Prüftemperatur gehörende Standzeit wählt man eine Fraktile dieser Verteilung, z.B. die untere 95%-Fraktile der Versagenszeiten, d.h. 95% aller Rohre stehen länger als diese Standzeit. Trägt man die jeweils angelegten Prüfspannungen (genauer: deren Logarithmus) über den zugehörigen Standzeiten (genauer: deren Logarithmus) auf, so erhält man für jede Prüftemperatur einen typischen Kurvenverlauf mit unterschiedlichen Abschnitten oder Ästen, die jeweils charakteristisch für die verschiedenen Bruchmodi und damit Alterungserscheinungen sind. Abbildung 5.21 zeigt ein Beispiel dieser sogenannten Zeitstandkurven für eine ältere PE-HD-Formmasse (Hostalen GM 5010 T2) [46].

Der erste, zumeist sehr flache Ast der Zeitstandkurve ist durch duktiles Versagen bestimmt. Der erste Knick in der Zeitstandkurve zeigt den Übergang zu dem durch Spannungsrissbildung ausgelösten Versagen an. Der zweite Ast der Kurve beschreibt die Auswirkungen dieser Alterungserscheinung. Der dritte Knick ist schließlich auf den beginnenden oxidativen Abbau zurückzuführen. Durch die oxidative Versprödung des Materials können auch geringe Spannungen zum Riss führen. Der dritte Ast der Kurve fällt daher fast senkrecht ab. Das Diagramm der Formmasse GM 5010 T2 wurde ausgewählt, weil hier die oxidative Alterung bei Temperaturen oberhalb 60 °C tatsächlich noch beobachtet werden konnte. Die Spannungsrissbeständigkeit und die Oxidationsstabilität kann also mit diesen allerdings sehr aufwendigen, langwierigen und teuren Versuchen beurteilt werden. Die folgende Betrachtung konzentriert sich zunächst auf den oxidativen Alterungsvorgang und die Funktionsdauerabschätzung, die sich dafür aus dem Zeitstand-Rohrinnendruckversuch ableiten lässt.

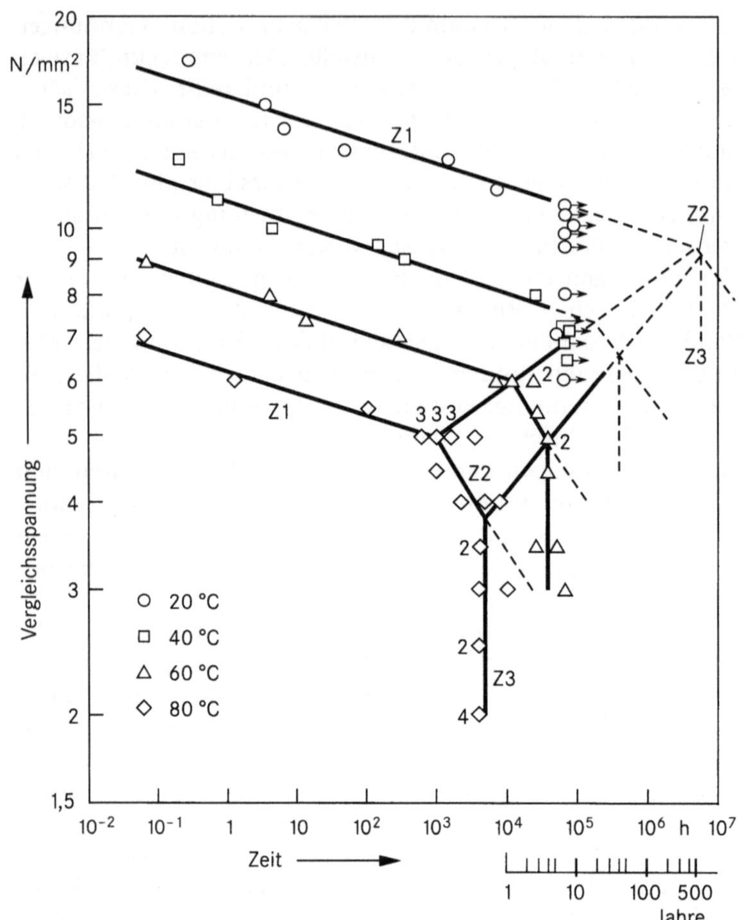

Abb. 5.21: Zeitstandfestigkeit von Rohren aus Hostalen GM 5010 T2. Z1, Z2, Z3 bezeichnen die Äste der Zeitstandkurven, die bedingt sind durch Kriechen (Z1), Spannungsrissbildung (Z2) bzw. oxidativen Abbau (Z3). (Quelle: [46])

Die zeitliche Lage der Knickpunkt bei den unterschiedlichen Prüftemperaturen kann in ein Arrhenius-Diagramm eingetragen werden. Abbildung 5.22 [46] zeigt dies für die Daten aus Abbildung 5.21. Es ergeben sich typische Arrhenius-Geraden. Der extrapolierte Verlauf der Geraden c, die den beginnenden oxidativen Abbau beschreibt, zeigt, dass bei Anwendungstemperaturen eine außerordentlich lange Funktionsdauer von deutlich über 100 Jahren erwartet werden kann.

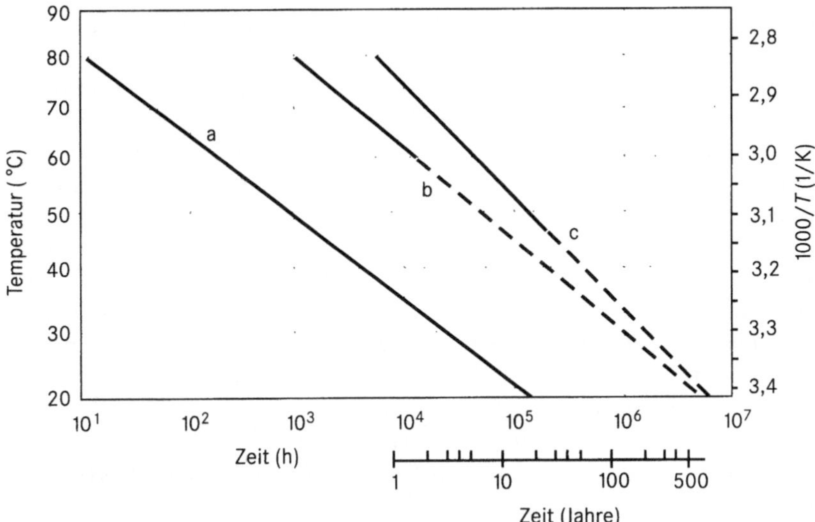

Abb. 5.22: Arrhenius-Diagramm für Spannungsrissbildung und oxidativen Abbau. a): 1. Knick bei Hostalen 5010, b): 1. Knick bei Hostalen GM 5010 T2, c): beginnende oxidative Alterung bei GM 5010 und GM 5010 T2. (Quelle: [46])

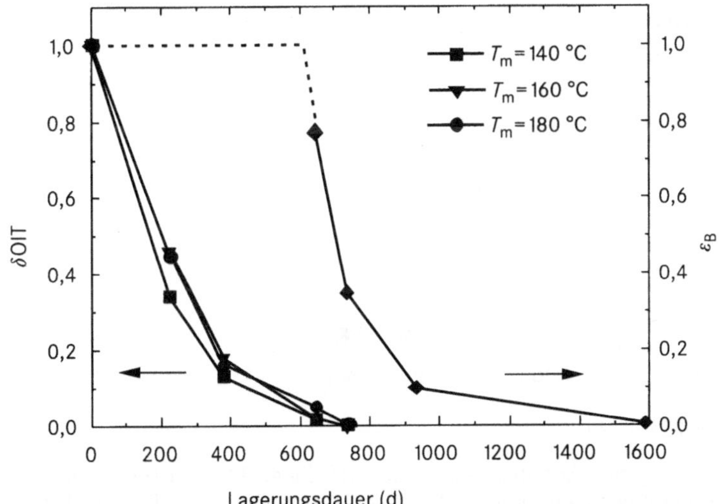

Abb. 5.23: Die relative Änderung der Oxidationsstabilität δOIT und der Bruchdehnung ε_B einer Dichtungsbahn aus Hostalen 5040 T12 während einer Lagerung bei 80 °C im Wasserbad als Funktion der Lagerungsdauer (*immersion time*) [20]. Die Oxidative Induction Time (OIT-Wert) wurde bei verschiedenen Messtemperaturen T_m im Cu-Tiegel gemessenen. Bei allen Messtemperaturen ergibt sich ein ähnlicher Verlauf der relativen OIT-Werte: Sie können daher als Maß für die Änderung des Stabilisatorgehalts dienen. Nach etwa 2 Jahre beginnt mit dem Verschwinden von δOIT der oxidative Abbau und die Bruchdehnung verringert sich. Es dauert jedoch 2 weitere Jahren bis die Bruchdehnung auf 6% abgesunken ist. Erst dann liegt sie im Bereich der zulässigen Dehnung und die oxidative Veränderung wird relevant für die Anwendung. Nach der RTG-Regel (siehe Fußnote 2, Kapitel 3) würde den 4 Jahren bei 80 °C, 1000 Jahre bei 20 °C entsprechen. Dieses Ergebnis stimmt in etwa mit den Extrapolationen aus den Zeitstandkurven überein (Kurve c) in Abbildung 5.22)

Abbildung 5.23 zeigt die relative Veränderung der Oxidationsstabilität und
der Bruchdehnung von Dichtungsbahnen aus der Formmasse Hostalen 5040 T12
bei einer Warmlagerung im 80 °C heißen Wasserbad [20]. In Übereinstimmung
mit den Daten aus dem Zeitstand-Rohrinnendruckversuch, Abbildung 5.22, ist
die Oxidationsstabilität bei 80 °C nach etwa 2 Jahren verloren gegangen und die
Festigkeit und die Bruchdehnung ändern sich drastisch: der oxidative Abbau und
die damit einhergehende Versprödung hat begonnen.

Abbildung 5.24 zeigt im Vergleich dazu die Oxidationsstabilität heute zugelassener Dichtungsbahnen [20]. Die relative Oxidationsstabilität fällt zwar zunächst stark ab. Es bleibt dann jedoch eine sich nur noch sehr langsam ändernde
Langzeitstabilität. Die absoluten OIT-Werte zeigen, dass auch nach 4 Jahren bei
80 °C im Wasserbad eine ausreichende Oxidationsstabilität vorhanden ist. Entsprechend sind die mechanischen Eigenschaften, speziell die Bruchdehnung,
unverändert. Der spröde Ast des oxidativen Abbaus kann also bei den heute verwendeten Formmassen bei 80 °C und oft selbst bei 95 °C auch nach Messzeiten
von einigen Jahren noch nicht beobachtet werden. Die Funktionsdauerprognose
aus Abbildung 5.22, Kurve c, gilt daher erst recht für diese Formmassen.

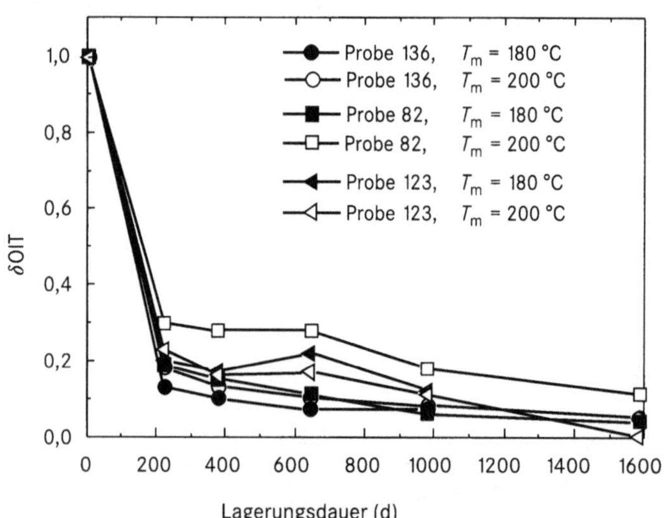

Abb. 5.24: Die relative Änderung der Oxidationsstabilität δOIT dreier BAM-zugelassener PE-
HD-Dichtungsbahnen während einer Lagerung bei 80 °C im Wasserbad [20]. Der OIT-Wert
nach 982 Tagen war bei den untersuchten Proben sehr ähnlich: Bei T_m = 180 °C wurde 9 min
(Probe 136), 7 min (Probe 82) und 7 min (Probe 123) gemessen. Auch nach 1589 Tagen zeig-
ten sich nur geringfügige Änderung in der Bruchdehnung und im Schmelzindex. Bei diesen
Werkstoffen deutet sich also frühestens nach 4 Jahren ein Beginn des oxidativen Abbaus an.
Für die Funktionsdauer im Hinblick auf oxidative Alterung dieser Werkstoffe würde man
daher nochmals ein Vielfaches der Funktionsdauer des in Abbildung 5.23 gezeigten PE-HD-
Werkstoffes annehmen.

Das Einlagerungsmedium Wasser stellt dabei die kritischere Beanspruchung dar. Bei der Warmlagerung in Luft wird eine erheblich langsamere Abnahme der Oxidationsstabilität beobachtet. Abbildung 5.25 zeigt die Ergebnisse einer Ofenalterung bei 80 °C an Dichtungsbahnen [20]. Auch nach 8 Jahren ist eine ausreichende Oxidationsstabilität vorhanden. Es sind keinerlei Veränderungen in den mechanischen Eigenschaften und übrigens auch keine in der Kristallinität zu beobachten.

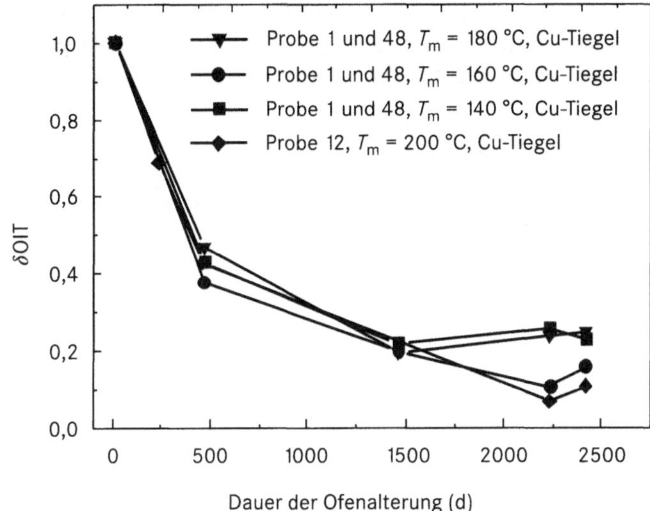

Abb. 5.25: Veränderung der Oxidationsstabilität δOIT von zugelassenen PE-HD-Dichtungsbahnen während einer Wärmealterung im Wärmeschrank bei 80 °C als Funktion der Alterungsdauer (*aging time*) [20]. Der Vergleich mit den Daten in Abbildung 5.23 zeigt, dass Luft im Vergleich zu Wasser das wesentlich unkritischere Medium darstellt.

Das Datenmaterial aus Zeitstand-Rohrinnendruckversuchen mit unterschiedlichsten Formmassen ist inzwischen Legion. Das statistische Verfahren der Auswertung der Daten und die Mindestanforderungen an den Umfang der Datensätze wird in der ISO/TR 9080:1992-07, *Thermoplastic pipes for the transport of fluids – Methods of extrapolation of hydrostatic stress rupture data to determine the long-term hydrostatic strength of thermoplastics pipe materials*, bzw. im Entwurf der ISO/DIS 9080:1998-02, *Kunststoff-Rohrleitungssysteme – Bestimmung der Zeitstand-Rohrinnendruckfestigkeit von Rohren aus Thermoplasten mittels Extrapolation*, ausführlich beschrieben.

Aus den Erfahrungen und der Vielzahl von Daten wurden Extrapolationsfaktoren abgeleitet, in der ISO/TR 9080 festgelegt und in die DIN 16887 übernommen. Die Extrapolationsfaktoren wurden an gemessenen Zeitstandkurven von Polyethylenrohren überprüft [47]. Mit diesen Faktoren K_e können die zeitlichen Grenzen einer noch zulässigen Extrapolation der Zeitstandkurven berechnet werden. Man stelle sich vor, dass bei mehreren Prüftemperaturen, mit T_{max} als maximaler Prüftemperatur, die Zeitstandkurven, bei heutigen Formmassen in der Regel nur der duktile Ast, gemessen wurden. Aus diesen Kurven werde dann der Verlauf der Zeitstandkurve bei einer bestimmten Anwendungstemperatur T_S nach dem Verfahren der ISO/TR 9080 extrapoliert. Die extrapolierte Kurve gibt dann die bei bestimmten Zeiten und der Anwendungstemperatur noch zulässigen Prüfspannungen oder Innendruckfestigkeiten. Die Frage ist nun, über welche Zeitspanne sich diese extrapolierte Kurve im Diagramm zuverlässig erstrecken lässt. t_{max} sei der Mittelwert der 5 längsten Standzeiten bei T_{max}. Die rechnerisch ermittelte gesamte Zeitstandkurve bei T_S darf dann bis zu einer Zeit $t_e = K_e t_{max}$ für Langzeitaussagen herangezogen werden. K_e ist dabei eine Funktion von $\Delta T = T_{max} - T_S$, d.h. je höher die Temperaturen sind bei denen Zeitstanddaten erhoben und in die Extrapolation eingegeben wurden und je länger diese Standzeiten sind, um so länger sind die zulässigen Zeitgrenzen für die Extrapolation bei T_S. Tabelle 5.4 listet die Extrapolationsfaktoren auf.

Tabelle 5.4: Extrapolationsfaktoren für die Bestimmung von Zeitspannen, über die sich die Extrapolation bei einem Unterschied von ΔT zwischen Prüftemperatur und Temperatur, bei der extrapoliert werden soll, erstrecken darf

ΔT (°C)	K_e
≤ 10	1
> 10 bis ≤ 15	3
> 15 bis ≤ 20	5
> 20 bis ≤ 25	9
> 25 bis ≤ 30	16
> 30 bis ≤ 35	28
> 35 bis ≤ 40	50

Die Zeitstandkurven dienen eigentlich der Dimensionierung von Rohren im Hinblick auf noch zulässige Betriebsdrücke. Nachweisbar in den Zeitstand-Rohrinnendruckversuchen ist in noch überschaubaren Prüfzeiten in der Regel nur der duktile Ast und eventuell der Übergang zum spröden Ast der Spannungsrissbildung. Da mit dem oxidativen Abbau jedoch ebenfalls ein spröder Ast verbunden ist, enthalten die aus den Versuchen abgeleiteten Funktionsdauerprognosen im Hinblick auf die zulässigen Innendruckfestigkeiten implizit auch Aussagen über untere Grenzen der Funktionsdauer im Hinblick auf die Oxidationsstabilität. Die Festlegung zulässiger Extrapolationsfaktoren beinhaltet nämlich zum einen, dass das Verhältnis der bei zwei Temperaturen bestimmten Zeiten der Übergänge vom duktilen zum spröden Ast größer ist, als der zur Differenz der Temperaturen gehörende Extrapolationsfaktor, zum anderen aber auch, dass innerhalb der extrapolierten Zeitgrenze kein oxidativer Abbau zum Versagen geführt hat. Aus den Zeitstandkurven und den damit verbundenen Extrapolationsfaktoren können daher Funktionsdaueraussagen für beide Alterungserscheinungen gewonnen werden. Nebenbei bemerkt, passen diese Faktoren mit der RTG-Regel zusammen, siehe dazu die Fußnote 2 im Abschnitt 3 und den Abschnitt 5.1.

Bei Hostalen 4050 T12 beginnt bei 80 °C im Wasserbad nach knapp 2 Jahren die Versprödung durch oxidative Alterung. Mit dem Extrapolationsfaktor der

Tabelle 5.4 erwartet man dann bei 40 °C ein Beginn der Versprödung nach etwa 100 Jahren. Dies stimmt mit den aus den Rohrkurven ermittelten Abschätzungen überein, siehe Abbildung 5.21 und [46]. Bei den derzeit zugelassenen Formmassen der Dichtungsbahnen tritt auch nach drei Jahren spannungsfreier Lagerung im 80 °C heißen Wasser noch keine Oxidation auf [20]. Der Extrapolationsfaktor würde dann bei 40 °C eine Funktionsdauer von weit über 100 Jahren erwarten lassen.

Schon bei 40 °C, einer Temperatur bis zu der bei 80 °C gemessene Daten extrapoliert werden dürfen, erwartet man daher erst jenseits von 100 Jahren eine merkliche Auswirkung der oxidativen Alterung. Diese Funktionsdauerabschätzung gilt aber erst recht bei 20 °C, wo man einen noch vielfach höhere Zeitspanne erwarten würde. Nach wie viel Jahrhunderten bei dieser Temperatur der oxidative Abbau aber tatsächlich einsetzt, lässt sich dann allerdings nicht mehr zuverlässig angeben.

Der Fortschritt in den Werkstoffeigenschaften schlägt sich auch in den Regelwerken des Rohrbereichs nieder: für PE-HD-Rohre soll die bisher angesetzte generelle Betriebsfähigkeit von 50 Jahren mit dem Entwurf der neuen DIN 8075:1999-08, *Rohre aus Polyethylen (PE) PE 63, PE 80, PE 100, PE-HD, Allgemeine Güteanforderungen, Prüfungen*, auf 100 Jahre erweitert werden.

Die bisherige Funktionsdauerabschätzung berücksichtigte nur den oxidativen Abbau, wie er auch im spannungsfreien Zustand auftreten kann. Die dauerhafte Einwirkung von Spannung kann durch die Spannungsrissbildung die Funktionsdauer erheblich verringern, siehe dazu die Gerade a und b in Abbildung 5.22. Der Verlauf der Geraden zeigt auch, dass die Spannungsrissempfindlichkeit verschiedener Formmassen sehr unterschiedlich sein kann. Die in der Abbildung 5.21 gezeigte Formmasse Hostalen 5010 ist z.B. sehr spannungsrissempfindlich im Vergleich mit den für BAM-zugelassene Dichtungsbahnen verwendeten Materialien. Bei der Beurteilung der Formmassen für Dichtungsbahnen im Rahmen des Zulassungsverfahrens werden höhere Anforderungen an die Innendruckfestigkeit gestellt. Es muss im Zulassungsverfahren eine Zeitstandkurve nach DIN 16887 bei 80 °C an Rohren aus dem Dichtungsbahnwerkstoff gemessen werden. Die Messung muss sich normgemäß über einen Bereich von größer 10^4 h (417 Tage) erstrecken. Bei einer Prüfspannung von 4 N/mm^2 muss die mittlere Standzeit bei 80 °C größer als 8760 h (1 Jahr) sein.

Die Funktionsdauern, die bei dieser Spannung bei anderen Temperaturen dann mindestens erreicht werden, kann an den Extrapolationsfaktoren abgelesen werden, siehe Tabelle 5.4. Die noch zulässige Spannung, die in einer Dichtungsbahn auftreten darf, wäre bei 40 °C und einer Funktionsdauer von 50 Jahren ebenfalls mindestens 4 N/mm^2. Nach den Vergleichskurven der neuen DIN 8075 dürfte dann sogar eine Innendruckfestigkeit, d.h. eine noch zulässige Prüfspannung, von 5,8 N/mm^2 angenommen werden, bzw. von 8 N/mm^2 bei 20 °C und 50 Jahren und noch mindestens 7 N/mm^2 bei 20 °C und 100 Jahren.

Um der Spannungsrissbildung vorzubeugen, müssen Dichtungsbahnen so eingebaut werden, dass sie nicht dauerhaft mit Zugspannungen beaufschlagt werden. Die typische Beanspruchung nach dem Einbau ist daher nicht durch eine dauerhaft wirksame Spannung, sondern durch aufgezwungene Verformungen (Setzungen, Eindrücke) charakterisiert. Das Materialverhalten ist nicht durch Kriechen unter der Last, sondern durch die Spannungsrelaxation während und nach der aufgezwungenen Verformung bestimmt. Für Dichtungsbahnen müssen daher im Hinblick auf die Spannungsrissbildung noch zulässige Verformungen und nicht wie bei den Rohren noch zulässige Spannungen bzw. Betriebsdrücke festgelegt werden.

Aus den Zeitstandkurven können mit einem einfachen Ansatz noch zulässige Verformungen abgeleitet werden [46]. Eine mehrachsige Verformung bei 20 °C bzw. 40 °C erzeugt eine innere Spannung. Im uniaxialen Relaxationsversuch wird gemessen, wie sich diese Spannung abbaut. Man kann daraus extrapolieren, welche Restspannung unter Berücksichtigung der Relaxation nach 100 bzw. 50 Jahren noch vorhanden wäre. Ausgehend von der Anforderung an die Innendruckfestigkeit fordert man, dass diese Restspannung 4 N/mm^2 nicht übersteigen darf. Damit ist die zulässige Größe der größten Verformungskomponente bei einer mehrachsigen Verformung festgelegt. Für 40 °C erhält man etwa 3% Dehnung, für 20 °C einen doppelt so großen Wert [48].

Diese Abschätzung ist jedoch sehr konservativ. Die durch die aufgezwungenen Verformungen erzeugten, langfristig im Material noch wirksamen Spannungen werden eher deutlich über- als unterschätzt. Man unterschätzt daher die eigentlich noch zulässigen Verformungen. Man erkennt das auch daran, dass ein Dehnungswert von 3% im Bereich der sogenannten kritischen Dehnungsgrenze von PE-HD liegt, unterhalb derer Spannungsrissbildung vermutlich gar nicht mehr auftreten kann, siehe den Abschnitt 5.3.4, Unterpunkt 3.

Die konservative Festlegung ist jedoch gerechtfertigt, weil in die bislang angestellte Funktionsdauerbetrachtung die Schweißnähte nicht miteinbezogen wurden. Im Rohrbereich kann die Auswirkung von Schweißnähten auf die Funktionsdauer bzw. die erforderlich Abminderung der Betriebsdrücke durch die Langzeitschweißfaktoren bestimmt werden. Der Langzeitschweißfaktor wäre bei Dichtungsbahnen definiert, als Verhältnis von Standzeit im Zeitstand-Zugversuch einer Dichtungsbahnenprobe mit Schweißnaht zur Standzeit einer Dichtungsbahnprobe ohne Schweißnaht. Es ist umstritten, ob für die Überlappnähte mit Prüfkanal bzw. für die Auftragnähte bei Dichtungsbahnen eine Bestimmung von Langzeitschweißfaktoren möglich ist (Kapitel 10). Zum einen reagieren Schweißnähte durch die ungünstige Geometrie empfindlich auf Zug-Scherbeanspruchungen. Im Zeitstand-Relaxations-Versuch, der die tatsächliche Beanspruchungen abbildet, wird dagegen keine erhebliche Beeinträchtigung beobachtet [49]. Zum anderen sind die Versagenszeiten der Dichtungsbahnproben im Zeitstand-Zugversuch zumeist Artefakte der Probenpräparation.

Mit der sehr konservativen Festlegung der zulässigen Verformungen ist jedoch auch an Schweißnähten – bei einwandfreier Herstellung der Nähte und Verlegung der Dichtungsbahnen – ein Versagen durch Spannungsrissbildung weitgehend ausgeschlossen. Für die Dichtungsbahn ist unter dieser Voraussetzung ohnehin der oxidative Abbau die relevante Alterungserscheinung. Fehler werden dann allenfalls an besonders kritischen Schweißnahtstellen punktuell auftreten.

Eine untere Grenze für die Funktionsdauer kann auch durch eine spezielle Auswertung der Veränderung der Oxidationsstabilität im Warmlagerungsversuch ermittelt werden. Von Y. G. HSUAN und R. M. KOERNER [50] wurde für eine handelsübliche PE-HD-Dichtungsbahn die im Abschnitt 5.2.2, Gleichung (5.23), als $t_{i,2}$ bezeichnete Zeitdauer[8] bestimmt, nach der die Antioxidantien in der Dichtungsbahn verbraucht sind. Dazu wurden Warmlagerungsversuche bei unterschiedlichen Temperaturen (55 °C, 65 °C, 75 °C, 80 °C) in Versuchszellen, die anwendungsnahe Umgebungsbedingungen der Dichtungsbahn simulieren, durchgeführt. In den zylinderförmigen Versuchszellen wurde zunächst eine trockene Sandschicht eingebaut, die über eine Öffnung mit der umgebenden Luft verbunden war; darauf wurde eine Dichtungsbahnprobe gelegt und mit Sand bedeckt; auf der Dichtungsbahn stand 30 cm Wasser an; über eine auf dem Sand aufliegende, durchlöcherte Lastplatte wurde schließlich mit einem Hebelmechanismus eine Auflast von 260 kPa aufgebracht. Die Zellen wurden im Wärmeschrank gelagert. Nach und nach wurden die Zellen geöffnet und an den Dichtungsbahnen der OIT-Wert, die Dichte, der Schmelzindex und die mechanischen Eigenschaften im Zugversuch ermittelt.

Der Gehalt an Antioxidantien wurde indirekt über die Messung des OIT-Wertes, einmal bei 200 °C im strömendem Sauerstoff (Std-OIT), zum anderen in einer Hochdruckzelle bei 150 °C und 3500 kPa (HP-OIT) Sauerstoffpartialdruck. Im Ausgangszustand hatte die Dichtungsbahn OIT-Werte von 80,5 min (Std-OIT) bzw. 210 min (HP-OIT). Das Stabilisatorpaket der Dichtungsbahn war nicht bekannt. Zwischen den Werten der normalen OIT-Messung und der Hochdruck-OIT-Messung wurde jedoch eine sehr enge lineare Korrelation gefunden (Abbildung 5.26). Wegen dieses Befundes wurde vermutet, dass die PE-HD-Dichtungsbahn das übliche, aus einer phosphitischen und phenolischen Antioxidants bestehende Stabilisatorpaket enthielt. Die relative Veränderung des OIT-Wertes kann dabei über einen weiten Bereich als näherungsweise proportional zur Veränderung des Stabilisatorgehalts angenommen werden, siehe Abschnitt 3.2.7.

Die Lagerungen wurden über einen Zeitraum von 30 Monaten geführt. Die Dichte, der Schmelzindex und die mechanischen Eigenschaften zeigten keinerlei Veränderungen. Die OIT-Werte nahmen jedoch exponentiell ab, also nach der für den Stabilisatorverlust relevanten Gleichung (5.24), wobei die Temperaturabhängigkeit der Rate k_{eff} der Abnahme einem Arrhenius-Gesetz entsprach, siehe (5.26). Die für beide OIT-Werte berechneten Aktivierungsenergien E stimmten dabei sehr gut überein[9]: 56 kJ/mol bzw. 58 kJ/mol. Unter der Annahme, dass der OIT-Wert der unstabilisierten Dichtungsbahn 0,5 min (Std-OIT) und 20 min (HP-OIT) beträgt, wurde dann nach (5.27) die Zeit $t_{i,2}$ berechnet. Es ergaben sich für 20 °C Zeiten von 200 Jahren bzw. 215 Jahren.

Solch eine Extrapolation über den Verlauf von Exponentialfunktionen ist naturgemäß mit gewissen Unsicherheiten behaftet. Hervorgehoben sei, dass die quantitative Analyse auf der Annahme beruht, dass die OIT-Werte der unstabilisierten Dichtungsbahn bekannt sind und damit der Gehalt an Antioxidantien direkt proportional zu dem gemessenen OIT-Wert ist, dass also in Formel (5.27) $[A]_0 / [A]_{kr}$ = (80,5/0,5) (Std.-OIT) bzw. = (210/20) (HP-OIT) angenommen wer-

---

[8] In dem Aufsatz wird die Zeitdauer als *antioxidant depletion lifetime* bezeichnet.

[9] Für den natürlichen Logarithmus der Proportionalitätskonstante B in (5.24) wurden die Werte 17,045 bzw. 16,850 ermittelt. Die Rate der Abnahme des OIT-Wertes wurde dabei in der Einheit min/Monat gemessen. Die allgemeine Gaskonstante R hat den Wert 8,31 J/mol · K.

den kann. Gerade eine phosphitische Antioxidants, die das Material bei den hohen Verarbeitungstemperaturen schützt, liefert einen hohen Anfangswert in der OIT-Messung, ohne über sehr lange Zeit zur Stabilisierung bei Anwendungstemperaturen beizutragen. Die Änderung des OIT-Wertes ist also zunächst groß. In Abbildung 5.24 wird dies an den Daten der sehr langen Warmlagerungsversuche deutlich. Die große Änderung täuscht aber einen großen Verlust an Antioxidantien vor und damit auch kleine Verlustzeiten $t_{i,2}$. Die Untersuchung von Y. G. HSUAN und R. M. KOERNER schätzt daher eher eine untere Grenze für die Verlustzeiten ab.

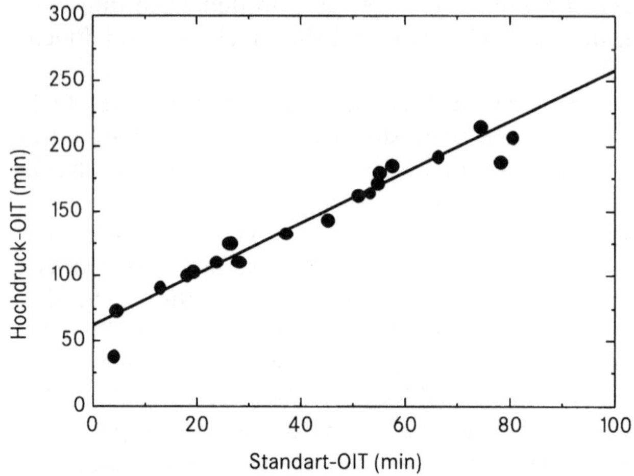

Abb. 5.26: Vergleich der Werte aus der Standard-OIT-Messung und aus der Hochdruck-OIT-Messung an warmgelagerten Dichtungsbahnproben. Die Standard-OIT-Messung wurde unter strömendem Sauerstoff bei 200 °C, die Hochdruck-OIT-Messung wenig über der Schmelztemperatur der PE-HD-Dichtungsbahn bei 150 °C und einem Sauerstoffpartialdruck von 3500 kPa durchgeführt. Die gute lineare Korrelation deutet darauf hin, dass keine nur im Bereich der Schmelz- oder tieferer Temperaturen wirksamen Stabilisatoren, wie z.B. HALS-Verbindungen, im Stabilisatorpaket der hier untersuchten PE-HD-Dichtungsbahn eingesetzt wurden. (Quelle: [50])

Nach Ablauf von $t_{i,2}$ beginnt der eigentliche Oxidationsvorgang, dessen Induktionszeit $t_{i,1}$ sich über viele Jahrzehnte erstrecken kann. Selbst eine nach den drastischen Veränderungen in der Bruchdehnung und -festigkeit und im Schmelzindex schon weitgehend gealterte PE-HD-Dichtungsbahn kann jedoch noch Verformungen unterhalb der Streckgrenze ohne Rissbildung folgen, siehe Abbildung 5.23. Die Funktionstüchtigkeit ist also auch bei weit fortgeschrittener Oxidation noch nicht beeinträchtigt.

Fasst man die Untersuchungsergebnisse dieses Abschnitts zusammen, so lässt sich folgendes Resümee ziehen. PE-HD-Dichtungsbahnen müssen für eine extrem langzeitige Funktion so eingebaut werden, dass sie nicht dauerhaft unter Zugspannungen stehen und nicht ständig der UV-Strahlung ausgesetzt sind. Werden dann geeignete PE-HD-Werkstoffe ausgewählt und die kritischen Verformungsgrenzen (3% ... 6%) nicht überschritten, so kann von einer Funktionsdauer von einigen hundert Jahren ausgegangen werden. Für diese Werkstoffklasse kann nach bestehenden Normen eine Funktionsdauer von mindestens 100 Jahren (50 Jahren) bei 20 °C (40 °C) auch bei sehr kritischen sonstigen Beanspruchungen sogar als anerkannte Regel der Technik angenommen werden. Für kein anderes Abdichtungselement sind derzeit so weitreichende und wohlfundierte Langzeitaussagen möglich.

5.5 Literatur

[1] MÜLLER, W.
Dichtigkeit und Beständigkeit von Baustoffen für Deponieabdichtungen, Teil 1. *AbfallwirtschaftsJournal*, 7 (1995), H. 12, S. 749–756.

[2] DOLEZEL, B.
Die Beständigkeit von Kunststoffen und Gummi. München: Carl Hanser 1978.

[3] EU-KOMMISSION (Hrsg.)
Construct 99/367, Leitpapier F zur Bauproduktenrichtlinie 89/106/EWG, Dauerhaftigkeit und die Bauproduktenrichtlinie. Brüssel: EU-Kommission, Generaldirektion III 1999.

[4] HUTTEN, A.
Langzeiterfahrungen mit Deponiebasisabdichtungen aus PE-HD am Beispiel der Deponie Glurns (I). *Müll und Abfall*, 24 (1992), H. 5, S. 314–323.

[5] RAYMOND, G. P.; GIROUD, J. P. (Hrsg.)
Geosynthetic case histories, Thirty five years of experience. Richmond, British Columbia, Canada: BiTech Publishers Ltd. 1993.

[6] GEBLER, H.
Langzeitverhalten und Alterung von PE-HD-Rohren. *Kunststoffe*, 79 (1989), S. 823–826.

[7] AUGUST, H.; HOLZLÖHNER, U.; MEGGYES, T.
Verbundvorhaben Weiterentwicklung von Deponieabdichtungssystemen, Schlußbericht. Berlin: Umweltbundesamt, Projektträger Abfallwirtschaft und Altlastensanierung 1997, 482 Seiten.

[8] LANDAU, L. D.; LIFSCHITZ, E. M.
Lehrbuch der Theoretischen Physik, Band V, Statistische Physik, Teil 1. Berlin: Akademie Verlag 1979, 529 Seiten.

[9] KOERNER, M. R.; LORD, A. E.; HSUAN, Y. H.
Arrhenius Modeling to Predict Geosynthetic Degradation. *Goetextiles and Geomembrane*, 11 (1992), S. 151–183.

[10] GUGUMUS, F.
Antioxidantien. In: Gächter, R.; Müller, H. (Hrsg.): Taschenbuch der Kunststoff-Additive. München: Carl Hanser Verlag 1990, S. 1–103

[11] EMANUEL, N. M.; BUCHACHENKO, A. L.
Chemical Physics of Polymer Degradation and Stabilisation. Utrecht, Netherland: VNU Science Press 1987.

[12] FROST, A. A.; PEARSON, R. G.
     Kinetik und Mechanismen homogener chemischer Reaktionen. Weinheim: Verlag
     Chemie 1964.

[13] MÜLLER, H.
     Metalldesaktivatoren. In: Gächter, R.; Müller, H. (Hrsg.): Taschenbuch der Kunst-
     stoff-Additive. München: Hanser Verlag 1990.

[14] GUGUMUS, F.
     Thermooxidative degradation of polyolefins in the solid state: Part 1. Experimental
     kinetics of functional group formation. *Polymer Degradation and Stability*, 52 (1996),
     S. 131–144.

[15] GUGUMUS, F.
     Thermooxidative degradation of polyolefins in the solid state: Part 5. Kinetics of
     functional group formation in PE-HD and PE-LLD. *Polymer Degradation and Stabi-
     lity*, 55 (1997), S. 21–43.

[16] GUGUMUS, F.
     Thermooxidative degradation of polyolefins in the solid state. Part 2: Homogeneous
     and heterogeneous aspects of thermal oxidation. *Polymer Degradation and Stability*,
     52 (1996), S. 145–157.

[17] PAUQUET, J.-R.
     Anitoxidantien. *Kunststoffe*, 89 (1999), H. 7, S. 80–84.

[18] PFAHLER, G.; LÖTZSCH, K.
     Stabilisierung von Polyolefinen für Anwendungen in extrahierenden Medien.
     Kunststoffe, 78 (1988), H. 2, S. 142–148.

[19] GUGUMUS, F.
     Effect of temperature on the lifetime of stabilized and unstabilized PP films. *Polymer
     Degradation and Stability*, 63 (1999), S. 41–52.

[20] MÜLLER, W.; JAKOB, I.
     Comparison of Oxidation Stability of various Geosynthetics. In: Cancelli, A.; Cazzuffi,
     D.; Soccodato, C. (Hrsg.): Proceedings of the Second European Geosynthetics Confe-
     rence. Bologna: Pàtron Editore 2000.

[21] ORTHMANN, H. J.
     Das Spannungsrißverhalten von thermoplastischen Kunststoffen. *Kunststoffe*,
     73 (1983), H. 2, S. 96–101.

[22] MENGES, G.
     Das Verhalten von Kunststoffen unter Dehnung, Teil 1. Phänomenologie der
     Rißerscheinungen. *Kunststoffe*, 63 (1973), H. 2, S. 95–100.

[23] LUSTIGER, A.; MARKHAM, R. L.
     Importance of tie molecules in preventing polyethylene fracture under long-term
     loading conditions. *Polymer*, 24 (1983), S. 1647–1654.

[24] EPA (Hrsg.)
     Stress cracking behavior in HDPE geomembranes and its prevention. Cinicinnati,
     USA: Environmental Protection Agency (EPA) 1992.

[25] HSUAN, Y. G.; KOERNER, R. M.; LORD, A. E.
     Stress Cracking Resistance of High Density Polyethylene Geomembranes.
     J. of. Geotechnical Engineering, 119 (1993), S. 11.

[26] HESSEL, J.; JOHN, P.
Langzeitfestigkeit von Schweißverbindungen an Dichtungsbahnen aus Polyethylen.
Werkstofftechnik, 18 (1987), S. 228–231.

[27] MÜLLER, W. (Hrsg.)
Richtlinie für die Zulassung von Kunststoffdichtungsbahnen als Bestandteil einer
Kombinationsdichtung für Siedlungs- und Sonderabfalldeponien sowie für Abdich-
tungen von Altlasten. Berlin: BAM, Labor Deponietechnik 1992.

[28] GAUBE, E.
Zeitstandfestigkeit und Spannungsrißbildung von Niederdruckpolyäthylen.
Kunststoffe, 49 (1959), H. 9, S. 446–454.

[29] DUVALL, D. E.; EDWARDS, D. B.
Creep and Stress Rupture Testing of Polyethylene Sheets under Equal Biaxial Tensile
Stresses. In: Proceedings of the Annual Technical Conference 1992 (ANTEC 92) of
the Society of Plastic Engineers. Brookfield, USA: Society of Plastic Engineers (SPE)
1992, S. 128–131.

[30] KNOTT, J. F.
Fundamentals of Fracture Mechanics. London: Butterworth & Co. Ltd. 1973.

[31] GRIFFITH, A. A.
The Phenomena of Rupture and Flow in Solids. *Phil. Tran. Roy. Soc.*, A221(1921),
S. 163.

[32] WESTERGAARD, H. M.
Bearing Pressures and Cracks. *Journal of Applied Mechanics*, 61(1939), S. A49–A53.

[33] IRWIN, G. R.
Analysis of Stresses and Strains Near the End of a Crack Traversing a Plate.
Journal of Applied Mechanics, 24 (1957), S. 361–364.

[34] RAMSTEINER, F.
Zur Spannungsrißbildung in Thermoplasten durch flüssige Umgebungsmedien.
Kunststoffe, 80 (1990), H. 6, S. 695–700.

[35] LU, X.; ISHIKAWA, N.; BROWN, N.
The Critical Molecular Weight for Resisting Slow Crack Growth in a Polyethylene.
J. Polym. Sci. Part B: Polym. Phys., 34 (1996), S. 1809–1813.

[36] HUANG, Y.-L.; BROWN, N.
Dependence of Slow Crack Growth in Polyethylene on Butyl Branch Density:
Morphology and Theory. *J. Poym. Sci., Polym. Phys.*, 29 (1991), S. 129–137.

[37] ZHOU, Z.; BROWN, N.
The effect of orientation on slow crack growth in high density polyethylene. *Polymer*,
35 (1994), H. 9, S. 1948–1951.

[38] LU, X.; QIAN, R.; BROWN, N.
Notchology - the effect of the notching method on the slow crack growth failure in a
tough polyethylene. *J. Mater. Sci.*, 26 (1991), S. 881–888.

[39] LU, X.; BROWN, N.
The ductile-brittle transition in a polyethylene copolymer. *J. Mater. Sci.*, 25 (1990),
S. 29–34.

[40] BROWN, N.; LU, X.
A fundamental theory for slow crack growth in polyethylene. *Polymer*, 36 (1995),
H. 3, S. 543–548.

[41] BROWN, N.; DONOFRIO, J.; LU, X.
The transition between ductile and slow-crack-growth in polyethylene.
Polymer, 28 (1987), H. 7, S. 1326–1330.

[42] LU, X.; BROWN, N.
Unification of ductile failure and slow crack growth in an ethylene-octene copolymer.
J. Mater. Sci., 26 (1991), H. 612–620, .

[43] MENGES, G.
Das Verhalten von Kunststoffen unter Dehnung, Teil 2. Deutung der kritischen Dehnung und Verhalten der Kunststoffe bei überkritischer Dehnung.
Kunststoffe, 63 (1973), H. 3, S. 173–177.

[44] MENGES, G.; RIESS, R.
Verarbeitungs- und Umgebungseinflüsse auf die kritische Dehnung von Kunststoffen.
Kunststoffe, 64 (1974), H. 2, S. 87–92.

[45] MENGES, G.; WIEGAND, E.; PÜTZ, D.; MAURER, F.
Ermittlung der kritischen Dehnung teilkristalliner Thermoplaste.
Kunststoffe, 65 (1975), H. 6, S. 368–371.

[46] KOCH, R.; GAUBE, E.; HESSEL, J.; GONDRO, C.; HEIL, H.
Langzeitfestigkeit von Deponiedichtungsbahnen aus Polyethylen.
Müll und Abfall, 20 (1988), H. 8, S. 3–12.

[47] SCHULTE, U.
100 Jahre Lebensdauer, Langzeitfestigkeit von Druckrohren aus bimodalem PE-HD nach ISO/TR 9080. *Kunststoffe*, 87 (1997), H. 2, S. 203–206.

[48] SEEGER, S.; MÜLLER, W.
Limits of stress and strain: Design criteria for protective layers for geomembrane in landfill liner systems. In: DeGroot, M. B.; DenHoedt, G.; Termaat, R. J. (Hrsg.): Geosynthetics: Applications, Design and Construction, Proceedings of the First International European Geosynthetics Conference (Eurogeo 1). Rotterdam: A. A. Balkema 1996.

[49] KNIPSCHILD, F. W.
Qualitätssicherung beim Bau von Deponieabdichtungen – Einbau der Kunststoffdichtungsbahn. In: Fehlau, K.-P.; Stief, K. (Hrsg.): Fortschritte der Deponietechnik 1992, Qualitätssicherung für Deponieabdichtungssysteme und Eigenkontrollen beim Aufbau der Deponie. Berlin: Erich Schmidt Verlag 1992.

[50] HSUAN, Y. G.; KOERNER, R. M.
Antioxidant Depletion Lifetime in High Density Polyethylene Geomembranes.
Journal of Geotechnical and Geoenvironmental Engineering, 124 (1998), H. 6, S. 532–541.

[51] MENGES, G.; ALF, E.
Beziehung zwischen der verformungsbedingten Spannungsrißbildung und dem Versagen von Polypropylen. *Kunststoffe*, 62 (1972), H. 4, S. 259–267.

6 PE-HD-Dichtungsbahnen mit strukturierter Oberfläche

6.1 Art und Herstellung von Oberflächenstrukturen

Die Reibungskräfte zwischen der Kunststoffdichtungsbahn und ihrem Auflager, z.B. der mineralischen Dichtung oder einer Feinsandschicht, sowie zwischen Dichtungsbahn und darüber liegender Schutzschicht können durch ein- oder beidseitige Strukturierung der Dichtungsbahnoberfläche erhöht werden[1] [1], [2]. Nach Art und Herstellung lassen sich verschiedene Strukturvarianten unterscheiden. Es werden folgende Herstellungsverfahren angewandt [3], [4]:

1. Mit Prägewalzen wird dem aus der Breitschlitzdüse austretenden, noch zähflüssigen Polyethylenteppich eine Struktur aufgeprägt. Das Kühlwalzwerk übernimmt dann auch die Funktion eines Kalanderwalzwerks und es ergeben sich besondere Anforderungen an die Lager und die Halterungen der Prägewalzen.

2. In einem nachgeordneten Arbeitsgang werden auf der Oberfläche einer glatten Dichtungsbahn Strukturpartikel (Fäden, Schaumfetzen) aus gleichem Werkstoff oder einem anderen thermoplastischen Werkstoff thermisch fixiert. Es sind hier die unterschiedlichsten Verfahrensvarianten möglich.

3. Eine innere und eine gasaktivierte äußere Schicht oder zwei gasaktivierte äußere Schichten werden in einer Mehrschlitzdüse koextrudiert. Beim Austritt aus der Düse platzen Gasbläschen in und unter der Oberfläche der gasaktivierten äußeren Schichten. Es entsteht eine raue, wie mit Kratern übersäte Oberfläche.

Abbildung 6.1 illustriert schematisch die drei Herstellungsverfahren. Die Verfahren 1 und 2 (geprägte und gefügte Struktur) können verfahrenstechnisch einfach so ausgeführt werden, dass ein glatter Randbereich verbleibt, der dann mit einem Schutzstreifen abgedeckt wird. In diesem so geschützten Randbereich wird die Dichtungsbahn später verschweißt. Beim Verfahren 3 (koextrudierte Struktur) ist die Herstellung eines glatten Randstreifens verfahrenstechnisch sehr schwierig. In der Regel sind die Dichtungsbahnen durchgehend strukturiert und der strukturierte Bereich muss verschweißt werden.

---

[1] Die Oberflächenstruktur der Dichtungsbahnen wird im Englischen mit *texture*, die Kunststoffdichtungsbahn mit strukturierter Oberfläche als *textured geomembrane* bezeichnet.

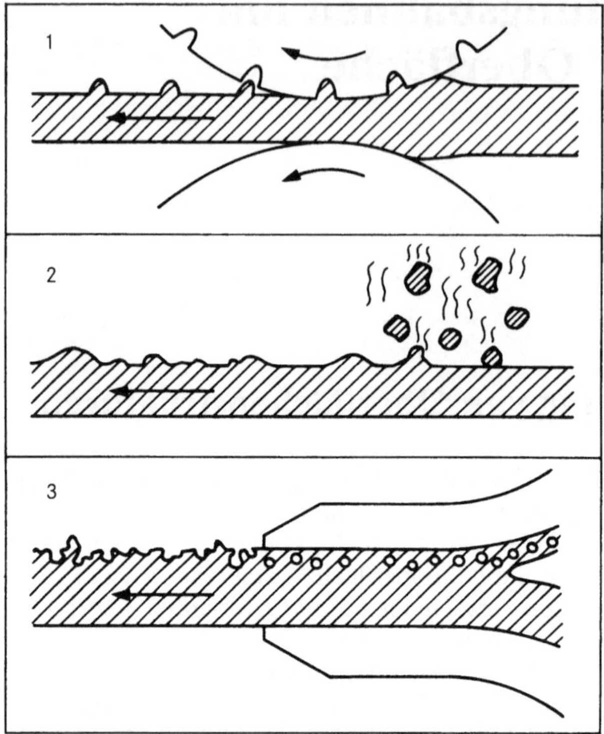

Abb. 6.1: Schematische Darstellung der Herstellungsverfahren strukturierter Oberflächen von Dichtungsbahnen. Es entstehen geprägte Strukturen (1), gefügte Strukturen (2) und koextrudierte Strukturen (3). Mit allen drei Verfahren können auch beidseitig strukturierte Dichtungsbahnen hergestellt werden.

Jedes Herstellungsverfahren hat spezifische Vor- und Nachteile. Beim Prägeverfahren ergeben sich besondere Anforderungen an die Stabilität der Lager und Halterung sowie an die Wirksamkeit der Kühlung der Prägewalzen. Die strukturierten Dichtungsbahnen werden bei diesem Verfahren im Vergleich zu den glatten Dichtungsbahnen relativ stark orientiert. Die Einhaltung der zulässigen Maßänderung (Abschnitt 3.2.5) erfordert daher u.U. eine sehr langsame Verarbeitungsgeschwindigkeit. Die starken und scharfen Änderungen im Querschnittsverlauf der Struktur können zu Spannungskonzentrationen und Kerbstellen führen. Es ergeben sich dann nur geringe Standzeiten im Zeitstand-Zugversuch. Die Spannungsrissbeständigkeit dieser Dichtungsbahnen muss daher geprüft werden (Abschnitt 3.2.16). Andererseits ergeben gerade solche Verläufe große Reibungskräfte. Die Strukturen können im Heizkeil-Schweißverfahren nicht ohne weiteres überschweißt werden, was bei T-Stößen erforderlich würde. Die Strukturen müssen in diesem Bereich dann abgearbeitet werden. Eine sorgfältige, fachgerechte Ausführung kann einen erheblichen Aufwand bedeuten. Diese Dichtungsbahnen haben dafür den großen Vorteil, dass sich das Problem der langzeitigen Haftung der Strukturelemente und einer möglichen vorzeitigen Alterung von Strukturpartikeln gar nicht stellt. Beidseitige Strukturen können problemlos in unterschiedlicher geometrischer Ausprägung und damit auch mit abweichenden Reibungswiderständen an den beiden Oberflächen hergestellt werden. Abbildung 6.2 zeigt Beispiele für geprägte Strukturen.

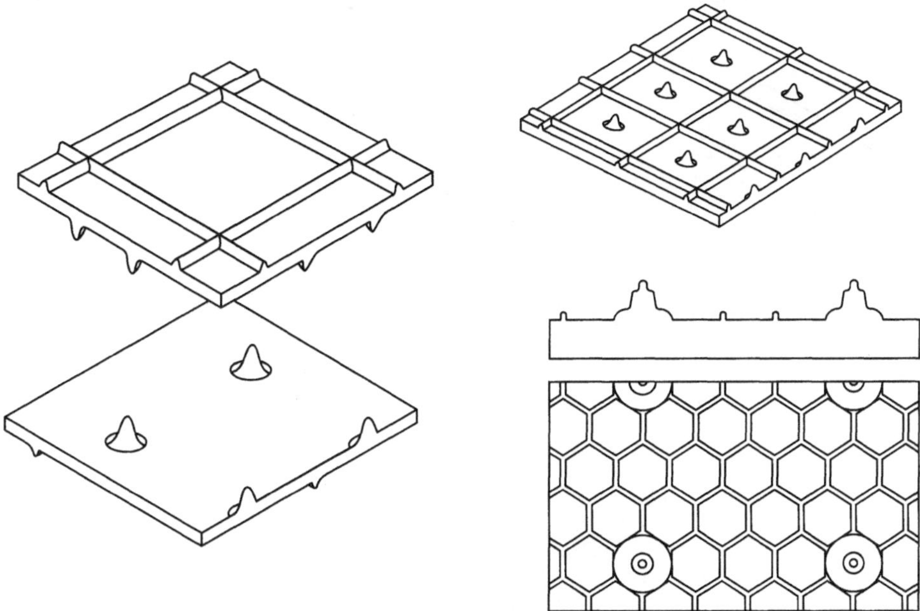

Abb. 6.2: Zeichnung von PE-HD-Dichtungsbahnen mit geprägten Oberflächenstrukturen. Von den Herstellern werden oft eigene Namen für ihre Prägungen vergeben. Links und rechts oben: eine perspektivische Darstellung von Strukturen, die als „Spike", „Raster" und „Karo-Noppe" bezeichnet werden. Rechts unten: eine Aufsicht und der zugehörige Querschnitt einer „Megakron" genannten Struktur.

Bei den in einem zweiten Arbeitsgang aufgebrachten Strukturen hat die Grunddichtungsbahn natürlich die guten Maßänderungs-Eigenschaften einer glatten Dichtungsbahn. Offensichtlich stellt sich bei diesen Strukturen jedoch die Frage nach der guten Haftung der Strukturpartikel und deren spezifischen Langzeitverhalten, mit einem Wort, die Frage nach der Langzeit-Scherfestigkeit (Abschnitt 3.2.18). Auch bei diesen Strukturen muss das Problem der Spannungsrissbeständigkeit beachtet werden. Hier kann nämlich die Fügestelle zwischen Strukturpartikel und Grunddichtungsbahn eine Schwachstelle für die Spannungsrissbildung werden. Abbildung 6.3 zeigt oben eine Struktur bei der das Strukturmaterial aufgesprüht wurde. Das Material wird dabei sehr heiß verarbeitet. Unten ist eine Struktur gezeigt, bei der ein gasaktivierter PE-HD-Schaum aufextrudiert wurde. Die Dichtungsbahn wird dazu vorgewärmt. Bei beidseitiger Strukturierung können unterschiedliche Reibungswiderstände zwischen Unter- und Oberlage durch Veränderung des Flächengewichts des aufgebrachten Materials in gewissem Umfang eingestellt werden. Im Rahmen der Produktionskontrolle ist eine durchgehende Beobachtung der Strukturverteilung auf ihre Gleichmäßigkeit hin erforderlich. Der besondere Vorteil dieser Strukturen besteht darin, dass sich

bei den Strukturpartikeln Hinterschneidungen ergeben, an denen sich z.B. Vliesstoffe verhaken können. Es können daher gerade für diese Kombination von
Reibungspartnern sehr hohe Reibungskräfte erreicht werden. Die niedrige Höhe
der Strukturen erlaubt bei T-Stößen ein direktes Überschweißen ohne Qualitäts-
einbußen der Schweißnähte, wenn geeignete Schweißmaschinen verwendet werden.

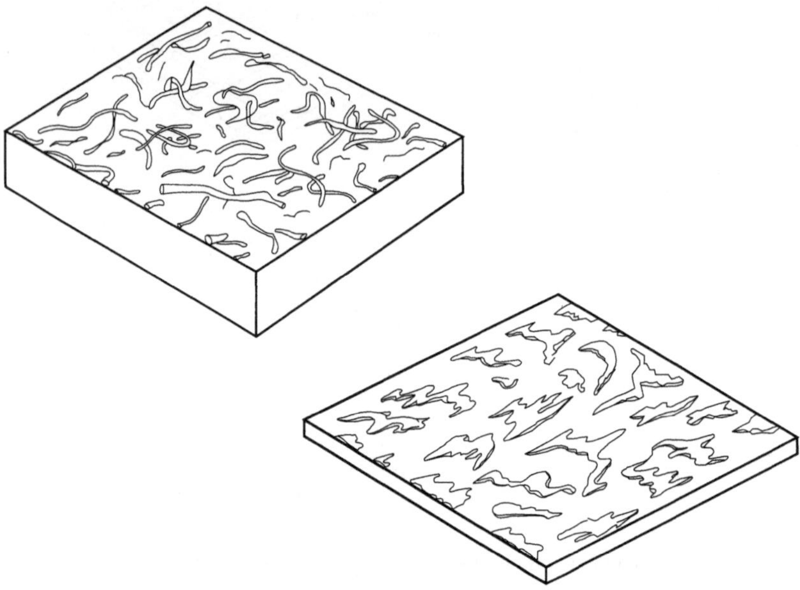

Abb. 6.3: Perspektivische Zeichnung von PE-HD-Dichtungsbahnen mit gefügten Oberflächenstrukturen (in unterschiedlichem Maßstab). Oben: mit einer „Spritzpistole" aufgesprühte Strukturpartikel. Unten: aufextrudierter PE-HD-Schaum. Solche Strukturen werden oft als
„rau" oder „sandrau" bezeichnet.

Die im Koextrusionsverfahren hergestellte Struktur (Verfahren 3) bietet gute
Reibungswerte bei einer homogenen Strukturausbildung. Die Strukturen sind
sehr gleichmäßig über die Fläche verteilt. Sie können allerdings in ihrem Reibungswiderstand praktisch nicht variiert werden. Auch bei diesen Strukturen
muss das Problem der Spannungsrissbeständigkeit untersucht werden. Da die
Dichtungsbahnen normalerweise durchgehend strukturiert sind, muss bei jeder
Schweißnaht der strukturierte Bereich verschweißt werden. Für die einzelnen
Strukturen muss daher der Nachweis geführt werden, dass dies ohne Qualitäts-
einbußen in den Eigenschaften der Schweißnähte (Kapitel 10) möglich ist.

Jedes Herstellungsverfahren und jede Art der Struktur, ob geprägt, gefügt
oder koextrudiert, hat also besondere Eigenarten und (lösbare) Probleme. Es
lassen sich mit allen Verfahren Dichtungsbahnen mit strukturierten Oberflächen
herstellen, die einerseits den Anforderungen, insbesondere an das Langzeitverhalten, genügen. Damit kann andererseits für einen weiten Wertebereich der Reibungsparameter zu unterschiedlichsten Reibungspartnern eine passende struk-

turierte PE-HD-Dichtungsbahn gefunden werden. Ein Überblick über von der BAM für Deponieabdichtungen zugelassene PE-HD-Dichtungsbahnen mit strukturierter Oberfläche kann im Internet eingesehen werden[2].

6.2 Prüfungen an strukturierten Dichtungsbahnen

Die Ausbildung einer strukturierten Oberfläche beeinflusst die physikalischen Kenndaten sowie den Einbau (Verlegen und Schweißen) der Kunststoffdichtungsbahn. Es muss hier ein Optimum zwischen sich widerstrebenden Anforderungen gesucht und gefunden werden. Auf der einen Seite sollen möglichst große Reibungsparameter bei unterschiedlichen Reibungspartnern erreicht werden, auf der anderen Seite sollen alle anderen Eigenschaften, und dabei vor allem die Langzeiteigenschaften, gegenüber der glatten Dichtungsbahn möglichst wenig verändert sein. Im Prinzip sollte daher der gewünschte Reibungswiderstand vornehmlich durch eine Vielzahl kleinerer Strukturausprägungen und weniger durch die Höhe einzelner Strukturen erreicht werden. Hohe einzelne Strukturelemente führen zu einer eher formschlüssigen Verbindung zum Auflager bzw. zur Schutzschicht. Dadurch entsteht eine starke Lokalisierung der durch die Reibungskräfte erzeugten Scherspannungen. Der Werkstoff der Strukturpartikel sollte möglichst weitgehend dem der Grunddichtungsbahn entsprechen, die Verarbeitung schonend sein und die Fügestellen keine besonderen Schwachstellen darstellen, so dass die Aussagen über die Langzeiteigenschaften der glatten Dichtungsbahn auf die strukturierte Dichtungsbahn übertragen werden können. Diese Prinzipien lassen sich jedoch nur mehr oder weniger unvollständig einhalten, wenn zugleich große Reibungsparameter erreicht werden sollen. Es müssen daher spezielle Prüfverfahren und zugehörige Anforderungen für die strukturierten Dichtungsbahnen angegeben werden, die eine Beurteilung der Qualität strukturierter Dichtungsbahnen erlauben. Die Anforderungen richten sich sehr stark danach, ob die Reibungskräfte nur während vorübergehender Einbau- und Betriebszustände vorhanden sein müssen oder ob über die gesamte Funktionsdauer der Dichtungsbahn im standsicheren Aufbau die Scherkräfte wirksam sind.

Im Rahmen des Zulassungsverfahrens der BAM für Deponieabdichtungen wurden in den letzten Jahren spezielle Anforderungen an Kunststoffdichtungsbahnen mit strukturierter Oberfläche erarbeitet. Tabelle 4 im Anhang 1 zeigt die Anforderungen aus der Zulassungsrichtlinie [5], [6]. Diese Anforderungen zielen auf ein Langzeitverhalten, das dem der glatten Dichtungsbahn entspricht. In welchem Umfang die Anforderungen abgemindert werden dürfen, wenn nur für geringe oder normale Funktionsdauern eine Scherkraftübertragung erforderlich ist, ist allerdings nur schwer zu beurteilen.

Ein rasch sich stellendes Problem bei den nach dem Verfahren 1 und 3 hergestellten strukturierten Dichtungsbahnen ist die Dickenmessung. Die Messung

---

[2] Die Liste zugelassener Dichtungsbahnen findet sich auf der Homepage des Labors Deponietechnik der BAM:
www.bam.de/kompetenzen/arbeitsgebiete/abteilung_4/fachgruppe_43/Laboratorium_432.htm.

der Dicke kann hier in der Regel nicht nach den im Abschnitt 3.2.2 angegebenen, genormten Verfahren durchgeführt werden. Unter Umständen müssen unter Berücksichtigung der geometrischen Besonderheiten der Oberflächenstruktur im Einzelfall Prüfverfahren in Anlehnung an Normen oder Richtlinien als firmeninterne Prüfvorschriften festgelegt werden. Bei den geprägten Strukturen kann die dünnste Stelle im Querschnitt der Dichtungsbahn ermittelt und dort mit einem mechanischen Taster die Dicke gemessen werden. Ein solches Verfahren mit mechanischen Tastgeräten wird in der Norm ASTM D5994 – 96, *Standard Test Method for Measuring Core Thickness of Textured Geomembrane*, beschrieben. Bei manchen geprägten Strukturen und insbesondere manchen koextrudierten Strukturen ist dies nicht ohne weiteres möglich. Hier kann die Dicke der Dichtungsbahn nur optisch ermittelt werden. Dazu wird bei einer labormäßigen Prüfung der Querschnitt der Dichtungsbahn z.B. im Profilprojektor (10 bis 20fache Vergrößerung, Genauigkeit der mechanischen Positionierbarkeit 1 µm) beurteilt. Die dünnste Stelle im Profilverlauf wird ermittelt und ausgemessen. Auf der Baustelle kann mit einem einfachen Handmikroskop konstanter Vergrößerung (30fach) und einer Haltevorrichtung für die Dichtungsbahnprobe der Querschnitt betrachtet werden und über ein Fadenkreuz und Maßstab (3 mm) im Okular die Dicke (des Querschnittbildes) auf mindestens ± 0,05 mm genau gemessen werden. Mit etwas höherer Genauigkeit kann festgestellt werden, ob die Restdicke der Dichtungsbahn einen vorgegebenen Mindestwert, bei Deponieabdichtungen z.B. 2,50 mm, nicht unterschreitet.

Bei gefügten Strukturen (Verfahren 2) ist die Dicke der Grunddichtungsbahn ausschlaggebend.

Beim Prägen von Strukturen wird die Dichtungsbahn in stärkerem Maße orientiert. Das Ausmaß hängt von den Verfahrensparametern bei der Herstellung ab. Insbesondere die Verarbeitungsgeschwindigkeit hat hier einen wesentlichen Einfluss. Im Abschnitt 3.2.5 wurde die Prüfung der Maßänderung diskutiert. Auch bei den Dichtungsbahnen mit geprägten Strukturen sollten der Maßänderung enge Grenzen gesetzt werden, wenn auch der Spielraum größer als bei den glatten Dichtungsbahnen gewählt werden kann, damit insgesamt ein Optimum der Eigenschaften der strukturierten Dichtungsbahnen bei noch vertretbarem Herstellungsaufwand erreicht wird.

Strukturierte PE-HD-Dichtungsbahnen müssen in allen wesentlichen mechanischen Eigenschaften, also Streckspannung, Streckdehnung und Wölbbogendehnung, im Rahmen der typischen Streuung der Messwerte mit denen der glatten Dichtungsbahn aus der gleichen Formmasse übereinstimmen. Die Bruchdehnung reagiert allerdings sehr empfindlich auf die Oberflächenstruktrur der Probe. Je nach der Art der Struktur kann sie sehr stark abnehmen. Da die hohen Bruchdehnungen jedoch praktisch nie anwendungsrelevant sind, stellt dies keine Qualitätsminderung dar, solange ein deutlich über der Streckdehnung liegender Mindestwert (z.B. 100%) nicht unterschritten wird. Die Bruchdehnung kann jedoch als Kennwert für die Beurteilung der gleichmäßigen Verarbeitung herangezogen werden. Dazu muss für die einzelne Struktur der vom Probekörper erfasste Strukturausschnitt und damit das Verfahren der Probenahme genau festgelegt werden. Für den Mittelwert der Bruchdehnung oder für alle Einzelwerte kann dann ein Mindestwert festgelegt werden, der als Qualitätskriterium für eine gleichmäßige, schonende Herstellung dient. Nach den Regelungen des Zulassungsverfahrens sollte der an die jeweilige Struktur angepasste Mindestwert 100% jedoch nicht unterschreiten.

Bei den nachträglich aufgebrachten Strukturen muss auf die Homogenität der Strukturausbildung geachtet werden. Verteilung und Ausbildung der Strukturelemente darf nicht so unterschiedlich sein, dass gar eine zusätzliche signifikante Streuung in den Reibungsparametern entsteht, die im Scherkastenversuch (Abschnitt 3.2.17) an 30 x 30 cm^2 großen Flächenstücken bestimmt werden. Die Homogenität kann zunächst visuell beurteilt werden. Bei der Herstellung beobachtet regelmäßig der Maschinenmeister die Gleichmäßigkeit des Strukturbildes. In Zweifelsfällen können hinterlegte Muster zum Vergleich herangezogen werden. Die Homogenität kann in gewissem Umfang auch quantitativ charakterisiert werden, indem die flächige Verteilung der Masse des Sprühmaterials ermittelt wird. Dazu werden an zufällig verteilten Stellen über der Dichtungsbahn Probestücke mit einer Fläche von 100 cm^2 entnommen und die auf dieser Fläche aufgebrachte Masse Strukturmaterial ermittelt. Durch den Vergleich von Mittelwert und Standardabweichung der so bestimmten flächenbezogenen Masse mit einer vorgegebenen Spezifikation wird dann die Homogenität überprüft. Für die einzelnen Herstellungsverfahren haben hier die Hersteller genaue firmeninterne Vorschriften für das Prüfverfahren und entsprechende Spezifikationen festgelegt.

Ebenso wie eine ausreichende Homogenität der Verteilung der Strukturpartikel muss auch die Güte der Haftung auf der Dichtungsbahn überprüft werden. Auch hier gilt, dass bei der Bestimmung der Reibungsparameter im Scherkastenversuch keine Haftungsprobleme auftreten dürfen. Es darf im Übergang zum Gleitzustand nicht zum Abreißen oder Abziehen der Strukturelemente kommen. Von G. HEIMER und K. MÜLLER von der Staatlichen Materialprüfungsanstalt (MPA) Darmstadt wurde ein Abhobelverfahren entwickelt. Dabei hobelt die scharfe Kante eines Stahlkeils mit vorgegebenem Andruck und vorgegebener Geschwindigkeit die Strukturpartikel von der Dichtungsbahn, die Abhobelkraft im Gleitzustand wird gemessen. Von L. GLÜCK vom Deutschen Kunststoffzentrum (SKZ) in Würzburg wurden Abriebversuche, wie sie zur Charakterisierung des Abreibverhaltens von Teppichböden eingesetzt werden, verwendet, um die Haftung quantitativ zu charakterisieren. Ein einheitliches, genormtes Verfahren mit dem bei der Qualitätssicherung die Haftung der Strukturpartikel geprüft wird, existiert noch nicht. Vielfach werden daher bei der Qualitätssicherung nur ganz einfache qualitative „Prüfungen", z.B. Abkratzen mit dem Daumennagel und dergleichen, oder gar keine speziellen Prüfungen durchgeführt. Man verlässt sich dabei darauf, dass die genaue Festlegung der Verfahrensschritte und -parameter beim Aufbringen der Strukturpartikel zu immer wieder der gleichen Güte der Haftung geführt hat.

Bei einer Abdichtung auf außenliegenden, stark geneigten Böschungen, wo Hangabtriebskräfte dauerhaft übertragen werden und damit dauerhaft Scherspannungen in den Abdichtungselementen auftreten, ist es denkbar, dass bei Dichtungsbahnen mit nachträglich aufgebrachten Strukturelementen (Verfahren 2) durch eine mangelnde Verschweißung, durch Kriechen mit Übergang in einen duktilen Bruch, aber auch durch die frühe Alterung der lastübertragenden, feinen Strukturkomponenten (Fäden, Schaumfetzen) eine Gleitfläche auf der noch intakten glatten Grundbahn entsteht, die dann zu Rutschungen des ganzen Dichtungsaufbaus führen könnte. Die Langzeit-Scherfestigkeit von Dichtungsbahnen mit gefügten Strukturen muss daher geprüft werden. Im Abschnitt 3.2.18 wird das an der BAM entwickelte Verfahren besprochen. In [7] wird über die Untersuchungsergebnisse berichtet. Mit solchen Versuchen kann im Prinzip auch direkt eine Abschätzung der Funktionsdauer von nachträglich aufgebrachten Strukturen, wie dies anhand der Daten der Zeitstand-Rohrinnendruckprüfungen für die glatte Dichtungsbahn selbst möglich ist, durchgeführt werden. Für die Untersuchungen zum Nachweis der Funktionsdauer besteht dabei das Problem, dass solche durch Alterung von Strukturkomponenten bedingte Standsicherheitsprobleme bei hochwertigen Formmassen, wenn überhaupt, erst nach sehr langer Zeit eintreten werden. Das Sammeln des Datenmaterials erfordert daher außerordentlich viel Zeit und Geduld.

Im Zulassungsverfahren der BAM wird zudem überprüft, ob die Einlagerung in konzentrierte, flüssige Chemikalien zu einer Veränderung der Haftung der nachträglich aufgebrachten Strukturelemente führt. Dazu werden Immersionsversuche mit flüssigen Chemikalien durchgeführt und nach dem Laborverfahren der MPA Darmstadt die Veränderung der für das definierte Abhobeln der Struktur erforderlichen Kraft ermittelt. Es werden dabei die besonders kritischen flüssigen Chemikalien verwendet, die auch bei der Prüfung der chemischen Beständigkeit der glatten Dichtungsbahn eingesetzt werden (z.B. Nitriersäure! Siehe Abschnitt 3.2.11).

Die Ausbildung von strukturierten Oberflächen kann bei allen Verfahren auch Auswirkungen auf die Empfindlichkeit gegen die Spannungsrissbildung haben. Aus diesem Grunde sind für die Deponieanwendung nach den Vorgaben der BAM nur Dichtungsbahnen mit solchen Strukturen zugelassen, die im Zeitstand-Zugversuch unter bestimmten Prüfbedingungen eine vorgegebene Standzeit überschreiten. Damit soll sichergestellt werden, dass die Ausbildung der Strukturen im Herstellungsprozess keine erheblichen Schwachstellen im Material für eine Spannungsrissbildung hervorruft. Der Zeitstand-Zugversuch, insbesondere an strukturierten Dichtungsbahnen, wird im Abschnitt 3.2.16 ausführlich behandelt.

6.3 Eigenschaften strukturierter Dichtungsbahnen, Gleitsicherheit von Abdichtungssystemen

Die in der Regel mehrschichtigen Abdichtungen (Auflager, Dichtungsbahn, Schutzschicht, Dränschicht) müssen standsicher gebaut werden. Dass sich dies nicht von selbst ergibt, dafür bieten gelegentliche Schadensfälle Anschauungsmaterial. Die innere Scherfestigkeit der Schichten ist zumeist recht groß. Die Probleme liegen häufig in den Grenzflächen zwischen den verschiedenen Schichten. Für die geotechnische Planung von standsicheren Abdichtungssystemen ist daher nicht nur die Kenntnis der wirksamen Lasten und der inneren Scherparameter der Materialien[3], sondern auch die Kenntnis der Parameter der Reibung zwischen den aufeinanderliegenden Materialien erforderlich. In jeder Grenzfläche muss die dort in dem relevanten Auflastbereich entstehende Reibungskraft größer sein als die jeweils wirksame Last (Hangabtriebs- oder Spreizkraft), dann ist der Dichtungsaufbau gleitsicher und zwar völlig unabhängig davon, wie groß die übertragbaren Reibungskräfte in den jeweiligen Grenzflächen relativ zueinander sind. Der Unsicherheit in der Bestimmung dieser Größen wird durch einen Sicherheitsfaktor η Rechnung getragen[4].

Im Abschnitt 3.2.17 wird das Verfahren zur Bestimmung der Reibungsparameter detailliert diskutiert. Die rechnerischen Verfahren zum Nachweis der Gleitsicherheit in den Grenzflächen sind recht einfach und in der Literatur vielfach beschrieben (siehe z.B. [8]). Hinweise und Erläuterungen werden auch in der GDA-Empfehlung E2-7, *Gleitsicherheit der Abdichtungssysteme*, gegeben [10]. Hier soll nur auf einige im Hinblick auf die Dichtungsbahn wichtige Teilaspekte eingegangen werden [11].

Die unterschiedlichen Verfahren der Strukturierung der Dichtungsbahnoberflächen bieten vielfältige Möglichkeiten, um die für einen standsicheren Aufbau notwendigen Reibungsparameter zu erzielen. Tabelle 6.1 zeigt eine Zusammenstellung von Reibungsparametern bzw. Reibungswiderständen von strukturierten Dichtungsbahnen gegenüber einer Reihe von mineralischen Dichtungen und Schutzvliesen. Diese Tabelle ist aus zufällig vorliegenden Prüfberichten zusammengestellt. Sie eignet sich daher nicht für eine repräsentative statistische Erhebung über Kennwerte. Dennoch illustriert sie folgenden Sachverhalt: Die Reibungsparameter einer glatten Dichtungsbahn sind gering. Ein Adhäsionsanteil ist nicht oder nur scheinbar bei sehr geringen Auflasten vorhanden. Der Reibungswinkel beträgt bei Sand, Vlies oder auch mineralischen Dichtungen typischerweise etwa 10°. Mit glatten Oberflächen bleibt der Reibungswiderstand in der Grenzfläche also noch weit unterhalb des inneren Scherwiderstandes der mineralischen Schichten und in der Regel auch von Geokunststoffkomponenten. Bei Dichtungsbahnen mit strukturierter Oberfläche erreicht der Reibungswiderstand in der Grenzfläche jedoch Werte in der Nähe des inneren Scherwiderstandes der typischen Reibungspartner, bei manchen mineralischen Unterlagen kann der Reibungswiderstand sogar den inneren Scherwiderstand übertreffen. Der erzielbare

---

[3] Bei „sandwichartig" aufgebauten Geokunststoffen, wie Bentonitmatten oder Dränmatten, muss z.B. auf eine ausreichende, auch langfristig (Kriechen und Alterung) wirksame innere Scherfestigkeit geachtet werden.

[4] Allgemeiner gesagt, muss für einen Gleitkörper auf einer Gleitfläche die Summe der Einwirkungen – und das ist nicht nur die Hangabtriebskraft aus dem Eigengewicht, sondern sind auch Erddrücke, Wasser- und Wasserströmungsdrücke, u.U. dynamische Lasten – größer sein, als die Summe der Widerstände (neben den Reibungskräften können auch hier Erddrücke wirksam werden). Es gibt unterschiedliche Konzepte, welche Sicherheiten dabei zu berücksichtigen sind. Es werden mit wahrscheinlichkeitstheoretischen Konzepten Einzelwerte für die Einwirkungen und Widerstände auf der sicheren Seite berechnet und damit gezeigt, dass die Summe der Widerstände größer ist als die Summe der Einwirkungen (probalistisches Sicherheitskonzept). Es wird jedoch auch mit pauschal abgeminderten Werten für Einwirkungen und Widerstände gerechnet, wobei dann die Summe der Widerstände immer noch um einen globalen Sicherheitsfaktor größer sein muss als die Summe der Einwirkungen (globales Sicherheitskonzept), siehe dazu [8] und die GDA-Empfehlung E3-8 [9].

Reibungseffekt hängt sowohl von der Art und Größe der Struktur als auch von der Feuchtigkeit und Körnung der mineralischen Lage ab.

Tabelle 6.1: Zusammenstellung von Reibungsparametern aus Scherkastenversuchen (Adhäsion und Reibungswinkel)

Struktur	Mineralische Dichtung bzw. Schutzschicht	Adhäsion a (kN/m²)	Reibungswinkel φ (°)	Reibungswiderstand bei $\sigma_N = 100$ kN/m² τ_R (kN/m²)	Böschungsneigung (1:n)[*] n
a	Ton[1]	19	23,6	63	2,4 (3,0)
a	Ton[1]	8	25,3	55	2,7 (2,7)
a	Ton/Sand[2]	12	25,3	59	2,5 (2,7)
a	Ton[1]	9	19,9	45	3,3 (3,6)
a	Ton[5]	45	12,5	67	2,2 (5,8)
b	Ton[3]	12	17,1	42	3,5 (4,2)
b	Ton[1]	15	20	51	2,9 (3,5)
b	Ton[4]	13	12,2	34	4,3 (6,0)
b	Ton[5]	30	23	72	2,0 (3,0)
glatt	Ton[5]	35	11	54	2,7 (6,6)
glatt	Ton[4]	0	8	14	(9)
glatt	Ton[3]	0	8	14	(9)
glatt	Schluff[6]	11	26	60	2,5 (2,6)
glatt	Ton[7]	8	17	38	3,8 (4,3)
c	Vlies	0	11	19	(6,6)
c	Vlies/Feinsand	0	12	21	(6,1)
b	Vlies	15	31	75	2,0 (2,2)
b	Vlies	15	22	55	2,7 (3,2)
glatt	Vlies	0	12	21	(6,1)

Für die Tabelle wurden der BAM zur Verfügung gestellte Prüfberichte verwendet. a, b, c bezeichnen verschiedene Oberflächenstrukturen.

[*] Um den Bereich erreichbarer Böschungsneigungen zu illustrieren, wurde einmal aus dem Reibungswiderstand τ_R bei einer Auflast $\sigma_N = 100$ kN/m² und einem Sicherheitsfaktor $\eta = 1{,}5$ der Böschungswinkel $\psi = \arctan(\tau_R/\eta \cdot \sigma_N)$ berechnet. Zum anderen wurde der Böschungswinkel $\psi = \arctan(\tan \varphi/\eta)$ aus dem Reibungswinkel φ mit $\eta = 1{,}3$ berechnet, ohne die Adhäsion zu berücksichtigen: eingeklammerte Werte.

[1] keine näheren Angaben. [2] 70% Ton / 30% Sand. [3] Ton mittlerer Plastizität, Scherversuch: 34% Wassergehalt, Kohäsion $c' = 15$ kN/m², innerer Scherwinkel $\varphi' = 22{,}2°$. [4] Ton hoher Plastizität, Scherversuch: 34% Wassergehalt, $c' = 13$ kN/m², $\varphi' = 14{,}0°$. [5] Ton, Scherversuch: $c' = 45$ kN/m², $\varphi' = 24{,}5°$. [6] Schluff, Scherversuch: 16% Wassergehalt, $c' = 27$ kN/m², $\varphi' = 38°$. [7] Ton, Scherversuch: 27% Wassergehalt, $c' = 55$ kN/m², $\varphi' = 17{,}5°$.

Allgemeine Festlegungen über Böschungswinkel, die noch zulässig sind, können nicht vorgegeben werden, da in jedem Einzelfall ein Standsicherheitsnachweis geführt werden muss. Die Daten zeigen jedoch in Übereinstimmung mit inzwischen vielen Baustellenerfahrungen, dass Böschungsneigungen bis zu etwa 1:3 problemlos, bis zu 1:2,5 bei besonderer Auswahl und Abstimmung der Reibungspartner ausgeführt werden können. In Einzelfällen wurden sogar auch Abdichtungen mit Dichtungsbahnen bis zu deutlich steileren Neigungen als 1:2,5 standsicher realisiert.

Übersteigt die Summe der Einwirkungen diejenige der Widerstände bezogen auf eine Gleitfläche, wird dort also der sogenannte Grenzzustand erreicht und überschritten, so rutscht der Dichtungsaufbau. Liegt die Gleitfläche unterhalb der Dichtungsbahn, weil die Reibungskräfte in der Grenzfläche oberhalb der Dichtungsbahn größer sind als unterhalb, so wird mit Erreichen des Grenzzustandes die Dichtungsbahn zunächst Zugspannung durch die Hangabtriebskraft aus dem darüber liegenden Aufbau aufnehmen. Beim geringen Querschnitt der Dichtungsbahn und den üblichen Erdlasten sind die Zugspannungen jedoch praktisch immer so groß, dass die Dichtungsbahn rasch verstreckt und reißt.

Es gibt nun Fälle, wo die Unsicherheiten in der Kenntnis der Einwirkungen so groß ist, dass der Grenzzustand in den Schichten oberhalb der Dichtung, und damit Rutschungen, nicht ausgeschlossen werden kann oder soll. Dies ist z.B. bei innen liegenden Böschungen von Basisabdichtungen von Deponien oft der Fall. Es soll dabei jedoch aus Sicherheitsgründen immer gewährleistet sein, dass das Abdichtungssystem intakt bleibt, dass also die Gleitfläche tatsächlich oberhalb der Dichtungsbahn liegt. In diesen Fällen muss man fordern, dass der in der Gleitfläche zwischen Dichtungsbahn (KDB) und Auflager (A) gegebene Reibungswiderstand $\tau_{KDB,A}$ über den relevanten Auflastbereich größer sein muss als der in der Gleitfuge zwischen Dichtungsbahn und Schutzschicht (S):

$$\tau_{KDB,A} = \eta \cdot \tau_{KDB,S} \ , \quad \eta > 1 \ . \tag{6.1}$$

Natürlich müssen dann auch die Reibungskräfte in allen weiteren Gleitflächen unterhalb der Dichtungsbahn und die innere Scherfestigkeit der Schichten unterhalb der Dichtungsbahn entsprechend groß sein. Die Forderung (6.1) gilt nicht nur spezielle für Kunststoffdichtungsbahnen, sondern sie zielt darauf, dass Rutschungen immer oberhalb und nicht in oder unterhalb eines Abdichtungssystems stattfinden.

Wann sind nun die Belastungsfälle so unklar, dass der Grenzzustand eintreten kann, und unter welchen Bedingungen muss dann auf alle Fälle verhindert werden, dass das Abdichtungssystem beschädigt wird? Diese Fragen müssen bezogen auf das einzelne Bauprojekt beantwortet werden. Verallgemeinerungen sind nur schwer möglich. Empfehlungen für Deponieabdichtungen werden in der GDA E2-7 gegeben. Bei Oberflächenabdichtungen von Deponien sind die Reibungsparameter der Materialien, die auftretenden Kräfte und die Lastzustände für das einzelne Bauvorhaben zuverlässig und mit hinreichender Genauigkeit bestimmbar. Dies mag im Einzelfall mit Aufwand und Schwierigkeiten verbunden sein, die jedoch nach dem Stand der Technik überwindbar sind. Werden hier Fehler gemacht und rutscht der Aufbau, so muss ohnehin in den meisten Fällen der ganze Dichtungsaufbau repariert werden. Es nützt dann nicht viel, wenn die

Rutschung auf der Dichtungsbahn erfolgt ist. Jedenfalls ist mit der Forderung (6.1) keine zusätzliche Sicherheit für das Abdichtungsbauwerk gewonnen.

Solche Betrachtungen gelten nicht für Basisabdichtungen. Durch Abbau- und Setzungsvorgänge im Müllkörper können hier erheblich Kräfte (Hangabtriebskräfte im Böschungsbereich) in die Dichtung eingetragen werden, die jedoch nicht zuverlässig quantifizierbar sind und daher bei Standsicherheitsnachweisen nicht berücksichtigt werden können. Dass solche Kräfte durch Setzungen und Sackungen auftreten, zeigen sowohl praktische Erfahrungen wie auch alle rechnerischen Studien zum mechanischen Verhalten von Abfallkörpern. Schubbeanspruchungen im Bereich der Böschungen durch Setzungen und Sackungen im Abfallkörper können, jedenfalls nach dem heutigen Stand der Technik, nicht in den Lastannahmen berücksichtigt werden. Basisabdichtungen sind in der Regel nicht mehr reparierbar. Es muss daher hier auf alle Fälle gewährleistet werden, dass Rutschungen immer oberhalb der eigentlichen Abdichtung und damit der Kunststoffdichtungsbahn erfolgen.

Bei innen liegenden Böschungen in Basisabdichtungen ist die Einhaltung der Anforderung (6.1) also ein wichtiges zusätzliches Element für einen langzeitig sicheren Dichtungsaufbau. Inwieweit in schwach geneigten Bereichen der Basisabdichtung, wo Hangabtriebskräfte und Spreizkräfte wirken, oder in besonderen Fällen wie z.B. Zwischenabdichtungen, diese Regel angewandt werden muss, sollte im Einzelfall beurteilt werden. Entscheidungskriterium ist auch in diesen Fällen, wie zuverlässig und genau die wirkenden Kräfte angegeben werden können.

6.4 Literatur

[1] FOIK, G.; GÜNTHER, K.
     Bemessungsgrundlage für PE-HD Bahnen auf Böschungen. In: Knipschild, F. W.
     (Hrsg.): Tagungsband der 5. Fachtagung „Die sichere Deponie". Würzburg: Süddeutsches Kunststoffzentrum (SKZ) 1989.

[2] KRAUSE, R.
     Profilierte Dichtungsbahnen. In: Knipschild, F. W. (Hrsg.): Tagungsband der 6.
     Fachtagung „Die sichere Deponie". Würzburg: Süddeutsches Kunststoffzentrum
     (SKZ) 1990.

[3] MÜLLER, W.
     Scherverhalten zwischen Kunststoffdichtungsbahnen und Boden.
     Geotechnik, 19 (1996), H. 1, S. 35–42.

[4] DONALDSON, J. J.
     Texturing Techniques. In: Hsuan, G.; Koerner, R. M. (Eds.): Proceedings of the 8th
     GRI Conference, Geosynthetics Resins, Formulations and Manufacturing. St. Paul,
     USA: Industrial Fabrics Association International (IFAI) 1994.

[5] MÜLLER, W.
     Die neue BAM-Richtlinie für die Zulassung von Kunststoffdichtungsbahnen für die
     Abdichtung von Deponien und die Sicherung von Altlasten. In: Egloffstein, T.; Burkhardt, G.; Czurda, K. (Hrsg.): Oberflächenabdichtung von Deponien und Altlasten

1999, Zeitgemäße Oberflächenabdichtungssysteme – ist die Regelabdichtung nach TA-Si noch zeitgemäß? Berlin: Erich-Schmidt Verlag 1999, 314 Seiten.

[6] MÜLLER, W. (Hrsg.)
Richtlinie für die Zulassung von Kunststoffdichtungsbahnen für die Abdichtung von Deponien und Altlasten. Bremerhaven: Wirtschaftsverlag NW, Verlag für neue Wissenschaften GmbH 1999.

[7] SEEGER, S.; BÖHM, H.; SÖHRING, G.; MÜLLER, W.
Long term testing of geomembranes and geotextiles under shear stress. In: Cancelli, A.; Cazzuffi, D.; Soccodato, C. (Eds.): Proceedings of the Second European Geosynthetic Conference.Bologna: Pàtron Editore 2000.

[8] BLÜMEL, W.; BRUMMERMANN, K.
Standsicherheit von Dichtungssystemen – Grundlagen der Berechnung. In: Knipschild, F. W. (Hrsg.): Tagungsband der 11. Fachtagung „Die sichere Deponie". Würzburg: Süddeutsches Kunststoffzentrum (SKZ) 1995.

[9] DEUTSCHE GESELLSCHAFT FÜR GEOTECHNIK E.V. (DGGt) (Hrsg.)
GDA-Empfehlungen. Berlin: Verlag Ernst & Sohn 1997, 716 Seiten.

[10] GARTUNG, E.; NEFF, H. K.
Empfehlung des Arbeitskreises „Geotechnik der Deponiebauwerke" der Deutschen Gesellschaft für Geotechnik e.V. (DGGt). *Bautechnik*, 75 (1998), H. 9, S. 610–629.

[11] MÜLLER, W.
Zum Standsicherheitsnachweis bei Abdichtungssystemen. *Geotechnik*, 20 (1997), H. 4, S. 297–299.

7 Stofftransport

7.1 Vorbemerkung

Der Stofftransport durch Abdichtungen kann mit Hilfe mathematischer Modelle beschrieben werden. Die Modellierung wird jedoch nur dann sinnvolle Ergebnisse liefern, wenn einmal die wesentlichen physikalischen Prozesse durch das Modell erfasst werden, wenn weiterhin die in das Modell eingehenden Stofftransportparameter und die für den Stofftransport relevanten Eigenschaften der Abdichtungsmaterialien hinreichend genau bekannt sind und wenn schließlich die Randbedingungen oberhalb und unterhalb der Dichtung, unter denen die Schadstoffe einwirken, angegeben werden können. Gerade beim letzten Punkt zeigen sich oft Schwierigkeiten, da zumeist eine komplexe, sich zeitlich verändernde Kontaminationssituation mit einem Gemisch mehrerer Schadstoffe gegeben ist. Andererseits wird die Bedeutung der Auswirkung der Wechselwirkung verschiedener Substanzen untereinander auf den Stofftransport gelegentlich überschätzt, und es genügt in der Regel sich am Verhalten weniger Leitsubstanzen zu orientieren.

Aber auch schon der korrekten Abbildung der relevanten physikalischen Prozesse im mathematischen Modell wird oft zu wenig Aufmerksamkeit geschenkt. Zwei Beispiele seien hier angeführt:

Vorliegende Modellrechnungen zum Stofftransport durch Deponieabdichtungen beziehen sich zumeist auf die mineralische Dichtung und bestehen aus numerischen Lösungen einer Diffusions-Dispersions-Gleichung (siehe Gleichung (7.24)) für solche Substanzen, typischerweise das Chlorid-Anion und Metall-Kationen, für die die erforderlichen Kennwerte der Stofftransportgrößen in den Erdstoffen gut bekannt sind. Die Ergebnisse werden oft auf Kombinationsdichtungen übertragen, obwohl diese Ionen durch die Dichtungsbahn gar nicht diffundieren können. Dazu wird die falsche Annahme gemacht, dass die Kunststoffdichtungsbahn nach wenigen Jahrzehnten „verschwunden" sei und somit praktisch nicht zur Reduzierung der Emission durch das Deponieabdichtungssystem beitrage. Für die Klasse von Polyethylen-Werkstoffen, die z.B. für BAM-zugelassene Dichtungsbahnen verwendet werden, liegen über Jahrzehnte Anwendungserfahrungen (Rohrbereich und chemischer Apparatebau) und umfangreiche wissenschaftliche Untersuchungen zum Langzeitverhalten vor, siehe dazu den Abschnitt 5.4. Die Funktionsdauer bemisst sich danach unter den Bedingungen in der Deponie nicht nach wenigen Jahrzehnten, sondern liegt in der Dekade der logarithmischen Skala zwischen 100 und 1000 Jahren, die allerdings einer zuverlässigen Extrapolation nicht mehr zugänglich ist. Da die Schadstoffe in Deponien hauptsächlich während der Betriebs- und Nachsorgephase mobilisiert werden, wo Wasser eingebracht wird, Sickerwasser austritt und Gasbildung stattfindet, trägt die Kunststoffdichtungsbahn entscheidend zur Verhinderung von Schadstoffemissionen bei. Die Wirkungsweise des Gesamtsystems Kombinationsdichtung tatsächlich abbildende Modellrechnungen setzen daher voraus, dass vor allem der Stofftransport in der Kunststoffdichtungsbahn und die Verbundwirkung von Dichtungsbahn und mineralischer Dichtung betrachtet wird.

Löcher in der Dichtungsbahn können je nach der Beschaffenheit des Auflagers einen beträchtlichen Einfluss auf den Stofftransport haben. Hier bestehen jedoch ganz unterschiedliche Auffassungen darüber, wie der Wasserfluss durch ein Loch korrekt modelliert wird.

In diesem Kapitel wird auf die wesentlichen physikalischen Aspekte des Stofftransports in Dichtungsbahnen und Böden, die als Auflager von Dichtungsbahnen dienen, eingegangen. Es werden Daten zu den Stofftransportkenngrößen für die PE-HD-Dichtungsbahnen und mineralische Dichtungen zusammengestellt. Es wird dann der Stofftransport in einer intakten Kombinationsdichtung beschrieben. Abschließend wird auf das Problem der Modellierung des Durchflusses durch Löcher in der Dichtungsbahn eingegangen. Das ganze Kapitel fußt auf einer Serie von 3 Aufsätzen zum Stofftransport, die in der Zeitschrift *Bautechnik* veröffentlicht wurden [1], [2] und [3].

7.2 Stofftransport in der Kunststoffdichtungsbahn

Diffusionskoeffizient und Verteilungskoeffizient bzw. Löslichkeit sind die Kenngrößen, die den Transport eines Schadstoffs in der Kunststoffdichtungsbahn charakterisieren. Gerade bei Verbundsystemen kommt dem Verteilungskoeffizienten eine besondere Bedeutung zu. Zunächst soll etwas grundsätzlicher auf die Bedeutung dieser Größen und die Beschreibung der zugehörigen physikalischen Prozesse eingegangen werden. Eine zentrale Rolle spielt dabei das sogenannte chemische Potenzial.

Ähnlich wie die Temperatur und deren Verteilung die Wärmeleitungsprozesse bestimmt, so ist das sogenannte chemische Potenzial μ diejenige physikalische Größe, deren ungleichmäßige Verteilung die diffusiven Stofftransportprozesse und Lösungsvorgänge in Gang setzt. Es ist im Vergleich zur Temperatur und zum Druck eine jedoch gänzlich unanschauliche Größe. In der thermodynamischen Theorie von Lösungs- und Diffusionsvorgängen lässt sich seine Verwendung jedoch kaum vermeiden. Man kann μ auffassen – soviel soll immerhin an Anschauung gegeben werden – als die Energie, die aufgebracht werden muss oder frei wird, wenn einem physikalischen Teilchensystem ein Teilchen unter sonst gleichbleibenden Bedingungen hinzugefügt oder entfernt wird. Offensichtlich spielt das so definierte chemische Potenzial auch bei chemischen Reaktionen eine zentrale Rolle, daher die Namensgebung: Im Reaktionsgleichgewicht müssen die chemischen Potenziale der Reaktionspartner gleich groß sein. Im Folgenden werden jedoch chemische Reaktionen während des Stofftransports von der Betrachtung weitgehend ausgeschlossen.

Jedes thermodynamische System ist bestrebt, Unterschiede in der Temperatur, im Druck und im chemischen Potenzial auszugleichen. Es kommt zu Wärmeströmen, zu Flüssigkeits- oder Gasströmen oder zur Diffusion. Im thermodynamischen Gleichgewicht sind dann nicht nur die Temperatur und der Druck überall gleich groß, sondern eben auch das chemische Potenzial.

Üblicherweise wird der Zustand von Teilchen, die in einem Medium diffundieren, z.B. Schadstoffe in der Kunststoffdichtungsbahn, durch die Angabe von Temperaturverteilung $T(x)$, Druckverteilung $p(x)$ und der Konzentrationsverteilung $c(x)$ (vollständig) beschrieben, da diese Größen, wenigstens im Prinzip, unmittelbar messbar sind. Das chemische Potenzial ist dann eine Funktion dieser drei Größen:

$$\mu = \mu(T(x), p(x), c(x)) \ . \tag{7.1}$$

Wir nehmen hier an, dass das System sich hinsichtlich des chemischen Potenzials nicht im Gleichgewicht befindet. Ein Gradient im chemischen Potenzial führt zu einem Strom diffundierender Teilchen. Die Stromdichte J sei die Masse an Teilchen, die pro Zeit- und Flächeneinheit in eine bestimmte Richtung diffundiert. Im einfachsten Ansatz für die Beschreibung solcher irreversibler Prozesse, die aus Zuständen, die sich nicht im Gleichgewicht befinden, resultieren, wird angenommen, dass die Stromdichte der antreibenden Kraft, hier dem Gradienten[1] im chemischen Potenzial, proportional ist [4]:

$$J = -\alpha \cdot \nabla\mu(T, p, c) \ . \tag{7.2}$$

Umgerechnet auf die Abhängigkeit von den Konzentrations-, Druck- und Temperaturgradienten ergibt sich:

$$J = -\alpha \cdot \left(\left(\frac{\partial\mu}{\partial c} \right)_{T,p} \nabla c + \left(\frac{\partial\mu}{\partial T} \right)_{c,p} \nabla T + \left(\frac{\partial\mu}{\partial p} \right)_{T,c} \nabla p \right) \ . \tag{7.3}$$

Der vom Konzentrationsgradienten herrührende Teilchenstrom (erster Summand in Gleichung (7.3)) wird üblicherweise als Diffusion bezeichnet, der Proportionalitätskoeffizient D, definiert durch

$$D = \alpha \cdot \left(\frac{\partial\mu}{\partial c} \right)_{T,p} \tag{7.4}$$

---

[1] Zur Erinnerung: Vektoren werden mit fetten Buchstaben bezeichnet. In einem kartesischen Koordinatensystem x, y, z hat J die Komponenten: $J = (J_x, J_y, J_z)$. Der Gradientenoperator angewandt auf eine Funktion c ergibt dort den Vektor:

$\nabla c = \left(\dfrac{\partial c}{\partial x}, \dfrac{\partial c}{\partial y}, \dfrac{\partial c}{\partial z} \right)$, der skalare Laplace-Operator angewandt auf eine Funktion c ergibt:

$\Delta c = \dfrac{\partial^2 c}{\partial x^2} + \dfrac{\partial^2 c}{\partial y^2} + \dfrac{\partial^2 c}{\partial z^2}$ und schließlich ist in kartesischen Koordinaten: $\operatorname{div} J = \dfrac{\partial J_x}{\partial x} + \dfrac{\partial J_y}{\partial y} + \dfrac{\partial J_z}{\partial z}$.

ist dann der sogenannte Diffusionskoeffizient. Aus der hier angestellten Betrachtung folgt, dass der Diffusionskoeffizient keine Konstante ist, sondern (sehr stark) von der Temperatur, dem Druck, aber auch von der Konzentration abhängt. Auf den letzteren Aspekt wird weiter unten nochmals eingegangen. Die Einheit von c ist g/cm^3, die Einheit von J nach der Definition g/s $\cdot$ cm^2. D hat dann die Einheit cm^2/s bzw. m^2/s.

Der durch einen Temperaturgradienten ausgelöste Stofftransport (zweiter Summand in Gleichung (7.3)) wird als Thermodiffusion[2] bezeichnet. Bemerkenswert ist jedoch, dass auch ein reiner Druckgradient (ohne Temperatur- oder Konzentrationsgefälle) zu einem diffusiven Stofftransport in einem porenfreien Abdichtungsmaterial führt, die sogenannte Barodiffusion (dritter Summand in Gleichung (7.3)). Der Effekt kann beobachtet werden, wenn z.B. auf einer Dichtungsbahn Wasser unter hohem Druck ansteht und der Porenwasserdruck im Auflager unter der Dichtungsbahn im Vergleich dazu gering ist: Es kommt dann zur Diffusion von Wasser, obwohl kein Konzentrationsgradient vorhanden ist [5], [6]. Der Barodiffusionskoeffizient ist jedoch in der Regel sehr klein. Verwirrung entsteht gelegentlich, wenn aufgrund der Barodiffusion der Dichtungsbahn formal ein Durchlässigkeitsbeiwert zugeordnet wird: Der physikalische Prozess der Barodiffusion hat nämlich nichts mit der Strömung von Flüssigkeiten in porösen Medien nach dem Darcyschen Gesetz zu tun. In der weiteren Betrachtung werden wir jedoch annehmen, dass keine Temperatur- oder Druckgradienten auftreten.

Für die hier betrachteten Stofftransportprozesse muss der Erhaltungssatz für die Masse gelten: Die aus einem Volumenelement heraus diffundierte Masse an Teilchen (oder die in das Element hinein diffundierte Masse) muss immer gerade so groß sein, wie die Abnahme (oder Zunahme) an Teilchenmasse im Volumenelement. Mathematisch betrachtet, resultiert aus einem solchen Erhaltungssatz immer eine Kontinuitätsgleichung:

$$\frac{\partial c}{\partial t} + \operatorname{div} J = 0 \ . \tag{7.5}$$

Setzt man Gleichung (7.3) unter Verwendung der Definition (7.4) in die Gleichung (7.5) ein, so ergibt sich die wohlbekannte Diffusionsgleichung:

$$\frac{\partial c}{\partial t} = D \,\Delta c \ . \tag{7.6}$$

Bevor jedoch ein Schadstoffmolekül in der Dichtungsbahn diffundieren kann, muss es zunächst aus dem umgebenden Medium heraus in die Dichtungsbahn eindringen. Lagert man eine Kunststoffdichtungsbahn in eine wässerige Lösung einer Chemikalie ein (Immersionsversuch), so werden die Moleküle der Chemikalie sich u.U. im Kunststoff lösen. In dem Maße wie sie sich dort anreichern, werden jedoch auch wieder Moleküle die Dichtungsbahn verlassen. Es stellt sich

---

[2] Ein Temperaturgradient führt jedoch zugleich immer zu einem Wärmestrom. Wärmestrom und Stoffstrom sind untereinander verkoppelt. Dieser Aspekt wird hier nicht weiter behandelt, da immer angenommen wird, dass das betrachtete System sich hinsichtlich der Temperatur im Gleichgewicht befindet.

bei gegebener Temperatur T und gegebenem Druck p ein Zustand ein, bei dem ein bestimmter Stoffmengenanteil, Molenbruch[3] x_1, der Chemikalie im Kunststoff mit einem bestimmten Stoffmengenanteil, Molenbruch x_0, in der wässerigen Lösung im Gleichgewicht steht. Der Verteilungskoeffizient

$$\sigma' = \frac{x_1}{x_0} \tag{7.7}$$

gibt dieses Verhältnis an. Als Konzentrationsangabe zur Charakterisierung des Stoffgehalts einer Lösung wird jedoch zumeist die Volumenkonzentration c (Masse pro Volumen) oder der Massenanteil w (Massenbruch), das Verhältnis der Masse der aufgenommenen Chemikalie zur Masse der Dichtungsbahn bzw. des Lösungsmittels, verwendet. Die zugehörigen Verteilungskoeffizienten sind $\sigma = c_1/c_0$ bzw. $\sigma'' = w_1/w_0$. Der Zusammenhang der auf die unterschiedlichen Konzentrationsangaben bezogenen Verteilungskoeffizienten ist dann durch

$$\sigma' = \frac{x_1}{x_0} \approx \frac{V_P}{V_L}\,\sigma = \frac{M_P}{M_L}\,\sigma'' \tag{7.8}$$

gegeben. V_L bzw. V_P und M_L bzw. M_P sind die Molvolumina und Molmassen des Wassers bzw. der Struktureinheit des Polymers.

Lagert man eine Kunststoffdichtungsbahn in die flüssige Chemikalie selbst ein und ist der Kunststoff beständig gegen diese Flüssigkeit, so wird der Kunststoff die Chemikalie bis zu einer Sättigungsgrenze aufnehmen. Der Massenanteil in der Sättigung wird als Löslichkeit s der Chemikalie in der Dichtungsbahn bezeichnet.

Der Verteilungskoeffizient σ bzw. die Löslichkeit s bestimmt zusammen mit dem Diffusionskoeffizienten D der Chemikalienmoleküle in der Kunststoffdichtungsbahn die Permeationsrate J, d.h. die im Gleichgewicht pro Zeit- und Flächeneinheit diffundierende Schadstoffmasse, und die Induktionszeit t_{ind}, d.h. die Zeit, die Schadstoffe zum Durchwandern der Dichtungsbahn brauchen, und damit die Dichtigkeit einer Kunststoffdichtungsbahn.

Man betrachte dazu folgende typische Situation (Permeationsversuch): Oberhalb der Dichtungsbahn mit der Dicke d stehe ständig eine wässerige Lösung dieser Chemikalie der Konzentration c_0 an. Unterhalb der Abdichtung wird durch einen Abtransport die Konzentration der Chemikalie immer auf Null gehalten. Die Abdichtung wird also durch eine konstante Konzentrationsdifferenz[4] $\Delta c = c_0$ bzw. einen Konzentrationsgradienten $\Delta c/d$ beansprucht. In der Dichtungsbahn bildet sich dadurch ebenfalls ein Konzentrationsgradient aus, der den diffusiven Stofftransport antreibt. Dieser Konzentrationsgradient entspricht jedoch nicht dem außerhalb der Dichtungsbahn wirkenden Konzentrationsgradien-

---

[3] Der Molenbruch der im Kunststoff gelösten Stoffmenge der Chemikalie wird so aufgefasst, dass die Stoffmenge an Struktureinheit der Polymerkette, z.B. CH_2 beim Polyethylen, und nicht die Anzahl der Polymerketten selbst eingeht.

[4] Im Folgenden wird mit Δ nicht mehr der Laplace-Operator wie noch in Gleichung (7.6), sondern einfach nur die Differenz zwischen den Konzentrationen oberhalb und unterhalb der Dichtungsbahn bezeichnet. Aus dem Zusammenhang ist die jeweilige Bedeutung des Buchstabens aber klar ersichtlich.

ten. Er wird vielmehr noch durch den Verteilungskoeffizienten beeinflusst. Stellt sich das Konzentrationsgleichgewicht in der Grenzfläche schnell genug ein, so ist der Konzentrationsgradient in der Dichtungsbahn gegeben durch $\sigma \cdot (\Delta c/d)$. Die Permeationsrate und die Induktionszeit werden dann aus der Lösung der Diffusionsgleichung (7.6) für diese einfachen Randbedingungen leicht berechnet:

$$J = \frac{\sigma D \Delta c}{d} \qquad t_{\text{ind}} = \frac{d^2}{6D} \tag{7.9}$$

Die Dichtigkeit des Abdichtungsmaterials lässt sich durch die Permeabilität $P = Jd/\Delta c = \sigma D$, mit der Dimension m^2/s, charakterisieren, die das Verhältnis der mit der Dicke multiplizierten Permeationsrate zur Konzentrationsdifferenz angibt. Der Wert $J/\Delta c = P/d$, mit der Dimension m/s, wird als diffusive Durchlässigkeit[5] bezeichnet, der Kehrwert d/P oft auch als Diffusionswiderstand.

Die Formeln und Begriffe gelten auch, wenn das Permeationsexperiment mit der flüssigen Chemikalie durchgeführt wird. Dabei muss der Verteilungskoeffizient σ durch die Löslichkeit s ersetzt werden. Da sich hydrophobe Substanzen relativ stark in der PE-HD-Dichtungsbahn anreichern können, muss man bei der Analyse des Stofftransports solcher Substanzen aber berücksichtigen, dass der Diffusionskoeffizient, wie weiter unten diskutiert, stark von der Konzentration abhängen kann.

Bei der Beschreibung der Permeation von Gasen durch die Dichtungsbahnen gelten ähnliche Zusammenhänge. Es müssen jedoch einige Unterschiede beachtet werden. Eine ausführliche Darstellung wird in [7] gegeben. Das anstehende Gas wird nicht durch eine Konzentration, sondern durch seinen Partialdruck p charakterisiert. An die Stelle von Gleichung (7.7) tritt dann das sogenannte Henrysche Gesetz, wonach die Konzentration des Gases in der Dichtungsbahn c_1 proportional dem Partialdruck ist. Der Proportionalitätsfaktor wird hier zumeist als Sorptionskoeffizient oder Löslichkeitskonstante S bezeichnet:

$$S = \frac{c_1}{p} \ . \tag{7.10}$$

An die Stelle von (7.9) tritt dann:

$$J = \frac{S D \Delta p}{d} = \frac{P \Delta p}{d} \tag{7.11}$$

wobei Δp die Differenz der Partialdrücke des Gases oberhalb und unterhalb der Dichtungsbahn bezeichnet. P wird in diesem Zusammenhang zumeist Permeabilitätskoeffizient genannt. Diese werkstoffspezifische Größe charakterisiert die Durchlässigkeit eines Dichtungsbahnmaterials gegen Gase.

Der Druck eines Gases wird in den Einheiten Pa oder bar gemessen. Die diffundierte Stoffmenge bei der Permeation von Gasen wird in der Regel in Volu-

---

[5] Auch hier muss man sich vor einer Verwechselung mit der advektiven Durchlässigkeit (Durchlässigkeitsbeiwert) eines porösen Mediums hüten.

meneinheiten gemessen, bezogen auf die Standardbedingungen[6] (STP). Es ergeben sich deshalb auch für den Permeabilitätskoeffizienten und die Sorptionskonstante besondere Einheiten. Nach den Gleichungen (7.10) und (7.11) ist

$$[P] = \left[\frac{\text{Stoffmenge} \cdot \text{Dicke}}{\text{Fläche} \cdot \text{Zeit} \cdot \text{Druckdifferenz}}\right] = \frac{\text{cm}^3(\text{STP}) \cdot \text{cm}}{\text{cm}^2 \cdot \text{s} \cdot \text{Pa}} = \frac{10^5 \cdot \text{cm}^3(\text{STP}) \cdot \text{cm}}{\text{cm}^2 \cdot \text{s} \cdot \text{bar}}$$

usw. $\qquad\qquad$ (7.12)

$$[S] = \frac{\text{cm}^3(\text{STP})}{\text{cm}^3 \cdot \text{Pa}} \ \text{usw.} \qquad\qquad (7.13)$$

Die Permeabilität (bzw. der Permeabilitätskoeffizient bei Gasen) einer Kunststoffdichtungsbahn ist also gegeben durch das Produkt aus Diffusionskoeffizient und Verteilungskoeffizient bzw. Löslichkeit (Sorptionskonstante bei Gasen), wobei der Verteilungskoeffizient, die Sorptionskonstante und der Diffusionskoeffizient von der jeweiligen Beanspruchung (gasförmig oder flüssig anstehende reine Chemikalie, Chemikalie in wässeriger Lösung geringer oder hoher Konzentration) abhängt.

Die Kenngrößen σ, s, S und D lassen sich experimentell durch Immersionsversuche oder Permeationsversuche bestimmen. Im Abschnitt 3.2.6 werden die Versuche beschrieben. Die Tabelle 7.1 zeigt die in solchen Versuchen gemessenen Löslichkeiten, Tabelle 7.3 die gemessenen Diffusionskoeffizienten für verschiedene hydrophile und hydrophobe organische Flüssigkeiten. Tabelle 7.2 zeigt die Verteilungskoeffizienten für wässerige Lösungen organischer Substanzen und Tabelle 7.4 die zugehörigen Diffusionskoeffizienten. In Tabelle 7.5 sind gemessene Permeabilitätskoeffizienten von Gasen in PE-LD- und PE-HD-Dichtungsbahnen zusammengestellt.

Der Diffusionskoeffizient im eigentlichen Sinne charakterisiert die Beweglichkeit eines einzelnen Fremdmoleküls im amorphen Polymer. In einem einfachen Bild kann man sich den Diffusionsvorgang so vorstellen, dass das Fremdmolekül von einem möglichen Platz im molekularen Umfeld zum nächsten springt. Der Diffusionskoeffizient kann dann mikroskopisch aufgefasst werden als Produkt aus Sprungrate und mittlerer Sprungweite des Moleküls und ist durch die Größe des Moleküls und dessen Wechselwirkung mit dem Polyethylen bestimmt. Je „sperriger" das Molekül und je geringer die Löslichkeit, je schlechter es sich also in sein molekulares Umfeld einfügt, umso kleiner ist der Diffusionskoeffizient. Diese Größe ist nur mit Messmethoden zugänglich, die bei äußerst geringer Verdünnung die Migration erfassen können, z.B. Messungen mit radioaktiven Tracern. Die gelösten Moleküle wechselwirken bei größeren Konzentrationen untereinander und verändern Umgebung und Bedingungen für die Migration im Polymer, was sich als Quellung des Materials zeigt. Der Diffusionskoeffizient wird daher von der Konzentration abhängen:

---

[6] Unter Standardbedingungen versteht man eine Temperatur von 273,15 K und ein Druck von 10^5 Pa. Vor Einführung der SI-Einheiten war der Standarddruck 1 atm. Der Korrekturfaktor ist jedoch bei der Schwankungsbreite der gemessenen Permeabilitätskoeffizienten vernachlässigbar.

Tabelle 7.1: Berechnete und gemessene Löslichkeiten von Prüfflüssigkeiten in vier unterschiedlichen PE-HD-Dichtungsbahnen (Probe 48 (Kristallinität 54%), Probe 139 (Kristallinität 48%), a) (Kristallinität 56%) und b) (Kristallinität 51%)) [1]

Prüfflüssigkeit	Gemessene Massenanteile (Massenbruch), bezogen auf den amorphen Anteil der PE-HD-Dichtungsbahn		Berechnete Massenanteile nach dem Verfahren von TAKERU OISHI und JOHN M. PRAUSNITZ [10]
	Probe 48 [a)] Probe a	Probe 138 [b)] Probe b	
Wasser	0,002	0,002	
Methanol	0,002[a)]	0,002[b)]	0,004
Aceton	0,022	0,022	0,021
Ethylmethylketon	0,039	0,037	0,032
konz. Essigsäure	0,019	0,017	0,022
Propionsäure	0,046	0,040	0,030
Essigsäureethylester	0,048[a)]	0,047[b)]	0,065
Chloroform	0,305[a)]	0,312[b)]	0,325
Tetrachlorkohlenstoff	0,409[a)]	0,408[b)]	0,222
Trichlorethylen	0,424	0,385	0,450
Tetrachlorethylen	0,432[a)]	0,443[b)]	0,442
Chlorbenzol	0,220[a)]	0,220[b)]	0,285
Xylol	0,189[a)]	0,194[b)]	0,133
Toluol	0,182[a)]	0,184[b)]	0,439
Pentan	0,139	0,121	0,090
Hexan	0,144	0,124	0,105
Heptan	0,144	0,124	0,113
Oktan	0,142	0,122	0,122
Isooktan	0,107[a)]	0,104[b)]	0,117
Decahydronaphthalin	0,238	0,207	0,227

Sowohl aus den Immersionsversuchen wie auch aus den Permeationsraten und Induktionszeiten im Permeationsversuch ergibt sich eindeutig, dass der Diffusionskoeffizient bei Versuchen mit wässerigen Lösungen erheblich kleiner ist als bei der Beanspruchung mit den reinen hydrophoben Prüfflüssigkeiten. Die Induktionszeiten sind erheblich länger. Der Diffusionskoeffizient, der unter der Annahme des Fickschen Gesetzes die Immersions- und Permeationsversuche mit konzentrierten Medien parametrisiert, ist also eine Größe, die von den jeweils gewählten Versuchsbedingungen abhängt.

Tabelle 7.2: Berechnete und gemessene Verteilungskoeffizienten zwischen verdünnten wässerigen Lösungen und PE-HD-Dichtungsbahn [1]

Prüfflüssigkeit	Verteilungskoeffizient, gemessen und aus dem Verhältnis der Löslichkeiten abgeschätzt (runde Klammern)	Verteilungskoeffizient, berechnet nach dem UNIFAC-Verfahren [9]	Verteilungskoeffizient, berechnet nach dem Retentions-Index-Verfahren [7]
Methanol-Wasser	–	0,004	0,001
Aceton-Wasser	$0{,}032^{a)}$	0,016	0,106
Ethylmethylketon-Wasser	(0,06)	0,173	0,403
Essigsäure	$0{,}015^{b)}$	0,017	0,020
Propionsäure	–	0,043	0,076
Essigsäureethylester	(0,28)	0,42	0,930
Formaldehydlösung	$0{,}015^{c)}$	–	0,009
Chloroform-Wasser	(18)	19	22
Tetrachlorkohlenstoff-Wasser	(238)	252	141
Trichlorethylen-Wasser	$189^{d)}$	–	114
Trichlorethylen-Wasser	$(135^{f)})$		
1,2-Dichlorethan-Wasser	$(7^{f)})$	10	20
Tetrachlorethylen-Wasser	(1357)	–	9972
Chlorbenzol-Wasser	(209)	350	487
Benzol-Wasser	$(57^{f)})$	55	37
Xylol-Wasser	$(499^{f)})$, (556)	1157	517
Toluol-Wasser	$(192^{f)})$, (160)	254	206
Pentan-Wasser	(1512)	3600	2800
Hexan-Wasser	(5800)	22200	10700
Heptan-Wasser	(24348)	131000	40600

a) 10 Vol.-% Aceton-Wasser, b) 0,5 g/l Essigsäure, c) 37 Gew.-% Formaldehyd, d) 0,5 g/l Trichlorethylen-Wasser, f) Literaturwerte für den als Verhältnis der Löslichkeiten abgeschätzten Verteilungskoeffizienten aus Referenz [12]

Tabelle 7.3: Zusammenstellung der Diffusionskoeffizienten von Stoffen in drei verschiedenen PE-HD-Dichtungsbahnen (siehe Tabellenüberschrift 7.1) aus den Immersions- und Permeationsversuchen mit reinen Prüfflüssigkeiten [1]

Prüfflüssigkeit	Immersionsversuche an Probe 48 D (10^{-12} m²/s)	Immersionsversuche an Probe 139 D (10^{-12} m²/s)	Permeationsversuche an Probe a D (10^{-12} m²/s)
Wasser	0,82	0,90	–
Aceton	0,87	0,91	–
Ethylmethylketon	0,75	0,86	–
konz. Essigsäure	0,58	0,52	–
Propionsäure	0,30	0,32	–
Essigsäureethylester	–	–	1,1
Chloroform	–	–	5,9
Tetrachlorkohlenstoff	–	–	2,4
Trichlorethylen	7,70	8,40	10,8
Tetrachlorethylen	–	–	3,8
Chlorbenzol	–	–	3,6
Xylol	–	–	4,7
Toluol	–	–	6,1
Pentan	2,44	2,90	–
Hexan	2,08	2,47	–
Heptan	1,52	1,74	–
Oktan	1,08	1,31	–
Isooktan	–	–	0,44
Decahydronaphthalin	0,35	0,36	–

Die Auswirkung der Konzentrationsabhängigkeit des Diffusionskoeffizienten auf die Induktionszeit kann auch mathematisch beschrieben werden. Bei einem Permeationsvorgang, bei dem der Diffusionskoeffizient D nach einem einfachen Gesetz mit der Konzentration anwächst, z.B. $D(c) = D(0)\, e^{bc}$, kann die Induktionszeit berechnet werden[7]. Es ergibt sich eine starke, von der Konzentration in der Oberfläche der Dichtungsbahn abhängige Verkürzung gegenüber der Induktionszeit, die sich bei geringer Konzentration und Diffusionskoeffizienten D_M einstellen würde.

---

[7] FRISCH, H. L.: *J. Phys. Chem.*, Wash. 61 (1957), S. 93. Die Induktionszeit ist in diesem Falle gegeben durch

$$t_{ind} = \frac{6(4e^{\beta c} - 1 + e^{2\beta c}(2\beta c - 3))}{4(e^{\beta c} - 1)^3} \cdot \frac{d^2}{6D(0)}$$

wobei $c = \sigma c_0$ die Konzentration ist, die sich im Gleichgewicht in der Oberfläche der Dichtungsbahn einstellt. Das Verhältnis der Induktionszeiten $t_{ind}/(d^2/6D(0))$ ist für $0 < bc < 3$ näherungsweise $(1 - bc/4)$ und geht für $bc > 6$ wie $(3bc \cdot e^{-bc})$ gegen Null.

Tabelle 7.4: Zusammenstellung der Diffusionskoeffizienten von Stoffen in drei verschiedenen PE-HD-Dichtungsbahn (siehe Tabellenüberschrift 7.1) aus den Immersions- und Permeationsversuchen mit wässerigen Lösungen [1]. Ergänzend werden Werte für wässerige Lösungen aus Referenz [12] in runden Klammern angegeben

Prüfflüssigkeit	Immersionsversuche an Probe 48 u. Literaturwerte $D\,(10^{-12}\ m^2/s)$	Immersionsversuche an Probe 139 $D\,(10^{-12}\ m^2/s)$	Permeationsversuche an Probe a u. Literaturwerte $D\,(10^{-12}\ m^2/s)$
Aceton-Wasser 10 Vol.-%	0,66	0,84	–
Aceton-Wasser 50 Vol.-%	0,88	0,87	–
Essigsäure, 0,50 kg/l	0,11	0,18	
Essigsäure, 0,70 kg/l	0,15	0,22	
Essigsäure, 0,90 kg/l	0,25	0,29	–
1,2-Dichlorethan-Wasser	(6,8)	–	–
Trichlorethylen-Wasser	0,20	0,30	0,6
Trichlorethylen-Wasser	(0,52)		(0,50)
Benzol	(0,037)	–	–
Xylol	(0,10)	–	0,2 (0,10)
Toluol	(0,51)	–	0,2 (0,23)

Tabelle 7.5: Permeabilitätskoeffizient P für die Permeation von Gasen in Polyethylen.

Polymer	Gas	Messtemperatur (°C)	$P\ \left(\dfrac{cm^3(STP)\cdot mm}{m^2\cdot d\cdot bar}\right)$
PE-LD	O_2	25	448
	CO_2		1810
	N_2		137
PE-HD	O_2	25	71
	CO_2		279
	N_2		21
PE-HD	O_2	25	76
	CO_2		290
	N_2		21
	Luft		30
	Methan	20	56
	Ethan		89
	Propan		35
	Ethylen		110
	Propylen		76
	Schwefeldioxid		430

Betrachtet man die Tabellen 7.1 und 7.2 sowie 7.3 und 7.4, so fällt auf, dass die Variation des Verteilungskoeffizienten und der Löslichkeit für unterschiedliche Substanzen sich über viele Größenordnungen erstreckt. Der Diffusionskoeffizient verändert sich im Vergleich dazu nur wenig. Dies zeigt, dass die Löslichkeit der Stoffe im Polyethylen letztlich die Permeationsraten bestimmt. Grob gesprochen können nur unpolare, niedermolekulare Stoffe in relevantem Ausmaß diffundieren. Praktisch undurchlässig ist die Dichtungsbahnen gegen Ionen in der wässerigen Lösung.

Von 1987 bis 1997 wurden an der BAM Untersuchungen zur Permeation von Metallsalzen, Metall-Kationen und Nitrat-Anion, durch PE-HD-Dichtungsbahnen durchgeführt [2]. In dieser Zeit ergaben sich aus den Messungen und dem Vergleich von Versuchs- und Blindprobe keinerlei Anhaltspunkte für eine Permeation. Aus den Versuchsdauern und den Versuchsbedingungen kann eine obere Grenze für die Permeationsrate abgeschätzt werden. Die Permeabilität ist danach z.B. für Cd nachweislich kleiner als $1{,}3 \cdot 10^{-18}$ m^2/s. R. K. ROWE und Mitarbeiter [8] berichten über ähnliche Versuche zur Chlorid-Permeation durch eine PE-HD-Dichtungsbahn. Aus den Versuchsbedingungen kann man eine obere Grenze für die Permeabilität von $3 \cdot 10^{-17}$ m^2/s angegeben.

Die außerordentlich geringe Permeabilität lässt sich damit erklären, dass das unpolare Medium Polyethylen nur sehr gering polarisierbar ist und die Diffusion nicht zu einer Ladungstrennung führen kann. Die Ionen sind in der wässerigen Lösung nämlich von einer die Ladung abschirmenden Hülle von Wassermolekülen umgeben. Kationen und Anionen müssten daher aus ihrer Hydrathülle heraus zum Molekül rekombinieren und sich im Polyethylen lösen oder beide mit ihrer Hydrathülle sich lösen und diffundieren. Solche Vorgänge sind thermodynamisch sehr ungünstig. Die Bedeutung der Dissoziation der anorganischen Moleküle für die Migration wird auch deutlich an Permeationsversuchen, die mit konz. Salzsäure durchgeführt wurden. Undissoziierte HCl-Moleküle können in konzentrierter Salzsäure nachgewiesen werden, während die Moleküle in wässeriger NaCl- oder Metallsalzlösung vollständig dissoziiert sind. Die vorhandenen undissoziierten HCl-Moleküle können sich im Polyethylen, ähnlich wie Wassermoleküle oder undissoziierte Essigsäuremoleküle, lösen und erst dann diffundieren. Während also bei Permeationsexperimenten mit Metallsalzen keine Permeation von Chlor beobachtet wird, ist bei der Beaufschlagung mit konz. Salzsäure diffundiertes Chlor nachweisbar.

Verteilungskoeffizienten und Diffusionskoeffizienten in PE-HD-Dichtungsbahnen können auch berechnet werden. Zur Berechnung von σ' geht man von den thermodynamischen Bedingungen für den Gleichgewichtszustand aus. Die Konzentrationsverteilung im Gleichgewichtszustand ist, wie bereits eingangs erläutert, dadurch charakterisiert, dass die chemischen Potenziale $\mu(T,p,x)$ für den im Wasser gelösten Stoff und für den im Kunststoff gelösten Stoff gleich groß sind. Für die Abhängigkeit des chemischen Potenzials des gelösten Stoffes von der Konzentration gilt:

$$\mu(T,p,x) = \psi(T,p) + k_\mathrm{B}T \log(\gamma(T,p,x) \cdot x) \ , \tag{7.14}$$

k_B ist die Boltzmann-Konstante. ψ ist das chemische Potenzial der reinen flüssigen Chemikalie, eine gewisse Funktion nur von T und p. $\gamma(T,p,x)$ ist der sogenannte Aktivitätskoeffizient, der vom Molenbruch, vom Druck und von der Temperatur abhängt. Die Funktion $a = \gamma(x, T, p) \cdot x$ wird als Aktivität bezeichnet. Im Gleichgewicht gilt also

$$\psi(T, p) + k_B T \log(\gamma_1(x_1) x_1) = \psi(T, p) + k_B T \log(\gamma_0(x_0) x_0) \; . \tag{7.15}$$

Daraus folgt für den Gleichgewichtszustand die Gleichheit der Aktivitäten der Lösungen

$$\gamma_1(x_1) x_1 = \gamma_0(x_0) x_0 \; . \tag{7.16}$$

Bei Kenntnis der Aktivitäten bzw. Aktivitätskoeffizienten als Funktion der Konzentration lassen sich aus den beiden Gleichungen (7.7) und (7.16) für ein vorgegebenes x_0 in der wässerigen Lösung die beiden unbekannten Größen Verteilungskoeffizient σ' und Stoffmengenanteil x_1 in der Kunststoffdichtungsbahn berechnen.

Aktivitäten bzw. Aktivitätskoeffizienten werden mit Methoden sogenannter additiver Inkremente von Struktureinheiten (*group contribution method*) der Moleküle des gelösten Stoffes und des Lösungsmittels ermittelt, die deren Eigenschaften, Volumen und Oberfläche, und deren Wechselwirkung untereinander beschreiben. Der Verteilungskoeffizient kann in einfacher Weise nach einem solchen von O. G. PIRINGER angegebenen Verfahren bestimmt werden [7]. Ein weit verbreitetes und vielfältig anwendbares, auf Inkrementen von Struktureinheiten aufbauendes Verfahren zur Berechnung der Aktivität bzw. des Aktivitätskoeffizienten von nichtelektrolytischen flüssigen Gemischen stellt das sogenannte UNIFAC (*Universal Functional Group Activity Coefficient*) Verfahren dar [9]. Von T. OIHSI und J. M. PRAUSNITZ wurde eine Erweiterung des Verfahrens angegeben, mit dem die Aktivität von in amorphen Polymeren gelösten Stoffen bestimmt werden kann [10]. R. GOYDAN, R. C. REID und H.-S. TSENG zeigen [11], dass dieses Verfahren im Vergleich mit verschiedenen ähnlichen Methoden zur Bestimmung der Löslichkeit von organischen Stoffen in Polymeren hinreichend genaue und auf einen weiten Bereich anwendbare Ergebnisse liefert. Die Einzelheiten der Methode können der angegebenen Literatur entnommen werden. Die Berechnungen wurden für PE-HD-Dichtungsbahnen in [1] durchgeführt, die Ergebnisse sind in den Tabellen 7.1 und 7.2 angegeben.

Von O. G. PIRINGER wurde eine empirische Näherungsformel für die Bestimmung der Diffusionskoeffizienten angegeben [7]. Die Formel lautet:

$$D = \exp\left(A_p - 0{,}008 M_r - 10450 \frac{1}{T}\right), \quad D \text{ in } m^2/s. \tag{7.17}$$

A_p ist ein für den jeweiligen Kunststoff charakteristischer Parameter, M_r ist die Molmasse des diffundierenden Stoffes. Für LDPE ergibt $A_p = 9$, für HDPE $A_p = 5$ eine gute Übereinstimmung mit gemessenen Werten. Für die mitteldichten PE-Kopolymere sollte der Wert dazwischen sein und es ergibt sich für $A_p = 7{,}5$ in der Tat eine gute Übereinstimmung mit den in Tabelle 7.4 angegebenen gemessenen Werten.

7.3 Stofftransport in Böden (Auflager der Dichtungsbahn)

Der Boden ist ein poröses Medium, das mit Poren angefüllt ist, die ein mehr oder weniger verschlungenes und verzweigtes Netzwerk von Porenkanälen bilden. Angetrieben durch einen hydrostatischen Druck, die Schwerkraft und bei mit Wasser nur teilgesättigten Porenräumen auch durch die Oberflächenspannung durchströmt das Wasser diesen Porenraum. Die im Wasser enthaltenen Schadstoffe werden dabei mit transportiert. Im Hinblick auf diesen passiven Schadstofftransport durch das strömende Wasser spricht man von Advektion oder advektivem Stofftransport[8]. Die Schadstoffe diffundieren jedoch auch im Bodenwasser. Selbst wenn die Strömungsgeschwindigkeit sehr gering ist, werden sich die Schadstoffe daher durch die Diffusion ausbreiten. Bei der Beschreibung des Schadstofftransports in Böden muss aber auch die Sorption am Feststoff des Bodens und der Abbau der Schadstoffe, z.B. durch mikrobielle Prozesse, betrachtet werden.

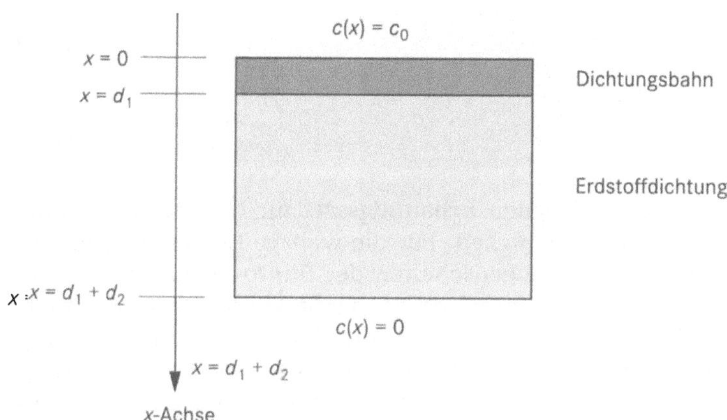

Abb. 7.1: Koordinaten und Randbedingungen für die Beschreibung des Stofftransports in der Kombinationsdichtung, die aus einer Dichtungsbahn und einer Erdstoffdichtung besteht

Bei einem nur teilweise mit Bodenwasser gesättigtem Porenraum muss zusätzlich der Stofftransport in der Gasphase, also über den mit Bodenluft gefüllten Porenraum berücksichtigt werden. Temperaturunterschiede führen zur Bewegung von Wasser und Wasserdampf und damit ebenfalls zum Schadstofftransport. Diese Effekte werden hier vernachlässigt. Im Folgenden wird daher nur das allereinfachste mathematische Modell zur Beschreibung des Stofftransports in Böden diskutiert. Es wird dazu ein homogener, wassergesättigter Boden konstanter Temperatur angenommen. Alle Ausgangsgrößen, Konzentration, hydraulischer Gradient usw.

---

[8] Die Sprachregelung ist hier nicht ganz einheitlich. Im Hinblick auf das strömende Wasser selbst spricht man auch von Konvektion oder konvektivem Stofftransport, davon abgeleitet, dass Konvektion im eigentlichen Sinne die durch Temperaturgradienten bedingte Strömung von Flüssigkeiten und Gasen meint.

sollen nur von einer Koordinate x abhängen. Die x-Achse ist dabei die Achse senkrecht zur Ebene der Abdichtung, siehe Abbildung 7.1. Unbrauchbar wird ein solches Modell natürlich auch dann, wenn besondere Wasserwegsamkeiten durch Klüfte, Risse etc. überwiegend den Stofftransport bestimmen.

Die zeitliche Veränderung der im Wasser gelösten Schadstoffmenge in einem Volumenelement des porösen Dichtungsmaterials Θc (Θ: volumetrischer Wassergehalt bzw. Porenraumgehalt, da eine Sättigung vorausgesetzt wird, c: Konzentration des Stoffes im Bodenwasser) ist gegeben durch den An- oder Abtransport des Schadstoffs mit dem strömenden Wasser mit der Stromdichte J_{adv}, durch die Diffusion im Porenwasser des Volumenelementes mit der Stromdichte J_{diff}, durch die dort stattfindenden Sorptionsvorgänge mit der Rate J_{s} und durch den chemischen Abbau in der Lösung mit der Rate $J_{\mathrm{a,L}}$. Die zeitliche Veränderung der am Feststoff im Volumenelement adsorbierten Schadstoffmenge ϱs (ϱ: Dichte des Erdstoffes, s: Konzentration des adsorbierten Stoffes bezogen auf die Feststoffmasse) ist gegeben durch die Rate der genannten Sorptionsvorgänge sowie durch den am Feststoff des Bodens stattfindenden chemischen Abbau mit der Rate $J_{\mathrm{a,F}}$. Aus dem Erhaltungssatz für die Stoffmenge folgen die Kontinuitätsgleichungen:

$$\frac{\partial(\Theta c)}{\partial t} = -\frac{\partial}{\partial x}\left(J_{\mathrm{adv}} + J_{\mathrm{diff}}\right) - J_{\mathrm{s}} - J_{\mathrm{a,L}} \tag{7.18}$$

$$\varrho\frac{\partial s}{\partial t} = J_{\mathrm{s}} - J_{\mathrm{a,F}} \; . \tag{7.19}$$

Diese Gleichungen drücken nur den Erhaltungssatz für die Massen aus und sind daher noch von allgemeiner Gültigkeit. Für die weitere Berechnung müssen Annahmen über die physikalischen Eigenschaften der Stofftransportprozesse für den jeweiligen Schadstoff im jeweiligen Erdstoff gemacht werden und daraus eine mathematische Beschreibung abgeleitet werden, die dann aber nur näherungsweise gelten kann. Im einfachsten Falle wird für den advektiven Stofftransport das Darcysches Gesetz und für den diffusiven Stofftransport das Ficksche Gesetz, siehe Gleichung (7.3), angenommen. Für die Sorption wird eine lineare Gleichgewichtssorption angesetzt, d.h. die Konzentration der im Erdstoff adsorbierten Stoffmenge ist in jedem Augenblick proportional zu der im Bodenwasser vorhandenen Konzentration. Für den Abbau wird eine Reaktionsgleichung erster Ordnung verwendet:

$$J_{\mathrm{adv}} = k_{\mathrm{f}}\,i\,c \qquad\qquad \text{(Darcysches Gesetz)} \tag{7.20}$$

$$J_{\mathrm{diff}} = -\Theta\,D(\partial c/\partial x) \qquad\qquad \text{(Ficksches Gesetz)}[9] \tag{7.21}$$

---

[9] Eine durch die Strömungsverhältnisse in porösen Materialien bedingte Durchmischung der Flüssigkeit führt ebenfalls zu einem Ausgleich von Konzentrationsgradienten. Der als Dispersion bezeichnete Effekt lässt sich in der Transportgleichung durch denselben mathematischen Ausdruck wie die molekulare Diffusion beschreiben, mit einer von der Strömungsgeschwindigkeit abhängigen Dispersionskonstanten, die an die Stelle des Diffusionskoeffizienten tritt, siehe A. E. Scheidegger, *J. Geo. Phys. Res.* 56 (1961): 3273. Bei geringen Strömungsgeschwindigkeiten

$$s = k\,c \qquad \text{(lineare Gleichgewichtssorption)} \qquad (7.22)$$

$$J_{a,F} = \mu_F \varrho\, s\,, \quad J_{a,L} = \mu_L\,\Theta\,c \qquad \text{(Reaktionen 1. Ordnung)} \qquad (7.23)$$

wobei k_f den Durchlässigkeitsbeiwert und i den hydraulischen Gradienten, D die Diffusionskonstante des Schadstoffs im Bodenwasser, k den Verteilungskoeffizient für den Schadstoff zwischen Bodenwasser und Feststoff des Bodens (Bodenmatrix) und μ_F bzw. μ_L die Reaktionskonstanten der Abbaureaktion einmal in der Bodenmatrix und zum anderen im Bodenwasser bezeichnet. Für eine homogene Bodenschicht mit einer stationären Strömung vereinfachen sich die Gleichungen (7.18) und (7.19) unter den Annahmen (7.20) bis (7.23) zu der Transportgleichung für einen wassergesättigten Boden, der sogenannten Diffusions-Dispersions-Gleichung

$$R\frac{\partial c}{\partial t} = D\frac{\partial^2 c}{\partial^2 x} - v\frac{\partial c}{\partial x} - \mu c \qquad (7.24)$$

mit den, neben dem Diffusionskoeffizienten D, für den Stofftransport charakteristischen weiteren Kenngrößen:

$$R = 1 + \varrho\,k\,/\,\Theta \qquad \text{(Retardationskoeffizient)} \qquad (7.25)$$

$$\mu = \mu_L + \varrho\,\mu_F\,k\,/\,\Theta \qquad \text{(effektive Reaktionskonstante)} \qquad (7.26)$$

$$v = k_f\,i\,/\,\Theta \qquad \text{(mittlere Porenwassergeschwindigkeit)} \qquad (7.27)$$

Schließlich wird noch der Diffusionskoeffizient D des Schadstoffs im Bodenwasser der mineralischen Dichtung auf den in der Regel bekannten Diffusionskoeffizienten D_0 des Schadstoffes im freien Wasser mit Hilfe des sogenannten Tortuositätsfaktors Γ zurückgeführt [13]:

$$D = \Gamma D_0\ . \qquad (7.28)$$

Die physikalische Bedeutung des Tortuositätsfaktors sei hier für den Fall eines im Mittel nur eindimensionalen Konzentrationsgradienten entlang der x-Achse etwas näher erläutert. Der Diffusionskoeffizient ist dabei gemäß Gleichung (7.21) als Proportionalitätsfaktor definiert, der das Verhältnis der x-Komponente der Teilchenstromdichte J_x zum Gradienten $(\Delta c/\Delta x)$ in der Konzentration angibt. Tatsächlich diffundieren die Teilchen in der Bodenmatrix jedoch nicht entlang der x-Achse, sondern entlang von gewundenen Porenkanälen, die alle möglichen Richtungen relativ zur x-Achse einnehmen können. Betrachtet man ein Wegelement Δl eines wassergefüllten Porenkanals, der einen Winkel ϑ mit der x-Achse bildet, so ist dort die Teilchenstromdichte $J = D_0\,(\Delta c/\Delta l)$ durch den im Porenkanal herrschenden Konzentrationsgradienten gegeben. Nun gilt:

---

spielt dieser Effekt jedoch keine Rolle bzw. er lässt sich von der Diffusion als ein eigenständiger Vorgang gar nicht abtrennen.

$$J_x = J \cos \vartheta = D_0 \left(\frac{\Delta c}{\Delta l} \right) \cos \vartheta = D_0 \left(\frac{\Delta c}{\Delta x} \right) \cos^2 \vartheta \ . \tag{7.29}$$

Woraus folgt, dass $D = \cos^2 \vartheta \, D_0$ und damit $\Gamma = \cos^2 \vartheta$ ist. Sind die Porenkanäle in allen Richtungen gleichmäßig verteilt, so muss über die Oberfläche der halben Einheitskugel gemittelt werden. Es ergibt sich dann $\Gamma = 1/3$. Nach diesem Modell sollten also die effektiven Diffusionskoeffizienten im Boden etwa ein Drittel der Diffusionskoeffizienten im freien Wasser betragen.

Das Verhältnis von effektivem Diffusionskoeffizienten in der mineralischen Dichtung zum Diffusionskoeffizient im freien Wasser wird jedoch auch durch andere Effekte beeinflusst, als nur die Verschlungenheit und Gewundenheit der Diffusionswege in den Porenräumen eines Bodens. So kann sich auch die Viskosität des Wassers in feinen Porenräumen verändern, mit entsprechenden Auswirkungen auf die Diffusionskoeffizienten der gelösten Stoffe. Die aus Messwerten berechneten „scheinbaren" Tortuositätsfaktoren können daher kleiner sein, als der Wert, den die geometrische Betrachtung erwarten lässt. Es ist daher für eine konservative Abschätzung der Diffusionskoeffizienten von Schadstoffen im Bodenwasser, z.B. von mineralischen Deponieabdichtungen, für die keine Messwerte vorliegen, gerechtfertigt, diesen rein geometrisch berechneten Faktor 1/3 als typischen Tortuositätsfaktor zu verwenden.

Auf der Grundlage der Gleichungen (7.24) bis (7.28) wird üblicherweise der Stofftransport in Böden berechnet. Weitere Hinweise finden sich z.B. in der GDA-Empfehlung E1-10, *Stofftransportmodelle für die Barrierewirkung von Abdichtungsschichten*, [14]. Sehr ausführlich wird der Stofftransport in Erdstoffdichtung in [15] diskutiert. Programme zur numerischen Lösung der Differentialgleichung (7.24) für unterschiedliche Randbedingungen und Wahl der Kenngrößen sind kommerziell erhältlich [16].

Für den Stofftransport in der Kombinationsdichtung, auf den im nächsten Abschnitt eingegangen wird, können weitere vereinfachende Annahmen gemacht werden. Bei der einwandfreien Kombinationsdichtung kann nämlich kein advektiver Stofftransport mehr stattfinden. Die Auswirkungen von Abbauvorgängen werden hier nicht weiter betrachtet. Gleichung (7.24) vereinfacht sich dann zur üblichen Diffusionsgleichung

$$R \frac{\partial c}{\partial t} = \Gamma D_0 \frac{\partial^2 c}{\partial^2 x} \ . \tag{7.30}$$

Bei einer rein mineralischen Dichtungsschicht sind unter dieser Voraussetzung die Permeationsrate J und die Induktionszeit t_{ind} dann für eine an der Oberfläche anstehende Konzentration c_0 des Schadstoffes und unterhalb der Dichtung ständig abtransportiertem Schadstoff, also $\Delta c = c_0$, gegeben durch

$$J = \frac{\Theta \Gamma D_0 \Delta c}{d} \qquad t_{\text{ind}} = \frac{R d^2}{6 \Gamma D_0} \ . \tag{7.31}$$

Die Sorption an der Bodenmatrix führt also zu einer Verzögerung (Retardation) des Stofftransports: Sie ist bei gleichbleibendem Schadstoffangebot zwar ohne Einfluss auf die sich letztlich einstellende Permeationsrate, sie hat jedoch erheblichen Einfluss auf die Induktionszeit.

Bei der Beurteilung von Diffusionskoeffizienten in mineralischen Dichtungen müssen einige Besonderheiten bei den Angaben in der Literatur beachtet werden [17]. Unter den hier gemachten vereinfachenden Annahmen werden die Permeationsraten bzw. die Permeabilität und die Induktionszeiten der Diffusion von Schadstoffen in der mineralischen Dichtung durch die Kenngrößen D_0 und R, die vom Schadstoff und Material der mineralischen Dichtung abhängen, sowie von den Größen Θ und Γ, die nur vom mineralischen Dichtungsmaterial abhängen, bestimmt. Diffusionsexperimente ergeben jedoch nicht unmittelbar Werte für diese Größen, sondern nur für Ausdrücke, die aus diesen Größen zusammengesetzt sind. Nach der ersten Gleichung (7.31) kann aus einer Messung der Permeationsrate im stationären Zustand nur die Permeabilität $P = \Theta\Gamma D_0$ bestimmt werden. Der Porenraumgehalt Θ des Dichtungsmaterials kann in speziellen Porositätsmessungen ermittelt werden. Unter der nur näherungsweise richtigen Annahme, dass die Diffusion den gesamten Porenraum erfasst, kann dann der sogenannte effektive Diffusionskoeffizient $D = \Gamma D_0$ berechnet werden (gelegentlich wird schon die Permeabilität als effektiver Diffusionskoeffizient $D_e = \Theta\Gamma D_0$ bezeichnet).

Die Messung von Induktionszeiten (siehe die zweite Gleichung (7.31) für die Induktionszeit) sowie die Messungen der zeitlichen Veränderung der Konzentration vor dem Erreichen des stationären Zustandes liefert dagegen nur Werte für Größen in die sowohl D also auch R eingehen. In der Regel wird hier nur der sogenannte „apparente" oder reaktive Diffusionskoeffizient $D_a = D/R$ ermittelt. Aufgrund der typischen Wertebereiche für Θ, Γ und R unterscheiden sich die Werte für die Diffusionskoeffizienten D_e, D und D_a um bis zu 2 Größenordnungen. Da zudem die Terminologie sehr uneinheitlich ist, muss bei Literaturangaben zu Diffusionskoeffizienten sehr sorgfältig darauf geachtet werden, welcher Koeffizient tatsächlich bestimmt wurde.

Da Stofftransportrechnungen besonders im Bereich der Abdichtung von Deponien und der Sicherung von Altlasten zu Gefährdungsabschätzungen angewendet werden, seien hier einige Daten für die in diesem Bereich verwendeten mineralischen Dichtungen zusammengestellt. In der Literatur finden sich allerdings nur sehr wenige Untersuchungen über die Diffusionskoeffizienten für organische Stoffe in den typischen, im Deponiebereich verwendeten mineralischen Dichtungsmaterialien. In den meisten Fällen wurde dabei nur D_a bestimmt. Der effektive Diffusionskoeffizient könnte daraus nur bei Kenntnis des Retardationsfaktors berechnet werden. Die Bestimmung von R (siehe Gleichung (7.25)) über eine Messung des Verteilungskoeffizienten k im Labor, etwa durch Schüttelversuche, liefert jedoch durchweg Werte, die mit den tatsächlichen Retardationsfaktoren in der mineralischen Dichtung nicht vergleichbar sind. Ausgehend von den Diffusionskoeffizienten in der freien wässerigen Lösung wurden mit einem Tortuositätsfaktor $\Gamma = 1/3$ die effektiven Diffusionskoeffizienten organischer Stoffe für wassergesättigte mineralische Dichtungen berechnet [2]. Tabelle 7.6 zeigt die Ergebnisse für die verschiedenen Stoffgruppen.

Tabelle 7.6: Diffusionskoeffizienten bei 20 °C von organischen Stoffen in der verdünnten wässerigen Lösung und effektiver Diffusionskoeffizient im Bodenwasser mineralischer Dichtungen berechnet mit $\Gamma = 1/3$ sowie Diffusionskoeffizient in der PE-HD-Dichtungsbahn bei geringer Konzentration. Man beachte die jeweilige Einheit für den Diffusionskoeffizienten [2].

Stoffgruppe	organischer Stoff	Diffusionskoeffizient (10^{-10} m^2/s)		Diffusionskoeffizient (10^{-12} m^2/s)
		freie wässerige Lösung	Bodenwasser der mineralischen Dichtung	PE-HD-Dichtungsbahn
Alkohol	Methanol	14,5	4,8	0,8
Keton	Aceton	10,2	3,4	0,6
	Ethylmethylketon	9,0	3,0	0,55
organische Säure	Essigsäure	–	–	0,15
	Propionsäure	–	–	0,15
Ester	Essigsäureethylester	8,4	2,8	0,15
Aldehyd	Formaldehydlösung	17,8	5,9	0,8
Chlorkohlenwasserstoff	Chloroform	9,2	3,1	0,25
	Tetrachlorkohlenstoff	8,7	2,9	0,25
	Trichlorethylen	8,4	2,9	0,25
	1,2-Dichlorethan	9,1	3,0	0,25
	Tetrachlorethylen	7,6	2,5	0,25
	1,2-Dichlorpropan	8,0	2,7	–
	Chlorbenzol	8,1	2,7	0,25
aromatischer Kohlenwasserstoff	Benzol	9,0	3,0	0,2
	Ethylbenzol	6,8	2,3	0,2
	Xylol	7,2	2,4	0,2
	Toluol	8,0	2,7	0,2
	Naphthalin	7,0	2,3	–
aliphatischer Kohlenwasserstoff	Pentan	8,0	2,7	0,2
	Hexan	7,2	2,4	0,2
	Heptan	6,6	2,2	0,2

Tabelle 7.7: Diffusionskoeffizienten bei 20 °C von Kationen und Anionen in der verdünnten wässerigen Lösung und im Bodenwasser mineralischer Dichtungen und daraus ermittelte Tortuositätsfaktoren.

Kation bzw. Anion	Diffusionskoeffizient (10^{-10} m^2/s)		Tortuositätsfaktor
	Wasser[d]	Bodenwasser der mineralischen Dichtung[f]	
Lithium	10,3	1,3[c]	0,16
Kalium	19,6	0,6 ...2,8[a] 11,7 ... 17,7[b]	0,03 ... 0,14 0,6 ... 0,9
Zink	7,0	0,4 ... 1,6[a] 8,2 ... 10,3[b]	0,06 ... 0,231
Cadmium	7,2	4,8 ... 7,6[b]	0,67 ... 1
Blei	9,5	0,4 ... 1,4[a]	0,04 ... 0,15
Ammonium	19,6	0,6 ... 2,8[a] 2,05; 5,00[a]	0,03 ... 0,14 0,10; 0,26
Chlorid	20,3	1,4 ... 3,1[a] 4,7 ... 10,6[b]	0,07 ... 0,15 0,23 ... 0,52
Bromid	20,8	4,9 ... 9,9[b] 4,8; 6,7[c]	0,24 ... 0,48 0,23; 0,32
Iodid	20,4	3,5 ... 14,7[b]	0,17 ... 0,72
Nitrat	19,0	1,0 ... 3,1[a] 2,27; 1,00[a]	0,05 ... 0,16 0,12; 0,05
Sulfat	10,7	0,6 ... 1,5[a]	0,06 ... 0,14
Acetat-Ion	10,9	0,2 ... 2,1[a]	0,02-0,19

a) siehe Referenz [18], b) Referenz [22] ohne Daten aus der Testserie 8, c) Referenz [23], d) Koeffizient der Eigendiffusion der Ionen, f) Koeffizient der Salzdiffusion.

Für Kationen und Anionen liegen inzwischen diverse Messungen von effektiven Diffusionskoeffizienten in mineralischen Dichtungsmaterialien vor, wie sie typischerweise für Deponieabdichtungen verwendet werden. Von H. L. JESSBERGER und Mitarbeiter wurden in einer umfangreichen Untersuchung die Diffusionskoeffizienten für unterschiedliche Prüfflüssigkeiten – Monolösungen und Gemische der Chloride, Nitrate und Sulfate der in Tabelle 7.7 aufgeführten Metalle, organische Monolösungen und Gemische sowie „künstliches" Sickerwasser in unterschiedlichen mineralischen Dichtungsmaterialien (Naturtone und alle Arten von gemischtkörnigen Dichtungen mit verschiedenen Zuschlagstoffen) untersucht [18]. Ein systematischer Zusammenhang zwischen charakteristischen geotechnischen Eigenschaften des Dichtungsmaterials und den Diffusionskoeffizienten wurde dabei nicht gefunden.

Tabelle 7.7 listet die gemessenen effektiven Diffusionskoeffizienten im Vergleich zu den Werten in der freien wässerigen Lösung. In der letzten Spalte sind die sich daraus ergebenden Wertebereiche für den (scheinbaren) Tortuositätsfaktor angegeben. Der auf Grund einfacher geometrischer Überlegungen oben abgeschätzte Wert wird fast durchweg unterschritten, wobei die kleinsten Werte allenfalls um eine Größenordnung kleiner sind. Beachtet werden muss dabei auch, dass in Tabelle 7.7, Spalte 2, die Eigendiffusionskoeffizienten angegeben sind, während die Permeationsmessungen in der Regel die Diffusionskoeffizienten für die Salzdiffusion bestimmen. Bei der Salzdiffusion werden schnelle Ionen gebremst und langsame Ionen angetrieben. Streng genommen müsste man den effektiven Diffusionskoeffizienten im Bodenwasser mit dem Diffusionskoeffizienten der Salzdiffusion in der freien wässerigen Lösung vergleichen. Auf eine solche detaillierte Analyse wird hier verzichtet, da sich an der Abschätzung des Tortuositätsfaktors nichts Wesentliches ändert.

Bei den Retardationskoeffizienten ergibt sich kein so klares Bild über den Wertebereich bei mineralischen Dichtungsmaterialien, wie dies bei den effektiven Diffusionskoeffizienten der Fall ist. Schon bei den Dichtungsbahnen hatte sich gezeigt, dass die Diffusionskoeffizienten in einem relativ schmalen Wertebereich liegen, die Verteilungskoeffizienten sich für die verschiedenen Stoffe jedoch um Größenordnungen unterscheiden. Auch bei den mineralischen Dichtungsmaterialien hängen die Retardationskoeffizienten stark von den besonderen stofflichen Eigenschaften und der Zusammensetzung des Erdstoffs und der sich daraus ergebenden Wechselwirkung mit dem jeweiligen Schadstoff ab. Hinzu kommt, dass die Sorptionsisothermen nichtlinear sind und daher experimentelle Ergebnisse, die bei höheren Konzentrationen gewonnen wurden, nicht ohne weiteres auf die äußerst geringen Konzentrationen übertragen werden dürfen, die im Felde tatsächlich nur vorhanden sind. Es stehen also auch hier sehr wenig aus Diffusionsexperimenten gewonnene Daten zur Verfügung. Grob gesprochen sind die Werte für gut wasserlösliche organische Stoffe sehr gering, für die schlecht wasserlöslichen ist in Einzelfällen jedoch nachgewiesen, dass sich erhebliche Werte ergeben können.

In [19] wird für Aceton $R = 1,8$, für 1,4-Dioxan $R = 1,7$ und für Anilin $R = 7$ angegeben. Von R. L. JOHNSON und Mitarbeiter wurden Bohrkerne eines Tonvorkommens unterhalb einer Sonderabfalldeponie, die durch Sickerwasser beansprucht waren, auf Schadstoffgehalte untersucht [20]. Aus dem Tiefenprofil der Konzentration der organischen Schadstoffe wurden die apparenten Diffusionskoeffizienten abgeleitet. Für Chlorid wurde auch in dieser Arbeit ein Tortuositätsfaktor von 0,20 ... 0,33 angegeben. Mit den hier in Tabelle 7.5 aufgelisteten effektiven Diffusionskoeffizienten errechnen sich aus den gemessenen apparenten Diffusionskoeffizienten folgende Retardationsfaktoren, siehe [2], Anmerkung 16: $R = 15$ (Benzol), $R = 56$ (Trichlorethylen), $R = 54$ (Toluol), $R = 27$ (1,2-Dichlorpropan), $R = 115$ (Ethylbenzol), $R = 115$ (Naphthalin). Aus Sorptionsexperimenten im Labor an unbeanspruchten Bohrkernproben wurden dagegen folgende Werte abgeleitet: $R = 44$ (Benzol), $R = 65$ (Trichlorethylen), $R = 82$ (Toluol), $R = 269$ (Ethylbenzol).

Von D. MYRAND und Mitarbeiter [21] wurden in Diffusionsexperimenten im Labor apparente Diffusionskoeffizienten für Benzol, Trichlorethylen, Toluol und Chlorbenzol an Tonproben bestimmt, die als Bohrkerne aus dem gleichen natürlichen Vorkommen gezogen wurden. Es wurden dabei ähnliche apparente Diffusionskoeffizienten ermittelt wie im Feld. Unter Annahme von effektiven Diffusionskoeffizienten nach Tabelle 7.6 ergeben sich folgende Retardationskoeffizienten: $R = 27$ (Benzol), $R = 47$ (Trichlorethylen), $R = 68$ (Toluol), $R = 90$ (Chlorbenzol).

Die Retardationskoeffizienten von Anionen und Kationen in Böden sind in der Regel etwa eine Größenordnung kleiner als für die organischen Stoffe. Sie liegen im Bereich von etwa 1 ... 10, während für die organischen Stoffe, wie oben gezeigt, ein Bereich von 10 ... 100 typisch ist.

7.4 Stofftransport in der Kombinationsdichtung (Dichtungsbahn und Erdstoff)

Eine Kombinationsdichtung besteht nach den Anforderungen der TA Siedlungsabfall und der TA Abfall aus einer mindestens 2,5 mm dicken Kunststoffdichtungsbahn und einer mineralischen Dichtung. Die mineralische Dichtung wird bei der herkömmlichen Siedlungsabfalldeponie bzw. bei der Deponieklasse II aus 3 Lagen mit einer Gesamtdicke von mindestens 0,75 m und bei der Sonderabfalldeponie aus 6 Lagen mit einer Gesamtdicke von mindestens 1,50 m aufgebaut. Das Abdichtungssystem wird ergänzt durch eine Schutzschicht für die Kunststoffdichtungsbahn, die Eindellungen und Verformungen durch den groben Dränkies verhindern soll. Die Oberfläche der mineralischen Dichtung muss so glatt sein[10], dass die Auflast über die gleichmäßig lastverteilende Wirkung der Schutzschicht zu einem vollflächigen „Pressverbund" zwischen der Dichtungsbahn und der mineralischen Dichtungsschicht führt.

Angaben zur Dichtigkeit des fehlerfreien Abdichtungssystems unter definierten Randbedingungen für eine möglichst große Zahl von Stoffen bilden ein wichtiges Element der Charakterisierung der Leistungsfähigkeit dieser Abdichtung etwa im Zusammenhang mit Gleichwertigkeitsbetrachtungen zu anderen alternativen Abdichtungssystemen. Deshalb werden im folgenden die Formeln für die Permeationsrate bzw. die Permeabilität und die Induktionszeit bei einem diffusiven Stofftransport in der Kombinationsdichtung, die aus einer Kunststoffdichtungsbahn und einer mineralischen Dichtung (oder allgemeiner: einem Boden) besteht, angegeben. Die Größen, die sich auf die Dichtungsbahnen beziehen, werden mit dem Index 1 bezeichnet, also Dicke d_1, Diffusionskoeffizient D_1, und die Größen, die sich auf die mineralische Dichtung beziehen mit dem Index 2, also Dicke d_2, effektiver Diffusionskoeffizient D_2. Der Porenvolumenanteil in der wassergesättigten mineralischen Dichtung ist wie oben Θ.

Die dabei gemachten Annahmen seien nochmals hervorgehoben. Die Kunststoffdichtungsbahn hat eine porenfreie innere Struktur. Strömende, durch ein hydraulisches Gefälle angetriebene Stofftransportvorgänge sind daher bei einer intakten Dichtungsbahn auch in der darunter liegenden mineralischen Dichtung nicht möglich. Löcher in der Dichtungsbahn würden lokal zu einem advektiven Stofftransport in der mineralischen Dichtung führen. Dies wird hier jedoch zunächst ausgeschlossen. Es wird angenommen, dass der der Diffusion zugängliche

---

[10] Auf die Glattlage der Kunststoffdichtungsbahn und die erforderliche Einbautechnik wird im Kapitel 9 ausführlich eingegangen.

Porenraum der mineralischen Dichtung wassergesättigt ist. Vernachlässigt werden also Stofftransportvorgänge im Gasraum einer teilgesättigten mineralischen Dichtung. Ebenso werden durch Temperaturgradienten angetriebene Stoffströme nicht berücksichtigt. Es können also nur durch das Ficksche Gesetz beschriebene Diffusionsvorgänge stattfinden. Im stationären Zustand soll dabei für die Sorptions- und Lösungsvorgänge in den Grenzflächen in jedem Augenblick ein Gleichgewicht vorhanden sein, dass durch Verteilungskoeffizienten beschrieben werden kann.

Der Konzentrationsverlauf $c(x)$ des Schadstoffes in der Dichtung teilt sich in verschiedene Bereiche auf (Abbildung 7.1): c_0 sei die Ausgangskonzentration des Stoffes im Sickerwasser, $c_1(x)$ sei der Konzentrationsverlauf in der Dichtungsbahn und $c_2(x)$ der im Boden, die Konzentration unterhalb der Dichtung sei immer Null. Es wird also angenommen, dass z.B. in einem gut durchlässigen Grundwasserleiter unter der Dichtung eine sehr rasche Verdünnung stattfindet. Das ist sicherlich eine extreme Annahme, die in der Praxis nur bei sehr ungünstigen Standorten gegeben sein dürfte. Auch mit dieser Annahme wird also ein *worst-case*-Szenario durchgespielt.

Der Konzentrationsgradient, der die Diffusion in der Kunststoffdichtungsbahn antreibt, baut sich durch die Adsorption und Lösung von Schadstoffen in der Oberfläche der Dichtungsbahn auf. Die Konzentrationsverhältnisse in der Grenzfläche Sickerwasser-Dichtungsbahn $(x = 0)$ werden wie oben erläutert durch den Verteilungskoeffizienten $\sigma_{0,1}$ gemäß

$$c_1(0) = \sigma_{0,1}\, c_0 \tag{7.32}$$

beschrieben.

Im Verbund der Dichtungsschichten, Kunststoffdichtungsbahn und mineralische Dichtung, kommt als weitere Kenngröße für die Kombinationsdichtung der Verteilungskoeffizient $\sigma_{2,1}$ für die Grenzfläche $(x = d_1)$ von Kunststoffdichtungsbahn und mineralischer Dichtungsschicht hinzu:

$$c_1(d_1) = \sigma_{2,1}\, c_2(d_1)\ . \tag{7.33}$$

Im einfachsten Fall ist $\sigma_{0,1} = \sigma_{2,1}$. Dabei wird angenommen, dass ein Schadstoff sich zwischen Dichtungsbahn und Sickerwasser ähnlich verteilt wie zwischen Dichtungsbahn und Porenwasser in der mineralischen Dichtung. Streng genommen wird $\sigma_{2,1}$ jedoch von der Beschaffenheit der Grenzfläche der beiden Dichtungskomponenten und von $c_1(d_1)$ abhängen und daher verschieden von $\sigma_{0,1}$ sein. Zusätzlich können sich die unterschiedlichen chemischen Inhaltsstoffe von Sickerwasser und Bodenwasser auf das Verteilungsgleichgewicht auswirken.

Wird die Permeabilität als Materialkenngröße verwendet, so ist für die Kunststoffdichtungsbahn bzw. für die mineralische Dichtung nach den Angaben im Abschnitt 7.2 bzw. 7.3, siehe die Gleichungen (7.9) und (7.31):

$$P_1 = \sigma_{0,1}\, D_1 \qquad P_2 = \Theta\, \Gamma\, D_0\ . \tag{7.34}$$

Die Permeabilität P bzw. die Permeationsrate J der Kombinationsdichtung mit der Dicke $d = d_1 + d_2$ kann nun mit Hilfe der angegebenen Randbedingungen

(7.32) und (7.33) aus der Stetigkeit des Stoffstromes im stationären Zustand, d.h. $J = J_1 = J_2$, einfach berechnet werden. Es ergibt sich

$$\frac{d}{P} = \frac{d_1}{P_1} + \frac{d_2}{\left(\dfrac{\sigma_{0,1}}{\sigma_{2,1}}\right)P_2} \; . \tag{7.35}$$

Schließlich sei noch die Formel für die Induktionszeit des Gesamtsystems angegeben, die sich nach einer von J. C. JAEGER angegebenen Methode ebenfalls relativ einfach berechnen lässt [24] und [25]. Die Induktionszeit t der Kombinationsdichtung setzt sich aus den Induktionszeiten t_1 und t_2 und den Permeabilitäten P_1 und P_2 der Komponenten wie folgt zusammen:

$$t = \frac{t_1\left(\dfrac{d_1}{P_1} + \dfrac{3d_2}{(\sigma_{0,1}/\sigma_{2,1})P_2}\right) + t_2\left(\dfrac{3d_1}{P_1} + \dfrac{d_2}{(\sigma_{0,1}/\sigma_{2,1})P_2}\right)}{\dfrac{d_1}{P_1} + \dfrac{d_2}{(\sigma_{0,1}/\sigma_{2,1})P_2}} \; . \tag{7.36}$$

Die Permeationsrate für die Diffusion eines Schadstoffes durch die Kombinationsdichtung wird also nach den Gleichungen (7.35) und (7.36) bei vorgegebenen Dicken ($d_1 = 2{,}5$ mm und $d_2 = 0{,}75$ m bzw. 1,50 m für die Siedlungsabfalldeponie bzw. die Sonderabfalldeponie) durch die Diffusionskoeffizienten D_1 und D_0, die Verteilungskoeffizient $\sigma_{0,1}$ und $\sigma_{2,1}$ sowie durch die Erdstoffkenngrößen Θ und Γ bestimmt. Während die Kenngrößen D_1 und D_0 sowie Θ und Γ für verschiedene Schadstoffe und mineralische Materialien nur um etwa eine bis zwei Größenordnungen schwanken, unterscheiden sich die Verteilungskoeffizienten σ verschiedener Schadstoffe um sehr viele Größenordnungen. Es ist daher auch hier der Verteilungskoeffizient zwischen Dichtungsbahn und Sickerwasser, der die Permeationsrate bei der Kombinationsdichtung für die verschiedenen Schadstoffklassen charakterisiert. So ist z.B. der Verteilungskoeffizient für Kationen und Anionen, wie im Abschnitt 7.2 bereits erwähnt, praktisch Null, da diese sich aus der Hydrathülle in der wässerigen Lösung heraus nicht in dem unpolaren Medium Polyethylen lösen können. Für den diffusiven Stofftransport kommen daher von vornherein nur undissoziierte organische und anorganische Moleküle in Betracht.

Da die Dicke quadratisch in die Induktionszeit eingeht, ist für eine Kombinationsdichtung $t_2 \gg t_1$. Zusätzlich kann das Retardationsvermögen der mineralischen Dichtung die Induktionszeit erheblich vergrößern. Die Induktionszeit t des Gesamtsystems ist dann nach Gleichung (7.36) allein durch die Dicke der mineralischen Dichtung bestimmt. Dies gilt natürlich nicht für spezielle dünne mineralische Dichtungslagen, wie etwa die Bentonitmatte.

Die einwandfrei hergestellte Kombinationsdichtung ist gegenüber den vielen organischen und anorganischen Stoffen im Sickerwasser extrem undurchlässig. Die nach Gleichung (7.35) berechneten Durchlässigkeiten gelten jedoch nur für die beschriebenen einfachen Randbedingungen. Im Feld entstehen dagegen komplexere Bedingungen, die zum einen die diffusive Migration fördern zum anderen sie zusätzlich behindern: der Verteilungskoeffizient eines Stoffes in dem vielfältigen Stoffgemisch Sickerwasser wird nur näherungsweise dem in der „reinen" wässerigen Lösung entsprechen. Insbesondere können die Verteilungskoeffizienten in den Grenzflächen oberhalb und unterhalb der Dichtungsbahn verschiedenen sein. Auf der Dichtungsbahn bilden sich Ablagerungen, die die Sorptionsvorgänge beeinflussen. Der Porenraum der mineralischen Dichtung ist nur teilgesättigt. Die mineralische Dichtung wird nicht völlig homogen in ihren Eigenschaften sein, es können sich auch für die Diffusion bevorzugte Migrationswege ausbilden. Die Zusammensetzung des Sickerwassers, insbesondere der Gehalt an „Spurenstoffen", und damit die einwirkenden Konzentrationsgradienten ändern sich mit der Zeit. Es werden sich gar keine stationären Zustände mit maximalen Permeationsraten ausbilden können. Die tatsächlichen Emissionen durch eine einwandfreie Kombinationsdichtung in einem Deponiebauwerk lassen sich daher nicht detailliert quantifizieren. Man wird jedoch insgesamt annehmen dürfen, dass die hier angegebene diffusive Durchlässigkeit für die definierten einfachen Randbedingungen und einen stationären Zustand die tatsächlich im Feld sich ergebende Durchlässigkeit erheblich überschätzt.

Von H. August, I. Jakob, R. Preuschmann und R. Tatzky-Gerth wurden umfangreiche Untersuchungen zur Permeation von flüssigen Kohlenwasserstoffen und Chlorkohlenwasserstoffen zunächst nur durch Kunststoffdichtungsbahnen [26], dann aber vor allem durch Kombinationsdichtungen durchgeführt [27]. Die Ergebnisse der Untersuchungen an den Dichtungsbahnen hatten erheblichen Einfluss auf die fachliche Diskussion Mitte der 80er Jahre. Zum einen zeigte sich die sehr hohe Beständigkeit der PE-HD-Dichtungsbahn gegen Chemikalien im Vergleich zu allen anderen damals im Deponiebau eingesetzten Kunststoffdichtungsbahnen (PVC, ECB, PEC und EPDM[11]). Andererseits wurden auch bei den chemisch sehr beständigen PE-HD-Dichtungsbahnen relativ hohe Permeationsraten bei der Beaufschlagung mit hydrophoben flüssigen Chlorkohlenwasserstoffen gemessen. Eine wirksame Dichtung entsteht bei solchen extremen Beanspruchungen erst dann, wenn die Dichtungsbahn mit einer polaren Dichtungskomponente (mineralische Dichtung) kombiniert wird. Dies war der Ausgangspunkt für die Versuche mit den Kombinationsdichtungen.

Dazu wurden in Permeations-Messzellen Kombinationsdichtungen aus einer 2,3 mm dicken PE-HD-Dichtungsbahn und unterschiedlichen mineralischen Dichtungen mit einer Dicke von 7,5 cm, 15 cm und 30 cm aufgebaut und mit einem Gemisch flüssiger Kohlenwasserstoffe und Chlorkohlenwasserstoffen beaufschlagt (Abbildung 7.2).

---

[11] Weich-PVC: Polyvinylchlorid mit niedermolekularen organischen Beimischungen als Weichmacher, ECB: Ethylen-Kopolymerisat-Bitumen, PEC: chloriertes Polyethylen bzw. homogenes Gemisch aus chloriertem Polyethylen und PVC, EPDM: Terpolymer aus Polyethylen, Polypropylen und Dien-Monomeren. Dieses Terpolymer ist ein Kautschuk, der durch die über die Dien-Monomere eingebrachten Doppelbindungen mit Schwefel zum Elastomer vernetzt werden kann (Vulkanisation).

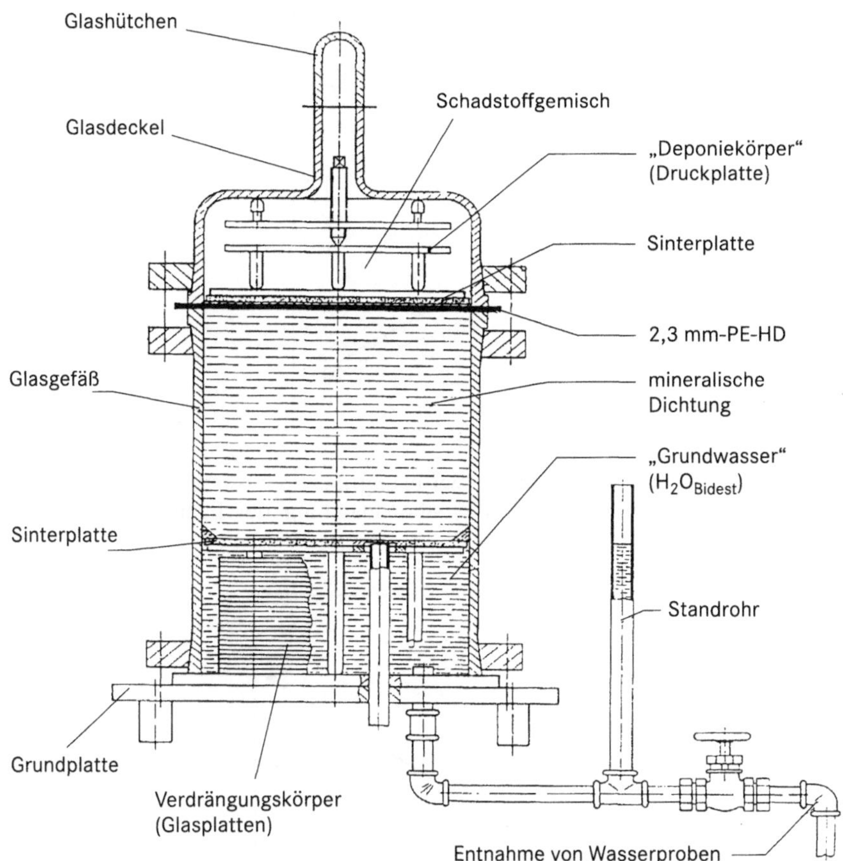

Abb. 7.2: Skizze des Aufbaus der Messzellen für die Permeationsversuche mit einem flüssigen Gemisch aus 9 Komponenten (Methanol, Aceton, Tetrahydrofuran, Isooktan, Trichlorethylen, Toluol, Tetrachlorethylen, Chlorbenzol, Xylol) [27]. Der Durchmesser der Zellen betrug 30 cm, die Dicke der mineralischen Dichtungen war 7,5 cm, 15 cm, 30 cm und in zwei Fällen sogar 60 cm.

Über einen Zeitraum von ca. 10 Jahren wurde das Permeationsverhalten beobachtet. Danach wurden die Zellen auseinander gebaut und Dichtungsbahn wie mineralische Dichtungen detailliert untersucht [28]. Sowohl zum Stofftransport wie auch zum langzeitigen Materialverhalten einer Kombinationsdichtung unter solch einer extremen chemischen Beanspruchung liegt daher umfangreiches Datenmaterial vor. Die Kombinationsdichtung hat sich dabei nicht nur als ohne Einschränkung beständig, sondern auch als besonders dicht – selbst bei einer geringen Dicke der mineralischen Dichtung – erwiesen. Die Kombination eines unpolaren Abdichtungsmaterials (Dichtungsbahn) mit einem polaren Abdichtungsmaterial (mineralische Dichtung) funktioniert im Falle der Kombinationsdichtung auch bei langwieriger Einwirkung flüssiger organischer Stoffe so, wie man es vom Verteilungsgleichgewicht her erwarten würde:

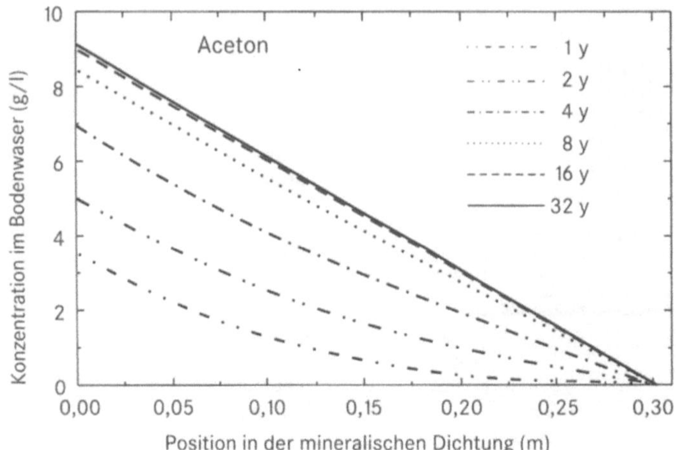

Abb. 7.3a: Berechnung der räumlich-zeitlichen Verteilung der Konzentration in der 30 cm dicken mineralischen Komponente einer Kombinationsdichtung bei Beaufschlagung mit reinem Aceton [28].

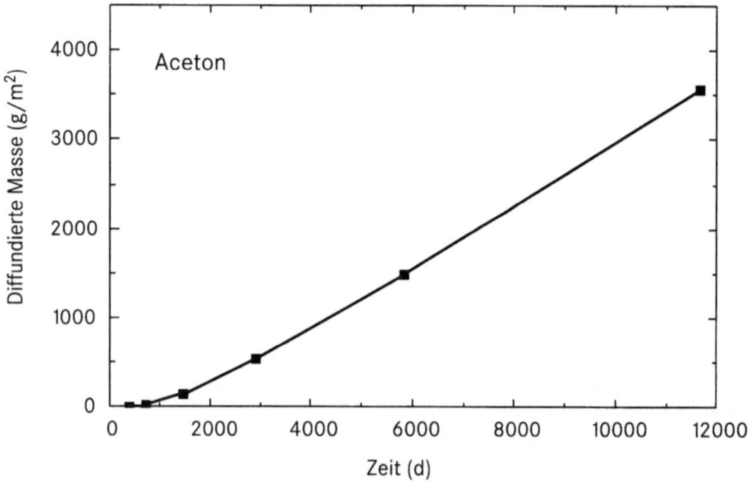

Abb. 7.3b. Berechnung der durch die Kombinationsdichtung (Dicke der mineralischen Dichtung: 30 cm) pro m^2 diffundierte Masse Aceton als Funktion der Zeit. Die Steigung der Geraden und ihr Zeitachsenabschnitt ergibt die Permeationsrate und die Induktionszeit. Die Induktionszeit beträgt 1440 Tage und die Rate im stationären Zustand 0,24 g/(m^2 · d) [28].

Bei den hydrophoben Komponenten der Prüfflüssigkeit stellt sich unterhalb der Dichtungsbahn (in der Grenzfläche zur mineralischen Dichtung) im Bodenwasser immer nur maximal eine Konzentration ein, die der (sehr geringen) Löslichkeit dieser Komponenten im Wasser entspricht, auch wenn oberhalb der Dichtungsbahn das konzentrierte Flüssigkeitsgemisch ansteht. Der Stofftransport der hydrophilen Kohlenwasserstoffkomponenten der Prüfflüssigkeit wird dagegen schon durch die Kunststoffdichtungsbahn stark unterdrückt und die Konzentration auch dieser Komponenten im Bodenwasser der mineralischen Dichtung bleibt daher sehr gering. Die Abbildung 7.3a und b sowie 7.4a und b zeigen die Konzentrationsverteilung in der mineralischen Dichtung und den zeitlichen Verlauf des Schadstofftransports durch die Dichtung, wie man sie für Aceton und Trichlorethylen, das jeweils dauerhaft, in großer Menge auf der Kombinationsdichtung ansteht, nach den Untersuchungsergebnissen annehmen kann.

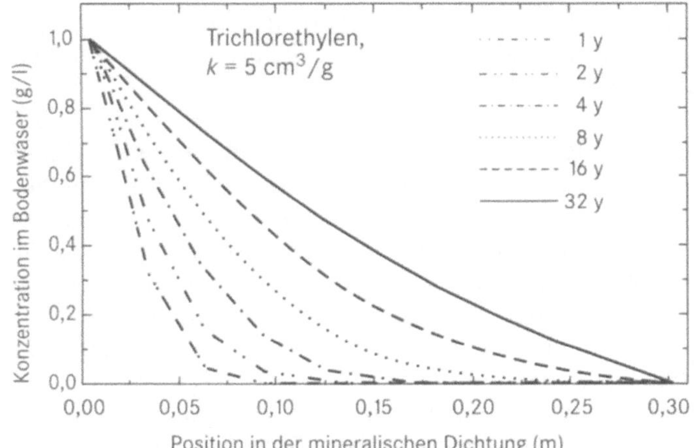

Abb. 7.4a: Berechnung der räumlich-zeitlichen Verteilung der Konzentration in der 30 cm dicken mineralischen Komponente einer Kombinationsdichtung bei Beaufschlagung mit reinem Trichlorethylen, wobei angenommen wurde, dass eine Sorption mit $k = 5$ cm³/g (Sorptionskoeffizient für die Bodenmatrix) bzw. $R = 20$ (Retardationskoeffizient, siehe Gleichung 7.25) stattfindet [28].

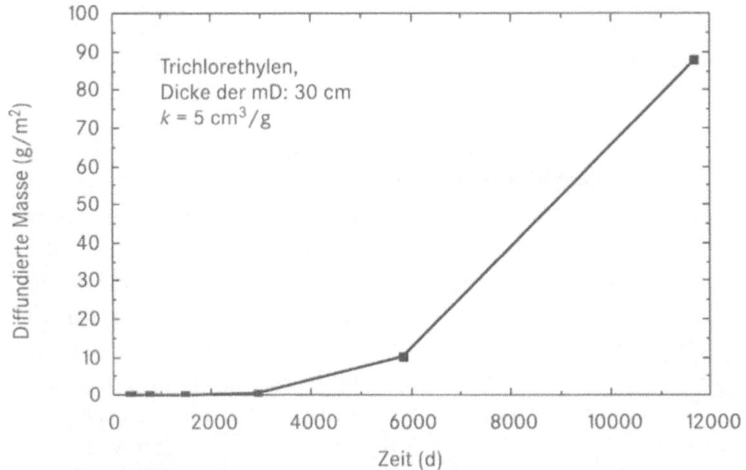

Abb. 7.4b: Berechnung der durch die Kombinationsdichtung (Dicke der mineralischen Dichtung (mD): 30 cm) pro m² diffundierte Masse Trichlorethylen als Funktion der Zeit (mit Sorption in der mineralischen Komponente, siehe Abbildungsunterschrift 7.4a). Die Induktionszeit beträgt 5000 Tage und die Permeationsrate 0,013 g/(m² · d) [28].

7.5 Auswirkungen von Fehlstellen in der Dichtungsbahn

In diesem Abschnitt werden die Auswirkungen von Fehlstellen (Risse, Löcher) in der Dichtungsbahn quantitativ beschrieben, d.h. es wird angegeben, wie die Durchflussrate durch die jetzt nicht mehr flüssigkeitsdichte Abdichtung berechnet werden kann. Solche Angaben sind für die Einschätzung der Wirksamkeit von Abdichtungen von Interesse, also z.B. für die Beurteilung der Kombinationsdichtung im Vergleich zu anderen alternativen Abdichtungssystemen auf der Oberfläche von Deponien, bei denen eine Dichtungsbahn allein oder im Verbund mit einer Bentonitmatte oder einer Kapillarsperre eingesetzt wird. Sie ermöglichen Antworten auf die Fragen, wie das Auflager der Dichtungsbahn gestaltet und wie sorgfältig die Dichtungsbahn verlegt werden muss. Auch für die Beurteilung von Dichtungskontrollsystemen, die inzwischen auch bei großflächigen Abdichtungen eingesetzt werden, bildet die quantitative Beschreibung der Auswirkung von Fehlstellen eine Grundlage. Die hier dargestellten Sachverhalte und Überlegungen wurden bereits 1999 veröffentlicht [3].

Der theoretischen Beschreibung der Auswirkung von Fehlstellen, den diese überprüfenden Laborexperimenten und den auf deren Ergebnisse aufbauenden Berechnungen liegen immer vereinfachende Modelle zu Grunde. Im Folgenden wird auch ein Überblick über den Stand der Fachdiskussion zu dieser Modellbildung gegeben. Es soll dabei insbesondere deutlich werden, welche Vielzahl von Annahmen und Näherungen in die Modellbildung und Berechnungen eingehen, die den quantitativen Aussagen zugrunde liegen. Man muss leider sagen, dass wirklich aussagekräftiges Datenmaterial aus Versuchen zur Auswirkung von Fehlstellen, sowie eine systematische Auswertung der Erfahrungen im Feld über Art und Häufigkeit von Fehlstellen in Abdichtungen, mit denen solche Modellbildungen und Berechnungen verifiziert werden können, nur in sehr begrenztem Umfang vorhanden sind (siehe Abschnitt 11.3).

Abbildung 7.5 stellt die typische Ausgangssituation und die relevanten Parameter, die diese Situation beschreiben, dar. Eine Dichtungsbahn der Dicke d_1 mit einem kreisrunden Loch mit dem Radius R liegt auf einer mineralischen Dichtungsschicht oder allgemeiner auf einem Auflager, das die Dicke d_2 hat und dessen Durchlässigkeit durch einen Durchlässigkeitsbeiwert k charakterisiert ist. Die Gesamtdicke der Abdichtung ist $d = d_1 + d_2$ und da zumeist $d_1 \ll d_2$, kann für die Berechnungen $d \approx d_2$ angenommen werden. Wird ein solcher Aufbau in einem zylinderförmigen Permeameter für Laborversuche nachgestellt, so ergeben sich Randeinflüsse und der Radius des Permeameter R_0 muss berücksichtigt werden. Auf der Dichtungsbahn steht Wasser mit einer Aufstauhöhe h_W an. Der Wert des hydraulischen Potenzials oberhalb der Dichtungsbahn sei φ_0 und der Wert direkt unterhalb der mineralischen Dichtung sei φ_*. Das Wasser soll unterhalb der mineralischen Dichtung frei abfließen können. Deshalb wird $\varphi_* = 0$ gesetzt.

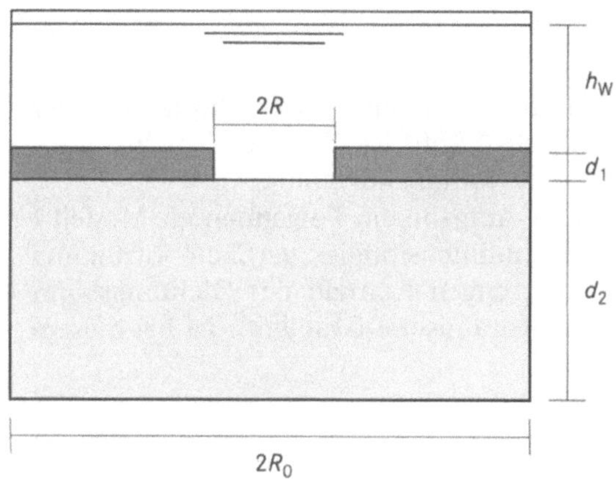

Abb. 7.5: Schematischer Aufbau eines Permeameterversuchs mit Dichtungsbahn und Auflager zur Bestimmung des Durchflusses durch ein Loch in der Dichtungsbahn. Die wesentlichen geometrischen Parameter des Versuchs sind eingezeichnet.

In einem Abdichtungssystem sind auf der Dichtungsbahn immer weitere Schichten angeordnet: in der Regel eine Schutzschicht und je nach Bauwerk weitere Schichten, z.B. eine grobkiesige Dränschicht und der Abfall bei der Basisabdichtung einer Deponie, eine Kiesschicht oder eine geotextile Dränmatte und die Rekultivierungsschicht bei der Oberflächenabdichtung einer Deponie. Der Einfluss dieser Schichten auf die Strömungsvorgänge wird vernachlässigt. Es wird also immer davon ausgegangen, dass der Durchlässigkeitsbeiwert dieser Schichten sehr groß gegen den des Auflagers ist. Ebenso wird eine konstante Aufstauhöhe des anstehenden Wassers angenommen. Unter diesen Annahmen wird sich das hydraulische Potenzial innerhalb des anstehenden Wassers nur unmerklich verändern. Für das hydraulische Potenzial auf der Dichtungsbahn kann dann $\varphi_0 = h_\mathrm{W} + d$ angesetzt werden. Ebenso wird der im Vergleich zumeist sehr kleine Abfall des hydraulischen Potenzials bzw. der geringe Strömungswiderstand im Loch der Dichtungsbahn selbst vernachlässigt. Schließlich wird angenommen, dass das Auflager wassergesättigt ist.

Die Strömungsvorgänge hängen jedoch auch davon ab, wie die Dichtungsbahn auf dem Auflager liegt, wie eng der Verbund ist. Die Rückwirkung der weiteren Aufbauten auf der Dichtungsbahn auf den Verlauf des hydraulischen Potenzials wird zwar vernachlässigt, deren Gewicht beeinflusst jedoch sehr stark diesen Verbund. Die Auflast auf der Dichtungsbahn ist daher ein weiterer sehr wichtiger Parameter.

Die Aufgabe besteht nun darin, für die vorgegebenen Parameter den Durchfluss nach Volumen Q, d.h. das im stationären Zustand pro Zeiteinheit durch das Loch strömende Volumen Wasser, zu bestimmen. Q wird im Folgenden auch einfach als Fluss oder Leckrate bezeichnet. Die volumetrische Flussdichte v ergibt sich, wenn Q auf die Abdichtungsfläche bezogen wird.

Kann das Wasser unterhalb der Dichtungsbahn frei abfließen, so berechnet sich der Durchfluss durch das Loch in der Dichtungsbahn nach dem Bernoullischen Gesetz gemäß:

$$Q = C \cdot \pi R^2 \cdot \sqrt{2gh_\mathrm{W}} \ . \tag{7.37}$$

C ist dabei ein Geometriefaktor, der davon abhängt, wie scharfkantig der Randbereich des Loches ist. Für eine scharfe Kante ist $C = 0{,}6$, für eine stark abgerundete Kante $C = 0{,}99$ [29]. g ist die Gravitationskonstante.

Der einfachste Ansatz zur Lösung dieser Aufgabe, im Folgenden als Modell I bezeichnet, nimmt näherungsweise eine eindimensionale, vertikale Strömung durch das Auflager und einen vollflächigen, engen Kontakt der Dichtungsbahn mit dem Auflager an (Abbildung 7.6). Der hydraulische Gradient i ist bei diesem Ansatz überall gleich groß:

$$i = \frac{\varphi_0 - \varphi_*}{d_2} = \frac{h_\mathrm{W} + d}{d_2} \approx 1 + \frac{h_\mathrm{W}}{d_2} \tag{7.38}$$

und nach dem Darcyschen Gesetz ist:

$$Q = \pi R^2 k i = \pi R^2 k \left(1 + \frac{h_\mathrm{W}}{d_2} \right) \ . \tag{7.39}$$

Dieser Ansatz unterschätzt sicherlich erheblich den Durchfluss, da in Wirklichkeit auch horizontale Strömungskomponenten vorhanden sind und sich immer ein ausladender Fließkegel im Auflager ausbilden wird.

Bei dem physikalisch richtigen Modellansatz, hier als Modell II bezeichnet, wird die vollständige Bewegungsgleichung für das hydraulische Potenzial für die oben beschriebene Ausgangssituation analytisch oder numerisch gelöst und daraus dann der „echte" Durchfluss unter Berücksichtigung horizontaler und vertikaler Strömungskomponenten berechnet (Abbildung 7.7). Auch hier wird eine vollflächige Glattlage der Dichtungsbahn auf dem Auflager angenommen. Die Einzelheiten sind in [30] dargestellt. Der Potenzial- und Stromlinienverlauf der Wasserströmung im Auflager lässt sich formal wie der Potenzial- und Stromlinienverlauf eines elektrischen Stromes in einem leitenden Medium beschreiben. Zu lösen ist also dort die Laplace-Gleichung

$$\Delta \varphi = 0 \tag{7.40}$$

mit den die Ausgangssituation beschreibenden Randbedingungen, also $\varphi = \varphi_0$ im Bereich des Lochs, $\nabla \varphi \cdot \mathbf{n} = 0$ an der Unterseite der Dichtungsbahn und an den Wandflächen des Permeameters ($\mathbf{n}$ ist dabei der Einheitsvektor in Richtung der Flächennormalen) und $\varphi = \varphi_*$ am Boden des Permeameters. Aus der Lösung φ kann die volumetrische Flussdichte berechnet werden:

$$v = -k\nabla\varphi \ . \tag{7.41}$$

Der Fluss durch das Loch ist dann durch das Integral der Flussdichte über die Lochfläche gegeben:

$$Q = - \int\limits_{\substack{\text{Loch-}\\\text{fläche}}} k\nabla\varphi \cdot \mathbf{n} \, \mathrm{d}A = -2\pi \int\limits_0^R k \frac{\partial \varphi}{\partial z} r \, \mathrm{d}r \ . \tag{7.42}$$

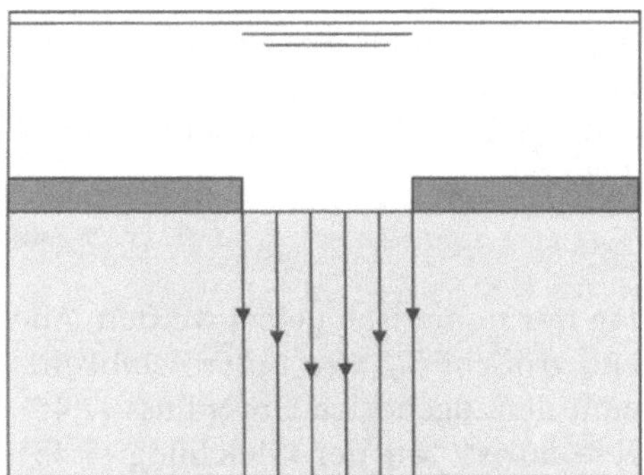

Abb. 7.6: Schematische Darstellung der Stromlinien des Modells I, angenommen wird eine nur eindimensionale Strömung im Auflager.

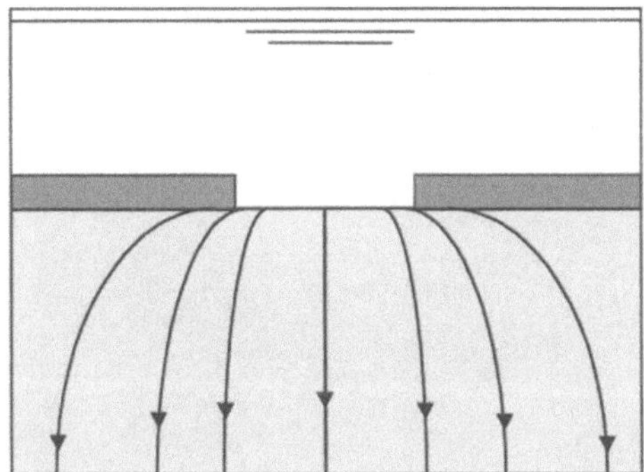

Abb. 7.7: Schematische Darstellung der Stromlinien des Modells II. Die Laplace-Gleichung, die die Strömung im Auflager physikalisch korrekt beschreibt, wird exakt oder numerisch gelöst.

Das zweite Integral erhält man, wenn man ein Zylinderkoordinatensystem (r, z) mit dem Ursprung in der Lochmitte verwendet.

Um das Problem unabhängig von den konkreten Vorgaben für die Parameterwerte zu behandeln, werden die dimensionslosen Koordinaten $r' = r/R$, $z' = z/R$ und das dimensionslose hydraulische Potenzial

$$\varphi' = \frac{\varphi - \varphi_*}{\varphi_0 - \varphi_*}$$

verwendet. Der dimensionslose Fluss q ist dann:

$$q = -2\pi \int_0^1 \frac{\partial \varphi'}{\partial z'} r' \, \mathrm{d}r' \tag{7.43}$$

und der Zusammenhang zwischen Q und q folgt aus dem Vergleich von (7.42) und (7.43):

$$q = \frac{Q}{k\,R(\varphi_0 - \varphi_*)} \; . \tag{7.44}$$

Im Falle, dass d_2 und R_0 gegen Unendlich gehen, also für den sich ins Unendliche dehnenden Halbraum, kann die Laplace-Gleichung analytisch gelöst und der dimensionslose Durchfluss exakt berechnet werden. Man erhält einfach $q = 4$ und daraus den folgenden Ausdruck für die Leckrate:

$$Q = 4kR(\varphi_0 - \varphi_*) = 4kR(h_\mathrm{W} + d_2) \ . \tag{7.45}$$

In den anderen Fällen kann die Gleichung nur numerisch gelöst werden. Abbildung 7.8 zeigt das Ergebnis. Bei hinreichend großem R_0, also unter Feldbedingungen, kann die analytische Lösung und damit der zugehörige Durchfluss (7.45) in allen Fällen verwendet werden, wo $d_2/R > 50$ ist. Mit der Gleichung (7.45) werden also die eingangs gestellten Fragen beantwortet, wie groß der Durchfluss durch ein Loch ist und wie die Durchlässigkeit des Auflagers diese Größe beeinflusst.

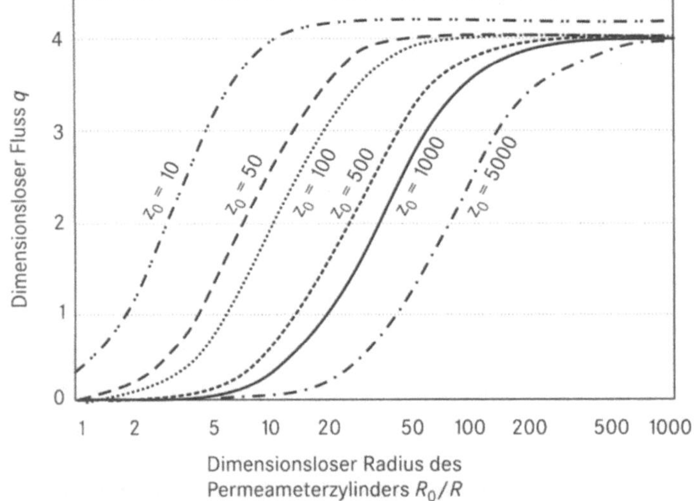

Abb. 7.8: Ergebnis für den dimensionslosen Fluss q aus der numerischen Lösung der Laplace-Gleichung für den Permeameterversuch mit einem Loch, entnommen aus [30], [34]. Der dimensionslose Fluss q durch das Loch ist dabei nicht nur eine Funktion der dimensionslosen Dicke des mineralischen Auflagers $z_0 = d_2/R$, sondern wegen der Randeffekte auch des dimensionslosen Radius (R_0/R) des Permeameterzylinders.

Vergleicht man Modell I mit Modell II, so zeigt sich, wie die Annahme einer nur eindimensionalen Strömung die Leckrate unterschätzt. Es ist:

$$\frac{Q_{\mathrm{Modell\ I}}}{Q_{\mathrm{Modell\ II}}} \approx \frac{R}{d_2} \ . \tag{7.46}$$

Bei einer mineralischen Dichtung mit z.B. $d_2 = 75$ cm und $R = 0{,}5$ cm ist das Verhältnis der Durchflüsse bzw. Leckraten gleich $1/150$.

In [30] wurde die Laplace-Gleichung nicht nur für ein rundes Loch, sondern auch für einen länglichen Schlitz in der Dichtungsbahn mit der halben Breite 2Δ numerisch gelöst (Abbildung 7.9).

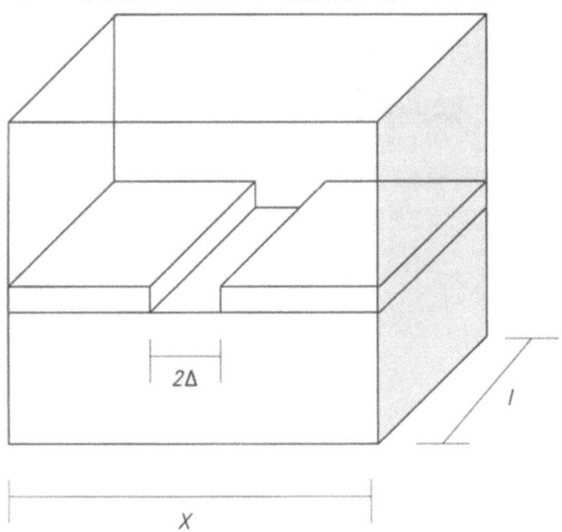

Abb. 7.9: Schematische Darstellung eines Permeameters, für die Untersuchung mit einem Schlitz in der Dichtungsbahn. Angegeben sind die wesentlichen geometrischen Parameter: Länge und Breite des Schlitzes und Breite des Permeameterkastens.

Für die Rechnung wurde ein unendlich langer Schlitz angenommen. Die Länge l des Schlitzes muss daher sehr viel größer als Δ sein, damit die Ergebnisse verwendet werden können. Für die Beschreibung des Schlitzes werden kartesische Koordinaten, x (in Richtung der Breite des Schlitzes), y (entlang der Länge des Schlitzes) und z verwendet. Die zugehörigen dimensionslosen Koordinaten sind dann $x' = x/\Delta$, $y' = y/\Delta$ und $z' = z/\Delta$. Der Fluss pro Längeneinheit des Schlitzes, dQ/dy, also mit der Dimension (m^2/s), ist analog zu (7.42):

$$\frac{dQ}{dy} = -2\int_0^\Delta k\frac{\partial\varphi}{\partial z}\,dx \ . \tag{7.47}$$

Der dimensionslose Durchfluss q ist dann analog zu (7.43) gegeben durch:

$$q = -2\int_0^1 \frac{\partial\varphi'}{\partial z'}\,dx' \tag{7.48}$$

und der Fluss dQ/dy pro Längeneinheit des Schlitzes hängt dann analog zu (7.44) mit dem dimensionslosen Fluss q zusammen gemäß:

$$q = \frac{\dfrac{dQ}{dy}}{k(\varphi_0 - \varphi_*)} \ . \tag{7.49}$$

Die numerisch ermittelten Werte für $q(x_0, z_0)$, als Funktion der dimensionslosen Breite $x_0 = X/\Delta$ eines Permeameterkasten mit der Breite X und der dimensionslosen Dicke des Auflagers $z_0 = d_2/\Delta$, zeigt Abbildung 7.10. Der Fluss durch den Schlitz über die ganze Länge l berechnet sich dann letztendlich gemäß:

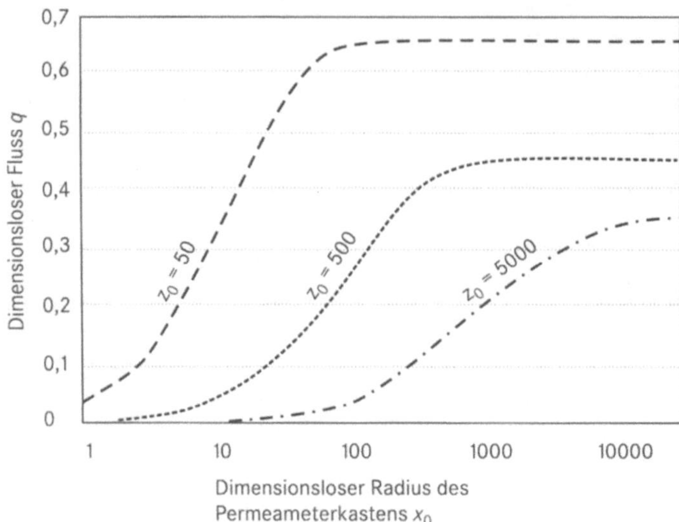

Abb. 7.10: Ergebnis für den dimensionslosen Fluss q aus der numerischen Lösung der Laplace-Gleichung für den Permeameterversuch mit einem Schlitz der halben Breite Δ, siehe Abbildung 7.9. Das Diagramm wurde entnommen aus [30], [34]. Die Kurven gelten nur für $l \gg \Delta$, also für einen im Prinzip unendlich langen Permeameterkasten. Der dimensionslose Fluss q, siehe Gleichung (7.50), durch den Schlitz ist dabei nicht nur eine Funktion der dimensionslosen Dicke des mineralischen Auflagers, $z_0 = d_2/\Delta$, sondern durch die Randeffekte auch der dimensionslosen Breite, $x_0 = X/\Delta$, des Permeameterkastens.

$$Q = q(x_0, z_0) \cdot k(\varphi_0 - \varphi_*) \cdot l \ . \tag{7.50}$$

Solche sehr langen, schlitzförmigen Fehlstellen in der Dichtungsbahn, also lange Risse, werden praktisch kaum vorkommen. Auf den Zusammenhang zwischen verlegetechnischem Aufwand und Art und Häufigkeit von Fehlstellen wird im Abschnitt 11.3 eingegangen. Diskutiert wird dabei oft über die noch zulässige „Welligkeit" bei einer verlegten Dichtungsbahn. Die Formel (7.50) wird vor allem deshalb angegeben, da sich damit die Auswirkung einer Fehlstelle, die im Bereich einer stehen gebliebenen Welle in der Dichtungsbahn lokalisiert ist, abschätzen lässt, siehe dazu das weiter unten diskutierte Modell IV und den Abschnitt 9.3.1.

Wenn eine Dichtungsbahn nur mehr oder weniger verwellt verlegt wird, ergibt sich natürlich die Frage, ob nicht bevorzugt ein lateraler Fluss zwischen Dichtungsbahn und Auflager den Durchfluss durch ein Loch bestimmt. Dies unterstellend wurde das folgende Modell entwickelt, hier als Modell III bezeichnet. Bei diesem Modell wird eine Lücke zwischen der Dichtungsbahn und der mineralischen Dichtung angenommen (Abbildung 7.11). Es kommt also als neuer wesentlicher Parameter die Höhe dieser Lücke t hinzu. Die Dichtungsbahn schwebt sozusagen über dem Auflager. Das Wasser breitet sich frei strömend in der Lücke aus, bis der hydrostatische Druck abgeklungen ist. Dabei versickert es im darunter liegenden Auflager, wobei nur eine eindimensionale Strömung nach dem Modell I angenommen wird. Das Modell unterscheidet sich damit grundsätzlich vom Modell II. Der wesentliche physikalische Aspekt ist nicht mehr die Ausbreitung des Wassers in der mineralischen Dichtungsschicht, sondern die Ausbreitung in der Lücke zwischen Dichtungsbahn und Auflager. Dieses Modell wurde von K. W. BROWN und Mitarbeitern für die Auswertung von Permeameterversuchen erarbeitet [31]. Es wurde durch die Aufsätze von J. P. GIROUD und R. BONAPARTE [6], [32] popularisiert und hat insbesondere im angelsächsischen Raum weite Verbreitung bei der Analyse der Auswirkung von Fehlstellen auf die Wirksamkeit einer Abdichtung gefunden. Für die Details sei auf diese Literaturstellen verwiesen. Im Folgenden wird nur ein kurzer Überblick gegeben.

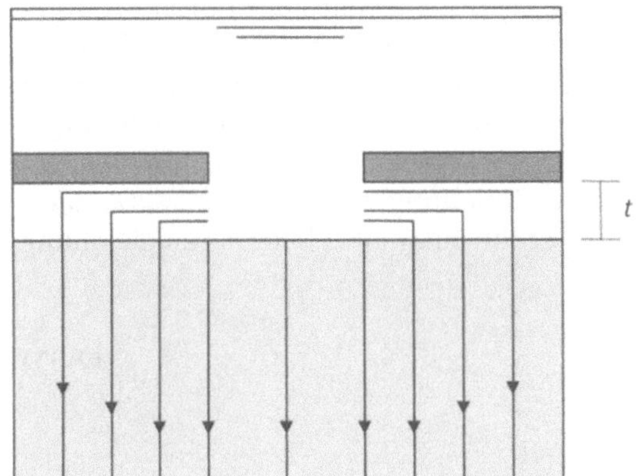

Abb. 7.11: Schematische Darstellung der Stromlinien des Modells III. Es wird eine laterale Strömung in der Lücke zwischen Dichtungsbahn und Auflager angenommen. Die Höhe der Lücke t ist der wesentliche geometrische Parameter des Modells. Im Auflager wird dabei eine nur eindimensionale Strömung angenommen.

Es sei r die Zylinderkoordinate, die vom Lochmittelpunkt die Entfernung radial nach außen in die Lücke hinein misst. Im Bereich des Loches, d.h. $0 < r < R$, ist der Wasserdruck $p = \varrho g h_W$. ϱ ist dabei die Dichte des Wassers. Im Wasser, das sich in der Lücke ausbreitet, fällt der Druck radial nach außen ab und damit wird auch der laterale Fluss Q_r in der Lücke immer kleiner, bis beide, Druck und Fluss, schließlich bei einem Radius R_W Null werden. Aus dem Kräftegleichgewicht der auf ein Volumenelement des Wassers wirkenden Druck- und Scherkräfte kann eine Differentialgleichung abgeleitet werden, die den Zusammenhang von Druckabfall und Gradient der Strömungsgeschwindigkeit angibt. Durch Integration kann daraus der Fluss Q_r in der Lücke am Orte r als Funktion des Druckabfalls berechnet werden. Die Rechnung entspricht der bekannten Herleitung des Hagen-Poiseuilleschen Gesetzes für die Strömung in einem Rohr übertragen auf die Zylinderscheibe der Lücke. Es ist:

$$Q_r = -\frac{\pi r t^3}{6\eta}\left(\frac{dp}{dr}\right), \tag{7.51}$$

η ist dabei die Viskosität des Wassers.

Das Wasser breitet sich jedoch nicht nur in der Lücke aus, sondern es versickert gleichzeitig in der mineralischen Dichtung nach Maßgabe des noch vorhandenen lokalen Wasserdrucks. Dafür wird der eindimensionale Ansatz des Modells I verwendet. In der Kreisscheibe der Breite dr mit dem Radius r ist dann der vertikale differentielle Fluss dQ_m durch das Auflager gegeben durch:

$$dQ_m = (2\pi r\,dr)k\left(\frac{\dfrac{p}{\varrho g}+d_2}{d_2}\right) \tag{7.52}$$

Den Fluss Q_m durch die Kreisfläche mit Radius r erhält man durch die Integration von 0 bis r. Das Wasser breitet sich in der Lücke nun so aus, dass der laterale Wasserfluss in der Lücke Q_r am Orte r und der vertikale Fluss Q_m durch die Kreisscheibe mit Radius r des Auflagers zusammen immer gerade den vorgegebenen, von r unabhängigen Wasserfluss Q von oben in das Loch hinein ergeben müssen: $Q = Q_m + Q_r$. Leitet man diese Gleichung nach r ab und setzt dann (7.52) und die Ableitung von (7.51) ein, so erhält man eine Differentialgleichung für den Druck als Funktion von r:

$$\frac{d}{dr}\left(r\frac{dp}{dr}\right) - \frac{12\eta k}{\varrho g d_2 t^3}(pr) = \frac{12\eta k}{t^3}r \ . \tag{7.53}$$

Die Lösung dieser Gleichung ist gegeben durch:

$$p(r) = AI_0(\lambda r) + BK_0(\lambda r) - \varrho g d_2 \tag{7.54}$$

Dabei sind $I_n(z)$ und $K_n(z)$ die modifizierten Besselfunktionen erster bzw. zweiter Gattung und

$$\lambda = \sqrt{12\eta k / \varrho g d_2 t^3} \ .$$

Nach all diesen Überlegungen berechnet sich nun letztendlich der Fluss Q durch das Loch als Summe aus der Versickerung in der Lochfläche $Q_m(R)$ und dem lateralen Fluss $Q_r(R)$, der vom Lochrand aus in die Lücke strömt:

$$Q = \pi R^2 k\left(1 + \frac{h_W}{d_2}\right) - \frac{\pi R t^3}{6\eta}\lambda\big(AI_1(\lambda R) - BK_1(\lambda R)\big) \ . \tag{7.55}$$

Bei einer großen Abdichtungsfläche mit unbegrenzter lateraler Ausdehnung der Lücke breitet sich das Wasser in der Lücke soweit aus, bis der Druck bei einem Radius R_W abgeklungen ist. Dort kommt dann der laterale Fluss zum Erliegen. Die Randbedingungen, die diesen Fall beschreiben, müssen daher folgendermaßen formuliert werden:

$$p(R) = \varrho g h_W \ , \qquad p(R_W) = 0 \ , \qquad Q_r(R_W) = 0 \ . \tag{7.56}$$

Aus diesen drei Randbedingungen können die noch unbekannten Konstanten A, B und R_W berechnet werden. Es sind dazu genauer die drei folgenden Gleichungen aufzulösen:

$$A = \varrho g\frac{(d_2 + h_W)K_0(\lambda R_W) - d_2 K_0(\lambda R)}{I_0(\lambda R)K_0(\lambda R_W) - I_0(\lambda R_W)K_0(\lambda R)} \ , \tag{7.57a}$$

$$B = \varrho g \frac{(d_2 + h_W)I_0(\lambda R_W) - d_2 I_0(\lambda R)}{K_0(\lambda R)I_0(\lambda R_W) - K_0(\lambda R_W)I_0(\lambda R)} \; , \tag{7.57b}$$

$$A I_1(\lambda R_W) - B K_1(\lambda R_W) = 0 \; . \tag{7.57c}$$

Ganz anders liegen die Verhältnisse im Labor. In einem Permeameterversuch ist $R_W = R_0$ fest vorgegeben: Die Permeameterwand stoppt tatsächlich den lateralen Fluss. Die unbekannten Konstanten A und B werden dann aus den zwei Randbedingungen

$$p(R) = \varrho g h_W \qquad Q_r(R_0) = 0 \tag{7.58}$$

bestimmt.

Das Modell III interpoliert in gewisser Weise zwischen Modell I und II. In Modell I wird ein zu kleiner Fließzylinder betrachtet und der tatsächliche Fluss wird unterschätzt. Modell II gibt den richtigen, weit ausladenden Fließkegel wieder. Modell III setzt zwar nur den eindimensionalen Fließzylinder des Models I an, dehnt diesen jedoch durch die Möglichkeit der Ausbreitung des Wassers zwischen Dichtungsbahn und mineralischer Schicht aus. Wird also mit Hilfe des Modells III ein Permeameterexperiment interpretiert, so wird sich notwendigerweise immer ein bestimmter Wert für die Höhe der Lücke t ergeben, völlig unabhängig davon, ob diese Lücke tatsächlich existiert. Dem Wert des Parameters t kommt also keine eigenständige physikalische Bedeutung zu. Er ist immer auch ein Artefakt der nur eindimensionalen Behandlung der Versickerung. Es ist besonders wichtig, sich diesen Aspekt für die weitere Diskussion klar zu machen.

Weiter unten wird diskutiert, inwieweit dieses Modell III für die Behandlung von Löchern in einer auf der mineralischen Dichtung oder einem anderen Auflager aufliegenden Dichtungsbahn tatsächlich geeignet ist. Der Modellansatz kann jedoch unbesehen verwendet werden, um damit korrekt die Ausbreitung des Wassers unter einer Welle in einer Dichtungsbahn zu beschreiben, wenn im Bereich der Welle eine Fehlstelle gegeben ist. Hier ist ja tatsächlich eine Fließröhre gegeben, in der sich das Wasser frei ausbreiten kann.

Es sei Δ deren halbe räumliche Ausdehnung im Querschnitt. Der Beschreibung wird wieder ein kartesisches Koordinatensystem zugrunde gelegt, wobei x in die Richtung der Breite und y in die Richtung der Länge der Röhre zeigt. An die Stelle von Gleichung (7.51) tritt nun das Hagen-Poiseuillesche Gesetz, dass den Fluss Q_y in der Röhre beschreibt:

$$Q_y = -\frac{\pi \Delta^4}{8\eta} \cdot \frac{dp}{dy} \; . \tag{7.59}$$

Der Fluss dQ_m des unter der Welle über dem Wegelement dy im Auflager versickernden Wassers, lässt sich als eindimensionale Versickerung wie in Gleichung (7.52) behandeln. Um hier jedoch den Fließkegel zu berücksichtigen, sollte man näherungsweise die Gleichung (7.50) verwenden. Man erhält im ersten Falle:

$$dQ_m = \Delta \cdot k \, \frac{\dfrac{p(y)}{\varrho g} + d_2}{d_2} \, dy \tag{7.60a}$$

bzw. im zweiten Falle:

$$dQ_m = q(x_0, z_0)\, k \left(\frac{p(y)}{\varrho g} + d_2 \right) dy \tag{7.60b}$$

Mit $Q = 2(Q_y + Q_m)$ ergibt sich durch Ableiten und Einsetzen wie oben bei Modell III die Differentialgleichung für den Druckabfall:

$$-\frac{1}{\mu^2} \cdot \frac{d^2 p}{dy^2} + p(y) + \varrho g d_2 = 0 \tag{7.61}$$

Dabei ist im ersten Fall

$$\mu = \sqrt{\frac{\Delta}{d_2} \cdot \frac{8\eta k}{\pi \Delta^4 \varrho g}} \; ,$$

im zweiten Fall

$$\mu = \sqrt{q(x_0, z_0) \cdot \frac{8\eta k}{\pi \Delta^4 \varrho g}} \; .$$

Eine partikuläre Lösung der Gleichung (7.61) ist $p(y) = -\varrho g d_2$. Die allgemeine Lösung der zugehörigen homogenen Gleichung ist $A\exp(-\mu y) + B\exp(\mu y)$. Man erhält daher analog zu (7.54) folgende allgemeine Lösung:

$$p(y) = Ae^{-\mu y} + Be^{\mu y} - \varrho g d_2 \; . \tag{7.62}$$

Die Konstanten A und B, sowie die Länge l, über die sich das Wasser in einer beliebig langen Röhre ausbreiten würde, erhält man durch die drei Randbedingungen $p(0) = \varrho g h_W$, $p(l) = 0$, $Q_y(l) = 0$. Für eine vorgegebene Länge l erhält man die Konstanten A und B für den Druckabfall aus den zwei Randbedingungen $p(0) = \varrho g h_W$ und $Q_y(l) = 0$.
Unter üblichen Bedingungen im Feld werden die Parameter folgende Werte haben: Δ einige Zentimeter, l bis zu einigen Zehn Metern. Für den Lochradius R werden Werte $> 0{,}1$ mm angenommen. Eine Auswertung der Gleichung (7.62) mit dieser Parameterwahl zeigt, dass immer genügend Wasser durch das Loch in die Röhre unter der Welle fließen kann, um den Hohlraum ganz mit Wasser zu füllen, und dass sich dabei überall der gleich hydrostatische Druck aufbaut. Für die Auswirkung von Fehlstellen im Bereich von Wellen kann daher die Gleichung (7.50) angesetzt werden, wobei Δ die halbe räumliche Querschnittsausdehnung des Hohlraums unter der Welle charakterisiert und l die Länge ist, über die sich die Welle erstreckt. Erst bei Lochgrößen $< 0{,}1$ mm wird der Strömungswiderstand im Loch die bestimmende Größe, und man muss dann die Gleichung (7.37) anwenden.

Nach diesem Abstecher in die „Wellenlehre" soll nun zur Frage zurückgekehrt werden, welches der beiden Modelle II und III am besten geeignet ist, um den Durchfluss durch ein Loch möglichst realistisch abzuschätzen. Dazu sollen zunächst einmal einige Abschätzungen zusammengestellt und verglichen werden.

Von K. W. Brown und Mitarbeitern und von M. Fukuoka wurden Mitte der 80er Jahre Permeameterversuche mit dem in Abbildung 7.5 schematisch gezeigten Aufbau durchgeführt [31], [33]. Die k-Werte des mineralischen Auflagers unter der Dichtungsbahn lagen im Bereich zwischen 10^{-6} und 10^{-9} m/s. Die Auflast war jedoch in fast allen Versuchen gering. Bei den Experimenten von K. W. Brown waren 15 cm Kies aufgeschüttet. Die Versuche von M. Fukuoka wurde zumeist ohne besondere Überdeckung der Dichtungsbahn durchgeführt. Sie dienten der Untersuchung der Abdichtung von Speicherbecken und Dämmen mit Dichtungsbahnen. In den wenigen Fällen, wo eine Überdeckung aus Erde auf der Dichtungsbahn vorgenommen wurde (Fukuoka), oder eine größere Auflast durch mechanische Vorrichtungen aufgebracht wurde (Brown), ergab sich eine deutlich Abnahme des Flusses durch das Loch. Bei dem Versuch von K. W. Brown führte eine Auflast von 160 kPa zu einer drastischen Reduzierung des Flusses um den Faktor 200.

Die Versuche wurden von vornherein mit dem Modell III interpretiert. Dazu wurden die korrekten Randbedingungen (7.58) für den Permeameterversuch, dass nämlich der laterale Fluss in der Lücke an der Permeameterwand endet, angesetzt und nach (7.55) der Durchfluss für verschiedene Werte von t berechnet. Aus dem Vergleich mit den gemessenen Flüssen wurde dann der nach diesem Modell erforderliche Wert für die Höhe der Lücke bestimmt. Die Lücke oder die zugehörige Benetzungsfläche wurde jedoch nie direkt beobachtet oder gar ausgemessen. Zweifellos hat jedoch die Unterläufigkeit in den Versuchsaufbauten bei den geringen Auflasten auf der Dichtungsbahn und den hohen Wasserdrücken eine wichtige Rolle gespielt.

Aus der Analyse der Versuchsergebnisse wurden die in Tabelle 7.8 aufgeführten Werte für die Höhe der Lücke abgeleitet, die nun für die Berechnungen von Leckraten im Feld nach dem Modell III mit den entsprechenden Randbedingungen (7.56) verwendet werden sollten.

Tabelle 7.8: Die Höhe t der Lücke zwischen Dichtungsbahn und Auflager, die in Modell III formal dem Abdichtungsverbund zugeordnet wird [32], in Abhängigkeit von der Durchlässigkeit k des Auflagers

Durchlässigkeitsbeiwert k (m/s)	Lücke t (mm)
10^{-6}	0,15
10^{-7}	0,08
10^{-8}	0,04
10^{-9}	0,02

Unter diesen Randbedingungen des frei sich ausbreitenden Wassers ergeben sich dann riesige Benetzungsflächen. K. W. Brown und Mitarbeiter machen noch darauf aufmerksam, dass die Auflast sehr großen Einfluss auf die Versuchsergebnisse hat und kommen zu der Einschränkung, dass *„the model will be limited to shallow waste storage facilities where the overburden due to solid sludge is minimal"*[31].

Mitte der 90er Jahre wurden von J. Walton und Mitarbeitern Permeameterversuche durchgeführt, mit denen die Bedeutung der Auflast auf der Dichtungsbahn geklärt werden sollte [34]. Als Auflager der Dichtungsbahn wurde Sand mit einem Durchlässigkeitsbeiwert von 10^{-4} m/s verwendet. In diesen Versuchen zeigte sich, dass bei Auflasten größer 20 kPa die Ergebnisse zwanglos mit Hilfe des Modells II und der zugehörigen numerischen Lösung für die Randbedingung des Permeameterversuchs interpretiert werden konnten. Erst unterhalb von 10 kPa ergaben sich deutliche Hinweise auf Unterläufigkeiten. Die Autoren empfehlen eine Erdüberdeckung der Dichtungsbahn von mindestens 0,5 m. Unter dieser Voraussetzung kann die Gleichung (7.45) für die Berechnung von Leckraten verwendet werden. Es wurde beobachtet, dass bei dicken Dichtungsbahnen das Loch mit Erdstoffen zugeschlemmt wird und dadurch sich der Durchfluss weiter reduziert. Dieser Effekt wird in dem Aufsatz ebenfalls diskutiert, auf den hier für weitere Einzelheiten verwiesen wird.

Das Modell III hat durch die 1989 erschienenen Arbeiten von J. P. Giroud und R. Bonaparte weite Verbreitung gefunden [6], [32]. Bemerkenswert ist dabei, dass die Lücke, die nur ein Artefakt der speziellen Versuchsbedingungen (keine Auflast, hohe Wasserdrücke, begrenzter Radius des Permeameters) und des Interpretationsansatzes (nur eindimensionale Versickerung im Auflager) ist und die nie direkt beobachtet wurde, dennoch zu einer allgemeingültigen, wesentlichen physikalischen Eigenschaft einer Abdichtung mit Dichtungsbahnen erklärt wurde, während umgekehrt, das allgemein beobachtete experimentelle Faktum des starken Einflusses der Auflast auf den Durchfluss als Artefakt der Versuchsdurchführung interpretiert wurde und keine besondere Berücksichtigung mehr fand.

Die Berechnung nach Modell III erfordert einen erheblichen numerischen Aufwand. Von J. P. Giroud und Mitarbeitern wurden daher Näherungsformeln für *„good contact"* und *„poor contact"* zwischen Dichtungsbahn und Auflager erarbeitet [35], die die funktionalen Zusammenhänge des Modells III approximieren sollten:

$$Q = 0{,}21 \cdot h_{\mathrm{W}}^{0,9}\left(\pi R^2\right)^{0,1} k^{0,74} \tag{7.63}$$

$$Q = 1{,}15 \cdot h_{\mathrm{W}}^{0,9}\left(\pi R^2\right)^{0,1} k^{0,74} \tag{7.64}$$

Die Größen werden dabei in folgenden Einheiten gemessen: Q (m³/s), R (m), k (m/s), h_{W} (m). Nur die Formel (7.63) ergibt jedoch Werte, die in etwa den in Modell III mit Tabelle 7.8 berechneten entsprechen.

Die Berechnung des Flusses bzw. der Leckrate durch ein Loch in der Dichtungsbahn führt bei den Modellen II und III zu sehr unterschiedlichen Ergebnissen. Zwei Beispiele sollen dies illustrieren. Für einen einheitlichen Vergleich der Resultate aus den unterschiedlichen Ansätzen wird dabei jeweils der dimensionslose Fluss q verwendet. Dazu werden die aus den Gleichungen (7.55), (7.63) und (7.64) berechneten Flüsse mit (7.44) in dimensionslose Flüsse umgerechnet.

Als erstes Beispiel wird eine Dichtungsbahn betrachtet, die auf einem $d_2 = 0{,}30$ m dicken mineralischen Auflager mit dem Durchlässigkeitsbeiwert $k = 10^{-6}$ m/s verlegt wurde. In der Dichtungsbahn ist ein Loch mit dem Radius $R = 5$ mm. Durch die Überdeckung der Dichtungsbahn, z.B. mit einer 30 cm dicken Dränagekiesschicht und einer 1 m dicken Rekultivierungsschicht, soll eine Auflast größer 10 kPa gegeben sein.

Folgt man dem Vorgehen von K. W. BROWN, so ist die Höhe der Lücke $t = 0{,}15$ mm und Q muss mit der Gleichung (7.55) des Modells III mit den Randbedingungen (7.56), die für die Bedingungen im Feld gelten, berechnet werden. Das Ergebnis solch einer Rechnung wird z.B. in [36] angegeben. Für eine Aufstauhöhe $h_W = 0{,}5$ m bzw. 1 m bzw. 5 m resultiert daraus der dimensionslose Fluss $q = 490$ bzw. 570 bzw. 640. Mit den Näherungsformeln von J. P. GIROUD und R. BONAPARTE berechnet man den dimensionslosen Fluss $q = 400$ bzw. 460 bzw. 480 im Falle eines sogenannten guten Kontaktes (7.63) und sogar $q = 2200$ bzw. 2500 bzw. 2600 für die Annahme eines sogenannten schlechten Kontaktes (7.64).

Für eine Basisabdichtung, die in etwa den Anforderungen der TA Abfall bzw. TA Siedlungsabfall entspricht, nämlich $d_2 = 0{,}90$ m, $k = 10^{-9}$ m/s, und für ein Loch mit $R = 5$ mm, wird nach dem Modell III und Tabelle 1 bei einer Aufstauhöhe $h_W = 5$ m ein Fluss $q = 1200$ erwartet. Dabei wird eine Fläche unter der Dichtungsbahn mit dem Radius $R_W = 3$ m benetzt [36].

Nimmt man dagegen an, dass bei der Auflast schon eine weitgehende Glattlage gegeben ist und verwendet Modell II, so hat der dimensionslose Durchfluss bei einer hinreichend kleinen Lochgröße im Vergleich zur Dicke des Auflagers, nämlich $d_2 / R > 50$, generell den Wert $q = 4$ für alle Aufstauhöhen.

Die Beispiele zeigen, dass unabhängig von den spezifischen Eigenschaften des Auflagers, von den Lochgrößen und Aufstauhöhen, die Annahme des Modells III einer Lücke zwischen Dichtungsbahn und Auflager mit Werten nach der Tabelle 7.8, die tatsächlichen Flüsse, die sich bei einer Glattlage ergeben würden, um wenigsten 2 bis 3 Größenordnungen überschätzt. Eine solche Glattlage scheint sich jedoch schon bei relativ geringen Auflasten einzustellen.

Die wesentlichen Eigenschaften des Modells III, die Lücke zwischen der Dichtungsbahn und dem mineralischen Auflager und die großflächige Ausbreitung des Wassers in dieser Lücke, wurden weder in Laborversuchen noch gar in Feldversuchen verifiziert. Für die Anwendung des Modells unabhängig von Art und Ausmaß der Ballastierung der Dichtungsbahn wurden jedoch folgende Argumente vorgebracht. An das Auflager der Dichtungsbahn würde man in der Regel keine besonderen Anforderungen stellen. Zumeist ist es eine Erd- oder Sand-Kies-Schicht, die man weder besonders abwalzen oder abziehen, noch in anderer Weise vorbereiten würde. Poren, Riefen, Risse, Eindrücke, hervorstehende Kieskörner, aufliegende Kieskörner, gar Fremdkörper würden die Oberfläche prägen. Auf die Glattlage der Dichtungsbahn würde man keinen besonderen Wert legen. Die Dichtungsbahnen würde man großflächig ohne weiteren Schutz einbauen. Durch die Temperaturunterschiede im Tagesverlauf verwellten die

Dichtungsbahnen sehr stark. Bei der Ballastierung würden solche Wellen dann überfaltet und zugeschüttet werden. Auf der Dichtungsbahn würde man entweder keine Schutzschichten verlegen, oder nur solche, die eine Perforation verhindern sollten. Unter all diesen Bedingungen erreiche die Dichtungsbahn selbst bei hohen Auflasten keine vollständige Glattlage und es bliebe immer Raum für Unterläufigkeiten. Diese hypothetische Schilderung trifft (leider) weltweit für viele geotechnischen Anwendungen von Dichtungsbahnen, bei Deponien, Speicherbecken usw. zu. Unter solchen Bedingungen entsteht jedoch nicht eine großflächige Lücke zwischen Dichtungsbahn und Auflager. Vielmehr wird die Dichtungsbahn durch die Auflast so weit als möglich auf das Auflager gepresst und der „Flächenüberschuss" an Dichtungsbahn wird in Wellen lokalisiert (siehe Abschnitt 9.3.1, Abbildung 9.2), deren Auswirkung auf den Durchfluss aber speziell betrachtet werden muss (Modell IV). Erst recht ist das Modell III nicht anwendbar, wenn Dichtungsbahnen nach dem Stand der Technik verlegt werden, siehe Kapitel 9.

Aus diesen Überlegungen schlussfolgern wir, dass Modell III keine auch nur näherungsweise Beschreibung der Auswirkung von Löchern geben kann. Es muss vielmehr zumindest für die Fälle, wo auf der Dichtungsbahn Auflast vorhanden ist, die Gleichung (7.45) des Modells II verwendet werden. Auch unter einer sehr hohen Auflast können einzelne Wellen in der Dichtungsbahn stehen bleiben. Die Durchflüsse, die sich bei Fehlstellen im Bereich der Welle ergeben, sollten jedoch nicht mit einem Modellansatz III einer großflächigen Unterläufigkeit, sondern, der speziellen Geometrie angemessen, nach der für Modell IV gegebenen Diskussion behandelt werden.

Nur bei Abdichtungen mit geringer Auflast, kleiner als 20 kPa, erscheint daher neben einer Berechnung nach Gleichung (7.45) des Modells II, eine *„worst case"* Abschätzung nach Modell III mit den Höhen der Lücken nach Tabelle 7.8 sinnvoll, wobei dann der Einfachheit halber die Näherungsformel (7.63) verwendet werden kann.

Bei der Anwendung der Modelle muss jedoch auch Folgendes beachtet werden. Die angegebenen Modelle beschreiben den Durchfluss bei dauerhaft wirksamem Wasseraufstau im dann sich einstellenden stationären Zustand im wassergesättigten Auflager. Solche Bedingungen sind jedoch nicht bei allen Anwendungen gegeben. Bei der Oberflächenabdichtung einer Deponie wird sich ein dauerhafter Aufstau nur in Ausnahmefällen, z.B. in Setzungsmulden bilden. Ein vorübergehender Aufstau bei einem Starkregenereignis wird nach kurzer Zeit wieder ablaufen. In diesem Fall wird das Wasser in dem in der Regel nur teilgesättigten mineralischen Auflager in dieser Zeit aufgesogen und dann erst allmählich über die durch Feuchtigkeitsgradienten und Temperaturgradienten bedingte Wasserdampfbewegung zwischen Deponiekörper und Auflager der Dichtungsbahn abgegeben. Solche Effekte müssen bei der Bewertung der hier vorgestellten Modellberechnungen berücksichtigt werden: Auch diese überschätzen in der Regel die tatsächlichen Verhältnisse.

7.6 Literatur

[1] MÜLLER, W.; JAKOB, I.; TATZKY-GERTH, R.; AUGUST, H.
Stofftransport in Deponieabdichtungssystemen, Teil 1: Diffusions- und Verteilungs-
koeffizienten von Schadstoffen bei der Permeation in PEHD-Dichtungsbahnen.
Bautechnik, 74 (1997), H. 3, S. 176–190

[2] MÜLLER, W.; BÜTTGENBACH, B.; TATZKY-GERTH, R.; AUGUST, H.
Stofftransport in Deponieabdichtungssystemen, Teil 2: Permeation in der Kombinationsdichtung. *Bautechnik*, 74 (1997), H. 5, S. 331–344

[3] MÜLLER, W.
Stofftransport in Deponieabdichtungssystemen, Teil 3: Auswirkungen von Fehlstellen
in der Dichtungsbahn, ein Überblick. *Bautechnik*, 76 (1999), H. 9, S. 757–768

[4] LANDAU, L. D.; LIFSCHITZ, E. M.
Lehrbuch der theoretischen Physik, Band VI, Hydrodynamik. Berlin: Akademie Verlag 1991

[5] FAURE, Y. H.; PIERSON, A.; DE LA LANCE, A.
Study of a Water Tightness Test for Geomembranes. In: Christensen, T.; Cossu, R.;
Stegmann, R. (eds.): Proceedings of the 2nd International Landfill Symposium.
Cagliari, Italien: Environmental Sanitary Engineering Center (CISA) 1989

[6] GIROUD, J. P.; BONAPARTE, R.
Leakage through Liners Constructed with Geomembranes – Part I. Geomembrane
Liners. *Geotextiles and Geomembranes*, 8 (1989), S. 27–67

[7] PIRINGER, O. G.
Verpackungen für Lebensmittel, Eignung, Wechselwirkungen, Sicherheit. Weinheim:
VCH Verlagsgesellschaft mbH 1993, siehe S. 266

[8] ROWE, R. K.; HRAPOVIC, L.; KOSARIC, N.
Diffusion of chloride and dichloromethane through an HDPE geomembrane.
Geosynthetics International, 2 (1995), S. 507–536

[9] REID, R. C.; PRAUSNITZ, J. M.; SHERWOOD, T. K.
The Properties of Gases and Liquids. New York: McGraw-Hill Book Company 1977

[10] OISHI, T.; PRAUSNITZ, J. M.
Estimation of Solvent Activities in Polymer Solutions, Using a Group-Contribution
Method. *Ind. Eng. Chem. Process Des. Dev.*, 17 (1978), S. 333

[11] GOYDAN, R.; REID, R. C.; TSENG, H.-S.
Estimation of the Solubilities of Organic Compounds in Polymers by Group-
Contribution Methods. *Ind. Eng. Chem. Res.*, 28 (1989), S. 445

[12] PRASAD, T. V.; BROWN, K. W.; THOMAS, J. C.
Diffusion coefficients of organics in high density polyethylene (HDPE). *Waste
Management & Research*, 12 (1994), S. 61

[13] BEAR, J.
Dynamics of fluids in porous media. New York: Dower Publication 1988, siehe S. 615

[14] DGGT (Hrsg.)
GDA-Empfehlungen. Berlin: Verlag Ernst & Sohn 1997, 716 Seiten

[15] ROWE, K. R.; QUIGLEY, R. M.; BOOKER, J. R.
Clayey Barrier Systems for Waste Disposal Facilities. London: E & FN Spon, an
imprint of Chapman and Hall 1995, 390 Seiten

[16] ROWE, R. K.; BOOKER, J. R.; FRASER, M. J.
Pollutev6 and Pollute GUI. Ontario, Canada: GAEA Environmental Engineering Ltd.
1994

[17] SHACKELFORD, C. D.; DANIEL, D. E.
Diffusion in saturated soil. I: Background. *J. of Geotech. Eng.* ASCE, 117 (1991),
S. 467

[18] JESSBERGER, H. L.; ONNICH, K.; FINSTERWALDER, K.; BEYER, S.
Versuche und Berechnungen zum Schadstofftransport durch mineralische Abdichtungen und daraus resultierende Materialentwicklung, Abschlußbericht zum Teilvorhaben 25 des BMBF Verbundforschungsvorhabens Weiterentwicklung von Deponieabdichtungssystemen (Förderkennzeichen 1440569). Bochum: Ruhr-Universität,
Institut für Grundbau und Bodenmechanik 1995

[19] BARONE, F. S.; ROWE, R. K.; QUIGLEY, R. M.
A laboratory estimation of diffusion and adsorption coefficient for several volatile
organics in natural clayey soil. *J. Contam. Hydrol.*, 10 (1992), S. 225–250

[20] JOHNSON, R. L.; CHERRY, J. A.; PANKOW, J. F.
Diffusive contaminant transport in natural clay: A field example and implication for
clay-lined waste disposal sites. *Environ. Sci. Technol.*, 23 (1989), S. 340

[21] MYRAND, D.; GILLHAM, R. W.; SUDICKY, E. A.; O'HANESIN, S. F.; JOHNSON, R. L.
Diffusion of volatile organic combounds in natural clay deposits: laboratory tests.
J. Contam. Hydrol., 10 (1992), S. 159

[22] SHACKELFORD, C. C.; DANIEL, D. E.
Diffusion in saturated soil. II: Results for compacted clay. *J. of Geotech. Eng.* ASCE,
117 (1991), S. 485

[23] SCHNEIDER, W.; GÖTTNER, J.
Schadstofftransport in mineralischen Deponieabdichtungen und natürlichen Ton-
schichten, Geologisches Jahrbuch, Reihe C, Heft 58. Stuttgart: E. Schweizerbart'sche
Verlagsbuchhandlung 1991

[24] CARSLAW, H. S.; JAEGER, C. J.
Conduction of Heat in Solids. Oxford: Oxford University Press 1959

[25] BARRIE, J. A.; LEVINE, J. D.; MICHAELS, A. S.; WONG, P.
Diffusion and Sorption of Gases in Composite Rubber Membranes. *Trans. Faraday
Soc.*, 59 (1963), S. 869

[26] AUGUST, H.; TATZKY, R.; PASTUSKA, G.; WIN, T.
Untersuchungen zum Permeationsverhalten von handelsüblichen Kunststoffdichtungsbahnen als Deponieabdichtungen gegenüber Sickerwasser, organischen Lösungsmitteln und deren wässerigen Lösungen. Berlin: Bundesanstalt für Materialforschung und -prüfung (BAM), Labor Deponietechnik 1984

[27] AUGUST, H.; TATZKY-GERTH, R.; PREUSCHMANN, R.; JAKOB, I.
Permeationsverhalten von Kombinationsdichtungen bei Deponien und Altlasten
gegenüber wassergefährdenden Stoffen, Bericht zum FuE Vorhaben 10302208 des
BMBF. Berlin: Bundesanstalt für Materialforschung und -prüfung (BAM), Labor
Deponietechnik 1992

[28] KALBE, U.; BERGER, W.; MÜLLER, W.
Mineralogische und chemisch-physikalische Auswirkungen der Permeation von
Kohlenwasserstoffen in Kombinationsdichtungen und -dichtwänden, Bericht zum
Forschungsvorhaben 1461027 des BMBF. Berlin: Bundesanstalt für Materialfor-
schung und -prüfung (BAM), Labor Kontaminationsbewertung 2000

[29] RICHTER, H.;
      Rohrhydraulik, Ein Handbuch zur praktischen Strömungsberechnung. Berlin:
      Springer Verlag 1962, siehe S. 169

[30] WALTON, J. C.; SAGAR, B.
      Aspects of Fluid Flow through Small Flaws in Membrane Liners.
      Environ. Sci. Technol., 24 (1990), H. 6, S. 920–924

[31] JAYAWICKRAMA, P. W.; BROWN, K. W.; THOMAS, J. C.; LYTTON, R. L.
      Leakage Rate Through Flaws in Membrane Liners. *Journal of Environmental Engineering*, 114 (1988), H. 6, S. 1401–1421

[32] GIROUD, J. P.; BONAPARTE, R.
      Leakage through Liners Constructed with Geomembranes – Part II. Composite
      Liners. *Geotextiles and Geomembranes*, 8 (1989), S. 71–111

[33] FUKUOKA, M.
      Large scale permeability tests for geomembrane-subgrade system. Beitrag zur Konferenz: Proceedings of the Third International Conference on Geotextiles. Vienna,
      Austria, April 1986. Balkema Publishers

[34] WALTON, J.; RAHMAN, M.; CASEY, D.; PICORNELL, M.; JOHNSON, F.
      Leakage Through Flaws in Geomembrane Liners. *Journal of Geotechnical and
      Geoenvironmental Engineering*, 123 (1997), H. 6, S. 534–539

[35] GIROUD, J. P.; KHATAMI, A.; BADU-TWENEBOAH, K.
      Technical Note, Evaluation of the Rate of Leakage Through Composite Liners.
      Geotextiles and Geomembranes, 8 (1989), S. 337–340

[36] WU, J.-H.
      Leakage Rates Through Composite Liners Due to Defects in Geomembranes

8 Anforderungen an Schutzschichten

8.1 Funktion von Schutzschichten

Die Kunststoffdichtungsbahn muss vor einer Beschädigung durch grobe Gegenstände mit scharfen Kanten und Spitzen geschützt werden. Im Auflager der Dichtungsbahn, vor allem aber in der Dränageschicht oder den Erdschichten über der Dichtungsbahn sind zumeist Kieskörner unterschiedlicher Größe oder Fremdkörper enthalten. Unter den dynamischen und statischen Einwirkungen im weiteren Bauablauf und während der folgenden Nutzung könnten durch diese Gegenstände Eindellungen und Abdrücke mit unzulässig starken Verformungen oder sogar Löcher und Risse entstehen. Es werden daher besondere Anforderungen an das Auflager gestellt (Abschnitt 9.3) und schon während des Einbaus eine Schutzschicht auf der Dichtungsbahn aufgebracht. Die Arten und die Dimensionierung von Schutzschichten hängen von den Eigenschaften der benachbarten Schichten und der Art der Einwirkung ab. Es können dabei grundsätzlich zwei Aufgabenstellungen unterschieden werden.

Zum einen kann es darum gehen, nur für eine kurze bis mittlere Funktionsdauer des Bauwerks (siehe Tabelle 5.1), manchmal sogar nur während der Einbauphase, die Dichtungsbahn vor einer Perforation durch scharfkantige oder spitze Gegenstände zu schützen. Funktion der Schutzschicht ist hier also, für eine begrenzte Zeit zu verhindern, dass mechanische Einwirkungen die Dichtungsbahn unmittelbar durchlöchern.

Zum anderen kann die Aufgabe darin bestehen, für normale und vor allem aber extrem lange Funktionsdauern des Bauwerks zusätzlich dafür zu sorgen, dass die von Eindellungen und Abdrücken herrührenden, der Dichtungsbahn aufgezwungenen Verformungen bestimmte zulässige Grenzwerte nicht überschreiten. Damit soll ausgeschlossen werden, dass durch Kriechen, Versprödung oder Spannungsrissbildung, also durch Alterungsvorgänge im weitesten Sinne, solche lokalen Verformungen sich schließlich zu Löchern oder Rissen in der Dichtungsbahn auswachsen. Die Schutzschicht hat hier zusätzlich die Funktion, dass Schäden aus den Alterungsvorgängen vorgebeugt wird.

Ein besonders markantes Beispiel für diese Funktion ist bei Kunststoffdichtungsbahnen in einer Deponieabdichtung gegeben. Über der Dichtungsbahn wird hier eine Flächenentwässerung eingebaut, die in vielen Fällen aus einer Schicht sehr groben Kieses besteht. Auf der Basisabdichtung entstehen beim Einbau von Müll beträchtliche dynamische Einwirkungen und allmählich wächst mit der Masse des eingebauten Mülls auch die statische Belastung. Auf Basisabdichtungen ergeben sich bei Müllhöhen bis zu 100 m Drücke bis zu 1500 kPa. Unter solchen Auflasten würden die Kieskörner der Entwässerungsschicht die Dichtungsbahn unzulässig stark verformen oder gar perforieren. Für die bei Deponieabdichtungen angestrebten extrem langen Funktionsdauern (>100 Jahre) ließe sich die Unversehrtheit der Dichtungsbahn ohne eine geeignet dimensionierte, langzeitbeständige Schutzschicht nicht gewährleisten. Sie ist daher wesentliches Element der Abdichtung: Dichtungsbahn und Schutzschicht müssen zusammen als Abdichtung gesehen werden. Ein quantitatives Kriterium für die Dimensionierung solcher Schutzschichten wird im Abschnitt 8.3.1 hergeleitet.

Der Materialauswahl für die Schutzschicht und den Einbauverfahren nach dem Stand der Technik wird man in solchen Fällen die gleiche Aufmerksamkeit schenken müssen, die die eigentliche Abdichtungskomponente Kunststoffdichtungsbahn erhält. Dies gilt vor allem dann, wenn Geokunststoffe als Komponenten von Schutzschichten oder reine Geokunststoff-Schutzlagen verwendet werden. Die Schutzwirkung der Geokunststoffe kann ebenfalls durch Alterung beeinträchtigt werden. Aber auch bei mineralischen Schutzlagen besteht die Gefahr, dass die Erosion durch die Sickerwasserströmung in der Grenzfläche zwischen mineralischer Schutzlage und Dränageschicht (Kontakterosion) die Schutzschicht zerstört. Selbst bei mineralischen Schutzschichten muss man sich daher Gedanken über das Langzeitverhalten machen.

Auf die Prüfung und Dimensionierung von Schutzschichten, die dagegen nur vor einer Perforation durch eine eher kurzzeitige mechanische Einwirkung scharfkantiger und spitzer Gegenstände schützen, wird im Abschnitt 8.3.3 kurz eingegangen. In diesem ganzen Kapitel 8 geht es aber vor allem um die zweite Aufgabenstellung des langzeitigen Schutzes. Die Darstellung folgt den Aufsätzen von S. SEEGER [1], [2], [3]. Am Beispiel der Schutzschichten für Dichtungsbahnen in Deponieabdichtungen lassen sich am besten die Arten von Schutzschichten und das Dimensionierungskonzept diskutieren. Für diesen Bereich gibt es auch ein eigenes Zulassungsverfahren für Schutzschichten [4], [5].

Die Bedeutung von Schutzschichten für die Kunststoffdichtungsbahn wurde inzwischen auch in anderen Anwendungsbereichen erkannt, wo einerseits starke Beanspruchungen, insbesondere in der Einbauphase vorhanden sind, wo aber andererseits auch zuverlässig und möglichst wirksam abgedichtet werden muss. Dies gilt insbesondere für den Tunnelbau und hier vor allem für die Tunnel im Druckwasserbereich. Über Schutzschichten für den Tunnelbau und deren Prüfung wird in [6] berichtet.

8.2 Arten von Schutzschichten

8.2.1 Überblick

Nach den einschlägigen technischen Anleitungen und Empfehlungen wird für die Flächenentwässerungsschicht auf der Deponiebasisabdichtung und Deponieoberflächenabdichtung die Verwendung von Grobkies (Rundkorn) oder Gestein (doppelt gebrochener Splitt) der Körnung 16/32 mm vorgeschlagen. Diese Empfehlung erwächst nicht so sehr aus den hydraulischen Erfordernissen – in den technischen Anleitungen wird die langfristige Einhaltung einer Durchlässigkeit von mindesten 10^{-3} m/s gefordert – als vielmehr aus der Befürchtung eine zu feinkörnige Entwässerungsschicht könnte z.B. durch Inkrustationen, d.h. ein Zuwachsen und Verstopfen der Porenräume durch die Ausscheidungen biochemischer Stoffwechselprozesse von Mikroorganismen im Sickerwasser, frühzeitig versagen. Diese grobe Körnung, verbunden mit hohen statischen und dynamischen Einwirkungen, stellt besonders hohe Anforderung an die Schutzschichten. Anfänglich wurden vor allem Schutzschichten aus mineralischen Materialien (Erdstoffen) verwendet. Inzwischen haben aber auch geotextile Schutzschichten weite Verbreitung gefunden.

Als mineralische Schutzschicht gegenüber der grobkiesigen Entwässerungsschicht wurde zunächst eine Sandschicht (Mittelsand der Körnung 0/2 mm) eingebaut. Als Einbauhilfe wurde dabei oft ein dünner Vliesstoff auf der Dichtungsbahn verlegt. Um einen gleichmäßigen Einbau ohne Beschädigung der Dichtungsbahn zu erreichen, ist eine Sandschichtdicke von mindestens 10 cm sowie die Verwendung spezieller Einbaugeräte erforderlich. In der Grenzschicht von Sand und Dränkies wird es jedoch unter dem strömenden Sickerwasser zur Kontakterosion kommen, der Kies gräbt sich allmählich in den Sand ein. Auch auf dem Sand musste daher zusätzlich ein Trennvlies verlegt werden.

Eine mineralische Schutzlage aus Brechkorn der Körnung 0/8 mm ist nach geometrischen Kriterien filterstabil gegen eine Grobkiesschicht der Körnung 16/32 mm als Flächenentwässerung und kann direkt unter der grobkiesigen Flächenentwässerungsschicht ohne Erosionsgefahr eingebaut werden. Abbildung 8.1 zeigt den Körnungsbereich der dabei für die Körnungslinien eingehalten werden muss. Bei hohen Auflasten kann jedoch schon dieses Brechkorn zu unzulässigen Verformungen in der Dichtungsbahn führen. Um den angestrebten sicheren vorbeugenden Schutz gegen die Auswirkungen von Alterungserscheinungen zu erreichen, muss, je nach Auflast, ein Vliesstoff mit einer Masse pro Flächeneinheit von bis zu 1200 g/m^2 oder eine andere geeignete Schutzlage als zusätzliche lastverteilende Schicht zwischen der Dichtungsbahn und der Brechkornschicht verlegt werden. Dieser Schutzschichtaufbau wurde bei einer Vielzahl von Deponiebauvorhaben verwendet.

Der technische und finanzielle Aufwand sowie die Einbauprobleme im Böschungsbereich bei mineralischen Schutzschichten hatten dazu geführt, dass zunehmend auch rein geotextile Schutzschichten aus Vliesstoffen mit einer Masse pro Flächeneinheit bis zu 3000 g/m^2 auch bei Grobkies der Körnung 16/32 mm verwendet wurden. Anfänglich stellte sich natürlich die Frage nach der ausreichenden Schutzwirkung und Beständigkeit der Vliesstoffe. Die Fragen der Materialeignung und Prüftechnik für geotextile Schutzschichten waren daher Gegenstand dreier Forschungsvorhaben, die im Rahmen des vom Bundesministerium für Bildung, Wissenschaft, Forschung und Technologie (BMBF) geförderten Verbundforschungsvorhabens „Weiterentwicklung von Deponieabdichtungssystemen" am Franzius-Institut für Wasserbau [7], an der Amtlichen Materialprüfanstalt der TU Hannover (AMPA) [8] und an der Bundesanstalt für Materialforschung und -prüfung (BAM) [9] durchgeführt wurden. Die Ergebnisse lassen sich folgendermaßen zusammenfassen:

Beim Anlegen strenger Anforderungen, d.h. nur geringe Eindellungen in der Dichtungsbahn, siehe Abschnitt 8.3.1, und bei extremen statischen und dynamischen Einwirkungen bieten rein geotextile Schutzschichten aus Vliesstoffen mit den heute üblicherweise herstellbaren Flächengewichten keinen ausreichenden Schutz gegen Grobkies der Körnung 16/32 mm. Bei Flächenentwässerungsschichten aus feinerem Kies (z.B. 8/16 mm) oder breiter abgestuftem Kies (z.B. 0/32 mm) und bei nicht allzu hohen Auflasten (z.B. 20 m Müll) ist ein dickes, aus einem beständigen Werkstoff gefertigtes Vlies jedoch eine ausreichende Schutzschicht.

Im Hinblick auf die besonderen Beanspruchungen in Deponien wurden von einigen Firmen daher Verbundschutzsysteme entwickelt, bei denen Sand und Geotextilien so kombiniert wurden, dass eine dünne Sandschicht auf der Dichtungsbahn entsteht. Diese Sandschicht ist die eigentliche Langzeit-Schutzschicht. Die Geotextilien dienen als Verpackung und Einbauhilfe der mineralischen Komponente und übernehmen die Sicherung der Erosionsstabilität. Die Firma Gebrüder Friedrich GmbH, Salzgitter, bietet bis zu 100 m lange, ca. 2,20 m breite und ca. 20 mm dicke sandgefüllte Schutzbahnen (MDDS-Bahn) an (Abbildung 8.2 und Abbildung 9.7). Diese bestehen aus einem bereits im Werk mit Sand befüllten Doppelabstandsgewebe und werden fugenversetzt verlegt. Die Firma Naue Fasertechnik GmbH & Co. KG, Lübbecke, hatte das Schutzschichtsystem DEPOMAT entwickelt, bei dem ein als Rollenware geliefertes geotextiles Wirrgelege auf der Dichtungsbahn ausgerollt, dann vor Ort auf der Baustelle mit Sand bis zu einer Dicke von ca. 25 mm aufgefüllt und schließlich mit einem geotextilen Trennvliesstoff abgedeckt wird.

Schon eine dünne Lage Sand schützt nicht nur bis zu sehr hohen Auflasten. Sie funktioniert insbesondere auch bei sehr starken dynamischen Einwirkungen. Selbst bei einer Vielzahl von dynamischen Lastwechseln gräbt sich ein Kies der Körnung 16/32 mm nur bis zu etwa 10 mm in den Sand ein und erreicht dann eine stabile Bettung [10], [1]. Eine nur 2 Zentimeter dicke Sandschicht ist also für praktisch alle Fälle eine ausreichende Schutzschicht. Diese Verbundsysteme liefern daher unter fast allen Bedingungen des Tiefbaus eine ausgezeichnete Schutzwirkung und sind rasch und einfach zu verlegen.

Verallgemeinert man diese Beispiele, so können also derzeit grob gesprochen drei verschiedene Klassen von Schutzschichten unterschieden werden:

1. Schutzschichten aus einer mineralischen Schutzlage, deren Körnungsband filterstabil zum Kies der Flächenentwässerung gewählt wird. In der Regel muss zusätzlich ein Vliesstoff zwischen mineralischer Schutzlage und Dichtungsbahn verlegt werden.

2. Schutzschichten aus verpacktem Sand. Die oben genannten Verbundschutzschichten (MDDS-Bahn oder DEPOMAT), aber auch der Schutzschichtaufbau nach dem Niedersächsischen Runderlass [11] gehören hierzu: bei diesem Aufbau wird ein 400 g/m^2 Vlies auf der Dichtungsbahn verlegt, mit einer mindestens 10 cm dicken Sandschicht bedeckt, auf die dann noch ein Trennvlies als Erosionsschutz gelegt wird.

3. Reine Geokunststoff-Schutzlagen unter Verwendung von Vliesen, Geweben, Geogittern etc.

8.2.2 Mineralische Schutzschichten

Bei mineralischen Schutzschichten besteht immer das Problem, dass die Körnung einerseits so fein und breit abgestuft sein muss, dass nicht schon die Schutzschicht selbst zu unzulässigen Eindellungen und Abdrücken in der Dichtungsbahn führt, andererseits aber auch grob genug ist, so dass keine Erosion stattfinden kann.

Die sogenannte Kontakterosion entsteht durch den Transport der Körner der Schutzschicht durch das strömende Wasser in der Grenzschicht zu dem groben Dränkies. Der Abtrag kann dazu führen, dass die groben Kieskörner die feinkörnige Schutzschicht allmählich durchwandern. Der Vorgang der Kontakterosion hängt ab von den Korngrößenverteilungen, der Auflast und den Strömungsverhältnissen. Eine Erosionsstabilität ist unabhängig von der Stärke der Sickerwasserströmung dann gegeben, wenn aufgrund der Größenverhältnisse der Körnungen eine Wanderung feinerer Anteile im Porenraum geometrische gar nicht möglich ist. Die sich daraus ergebende Anforderung an die Korngrößenverteilungen der aneinander grenzenden Schichten ist mit dem Filterkriterium nach K. TERZAGHI formuliert. Es besagt, dass der Durchmesser der mit 15% vorhandenen Korngröße des Materials der Flächenentwässerung nicht größer als der vierfache Durchmesser der mit 85% vorhandenen Korngröße der abzufilternden Sandschutzschicht sein darf [12]. Bei einem Mittelsand der Körnung 0/2 mm und einem Dränkies der Körnung 16/32 mm ist dieses geometrische Kriterium z.B. nicht mehr erfüllt.

Das Kriterium ist hinreichend, aber nicht schon notwendig: Für den Erosionsvorgang ist nämlich die Strömungsgeschwindigkeit des Sickerwassers entscheidend. Auch wenn das geometrische Kriterium nicht erfüllt ist, wird eine Erosion erst dann stattfinden, wenn die Kräfte des strömenden Wassers den Materialtransport voranbringen. Es gibt nicht viele Untersuchungen, aus denen ein notwendiges Filterkriterium abgeleitet werden kann, das für die hier zu betrachtende Randbedingung, nämlich horizontale Strömung in der Grenzschicht der beiden Lagen, anwendbar ist. Herangezogen werden können z.B. Untersuchungsergebnisse von J. BRAUNS über das Erosionsverhalten geschichteten Bodens bei horizontaler Durchströmung [13]. Das daraus abgeleitete Filterkriterium lässt zwar mehr Spielraum als die rein geometrische Betrachtung, aber selbst bei einem nur geringen Gefälle wäre auch nach diesem Kriterium die oben genannte Kombination aus Sand und grobem Kies nicht erosionssicher.

Ein Feinkies der Körnung 0/8 mm mit dem in Abbildung 8.1 dargestellten, von J. DRESCHER angegebenen Körnungsband [11] ist dagegen schon nach dem Kriterium von K. TERZAGHI im geometrischen Sinne filter- bzw. erosionsstabil. Um bei hohen Auflasten eine Schutzwirkung zu erreichen, die die im Abschnitt 8.3.1 diskutierte Anforderung erfüllt, muss hier jedoch in der Regel zusätzlich ein Schutzvlies zwischen Feinkies und Dichtungsbahn eingebaut werden.

Überall dort, wo die Kontakterosion durch strömendes Wasser eine Rolle spielt, und wegen hoher Auflasten auf eine hinreichend feine Körnigkeit des mineralischen Materials geachtet werden muss, können also rein mineralische Schutzschichten nicht eingesetzt werden.

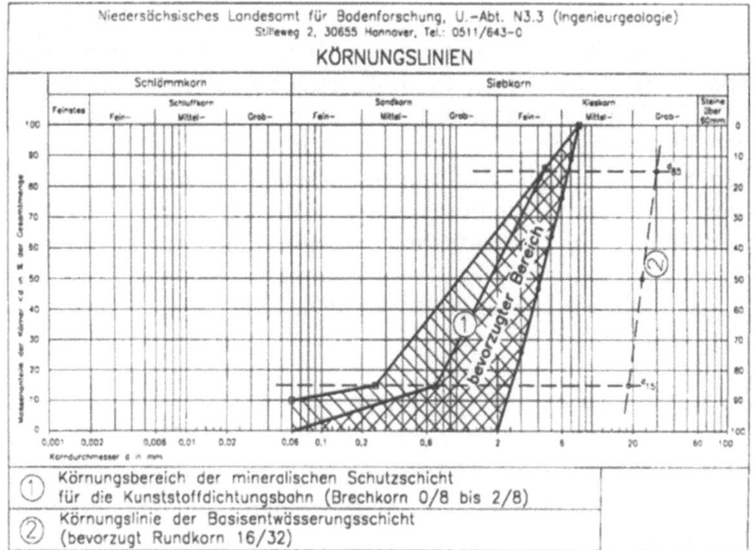

Abb. 8.1: Körnungsband (1) einer mineralischen Schutzschicht, die nach einem geometrischen Filterkriterium erosionsstabil ist, gegenüber dem Kies der Flächenentwässerung (2) mit der Körnung 16/32 mm. Bei hohen Auflasten muss unter einer solchen mineralischen Schutzschicht zusätzlich ein Vlies mit einer flächenbezogenen Masse von etwa 1200 g/m^2 eingebaut werden, um unzulässige Verformungen in der Dichtungsbahn sicher zu vermeiden. (Quelle: [30])

Abb. 8.2: Die sandgefüllte Schutzbahn (MDDS-Bahn) beim Einbau auf die Kunststoffdichtungsbahn wird in Abbildung 9.7 gezeigt. Diese Aufnahme soll einen webetechnischen Kunstgriff bei der Herstellung des Doppelgewebes mit Abstandshaltern, in das der Sand gefüllt wird, illustrieren. Das Doppelgewebe wird so gewebt, dass es zum Rand hin keilförmig ausläuft, und die Rollen so verlegt, dass die beiden Keile aufeinanderliegen. Es wird dadurch eine scharfe Stoßkante oder ein kantiger Überlapp vermieden und damit auch im Fugenbereich die Schutzwirkung ohne Einschränkung gewährleistet.

Eine Lösung sowohl der Einbauprobleme als auch der Erosionsprobleme wird erreicht, wenn man, wie oben im Abschnitt 8.2.1 bereits erwähnt, den Sand mit Geotextilien verpackt. Bei einer langzeitig bestehenden Erosionsgefahr muss jedoch auch das geotextile Verpackungsmaterial entsprechend langzeitig beständig sein. Bei einer Deponie muss die Verpackung z.B. mindestens während der Betriebsphase der Deponie und bis zum Aufbringen der endgültigen Oberflächenabdichtung funktionieren. Mit den heute kommerziell erhältlichen, von der BAM zugelassenen, sandgefüllten Schutzschichtbahnen können die Kunststoffdichtungsbahnen auch gegenüber extremen Einwirkungen sicher, langzeitbeständig und einbautechnisch rasch und einfach geschützt werden.

8.2.3 Schutzschichten aus Geokunststoffen[1]

In mineralischen Schutzschichten werden Geotextilien als Trennvliese zur Vermeidung von Erosion und als Gewebe zum Einpacken mineralischer Materialien eingesetzt. Bei nicht allzu groben Gegenständen in den benachbarten Schichten und bei nicht allzu hohen Auflasten können jedoch auch reine Geokunststoff-Schutzlagen, die noch einfacher zu handhaben und preisgünstig sind, eingesetzt werden. Das Kunststoffprodukt allein übernimmt dann die lastverteilende Schutzfunktion. Verwendet werden hierzu vor allem dicke Vliesstoffe. Aber auch engmaschige Geogitter, die beiderseits mit dünnen Vliesstoffen kaschiert werden, können als Schutzschichten eingesetzt werden. Solche speziellen Sandwich-Systeme haben sich aber bislang, vor allem aus Kostengründen, nicht durchgesetzt.

Ein Vlies ist eine Matte, die aus flächenhaft aufeinandergelegten, regellos oder vororientiert angeordneten Fasern besteht, die in der Regel durch Vernadelung verfestigt werden. Die Fasern sind ca. 10 cm lang (Stapelfasern). Es gibt jedoch auch Produkte bei denen „endlose" Fasern (Filamente) bei der Herstellung aufeinander gelegt werden. Die Fasern werden aus der Formmasse durch Lochdüsen extrudiert. Die zu einem Faserbündel zusammengeführten Fasern werden mit einer Verarbeitungshilfe (Avivage) benetzt, auf einer Reckstraße verstreckt, gekräuselt, geschnitten und schließlich als Stapelfasern zu Ballen gepresst, verpackt und ausgeliefert. Die einzelnen Fasern sind in unterschiedlich

---

[1] Geokunststoffe (*geosynthetics*) sind flächenartige Gebilde aus natürlichen oder synthetischen polymeren Werkstoffen, die im Grund- und Erdbau oder im Wasserbau im Kontakt mit Erde, Fels oder anderen in der Geotechnik verwendeten Materialien eingesetzt werden [14], [15]. Man unterscheidet
- Geotextilien (Vliesstoffe, Gewebe oder andere Maschenware),
- Geogitter, die je nach Herstellungsverfahren als gewebte, (aus gelochten Dichtungsbahnen) gestreckte oder (an den Kreuzungsstellen verbundene) gelegte Geogitter bezeichnet werden, dazu zählen weiterhin Bänder oder stabförmige Elemente,
- Kunststoffdichtungsbahnen,
- Bentonitmatten und schließlich
- Verbundstoffe, bei denen solche Flächengebilde miteinander verbunden werden.
Die Anwendungsgebiete von Geokunststoffen lassen sich mit den Schlagworten Trennen, Sichern, Schützen, Filtern, Entwässern, Bewehren und Dichten umreißen.

starkem Maße verstreckt. Die mit dem Verstrecken verbundene Orientierung der Kristallite führt zu einer beträchtlichen Erhöhung der Festigkeit.

Gewebe werden, wie der Name schon sagt, aus Bändchen und/oder Garnen in verschiedenen Verfahren gewebt. Für die Bändchenproduktion werden zunächst Folien extrudiert und verstreckt, aus denen dann Bändchen geschnitten werden.

Die Faserfeinheit[2)] liegt produktabhängig bei Werten von z.B. 6 dtex, 12 dtex oder 18 dtex, was Durchmessern der Fasern von ca. 30 μm, 40 μm bzw. 50 μm entspricht. Die Dicke von Bändchen liegt typischerweise ebenfalls im Bereich von einigen 10 μm, die Breite beträgt bis zu einigen Millimetern. Diese Abmessungen und das daraus resultierende geringe Verhältnis von Oberfläche zu Volumen können Geotextilien anfällig gegen Alterungsvorgänge machen.

Auch für Geotextilien werden in vielen Fällen die Polyolefine Polypropylen (PP) und Polyethylen (PE) als Faserrohstoffe verwendet, insbesondere dort wo langwierige oder komplexe chemische Einwirkungen vorhanden sind. Der eigentliche Rohstoff (Formmasse) wird bei der Faser- und bei der Folienextrusion über einen sogenannten Masterbatch mit Lichtstabilisatoren, Antioxidantien etc. im Extruder vermischt. Trägermaterial des Masterbatches ist dabei ebenfalls ein Polyolefin. Die Additive sind von erheblicher Bedeutung für die Beständigkeit und das Langzeitverhalten. Langzeitprüfungen und daraus abgeleitete Aussagen über das Langzeitverhalten, wie sie für die Anwendungen im Deponiebereich erforderlich sind, können nur dort gemacht werden, wo das Produkt eindeutig charakterisiert ist und gleichbleibende Eigenschaften gewährleistet sind.

Die Alterung (zum Alterungsbegriff siehe Abschnitt 5.1) kann die Funktionsdauer der Geotextilien begrenzen. Es muss daher eine für die spezielle Funktion des Geotextils als Schutzschicht oder als geotextile Komponenten in einer Schutzschichten ausreichende Beständigkeit gegen die wirkenden inneren und äußeren Alterungsursachen gegeben sein. Als physikalischer Alterungsvorgang kommt hier z.B. die Nachkristallisation und die damit einhergehende Versprödung in Betracht. Jedenfalls wird in der Literatur über einen solchen Fall berichtet [16]. Von Bedeutung ist jedoch vor allem der oxidative Abbau (siehe Abschnitt 5.2). Bei allen teilkristallinen Materialien muss aber auch die Spannungsrissbildung (siehe Abschnitt 5.3) als Alterungserscheinung beachtet werden.

Der oxidative Abbau ist in seinem Ausmaß stark abhängig vom Verhältnis $U = F/V$ der Oberfläche F, über die der Angriff erfolgt, zum Volumen V des angegriffenen Materials. Für Fasern und Bändchen ist dieses Verhältnis erheblich größer als für Dichtungsbahnen; mit d als Dicke der Dichtungsbahn und r als Radius der Faser ergibt sich: $U_{Faser}/U_{Bahn} \approx d/r \approx 10^2$. Eine einfache Überlegung kann die Auswirkungen illustrieren. Die in die Formmassen gemischten Antioxidantien gehen allmählich, vor allem durch Migrationsvorgänge, wieder verloren. Die Zeit bis zum weitgehenden Verlust an Antioxidantien (*antioxidant depletion time*) beeinflusst die Funktionsdauer. Der Verlust an Antioxidantienmenge pro

---

[2)] Die längenbezogene Masse einer Faser wird als Titer bezeichnet. Sie dient als Größe zur Charakterisierung der Feinheit der Faser. Die Einheit, mit der der Titer gemessen wird, ist das sogenannte „tex". Die Einheit ist definiert durch: 1 tex entspricht 1 g Fasermasse auf 1000 m Faserlänge bzw. 1 dtex entspricht 1 g Fasermasse auf 10.000 m Länge.

Zeiteinheit sollte proportional zur Oberfläche F sein. Die anfänglich vorhandene Menge ist dagegen proportional zum Volumen. Die Zeit t, während der Antioxidantien verloren gehen, wäre dann umgekehrt proportional zu U. Das Verhältnis der Zeiten von Dichtungsbahn und Faser lässt sich daher abschätzen durch:

$$\frac{t_{\text{Faser}}}{t_{\text{Dichtungsbahn}}} \sim \frac{U_{\text{Dichtungsbahn}}}{U_{\text{Faser}}} \approx \frac{r}{d} \approx 10^{-2} \ . \tag{8.1}$$

Diese Überlegung unterschätzt eher die Unterschiede. Wird der Diffusionsweg berücksichtigt und daher angenommen, dass die Dauer von Migrationsvorgängen bei gegebenem Volumen V auch proportional zur linearen Ausdehnung (r bzw. d) und wiederum umgekehrt proportional zu U bzw. bei gegebenen Volumen zur Oberfläche (F_{Faser} bzw. $F_{\text{Dichtungsbahn}}$) ist, so gilt

$$\frac{t_{\text{Faser}}}{t_{\text{Dichtungsbahn}}} \sim \frac{\dfrac{r}{F_{\text{Faser}}}}{\dfrac{d}{F_{\text{Dichtungsbahn}}}} \approx \frac{r^2}{d^2} \approx 10^{-4} \ . \tag{8.2}$$

Andererseits sind Fasern und Bändchen mehr oder weniger stark und homogen verstreckt. Die Orientierung führt in gewissem Umfang zu einer zusätzlichen strukturellen Stabilisierung (siehe Abschnitt 5.2.3). Es ist daher nicht einfach das Langzeitverhalten von Geotextilien im Vergleich zu den PE-HD-Dichtungsbahnen einzuschätzen. Der Schutz einer PE-HD-Dichtungsbahn mit einem Geotextil ist jedoch nur dann sinnvoll, wenn die Funktionsdauern einigermaßen vergleichbar sind. Das Langzeitverhalten von Geokunststoffen bildet gerade auch in dieser Hinsicht ein nach wie vor aktiv bearbeitetes und wichtiges Forschungsgebiet [17].

Die Alterungsvorgänge sind jedoch nur dann relevant, wenn sie tatsächlich die schützende Funktion, d.h. die lastverteilende Wirkung, beeinträchtigen. Die Ergebnisse von Forschungsprojekten zur Beständigkeit von Vliesstoffen zeigen dabei zwei Trends [18]: Werden die Versuchsbedingungen (Kornverteilung und Auflast) so gewählt, dass das Vlies stark beansprucht wird und in der Dichtungsbahn große Eindellungen auftreten, so führt die Einwirkung von Chemikalien, insbesondere von quellenden und oxidierenden Medien, zu einer weiteren, erheblichen Verschlechterung der ohnehin nicht ausreichenden Schutzwirkung. Dort wo die Versuchsbedingungen so gewählt werden bzw. die flächenbezogene Masse des Vliesstoffs so massiv dimensioniert wird, dass eine hohe Schutzwirkung vorhanden ist und nur geringe Eindellungen in der Dichtungsbahn auftreten, bleibt der Medienangriff im Rahmen der Versuchsbedingungen ohne erheblichen Einfluss auf die Schutzwirkung. Dieser Effekt zeigt sich auch, wenn die mechanische Schutzwirksamkeitsprüfung mit einem zuvor durch Einlagerung in Salpetersäure oxidativ stark angegriffenen Vlies durchgeführt wird [1]. Die Ergebnisse legen die Interpretation nahe, dass dort, wo der dicke Vliesstoff die Unebenheiten in der Oberfläche der grobkörnigen mineralischen Schutzlage durch die schiere Masse „zustopft", sich ein Chemikalienangriff und die damit verbundene Alterung erst nach einem sehr weitgehenden Abbau allmählich auswirkt. Dort jedoch, wo bei der Lastverteilung in der geotextilen Schutzlage auch die Zugfestigkeit des Geotextils in Anspruch genommen wird, führt die Alterung zu einer erheblichen Verschlechterung der Schutzwirkung.

Im Abschnitt 8.3.3 wird die Dimensionierung von Schutzschichten diskutiert, die lediglich eine Durchlöcherung verhindern sollen. Dabei scheint die Zugfestigkeit der Vliese eine Rolle zu spielen. Zusammen mit der Dichtungsbahn wird das Schutzvlies jedenfalls stark gedehnt und nimmt in gewissem Umfang Zugkräfte beim Überspannen der perforierenden Gegenstände auf. Bei einer solchen Beanspruchung werden sich Alterungsvorgänge unmittelbar auswirken. Man darf daher nicht annehmen, dass die nach dem im Abschnitt 8.3.3 vorgestellten Konzept dimensionierten Schutzschichten über die extrem lange Funktionsdauer der PE-HD-Dichtungsbahn einen ausreichenden Schutz bieten. Will man daher die außerordentlich hohe Langzeitbeständigkeit einer PE-HD-Dichtungsbahn auf der sicheren Seite ausreizen, so muss man immer auch etwas aufwendiger schützen.

8.3 Dimensionierung und Prüfung von Schutzschichten

8.3.1 Eindellungen in der Dichtungsbahn

Ein Gegenstand mit scharfen Kanten und Spitzen hat zunächst nur eine kleine Aufstandsfläche auf der Schutzschicht. Die einwirkende Last wird daher als mehr oder weniger lokale Druckspannung eingetragen. Die Schutzschicht soll diese punktuellen Druckspannungen im Idealfall derart verteilen, dass die Kunststoffdichtungsbahn lediglich durch eine in der Fläche homogen verteilte Druckspannung ohne lokale Spitzen belastet wird. Im Realfall ist die Schutzwirkung einer Schutzschicht dann ausreichend, wenn diese Lastverteilung in der Schutzschicht selbst bereits so weitgehend erfolgt, dass nur geringfügige Eindellungen in der Dichtungsbahn auftreten. Eine nicht ausreichend wirksame Schutzschicht führt dagegen zu deutlichen Eindellungen und Abdrücken. Durch die damit verbundene zwangsweise Verformung treten in der Dichtungsbahn zusätzlich zu den Druckspannungen biaxiale Zugspannungen auf. Aus der Abwägung des Schädigungspotentials von solchen Verformungs- und Spannungszuständen in der Dichtungsbahn muss die Anforderung an die lastverteilende Wirkung einer Schutzschicht abgeleitet werden.

Im Abschnitt 5.3.4 war der Begriff der kritischen Dehnungsgrenze bei thermoplastischen Kunststoffen erörtert worden. Kritische Dehnungsgrenze bedeutet, dass erst bei Dehnungen, die diese Grenze übersteigen, Schädigungen in der Mikrostruktur des teilkristallinen Werkstoffs entstehen, die sich schließlich zu makroskopischen Spannungsrissen auswachsen könnten. Umgekehrt ist bei Unterschreiten dieser Dehnungsgrenze die Spannungsrissbildung unabhängig von den sonstigen Einwirkungen ausgeschlossen. Die kritische Dehnungsgrenze von PE-HD-Werkstoffen liegt im Bereich von 3 ... 5%.

Ein solcher Grenzwert für die zulässige Verformung kann auch auf einem anderen Wege abgeleitet werden. Im Abschnitt 5.4 wird darauf näher eingegangen. Dazu werden, wie von R. Koch und Mitarbeitern ausgeführt [19], die Zugspannungen betrachtet, die bei zeitlich unterschiedlicher Verformungsvorgeschichte unter Berücksichtigung der Spannungsrelaxation in der Dichtungsbahn auftreten. Diese Spannungen werden dann verglichen mit dem Spannungsniveau, das die Dichtungsbahn dauerhaft ohne Spannungsrissbildung aushalten kann (Zeitstand-Rohrinnendruckversuche). Auch hier kommt man zu zulässigen Dehnungen, die bei etwa 3% liegen [20].

Diese Dehnung kann daher zum Kriterium für die Dimensionierung von Schutzschichten verwendet werden: Schutzschichten müssen danach so dimensioniert werden, dass die lokalen Dehnungen, die durch die Eindellungen von Gegenstände mit Kanten und Spitzen entstehen, die kritische Grenzdehnung nicht übersteigen.

Im Abschnitt 4.4 war erörtert worden, wie die lokale Verformung einer Dichtungsbahn berechnet wird, wenn ihr eine bestimmte Konturlinie (Setzungslinie, Eindellung) aufgezwungen wird. Betrachtet man die bei der Eindellung der Dichtungsbahn durch einen Gegenstand verursachte Verformung, so ergeben sich zwei Beiträge: Zum einen erfährt die Dichtungsbahn im Bereich der Delle insgesamt eine Längung, da die eingedellte Fläche größer ist als die ursprüngliche Grundfläche. Diese Längung kann quantitativ abgeschätzt werden, indem die Kontur der Eindellung durch einen Kreisabschnitt mit der kleinsten Ausdehnung der Eindellung als Sehne a, der größten Tiefe als Höhe h und dem Öffnungswinkel 2α beschrieben wird. In Anlehnung an die Auswertung des Wölbversuchs wird die Längung dann durch die Wölbbogendehnung ε_L dieses Kreisabschnitts berechnet, siehe Abschnitt 3.2.9 und Abbildung 3.11:

$$\varepsilon_L = \frac{\text{arc}\,\alpha}{\sin\alpha} - 1 \quad \text{mit} \quad \sin\alpha = \frac{ah}{\left(\dfrac{a}{2}\right)^2 + h^2} \quad \text{und} \quad \text{arc}\,\alpha = \frac{2\pi\alpha}{360}. \qquad (8.3)$$

Zum anderen erfährt die Dichtungsbahn jedoch auch eine Biegebeanspruchung. Randfasern der Dichtungsbahn werden zusätzlich gedehnt bzw. gestaucht. Diese Randfaserdehnung ε_B ist durch das Verhältnis von Dicke d der Dichtungsbahn zum lokalen Krümmungsradius der Eindellung r_K bestimmt; es gilt näherungsweise:

$$\varepsilon_B = \frac{d}{2r_K}. \qquad (8.4)$$

Eindellungen in der Dichtungsbahn, hervorgerufen von Kieskörnern bei nicht vollständiger Lastverteilung in der Schutzschicht, bewirken relativ kleine Krümmungsradien ($r_K < 50$ mm)[3]. Die damit verbundene Randfaserdehnung macht

---

[3] Bei einer kritischen Dehnungsgrenze von 3% berechnet sich aus Gleichung (8.4) für eine 2,5 mm dicke Kunststoffdichtungsbahn ein noch zulässiger Krümmungsradius von 40 mm. Bei allen Handhabungen der Dichtungsbahn im Werk (z.B. Aufwickeln der Dichtungsbahn auf einen Rollenkern) oder auf der Baustelle wird dieser Wert praktisch nie unterschritten.

dann den dominierenden Teil der Gesamtdehnung $\varepsilon = \varepsilon_L + \varepsilon_B$ aus. Die zugehörigen zeitabhängigen Zugspannungen können z.B. aus isochronen Spannungs-Dehnungsdiagrammen für biaxiale Spannungszustände ermittelt werden [21].

Bei der Beurteilung der Verformungen aufgrund von Setzungen kann die Biegebeanspruchung vernachlässigt werden, da die auftretenden Krümmungsradien immer sehr viel größer als die Dicke der Dichtungsbahn sind. Die auftretende Verformung einer Setzungsmulde wird deshalb durch die Wölbbogendehnung gut angenähert. Bei den Eindellungen durch ein Kieskorn ist dies jedoch aus den oben aufgeführten Gründen nicht mehr der Fall. Zur Illustration der Größenordnungen von Randfaserdehnung und Wölbbogendehnung wurde von S. SEEGER exemplarisch eine Finite-Elemente-Rechnung (FEM) durchgeführt, die in einem einfachen Ansatz die Verformungen durch ein Kieskorn simuliert (Abbildung 8.3). Dabei wurde eine Eindellung von nur geringer Wölbbogendehnung (0,25%) erzeugt. Der Wertetabelle der FEM-Rechnung zeigt, dass die maximale lokale Dehnung wegen der nicht gleichförmigen Krümmung der Dichtungsbahn einige Prozent (in diesem Beispiel sogar bis zu rund 4%) betragen kann.

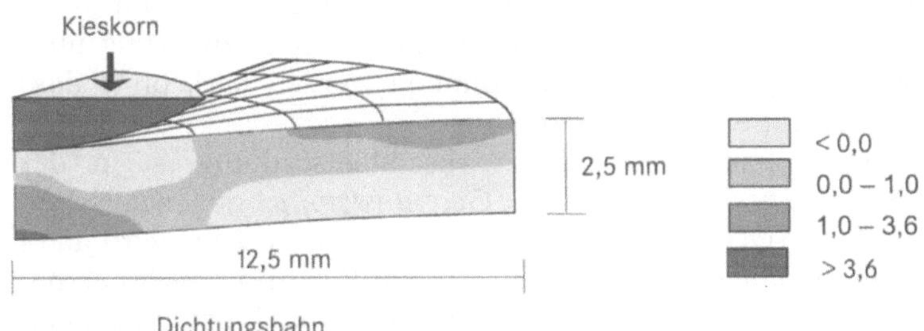

Abb. 8.3: Verformungszustand in einer Kunststoffdichtungsbahn, nachdem durch Eindrücken eines Stempels mit einem vorgegebenen Stempelweg von ca. 0,77 mm bei einer lateralen Ausdehnung der Delle von ca. 25 mm eine für die Körnung 16/32 mm typische Eindellung mit einer rechnerischen Wölbbogendehnung von 0,25% entstanden ist. Die Stempelform simuliert hier die durch eine Schutzlage vergrößerte Aufstandsfläche eines Kieskorns auf der Kunststoffdichtungsbahn.

Das Beispiel macht deutlich, dass schon bei Eindellungen, die gemessen an der Wölbbogendehnung noch geringfügig erscheinen, der zulässige Bereich für die Dehnungen ausgeschöpft werden kann. Strebt man ein hohes Sicherheitsniveau und einen langfristig wirksamen Schutz an, wie es z.B. bei Deponiebauten heute erreicht werden muss, so müssen Schutzschichten so dimensioniert werden, dass in der Dichtungsbahn nur solche auch optisch geringfügigen Eindellungen und Abdrücke auftreten.

Das hier vorgestellt Dimensionierungskonzept ist sicherlich sehr konservativ. Wie im Abschnitt 5.3.4 (Unterpunkt Partikelmodell) diskutiert wurde, führt das Überschreiten der kritischen Dehnungsgrenze nicht automatisch zu makroskopischen Rissen. Nur bei den dort aufgeführten „gefährlichen Belastungen", zu denen die Verformungen durch Kieskörner in der Regel nicht gehören, ist eine makroskopische Rissbildung zu erwarten. Andererseits können spannungsrissfördernde Medien die Belastungssituation erheblich verschärfen. Es wurde bislang noch nicht ausgelotet, wie weit die langfristig zulässige Dehnungsgrenze die kritische Grenze unter den spezifischen Beanspruchungen tatsächlich übersteigt: Für Langzeitanwendungen gibt es daher keinen anderen Weg, als die Dimensionierung an der kritischen Dehnungsgrenze zu orientieren.

8.3.2 Schutzwirksamkeitsprüfung

Es stellt sich jetzt die Frage, wie dieses quantitative Kriterium praktisch umgesetzt und wie daher die Schutzwirkung geprüft werden kann. Auf Anregung von G. HEERTEN hatte ein Arbeitskreis „quo vadis Schutzschichten" Anfang der 90er Jahre das Verfahren für eine von F. W. KNIPSCHILD konzipierte sogenannte modifizierte Lastplattendruckprüfung als *performance test* für Schutzschichten festgelegt [22]. Damit war eine auch vergleichende Beurteilung der mechanischen Schutzwirksamkeit (ohne Berücksichtigung der Beständigkeit) möglich geworden. Die Prüfung ist sehr zeitaufwendig. Inzwischen liegen aber für die oben aufgeführten Klassen von Schutzschichten genügend Erfahrungen vor, so dass für einzelne Systeme, z.B. die Sandmatten, eine ausreichende Schutzwirkung über einen weiten Bereich von Einwirkungen angenommen werden darf, ohne dass dies in jedem Einzelfall geprüft werden müsste.

Das Verfahren der mechanischen Schutzwirksamkeitsprüfung ist in der GDA-Empfehlung E3-9, *Eignungsprüfung für Geokunststoffe*, der Deutschen Gesellschaft für Geotechnik (DGGt) detailliert beschrieben [23]. Dort wird auch ein modifiziertes Verfahren mit einer Strukturplatte als Einwirkungskörper beschrieben, das vor allem als Index-Test zum Vergleich der Schutzwirksamkeit verschiedener Produkte verwendet werden kann [7]. Eine Kuriosität stellt der Norm-Entwurf DIN EN 13719:2000-02, *Geotextilien und geotextilverwandte Produkte – Bestimmung der langfristigen Schutzwirksamkeit von Geotextilien, die an Geomembranen anliegen*, dar. Beschrieben wird ein Index-Test, bei dem eine Schüttung von Schrauben als Einwirkungskörper auf der Schutzschicht verwendet wird. Geprüft wird die rein mechanische Schutzwirkung unter dieser allerdings sehr spezifischen Beanspruchung und sicherlich nicht eine langfristige Schutzwirkung, wie der Normtitel suggeriert.

Die Prüfung der mechanischen Schutzwirkung wird nach den Vorgaben der GDA-Empfehlung E3-9 folgendermaßen durchgeführt: In einen Zylinder mit 30 ... 50 cm im Durchmesser wird auf einer Stahlplatte als Unterlage eine Stützschicht, darauf ein 0,5 ... 1 mm starkes Weichmetallblech, ein Ausschnitt aus der Dichtungsbahn und der Schutzschicht, der Einwirkungskörper und schließlich über einem Trennvlies eine lastverteilende Sandschicht und darauf wiederum eine Stahlplatte eingebaut. Mit einem Druckstempel wird dann die gewünschte Auflast aufgebracht und mit einer Kraftmesseinrichtung unterhalb der unteren Stahlplatte die Kraft kontrolliert. Als Stützschicht kann das für die Dichtungsbahn vorgesehene Auflager, z.B. eine Sandschicht oder ein mineralische Dichtung, eingebaut werden. In der Regel wird hier jedoch eine ca. 2 cm dicke Elastomerscheibe der Shore-A-Härte 45 ... 55 verwendet. Als Einwirkungskörper wird die jeweils auf der Schutzschicht vorgesehene Schicht, also etwa die grobe Kiesschüttung einer Dränschicht, eingebaut. Um die Wandreibung gering zu halten, wird der Prüfzylinder mit Geotextilien ausgefüttert. Abbildung 8.4 zeigt schematisch den Aufbau der Prüfeinrichtung. Die vorgesehene Prüflast wird rasch, aber möglichst stoßfrei, aufgebracht. Die Einrichtung bleibt dann für die vorgesehene Prüfdauer unter Last. Die Verformungen der Dichtungsbahn bilden sich als dauerhafte, plastische Verformungen des Weichblechs ab. Nach Ablauf der Prüfdauer wird rückgebaut und das Weichmetallblech vorsichtig entnommen und waagrecht ausgerichtet in Gips gebettet. Damit sollen die im Weichmetallblech entstandenen Eindellungen konserviert werden. Diese Eindellungen werden dann ausgewertet und daran die mechanische Schutzwirksamkeit beurteilt.

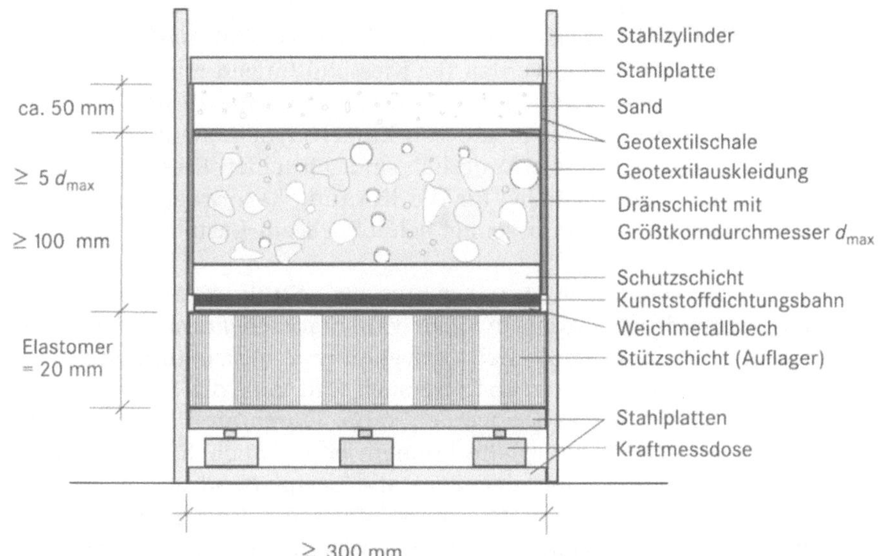

Abb. 8.4: Schematische Darstellung der Prüfeinrichtung für die mechanische Schutzwirksamkeitsprüfung, gelegentlich als modifizierter Lastplattendruckversuch bezeichnet. Die Last wird hydraulisch auf der oberen Stahlplatte aufgebracht. (Quelle: [10])

Für den Deponiebau sind spezielle Versuchsbedingungen vereinbart worden. Die Prüfdauer sollte 1000 Stunden betragen. Für die Prüfung der Schutzwirkung in Basisabdichtungen soll bei einer Prüftemperatur von 40 °C eine Prüflast angesetzt werden, die um den Faktor 1,5 gegenüber der in der Deponie zu erwartenden maximalen Auflast überhöht ist. Soweit keine zuverlässigen Angaben gemacht werden können, wird als Wichte des Mülls 15 kN/m³ angenommen. Die Lastüberhöhung und in gewissem Umfang auch die erhöhte Temperatur dienen hier einer Zeitraffung des Verformungsverhaltens geotextiler Schutzschichten. Durch Kriechvorgänge in den visko-elastischen Materialien werden sich nämlich erst nach längeren Zeiträumen die Eindellungen in vollem Umfang ausgebildet haben. Da eine Prüfung bei 40 °C zusätzlichen prüftechnischen Aufwand erfordert und eine Prüfdauer von 1000 Stunden oft zu langwierig ist, wurden für vereinfachte und verkürzte Prüfbedingungen zusätzliche Lasterhöhungsfaktoren (Tabelle 8.1) festgelegt.

Tabelle 8.1: Lasterhöhungsfaktoren bei unterschiedlichen Prüfbedingungen

Prüfbedingung	Lasterhöhungsfaktor
1000 h, 40 °C	1,5
1000 h, Raumtemperatur	2,25
100 h, Raumtemperatur	2,5

Für alle sonstigen Anwendungen im Tiefbau sowie Wasserbau kann die Prüfung bei Raumtemperatur mit einer Prüfdauer von 100 Stunden und bei geotextilen Schutzlagen mit einem Lasterhöhungsfaktor 2 durchgeführt werden.

In der Empfehlung der DGGt werden für Kiesschüttungen unterschiedlicher Körnung Mindestprüfflächen angegeben und daraus für einen Prüfzylinder mit einem Durchmesser von 30 cm die Anzahl von Einzelversuchen ermittelt, die für die Beurteilung der Schutzwirkung erforderlich sind: Für einen Kies der Körnung 16/32 mm sind danach drei Versuche, für die Körnung 8/16 zwei Versuche erforderlich. Für die Körnung 0/8 mm genügt schließlich ein Lastplattendruckversuch.

Von K. BRUMMERMANN und R. WITTE wurde eine Strukturplatte konzipiert, mit der der Lastplattendruckversuch in einer vereinfachten Form durchgeführt werden kann [10] (Abbildung 8.5). Bei Verwendung der Strukturplatte erhält man zunächst einen wohldefinierten Indexversuch, mit dem die Schutzwirkung von Schutzschichtsystemen verglichen werden kann. Durch an die Körnung angepasste Abmessungen der Strukturplatte können jedoch auch Kiesschüttungen simuliert werden. Schließlich kann der Zeitstand-Lastplattendruckversuch mit Strukturplatte als Langzeitversuch zu Alterungseinflüssen auf die Schutzwirkung, z.B. durch Oxidation oder Chemikalieneinfluss, verwendet werden (Abbildung 8.6 und 8.7). Solche Versuche wurden von G. LÜDERS und U. MÜLLER durchgeführt [24], [9].

Die reproduzierbare und eindeutige quantitative Ermittlung der Verformung der Dichtungsbahn durch das Ausmessen der Eindellung im Weichblech birgt messtechnische Probleme, die in verschiedenen Forschungsprojekten bearbeitet wurden. Der Stand der Auswertetechnik, die bei der Durchführung der Prüfungen gemachten Erfahrungen und die gewonnenen Ergebnisse sind in [25], [10] dargestellt. Zwei Vorgehensweisen sind möglich: Mit einem elektronisch gesteuerten mechanischen Taster oder anderen Abtasteinrichtungen kann die ganze Fläche des Weichmetallblechs nach einem hinreichend genauen Raster abgetastet werden. Die lokalen Krümmungsradien können dann ermittelt und die maximalen Krümmungsradien zur Bewertung herangezogen werden. Dieses Verfahren ist jedoch sehr aufwendig. In der Regel werden visuell die markantesten Eindellungen ausgesucht und nur die Konturlinie dieser Eindellung entlang der nach Augenschein stärksten Verformung abgetastet. Die mit dieser Konturlinie verbundenen Verformungen werden dann ermittelt, siehe Abschnitt 4.4. Oft wird dabei aber nur die Wölbbogendehnung bestimmt, indem die Konturlinie durch einen Polygonzug angenähert und dessen Längenänderung im Vergleich zur Grundlinie ermittelt wird.

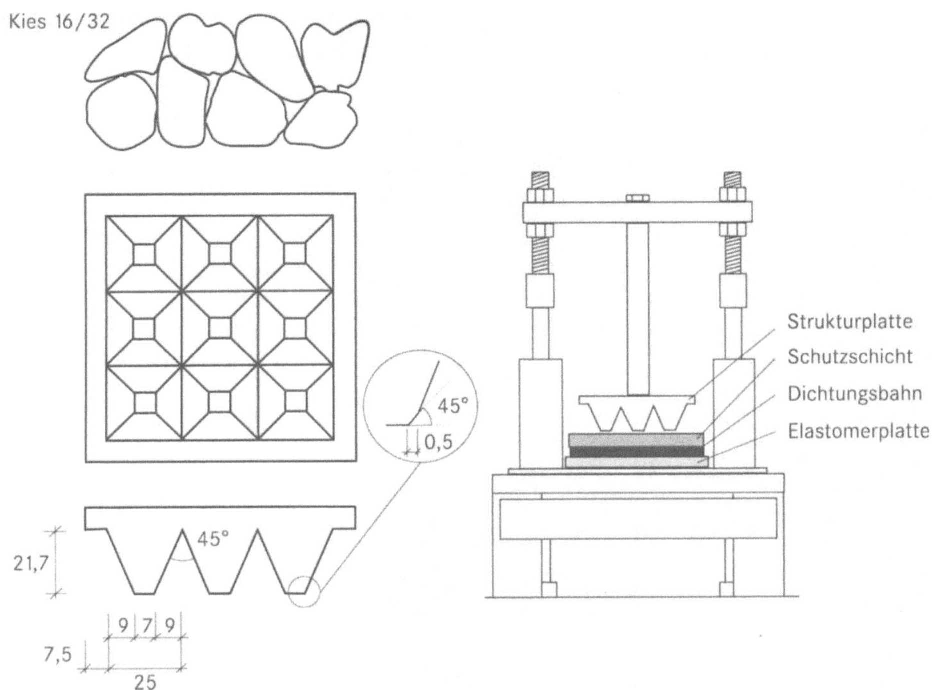

Abb. 8.5: Bei Verwendung einer standardisierten Strukturplatte (links) kann die mechanische Schutzwirksamkeitsprüfung auch in einer vereinfachten Form als Indextest durchgeführt werden. Die Prüfeinrichtung ist rechts schematisch dargestellt. Bei geeigneter Wahl der Strukturplatte können die Beanspruchungen durch Kiesschüttungen nachgestellt werden. Links sind die Maße der Strukturplatte (mm) angegeben, mit der ein Kies der Körnung 16/32 mm simuliert wurde. (Quelle: [10])

Auch heute noch wird bei der Dimensionierung von Schutzschichten der Fehler begangen anzunehmen, dass die Wölbbogendehnung das Maß für die in der Dichtungsbahn tatsächlich aufgetretene Dehnung ist und mit der kritischen Grenzdehnung verglichen werden kann. Tatsächlich ist bei Eindellungen, wie in Abschnitt 4.4 und oben im Abschnitt 8.3.1 gezeigt wurde, die Wölbbogendehnung oder die Längung der Dichtungsbahn klein gegenüber der Biegebeanspruchung. Es sind also die lokalen Krümmungsradien, die die Verformung bestimmen und nicht die Wölbbogendehnungen. Dies liegt daran, dass die Ausdehnung von Eindellungen in der Größenordnung der Dicke der Dichtungsbahnen liegt. Nur bei Verformungen durch Setzungen im Auflager der Dichtungsbahn, deren Ausdehnung immer groß ist gegenüber der Dicke der Dichtungsbahn bestimmt die Wölbbogendehnung und nicht die Biegebeanspruchung die Verformungswerte. Von S. SEEGER und U. SEHRBROCK wurde jedoch gezeigt, dass bei einer Kiesschüttung mit der Körnung 16/32 mm als Belastungskörper, das Kriterium einer noch zulässigen Wölbbogendehnung von 0,25% zur Dimensionierung herangezogen werden kann [25], [26]: Ist nämlich die Schutzschicht so wirksam, dass nur Eindellungen mit Wölbbogendehnungen von 0,25% entstehen, dann werden in der Konturlinie der Eindellung in der Regel auch nur Krümmungsradien mit Randfaserdehnungen von 3 ... 5% auftreten[4] (Abbildung 8.3). Eine physikalisch schlüssige Bewertung der Schutzwirksamkeit erfordert jedoch immer die Ermittlung der Krümmungsradien der Konturlinie der Eindellung.

Abb. 8.6: Von U. MÜLLER wurden an der BAM Prüfeinrichtungen aufgebaut, mit denen das Langzeitverhalten von Schutzschichten untersucht werden kann (Zeitstand-Lastplattendruckversuch). Verwendet werden dabei Laststempel mit einer Strukturplatte, die eine Kiesschüttung simuliert (Abbildung 8.5). Elastomerplatte, Dichtungsbahn und Schutzschicht werden in einen beheizbaren Edelstahltopf eingebaut. Dieser kann mit Wasser oder anderen flüssigen Chemikalien gefüllt werden.

---

[4] Ursprünglich war der Grenzwert von 0,25% für die Wölbbogendehnung aus der Überlegung entstanden, dass nach Augenschein möglichst geringe Eindellungen vorhanden sein sollten, dieses Kriterium andererseits durch eine einfache Messung quantifiziert werden musste. Bei Kies der Körnung 16 ... 32 mm passt dieses Kriterium zufällig mit der kunststofftechnisch begründeten Anforderung zusammen, das auch lokale Dehnungen die kritische Dehnungsgrenze nicht überschreiten dürfen. Es wurde daher, weil einfach zu überprüfen und bereits eingebürgert, im Rahmen der BAM-Zulassung für Schutzschichten als Dimensionierungskriterium beibehalten. Selbst für manche Fachleute bleiben die 0,25% jedoch nach wie vor ein Mysterium.

Abb. 8.7: Ansicht des gesamten Aufbaus der Prüfeinrichtung für den Zeitstand-Lastplatten-druckversuch. Die Last wird über einen Hebelarm aufgebracht, das Stahlgefäß mit einem Glaszylinder verschlossen, die Temperatur geregelt und kontinuierlich gemessen. Über einen Wegaufnehmer wird die Setzung im Aufbau aufgezeichnet. Mit dieser Prüfeinrichtung können Versuche über Prüfdauern von > 10.000 h gefahren werden. Die Rückwirkung des oxidativen Abbaus, der Spannungsrissbildung auf die Schutzwirkung, der Einfluss quellender Chemikalien oder das Kriechverhalten können daher untersucht werden.

8.3.3 Prüfung zur Perforation der Dichtungsbahn

In einer Serie von 3 Aufsätzen wurde von R. M. KOERNER, D. NAREJO und R. F. WILSON-FAHMY theoretisch und experimentell die Frage des Schutzes der PE-HD-Dichtungsbahn gegen eine Durchlöcherung (*puncture protection*) durch Gegenstände mit Kanten und Spitzen untersucht, die aus dem Auflager der Dichtungsbahn herausragen oder die oben auf der Dichtungsbahn liegen [27], [28], [29].

Durch die Auflast wird die Dichtungsbahn, die zunächst einen darunter liegenden Gegenstand nur überspannt, an diesen angedrückt, oder in die zunächst glatt liegende Dichtungsbahn wird ein oben aufliegender Gegenstand eingedrückt. Sind die Gegenstände groß und spitz genug, so wird die Dichtungsbahn dabei aber so stark gedehnt, dass sie allmählich verstreckt und schließlich durchreißt. Im Gegensatz zu den oben angestellten Überlegungen, die schon große Eindellungen und damit verbundene Verformungen verhindern wollen, geht es in diesen Arbeiten darum, dass es nicht zum Reißen der Dichtungsbahn durch Überdehnen kommen soll. Es ist also die im ersten Abschnitt dieses Kapitels angesprochene Aufgabenstellung des Durchlöcherungsschutzes und nicht des langfristigen Schutzes gegen Alterungserscheinungen, um die es hier geht. Der unterschiedliche Ansatz soll hier hervorgehoben werden, da die Autoren einen Vergleich mit den Schutzschichten im Deponiebau in Deutschland anstellen, ohne zu erkennen, dass zwei völlig verschiedene Aufgabenstellungen bei der Dimensionierung verfolgt werden. Je nach der Aufgabenstellung werden jedoch Art und Umfang der Schutzschichten gänzlich verschieden sein.

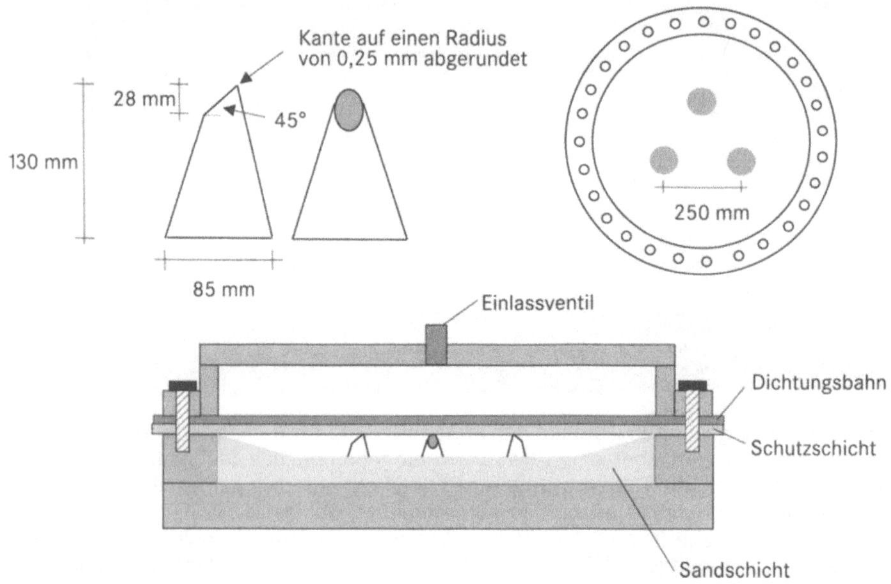

Abb. 8.8: Schematische Zeichnung (nicht maßstabsgetreu) der Perforationsprüfung (*puncture test*). Gezeigt wird der abgeschrägte Kegelstumpf mit seinen Abmessungen (links), die Anordnung der Kegelstümpfe auf der Bodenplatte des Druckkessels (rechts) und die Versuchsapparatur mit eingebauter Dichtungsbahn und Schutzvlies sowie dem Sandbett. Der Prüfablauf wird im Text beschrieben.

Die Unterschiede werden auch in der Prüftechnik deutlich. Für die Durchlöcherungsprüfung wurde eine modifizierte Form des Prüfverfahrens ASTM D5514-94, *Test Method for Large Scale Hydrostatic Puncture Testing of Geosynthetics*, verwendet, das allgemein für die Prüfung der Festigkeit von Geokunststoffen gegen Durchlöcherung konzipiert worden war. Die Prüfeinrichtung besteht aus einem Druckkessel. Auf die runde Bodenplatte des Kessels werden drei abgeschrägte Kegelstümpfe montiert. Abbildung 8.8 zeigt die Maße der Kegelstümpfe und ihre Anordnung. Auf die Bodenplatte wird dann eine Sandschicht geschüttet, so dass die Kegelstümpfe nur mit einer je nach Dicke der Sandschicht variablen Höhe H aus der Sandschicht herausragen. Durch die Variation der überstehenden Kegelhöhe H (*protrusion height*) sollen verschiedene Arten und

Größen von Gegenständen simuliert werden. Die Schutzschicht und die Dichtungsbahn werden dann flach auf die Kegelstümpfe und den Flansch gelegt. Schließlich wird das Oberteil des Druckkessels aufgesetzt und am Flansch verschraubt. Schutzschicht und Dichtungsbahn werden über den Flanschring hinaus geführt und damit beim Festschrauben des Deckels verankert. Oberhalb der Dichtungsbahn wird Wasser eingelassen, dass einen allseitig wirksamen hydrostatischen Druck erzeugt. Der Druck wird kontinuierlich mit 7 kPa/min gesteigert. In die Spitzen der Kegelstümpfe sind Elektroden eingebaut, die mit dem Wasserkörper verbunden sind. Im Augenblick der Perforation kommt es zum elektrischen Kurzschluss: ein Lampe oder Klingel wird aktiviert. Der bei diesem Signal gerade wirksame hydrostatische Druck p_V ist die eigentliche Prüfgröße. Untersucht wird also der Zusammenhang zwischen p_V und H.

Beim Lastplattendruckversuch (Abschnitt 8.3.2) wird mit einem Weichmetallblech die bei einer vorgegebenen Auflast sich nach einer vorgegebenen Prüfdauer ergebende Eindellung ermittelt. Bei der Perforationsprüfung wird der hydrostatische Druck bestimmt, bei dem im Verlauf eines dynamischen, allseitigen Anpressens der Dichtungsbahn an die Kegelstümpfe ein Loch entsteht. Auch so gesehen wird die ganz unterschiedliche Fragestellung deutlich.

Untersucht wurde zunächst das Verhalten der Dichtungsbahn ohne Schutzschicht. Abbildung 8.9 zeigt den Zusammenhang zwischen Versagensdruck p_V und überstehender Kegelhöhe H, wie er für verschiedene Dicken der Dichtungsbahn von D. NAREJO und Mitarbeitern dabei gemessen wurde [28]. Bei stark herausragenden Kegeln kommt es bei geringen Drücken bei allen untersuchten Dicken zum Versagen. Zu geringeren Kegelhöhen hin zeigen sich stärkere Unterschiede zwischen den unterschiedlich dicken Dichtungsbahnen und der Versagensdruck steigt steil an. Es scheint so zu sein, dass eine Dichtungsbahn bestimmter Dicke unterhalb einer gewissen Höhe des herausragenden Kegelstumpfes nicht mehr perforiert wird.

Die gemessenen Versagensdrücke bedeuten jedoch noch nicht viel. Im experimentellen Teil der Arbeiten wurde nämlich in einem vereinfachten Versuchsaufbau mit nur einem Stumpfkegel auch das Zeitverhalten des Versagens untersucht. Dazu wurde ein Prüfdruck p_T unterhalb des Versagensdrucks p_V aufgebracht, fest eingestellt und beobachtet, ob und wann dann im Laufe der Zeit ein Loch entstand. Das eingefügte kleine Bild in Abbildung 8.9 zeigt das Ergebnis für die 1,5 mm dicke Dichtungsbahn: Auch bei deutlich kleineren Drücken als den Versagensdrücken aus der Prüfung mit kontinuierlicher, schneller Druckerhöhung kam es nach einiger Zeit zum Versagen. Die gemessenen Versagensdrücke, also die Drücke entlang der steil ansteigenden Flanke der Kurve in Abbildung 8.9, hängen daher von der Geschwindigkeit des Druckanstieges, also von den aufgezwungenen Verformungsgeschwindigkeiten, ab.

Diese Befunde könnten folgendermaßen gedeutet werden: Bei einer uniaxialen Verformung der PE-HD-Dichtungsbahn kommt es erst bei extrem großen Verformungen zum Abreißen (Abbildung 3.9). Bei einer mehraxialen Verformung reißt die PE-HD-Dichtungsbahn jedoch schon bei wesentlich kleineren Dehnungswerten (Abbildung 3.12). Perforierende Gegenstände zwingen der Dichtungsbahn praktisch immer mehraxiale Verformungen auf. Die Bruchdehnung und -spannung sind dabei von der Verformungsgeschwindigkeit abhängig. Die

Bruchspannung nimmt mit abnehmender Verformungsgeschwindigkeit ebenfalls ab, die Bruchdehnung dagegen zu. Durch den hydrostatischen Druck wird die Dichtungsbahn allseitig an den Kegelstumpf angedrückt. Es entstehen Zugspannungen und die Dichtungsbahn wird biaxial gedehnt. Ragt der Kegelstumpf bei einer gegebenen Verformungsgeschwindigkeit zu weit heraus, so wird die Dichtungsbahn reißen, bevor sie sich ganz an den Kegelstumpf anschmiegen kann. Ist der Kegelstumpf dagegen niedrig genug, so kann sich die Dichtungsbahn genügend dehnen und an den Kegelstumpf anpassen, ohne dass dabei die Bruchspannung überschritten wird. Daraus folgt, dass auch bei Berücksichtigung der Verformungsgeschwindigkeit unterhalb einer bestimmten, von der Dicke der Dichtungsbahn abhängigen Kegelhöhe tatsächlich kein Versagen mehr auftritt. Leider wurden die Versagensdrücke zu kleineren Höhen hin nicht genauer ausgemessen. Es scheint jedoch so zu sein, dass bei einer Dichtungsbahn von 2 mm Dicke unterhalb einer Höhe des herausragenden Kegelstumpfes von etwa 10 mm praktisch keine Durchlöcherung mehr auftritt.

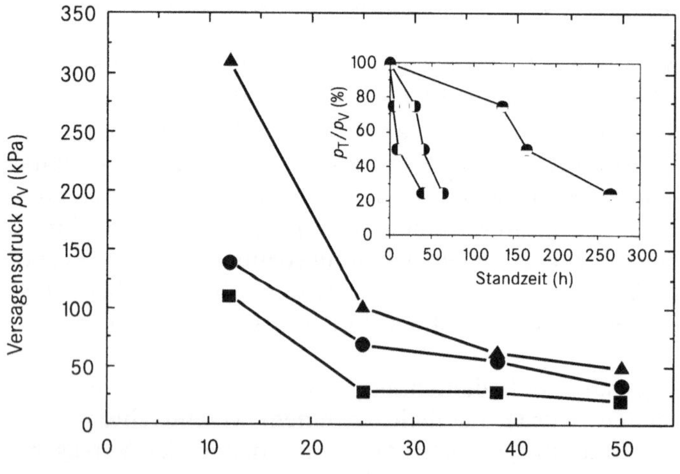

Höhe *H* des herausragenden Kegelstumpfes (mm)

Abb. 8.9: Hydrostatischer Druck im Augenblick der Perforation (Versagensdruck p_V) als Funktion der Höhe *H* mit der der abgeschrägte Kegelstumpf aus dem Sandbett herausragt. Die Prüfung wurde an PE-HD-Dichtungsbahnen mit den Dicken 1 mm (Vierecke), 1,5 mm (Kreise) und 2 mm (Dreiecke) durchgeführt. Bei der Prüfung wurde der Druck mit einer Geschwindigkeit von 7 kPa/min kontinuierlich bis zum Versagen gesteigert. Eingefügt ist ein Bild, das die Ergebnisse von Zeitstandversuchen zeigt. Dazu wurde ein Prüfdruck p_T aufgebracht, konstant gehalten und die Zeit bis ein Loch auftritt (Standzeit) gemessen. Das Zeitstandverhalten wurde an einer 1,5 mm dicken PE-HD-Dichtungsbahnen bei unterschiedlichen Kegelhöhen *H* gemessen: *H* = 12 mm (Kreis, obere Hälfte schwarz), *H* = 25 mm (Kreis, rechte Hälfte schwarz), *H* = 38 mm (Kreis, linke Hälfte schwarz).

Ziel der Untersuchungen war es jedoch vor allem, Dimensionierungsregeln für Schutzschichten gegen Perforation aufzustellen. Es wurden daher auch Perforationsversuche – als Kurzzeitversuch wie als Zeitstandversuch – mit Schutzvliesen unterschiedlicher flächenbezogener Masse durchgeführt, allerdings nur für eine PE-HD-Dichtungsbahn der Dicke 1,5 mm. In den Kurzzeitversuchen wurde gefunden, dass der Versagensdruck p_V linear mit der flächenbezogenen Masse M_A des Vliesstoffs ansteigt. Der Versagensdruck war auch hier stark abhängig von der Verformungsgeschwindigkeit. Anhand der Zeitstandversuche wurde aber festgestellt, dass wenn der anfänglich rasch aufgebrachte Prüfdruck hinreichend gering ist und das Schutzvlies eine genügend große flächenbezogene Masse hat, ein Schutz gegen Perforation unabhängig von der Verformungsgeschwindigkeit gewährleistet ist. Zum Teil wurden dazu Zeitstandversuche über 10.000 Stunden durchgeführt. Tabelle 8.2 zeigt die Prüfbedingungen bei denen solche langen Standzeiten erreicht wurden.

Tabelle 8.2: Prüfergebnisse aus der Zeitstand-Perforationsprüfung

Kegelhöhe H	Flächenbezogene Masse des Schutzvlieses M_A	Prüflast p_T	Standzeit
(mm)	(g/m^2)	(kPa) oder (kN/m^2)	(h)
12	550	1300	>10.000
25	1080	460	>10.000
38	1080	270	>10.000

Nun repräsentiert der abgeschrägte Kegelstumpf tatsächlich vorhandene Gegenstände im Auflager der Dichtungsbahn oder in der Schicht oberhalb der Dichtungsbahn – in der Regel mehr oder weniger scharfkantige Kieskörner – nur in stark idealisierter Weise. Weiterhin werden Auflasten aus Erdschichten keinen homogen und isotrop verteilten Druck ausüben, wie dies beim hydrostatischen Druck der Fall ist. In [28] wurden auch diese Aspekte untersucht: Man liegt mit den Prüfbedingungen auf der sicheren Seite im Vergleich zu den realen Bedingungen.

Die Datenbasis für praktisch anwendbare Dimensionierungsregeln blieb dennoch insgesamt schmal. Trotzdem wurden ungewöhnlich weitreichende und detaillierte Dimensionierungsregeln abgeleitet. Man kann den Eindruck nicht vermeiden, dass dadurch ein Dimensionierungsspielraum vorgetäuscht wird, der tatsächlich so fein strukturiert gar nicht vorhanden ist. Was die Details des Dimensionierungskonzepts anbelangt, sei auf [28] verwiesen, wo die Dimensionierungsregeln aufgestellt und auf [29], wo sie in Beispielen illustriert werden. Als Anhaltspunkt für die Dimensionierung können die Werte in den Tabellen 8.3 und 8.4 dienen, die dabei für eine 1,5 mm dicke PE-HD-Dichtungsbahn bei Beanspruchung durch ein Kieskorn bzw. durch eine Kiesschüttung unter der Last eines Müllkörpers mit der Wichte 11,8 kN/m^3 berechnet wurden [29].

Es soll jedoch nochmals hervorgehoben werden, dass damit nur ein Schutz gegen eine unmittelbare mechanische Perforation gegeben ist. Die Dichtungsbahn wird dabei bis in den Bereich der Verstreckung gedehnt. Es ist daher nicht ausgeschlossen, dass es über sehr lange Zeiträume an kritischen lokalen Stellen (Verformungen nahe der Streckgrenze) zu Rissen durch die Spannungsrissbildung kommt.

Tabelle 8.3: Noch zulässige Höhen von Aufschüttungen (Wichte 11,8 kN/m^3), wenn Einzelkörnern mit einer maximalen Korngröße d_{max} auf oder unter einer 1,5 mm dicken PE-HD-Dichtungsbahn liegen und diese mit einem Schutzvlies der flächenbezogenen Masse M_A geschützt wird. Wird die flächenbezogene Masse unterschritten oder die Auflast überschritten, ist mit einer Perforation der Dichtungsbahn zu rechnen

Maximale Korngröße d_{max} (mm)	Flächenbezogene Masse des Schutzvlieses M_A (g/m^2)	Höhe der Auflast (m)
12	550	108
24	1100	39
50	2200	12
76	2200	4

Tabelle 8.4: Noch zulässige Höhen von Aufschüttungen (Wichte 11,8 kN/m^3), wenn eine Kiesschüttung mit einer maximalen Korngröße d_{max} auf oder unter einer 1,5 mm dicken PE-HD-Dichtungsbahn liegt und diese mit einem Schutzvlies der flächenbezogenen Masse M_A geschützt wird. Wird die flächenbezogene Masse unterschritten oder die Auflast überschritten, ist mit einer Perforation der Dichtungsbahn zu rechnen

Maximale Korngröße d_{max} (mm)	Flächenbezogene Masse des Schutzvlieses M_A (g/m^2)	Höhe der Auflast (m)
12	270	84
24	550	50
50	2200	54
76	2200	22

8.4 Literatur

[1] SEEGER, S.; MÜLLER, W.; JAKOB, I.; TATZKY-GERTH, R.; AUGUST, H.
Anforderungen an die Schutzschicht für die Dichtungsbahn in der Kombinationsdichtung, Teil 1: Wirksamkeit (lastverteilende Wirkung und Beständigkeit), Materialien und Prüfverfahren bei Schutzschichten. *Müll und Abfall*, 27 (1995), H. 8, S. 544–560.

[2] SEEGER, S.; MÜLLER, W.
Requirement and Testing of Protective Layer Systems for Geomembranes. *Geotextiles and Geomembranes*, 14 (1996), H. 7/8, S. 365.

[3] SEEGER, S.; MÜLLER, W.
Requirement and Testing of Protective Layer Systems for Geomembranes. In: Koerner, R.; Koerner, G. R. (eds.): Geosynthetic Infrastructure, Enhancement and Remediation. Folsom, USA: Geosynthetic Institute (GI) 1996.

[4] MÜLLER, W.
Anforderungen an die Schutzschicht für die Dichtungsbahnen in der Kombinationsdichtung, Teil 2: Zulassungsanforderungen. *Müll und Abfall*, 28 (1996), H. 2, S. 90–99.

[5] MÜLLER, W. (Hrsg.)
Anforderungen an die Schutzschicht für die Dichtungsbahnen in der Kombinationsdichtung, Zulassungsrichtlinie für Schutzschichten. Berlin: BAM, Labor Deponietechnik 1995.

[6] BRUMMERMANN, K.; BLÜMEL, W.; BEYER, S.
Geotextile Schutzschichten für Kunststoffdichtungsbahnen im Tunnelbau.
Geotechnik, Sonderheft zur K-Geo 1999.

[7] BRUMMERMANN, K.
Geomembranes under punctiform loads. In: August, H.; Holzlöhner, U.; Meggyes, T.
(eds.): Advanced Landfill Liner Systems. Londen: Thomas Telford Publishing 1997.

[8] WITTE, R.
Practice-oriented investigations to improve geotextile protective layer systems for
geomembranes with regard to their long-term protective efficacy. In: August, H.;
Holzlöhner, U.; Meggyes, T. (eds.): Advanced landfill liner systems. London: Thomas
Telford Publishing 1997.

[9] AUGUST, H.; LÜDERS, G.
Investigation to the long-term integrity of protective materials for geomembranes in
landfill basal liners. In: August, H.; Holzlöhner, U.; Meggyes, T. (eds.): Advanced
landfill liner systems. London: Thomas Telford Publishing 1997.

[10] BRUMMERMANN, K.
Schutzschichten für Kunststoffdichtungsbahnen in Deponiebasisabdichtungen –
Prüfung und Bewertung ihrer Wirksamkeit. Hannover: Institut für Grundbau,
Bodenmechanik und Energiewasserbau, Universität Hannover 1997.

[11] Runderlaß des Niedersächsischen Ministers für Umwelt 207-62812/21- Abdichtung
von Deponien für Siedlungsabfälle, vom 24.06.1988. Nds. MBl, H. 22, S. 632.

[12] SMOLTCZYK, U. (Hrsg.)
Grundbau Taschenbuch. Berlin, München, Düsseldorf: Verlag Ernst & Sohn 1980.

[13] BRAUNS, J.
Erosionsverhalten geschichteten Bodens bei horizontaler Durchströmung.
Wasserwirtschaft, 75 (1985), S. 448.

[14] FORSCHUNGSGESELLSCHAFT FÜR STRASSEN UND VERKEHRSWESEN (FGSV) (Hrsg.)
Merkblatt für die Anwendung von Geotextilien und Geogittern im Erdbau des Straßenbaus. Köln: Forschungsgesellschaft für Straßen und Verkehrswesen (FGSV) 1994.

[15] KOERNER, R. M.
Designing with Geosynthetics. Englewood Cliffs, USA: Prentice Hall 1990.

[16] TISINGER, L. G.; PEGGS, I. D.; DUDZIG, B. E.; WINFREE, J. P.; CARRAHER, C. E.
Microstructural Analysis of a Polypropylene Geotextile after Long-term Outdoor
Exposure. In: Koerner, R.M. (eds.): Geosynthetic Testing for Waste Containment
Applications, ASTM Special Technical Publication 1081. Philadelphia, USA: ASTM
1990.

[17] MÜLLER, W.; JAKOB, I.
Comparison of Oxidation Stability of various Geosynthetics. In: Cancelli, A.; Cazzuffi,
D.; Soccodato, C. (eds.): Proceedings of the Second European Geosynthetics Confe-
rence. Bologna: Pàtron Editore 2000.

[18] AUGUST, H.; LÜDERS, G.
Untersuchung der Langzeitbeständigkeit von Schutzmaterialien für Kunststoffdichtungsbahnen von Deponiebasisabdichtungen, Bericht zum Teilvorhaben 36 des

BMBF-Verbundforschungsvorhabens Weiterentwicklung von Deponieabdichtungssystemen. Berlin: BAM, Labor Deponietechnik 1995.

[19] KOCH, R.; GAUBE, E.; HESSEL, J.; GONDRO, C.; HEIL, H.
Langzeitfestigkeit von Deponiedichtungsbahnen aus Polyethylen. *Müll und Abfall*,
20 (1988), H. 8, S. 3–12.

[20] SEEGER, S.; MÜLLER, W.
Limits of stress and strain: Design criteria for protective layers for geomembrane in
landfill liner systems. In: DeGroot, M. B.; DenHoedt, G.; Termaat, R. J. (eds.): Geosynthetics: Applications, Design and Construction, Proceedings of the First International European Geosynthetics Conference (Eurogeo 1). Rotterdam: A. A. Balkema
1996.

[21] MENGES, G.; SCHMACHTENBERG, E.
Das Verformungsverhalten von Kunststoffdichtungsbahnen bei mehrachsiger Beanspruchung. In: Knipschild, F. W. (Hrsg.): Deponieabdichtungen mit Kunststoffdichtungsbahnen, *Müll und Abfall*, Beiheft 22. Berlin: Erich Schmidt Verlag 1985,
S. 68–74.

[22] WITTE, R.
Kurzbericht: Weiterentwicklung des Schutzwirksamkeitsnachweises für geotextile
Schutzsysteme in der Deponiebasisabdichtung. *Müll und Abfall*, 22 (1990), H. 12,
S. 788–789.

[23] DGGT (Hrsg.)
GDA-Empfehlungen. Berlin: Verlag Ernst & Sohn 1997, 716 Seiten.

[24] LÜDERS, G.; MÜLLER, W.; MÜLLER, U.; AUGUST, H.
Untersuchung der Langzeitbeständigkeit von Schutzmaterialien für Kunststoffdichtungsbahnen von Deponie-Basisabdichtungen. Beitrag zur Konferenz: BMBF-
Verbundforschungsvorhaben, Weiterentwicklung von Deponieabdichtungssystemen,
3. Arbeitstagung (Statusseminar). BAM, Berlin, 21.-23.03.95.

[25] SEHRBROCK, U.
Prüfung von Schutzlagen für Deponieabdichtungen aus Kunststoff. Braunschweig:
Institut für Grundbau und Bodenmechanik, Technische Universität Braunschweig
1993.

[26] SEEGER, S.
Zulassung von Schutzlagen. In: Knipschild, F. W. (Hrsg.): Tagungsband der 11. Fach-
tagung „Die sichere Deponie, Wirksamer Grundwasserschutz mit Kunststoffen".
Würzburg: Süddeutsches Kunststoffzentrum (SKZ) 1995.

[27] WILSON-FAHMY, R. F.; NAREJO, D.; KOERNER, R. M.
Puncture Protection of Geomembranes Part I: Theory. *Geosynthetics International*,
3 (1996), H. 5, S. 605–628.

[28] NAREJO, D.; KOERNER, R. M.; WILSON-FAHMY, R. F.
Puncture Protection of Geomembranes Part II: Experimental. *Geosynthetics International*, 3 (1996), H. 5, S. 629–653.

[29] KOERNER, R. M., WILSON-FAHMY, R. F.; NAREJO, D.
Puncture Protection of Geomembranes Part III: Examples. *Geosynthetics International*, 3 (1996), H. 5, S. 655–675.

[30] Anforderungen an Siedlungsabfalldeponien in Niedersachsen, Deponiehandbuch.
Hildesheim: Niedersächsisches Landesamt für Ökologie 1994.

9 Einbau der PE-HD-Dichtungsbahn

9.1 Einleitung: PE-HD-Dichtungsbahnen im Deponiebau

Die Verwaltungsvorschriften TA Abfall und TA Siedlungsabfall [1], [2], die den
Stand der Technik der Herstellung von Deponieabdichtungen beschreiben, geben
für die verschiedenen Deponieklassen eine Regelabdichtung vor. Standard ist
danach für die Deponieklasse II (Ablagerung von Resten aus der Verbrennung
und mechanisch-biologischen Behandlung des Siedlungsabfalls) und in Anlehnung daran für die herkömmliche Siedlungsabfalldeponie (Altdeponie) sowie für
die Sonderabfalldeponie eine Kombinationsdichtung aus einer mindestens 2,5 mm
dicken Kunststoffdichtungsbahn und einer mineralischen Dichtung (feinkörnige
bindige Böden oder Gemische aus Sand, Kies und Ton). Es können jedoch auch
andere Dichtungen eingebaut werden, wenn deren Gleichwertigkeit nachgewiesen worden ist.

Das „technische Konzept" der Kombinationsdichtung kann man in dürren
Worten folgendermaßen beschreiben (siehe ausführlich dazu Kapitel 7): Eine
Kunststoffdichtungsbahn wird gefordert, damit ein wirklich flüssigkeitsdichtes
Element in der Abdichtung vorhanden ist. Dieses Element muss eine möglichst
große Funktionsdauer (> 100 Jahre, Betriebs- und Nachsorgephase) haben. Dem
dünnen Kunststoffabdichtungselement mochte man jedoch nicht allein vertrauen.
Indem die Dichtungsbahn auf einer nur sehr gering durchlässigen mineralischen
Dichtung vollflächig glatt verlegt wird, so dass durch die Auflasten ein Pressverbund entsteht, werden möglicherweise vorhandene Fehlstellen in der Dichtungsbahn so abgedichtet, dass die Systemdurchlässigkeit kaum beeinträchtigt ist. Von
der mineralischen Dichtung erhofft man sich darüber hinaus, dass sie über „geo-
logische" Zeiträume eine eigenständige Dichtungswirkung entfalten kann. Zumal
sie auf alle Fälle durch die Dichtungsbahn während der Betriebs- und Nachsorgephase vor dem Deponiesickerwasser und seinen Inhaltsstoffen geschützt wird.
Die Kunststoffdichtungsbahn verhindert die Diffusion aller dissoziierten Inhaltsstoffe (Kationen und Anionen) im Sickerwasser. Die Diffusion von undissoziierten organischen Molekülen, die sich in der Dichtungsbahn lösen können, wird
durch die mineralische Dichtung begrenzt. Solche hydrophoben organischen
Verbindungen sind jedoch nur ganz gering wasserlöslich und allenfalls in Spuren
im Sickerwasser vorhanden. Die Kombinationsdichtung ist also eine über das
gesamte Spektrum an Substanzen hochwirksame und fehlertolerante Abdichtung,

wodurch man dem Gebot, dass keinerlei nachteiligen Veränderungen des Grundwassers zu besorgen sein darf, Rechnung tragen wollte.

Für die Abdichtung der Basis einer Deponie ist dieses Konzept stimmig. Auf der Oberfläche einer Deponie wird man der mineralischen Dichtung aus verschiedenen Gründen (Austrocknung, Durchwurzelung, Setzungsrisse) keine eigenständige Dichtungsfunktion über die Funktionsdauer der Dichtungsbahn hinaus zuweisen können[1]. Nach Ausfassung der Fachleute an der BAM, aber nicht nur dort, sind Verbunddichtungen aus einer Kunststoffdichtungsbahn und einer Bentonitmatte oder einer Kapillarsperre sowie eine Kunststoffdichtungsbahn mit einem Dichtungskontrollsystem (siehe Kapitel 11) in vielen Fällen zur Kombinationsdichtung mindestens gleichwertige, ja sogar technisch überlegene Deponieoberflächenabdichtungen [3], [4].

Für die Deponieklasse I (Ablagerung gering belasteter mineralischer oder mineralisierter Abfälle) und für die herkömmliche Deponie für Bauschutt, Bodenaushub etc. ist nur eine mineralische Dichtung vorgesehen. Nach der Fortschreibung der Anforderungen an Deponieabdichtungen durch den Abfalltechnischen Ausschuss (ATA) der Länderarbeitsgemeinschaft Abfall (LAGA) kann bei geringem Gefährdungspotential, was in den meisten Fällen der Fall sein dürfte, statt dessen auch nur eine Kunststoffdichtungsbahn eingesetzt werden. Als temporäre Abdeckung auf der Oberfläche einer Altdeponie, die das unkontrollierte Eindringen von Sickerwasser in und die Gasmigration aus dem Müllkörper während einer anfänglichen Phase großer Setzungen verhindern soll, kann ebenfalls eine Kunststoffdichtungsbahn eingesetzt werden [5], [6]. Die Anforderungen bei der Sicherung von Altlasten lehnen sich an die Anforderungen im Deponiebereich an. Dichtwände können z.B. auch als Kombinationsdichtungen ausgeführt werden.

Die Herstellung großflächiger Abdichtungen im Deponiebau und bei der Sicherung von Altlasten bietet daher ein breites Anwendungsfeld für PE-HD-Dichtungsbahnen.

Die Kunststoffdichtungsbahnen müssen für den Einsatz in Deponieabdichtungen und bei der Sicherung von Altlasten zugelassen sein. Zulassungsstelle ist seit über 10 Jahren die Bundesanstalt für Materialforschung und –prüfung (BAM) in Berlin. Die technischen Anforderungen an die Dichtungsbahnen werden in der *Richtlinie für die Zulassung von Kunststoffdichtungsbahnen für die Abdichtung von Deponien und Altlasten* beschrieben [7], [8]. Derzeit sind nur Dichtungsbahnen aus speziellen PE-HD-Werkstoffen zugelassen. Die Anforderungen an die mineralische Dichtung sind in der Richtlinie Nr. 18, *Mineralische Deponieabdichtungen*, des Landesumweltamtes von Nordrhein-Westfalen [9] zusammengestellt und erläutert. Das Deutsche Institut für Bautechnik (DIBt) hatte Bentonitmatten und sogenannte alternative mineralische Dichtungen (Bentokies, DYWIDAG-Mischung) für die Anwendung in Deponieabdichtungen zugelassen [10].

---

[1] Als Reaktion auf diese Erkenntnis wurde vorgeschlagen, den Müll unter einer gewaltigen Rekultivierungsschicht mit einem immergrünen, kronendichten Wald zu vergraben, in der trügerischen Hoffnung, so die Sickerwasserneubildung auf ewige Zeiten verhindern zu können. Diese Vorstellung erwächst aus dem (archaischen (?)) Bedürfnis, dass damit der eigene Unrat nicht nur aus den Augen, sondern auch ganz aus dem Sinn verschwinden können soll. Es gibt dafür jedoch keine vernünftigen technischen oder ökologischen Gründe.

Das DIBt ist diesem Bereich jedoch nicht mehr tätig[2]. Ein Arbeitskreis Dichtungskontrollsysteme an der BAM hat unter breiter Beteiligung von Vertretern der zuständigen Fachbehörden der Länder eine Empfehlung für Anforderungen an Kontrollsysteme herausgegeben (siehe Kapitel 11). Auch Kapillarsperren wurden inzwischen in ihrer Wirkungsweise vielfältig untersucht und in Probefeldern ausgiebig getestet [11]. Es gibt jedoch keine Erfahrungen zum Langzeitverhalten. Untergesetzliche Regelungen staatlicher Stellen für die Gestaltung von Kapillarsperren existieren noch nicht.

Nimmt man zu all diesen Regelungen noch die einschlägigen Empfehlungen der Deutschen Gesellschaft für Geotechnik (DGGt) e.V. [12] und die einschlägigen Richtlinien des Deutschen Verbandes für Schweißtechnik (DVS) e.V. hinzu, so erkennt man, dass die Thematik des Baus von Deponieabdichtungen wissenschaftlich und technisch sehr intensiv durchgearbeitet worden ist. Die Erkenntnisse und Erfahrung sind daher auch für alle anderen Bereiche des großflächigen Baus von Abdichtungen nützlich. Am Beispiel des Deponiebaus wird in diesem Kapitel daher auf die Herstellung großflächiger Abdichtungen mit PE-HD-Dichtungsbahnen eingegangen.

Der Einbau oder die Verlegung (beide Begriffe werden synonym verwendet) der PE-HD-Dichtungsbahn setzt sich aus folgenden Teilschritten zusammen[3]:

1. Verlegeplanung,
2. Einbau und Vorbereitung des Auflagers der Dichtungsbahn,
3. Verlegung der Dichtungsbahn im engeren Sinne, d.h. Transport der Dichtungsbahnrollen auf der Baustelle, Ausrollen und Zuschneiden,
4. Schweißen der Dichtungsbahnen, Anschluss an Durchdringungsbauwerke,
5. Einbau der Schutzschicht,
6. Einbau der Flächenentwässerung.

Es kann hier nicht auf alle Details dieser Teilschritte des Einbaus eingegangen werden. Natürlich müssen die allgemeinen Regeln der Geotechnik und die Vorgaben und Hinweise der eingangs genannten Regelwerke, die sich speziell mit dem Einbau der Dichtungsbahn beschäftigen, beachtet werden. Das Schweißen der PE-HD-Dichtungsbahnen, die dabei eingesetzten Maschinen und Geräte, die Arten von Schweißnähten und die Maßnahmen der Qualitätssicherung werden in einem eigenen Kapitel, nämlich Kapitel 10, behandelt. Hier sollen nur Aspekte des Einbaus erläutert werden, die sich immer wieder als besonders wichtig erwiesen haben. Der Bauablauf kann auch nur rein gedanklich in solche getrennten Teilschritte zerlegt werden. Im tatsächlichen Baugeschehen müssen sich die Teilschritte räumlich und zeitlich zu einer bestimmten Einbauweise verzahnen. Nur

---

[2] Bauprodukte für den Deponiebereich wurden 1998 in die Bauregelliste C aufgenommen. Diese Bauprodukte werden daher nicht mehr durch bauaufsichtliche Vorschriften erfasst. Die auf 5 Jahre befristeten bauaufsichtlichen Zulassungen waren mit der Auflage erteilt worden, Nachweise zur Langzeitscherfestigkeit zu führen.

[3] Diese 6 Teilschritte gelten nicht nur für den Bau von Deponieabdichtungen, sondern sinngemäß generell für den Einbau von Dichtungsbahnen. Beim Tunnelbau besteht z.B. das Auflager (hier als Abdichtungsträger bezeichnet) aus der Außenschale des Tunnels mit Schutzschicht und Befestigungselementen für die Kunststoffdichtungsbahn. Als Teilschritt 6 tritt an die Stelle des Einbaus der Flächenentwässerung die Betonierung der Innenschale des Tunnelbauwerks.

wenn das gelingt, wird ein Abdichtungselement entstehen, das allen fachlichen Anforderungen genügt. Als Beispiel einer inzwischen bewährten Einbauweise wird weiter unten die sogenannte Riegelbauweise erläutert. Die Aufnahmen in diesem Kapitel (mit Ausnahme der Abbildung 9.7) wurden von R. SCHICKETANZ zur Verfügung gestellt.

9.2 Verlegeplanung

Jedem Einbau einer Dichtungsbahn, egal in welchem speziellen Anwendungsfeld, muss eine Verlegeplanung vorausgehen. Im Deponiebau stellt der Verlegeplan die Anordnung der Dichtungsbahnen auf der abzudichtenden Fläche und die Rohrdurchführungen und Anschlüsse an Bauwerke maßstabsgerecht dar. Dazu muss vor allem geplant werden, wie die Dichtungsbahnen in den verlegetechnisch schwierigen Bereich der Ecken von kurzen oder langen Böschungen und in Böschungsverzügen ausgelegt und zurechtgeschnitten werden sollen. Art und Umfang des Zuschnitts auf der Baustelle sowie die erforderlichen Längen der Dichtungsbahnrollen, die werkseitig geliefert werden müssen, ergeben sich daher aus dem Plan. Weiterhin wird die Unterteilung in Bauabschnitte dargestellt. Die Art der Schweißnähte (Auftragnaht oder Überlappnaht mit Prüfkanal) und schweißtechnische Hinweise zu Anschlüssen und Durchdringungen werden angegeben. Pläne der konstruktiven Einzelheiten der Anschlüsse und Durchdringungen, in der Regel Rohrdurchführungen für Sickerwasser- und Deponiegasrohre und Anschlüsse an Schachtbauwerke, ergänzen den Verlegeplan.

Bei der Verlegeplanung der Dichtungsbahnen sind einige Grundsätze zu beachten, die vor allem die aus der Anordnung der Dichtungsbahnen resultierenden Schweißnähte betreffen. Generell gilt, dass die Dichtungsbahnen so verlegt werden sollen, dass möglichst wenig Schweißnähte erforderlich sind und dass möglichst weitgehend Überlappnähte mit Prüfkanal, also mit Schweißmaschinen geschweißte Nähte, hergestellt werden können. Die Schweißnähte der Dichtungsbahnen dürfen sich nicht kreuzen (keine Kreuzstöße). Sogenannte T-Stöße, bei denen zwei Nähte senkrecht aufeinanderstoßen, müssen einen Abstand von mindestens 0,5 m aufweisen. In der Böschung müssen die Nähte weitgehend in Falllinie verlaufen. Anstücken von Dichtungsbahnen durch eine Quernaht ist in der Böschung nicht erlaubt. Die Anschlussnaht der Böschungsbahnen an die Dichtungsbahnen in der Sohle soll vom Böschungsfuß mindestens 1,5 m entfernt sein. Krümmungsradien der Böschungskehlen und generell von Neigungswechseln sollten mindestens 1,0 m betragen. Auch die Einbindungen von Dichtungsbahnen in der Böschungskrone müssen so angelegt werden, dass sie mit der Schweißmaschine bis zum Ende der Dichtungsbahn durchgeschweißt werden können.

Von W. BRÄCKER, A. SCHLÜTTER und F. SÄNGER sowie von F. W. KNIPSCHILD werden die konstruktive Gestaltung von Bauteilen für Kombinationsabdichtungen (Einbindung in der Böschungskrone, Anbindung an Erweiterungsflächen, Rohrdurchführungen, Schachtbauwerke, Grundsätze der Verlegeplanung usw.) ausführlich diskutiert [13], [14]. Grundsätze der Verlegeplanung sowie Varianten für die Verlegung von Dichtungsbahnen in Böschungsecken und -verzügen finden sich weiterhin in der DVS-Richtlinie 2225-4:1992-08, *Schweißen von Dichtungsbahnen aus Polyethylen (PE) für die Abdichtung von Deponien und Altlasten*. Dort sind ebenfalls beispielhafte Lösungen für die konstruktive Gestaltung von Rohrdurchführungen und Schachtbauwerken dargestellt. Diesem Thema widmet sich auch die GDA-Empfehlung E2-27, *Durchdringungen*.

Die Verlegeplanung entsteht in den groben Zügen schon während der Planung der Baumaßnahme und bildet eine der Grundlage für die Erstellung der Angebotsunterlagen. Kunststofftechnische Fachkunde ist daher schon in der frühen Planungsphase erforderlich. Die aus der Planung resultierenden Angebotsunterlagen für den Einbau der Dichtungsbahn umfassen vor allem die Leistungsbeschreibung und die zusätzlichen technischen Vertragsbedingungen (ZTV). Zur Leistungsbeschreibung gehören die Beschreibung des Bauvorhabens, das Verzeichnis der einzelnen Bauleistungen und die Planunterlagen sowie die statischen Berechnungen. Die ZTV beschreiben mit Bezug auf das Bauvorhaben die technischen Anforderungen an den Einbau der Dichtungsbahn und ergänzen die allgemeinen technischen Vertragsbedingungen (ATV) der Verdingungsordnung für Bauleistungen (VOB). In der Leistungsbeschreibung und den ZTV müssen die Einbauarbeiten dabei so differenziert dargestellt werden, dass eine realistische, nachvollziehbare Preisbildung möglich ist und die Auskömmlichkeit der angebotenen Preise beurteilt werden kann. Auf die Gestaltung der Ausschreibungsunterlagen kann hier nicht näher eingegangen werden. Vom Arbeitskreis Grundwasserschutz (AK GWS) e.V. wurde ein Muster für ein Leistungsverzeichnis und die zugehörigen zusätzlichen technischen Vertragsbedingungen für den Einbau der Dichtungsbahnen und geotextilen Schutzschichten in Deponieabdichtungen erarbeitet [15], [16]. Es empfiehlt sich, diese Musterentwürfe bei der Planung zu Rate zu ziehen.

Der Auftragnehmer muss den Nachweis führen, dass die von ihm angebotenen Dichtungsbahnen und Schutzschichten die nach der Planung erforderlichen Reibungsparameter zu den jeweiligen Reibungspartnern zeigen. Der Planer muss dazu die Randbedingungen des Bauvorhabens (Böschungsneigungen, Auflast, Beanspruchungen, Sicherheiten) und daraus resultierend die Prüfbedingungen für den Scherkastenversuch zur Ermittlung der Reibungsparameter angeben. Die Reibungsparameter werden nach der GDA-Empfehlung E3-8, *Reibungsverhalten von Geokunststoffen*, (siehe Abschnitt 3.2.17) in einem Scherkastenversuch ermittelt.

Der vom Auftragnehmer detailliert ausgearbeitete Verlegeplan wird dann Bestandteil des Qualitätsmanagementprogramms des Bauvorhabens und geht schließlich über in den Bestandsplan. Mit dem Bestandsplan wird detailliert der Baufortschritt protokolliert. Dem Bestandsplan können die Nummern der an bestimmten Stellen verlegten Dichtungsbahnrollen entnommen werden. Dieser Nummer sind das Herstellungsdatum, das Herstellungsprotokoll, die im Rahmen der Eigenüberwachung und Fremdüberwachung ausgestellten Prüfzeugnisse sowie der Prüfergebnisse der Fremdprüfung auf der Baustelle eindeutig zugeordnet. Der Bestandsplan enthält ebenfalls für jede einzelne Schweißnaht die zugehörige Nahtnummer. An Hand dieser Nummer können die Schweißprotokolle nach der DVS-Richtlinie 2225-4 der Eigenüberwachung des Verlegefachbetriebs und die

Prüfergebnisse der Fremdprüfung der Naht zugeordnet werden. Darüber hinaus verzeichnet der Bestandsplan Nachbesserungen, Zuschnitte, Anschlüsse, Einbindungen, Prüf- und Probenahmestellen.

9.3 Einbau

Bevor mit der Verlegung der Dichtungsbahn begonnen werden kann, muss zuerst das Planum, auf der sie ausgerollt und verschweißt wird, hergestellt und dessen Oberfläche vorbereitet werden. Beim Bau einer Kombinationsdichtung ist es eine mineralische Dichtung, auf der die Dichtungsbahn verlegt wird. Im Erd- und Grundbau generell kann es jedoch eine aus ganz unterschiedlichen Materialien hergestellte Schicht sein. Diese Schicht wird unterschiedlich als Stützschicht oder Auflager bezeichnet. In der Regel sind es nichtbindige oder nur schwachbindige Böden, die als Stützschicht dienen. Im Verbund mit einer anderen Abdichtung kann die Dichtungsbahn jedoch auch auf einer Bentonitmatte, der Kapillarschicht einer Kapillarsperre zu liegen kommen. Da zunehmend die Verwendung von Recycling-Materialien angestrebt wird, kann sogar ein so exotisches Stützschichtmaterial wie Glasbruch vorkommen.

Grundsätzlich gilt, dass die Kornform, Korngröße und Kornverteilung des Stützschichtmaterials so beschaffen sein muss, dass sich bei den Beanspruchungen aus dem weiteren Bauablauf und der Nutzung keine unzulässigen Verformungen durch Eindellungen und Abdrücke in der Dichtungsbahn ergeben. Was das im Einzelnen heißt und wie gegebenenfalls die Eignung eines Stützschichtmaterials geprüft wird, diese Fragen wurden ausführlich im Kapitel 8 behandelt. Alle Anforderungen an Schutzschichten auf und unter der Dichtungsbahn können dazu sinngemäß auf Stützschichten übertragen werden.

Die Stützschicht darf nicht durch die Geräte und Maschinen für den Transport der Dichtungsbahnen geschädigt werden. Vor dem Ausrollen der Dichtungsbahn muss die Stützschicht abgezogen oder gewalzt werden, damit Fahrspuren oder andere tiefe Abdrücke ausgeglichen werden und eine glatte Oberfläche entsteht. Abdrücke und Vorsprünge dürfen nicht größer als 2 cm sein. Die Oberfläche der Stützschicht muss die geplanten Neigungen und Krümmungsradien aufweisen und die Abweichungen zwischen Soll- und Isthöhen dürfen nicht mehr als ± 3 cm betragen.

Besondere Anforderungen an die Oberfläche ergeben sich, wenn die Dichtungsbahn auf einer mineralischen Dichtung verlegt wird [17]. Durch die nur sehr gering wasserdurchlässige Stützschicht können eventuelle Fehlstellen in der Dichtungsbahn abgedichtet werden. Das funktioniert um so besser, je enger und vollflächiger der Kontakt der Dichtungsbahn mit der Oberfläche der mineralischen Dichtung ist (siehe Kapitel 7). In der BAM-Zulassungsrichtlinie für Dichtungsbahnen werden daher an die Oberfläche der mineralischen Komponente in der Kombinationsdichtung besonders hohe sowohl materialtechnische wie geometrische Anforderungen gestellt. Die Auflagerfläche muss danach tragfähig, homogen, feinkörnig und geschlossen sein; Körner mit einem Durchmesser > 10 mm, sowie Fremdkörper dürfen nicht enthalten sein. Alle feineren Kiesanteile müssen schwimmend so eingebettet sein, dass sie allseitig von bindigem Dichtungsmaterial umgeben sind. Kieskörner und Fremdkörper dürfen nicht auf der Oberfläche liegen. Generell sollten abrupte Höhenänderungen weitgehend geglättet werden. Als Anhaltspunkt gilt für Stufen (Eindruckunterschiede) eine noch zulässige Höhe von 0,5 mm. Unebenheiten unter einem auf der Oberfläche aufliegenden 4 m langen Richtscheit dürfen nicht mehr als 2 cm betragen. Es handelt sich hier um Beurteilungskriterien, die bezogen auf das jeweilige Material der mineralischen Dichtung im Rahmen eines Versuchsfeldes interpretiert und veranschaulicht werden müssen. Die Herstellung einer solchen Oberfläche erfordert einen ganz erheblichen bauverfahrenstechnischen Aufwand [18].

Wie fast immer im Tiefbau steht auch der Einbau der Dichtungsbahnen unter dem Diktat des Wetters. Nasse Dichtungsbahnen können nicht fachgerecht geschweißt werden. Die Dichtungsbahnen dürfen daher nicht eingebaut werden, wenn es regnet, hagelt, schneit oder wenn das Auflager stark vernässt ist. Auch schon die Unterschreitung der Taupunkttemperatur kann zu erheblichen Problemen führen. Starker Wind, der in die Schweißmaschine oder -geräte bläst, kann die Güte der Schweißnaht ebenfalls drastisch verschlechtern. Sturmböen können ganze Dichtungsbahnen oder sogar schon verschweißte Flächen hochziehen und durch die Luft wirbeln.

Die Temperatur- und Feuchtigkeitsverhältnisse bestimmen also wesentlich mit, ob geschweißt werden kann. Die Zusammenhänge zwischen Temperatur und Feuchtigkeit sollen daher etwas näher beleuchtet werden [19]. Feuchte Luft ist eine Mischung aus trockener Luft[4] und Wasserdampf. Der Wasserdampfgehalt der Luft oder die Feuchtigkeit wird durch die physikalische Größe „absolute Feuchte" ϱ_W erfasst. Sie ist definiert als Verhältnis der in einem Volumen V feuchter Luft enthaltenen Masse Wasserdampf m_W zu diesem Volumen:

$$\varrho_W = \frac{m_W}{V} \; . \tag{9.1}$$

Eine bestimmte Masse an Wasserdampf führt zu einem von der Temperatur T abhängigen Partialdruck p_W. Der Zusammenhang kann näherungsweise durch die Zustandsgleichung des idealen Gases beschrieben werden (R_W ist die Gaskonstante des Wasserdampfs):

$$p_W = R_W \, \varrho_W \, T \; . \tag{9.2}$$

Nun kann die Luft in einem gegebenen Volumen bei einer bestimmten Temperatur T nicht mehr als eine gewisse Masse an Wasserdampf aufnehmen. Wird diese Masse erreicht, so ist die Luft mit Wasserdampf gesättigt. Zur Sättigungsdichte $\varrho_{Ws}(T)$ gehört nach Formel (9.2) ein Sättigungspartialdruck des Wasserdampfs $p_{Ws}(T)$. Die Feuchtigkeit wird daher nicht nur als absolute Feuchte, sondern oft als „relative Feuchte" angegeben. Diese Größe φ gibt den vorhandenen Wasserdampfgehalt bezogen auf den Sättigungswert an:

---

[4] Trockene Luft ist ein Gemisch aus:
78,09 Vol.-% N_2, 20,95 Vol.-% O_2, 0,93 Vol.-% Ar, 0,03 Vol.-% CO_2 und anderen Gasen (Ne, He, Kr, H_2, Xe, O_3), die jedoch nur in vernachlässigbar kleinen Mengen vorkommen.

$$\varphi_W = \frac{\varrho_W}{\varrho_{Ws}(T)} \cdot 100 = \frac{p_W(T)}{p_{Ws}(T)} \cdot 100 \ . \tag{9.3}$$

Bei 20 °C ist der Sättigungsgehalt an Wasserdampf in der Luft 17,27 g/m^3. Eine gemessenen absolute Feuchte von z.B. 9,39 g/m^3 würde daher bei dieser Temperatur einer relativen Feuchte von 54% entsprechen. Schon bei 10 °C ist der Sättigungsgehalt nur noch 9,39 g/m^3, diese absolute Feuchte ergäbe dann schon eine relative Feuchte von 100%. Abbildung 9.1 zeigt den Zusammenhang zwischen Wasserdampfpartialdruck, relativer Feuchte und Temperatur.

Kühlt sich ungesättigte feuchte Luft bei konstantem Luftdruck ab, so bleibt auch der Wasserdampfpartialdruck konstant. Da der Sättigungswert mit der Temperatur abnimmt, wird schließlich der vorhandene Wasserdampfpartialdruck bei einer bestimmten Temperatur gerade dem Sättigungsdruck entsprechen. Kühlt die Luft weiter ab, kondensiert der überschüssige Wasserdampf und schlägt sich auf Oberflächen als Tau nieder. Der Zustand bei dem dieser Übergang eintritt, heißt Taupunkt, die entsprechende Temperatur Taupunkttemperatur.

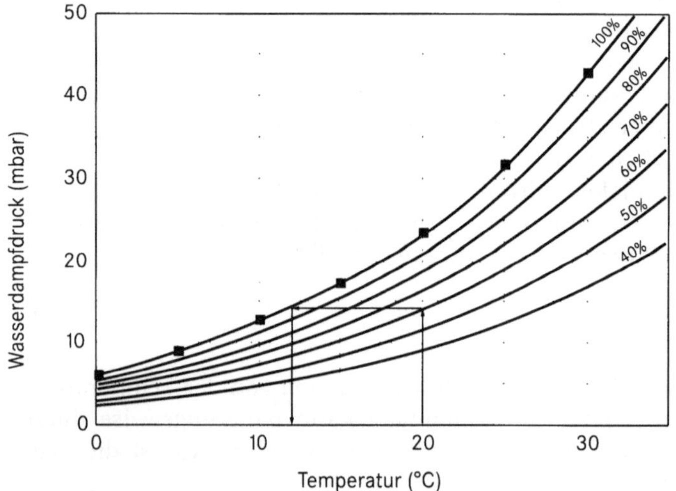

Abb. 9.1: Dampfdruckkurven für Wasserdampf in feuchter Luft. Aus den Daten der Sättigungskurve (100%) werden die Kurven für verschiedene relative Feuchten berechnet. Für eine bestimmte Umgebungstemperatur (z.B. 20 °C) und eine bestimmte Feuchte (z.B. 60%) kann durch Verschiebung auf die Sättigungskurve die Taupunkttemperatur (hier z.B. 12 °C) abgelesen werden. Die Ableseschritte werden durch die Pfeile angedeutet.

Die Umgebungstemperatur und die Temperatur der Dichtungsbahn können sich bei gleichbleibendem Luftdruck und damit gleichbleibendem Wasserdampfpartialdruck durch Veränderung der Bewölkung oder des Sonnenstandes und damit durch die Verschiebung des Gleichgewichts von Wärmeeinstrahlung und der Wärmeabstrahlung des Bodens verändern. Fällt die Temperatur auf oder unter die Taupunkttemperatur ab, so kann sich ein feiner Feuchtigkeitsfilm auf der Oberfläche der Dichtungsbahn bilden. Unter solchen Bedingungen darf nicht geschweißt werden. Umgekehrt sollte nur geschweißt werden, wenn die Umgebungstemperatur bei der herrschenden Feuchtigkeit einen gewissen Sicherheitsabstand zur Taupunkttemperatur hat. Mit der Abbildung 9.1 kann man diesen Abstand bestimmen: Wird z.B. bei 20 °C eine relative Feuchte von 60% gemessen, so beträgt die aus der Sättigungskurve abgelesene Taupunkttemperatur etwa 12 °C und damit der Abstand 8 °C. Bei 15 °C und etwa 82 ... 83% relative Feuchte wäre man dagegen schon sehr nahe an die Taupunkttemperatur von 12 °C herangerückt. Zumeist wird gefordert, dass der Abstand mindestens 3 °C betragen soll. Oberhalb von etwa 83% relative Feuchte wird dann das Schweißen kritisch, da man immer näher als 3 °C an der Taupunkttemperatur liegt. Tabelle 9.1 zeigt einen Auszug aus einer sogenannten Taupunkttabelle, die anhand von Abbildung 9.1 aufgestellt wurde. Solche Tabellen werden von den Schweißern auf der Baustelle bei der Beurteilung der Witterungsbedingungen verwendet.

Tabelle 9.1: Taupunkttabelle

Lufttemperatur (°C)	Taupunkttemperatur (°C) bei einer relativen Feuchte von								
	30%	35%	40%	45%	50%	55%	60%	65%	...
30	10,5	12,9	14,9	16,8	18,4	20,0	21,4	22,7	...
29	9,7	12,0	14,0	15,9	17,5	19,0	20,4	21,7	...
28	8,8	11,1	13,1	15,0	16,6	18,1	19,5	20,8	...
27	8,0	10,2	12,2	14,1	15,7	17,2	18,6	19,9	...
26	7,1	9,4	11,4	13,2	14,8	16,3	17,6	18,9	...
25	6,2	8,5	10,5	12,2	13,9	15,3	16,7	18,0	...
24	5,4	7,6	9,6	11,3	12,9	14,4	15,8	17,0	...
...	...	...	...	...	...	...	...	...	...

Tabelle 9.2: Wetterbedingte Randbedingungen für den Einbau der Dichtungsbahnen [20].

Wetterbedingte verlegetechnische Randbedingungen	
Umgebungstemperatur T_U	$\geq 5\,°C$
Luftfeuchte (bezogen auf den Sättigungswert bei T_U)	$< 83\%$
Taupunktabstand (Abstand zwischen T_U und der über die Messung der relativen Feuchte ermittelten Taupunkttemperatur)	$> 3\,°C$
Temperaturdifferenz im Verlauf von Tag und Nacht	$> 10\,°C$
Witterung	Kein Niederschlag, kein Nebel oder Dunst, keine starken Windböen

Nach R. SCHICKETANZ kann in der Regel (mit Bezug auf die DVS-Richtlinie 2225-4 und die BAM-Zulassungsrichtlinie) bei den in Tabelle 9.2 aufgeführten Wetterbedingungen ohne Schutzmaßnahmen geschweißt werden [20]. Natürlich existiert eine „Grauzone" zwischen Wetterbedingungen, bei denen problemlos geschweißt werden kann, und Bedingungen, bei denen Schweißarbeiten ebenso eindeutig nicht möglich sind. Nur mit Fachkenntnis und vor allem viel Erfahrung kann man in solchen grenzwertigen Situationen richtige Entscheidungen treffen. Erforderlich ist auch eine erhöhte Kontrolldichte, um frühzeitig genug abbrechen zu können, bevor die Güte der Nähte ins Mangelhafte kippt.

Die Verlegung der Dichtungsbahn erfordert eine gewisse Zeit: Bei einer typischen Schweißgeschwindigkeit von etwa 1 bis 1,2 m/min, dauert allein das Schweißen einer 100 m langen Naht mit Vorbereitung und Prüfung etwa 2,5 … 3 Stunden. Temperaturdifferenzen im Verlauf von Tag und Nacht müssen ausgenutzt werden, damit sich die Dichtungsbahnen durch die thermisch bedingte Längenänderung nach ihrem Einbau glatt und wellenfrei ziehen (siehe Abschnitt 9.3.2). Für die Herstellung einer großflächigen Abdichtung sollten daher längere Phasen trockenen Wetters herrschen. Solche Wetterbedingungen sind in den mitteleuropäischen Breiten in der Regel nur zwischen April und Oktober gegeben.

In einem Zelt mit Zeltheizung kann natürlich auch bei schwierigen Wetterbedingungen außerhalb dieser Saison gearbeitet werden. In der Regel wird man dann aber nur Reparatur- und Ausbesserungsarbeiten oder kleinere Abschlussarbeiten ausführen wollen. Es gibt jedoch auch spektakuläre Bauvorhaben, bei denen mitten im Winter eine großflächige Abdichtung im Zelt hergestellt wurde [21], [20] (Abbildung 9.2).

Abb. 9.2: In einem großen, beheizten Zelt wurde hier mitten im Winter eine Kombinationsdichtung gebaut. Auch unter diesen Bedingungen kann mit der Riegelbauweise (Abschnitt 9.3.2) eine völlige Glattlage der Dichtungsbahn erreicht werden [20], [21]. (Quelle: Ingenieurbüro Schicketanz, Aachen)

Die Wetterbedingungen, die für den Einbau von Dichtungsbahnen erforderlich sind, unterscheiden sich kaum von den Bedingungen wie sie beim Bau anderer großflächiger Abdichtungen, etwa der Asphaltbetondichtung [22] oder der rein mineralischen Dichtungen, herrschen müssen.

Der Zentralverband des Baugewerbes rechnet im allgemeinen mit 184 Arbeitstagen im Jahr. Erfahrungen bei Deponiebauten zeigen jedoch, dass hier eigentlich nur etwa 120 Arbeitstage zur Verfügung stehen (Saison April bis Oktober, abzüglich Wochenenden und Feiertage sowie Schlechtwetterphasen) [23]. Oft müssen Wochenenden ausgenutzt werden, um bei schönem Wetter mit dem Bauvorhaben voranzukommen.

Tabelle 9.3 zeigt Verlegeleistungen, die auf verschiedenen Baustellen beim Bau von Kombinationsdichtungen erreicht wurden [24]. Die mittlere Verlegeleistung bezogen auf die Verlegetage, also jene Tage an denen der Verlegetrupp (siehe Abschnitt 9.3.2) des Fachbetriebs auf der Baustelle gearbeitet hat, betrug danach etwa 650 m^2 pro Tag. In der Fläche können an einem Verlegetag bis zu etwa 1500 m^2 verlegt werden (siehe unten, Abschnitt 9.3.2). Von den zur Verfügung stehenden Bauzeittagen wurden allerdings nur knapp die Hälfte im Mittel und in keinem Fall mehr als Zweidrittel als Verlegetage genutzt. Diese Zahl deuten an, dass der Zeitaufwand für die Verlegung der Dichtungsbahn praktisch nie die limitierende zeitliche Größe beim Bauverfahrensablauf zur Herstellung einer Kombinationsdichtung darstellt. Es ist der Fortschritt des eigentlichen Erdbaus und vor allem die Abstimmung der Bauverfahrensschritte untereinander, die den zeitlichen Rahmen setzen. Eine sorgfältige und genaue Bauablaufplanung und die rechtzeitige Bereitstellung des erforderlichen Geräteparks ist daher von zentraler Bedeutung für einen zügigen Baufortschritt.

Tabelle 9.3: Auswertung der Bauzeit- und Verlegetage, der Verlegeleistungen und des Personal- und Geräteeinsatzes beim Bau von Kombinationsdichtungen in 12 Projekten im Jahre 1994 [24].

Projekt	Fläche	Bauzeit	Verlegezeit	Effektivität	Verlegeleistung		Personal- und Geräteeinsatz		
Nr.	m^2	Bauzeittage	Verlegezeittage		m^2/Bauzeittag	m^2/Verlegetag	Fachkräfte	HH-M	WE-G
1	120.000	~120	75	0,62	1.000	1.600	6	2	2
2	50.000	~120	53	0,44	420	950	3	1	1
3	45.000	~106	58	0,55	425	775	4	2	2
4	45.000	~132	68	0,52	340	660	4	2	2
5	35.000	~102	34	0,33	340	1.030	5	1	2
6	35.000	~72	36	0,50	470	970	3	1	1
7	25.000	~60	26	0,44	420	960	4	1	1
8	22.500	~48	31	0,65	460	710	4	1	1
9	20.000	~180	68	0,38	105	280	3	1	1
10	17.500	~66	30	0,45	260	570	3	1	1
11	15.000	~60	38	0,63	250	400	3	1	1
12	10.000	~54	22	0,40	100	390	3	2	1

HH-M: Heizkeilschweißmaschine, WE-G: Warmgasextrusionsgerät

9.3.1 Exkurs: Entstehung und Auswirkung von Wellen in der Dichtungsbahn

Der PE-HD-Werkstoff ist inkompressibel, da die Poissonsche Zahl ($v \approx 0,49$) sehr nahe bei 0,5 liegt. Durch die Ballastierung der verlegten Dichtungsbahn können Wellen daher nicht einfach weggedrückt werden. Was dabei geschieht, kann man anschaulich mit einem Blatt Papier simulieren. Man schiebe das Blatt so zusammen, dass eine flache, weit schwingende Welle entsteht (Abbildung 9.3a) und fixiere die Enden, dann ballastiere man vorsichtig den dazwischen liegenden Papierbereich mit dem Wellenberg. Die ursprüngliche Welle wird dabei zu einer schmalen, niedrigen, aber sehr steilen Welle mit hohen Randfaserdehnungen zusammengedrückt (Abbildung 9.3b). Diese kleine Welle bleibt dann auch bei sehr hohen Auflasten noch erhalten. Wenn sie hoch genug ist, wird sie überfaltet und es entsteht eine Falz.

Werden Dichtungsbahnen, die lange frei gelegen haben und daher (stark) verwellt sind, überschüttet, so können sich, insbesondere durch das Zusammenschieben von Wellen, auch andere Formen ausbilden. Man findet dann steil aufstehende, in die Überschüttung eingeklemmte Falten (Abbildung 9.3c). Diese Falten können jedoch auch umgeknickt sein (Abbildung 9.3d).

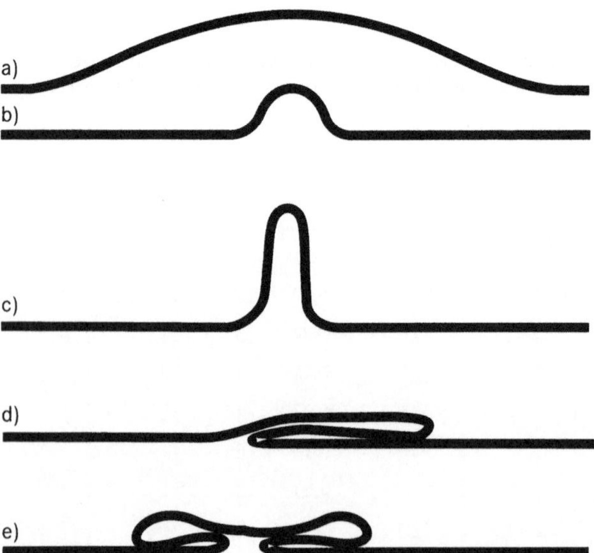

Abb. 9.3: Arten von Wellen, die bei Ausgrabungen beobachtet werden [25], [17]. Eine in der Dichtungsbahn vorhandene Welle (a) kann nicht plattgedrückt werden. Es verbleibt im günstigsten Falle eine kleine Restwelle (b). Bei größeren Wellen oder wenn Wellen zusammengeschoben werden, entstehen Falten (c), Knicke (d) oder pilzförmig zusammengedrückte Wellen (e). Diese Wellen entstehen typischerweise, wenn Dichtungsbahnen großflächig verlegt, dabei längere Zeit unabgedeckt liegen bleiben und schließlich ohne Rücksicht auf die Glattlage überschüttet werden. Von G. R. KOERNER wurde gar zur Typologie auch eine eigene Terminologie vorgeschlagen: (c) sind danach „prayer waves", (d) „S-waves" und (e) „mushroom waves".

Eine große Welle kann aber auch, vor allem wenn sie aus kleinen Wellen zusammengeschoben wird, eingedrückt werden. Es entsteht dann eine pilzartige Form (Abbildung 9.3e). Die letzten drei Arten von Wellen werden typischerweise bei der Aufgrabung von Dichtungsbahnen gefunden, die ohne jede Rücksicht auf die Glattlage großflächig eingebaut und überschüttet werden [25], [17]. Dabei gehen die verschiedenen Formen entlang der Welle sogar ineinander über. Abbildung 9.4 zeigt eine aufgegrabene Fläche, bei der deutlich erkennbar ist, dass sich die Wellen durch die Auflast nicht weggedrückt haben. Abbildung 9.5 zeigt eine bei der Ballastierung zusammengeschobenen steile Welle. All diese Arten von Wellen aus der Herstellung und Verlegung kann man systematisch nur durch eine sogenannte Riegelbauweise, siehe Abschnitt 9.3.2, vermeiden.

Abb. 9.4: Eine nach dem Einbau der Kiesdränage wieder aufgegrabene Fläche auf der die Dichtungsbahn ohne Rücksicht auf die Glattlage verlegt und ballastiert worden war. Die Wellen hatten sich durch die Auflast nicht weggedrückt. (Quelle: Ingenieurbüro Schicketanz, Aachen)

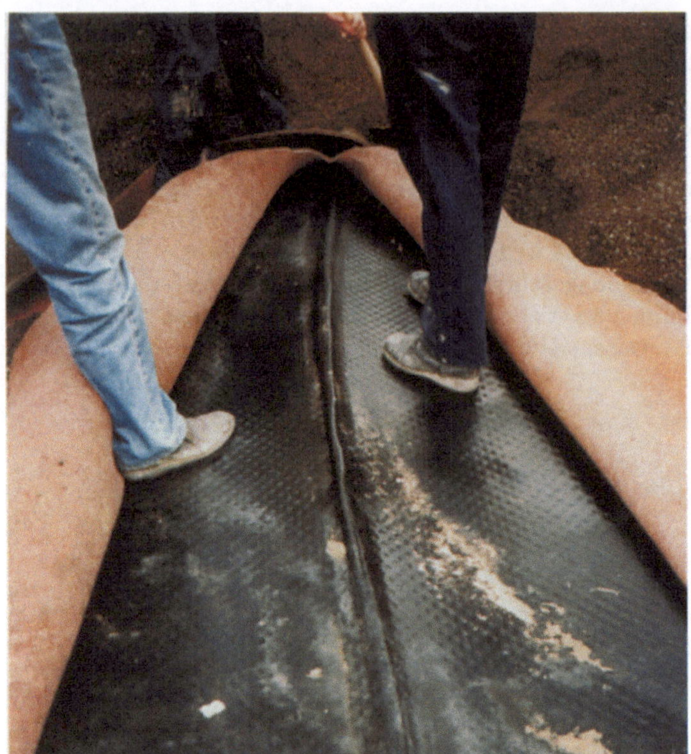

Abb. 9.5: Eine steile Welle, die beim Ballastieren zusammengeschoben wurde. Im Bereich solcher Wellen können sehr große Verformungen entstehen. (Quelle: Ingenieurbüro Schicketanz, Aachen)

Das Verhalten einer kleinen Restwelle, wie sie in Abbildung 9.3b gezeigt wird, und die mechanische Beanspruchung der Dichtungsbahn, die im Bereich solcher Wellen entsteht, wurden von T.-Y. SOONG und R. M. KOERNER im Labor systematisch untersucht [26]. Dabei zeigte sich, dass auch kleine Restwellen selbst bei höheren Temperaturen (50 °C), hohen Auflasten (1000 kPa) und längeren Zeiten (1000 h) bestehen blieben. In keinem Falle konnte eine Welle weggedrückt werden. Die Verformungen der Dichtungsbahn lagen sogar bei diesen kleinen Wellen im Bereich bis zu 5%, also gerade noch im Bereich der zulässigen Dehnungsgrenze. Die unter Berücksichtung der Relaxation berechnete langfristig noch wirksame Spannung lag bei maximal 22% der Streckspannung.

Die Auswirkung der Restwellen auf quer oder parallel zur Welle laufende Schweißnähte wurde nicht untersucht. Wegen der größeren Dicke im Nahtbereich werden aber erheblich größere Randfaserdehnungen auftreten, die dann außerhalb der zulässigen Verformungsgrenzen liegen dürften.

Dies gilt erst recht für die in Abbildung 9.3c, d und e gezeigten Wellen. Bei diesen Arten von Wellen wird man je nach Auflast auch in der Dichtungsbahn mit großen Verformungen rechnen müssen. Damit wären Bereiche vorhanden, in denen es langfristig zur Spannungsrissbildung kommen könnte. In den Schweißnähten, insbesondere Auftragnähten, könnten die Beanspruchungen so groß wer-

den, dass es zu Schweißnahtbrüchen oder Rissen im Randbereich der Schweißnähte kommt. Es ist jedoch schwierig, die kurz- und langfristigen Auswirkungen
dieser Wellen auf die Funktionstüchtigkeit des Abdichtungselements im Einzelfall
zuverlässig zu beurteilen. Es gibt jedoch einige Hinweise auf die negativen Auswirkungen von Wellen.

In den USA wurde folgende Beobachtung gemacht: Es herrscht dort sogar im
Deponiebau die Verlegepraxis, dass großflächig eingebaut (Tagesleistungen bis zu
15.000 m^2 [27]), dabei nicht abgedeckt und ohne Rücksicht auf Glattlage zugeschüttet wird. Die beschriebenen Wellen gehören daher eher zum Verlegealltag.
Nach den Vorschriften verschiedener Bundesstaaten waren in der Basis von Deponien Doppeldichtungen aus einer Kombinationsdichtung (*secondary liner*),
einer Kontrolldränage (*secondary leachate collection and removal system*) und
darüber einer Kunststoffdichtungsbahn (*primary liner*) gebaut worden. Bei diesen
Abdichtungen wurde immer wieder über z.T. erhebliche Leckraten von Sickerwasser aus der Kontrolldränage geklagt (siehe dazu [28] und die Diskussion zum
Beitrag von R. M. KOERNER in [27]). Löcher in der Dichtungsbahn über der
Kontrolldränage mussten als eine wesentliche Ursache für das Einsickern von
Wasser in die Kontrolldränage [28] angenommen werden. Die Vermutung liegt
nahe, dass, neben der geringen Dicke der verwendeten Dichtungsbahnen, dem
Stand der Schweißtechnik und dem allgemeinen Erdbaugeschehen, eben auch
eine stark wellige Verlegung zu den in diesen Fällen offensichtlich beim Einbau
entstandenen Fehlstellen beigetragen hat.

Die Wellen sind jedoch nicht nur Schwachstellen, an denen es langfristig zu
Perforationen (Rissen oder Löchern) in der Dichtungsbahn kommen kann. In
allen Fällen bildet sich unterhalb der Welle auch ein röhrenartiger Fließkanal
von einigen Zentimetern Breite aus. Im Abschnitt 7.4 wurde erörtert, dass bei
einem Loch im Bereich der Welle und auf der Dichtung anstehendem Wasser der
Hohlraum unter der Welle sich rasch mit Wasser füllt. In dem Hohlraum, der
durch die Wellenkontur und die Oberfläche der mineralischen Dichtung gebildet
wird, wird dann der gesamte Wasserdruck des auf der Dichtungsbahn anstehenden Wassers wirksam. Die hydraulisch wirksam Perforationsgröße kann dadurch
um ein Vielfaches größer werden als die tatsächliche. Die Durchflussrate kann
für eine solche Konfiguration berechnet werden, siehe Abschnitt 7.5. Eine Auswertung der Gleichungen zeigt, dass Löcher und Risse im Bereich einer Welle
erheblichen Einfluss auf die Systemdurchlässigkeit haben können.

T.-Y. SOONG und G. R. KOERNER vermuten jedoch auch noch andere Probleme [25]. Gerade im Böschungsbereich könnte der großflächig Abfluss in der
Flächendränage durch die „Mini-Dämme" der hochstehenden Falten behindert
werden und damit auch die hydraulische Belastung im Bereich von Schwachstellen erhöht sein. Über die Fließkanäle könnte in gewissem Umfang Luft zirkulieren und damit gerade in diesem kritischen Bereich zu einer Austrocknung der
mineralischen Dichtung führen.

Dichtungsbahnen müssen daher möglichst wellenarm verlegt werden. F. W.
KNIPSCHILD [29] und R. M. KOERNER und Mitarbeiter [25] geben Hinweise zur
Verlegetechnik, mit denen man diesem Ziel nahe kommen kann. Diskutiert wird
dabei über die einzelnen Schritte des Bauverfahrensablaufs, zum Beispiel darüber, ob eine verlegetägliche vollständige Ballastierung nach Erreichen der Glatt-

lage in den kühlen Tageszeiten [17] oder zunächst nur eine vorläufige Ballastierung mit einem schweren Geotextil (> 2000 g/m^2) und später erst ein großflächi-
ges Aufbringen der mineralischen Dränschicht während einer kühlen Tageszeit
erforderlich ist [29]. Die Vermeidung von Kondenswasserbildung und -abfluss
und die damit verbundenen Veränderungen in der Oberfläche der mineralischen
Dichtung sprechen für eine möglichst rasche Flächenballastierung der verlegten
Dichtungsbahn.

Von R. SCHICKETANZ wurde ein Einbauverfahren entwickelt, beschrieben
[17], [18], [23] und inzwischen auch vielfach erfolgreich angewandt, mit dem in
systematischer Weise eine vollständige Glattlage großflächig verlegter Dichtungsbahnen erreicht werden kann: die sogenannte Riegelbauweise.

9.3.2 Riegelbauweise

Durch einen speziellen Bauverfahrensablauf, der das Temperaturgefälle im Ver-
laufe eines Tages ausnützt, kann eine vollständige Glattlage der Dichtungsbahn,
die zu einer vollen Wirksamkeit der Kombinationsdichtung theoretisch so sehr
erwünscht und praktisch erforderlich ist, durch einen erfahrenen und qualifizierten Fachbetrieb auch praktisch erreicht werden. Der lineare Wärmeausdeh-
nungskoeffizient eines PE-HD-Werkstoffs beträgt $(15 \dots 20) \cdot 10^{-4}$ K^{-1} im relevanten Temperaturbereich von 20 °C bis 60 °C. Bei einer Temperaturänderung im
Tagesverlauf von 10 °C kann sich die Länge L eines Dichtungsbahnabschnitts um
$0{,}015 \cdot L$ bis $0{,}020 \cdot L$, also bei einem 100 m langen Abschnitt immerhin um bis
zu 2 m verändern. Wird daher eine an die Temperaturen der wärmeren Tageszeit
akklimatisierte Dichtungsbahn ausgerichtet und mit geringer Wellung verlegt,
dann geschweißt und an den Enden eingespannt, so wird sie sich mit der Abkühlung im Tagesverlauf völlig glatt ziehen. Auch die produktionsbedingte Welligkeit, sofern sie die Anforderungen (siehe Abschnitt 3.2.1) an BAM-zugelassene
Dichtungsbahnen einigermaßen erfüllt, wird verschwinden. Die der Dichtungsbahn bei diesem Verfahren aufgezwungene Verformung liegt dabei auf alle Fälle
weit unter der zulässigen Dehnungsgrenze von 3%. Die Kunst der Verlegung
besteht darin, diesen Effekt auch bei schwierigen Geometrien konsequent auszu-
nutzen (Abbildung 9.10b).

Die Riegelbauweise soll durch die Schilderung eines typischen Verlegetages
beim Bau einer Kombinationsdichtung erläutert werden, wobei die Spannweite des
Geschehens an einem Verlegetag allerdings recht breit ausfallen kann. Es handelt
sich hier also um eine etwas vereinfachte und idealisierte Darstellung, an der aber
alle wesentlichen Aspekt deutlich werden. Abbildung 9.6 stellt die verschiedenen
Einbauzustände, die bei der Riegelbauweise durchlaufen werden, schematisch dar.

Der Arbeitstag beginnt am frühen morgen mit der Herrichtung der Oberfläche der mineralischen Dichtung. Diese war am Vortag im Abschnitt eingebaut
und verdichtet worden. Die Oberfläche war dabei mit einer Planierraupe abge-
schoben und mit einem Glattmantel-Walzenzug glatt verdichtet worden. Jetzt
werden mit einer kleinen (2 ... 3 t) Tandemwalze, mit Handstampfer oder Schau-
fel die letzten Unebenheiten, Walzkanten und Fremdkörper beseitigt (Abbildung
9.7). Der Fremdprüfer vor Ort für das Kunststoffgewerke (siehe Abschnitt 9.4.2)

kontrolliert die Oberfläche und gibt sie zur Verlegung der Dichtungsbahn frei. Derweil werden schon die Dichtungsbahnrollen, die bereits bei der Anlieferung vom Fremdprüfer identifiziert und auf ihren Zustand hin kontrolliert, stichprobenartig überprüft (z.B. Dicke und Beschaffenheit) und frei gegeben worden waren, mit einem Hydraulikbagger vom Lagerplatz zum Verlegeabschnitt gefahren. Die 5 bis 9 m breiten und 1,5 bis 3 t schweren Rollen bieten dabei immer wieder ein beeindruckendes Bild. Die Enden des stählernen Rollenkerns oder eines durch den Rollenkern geschobenen Dorns sind an einer passenden Traverse aufgehängt. Die Traverse ist am Löffelstiel des Baggers befestigt. Die Rolle wird auf der Böschungskrone auf Hebeböcke aufgeständert oder nur zum Abrollen abgelegt.

Nach der Freigabe der Oberfläche der mineralischen Dichtung beginnen die Verlegearbeiten. Die Dichtungsbahn wird von der aufgeständerten Rolle abgezogen und über die Fläche geführt. Die Dichtungsbahnrolle kann auch von der Böschung herunter, durch einen Seilzug gehalten, kontrolliert abgerollt werden. Mit der höher steigenden Sonne erwärmen sich die Dichtungsbahnen allmählich. Die ausgerollte Dichtungsbahn wird nach ihrer Akklimatisierung genau ausgerichtet und weitgehend glatt gezogen (Abbildung 9.7). Da eine z.B. 100 m lange und 5 m breite Dichtungsbahn jedoch nicht beliebig hin und her geschoben werden kann, musste schon die Rolle selbst genau positioniert werden. Das Glattziehen und Ausrichten wiederholt sich im Verlauf der Schweißarbeiten an jeder Rolle. Da die Oberfläche der mineralischen Dichtung nicht befahren werden darf, ist Verlegearbeit immer noch umfangreiche Handarbeit. Zumeist helfen den Mitgliedern des Schweißtrupps (Vorarbeiter, Schweißer, Helfer, siehe Abschnitt 9.4.1) des Verlegefachbetriebs von diesen eingewiesene und beaufsichtigte Bauarbeiter der Erdbaufirma. Ständig anwesend ist weiterhin ein Geräteführer der Baufirma und der Fremdprüfer vor Ort. Es sind also 5 bis 7 Personen, die sich unmittelbar am Einbau der Dichtungsbahnen beteiligen.

Nach dem Auslegen der Dichtungsbahnen beginnen die Schweißarbeiten. Die Schweißmaschine wird kontrolliert, die Probenähte werden geschweißt, die Umgebungsbedingungen (Temperatur und Feuchte) werden beobachtet und schließlich die Schweißparameter festgelegt. Erst unmittelbar vor dem Schweißen wird die Schutzfolie auf den Dichtungsbahnrändern abgezogen. Das Verlegen und Schweißen von drei Dichtungsbahnen zu je 100 m Länge wird die Schweißer die nächsten 8 Stunden beschäftigen. Jede Naht wird über die gesamte Länge geprüft, indem bei Überlappnähten der Prüfkanal mit 5 bar Luftdruck aufgepumpt wird. An den Nähten der Probeschweißung oder an Proben aus dem Anfangs- und Endbereich der Naht werden Schälversuche durchgeführt. Die Geometrie der Nähte wird vermessen. In Formblätter der Schweißprotokolle werden die Umgebungsbedingungen, Schweißparameter und Prüfergebnisse eingetragen. Das Maschinenprotokoll der Schweißmaschine, in dem fortlaufend die Schweißparameter aufgezeichnet sind, ergänzen die Schweißprotokolle. Der Fremdprüfer vor Ort begleitet die Schweißarbeiten. Er misst mit Ultraschall den Fügeweg entlang der bereits geschweißten Nähte und begutachtet deren Zustand. Er entnimmt aus den Probenähten oder aus den Anfangs- und Endstücken jeder Naht die Proben für seine Laborversuche und kontrolliert die Schweiß- und Prüfprotokolle sowie die Maschinenprotokolle. Mit dem Ende der Schweißarbeiten ist es später Nachmittag geworden.

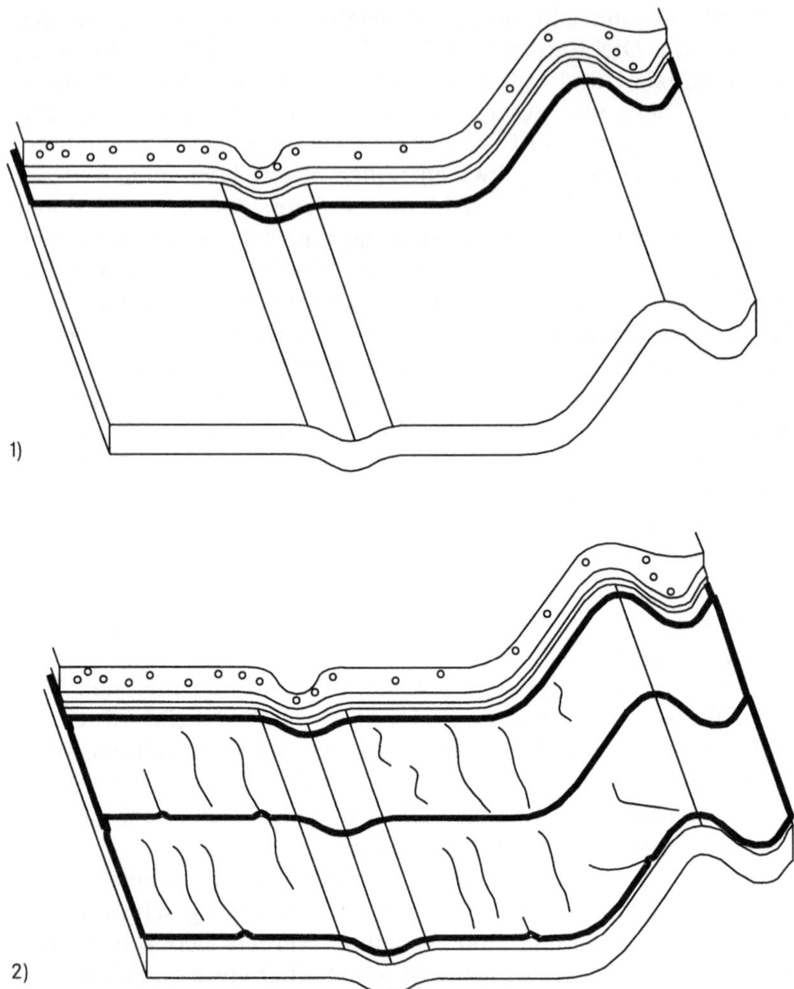

Abb. 9.6a: Die Bildfolge illustriert rein schematisch den Ablauf der Riegelbauweise.
1) zeigt von oben die Stützschicht, die bei der Kombinationsdichtung aus der mineralischen Dichtung besteht. Typische geometrische Verläufe bei einer Deponieabdichtung sind gezeichnet: eine Sammlerrinne, in der die Sickerrohre verlegt werden, eine Böschung mit Böschungsfuß, Böschungskrone und einem Einbindegraben. Im Hintergrund ist der Rand eines Abschnitts mit bereits vollständig eingebauter Dichtungsbahn gezeichnet. Die Dichtungsbahn ragt hervor. Auf der Dichtungsbahn liegt eine geotextile Schutzschicht und darüber die mineralische Schutzschicht und/oder die Kiesschicht der Flächenentwässerung.
2): Auf der vorbereiteten Stützschicht werden die weiteren Dichtungsbahnen ausgerollt und untereinander und mit der bereits verlegten Dichtungsbahn verschweißt. Bedingt durch die Produktion, die Verlegung und die Ausdehnung bei der Erwärmung durch die Sonneneinstrahlung sind immer Wellen in den Dichtungsbahnen vorhanden.

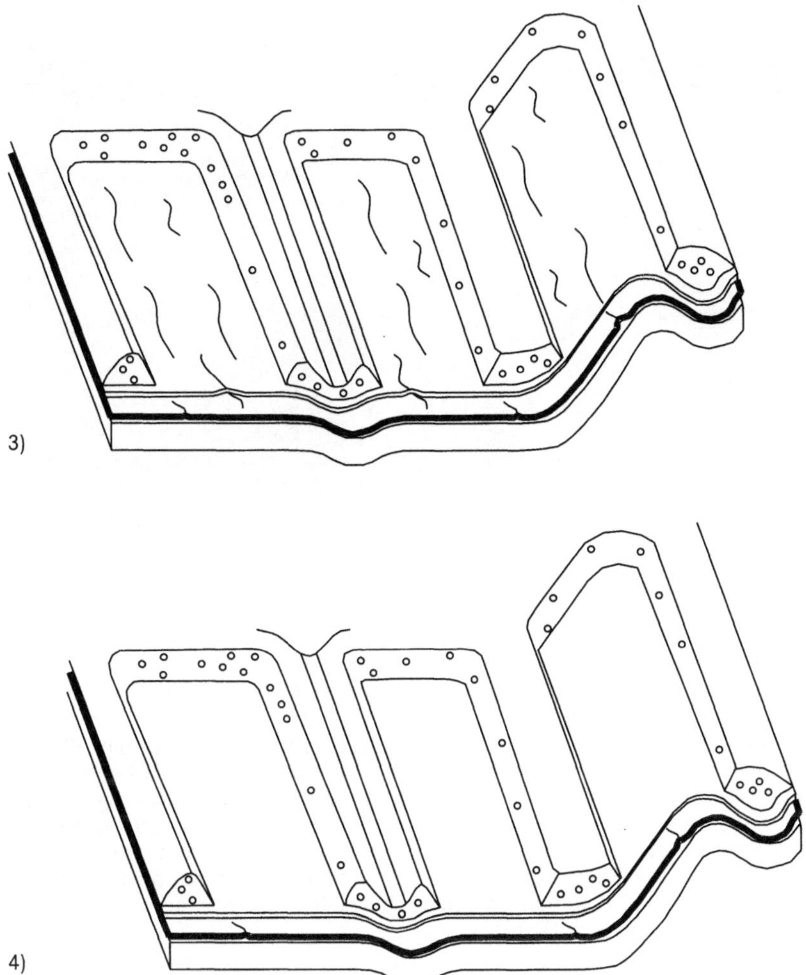

Abb. 9.6b: Fortsetzung der Bildfolge zur Riegelbauweise.
3) zeigt deren wesentlicher Schritt. Auf der ganzen verlegten Fläche wird die Dichtungsbahn mit der geotextilen Schutzschicht bedeckt und darauf Ankerriegel aus Kiesschüttungen der mineralischer Schutzschicht oder Flächenentwässerung aufgebracht. Das Eigengewicht der Schüttung fixiert die Dichtungsbahnen in regelmäßigen Abständen in der Fläche und entlang von kritischen Bereichen (Rinne, Böschungsfuß und -krone). Diese Maßnahme muss noch vor der Abkühlung der Tagestemperatur, d.h. am späten Nachmittag oder frühen Abend, erfolgen.
4): Durch die Abkühlung zieht sich die eingespannte Dichtungsbahn vollkommen glatt. Ist dieser Zustand erreicht, wird die Glattlage durch den Einbau der Kiesschüttung auf der ganzen Fläche fixiert. Für diesen Abschnitt ist jetzt der Einbau abgeschlossen (1) und es kann im Laufe des neuen Verlegetages mit dem nächsten Abschnitt begonnen werden.

Abb. 9.7: In dieser Abbildung sind die verschiedenen Stadien des Baus einer Kombinationsdichtung zu erkennen. Ganz im Hintergrund wird das Planum der Abdichtung vorbereitet und rechts im Hintergrund die mineralische Dichtung eingebaut. Auf der Oberfläche der schon fertiggestellten mineralischen Dichtung wurde dann eine Dichtungsbahn ausgerollt. Kleine Fehlstellen in der Oberfläche werden hier noch nach dem Ausrollen der Dichtungsbahn in Handarbeit beseitigt. Die Dichtungsbahn wird dann ausgerichtet und glatt gezogen. Bei diesem Bauvorhaben werden MDDS-Sandmatten der Firma Gebrüder Friedrich GmbH als Schutzschicht verwendet, die die bereits verlegten Dichtungsbahnen bedecken und mit dem Dränagekies ballastiert sind. Die Riegelbauweise gestaltet sich mit den Sandmattenrollen besonders einfach, da keine feinkiesige mineralische Schutzschicht mehr eingebaut werden muss. (Quelle: Firma Gebrüder Friedrich GmbH)

Nach der Schweißung und Prüfung kommt jener Bauverfahrensschritt, der die Riegelbauweise auszeichnet. Auf den verschweißten, gesäuberten (gefegten) Dichtungsbahnen werden die Sandschutzmatten oder geotextilen Schutzschichten ausgerollt und darauf dann die sogenannten Ankerriegel aus einer Sand- oder Kiesschüttung eingebaut (Abbildung 9.8 und 9.9). Der Kies der Flächenentwässerung bei den Sandschutzmatten oder der Feinkies der mineralischen Schutzschicht werden dazu in linienartig Strängen (Schüttriegeln), quer zur verlegten Dichtungsbahn im Abstand von höchstens 50 m aufgeschüttet. Das Eigengewicht der Schüttung fixiert die Dichtungsbahnen. In der Sammlerrinne wird schon das Auflager für die Sickerwasserrohre angeschüttet und damit speziell in diesem Bereich auch ein Ankerriegel errichtet. Ebenso wird ein Ankerriegel entlang des Böschungsfußes eingebaut. An solchen Stellen würde nämlich sonst die sich mit der Abendkühle zusammenziehende Dichtungsbahn abheben und Rinne wie Böschungskehle überspannen (Trampolineffekt). Auch auf der Böschungskrone wird die Dichtungsbahn im Einbindegraben durch Einbindung oder Erdnägel fixiert.

Abb. 9.8: Diese Aufnahme illustriert, was unter einem Ankerriegel zu verstehen ist. Auf dem vorderen Ende der Dichtungsbahn wurde ein dickes Vlies als Schutzschicht ausgerollt und darauf eine Schüttung aus Kies aufgebracht. Dadurch wird die Dichtungsbahn fixiert. (Quelle: Ingenieurbüro Schicketanz, Aachen)

Abb. 9.9: Im hinteren Bereich der vier eingebauten Dichtungsbahnen ist der Ankerriegel bereits fertiggestellt. Im vorderen Bereich wird die Kiesschüttung mit dem Bagger am frühen Abend aufgebracht. Mit der Abendkühle nach Sonnenuntergang werden sich die vier Dichtungsbahnen dann völlig glatt ziehen. Erst nach diesem Zeitpunkt werden die Vliesrollen auf der ganzen Fläche ausgerollt und danach die Kiesschüttung aufgebracht. (Quelle: Ingenieurbüro Schicketanz, Aachen)

Die Vorbereitung dieser Arbeiten und die eigentlichen Arbeiten selbst haben bereits während der Schweißarbeiten begonnen. Ein Hydraulikbagger mit einem weitreichenden Teleskoparm (12 ... 15 m) oder ein Langarmgelenkbagger kommt dabei zum Einsatz. Die Riegel können als kleine Fahrstraßen ausgelegt werden, auf denen mit einem Kleinbagger und kleinen Raupen das Material herangeschafft und über Kopf eingebaut wird. Beim Einbau des Sands oder Kieses im Bereich der Ankerriegel muss darauf geachtet werden, dass dort nicht kleinere Wellen überschüttet werden, sondern aus dem Bereich der schmalen Ankerfläche in die freibleibende Fläche herausgeschoben werden. Am frühen Abend sind alle Ankerriegel gelegt und die Dichtungsbahnen fixiert. Mit der allmählich einsetzenden Abendkühle ziehen sich die Dichtungsbahnen zunehmend straff. Zumeist schon am späten Abend, spätestens jedoch ganz früh am Morgen, liegen die eingespannten Dichtungsbahnen vollkommen glatt (siehe Abbildungen 9.10a, 9.10b und 9.10c). Jetzt können sie mit der Schutzschicht abgedeckt und mit einem Schaufelbagger über Kopf auf der gesamten Fläche mit dem Kies überschüttet werden. Nicht nur der Baggerführer, auch der Fremdprüfer und der Vorarbeiter des Verlegefachbetriebs sind, manchmal schon vor Sonnenaufgang, wieder auf den Beinen, um den Einbau der Flächenentwässerung zu beaufsichtigen. Der neue Arbeitstag beginnt danach wieder am frühen Morgen mit der Herrichtung der Oberfläche der mineralischen Dichtung...

Abb. 9.10a: Diese und die folgenden Aufnahmen demonstrieren, dass mit der Riegelbauweise tatsächlich eine völlige Glattlage erreicht werden kann. (Quelle: Ingenieurbüro Schicketanz, Aachen)

Abb. 9.10b: Diese Aufnahme zeigt, dass mit der Riegelbauweise auch in kritischen Bereichen (Böschungsfuß und Rohrdurchdringung) eine Glattlage erreicht werden kann. Gerade an solchen Stellen, wo einerseits handgeschweißte Auftragnähte in größerer Häufung vorkommen, andererseits Sickerwasser vermutlich ständig anstehen wird, muss mit besonderer Sorgfalt und verlegetechnischem Geschick gearbeitet werden. Nur erfahrene und speziell qualifizierte und ausgerüstete Verlegefachbetriebe können diese Aufgabe meistern. (Quelle: Ingenieurbüro Schicketanz, Aachen)

Abb. 9.10c: Auch in langen und steilen Böschungen kann, wie diese Aufnahme zeigt, eine völlige Glattlage erreicht werden. (Quelle: Ingenieurbüro Schicketanz, Aachen)

9.4 Qualitätssicherung

In den letzten zehn Jahren haben sich intensive Diskussionen und manchmal hektische Aktivitäten zum Thema Qualität und Qualitätsmanagement entfaltet. Die Entwicklung ist begleitet von einer Flut von Begriffen und Normen: Qualitätsmanagement (QM), QM-Plan, Qualitätspolitik, Qualitätslenkung, Qualitätsziele, QM-Nachweisführung, QM-Systeme, Akkreditierung, Zertifizierung, DIN ISO 9000 ff., DIN EN 45000 ff. usw.. Die Definitionen der Begriffe sind zum Teil schwer verständlich. Dabei handelt es sich oft nur um „alten Wein in neuen Schläuchen": Dass für ein gelungenes Bauvorhaben eine detaillierte Bauablaufplanung erforderlich ist, die die Arbeit der Gewerke untereinander sorgfältig abstimmt, oder dass z.B. für eine normgerechte Prüfung bestimmte organisatorische Abläufe eingehalten werden müssen, sind z.B. keine neuen Erkenntnisse. Solche an und für sich bekannten Sachverhalte werden in den Normen nur stark formalisiert beschrieben und einheitlich erfasst. Durch die Vereinheitlichung und Standardisierung von Begriffen und Verfahren im Bereich des Qualitätsmanagements soll die Entwicklung eines gemeinsamen Wirtschaftsraumes und eines grenzüberschreitenden Warenverkehrs gefördert werden. Das Motiv, Handelshemmnisse und Kommunikationsbarrieren zu beseitigen, ist die treibende Kraft hinter diesen in starkem Maße auch auf die Einhaltung bestimmter formaler Spielregeln zielenden Aktivitäten. Daneben dürfen aber die inhaltlichen Aspekte, nämlich welche technischen Anforderungen letztlich erfüllt werden müssen, nicht vergessen werden.

Auf den ganzen Themenkomplex des Qualitätsmanagements kann hier nicht eingegangen werden. Für den Bereich des Deponiebaus gibt es eine sehr detaillierte Ausarbeitung zur Gestaltung eines Qualitätsmanagementsystems [18]. Im Folgenden sollen nur die beiden Begriffe Zertifizierung und Akkreditierung näher erläutert werden, da sie bei der Auftragsvergabe und in der praktischen Umsetzung des Qualitätsmanagements auf Deponiebaustellen eine wichtige Rolle spielen.

Umgangssprachlich wird der Begriff Qualität im Sinne von Eigenschaft oder Beschaffenheit eines Produktes verwendet, wobei assoziiert wird, dass das Produkt dabei besonders hochwertig ist oder bestimmte Anforderungen im Vergleich etwa zu Konkurrenzprodukten besonders gut erfüllt. Diese Assoziation spielt bei der Begriffsbildung im Bereich der oben genannten Normen keine Rolle. Qualität meint hier einfach nur, dass ein im weitesten Sinne verstandenes Produkt fest vorgegebenen Anforderungen z.B. eines Kunden oder einer firmeninternen Produktplanung oder von Richtlinien und Produktnormen nachweislich erfüllt.

Jeder Hersteller eines Produkts hat ein irgendwie geartetes System aus Aufbau- und Ablauforganisation, Zuständigkeiten und bei der Herstellung ablaufenden Prozessen. Zu einem Qualitätsmanagementsystem wird ein solches System dann, wenn es ganz bestimmte in den Normen beschriebene formale Anforderungen erfüllt. Wesentlich ist dabei, dass einmal alle Elemente im System vollständig erfasst und beschrieben sind, dass also zumindest für die Zuständigen transparent ist, was wie geschehen soll und dass zweitens darauf aufbauende Elemente und Prozesse der Überwachung und Kontrolle vorhanden sind, die dann die Qualität des Produktes im oben genannten Sinne (Übereinstimmung der Eigenschaften mit vorgegebenen Anforderungen) überprüfen und dokumentieren. Das Qualitätsmanagement-Handbuch, indem das QM-System beschrieben wird, und die eigentliche Qualitätssicherung (Kontrolle, Prüfung, Ausstellen von Zeugnissen) sind daher zwar nicht die einzigen, aber besonders augenfällige Bestandteile eines Qualitätsmanagementsystems.

Mit einem an die Anforderungen der Normen angelehnten Qualitätsmanagementsystem kann der Hersteller dem Kunden gegenüber in einer geordneten und standardisierten und damit auch nachvollziehbaren und vergleichbaren Art und Weise nachweisen, dass er, wie es in der Norm heißt, die „Fähigkeit zur Qualität" besitzt. Wie das geschieht wird in der Normserie DIN ISO 9000 bis 9004 beschrieben. Die DIN ISO 9000:2000-01, *Qualitätsmanagementsysteme – Grundlagen und Begriffe*, und der erste von vier Teilen dieser Norm, nämlich DIN EN ISO 9000-1:1994-08, *Normen zum Qualitätsmanagement und zur Qualitätssicherung/QM-Darlegung – Teil 1: Leitfaden zur Auswahl und Anwendung*, dienen als Leitfaden für die Anwendung der Normenserie. Die DIN ISO 9001:1994-08, *Qualitätsmanagementsysteme – Modell zur Qualitätssicherung/QM-Darlegung in Design/Entwicklung, Produktion, Montage und Wartung*, beschreibt das Qualitätsmanagementsystem, wenn für den gesamten Bereich von der Entwicklung und Konstruktion über Produktion, Montage und Kundendienst die Fähigkeit zur Qualität nachgewiesen werden soll. Die Normen DIN EN ISO 9002: 1994-08, *Qualitätsmanagementsysteme – Modell zur Qualitätssicherung/QM-Darlegung in Produktion, Montage und Wartung*, und DIN EN ISO 9003:1994-08, *Qualitätsmanagementsysteme – Modell zur Qualitätssicherung/QM-Darlegung bei der Endprüfung*, sind sozusagen Teilmengen der DIN ISO 9001. Sie beziehen sich darauf, dass nur für den Bereich der Produktion und Montage (DIN ISO 9002) oder nur für den Bereich der Endkontrollen (DIN ISO 9003) die Qualitätsfähigkeit nachgewiesen werden muss. Die DIN EN ISO 9004: 2000-01, *Qualitätsmanagementsysteme – Leitfaden zur Leistungsverbesserung*, und DIN EN ISO 9004-1:1994-08, *Qualitätsmanagement und Elemente eines Qualitätsmanagementsystems – Teil 1: Leitfaden* geben schließlich Empfehlungen und Hinweise für den gesamten Bereich des Qualitätsmanagements.

Hersteller, deren QM-System die Anforderung dieser Normen erfüllt, können sich von einer anerkannten Zertifizierungsstelle zertifizieren lassen. Inzwischen gibt es speziell qualifizierte Ingenieurbüros, die beim Aufbau eines QM-Systems und dessen Zertifizierung mit Rat und Tat helfen. Dem Kunden gegenüber kann dann die Fähigkeit zur Qualität durch Vorlage des Zertifikats dokumentiert werden. Für das Verständnis ist es jedoch wichtig sich klar zu machen, dass die so nachgewiesene Fähigkeit zur Qualität sich nur auf rein formale Aspekte bezieht. Es ist überhaupt noch nichts darüber ausgesagt, welche Anforderungen dem Produkt tatsächlich zu Grunde liegen. Ein Dichtungsbahnenhersteller sollte daher zwar ein Zertifikat nach der DIN ISO 9001 vorlegen können. Zusätzlich wird man jedoch die technischen Anforderungen an die Dichtungsbahn festlegen müssen, z.B. durch die Forderung nach einer Zulassung durch die BAM.

Bei der Errichtung eines Bauwerks finden sich die Ingenieurbüros, Baufirmen, Baustoffhersteller usw. zu einem sozusagen einmaligen Herstellungsvorgang zusammen. Es geht in der Regel nur um die Herstellung dieses einen Bauwerks, danach trennen sich alle Beteiligten wieder. Auch solch ein einzelner Herstellungsvorgang muss einem Qualitätsmanagement unterliegen, das zwar auf die QM-Systeme der beteiligten Firmen aufbaut, durch diese jedoch nicht vollständig erfasst wird. Für das einzelne Bauvorhaben müssen die Zuständigkeiten und Entscheidungsabläufe klar geregelt, der Bauablauf mit den zugehörigen Geräteketten detailliert geplant, die Maßnahmen der eigentlichen Qualitätssicherung – der Kontrolle der Abläufe und Überprüfung der Eigenschaften – festgelegt werden. Zu jedem Bauvorhaben gehört daher ein Qualitätsmanagementplan, der die Einzelpläne für die verschiedenen Gewerke integriert. Für den Bau der Deponieabdichtung fordern die Verwaltungsvorschriften TA Abfall und TA Siedlungsabfall explizit ein Qualitätssicherungssystem, wobei drei voneinander unabhängige Funktionen unterschieden werden: Die Eigenprüfung durch den Hersteller, die Fremdprüfung durch Dritte im Einvernehmen mit der zuständigen Behörde und die Überwachung durch die zuständige Behörde. Ebenso werden an den Inhalt des Qualitätssicherungsplans Anforderungen gestellt.

Wie ein Qualitätsmanagement für den Bau einer Kombinationsdichtung in Anlehnung an die Normen DIN EN ISO 9000 ff. und die technischen Anleitungen insgesamt aussehen kann, wird von J. DORNBUSCH, U. AVERESCH und M. EL KHAFIF beschrieben [18]. Über den Stand des Qualitätsmanagements bei Deponieabdichtungen wird in [30] berichtet. Bestandteil des Gesamtplans ist dabei insbesondere ein Teilplan, der den Einbau der Kunststoffdichtungsbahn, von Schutzschichten und Kunststoffbauteilen regelt. Vom Arbeitskreis Grundwasserschutz (AK GWS) e.V. wurde dafür ein Muster erarbeitet[5].

Neben der Erfüllung der formalen Aspekte der Gestaltung des Qualitätsmanagements ist natürlich auch hier die präzise Festlegung der technischen Anforderungen unverzichtbar. Im Anhang E, *Material- und Prüfanforderungen bei der Herstellung von Deponieabdichtungssystemen*, der technischen Anleitungen werden dazu Vorgaben gemacht. Daneben müssen die oben genannten Zulassungsrichtlinien der BAM für Dichtungsbahnen und Schutzschichten und die Richtlinie für die mineralische Dichtung herangezogen werden. Auch die einschlägigen Richtlinien und Empfehlungen von anerkannten Fachverbänden (DVS und DGGt) müssen berücksichtigt werden.

Der formale Nachweis der „Fähigkeit zur Qualität" der beteiligten Firmen und die möglichst präzise Festlegung der Anforderungen an das Bauwerk genügt allerdings noch nicht, damit das Bauvorhaben wirklich gelingt. Die Beteiligten müssen auch von der inhaltlichen Substanz her, also vom Fachwissen, der Erfahrung und der Ausstattung mit Fachkräften sowie Maschinen und Geräten her, den gestellten Anforderungen gewachsen sein. Akkreditierungsverfahren und freiwillige Güteüberwachungsgemeinschaften bieten hier die Möglichkeit, dass einerseits Prüf- und Inspektionsstellen, die im Rahmen der Qualitätssicherung tätig werden, andererseits die beteiligten Firmen ihre fachliche Kompetenz nachweisen können.

Es muss dabei die Akkreditierung als Prüfstelle von der Akkreditierung als Inspektionsstelle unterschieden werden. Letztere kann erstere mit zur Voraussetzung haben. Akkreditierung einer Prüfstelle bzw. einer Inspektionsstelle bedeutet,

---

[5] Das Muster kann auf der Homepage des AK GWS (*www.akgws.de*) eingesehen werden.

die formelle Anerkennung durch eine staatlich anerkannte Akkreditierungsstelle, dass die Prüfstelle bzw. die Inspektionsstelle die Kompetenz besitzt, bestimmte Prüfungen oder Prüfungsarten bzw. Inspektionen ausführen zu können. Die allgemeinen Anforderungen an Prüfstellen werden dabei in der DIN EN ISO/IEC 17025:2000-04, *Allgemeine Anforderungen an die Kompetenz von Prüf- und Kalibrierlaboratorien*, (früher DIN EN 45001) festgelegt, die Anforderungen an Inspektionsstellen in der DIN EN 45004:1995-06, *Allgemeine Kriterien für den Betrieb verschiedener Typen von Stellen, die Inspektionen durchführen*. Die DIN EN 45002:1990-05, *Allgemeine Kriterien zum Begutachten von Prüflaboratorien*, und DIN EN 45003:1995-05, *Akkreditierungssysteme für Kalibrier- und Prüflaboratorien – Allgemeine Anforderungen für Betrieb und Anerkennung*, aus der Normenreihe DIN EN 45001 ff. regeln die Durchführung des Akkreditierungsverfahrens. Eine Akkreditierung bescheinigt also eine ganz bestimmte inhaltliche Kompetenz. Es macht an und für sich keinen Sinn nur zu sagen, dass eine Prüfstelle bzw. Inspektionsstelle akkreditiert sei. Man muss immer hinzufügen, wofür sie akkreditiert ist. Die Akkreditierungsurkunde benennt genau die Prüfverfahren oder Arten von Prüfungen, für die die Akkreditierung als Prüflabor gilt, bzw. die Inspektionsmaßnahmen, für die die Akkreditierung als Inspektionsstelle gilt. Von der Akkreditierungsstelle benannte Gutachter (Auditoren) aus dem Fachgebiet, in das die jeweiligen Normen oder Vorschriften gehören, überprüfen die Prüfstellen bzw. Inspektionsstellen. Das Audit wird regelmäßig wiederholt.

Im Rahmen der Qualitätssicherung bei der Herstellung eines Produkts oder Bauwerks überwachen unabhängige Prüfstellen oder Inspektionsstellen den Herstellungs- oder Baulauf, führen Kontrollen und Inspektionen durch, und prüfen die hergestellten Objekte mit Prüfverfahren, die in Normen oder Richtlinien beschrieben sind. Nach dem heute europaweit erreichten Stand der Akkreditierung sollten grundsätzlich nur solche Prüfstellen beauftragt werden, die für die konkreten Maßnahmen, um die es jeweils geht, tatsächlich akkreditiert sind. Welche Anforderungen dabei an fremdprüfende Stellen für den Einbau von Kunststoffkomponenten und -bauteilen in Deponieabdichtungen gestellt werden, wird im übernächsten Abschnitt beschrieben.

Der Wunsch, eine eigene hohe fachliche Qualifikation und Eignung einfach und überzeugend nachweisen zu können, hat auch im Bauwesen zu freiwilligen Güteüberwachungsgemeinschaften geführt. 1989 hatten sich im Bereich der Altlastensanierung und des Deponiebaus tätige Baufirmen zusammengetan und eine Überwachungsgemeinschaft „Bauen für den Umweltschutz" (BU) gegründet [31], [32]. Für verschiedene Leistungsbereiche wurden Anforderungen an die Fachkunde, Leistungsfähigkeit und Zuverlässigkeit gestellt, die durch unabhängige Sachverständige regelmäßig überprüft werden. Mitglieder der Überwachungsgemeinschaft, die die Anforderungen erfüllen, erhalten ein Überwachungszeichen. Die bei Ausschreibung und Vergabe von Bauleistungen geforderte Prüfung der Eignung des Auftragnehmers sollte damit ermöglicht werden.

Dem Beispiel des BU folgend, hatte der Arbeitskreis Grundwasserschutz (AK GWS) e.V., der Fachverband der Dichtungsbahnenhersteller und Verlegefachbetriebe, 1997 eine Überwachungsgemeinschaft für Verlegefachbetriebe auf der Grundlage der Empfehlung der BAM, *Fachbetrieb für den Einbau von Kunststoffkomponenten in Deponieabdichtungssysteme, Empfehlung der BAM für die*

Anforderungen an die Qualifikation und Aufgaben eines Fachbetriebes, gegründet [33], [34], [35]. Die BAM auditiert und überwacht die Verlegefachbetriebe im Rahmen dieser Überwachungsgemeinschaft. Die BAM-Zulassung fordert mit Bezug auf die allgemeinen Verwaltungsvorschriften, dass die Dichtungsbahnen nachweislich von einer erfahrenen und mit qualifiziertem Personal sowie den erforderlichen Maschinen und Geräten ausreichend ausgestatteten Fachfirma eingebaut werden. Der Nachweis kann mit dem Überwachungskennzeichen des AK GWS geführt werden (Abbildung 9.11).

Abb. 9.11: Das Überwachungszeichen des Arbeitskreises Grundwasserschutz (AK GWS) e.V., dem Fachverband der Dichtungsbahnhersteller und der Verlegefachbetriebe. Ein Fachbetrieb darf dieses Überwachungszeichen tragen, wenn er der Güteüberwachungsgemeinschaft angehört, die Anforderungen der Überwachungsordnung erfüllt und dies in regelmäßigen Überprüfungen nachweist.

9.4.1 Anforderungen an Verlegefachbetriebe [34]

Der folgende Auszug aus der Empfehlung der BAM bzw. aus der Überwachungsordnung des AK GWS gibt einen Einblick, welche Erfahrungen, Qualifikationen, Geräteausstattung und allgemeine organisatorische Beschaffenheiten in einem Verlegefachbetrieb für den Deponiebau vorhanden sein müssen. In ähnlicher Weise gilt dies aber nicht nur für den Deponiebau, sondern auch für andere Anwendungsbereiche des Erd- und Grundbaus.

Allgemeine Anforderungen

Der Fachbetrieb muss die nachfolgend genannten personellen, fachlichen, gerätetechnischen und organisatorischen Voraussetzungen für die Arbeitsvorbereitung und den Einbau von Kunststoffdichtungsbahnen, Geotextilien und Schutzschichten in Deponieabdichtungssysteme erfüllen. Auch im Krankheits-

und Urlaubsfall bzw. bei Gerätedefekt müssen ausreichend Personal und Geräte zur Verfügung stehen, um einen reibungslosen Weiterbau zu gewährleisten.

Die Firma muss rechtlich identifizierbar, finanziell lebensfähig sein (Unbedenklichkeitsbescheinigungen), eine Betriebshaftpflichtversicherung mit einer Deckungssumme von 2 Millionen DM und eine angemessene Produkthaftpflichtversicherung abgeschlossen haben (mindestens 5 Millionen DM im Einzelfall). Sie muss die Anerkennung als Fachbetrieb gemäß §19 l WHG (Wasserhaushaltsgesetz) haben. Verlege- und Bestandspläne müssen in Eigenleistung oder durch Vergabe mit allen baulich relevanten Details, gut lesbar erstellt werden.

Der Fachbetrieb hat ein betriebseigenes Qualitätsmanagementhandbuch zu führen, das den Anforderungen der DIN EN ISO 9000 entspricht (siehe Begriffe Qualitätsmanagementhandbuch). Darin sind alle Arbeitsschritte zu erfassen, die qualitätssichernden Maßnahmen und die Form ihrer Umsetzung zu beschreiben, die sächlichen und organisatorischen Mittel dazu aufzuzählen und darzustellen.

Abnahme, Überwachung und Kalibrierung der für die Qualität relevanten Arbeits- und Prüfgeräte müssen im QM-Handbuch geregelt sein. Beispielsweise: Die Prüfgrößen an der Heizkeilschweißmaschine wie Rollendruck, Heizkeiltemperatur, Geschwindigkeit. Wartungs- und Prüfpläne müssen vorliegen und die erfolgten Maßnahmen müssen dokumentiert sein. Die erforderlichen Kalibriereinrichtungen und Prüfmittel sind vorzuhalten. Zur Dokumentation der Eigenprüfung bei einem Projekt ist ein Archiv für die schriftlichen Zeugnisse (Protokolle, Abnahmebescheide und Bestandsplan) durch den Fachverleger zu führen. Über die Dauer der Archivierung entscheidet die Genehmigungsbehörde, sie beträgt jedoch mindesten 6 Jahre.

Personelle Anforderungen

Der Fachbetrieb muss über geschulte Fachleute mit Sachverstand und Erfahrung in der Kunststoff- und Bautechnik, in der kunststofftechnischen Qualitätssicherung und in den Verlegeverfahren bei der Herstellung großflächiger Abdichtungssysteme verfügen. Der Fachbetrieb muss personell in der Lage sein, auf der Grundlage der Ausschreibung ein fachtechnisch einwandfreies Angebot zu erarbeiten und im Hinblick auf die Übereinstimmung mit den Anforderungen eine vollständige Leistung zu erbringen. Er muss die Bedeutung festgestellter Mängel in ihren Auswirkungen auf die Funktionstüchtigkeit des Abdichtungssystems beurteilen können, um Nachbesserungen sinnvoll im technisch erforderlichen Umfang durchführen zu können.

Die Qualifikation und Weiterbildung des Personals müssen gewährleistet sein und dokumentiert werden. Die Dokumentation umfasst die Abschnitte

- Grundausbildung gemäß dem Einsatzbereich des Mitarbeiters,

- Bewährungszeit in der Praxis,

- selbstständiger Einsatz im jeweiligen Aufgabenbereich,

- Weiterbildungsmaßnahmen.

Die Firma muss mindestens über einen Fachbauleiter, einen QM-Beauftragten und 5 Bahnenschweißer, einschließlich eines Vorarbeiters, verfügen. Dieses Personal muss folgende Anforderungen erfüllen:

***Fachbauleiter*[6)]**

Qualifikation

Der verantwortliche Fachbauleiter hat eine abgeschlossene Ingenieurausbildung (Fachhochschule oder Universität) und eine mindestens 3jährige praktische Tätigkeit in der Planung oder Ausführung beim Bau von Deponieabdichtungssystemen mit Kunststoffkomponenten oder Kunststoffbauteilen nachzuweisen. Der verantwortliche Fachbauleiter muss gegenüber den Mitarbeitern des Fachbetriebes vor Ort weisungsbefugt sein. Er muss seine Qualifikation durch die abgeschlossene Ausbildung zum Kunststoffschweißer gemäß DVS 2212 Teil 3, „Prüfung von Kunststoffschweißern, Prüfgruppe III, Bahnen im Erd- und Wasserbau", mindestens Untergruppe III-1, III-2, III-3 (Deponieschweißer) nachweisen.

Aufgaben

Der Fachbauleiter muss eine vorgelegte Planung fachlich beurteilen und ihre praktische Durchführung anleiten sowie die dafür notwendigen Verlegepläne erstellen können. Er soll rechtzeitig Einwendungen bei erkennbaren Planungsfehlern vorbringen und Verbesserungsvorschläge zum kunststoffgerechten Einbau vortragen. Während der Bauphase führt er die Verhandlungen mit der Bauleitung und er soll an den Baubesprechungen teilnehmen. Er überwacht das Terminwesen und die Koordination mit dem Vor- und Nachgewerken. Insbesondere achtet er auf die organisatorischen Voraussetzungen zur Übernahme einwandfreier mineralischer Dichtungen von dem dieses Gewerk ausführenden Bauunternehmen und den zügigen Einbau der KDB, sowie die Realisierung der Planlage der einwandfrei gefügten KDB vor dem Aufbringen der Schutzschicht, damit unter der späteren Auflast ein Pressverbund entsteht. Bei auftretenden Differenzen, die nicht sofort mit dem Verlegeteam während des Einbaus geklärt werden können, ist er der Ansprechpartner für Bauleitung und Fremdprüfer.

Bahnenschweißer

Qualifikation

Die Qualifikation des Bahnenschweißers ist mindestens durch die abgeschlossene Ausbildung zum Kunststoffschweißer gemäß DVS 2212 Teil 3, „Prüfung von Kunststoffschweißern, Prüfgruppe III, Bahnen im Erd- und Wasserbau", mindestens Untergruppe III-1, III-2, III-3 (Deponieschweißer) nachzuweisen. Er muss an den Grund- und Vorbereitungslehrgängen zum Erwerb der Qualifikation des Kunststoffschweißers nach der DVS 2212 erfolgreich teilgenommen haben. Die Aus- und Weiterbildung ist durch die Vorlage von Prüfbescheinigungen nach DVS 2212, die jährliche Wiederholungsprüfung durch Eintragung in die Übersichtsblätter des Schweißerpasses nachzuweisen. Die Unterlagen sind auch auf der Baustelle, mindestens in Kopie, vorzuhalten.

Aufgaben

Seine Aufgabe umfasst neben dem fachgerechten Ausrollen und dem Schweißen die Kontrolle der Geräte, Maschinen und Materialien auf Einsatzfähigkeit. Gegebenenfalls sind durch ihn Kalibrierung, Reparatur, Ersatz oder sonstige Maßnahmen an den Geräten zu veranlassen. Die Beachtung der Vorschriften zur Arbeitssicherheit und der Auflagen der Qualitätssicherung zählt ebenfalls

---

[6)] Der Fachbauleiter leitet verantwortlich den Einbau der Dichtungsbahn für den Verlegefachbetrieb beim Bauvorhaben.

zu seinen Aufgaben. Im Ausnahmefall führt er die vorgeschriebenen Schweißprotokolle.

Vorarbeiter

Qualifikation

Die Qualifikation des Vorarbeiters entspricht der des Bahnenschweißers. Der Einsatz als Vorarbeiter darf erst nach mindestens 3jähriger erfolgreicher Arbeit als Bahnenschweißer erfolgen.

Aufgaben

Er ist ständig auf der Baustelle und leitet die Verlegekolonne nach Anweisungen des Fachbauleiters an und nimmt im Regelfall die Protokollführung, insbesondere die der Eigenprüfung (Bestandspläne und Prüfprotokolle), wahr. Er ist auch zuständig für den einwandfreien Zustand der Geräte auf der Baustelle.

Die Aufgaben der Eigenprüfung sind:

– die Durchführung der baubegleitenden Prüfungen, entsprechend dem Qualitätssicherungsplan,
– die Dokumentation der Ergebnisse der Eigenprüfungen und das Führen des Bestandsplanes und der Bautagebücher.

Helfer

Die Handhabung der KDB und Bauteile auf der Baustelle, der Transport, die ordnungsgemäße Verlegung ist durch eine ausreichende Anzahl von eingewiesenen Helfern sicherzustellen. Die Helfer sind in ihre Aufgaben unter Berücksichtigung der Besonderheiten des einzelnen Bauvorhabens einzuweisen. Der Umfang der Einweisungsmaßnahmen ist zu dokumentieren (Teilnehmer, Art der Unterweisung, Dauer, Datum).

Anforderungen an Einrichtungen und Geräte

Der Fachverleger muss mit Einrichtungen und Geräten für den Baustellentransport seiner Geräte, die Verlegung, die Fügetechnik gemäß den zugelassenen Schweißverfahren und die Baustellenprüfungen ausgestattet sein, die für die Qualitätsmanagementmaßnahmen nach den einschlägigen Regelwerken erforderlich sind. Für den Transport und das Ausrollen der Bahnen und Schutzschichten müssen geeignete Anschlagmittel vorhanden sein. Mit den Einrichtungen und Geräten muss die Verlegung bzw. der Einbau fachgerecht und einwandfrei sowie eine richtlinienkonforme Durchführung der Prüfungen möglich sein. Die Geräte müssen nach dokumentierten Anweisungen gewartet und kalibriert sein. Darüber müssen Aufzeichnungen geführt werden. Die Ausstattung muss vom Umfang her so gewählt sein, dass beim Einbau keine den Bauablauf unangemessen beeinträchtigenden Verzögerungen auftreten. Bei Ausfall muss umgehend Ersatz bereitgestellt werden. Es empfiehlt sich ein firmeneigenes Lager oder einen Gerätepool der Fachverleger oder eine Kooperation mit den Bahnenherstellern anzustreben.

Für die Verlegung und das Fügen von Kunststoffdichtungsbahnen und geotextilen Schutzlagen sowie für ihre Anbindung an Bauwerke sind mindestens folgende Geräte vorzuhalten:

Für die Nahtvorbereitung:

Handschleifmaschinen, Ziehklingen, geeignete Geräte zur Abarbeitung von Oberflächenstrukturen (z.B. Fräser), Reinigungszubehör: Eimer, Tücher, Schwämme, Wasserbehälter, Besen

Für das Fügen:

3 datenaufzeichnende Heizkeilschweißmaschinen, für Nähte mit Prüfkanal nach BAM-Richtlinie und DVS 2225, Teil 4, je nach Maschinentyp mindestens eine Auswerteeinheit für die elektronischen Aufzeichnungen; 3 Warmgasextrusionsschweißgeräte, für Auftragsnähte nach BAM-Richtlinie und DVS 2225, einschließlich Vorrichtungen zur Zuführung des Schweißzusatzes; 3 Warmgasschweißmaschinen bzw. -geräte für Heftungen

Für die Protokollführung:

Temperaturmessgeräte für Schmelze- und Heizkeiltemperaturen; Temperaturmessgeräte für Lufttemperaturen; Feuchtemessgeräte; Taupunkttabelle/-graphik; Längen- und Dickenmessgeräte; Taster, Messschieber

Für die Nahtprüfung:

datenaufzeichnendes Druckprüfgerät bis 10 bar; (Genauigkeitsklasse 1 – Trommelschreiber oder elektronische Aufzeichnung); Druckprüfgeräte gemäß DIN EN 837[7], Genauigkeitsklasse 1; Anschlussstücke; Kompressor; Vakuumprüfgeräte mit Glocken für Längsnähte, Winkelstücke für Innen- und Außenecken, sowie für Nachbesserungen; Schaumbildendes Netzmittel (vom Rohstoff- und Bahnenhersteller freigegeben); Prüfeinrichtung für Schälversuch mit einer motorisch betriebenen Abzugseinrichtung, $v = 50$ mm/min, möglichst mit Maximalkraftanzeige; Vorrichtungen für den Schälversuch (einfache Ausführung für Baustellenbetrieb geeignet)

Sonstige Gerätschaften:

Gerät für Zuschnitte, Prallschnur; Hilfsmittel für Markierungen und Kennzeichnungen; Gerät zum Transport der Rollen, Abrollvorrichtungen; Vorhalten von Gerät und Hilfsmitteln zur Windsicherung

Alle Arbeitsanweisungen, Normen, Richtlinien, Merkblätter oder Referenzdaten, die die Tätigkeit des Fachverlegers betreffen, müssen auf dem neuesten Stand gehalten werden und auf der Baustelle leicht verfügbar sein.

9.4.2 Anforderungen an fremdprüfende Stellen [36]

In dem dreigliedrigen Qualitätssicherungssystem aus Eigenprüfung, Fremdprüfung und behördlicher Überwachung kommt der Fremdprüfung eine Schlüsselrolle zu. Der Fremdprüfer ist der unabhängige Dritte, der einerseits den Hersteller zu einwandfreiem Einbau und korrekter und vollständiger Dokumentation

---

[7] DIN EN 837-1:1997-02, Druckmeßgeräte – Teil 1: Druckmeßgeräte mit Rohrfedern; Maße, Meßtechnik, Anforderungen und Prüfung;
DIN EN 837-2:1997-05, Druckmeßgeräte – Teil 2: Auswahl- und Einbauempfehlungen für Druckmeßgeräte;
DIN EN 837-3:1997-02, Druckmeßgeräte – Teil 3: Druckmeßgeräte mit Platten- und Kapselfedern; Maße, Meßtechnik, Anforderungen und Prüfung.

des abgelieferten Gewerkes durch die Eigenprüfung zwingt und der andererseits erst durch seine eigene Prüfung dies nachweist und so der Behörde die Überwachung und Abnahme ermöglicht. Rascher und reibungsloser Bauablauf und die Maßnahmen der Qualitätssicherung stehen unvermeidlich in einem gewissen Widerspruch. Nur eine fremdprüfende Stelle, die einerseits die apparativen und personellen Voraussetzungen hat, um die notwendigen Prüfungen rasch und fachlich einwandfrei durchführen und die andererseits genügend Fachkunde und Erfahrung hat, um Art und Umfang von Mängel und Maßnahmen zur Behebung rasch und sicher beurteilen zu können, kann diesen Widerspruch auflösen. Der fachlich unkundige und unerfahrene Fremdprüfer neigt entweder dazu die immer vorhandenen Ermessensspielräume nicht zu nutzen und rein formal nach dem Buchstaben des Regelwerkes zu urteilen: der Bauablauf gerät ins Stocken, oder aber die Unsicherheit des Fremdprüfers führt zum „laisser faire": die Qualität des Gewerkes wird dürftig und der Bauablauf verheddert sich gar im anwachsenden Pfusch [37].

Die überwachende Behörde muss deshalb auf die Auswahl von Fremdprüfern Einfluss nehmen. Dafür braucht sie Auswahlkriterien. Die BAM hat eine Richtlinie herausgeben, in der detailliert die Anforderungen an Fremdprüfer aufgelistet sind [38]. Diese Richtlinie soll der Behörde und dem Bauherrn als Kriterium für die Auswahl geeigneter Fremdprüfer dienen, da die BAM-Zulassung als Nachweis der Eignung nur in Anspruch genommen werden kann, wenn eine Fremdprüfung nach dieser Richtlinie erfolgt ist.

In der Richtlinie ist eine Anforderungsliste enthalten, an Hand derer die Eignung einer fremdprüfenden Stelle relativ einfach beurteilt werden kann. Die Stelle muss danach mindestens folgende Anforderungen erfüllen:

1. Organisatorische/firmenspezifische Anforderungen:
    1.1 rechtliche Identifizierbarkeit,
    1.2 Berufshaftpflichtversicherung über jeweils 1,0 Mio. DM für Personal- und für sonstige Schäden,
    1.3 Akkreditierung nach DIN EN 45 004 für die Inspektionsmaßnahmen, die im Rahmen der Fremdprüfung erforderlich sind. Alternativ kann die Akkreditierung durch die Vorlage eines Qualitätsmanagementhandbuches ersetzt werden, in dem eine Erklärung zur Unabhängigkeit im Sinne einer Inspektionsstelle des Typs A, DIN EN 45 004 sowie die Standardarbeitsanweisungen zu den Inspektionsmaßnahmen enthalten sind,
    1.4 Referenzliste der letzten 3 Jahre mit Bescheinigungen der Auftraggeber.

2. Personelle Anforderungen:
    2.1 Nachweis geschulter Fachleute mit Sachverstand und Erfahrung in der Kunststofftechnik und dem Qualitätsmanagement sowie im Bereich deponiespezifischer grundbaulicher Verfahren durch dokumentierte Referenz- und Schulungsnachweise. Im Einzelnen gehört dazu:
       2.1.1 ein verantwortlicher Fremdprüfer (Projektleiter) mit einem abgeschlossenen Ingenieurstudium (Fachhochschule oder Universität) und einer mindestens 3jährigen nachgewiesenen Fremdprüftätigkeit für Kunststoffkomponenten und -bauteile bei Deponieabdichtungsmaßnahmen sowie fachspezifische Schulungsnachweise,

2.1.2 ein Fremdprüfer vor Ort (Prüfer) mit einer abgeschlossenen Ausbildung zum staatlich geprüften Techniker oder technischen Assistenten mit werkstoffkundlichem Hintergrund oder Ingenieurstudium und mindestens einjähriger Baustellen-Prüftätigkeit unter der begleitenden Aufsicht eines erfahrenen Fremdprüfers sowie die erfolgreiche Teilnahme an den Grund- und Vorbereitungslehrgängen zum Erwerb der Qualifikation des Kunststoffschweißers nach DVS-Richtlinie 2212-3:1994-10, Prüfung von Kunststoffschweißern, Prüfgruppe III, Bahnen im Erd- und Wasserbau.

3. Gerätetechnische Anforderungen:

3.1 eigenes Prüflabor; gültige Akkreditierung des Prüflabors nach DIN EN 45 001 für die bei der Fremdprüfung erforderlichen Prüfungen. Typischerweise sind dies DIN EN ISO 527-1 bis 3:1995-10, Kunststoffe, Bestimmung der Zugeigenschaften, DIN ISO 1133:1993-02, Kunststoffe, Bestimmung des Schmelzindex (MFR) und des Volumen-Fließindex (MVR) von Thermoplasten, DIN 53479:1976-07, Prüfung von Kunststoffen und Elastomeren, Bestimmung der Dichte, DVS 2226-2:1007-07, Prüfung von Fügeverbindungen an Dichtungsbahnen aus polymeren Werkstoffen; Zugscherversuch, sowie DVS 2226-3:1007-07, Prüfung von Fügeverbindungen an Dichtungsbahnen aus polymeren Werkstoffen; Schälversuch.

3.2 Nachweis der persönlichen Prüfausrüstung (Mess- und Prüfmittel) zur qualitativen Prüfung vor Ort nach der Richtlinie DVS 2225-4:1996-02, Schweißen von Dichtungsbahnen aus Polyethylen (PE) für die Abdichtung von Deponien und Altlasten.

Fremdprüfer können den Nachweis, dass sie diese Anforderungen erfüllen, einfach führen, indem sie eine Akkreditierung als Inspektionsstelle nach DIN EN 45004 auf Grundlage der BAM-Richtlinie für fremdprüfende Stellen durch eine gültige Urkunde nachweisen.

9.5 Literatur

[1] Zweite Allgemeine Verwaltungsvorschrift zum Abfallgesetz (TA Abfall, Teil 1), Technische Anleitung zur Lagerung, chemisch/physikalischen und biologischen Behandlung, Verbrennung und Ablagerung von besonders überwachungsbedürftigen Abfällen, vom 12.03.91. Gemeinsames Ministerialblatt (GMBl), S. 139.

[2] Dritte Allgemeine Verwaltungsvorschrift zum Abfallgesetz (TA Siedlungsabfall), Technische Anleitung zur Verwertung, Behandlung und sonstigen Entsorgung von Siedlungsabfällen, vom 14.05.93. Bundesanzeiger (BAnz.) Nr. 99a.

[3] MÜLLER, W.
Oberflächenabdichtungen und Oberflächenabdeckungen mit Kunststoffdichtungsbahnen für Altdeponien. In: Egloffstein, T.; Burkhardt, G.; Czurda, K. (Hrsg.): Oberflächenabdichtungen von Deponien und Altlasten 98. Berlin: Erich Schmidt Verlag 1998.

[4] MÜLLER, W.
Sind Kunststoffdichtungsbahnen mit und ohne Leckdetektion als Deponieoberflächenabdichtung für Altdeponien technisch vertretbar? In: Stief, K.; Engelmann, B.

(Hrsg.): Geforderte Maßnahmen bei der Stillegung von Altdeponien, Kostentreibende Willkür oder Notwendigkeit. Berlin: Erich Schmidt Verlag 1998.

[5] MÜLLER, W. (HRSG.)
Empfehlung der Bundesanstalt für Materialforschung und -prüfung (BAM) für die Anforderungen an die temporäre Oberflächenabdeckung mit Kunststoffdichtungsbahnen (KDB) bei Altdeponien und Siedlungsabfällen. Berlin: BAM, Labor IV.32, Deponietechnik 1998.

[6] BRÄCKER, W.; MÖLLENBRAND, T.
Temporäre Oberflächenabdeckung von Siedlungsabfalldeponien. In: Rodatz, W. (Hrsg.): Braunschweiger Deponieseminar 1998, Entwicklung im Deponie- und Dichtwandbau. Braunschweig: Technische Universität 1998.

[7] MÜLLER, W. (HRSG.)
Richtlinie für die Zulassung von Kunststoffdichtungsbahnen für die Abdichtung von Deponien und Altlasten. Bremerhaven: Wirtschaftsverlag NW, Verlag für neue Wissenschaften GmbH 1999.

[8] MÜLLER, W.
Die neue BAM-Richtlinie für die Zulassung von Kunststoffdichtungsbahnen für die Abdichtung von Deponien und die Sicherung von Altlasten. In: Egloffstein, T.; Burkhardt, G.; Czurda, K. (Hrsg.): Oberflächenabdichtung von Deponien und Altlasten 1999, Zeitgemäße Oberflächenabdichtungssysteme – ist die Regelabdichtung nach TA-Si noch zeitgemäß? Berlin: Erich-Schmidt Verlag 1999, 314 Seiten.

[9] Mineralische Deponieabdichtung – Richtlinie Nr. 18. Essen: Landesumweltamt Nordrhein-Westfalen 1993.

[10] HEROLD, C.
Zulassung von Bentonitmatten als Dichtungselement für Oberflächenabdichtungssysteme von Deponien nach der Deponieklasse I der TA-Siedlungsabfall.
In: Egloffstein, T.; Burkhardt, G. (Hrsg.): Oberflächenabdichtung von Deponien und Altlasten, Planung – Bau – Kosten. Berlin: Erich Schmidt Verlag 1997.

[11] STEINERT, B.; MELCHIOR, S.; BURGER, K.; BERGER, K.; TÜRK, M.; MIEHLICH, G.
Dimensionierung von Kapillarsperren zur Oberflächenabdichtung von Deponien und Altlasten. Hamburg: Fachbereich Geowissenschaften der Universität Hamburg 1997.

[12] DGGT (HRSG.)
GDA-Empfehlungen. Berlin: Verlag Ernst & Sohn 1997, 716 Seiten.

[13] BRÄCKER, W.; SCHLÜTTER A.; SÄNGER, F.
Deponiebauteile für Kombinationsabdichtungssysteme. *Bautechnik*, 71 (1994), H. 5, S. 293–299.

[14] KNIPSCHILD, F. W.
Konstruktive Einzelheiten von Kombinationsdichtungen. In: Knipschild, F. W. (Hrsg.): Tagungsband der 10. Fachtagung „Die sichere Deponie, Wirksamer Grundwasserschutz mit Kunststoffen". Würzburg: Süddeutsches Kunststoffzentrum Würzburg (SKZ) 1994.

[15] Dichtungssysteme mit Geokunststoffen, Zusätzliche technische Vertragsbedingungen für das Gewerk Geokunststoffe bei Kombinationsdichtungssytemen im Deponiebau, Teil 1: Kunststoffdichtungsbahnen. *Müll und Abfall*, 26 (1994), H. 3, S. 162–170.

[16] Dichtungssysteme mit Geokunststoffen, Zusätzliche technische Vertragsbedingungen für das Gewerk Geokunststoffe bei Kombinationsdichtungssytemen im Deponiebau,

Teil 2: Geotextilien zum Schützen, Trennen, Filtern und Bewehren. *Müll und Abfall*, 27 (1995), H. 10, S. 702–706.

[17] SCHICKETANZ, R.
Wirkungsweise der Kombinationsdichtung und Anforderungen an die mineralische Oberfläche. *Müll und Abfall*, 24 (1992), H. 5, S. 287–295.

[18] DORNBUSCH, J.; AVERESCH, U.; EL KHAFIF, M.
Bauverfahrenstechnik und Qualitätsmanagement bei der Herstellung von Kombinationsdichtungen für Deponien. Aachen: Shaker Verlag 1996, 283 Seiten.

[19] BAEHR, H. D.
Thermodynamik, Eine Einführung in die Grundlagen und ihre technischen Anwendungen. Berlin, Heidelberg, New York: Springer Verlag 1966, 445 Seiten.

[20] SCHICKETANZ, R.
Bau von Kombinationsabdichtungen unter einem Zeltschutz. In: Knipschild, F. W. (Hrsg.): Tagungsband der 11. Fachtagung „Die sichere Deponie, Wirksamer Grundwasserschutz mit Kunststoffen". Würzburg: Süddeutsches Kunststoffzentrum (SKZ) 1995.

[21] KRATH, U.; SCHWARZ, T.
Kombinationsdichtungsbau im Winter am Beispiel der Zentralen Mülldeponie Eiterköpfe. *Müll und Abfall*, 25 (1993), H. 5, S. 366–374.

[22] BURKHARDT, G.; EGLOFFSTEIN, T. (HRSG.)
Asphaltdichtungen im Deponiebau. Renningen-Malmsheim: expert-Verlag 1995, 271 Seiten.

[23] AVERESCH, U. B.; SCHICKETANZ, R. T.
Installation Procedure and Welding of Geomembranes in the Construction of Composite Landfill Liner Systems – Focus on „Riegelbauweise". In: Rowe, R. K. (ed.): Proceedings of the 6th International Conference on Geosynthetics. Rosewill, USA: Industrial Fabrics Association International (IFAI) 1998.

[24] KNIPSCHILD, F. W.
Erfahrungen beim Bau von Kombinationsdichtungen. In: Knipschild, F. W. (Hrsg.): Tagungsband der 11. Fachtagung "Die sichere Deponie, Wirksamer Grundwasserschutz mit Kunststoffen". Würzburg: Süddeutsches Kunststoffzentrum (SKZ) 1995.

[25] KOERNER, G. R.; EITH, A. W.; TANESE, M.
Properties of exhumed HDPE field waves. *Geotextiles and Geomembranes*, 17 (1999), S. 247–261.

[26] SOONG, T.-Y.; KOERNER, R. M.
Behavior of waves in high density polyethylene geomembranes: a laboratory study. *Geotextiles and Geomembranes*, 17 (1999), H. 2, S. 81–104.

[27] CORBET, S. P.; PETERS, M.
First Germany/USA Geomembrane Workshop. *Geotextiles and Geomembrane*, 14 (1996), H. 12, S. 647–726.

[28] BONARPARTE, R.; GROSS, B. A.
Field Behavior of Double-Liner Systems. In: Waste Containment Systems: Construction, Regulations, and Performance. Geotechnical Special Publication No. 26. New York: American Society of Chemical Engineers (ASCE)1990.

[29] KNIPSCHILD, F. W.
Qualitätssicherung beim Bau von Deponieabdichtungen – Einbau der Kunststoffdichtungsbahn. In: Fehlau, K.-P.; Stief, K. (Hrsg.): Fortschritte der Deponietechnik

1992, Qualitätssicherung für Deponieabdichtungssysteme und Eigenkontrollen beim Aufbau der Deponie. Berlin: Erich Schmidt Verlag 1992.

[30] ANEMÜLLER, M.; SCHICKETANZ, R.
Das Qualitätsmanagement bei Deponieabdichtungsarbeiten – derzeitiger Stand.
In: Egloffstein, T.; Burkhardt, G.; Czurda, K. (Hrsg.): Oberflächenabdichtungen von Deponien und Altlasten 1998, Wirksame und kostengünstige Systeme – Reststoffe als alternative Dichtungsmaterialien. Berlin: Erich Schmidt Verlag 1998.

[31] GÖRG, H.
Qualitätsmanagement für Bauleistungen beim Bau von Oberflächenabdichtungen.
In: Egloffstein, T.; Burkhardt, G. (Hrsg.): Oberflächenabdichtungen von Deponien und Altlasten, Planung – Bau – Kosten. Berlin: Erich Schmidt Verlag 1997.

[32] Leistungskatalog der anerkannten Fachbetriebe der Überwachungsgemeinschaft „Bauen für den Umweltschutz". Wiesbaden: Überwachungsgemeinschaft „Bauen für den Umweltschutz" e. V. 1995.

[33] ALBERS, K.-H.
Wirksamer Grundwasserschutz durch Oberflächenabdichtungen mit Kunststoff-Flächenabdichtungen. In: Egloffstein, T.; Burkhardt, G. (Hrsg.): Oberflächenabdichtungen von Deponien und Altlasten, Planung – Bau – Kosten. Berlin: Erich Schmidt Verlag 1997.

[34] ALBERS, K.-H.; PREUSCHMANN, R.
Die Überwachungsordnung des AK GWS e.V. als Instrument zur Qualitätssicherung bei der Verlegung von Kunststoffdichtungsbahnen. In: Knipschild, F. W. (Hrsg.): Tagungsband der 14. Fachtagung „Die sichere Deponie, Wirksamer Grundwasserschutz mit Kunststoffen". Würzburg: Süddeutsches Kunststoffzentrum Würzburg (SKZ) 1998.

[35] Ordnung über die Durchführung des Überwachungsverfahrens. Berlin: Arbeitskreis Grundwasserschutz (AK GWS) e.V. 1997. Die Überwachungsordnung findet sich unter (*www.akgws.de*).

[36] KNIPSCHILD, F. W.
Kunststofftechnische Überwachung beim Bau von Deponieabdichtungssystemen.
In: Knipschild , F. W.: Tagungsband der 12. Fachtagung „Die sichere Deponie, Wirksamer Grundwasserschutz mit Kunststoffen". Würzburg: Süddeutsches Kunststoffzentrum (SKZ) 1996.

[37] MÜLLER, W.
Die Anwendung der BAM-Zulassung beim Bau von Kombinationsdichtungen.
Müll und Abfall, 26 (1994), H. 9, S. 601.

[38] MÜLLER, W. (HRSG.)
Fremdprüfung beim Einbau von Kunststoffkomponenten und -bauteilen in Deponieabdichtungssystemen – Richtlinie der Bundesanstalt für Materialforschung und -prüfung (BAM) für die Anforderungen an die Qualifikation und die Aufgaben einer fremdprüfenden Stelle. Berlin: BAM, Labor IV.32, Deponietechnik 1998.

10 Schweißen von PE-HD-Dichtungsbahnen

10.1 Schweißmaschinen, -geräte und Schweißnähte

Bei den PE-HD-Dichtungsbahnen, die aus einem thermoplastischen Werkstoff gefertigt sind, der einerseits unpolar und chemisch sehr stabil ist, der aber andererseits schon oberhalb von 140 °C eine Schmelze bildet und bei etwa 200 °C extrudiert werden kann, ist das Schweißen die Fügetechnik der Wahl. PE-HD-Dichtungsbahnen können dagegen praktisch nicht geklebt werden.

Im Kunststoff-Taschenbuch [1] wird das Schweißen von thermoplastischen Kunststoffen definiert als „Verbinden ... unter Anwendung von Wärme und Druck mit oder ohne Verwendung von Zusatzwerkstoffen. Hierbei werden die Oberflächen auf eine Temperatur oberhalb der Schmelztemperatur aufgeheizt und unter Druck so zusammengefügt, dass eine möglichst homogene Verbindung entsteht." Der Schweißprozess setzt sich also aus einem thermischen Vorgang (Aufschmelzen des Materials, in der Fachliteratur wird zumeist von Plastifizierung des Materials gesprochen) und einem rheologischen Vorgang (Schmelzefluss und Durchmischen der schweißfähigen Materialbereiche) zusammen. Es kann hier nicht darauf eingegangen werden, was „Durchmischen" polymerer Materialien, die Ausbildung von Grenzflächen und deren Auflösung durch molekulare Bewegungen, im Einzelnen bedeutet [2], [3]. Es genügt jedoch das intuitive Verständnis, dass der thermische Vorgang durch Wärmezufuhr ausgelöst wird und für den rheologischen Vorgang des Schmelzeflusses eine Krafteinwirkung wesentlich ist. In diesem Sinne wird im Folgenden der Begriff „Durchmischen" verwendet. Die beiden Vorgänge können zeitlich zusammenfallen oder nacheinander ablaufen, je nachdem wie der Schweißprozess verfahrenstechnisch realisiert wird.

Verschiedene Schweißverfahren und damit zusammenhängende Nahtformen sind im Prinzip möglich. Beim Schweißen großflächig verlegter PE-HD-Dichtungsbahnen kommen jedoch überwiegend das Heizkeilschweißen und daneben das Warmgasextrusionsschweißen zum Einsatz. Beim Heizkeilschweißen werden Überlappnähte mit Prüfkanal, beim Warmgasextrusionsschweißen werden Auftragnähte hergestellt. Im Folgenden wird auf diese beiden Verfahren und die beiden zugehörigen Nahtformen näher eingegangen. Dabei wird Bezug genommen auf die einschlägigen Richtlinien des Deutschen Verbandes für Schweißen und verwandte Verfahren (DVS) e.V., die den Stand der Technik beim Schweißen von Dichtungsbahnen in der Geotechnik beschreiben [4]. Die Anforderungen an Schweißmaschinen und -geräte und an die Schweißnähte werden in den Richtlinien DVS 2225-3:1997-07, *Fügen von Dichtungsbahnen aus polymeren Werkstoffen im Erd- und Wasserbau, Anforderungen an Schweißmaschinen und Schweißgeräte*, und DVS 2225-1:1991-02, *Fügen von Dichtungsbahnen aus polymeren Werkstoffen im Erd- und Wasserbau, Schweißen, Kleben, Vulkanisieren*, beschrieben. Für den Einsatz von PE-HD-Dichtungsbahnen bei der Abdichtung von Deponien und Altlasten existiert eine eigene Richtlinie: DVS 2225-4:1992-08, *Schweißen von Dichtungsbahnen aus Polyethylen (PE) für die Abdichtung von Deponien und Altlasten*.

In dem Dokument EPA/600/2-88/052:1991-05, *Technical Guidance Document: Inspection Techniques for the Fabrication of Geomembrane Field Seams*, der US-Environmental Protection Agency (US-EPA) werden Schweißverfahren, Maschinen und Geräte sowie Schweißnähte u.a. auch für PE-HD-Dichtungsbahnen beschrieben, wobei die US-amerikanischen und die deutschen Richtlinien nicht in allen Details völlig deckungsgleich sind [5].

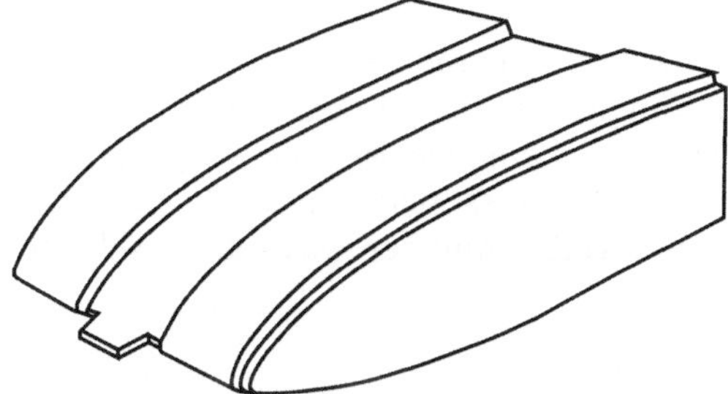

Abb. 10.1: Skizze eines Heizkeils. Erkennbar sind die beiden Kufen, die auf der Dichtungsbahnoberfläche entlang schleifen und eine Spur erhitzten Materials ausbilden. Durch den keilförmigen Verlauf werden die Dichtungsbahnenoberflächen zusammengeführt und unmittelbar hinter der Keilspitze durch Andruckrollen zusammengepresst. Die Rinne zwischen den Kufen führt dazu, dass zwischen den Nähten ein Prüfkanal entsteht. Der Nippel soll verhindern, dass der Schweißwulst (Schmelze, die beim Aufeinanderpressen der aufgeschmolzenen Nahtbereiche austritt) den Prüfkanal verschließt. Heizkeile werden in unterschiedlicher Form und Länge sowie mit geriffelten oder glatten Kufen hergestellt.

Beim Heizkeilschweißen (*hot wedge welding*) wird ein auf Temperaturen von 300 ... 400 C aufgewärmter Heizkeil (Abbildung 10.1) im überlappend verlegten Randbereiche zwischen der unteren und oberen Dichtungsbahn hindurchgezogen. Ein System aus Führungsrollen sorgt für einen vollflächigen Kontakt. Die oberflächennahen Bereiche werden dabei aufgeschmolzen und die beiden Schmelzeschichten unmittelbar hinter dem Keil durch ein Andruckrollensystem zusammengepresst. Abbildung 10.2 gibt eine schematische Darstellung des Verfahrens. Für das Heizkeilschweißen werden Heizkeilschweißmaschinen[1] verwendet, bei denen die drei wesentlichen Funktionselemente in ein Grundgerät integriert sind: das Temperiersystem, also der Heizkeil mit seinen Führungsrollen,

---

[1] Als Schweißmaschinen bezeichnet man Vorrichtungen, die selbstfahrend sind und den Andruck maschinell erzeugen. Schweißgeräte werden dagegen von Hand geführt und auch der Druck resultiert letztlich aus der Muskelkraft des Schweißers.

das Andrucksystem sowie ein Antriebssystem. Das Antriebssystem sorgt dafür, dass die Schweißmaschine mit konstanter Geschwindigkeit den Überlappbereich entlang fährt und die beiden Dichtungsbahnen kontinuierlich verschweißt. Die Abbildung 10.3 zeigt eine handelsübliche Heizkeilschweißmaschine.

Mit diesen drei Funktionselementen verbunden sind die drei wesentlichen Schweißparameter, die den Heizkeilschweißprozess bestimmen: Der Wärmeeintrag über den Heizkeil (Heizkeiltemperatur und Heizkeillänge), die Fügekraft, mit der die Schmelzeschichten zusammengedrückt werden (genauer: der Druck, der über die Auflagefläche der Andruckrollen gegeben ist) und schließlich die Schweißgeschwindigkeit, die mit dem Antriebssystem eingestellt wird. Zusammen mit der Heizkeillänge bestimmt sie die Verweilzeit der Dichtungsbahn auf dem Heizkeil und die Dynamik des Andrucks. In vielen Fällen dient das Andruckrollensystem zugleich als Antriebssystem. Dabei wird angenommen, dass der für das Schweißen erforderliche und noch zulässige Andruck immer größer ist, als der zum Vortrieb und Transport erforderliche Andruck. Dies ist in der Regel, jedoch nicht notwendigerweise immer, der Fall. Man denke etwa an eine schwere Maschine, die eine steile Böschung hinauf schweißen soll.

Heizkeiltemperatur, Fügekraft und Schweißgeschwindigkeit müssen als verfahrenstechnische Schweißparameter unabhängig voneinander eingestellt und auf die Sollwerte geregelt werden können. Die Heizkeillänge ist eine vorgegebene Maschinenkonstante. Auf den Heizkeilschweißprozess selbst und die für eine gute Nahtqualität erforderliche Wahl der Schweißparameter wird im Abschnitt 10.3 ausführlich eingegangen.

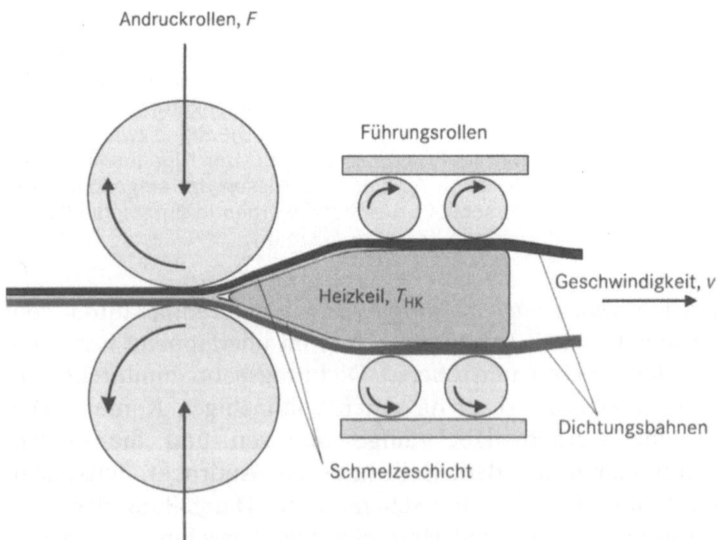

Abb. 10.2: Schemazeichnung einer Heizkeilschweißmaschine mit den drei wesentlichen Funktionselementen: Heizkeil (Heizkeiltemperatur T_{HK}) mit Führungsrollen und die Andruckrollen (Fügekraft F), die hier zugleich als Antriebsrollen dienen [25] (siehe auch die Abb. 4 in der DVS 2225-1). Die Schweißmaschine fährt mit der Geschwindigkeit v (im Bild nach rechts) auf Fahrrollen, vorwärtsgeschoben von den Andruckrollen, über das Auflager der Dichtungsbahnen. Je nach der Beschaffenheit des Auflagers laufen die vorderen Rollen auf einem Schleppstreifen, der mitgezogen wird.

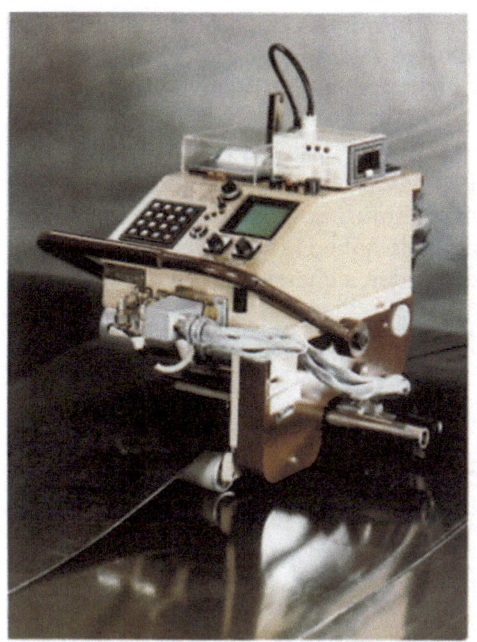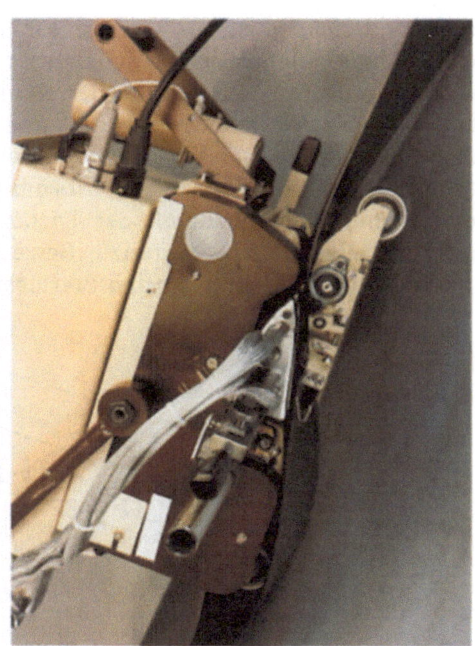

Abb. 10.3: Aufnahmen einer Heizkeilschweißmaschine. Kompakte, elektronisch gesteuerte Maschinen mit Display und Bedienungspult werden inzwischen von mehreren Herstellern angeboten. Rechts sind die Laufrollen unterhalb und auf der unteren Dichtungsbahn erkennbar sowie der Heizkeil über den die beiden Dichtungsbahnen geführt werden.

Der Heizkeil (Abbildung 10.1) und das zugehörige Andruckrollensystem sind so gebaut, dass sich im Überlappbereich zwei Nähte ergeben, mit einem dazwischen liegenden unverschweißten Bereich, dem sogenannten Prüfkanal, der zur Prüfung der Dichtigkeit der Naht verwendet wird (Abbildung 10.4). Man bezeichnet diese Schweißnaht als Überlapp-Doppelnaht mit Prüfkanal *(hot wedge weld with air channel)* oder zumeist einfach nur als Überlappnaht mit Prüfkanal und die beiden Nähte als vordere bzw. hintere Teilnaht. Die Nahtform muss dabei bestimmten geometrischen Anforderungen genügen. In Abbildung 10.4 sind die Anforderungen nach der DVS 2225-4 für die Überlappnähte mit Prüfkanal der bei der Abdichtung von Deponien und Altlasten verwendeten, mindestens 2,5 mm dicken PE-HD-Dichtungsbahnen angegeben. Von besonderer Bedeutung für die Beurteilung der Nahtgüte ist der sogenannte Fügeweg s_f, der definiert ist durch:

$$s_\mathrm{f} = (d_\mathrm{o} + d_\mathrm{u}) - d_\mathrm{N} \; . \tag{10.1}$$

Der Fügeweg wird sehr oft auch mit Δd_N bezeichnet. Im übernächsten Abschnitt wird auf die Bedeutung dieser Größe näher eingegangen.

Heutzutage stehen Heizkeilschweißmaschinen zur Verfügung, die robust und dennoch komfortabel zu bedienen sind und den hohen technischen Anforderungen genügen. Mechanische Einwirkungen bei Betrieb und Transport, dazu Schmutz und Feuchtigkeit sind gerade auf Baustellen des Tiefbaus sowie des Wasserbaus nicht zu vermeiden. Die Maschinen müssen unter diesen Einwirkungen einwandfrei funktionieren. Daraus folgt u.a., dass insbesondere die elektrischen und elektronischen Bauteile vor Korrosion und Verschmutzung geschützt werden müssen und dass gerade unter diesen Bedingungen die Funktionselemente, insbesondere der Heizkeil, gut zugänglich, leicht zu reinigen und zu warten sein müssen. Das Grundgerät muss leicht und gut zu handhaben sein. Es muss einerseits so stabil und verwindungssteif sein, dass die beim Andruck entstehenden Kräfte mit geringer Verformung aufgenommen werden können. Andererseits muss die Mechanik der Dichtungsbahnführung, des Andruckelements und des Heizkeils eine begrenzte Beweglichkeit haben, so dass eine Anpassung an die Dichtungsbahn unter den Betriebszuständen sichergestellt ist.

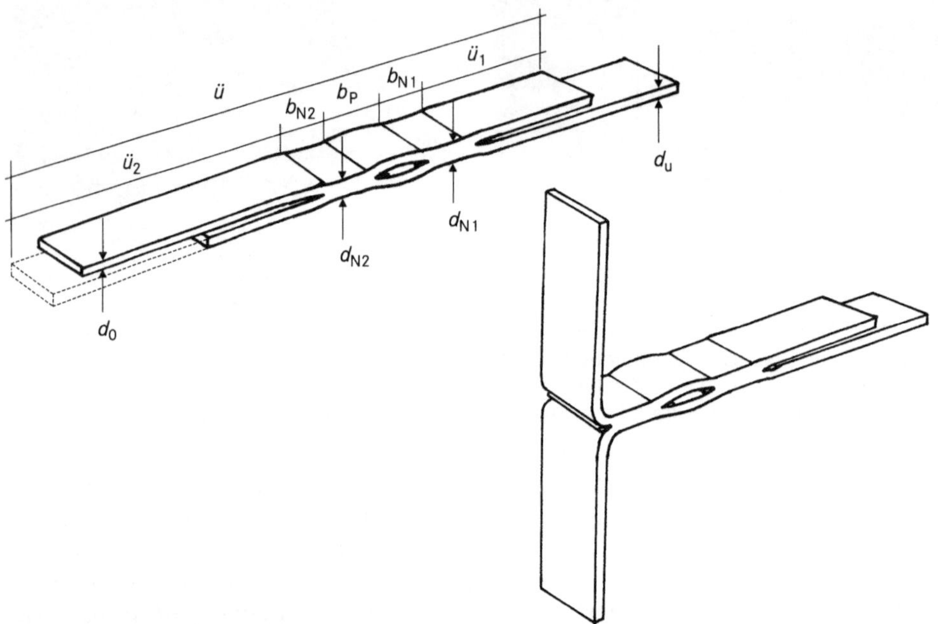

Abb. 10.4: Überlappnaht mit Prüfkanal (Doppelnaht): schematische Darstellung des Probekörpers für den Zugversuch (links oben), der aus einer Schweißnaht herausgeschnitten wird. Die obere Dichtungsbahn erstreckt sich nach links, die untere nach rechts. Gestrichelt eingezeichnet ist die für den Zugscherversuch gekürzte hintere Überlappung. Eingezeichnet sind die für diese Nahtform charakteristischen Maße: d_o (Dicke der oberen Dichtungsbahn), d_u (Dicke der unteren Dichtungsbahn), d_{N1}, d_{N2} (Dicke der vorderen und Dicke der hinteren Teilnaht), b_{N1}, b_{N1} (Breite der vorderen und Breite der hinteren Teilnaht, b_P (Breite des Prüfkanals), $\ddot{u}_1$ und $\ddot{u}_2$ (Überlappung vorn und Überlappung hinten). Nach der DVS 2225-4 gelten für Überlappnähte von Deponiedichtungsbahnen folgende Anforderungen: d_o und $d_u \geq$ 2,5 mm, 5 mm $\leq \ddot{u}_1 \leq$ 15 mm, $\ddot{u}_2 \geq$ 40 mm, b_{N1} und $b_{N1} \geq$ 15 mm, sowie $b_P \geq$ 10 mm. Weiterhin werden Anforderungen an die Nahtdicke (bzw. den Fügeweg) gestellt, siehe dazu den Text.
Nach der DVS 2226-2 hat der Probekörper für den Zugscherversuch folgende Maße:
Breite $\geq$ 15 mm und mindestens 5 · Dichtungsbahnendicke, Einspannlänge (Klemmenabstand) = 100 mm + Nahtbreite. Gesamtlänge $\geq$ Einspannlänge +50 mm.
Rechts unten wird schematisch der Probekörper gezeigt, wie er beim Schälversuch eingebaut wird. Dessen Maße sind nach der DVS 2226-3: Breite $\geq$ 15 mm und mindestens 5 · Dichtungsbahnendicke, Länge der beiden Schenkel = jeweils mindestens 10 · Dichtungsbahnendicke, Einspannlänge = 40 · Dichtungsbahnendicke, Gesamtlänge $\geq$ Einspannlänge +50 mm. Angedeutet ist der Nahtwulst, der sich im Randbereich der Nähte ausbildet.

Einige der derzeitigen Anforderungen aus der DVS 2225-4 an die Wirkungsweise und Regelung der Funktionselemente seien hier zitiert. Die Heizkeiltemperatur muss bis zu einer Temperatur von 400 °C stufenlos eingestellt und auf ± 5 °C geregelt werden können. Als Kontrollgröße dient z.B. eine Temperaturmessung an der Oberfläche der Heizkeilspitze in der Nähe der Stelle, wo die Dichtungsbahn den Heizkeil verlässt. Die Fügekraft muss mit einer Toleranz von mindestens ± 100 N geregelt werden. Bei Dickensprüngen, etwa bei T-Stößen, überschreitet die Fügekraft zumeist kurzzeitig die zulässige Toleranz. Die Richtlinie fordert, dass diese Abweichung jedoch nicht mehr als 30% des eingestellten Wertes ausmacht. Das Andrucksystem muss die Fügekraft gleichmäßig auf beide Teilnähte aufbringen. Die zulässige Differenz im Fügeweg s_f der beiden Teilnähte darf 0,1 mm nicht überschreiten. Die Schweißgeschwindigkeit muss mit einer Genauigkeit von ± 5 cm/min eingestellt und geregelt werden können.

Moderne Maschinen regeln die Schweißparameter (Heizkeiltemperatur, Fügekraft, Schweißgeschwindigkeit) auf die eingestellten Sollwerte, zeigen die Istwerte auf einem Display an, melden mit einem Signalton unzulässige Abweichungen und drucken ein Fehlerprotokoll aus. Sie sind zusätzlich auch mit einer Datenerfassung ausgerüstet, die in regelmäßigen Abständen (z.B. alle 2,5 cm Nahtlänge) die Schweißparameterwerte elektronisch speichert. Die Daten können nach dem Schweißen der Naht ausgelesen, zusammenhängend dargestellt und analysiert werden. Angezeigt werden dabei z.B. die Bereiche abrupter Dickensprünge, wo die Fügekraft aus dem zulässigen Parameterfenster herausgelaufen ist. Solche Stellen können dann in Augenschein genommen, bewertet und gegebenenfalls überprüft werden. Neben den Schweißparametern sollten auch die Oberflächentemperatur der Dichtungsbahn und die Luftfeuchtigkeit Bestandteil der Datenerfassung sein.

Mit dem Heizkeilschweißen können Dichtungsbahnen maschinell über große Längen geschweißt werden. Es entstehen Nähte, die mit verfahrenstechnisch eindeutig bestimmten und auf Sollwerte geregelten Schweißparametern geschweißt wurden. Die Doppelnaht schafft darüber hinaus zusätzliche Sicherheit. Durch den Prüfkanal kann die Dichtigkeit über eine große Schweißnahtlänge geprüft werden. Soweit als technisch möglich sollten daher die Dichtungsbahnen mit diesem Schweißverfahren geschweißt werden. Es gibt jedoch schwer zugängliche Nahtbereiche, Anschlüsse an Bauwerke und Rohrdurchdringungen, Reparaturen und Nachbesserungen, die nicht maschinell geschweißt werden können. In solchen Fällen wird als Fügeverfahren das Warmgasextrusionsschweißen mit einem Extrusionsschweißgerät gewählt [6].

Beim Warmgasextrusionsschweißen (*hot air extrusion welding*) von Dichtungsbahnen wird entlang der Kante des Überlappstoßes ein Schmelzestrang (Schweißzusatz) aus der gleichen oder einer ähnlichen Formmasse wie die Dichtungsbahn aufgebracht (Abbildung 10.5). Der extrudierte Materialstrang soll dabei mit den beiden Dichtungsbahnbereichen verschmelzen. Deshalb wird die Dichtungsbahnoberfläche durch Warmgas unmittelbar vor dem Auftragen des Schmelzestrangs aufgeheizt. Der Wärmeübergang zwischen Schmelzestrang und unvorbereiteter Oberfläche der Dichtungsbahn ist jedoch schlecht. Deshalb muss der zu überschweißende Bereich zusätzlich vorab bearbeitet werden. Man spricht von der Nahtvorbereitung, die beim Extrusionsschweißen besonderer Aufmerksamkeit bedarf. Eine dünne Wachsschicht, die sich aus an die Oberfläche diffundierten, niedermolekularen Polyethylenanteilen auf der Oberfläche der Dichtungsbahn bilden kann, und eventuell eine Oxidationsschicht müssen abgeschliffen oder abgeschabt, die Kante der oberen Dichtungsbahn abgeschrägt und die beiden Dichtungsbahnen mit einfachen Handschweißgeräten geheftet werden, so dass ein eng anliegender, sich nicht verschiebender Überlapp entsteht. Verwendet werden kleine Handschleifgeräte (Seitenschleifer) mit hinreichend feinem Schleifpapier. Beim Abschrägen der Kante der oberen Dichtungsbahn darf die untere Fügefläche nicht beschädigt werden. Es dürfen keine tiefen Riefen oder Einkerbungen entstehen. Die schleifend bearbeitete Oberfläche muss ein gleichmäßig fein geriffeltes Bild ergeben, wobei die Schleifspuren überwiegend senkrecht zur Naht verlaufen sollten. Der bearbeitete Nahtbereich muss später vollständig mit dem Schweißzusatz bedeckt sein. Nicht nur auf die Oberflächenbeschaffenheit der bearbeiteten Fügefläche, sondern auch auf deren Breite muss daher geachtet werden. Eine einwandfreie Nahtvorbereitung ist also mühsam und langwierig, erfordert Geduld und handwerkliches Geschick. Schon deshalb wird man soweit wie überhaupt technisch möglich das Heizkeilschweißen verwenden.

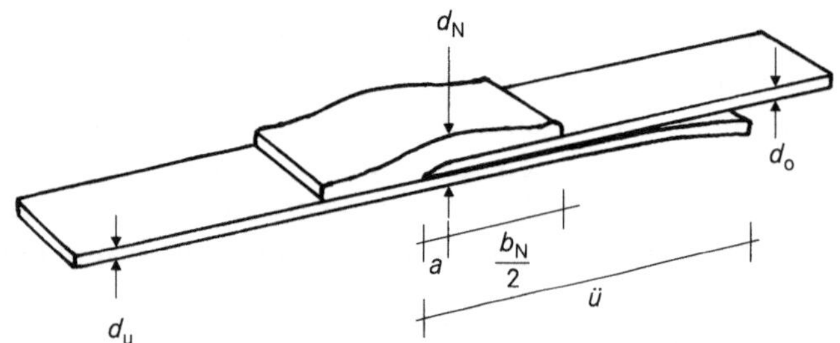

Abb. 10.5: Schematische Darstellung eines Probekörpers aus einer Auftragnaht. Die obere Dichtungsbahn erstreckt sich nach rechts, die untere nach links. Eingezeichnet sind die für diese Nahtform charakteristischen Maße: d_o (Dicke der oberen Dichtungsbahn), d_u (Dicke der unteren Dichtungsbahn), d_N (Dicke der Naht), b_N (Breite der Naht), a (Außermittigkeit, Versatz), $ü$ (Überlappung). Nach der DVS 2225-4 gelten für Auftragnähte von Deponiedichtungsbahnen folgende Anforderungen: d_o und $d_u \geq 2{,}5$ mm, $ü \geq 40$ mm, $b_N \geq 30$ mm, $a \leq 5$ mm. Weiterhin werden Anforderungen an den Nahtdickenfaktor gestellt, siehe dazu den Text.

Der beim Extrusionsschweißen eingesetzte Schweißzusatz sollte aus der gleichen Formmasse bestehen, wie die zu schweißenden Dichtungsbahnen, oder zumindest aus einem in der Fließfähigkeit sehr ähnlichen PE-HD-Werkstoff. Nur dann lässt sich eine den Anforderungen genügende Nahtqualität erreichen. Nach der DVS 2207-1:1995-08, *Schweißen von thermoplastischen Kunststoffen, Heizelementschweißen von Rohren, Rohrleitungsteilen und Tafeln aus PE-HD*, gilt die Regel, dass PE-HD-Formmassen mit einem Schmelzindex (MFR 190/5) im Bereich zwischen 0,3 bis 1,7 g/10min verschweißt werden dürfen. Dieser Bereich überdeckt die Schmelzindexklasse T003 zur Hälfte, dazu die Schmelzindexklassen T006 und T012 und dann die Schmelzindexklasse T022 zu einem kleinen Teil, siehe dazu Tabelle 3.4. Diese Regel wird bei PE-HD-Dichtungsbahnen jedoch dahingehend geringfügig erweitert, dass Dichtungsbahnen untereinander bzw. Dichtungsbahn und Schweißzusatz verschweißbar sind, wenn deren Formmasse innerhalb einer MFR-Klasse liegen, oder wenn die Formmassen den benachbarten Klassen T006 und T012 angehören [7]. Die technischen Lieferbedingungen für Schweißzusätze werden in dem Merkblatt DVS 2211:1979-11, *Schweißzusätze für thermoplastische Kunststoffe, Geltungsbereich, Kennzeichnung, Anforderung, Prüfung*, beschrieben. Wird von der oben genannten Regel abgewichen, was bei Schweißzusätzen eigentlich nie notwendig ist, wohl aber beim Anschluss neuer Dichtungsabschnitte an bereits verlegte Dichtungsbahnen, so fordern die Richtlinien, dass im Einzelfall eine Eignungsprüfung durchgeführt wird. Worin bei einer Auftragnaht oder einer Überlappnaht in einer Dichtungsbahn die Eignungsprüfung besteht, ist bislang allerdings nicht eindeutig geregelt. Zumeist werden die Ergebnisse von Kurzzeit-Zugscherversuch und Kurzzeit-Schälversuch zur Bewertung herangezogen. Das im Abschnitt 10.3 beschriebene Bewertungsverfahren bietet jedoch auch hier die Möglichkeit, bei Heizkeil-Überlappnähten eine systematische quantitative Bewertung der Nahtqualität durchzuführen.

Die von Hand geführten Geräte für das Warmgasextrusionsschweißen bestehen ebenfalls aus drei Funktionselementen: dem Vorwärmsystem mit Temperaturregelung für das Warmgas, mit dem die Fügefläche vorgewärmt wird, dem Plastifiziersystem, einem kleinen Extruder, in dem das Granulat oder ein Schweißdraht aufgeschmolzen, homogenisiert, auf eine geregelte Massetemperatur gebracht wird und aus dem dann der Schmelzestang mit einer bestimmten Austragsgeschwindigkeit durch den Schweißschuh, als drittem Funktionselement, austritt. Abbildung 10.6 zeigt eine schematische Darstellung des Geräts. Über den Schweißschuh wird der Schweißzusatz geglättet, ausgeformt und auf die Fügefläche aufgebracht. Der Schweißschuh hat zwei seitliche Auflageflächen mit denen das Gerät auf der Dichtungsbahn aufgestützt wird.

Beim Warmgasextrusionsschweißen entsteht eine sogenannte Auftragnaht[2] *(extrusion fillet weld)*. Abbildung 10.5 zeigt die Nahtform. Auch an diese Nahtform werden bestimmte geometrische Anforderungen gestellt. In Abbildung 10.5 sind die Maße nach der Richtlinie DVS 2225-4 für die Auftragnähte der bei der Abdichtung von Deponien und Altlasten verwendeten mindestens 2,5 mm dicken PE-HD-Dichtungsbahnen angegeben. Neben den eigentlichen Abmessungen wird der sogenannte Nahtdickenfaktor f_{NA} zur Beurteilung der Qualität der Nähte verwendet:

$$f_{NA} = \frac{d_N}{d_o + d_u} \; . \tag{10.2}$$

---

[2] Auch diese Naht wird auftragsgemäß gefertigt, sie heißt aber dennoch nicht Auftrags(!)naht.

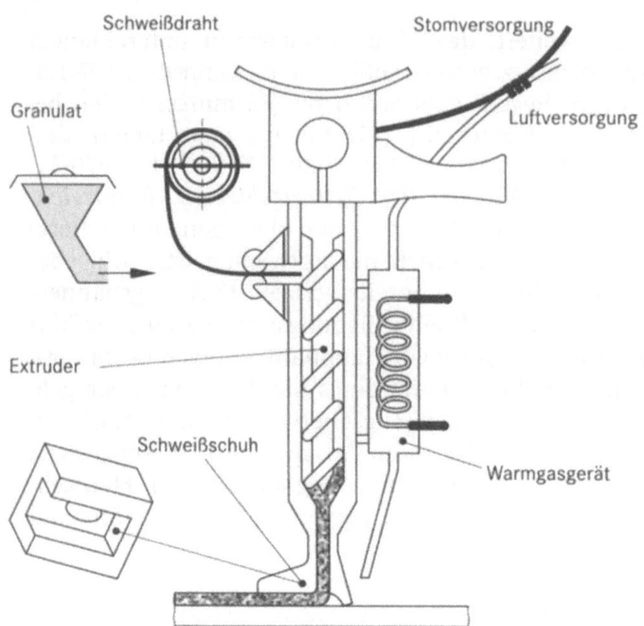

Abb. 10.6: Schematische Darstellung eines Geräts für das Extrusionsschweißen (Der Abbildung liegt Bild 2 aus der DVS 2209-1 zugrunde). In einem Kleinextruder wird die Formmasse des Schweißzusatzes als Granulat oder als Schweißdraht gefüllt. Die Schmelze tritt über einen Schweißschuh aus. Der Schweißschuh besteht aus einer in etwa hufeisenförmigen Kufe (Schemazeichnung, Ansicht von unten), die auf der Dichtungsbahn entlang gleitet. Zwischen den Schenkeln tritt der Schmelzstrang aus und wird auf die Dichtungsbahn gepresst. Unmittelbar vor dem vorderen Ende des Schweißschuhs wird die Dichtungsbahn durch ein mit dem Hauptgerät verbundenen Warmgasgerät erwärmt.

Gegenstand von Diskussionen ist immer wieder die Frage, ob Randwülste rechts- und links unter den Auflageflächen des Schweißschuhs hervorgequollen sein dürfen. Zweierlei lässt sich dazu sagen: Zunächst sind große Wülste ein Hinweis, dass nicht handwerklich einwandfrei geschweißt wurde. Die Wülste dürfen auf keinen Fall unmittelbar nachteilige Auswirkungen haben: z.B. dass sie die Vakuumprüfung behindern, oder dass gar von den nur oberflächlich anklebenden Wülsten her sich die ganze Naht aufschälen lässt.

Nicht alle Schweißparameter sind bei diesem Verfahren verfahrenstechnisch genau definiert und geregelt. Nach den Richtlinien muss die Massetemperatur des Schweißzusatzes auf ± 10 °C geregelt und kontrolliert und die Warmgastemperatur bis zu einer Temperatur von 350 °C stufenlos eingestellt und auf ± 20 °C geregelt werden können. Damit ist aber noch nicht die Temperatur der mit dem Heizgas vorgewärmten Dichtungsbahn eindeutig bestimmt. Die Fügekraft und die Schweißgeschwindigkeit hängen von der Förderleistung des Extruders, der Geometrie des Schweißschuhs und dem Geschick des Schweißers ab. Beide Prozessgrößen werden bei der derzeitigen Schweißtechnik nicht quantitativ erfassen. Die Qualität der Auftragnaht hängt also sehr stark von der Erfahrung, dem Wissen, dem manuellen Geschick, der körperlichen Konstitution und der Übung des Schweißers ab.

Gerade an kritischen Stellen eines Abdichtungsbauwerkes, z.B. bei Rohrdurchdringungen und Anschlüssen an Schachtbauwerken im Tiefpunkt der Abdichtung, sind oft Auftragnähte erforderlich. Die Bedeutung eines fachlich qualifizierten und erfahrenen Verlegefachbetriebes für die Qualität einer Abdichtung mit Kunststoffdichtungsbahnen kann daher kaum überschätzt werden. Andererseits sind Dichtungsbahnen aus thermoplastischen Werkstoffen das einzige Abdichtungsmaterial, mit dem auch an solchen kritischen Stellen eine wirklich flüssigkeitsdichte, homogene und werkstoffgleiche Naht hergestellt werden kann.

10.2 Prüfungen von Schweißnähten

Die Überlappnähte und Auftragnähte müssen auf der Baustelle geprüft werden. Die Baustellenprüfungen werden in gewissem Umfang durch Prüfungen unter Laborbedingungen ergänzt. Im Labor können auch Langzeitversuche an Schweißnähten durchgeführt werden. Mit Zeitstand-Versuchen soll dabei grundsätzlich die Abhängigkeit der Nahtqualität von den Prozessparametern, das Langzeitverhalten und die Schweißeigenschaften von Werkstoffen untersucht werden.

Die Baustellenprüfungen werden in der Richtlinie DVS 2225-2:1992-08, *Fügen von Dichtungsbahnen aus polymeren Werkstoffen im Erd- und Wasserbau, Baustellenprüfungen*, und in der Richtlinie DVS 2225-4 beschrieben. Eine kurze Übersicht gibt ebenfalls die Norm ASTM D4437-84(1988), *Practice for Determining the Integrity of Field Seams Used in Joining Flexible Polymeric Sheet Geomembranes*. Für die Druckluftprüfung und die Vakuumprüfung existieren ebenfalls ASTM-Normen: ASTM D5820-95, *Practice for Pressurized Air Channel Evaluation of Dual Seamed Geomembranes*, und ASTM D5641-94, *Practice for Geomembrane Seam Evaluation by Vacuum Chamber*. Die Prüfungen dienen zum einen der Einstellung der Prozessparameter, wobei erst mit dem weiter unten beschriebenen Prozessmodell die Parametereinstellung systematisch im Hinblick auf eine optimale Nahtqualität erfolgen kann. Vor allem aber wird mit den Prüfungen eben die Qualität der hergestellten Nähte, soweit dies auf der Baustelle möglich ist, ermittelt. Folgende Eigenschaften werden geprüft: die äußere Beschaffenheit, die Abmessungen, die Festigkeit und natürlich die Dichtigkeit.

Die äußere Beschaffenheit wird durch in Augenscheinnahme untersucht. Das unbewaffnete Auge des Prüfers beurteilt, ob eine handwerklich einwandfreie Ausführung der Naht vorliegt. Dabei wird eine Reißnadel zu Hilfe genommen, mit der mit Druck an der Nahtkante entlang gefahren werden kann. Schon damit können unter Umständen einzelne Fehlstellen, insbesondere bei Auftragnähten, gefunden werden. Zumeist führt die Nadel jedoch nur das Auge des Prüfers. Zu den Anforderungen dieser Prüfung lassen sich nur qualitative Hinweise geben. Der Prüfer muss auf die Form- und Gleichmäßigkeit, auf eine mittige Lage und gleichmäßige Randbereiche der Naht achten. Er muss die Wulstbildung am Rand von Überlapp- und Auftragnähten sowie die glatte und schlierenfreie Oberfläche des Schweißzusatzes bewerten und nach unzulässigen Kerben und Riefen aus der Vorbereitung der Fügefläche bei Auftragnähten und beim Heizkeilschweißen von T-Stößen und strukturierten Dichtungsbahnen suchen. Offensichtlich kann diese

Prüfung, sowohl im Rahmen der Eigenüberwachung des Verlegefachbetriebes wie bei der Fremdprüfung durch eine unabhängige Stelle, nur von einem erfahrenen und schweißtechnisch geschulten Fachmann durchgeführt werden. Bei einer solchen gerade für die Auftragnaht, deren Qualität stark handwerklich geprägt ist, sehr wichtigen, andererseits aber nur qualitativ beschriebenen Prüfung, sollten sich alle Beteiligten zu Beginn der Schweißarbeiten an längeren Probenähten über die Qualitätskriterien für eine einwandfreie äußere Beschaffenheit einigen.

Die Abmessungen der Naht werden an Probestreifen, die in der Regel am Nahtanfang und -ende entnommen werden, ermittelt. Die relevanten Abmessungen sind in den Abbildungen 10.4 und 10.5 angegeben. Die Breite der hinteren Überlappung sollte aus prüftechnischen Gründen, damit nämlich später der Schälversuch und der Zugscherversuch durchgeführt werden kann, mindestens 40 mm betragen. Für die PE-HD-Dichtungsbahnen, die im Deponiebereich und bei der Sicherung von Altlasten eingesetzt werden, werden auch an die anderen Abmessungen in der Richtlinie DVS 2225-4 Mindestanforderungen gestellt. Neben den eigentlichen Abmessungen der Naht ist für die Überlappnaht der bereits erwähnte Fügeweg s_f (Gleichung 10.1) und bei der Auftragnaht der Nahtdickenfaktor f_{NA} (Gleichung 10.2) eine wichtige Prüfgröße. Dafür werden in den Richtlinien ebenfalls Vorgaben gemacht. Für den Fügeweg gilt:

$$0{,}2 \le s_f \le 0{,}8 \ . \tag{10.3}$$

Der Nahtdickenfaktor bei der Auftragnaht muss folgende Anforderung erfüllen:

$$1{,}25 \le f_{NA} \le 1{,}75 \ . \tag{10.4}$$

Bei Auftragnähten darf die Außermittigkeit (der Versatz) nicht mehr als 5 mm betragen.

Die Abmessungen und in gewissem Umfang die Homogenität der Naht können zerstörungsfrei mit Hilfe von Ultraschallmessungen geprüft werden. Dazu werden über einen kleinen Ultraschallmesskopf, der auf einen sauberen, ebenen Bereich der Naht aufgesetzt werden muss, Impulse mit einer Ultraschallfrequenz von 4 bis 6 MHz gesendet und die Laufzeit der Echos von der Rückseite der Naht bzw. der Dichtungsbahn oder von Fehlstellen in der Naht gemessen (Impuls-Echo-Verfahren). Aus der Laufzeit des Rückwandechos kann die Dicke ermittelt werden. Die Ankopplung des Prüfkopfs erfolgt über Wasser, dünnflüssigen Kleister oder spezielle Pasten. Mit der Prüfung soll frühstens eine Stunde nach dem Schweißen der Naht begonnen werden. Auf der Baustelle werden kleine Handgeräte verwendet, die nach Einstellung und Kalibrierung an planparallelen Referenzplatten unmittelbar die Dicke anzeigen. Solche Geräte können zur stichprobenartigen oder auch zur systematischen Messung des Fügeweges entlang der Naht verwendet werden. Kürzere Echolaufzeiten geben Hinweise auf Fehlstellen in der Naht. Eingeschlossener Schmutz, Poren, Luftspalte in der Naht erzeugen nämlich ebenfalls Ultraschallechos. Die Ultraschallmessung kann daher auch Hinweise zur Nahthomogenität geben. Nahtbereiche, die nur oberflächlich anhaften und nicht hinreichend verschmolzen sind, können damit jedoch nicht erkannt werden.

Die Fügefestigkeit der Naht wird im Schälversuch geprüft. Der Versuch wird auf der Baustelle mit einem einfachen Prüfgerät in Anlehnung an die Richtlinie DVS 2226-3:1997-07, *Prüfen von Fügeverbindungen an Dichtungsbahnen aus polymeren Werkstoffen, Schälversuch*, durchgeführt. Es wird jedoch auch im Labor genau nach den Anforderungen der Richtlinie geprüft. Als Probekörper wird ein mindestens 15 mm, in der Regel jedoch 20 mm breiter Streifen quer zur Naht herausgeschnitten. Abbildung 10.4 zeigt den Probekörper. Die übereinanderliegenden Enden werden aufgeklappt und dann so in ein Zugversuch-Prüfgerät eingespannt, dass die Fügeebene, die gedachte Fläche in der Mitte der Naht, mittig zwischen den Einspannungen liegt. Die Probe wird mit einer Prüfgeschwindigkeit von 50 mm/min gezogen und das Verformungs- und Versagensverhalten beobachtet. Das Prüfergebnis ist die Beschreibung des Verformungs- und Versagensverhalten, das allerdings nur qualitativ beurteilt wird. Müßig inzwischen zu sagen, dass auch diese Prüfung daher nur von geschulten und erfahrenen Fachleuten durchgeführt werden kann. Es ist inzwischen auch Stand der Technik, dass auf der Baustelle Zugversuch-Prüfgeräte zum Einsatz kommen, mit denen zumindest mit der geforderten, konstanten Prüfgeschwindigkeit geschält werden kann. Die Zeiten, in denen noch umgebaute Wagenheber mit Handkurbel zum Einsatz kamen, sind längst vorbei.

Eine Schweißnaht zwischen PE-HD-Dichtungsbahnen hat eine gute Fügefestigkeit, wenn sie nicht aufschält und der Grundwerkstoff im Probekörper außerhalb der Naht verstreckt und reißt. Bei der Überlappnaht ist ein Verstrecken und Anschälen im Randbereich der Naht noch zulässig, wenn die Restbreite der Naht größer ist, als die für die jeweilige Anwendung geforderte Mindestbreite, z.B. 15 mm bei Deponiedichtungsbahnen. Bei der Prüfung der Auftragnähte ist es noch zulässig, wenn vereinzelt der Schweißzusatz verstreckt und reißt und die dabei erreichte Höchstzugkraft noch „in der Größenordnung" (DVS 2225-4) der vergleichbaren Höchstzugkraft aus dem Zugscherversuch (siehe unten) an den Auftragnähten liegt. Eine Naht (Überlappnaht oder Auftragnaht) hat keine ausreichende Fügefestigkeit, wenn sie entweder aufschält oder aber der Probekörper im Randbereich oder außerhalb der Naht nur spröde, ohne deutliches Verstrecken bricht.

Der Schälversuch nach der DVS 2226-3 dient generell der Prüfung von Fügeverbindungen an Dichtungsbahnen aus polymeren Werkstoffen. Es werden damit auch Nähte von Weich-PVC-Dichtungsbahnen, ECB-Dichtungsbahnen oder auch elastomeren Dichtungsbahnen, wie EPDM-Dichtungsbahnen[3], geprüft. In der Regel schälen diese Nähte tatsächlich auf. Die mittlere Kraft, die beim Schälen aufgewendet werden muss, bezogen auf die Breite des Probestreifens wird als Schälwiderstand bezeichnet. Die Einheit dieser Größe ist daher N/mm. Die Fügefestigkeit aufschälender Nähte wird dann nach der Größe des Schälwiderstands beurteilt.

---

[3] Weich-PVC: Polyvinylchlorid mit niedermolekularen organischen Beimischungen als Weichmacher, ECB: Ethylen-Kopolymerisat-Bitumen, EPDM: Terpolymer aus Polyethylen, Polypropylen und Dien-Monomeren. Dieses Terpolymer ist ein Kautschuk, der durch die über die Dien-Monomere eingebrachten Doppelbindungen mit Schwefel zum Elastomer vernetzt werden kann (Vulkanisation).

Obwohl eine einwandfreie Naht zwischen PE-HD-Dichtungsbahnen nicht aufschälen darf, wird in den DVS-Richtlinien die Höchstzugkraft, die beim Verstrecken und Reißen des Probestreifens außerhalb der Naht auftritt, auf die Probenbreite bezogen und ebenfalls als Schälwiderstand bezeichnet. In der Richtlinie DVS 2226-1:1998-08 (Entwurf), *Prüfen von Fügeverbindungen an Dichtungsbahnen aus polymeren Werkstoffen – Prüfverfahren, Anforderungen*, wird dickenabhängig ein Mindestwert für den Schälwiderstand auch bei den PE-HD-Dichtungsbahnen festgelegt, nämlich $15 \cdot d$ N/mm (d: Dicke der Dichtungsbahn).

Die Verwendung desselben Begriffs für zwei verschiedene Größen – Schälkraft beim Auftrennen einer Naht und Höchstzugkraft beim Verstrecken und Reißen des Probekörpers außerhalb der Naht – kann leicht zu Missverständnissen führen. Dieser sogenannte Schälwiderstand bei den PE-HD-Dichtungsbahnen sollte daher sehr vorsichtig verwendet werden. Da ein deutliches Verstrecken vor dem Reißen des Probestreifens gefordert wird, sollte die Höchstzugkraft bezogen auf den Ausgangsquerschnitt des Streifens mindestens im Bereich der Streckspannung liegen, was formal dem geforderten Mindestwert des Schälwiderstands entspricht. Andererseits ist es zweifelhaft, ob man die Höchstzugkräfte an den durch Scherfließen in der Nähe oder am Rand der Naht sich verformenden Probestäben aus unterschiedlichen PE-HD-Werkstoffen und mit unterschiedlichen Nahtgeometrien vergleichen darf. Die Höchstzugkraft im Zugversuch an PE-HD-Dichtungsbahnen reagiert sehr empfindlich auf Besonderheiten des Probekörpers.

Eine quantitative Auswertung des Schälversuchs, die Bestimmung des Schälwiderstands, ist in der Regel nur im Prüflabor möglich. Dort kann noch ein weiterer Kurzzeit-Zugversuch zur quantitativen Beurteilung der Naht durchgeführt werden, der Zugscherversuch. Das Prüfverfahren wird in der Richtlinie DVS 2226-2:1987-07, *Prüfen von Fügeverbindungen an Dichtungsbahnen aus polymeren Werkstoffen – Zugscherversuch*, beschrieben. Der Zugscherversuch verläuft analog zum Schälversuch. Der Probekörper wird jetzt jedoch am Streifenende von der unteren Dichtungsbahn auf der einen Seite der Naht und am Streifenende von der oberen Dichtungsbahn auf der anderen Seite der Naht eingespannt. Abbildung 10.4 zeigt den Probekörper. Die Naht liegt mittig und quer zur Zugrichtung. Verstreckt und reißt der Probekörper in diesem Versuch außerhalb der Naht, so wird der Naht eine gute Fügefestigkeit zugeordnet. Das Verhältnis der Höchstzugkraft im Zugscherversuch am Probestreifen mit Naht zur Höchstzugkraft, die an einem Probestreifen aus der Dichtungsbahn ohne Naht ermittelt wurde, wird als Kurzzeit-Fügefaktor oder auch Kurzzeit-Schweißfaktor bezeichnet. Auch für diesen Fügefaktor lassen sich erfahrungsgestützte typische Werte und Mindestwerte ableiten. Es gelten hier jedoch die analogen Vorbehalte, die oben beim Schälwiderstand geltend gemacht wurden.

Auf der Baustelle geprüft werden muss schließlich vor allem auch die Dichtigkeit der Nähte. Bei den Überlappnähten mit Prüfkanal wird eine Druckluftprüfung, bei den Auftragnähten eine Prüfung mit der Saugglocke oder eine Prüfung mit Hochspannung durchgeführt.

Überlappnähte mit Prüfkanal können dabei über die gesamte Nahtlänge, die ja bis zu 300 Metern betragen kann, zerstörungsfrei auf Dichtigkeit geprüft werden. Die Druckluftprüfung beginnt frühestens etwa 1 Stunde nach dem Schweißen. Am einen Ende der Naht wird ein PE-HD-Nippel einer Schlauchkupplung auf den Prüfkanal geschweißt, an den ein Kompressor mit Manometer und Druckschreiber angeschlossen wird. Der Prüfkanal wird durchgeblasen und am anderen Ende der Naht zugeschweißt oder luftdicht abgeklemmt. Die Druckluft wird aufgegeben. Zunächst wird etwa für 1 Minute ein Druck eingestellt, der deutlich über dem eigentlichen Prüfdruck liegt. Der Prüfkanal muss sich zunächst öffnen und ausformen. Nach dieser Vorbeanspruchung wird der Prüfdruck eingestellt. Der Prüfdruck richtet sich in gewissem Umfang nach der Dichtungsbahntemperatur und der Prüfkanalbreite ab. Er beträgt in der Regel etwa 5 bar. Mit dem Einstellen des Prüfdrucks beginnt die eigentliche Prüfung. Der Druck wird über eine Prüfdauer von 10 Minuten kontinuierlich mit dem Druckschreiber aufgezeichnet. Das Manometer muss dabei der Prüfgerätklasse 1.0 nach DIN EN 472:1994-11, *Druckmessgeräte – Begriffe*, entsprechen. Der Messbereich von Manometer und Schreiber soll nicht größer als etwa der doppelte Prüfdruck, die Skalierung nicht gröber als 0,1 bar sein. Während der Prüfzeit darf der Druck nicht um mehr als 10% des Ausgangswerts abfallen. Nach Ablauf der Prüfzeit wird der Prüfkanal am abgeklemmten oder zugeschweißten Ende geöffnet. Die Luft muss dabei schlagartig entweichen und die Manometeranzeige entsprechend rasch abfallen. Bei diesem Prüfergebnis gilt der untersuchte Nahtabschnitt als dicht. Wenn das Prüfergebnis von diesen Anforderungen abweicht, beginnt die Fehlersuche. Unter Umständen muss der Nahtabschnitt stückweise so lange weiter geprüft werden, bis die Fehlerquellen eingegrenzt sind.

Mühsamer ist die Prüfung der Dichtigkeit der Auftragnähte. Diese müssen Stück für Stück durch Aufsetzen einer Saugglocke nach dem Vakuumverfahren geprüft werden. Das Prüfgerät besteht aus einer typischerweise einige 10 cm langen und etwa 10 ... 15 cm breiten, durchsichtigen Prüfglocke, deren Rand mit einem elastischen Dichtring versehen ist, so dass die Glocke luftdicht auf den Schweißnahtabschnitt gedrückt werden kann. An die Glocke angeschlossen ist eine kleine Pumpe und ein Manometer, das die oben bereits genannten Anforderungen erfüllen muss. Für Kehlen, Kanten und Ecken gibt es speziell ausgeformte Prüfglocken.

Mit der Prüfung soll auch hier frühestens 1 Stunde nach den Schweißarbeiten begonnen werden. Der zu prüfende Nahtabschnitt wird mit einer blasenbildenden Flüssigkeit eingestrichen oder besprüht. Die Saugglocke wird aufgesetzt und mit einem Unterdruck angesaugt. Während der Prüfung muss ein Unterdruck von mindestens 0,5 bar für mindestens 10 Sekunden konstant gehalten werden. An einer undichten Stelle schlägt die Flüssigkeit Blasen. Lässt sich der Unterdruck „zügig" aufbauen, wird der Druck für die Prüfzeit gehalten und ist keine Blasenbildung zu beobachten, so gilt der Prüfbereich als dicht. Die Prüfglocke wird belüftet. Stellen, an denen sich Blasen gebildet hatten, werden markiert und später repariert. Die Prüfglocke wird dann auf den nächsten mit Prüfflüssigkeit eingesprühten oder eingepinselten Abschnitt gesetzt. Die Prüfabschnitte müssen sich dabei mindestens um 10 cm überschneiden.

Die Auftragnähte können auch mit einem anderen Prüfverfahren, der Prüfung mit elektrischer Hochspannung, untersucht werden. Dieses Verfahren wird statt der Vakuumprüfung vor allem an mit der Saugglocke nur schwierig zugänglichen Stellen eingesetzt. Ausgenutzt wird dabei, dass es zwischen zwei Elektroden bei angelegter Hochspannung über die Luft zu einer Gasentladung kommen kann. Der Funkenüberschlag ist sichtbar und hörbar: es funkt und knallt. Das Prüfgerät besteht aus einer Hochspannungsquelle, an die eine Bürstenelektrode oder Kugelelektrode angeschlossen ist. An der Rückseite der Auftragnaht, entlang der Überlappkante, wird eine Elektrode, z.B. ein Draht aus elektrisch gut leitendem Material, verlegt und mit überschweißt. Die eingeschweißte Elektrode wird geerdet. Die an der Bürstenelektrode anliegende Prüfspannung darf nicht die Durchschlagspannung der PE-HD-Dichtungsbahn übersteigen. Nach der Höhe der Spannung richtet sich andererseits die mögliche Länge der Entladungsstrecke. Für PE-HD-Dichtungsbahnen mit einer Dicke von 2,5 mm beträgt die zulässige Prüfspannung 60 kV. Damit wird ein Schlagweite von etwa 20 mm erreicht. Bei einer mittig in der Naht liegenden Elektrode können also 30 bis 40 mm breite Auftragnähte gerade noch geprüft werden. Mit der Bürste wird dazu mit einer Geschwindigkeit von etwa 10 m/min an der Nahtkante entlang gefahren. Es können damit jedoch nur die Fehlstellen detektiert werden, bei denen eine hinreichend kurze Entladungsstrecke über einen hinreichend großen Luftkanal entsteht, der also nahezu quer zur Naht verläuft. Bei solchen Fehlstellen kommt es zum Funkenüberschlag. Die entsprechenden Stellen werden markiert und repariert. Was dabei „hinreichend" genau bedeutet, ist nicht klar. Geschlossene, jedoch nur oberflächlich anhaftenden Nahtbereiche werden mit dieser Prüfung ohnehin nicht erkannt. Die Wirksamkeit und die Zuverlässigkeit dieses Prüfverfahrens ist daher umstritten.

Bisher wurden die Baustellenprüfungen besprochen, die durch Prüfungen im Labor (Schäl- und Zugscherversuch), z.B. bei einer unabhängigen Prüfstelle, die die Fremdprüfung durchführt, ergänzt werden. Daneben gibt es Laboruntersuchungen an Schweißnähten, bei denen es darum geht, grundsätzliche Fragen, nämlich die Abhängigkeit der Qualität der Schweißnaht von den Schweißparametern und das Langzeitverhalten, zu klären. Es sind dies der Zeitstand-Zugversuch (genauer: der Zeitstand-Zugscherversuch), der Zeitstand-Langsamzugversuch, der Zeitstand-Relaxationsversuch und der Zeitstand-Schälversuch.

Der Zeitstand-Zugversuch wurde im Abschnitt 3.2.16, dort als Prüfung der Spannungsrissbeständigkeit von strukturierten Dichtungsbahnen, genauer dargestellt. Der gleiche Versuch kann auch an Schweißnähten durchgeführt werden. Die Richtlinie DVS 2226-4:1998-08 (Entwurf), *Prüfen von Fügeverbindungen an Dichtungsbahnen aus polymeren Werkstoffen – Zeitstand-Zugversuch an Polyethylen*, beschreibt das Prüfverfahren. Die Proben werden nach den Vorgaben der Richtlinie DVS 2226-3 für den Zugscherversuch hergestellt und in die Prüfeinrichtung eingespannt. Der Zeitstand-Schälversuch ist nicht genormt. Er wird jedoch genau wie der Zeitstand-Zugversuch durchgeführt. Dabei wird statt des Probekörpers wie er in der Zugscherversuch-Richtlinie beschrieben ist, der Probekörper nach den Angaben der Schälversuch-Richtlinie hergestellt und in die Zeitstand-Apparatur eingespannt. Dabei wird üblicherweise nicht eine Prüfspannung (Einheit: N/mm^2), sondern eine Prüflinienkraft, als Zugkraft bezogen auf die Breite des Probekörpers (Einheit: N/mm), angegeben. Auf den Zeitstand-Schälversuch wird im nächsten Abschnitt näher eingegangen.

Mit dem Zeitstand-Zugversuch wird der Langzeit-Fügefaktor, auch Langzeit-Schweißfaktor genannt, bestimmt. Der Langzeit-Schweißfaktor wurde von G. DIEDRICH und E. GAUBE zur Beschreibung der Güte von Schweißnähten bei Rohren und Tafeln eingeführt [8], [9]. Zur Prüfung des Langzeitverhaltens von Rohren wird der Zeitstand-Rohrinnendruckversuch verwendet (Abschnitt 5.4 und 3.2.13). Dieser Versuch kann auch an einem Rohrabschnitt, der aus zwei Rohrteilen zusammengeschweißt wurde, durchgeführt werden. Für die Beurteilung des Langzeitverhaltens wird dabei der spröde Ast der Zeitstandkurve ermittelt, also jener Bereich im Zeitstand-Diagramm, bei dem es zum spröden Bruch durch Spannungsrissbildung kommt. Versuche von G. DIEDRICH und E. GAUBE sowie anderen Arbeitsgruppen ergaben, dass die mittleren Standzeiten von ungeschweißten und vorschriftsmäßig stumpfgeschweißten Rohren sich in diesem Bereich bei allen Prüftemperaturen nicht unterschieden. Das Versagen trat vorzugsweise im Grundmaterial der Naht auf. Das Ergebnis zeigt zwar, dass die stumpfgeschweißte Naht keine die Belastbarkeit dramatisch beeinträchtigende Schwachstelle im Rohr ist. Auf die Güte der Naht, auf deren Festigkeit im Vergleich zum Grundmaterial kann daraus aber noch nicht geschlossen werden. Im Zeitstand-Rohrinnendruckversuch ist die Längsspannung, also die senkrecht zur Fügeebene der stumpfgeschweißten Naht wirkende Spannung, nämlich nur halb so groß wie die Umfangsspannung (Abschnitt 5.4). Die Schweißnaht ist also wesentlich geringer beansprucht als das Grundmaterial.

G. DIEDRICH und E. GAUBE haben daher Zugstäbe (Parallelstäbe bzw. Streifenproben und Schulterstäbe) aus den Rohrwänden ausgeschnitten, einmal ohne Schweißnaht, zum anderen mit einer mittig liegenden Schweißnaht und in Zeitstand-Zugversuchen geprüft. Die Fügeebene liegt dabei im wesentlichen senkrecht zur Zugspannung und der Schweißnahtbereich und das Grundmaterial werden ähnlich beansprucht. Durch die Messung der Standzeiten bei verschiedenen Zugspannungen konnte auch hier ein spröder Ast der Zeitstandkurve, sowohl für das Grundmaterial, wie für die Naht, ermittelt werden. Je nach der Qualität der Schweißarbeiten und nach der Art des Schweißverfahrens (z.B. Heizelementstumpfschweißen und Extrusionsschweißen) ergaben sich unterschiedlich Lagen des spröden Astes der Naht im Vergleich zum Ast des Grundmaterials. Diese Unterschiede werden durch den Langzeit-Schweißfaktor beschrieben. Der Langzeit-Schweißfaktor ist definiert als das Verhältnis der beiden Spannungen, die eine auf dem spröden Ast der Zeitstandkurve der geschweißten Probe, die andere auf dem spröden Ast des Grundmaterials, die zu gleichen Standzeiten führen. Oders anders gesagt: der Langzeit-Schweißfaktor gibt an, wie man die Zugspannung abmindern muss, um für die Probe mit Schweißnaht die gleiche mittlere Standzeit zu erreichen wie für die Probe ohne Naht. Im Idealfall soll der Langzeit-Schweißfaktor Eins sein: Schweißnaht und Grundmaterial verhalten sich gleich. Die Äste von Grundmaterial und Schweißnaht im Zeitstand-Diagramm verlaufen jedoch selten so, dass für jede Spannung der gleiche Langzeit-Schweißfaktor berechnet wird. In der Regel ist der Langzeit-Schweißfaktor vielmehr stark abhängig von der Prüfspannung. Das Prüfverfahren und die Ermittlung des Langzeit-Schweißfaktors wurde in der Richtlinie DVS 2203-4:1997-07, *Prüfen von Schweißverbindungen an Tafeln und Rohren aus thermoplastischen Kunststoffen – Zeitstand-Zugversuch*, normiert. Ein Langzeit-Schweißfaktor kann jedoch auch definiert werden, als Verhältnis der Standzeiten von Naht und Grundmaterial bei vorgegebener Prüfspannung. Man erhält dann einen Faktor, mit dem die Standzeit des Grundmaterials abgemindert werden muss.

Der Zeitstand-Zugversuch (hier genauer als Zeitstand-Zugscherversuch) und die daraus abgeleitete Bestimmung des Langzeit-Schweißfaktors wurden von J. HESSEL und P. JOHN auch zur Charakterisierung des Langzeitverhaltens von Schweißnähten (Heizkeil-Überlappnaht und Auftragnaht) bei Dichtungsbahnen angewendet [10]. Prüfung und Verfahren zur Bestimmung der hier als Langzeit-Fügefaktor bezeichneten Bewertungsgröße werden in der oben genannten DVS 2226-4 beschrieben. Zumindest bei der Anwendung auf Dichtungsbahnen ergeben sich jedoch bei diesem Verfahren noch drei ungelöste methodische Probleme.

1. Die Standzeit einer Probe aus der ungeschweißten Dichtungsbahn und damit der Bezugswert für die Standzeit der Schweißnaht hängt stark von der Art der Probenherstellung ab. Die Proben aus dem Grundmaterial versagen immer durch Spannungsrissbildung, die vom Rand her an den Bearbeitungsspuren beginnt. Gestanzte Zugstäbe versagen rasch, mit schnelllaufenden Hartmetallsägen gesägte oder mit hochtourigen Fräsen gefräste Proben stehen länger. Die Standzeit wird noch länger, wenn die Ränder mit feinem Schleifpapier nachgearbeitet werden. Erst wenn völlig glatte Schnittkanten durch Schneiden mit einem Mikrotommesser oder sehr feinem Hobel hergestellt werden, kommt man in den Bereich, wo in einzelnen Fällen auch Spannungsrisse von der Dichtungsbahnoberfläche zum Bruch führen. Die Standzeiten sind dabei sehr lang (> 10.000 h). Aus dieser Beobachtung folgt, dass je nach der Güte der Probenvorbereitung der Langzeit-Schweißfaktor also größer oder kleiner ist, er also von der Probenvorbereitung abhängt. Nach der Richtlinie DVS 2226-4 dürfen die Zugstäbe zwar nicht gestanzt werden. Sie dürfen vielmehr nur „... durch Sägen, Fräsen oder Schneiden (z.B. mit Wasserstrahl) hergestellt werden. Um eine kerbenfreie Schnittfläche zu erlangen, sind diese ggf. durch Schleifen in Längsrichtung nachzuarbeiten." Aber auch mit dieser Vorschrift ist ein Referenzwert des Grundmaterials noch nicht eindeutig definiert.

   In der Richtlinie DVS 2226-1:1998-08 (Entwurf), *Prüfen von Fügeverbindungen an Dichtungsbahnen aus polymeren Werkstoffen – Prüfverfahren, Anforderungen*, werden deshalb Mindeststandzeiten des Grundwerkstoffs für die Bestimmung des Langzeit-Fügefaktors gefordert. Für PE-HD-Dichtungsbahnen z.B. 500 h bei einer Prüfspannung von 4 N/mm^2 in einer 80 °C heißen Netzmittellösung mit dem Netzmittel Arkopal N 100®. Der Fügefaktor für Überlappnähte (Auftragnähte) soll bei diesen Bedingungen dann mindestens 0,5 (0,4) betragen. Da aber die Standzeit des Grundwerkstoffs dennoch nicht eindeutig definiert ist, kann man statt der Mindeststandzeit für den Grundwerkstoff und der Angabe eines Mindestwertes für den Fügefaktor gleich einen Mindestwert für die Standzeit der Schweißnaht selbst festlegen. Unter den genannten Prüfbedingungen wären das 250 bzw. 200 Stunden.

2. Die beiden Äste in der Zeitstandkurve, die den Bereich spröder Brüche bei Schweißnaht und Grundwerkstoff beschreiben, verlaufen in der Regel nicht parallel, sondern divergieren. Der ohnehin von der Probenpräparation abhängende Langzeit-Schweißfaktor hängt damit auch noch von der gewählten Prüfspannung ab.

3. Im Zeitstand-Zugversuch an Zugstäben mit Überlappnähten und Auftragnähten liegt die Fügeebene nicht senkrecht zur Zugrichtung, wie bei den stumpfgeschweißten Nähten der Rohre, sondern in der Ebene der Zugrichtung. Der
   Kraftfluss in der belasteten Probe wird über die Schweißnaht von der einen
   Dichtungsbahn in die versetzt liegende andere Dichtungsbahn umgelenkt, dabei verdichten sich die Kraftflusslinien im Randbereich der Schweißnaht: Es
   kommt zu einer Spannungskonzentration. Im Randbereich sind andererseits
   auch Kerbwirkungen durch den Übergang vom geschweißten Materialbereich
   zum Grundmaterial gegeben. Ein Riss, der dort entsteht, wächst senkrecht zu
   den Kraftflusslinien in Richtung des stärksten Gefälles in der Liniendichte und
   wird deshalb in das Grundmaterial hineingeführt. Die beobachteten Spannungsrisse beginnen tatsächlich im Randbereich der Schweißnaht und verlaufen dann senkrecht zur Fügeebene durch das Grundmaterial. Der Zeitstand-
   bruch bei den Überlappnähten verläuft deshalb praktisch nie in der Schweißnaht [11], [12]. Die Standzeiten sind also vor allem auf die spezifische Geometrie der Schweißnähte bei den Dichtungsbahnen zurückzuführen.

Aus diesen drei Gründen ist es sehr zweifelhaft, ob die Standzeit im Zeit-
stand-Zug(scher)versuch überhaupt ein Kriterium für die Güte der Schweißnaht
und des Schweißverfahrens bei Dichtungsbahnen sein kann.

Aus dem Zeitstand-Zugversuch an Überlapp- und Auftragnähten bei Dichtungsbahnen lernt man daher eigentlich nur, dass diese Schweißnähte grundsätzlich nicht langzeitig unter Zugspannung geraden dürfen[4]: Die Zeit bis zum
Bruch ist auch bei hoher Güte nämlich ganz erheblich geringer, als bei der unter
Zugspannung stehenden ungeschweißten Dichtungsbahn. Die Forderung, dass
die PE-HD-Dichtungsbahnen so eingebaut werden müssen, dass keine langzeitig
wirksamen Zugspannungen entstehen, gilt daher erst recht für die Schweißnaht-
bereiche. In der Richtlinie DVS 2225-4 werden dann auch entsprechende Vor-
sichtsmaßnahmen beschrieben (siehe auch Kapitel 9). Die Schweißnähte müssen
in Böschungsbereichen immer möglichst in Falllinie verlaufen. Anschlussnähte
zwischen Böschungsdichtungsbahnen und Sohldichtungsbahnen sollten mindestens 1,5 m vom Böschungsfuß entfernt sein. Wobei diese Anforderungen natürlich auch aus der Handhabung der Schweißgeräte und -maschinen resultieren.

Anwendungsnäher ist die langzeitige Beanspruchung der Schweißnähte im
Zeitstand-Relaxationsversuch. Der Relaxationsversuch wurde im Abschnitt 3.2.10
beschrieben. Auch dieser Versuch kann als Zeitstand-Versuch durchgeführt werden. Die Versuchsapparatur wird dazu so modifiziert, dass die Probe während
der Aufbringung einer vorgegebenen Verformung und während des anschließenden Relaxierens bei erhöhter Prüftemperatur in einer Prüfflüssigkeit gelagert
werden kann. Es existieren noch keine Normen oder Richtlinien, die den Zeitstand-Relaxationsversuch an Schweißnähten beschreiben. Die Probekörper werden wie beim Zeitstand-Zugversuch hergestellt und die Versuchsdurchführung
erfolgt in sinngemäßer Übertragung der Vorschriften für den Zeitstand-Zugversuch: Anstatt zügig eine konstante Last aufzubringen, wird zügig eine konstante

---

[4] Diese häufig gebrauchte Formulierung ist etwas lax. Gemeint ist, dass die Dichtungsbahnen
nicht planmäßig zum Abtragen und Auffangen von Lasten in einem Bauwerk verwendet werden
dürfen. Natürlich kann nicht gefordert werden, dass Zugspannungen prinzipiell Null sind. Eine
Zugspannung unterhalb von $2\ N/mm^2$ wird man auch bei Schweißnähten als unbedenklich
ansehen können [13]. Siehe auch den Abschnitt 3.2.10.

Verformung aufgebracht. Es interessiert dann nicht nur die Relaxationskurve, sondern auch die Standzeit bis zum Bruch. Das Bruchbild ähnelt dem im Zeitstand-Zugversuch. Die in diesem Versuch an Schweißnähten gemessenen Standzeiten sind jedoch selbst bei einer Dehnung bis nahe an die Streckgrenze sehr lang (> 1000 h). Die Messung kritischer Dehnungsgrenzen von Schweißnähten mit diesem Versuch wäre daher sehr zeitaufwendig. Bislang wurden auch nur wenige Versuchsergebnisse veröffentlicht [14].

Zeitstandversuche können auch in anderen Varianten durchgeführt werden. E. HEITZ und R. HENKHAUS haben Zeitstand-Langsamzugversuche an Überlappnähten, von den Autoren auch als *constant extension rate test* bezeichnet, durchgeführt [13]. Dabei wird die Zugversuchprobe im Zeitstand nicht einer konstanten Last und nicht einer konstanten Dehnung, sondern einer langsamen, konstanten Verformungsgeschwindigkeit (0,2%/d bis zu 2,5%/h) unterworfen. Aus der Messung der Standzeiten bei unterschiedlicher Verformungsgeschwindigkeit und Prüftemperaturen wurde versucht, mit dem Zeit-Temperatur-Verschiebungsgesetz (siehe Abschnitt 4.2) eine kritische Dehnungsgrenze (hier definiert als noch zulässige Dehnung für eine theoretische Standzeit von 100 Jahren bei 20 °C) für die Schweißnähte zu ermitteln. Die Unsicherheiten in der Extrapolation sind dabei naturgemäß sehr groß. Es wurde eine konservative Abschätzung versucht und dabei Dehnungsgrenzen von 1,7 bis 2,7% ermittelt. Die Versuche wurden in einer 2%-Netzmittellösung durchgeführt. Die kritische Dehnung in diesem Medium ist erheblich kleiner als in Wasser oder in Luft (siehe Abschnitt 5.3.4). Andererseits war die Beanspruchung nur uniaxial. Für einen ebenen Spannungszustand wäre die Dehnungsgrenze gegenüber der Dehnungsgrenze im uniaxialen Spannungszustand abzumindern. Insgesamt gesehen liegt man mit der für die PE-HD-Dichtungsbahnen eingebürgerten zulässigen Dehnung von 3% in einem Bereich, der auch den zulässigen Dehnungsbereich für einwandfrei hergestellte Schweißnähte umfasst.

Neben diesen zumeist „üblichen" Labor- und Baustellenprüfungen wurden und werden noch weitere, insbesondere in Anlehnung an Prüfungen der Dichtungsbahn konzipierte Prüfungen an Schweißnähten durchgeführt. All diese Prüfungen liefern jedoch nur notwendige, aber allein noch nicht hinreichende Bedingungen für eine einwandfreie Schweißnaht. Der im Abschnitt 3.2.9 beschrieben Wölbversuch, mit dem das mehraxiale Verformungsverhalten geprüft wird, kann auch an einer Dichtungsbahnscheibe mit einer mittig liegenden Schweißnaht durchgeführt werden. Dabei müssen hinreichend dicke Elastomerringe verwendet werden, um die Einspannung dicht zu bekommen. Bei guten Schweißnähten ist im Wölbhöhen-Druck-Diagramm des Wölbversuchs kein Unterschied zur Dichtungsbahn ohne Schweißnaht zu erkennen [15]. Die Schweißnaht beeinträchtigt daher nicht das Verformungsverhalten. In methodischer Hinsicht für das Langzeitverhalten am aufschlussreichsten wären wohl Zeitstand-Wölbversuche an Schweißnähten. Diese Versuche sind jedoch aufwendig, schwierig und langwierig. Bislang wurden solche Versuche nicht in Angriff genommen.

An T-Stößen von Überlappnähten mit Prüfkanal wurden auch Wölbversuche und analog zur Druckluftprüfung eine zerstörende Druckprüfung im Prüfkanal mit Wasser durchgeführt. Bei T-Stößen zeigen sich deutliche Unterschiede im

Verformungsverhalten. Die Wölbdehnung eines guten T-Stoßes liegt über 6% Wölbbogendehnung, erreicht jedoch wegen der aussteifenden Wirkung der Doppelnaht und der Dickensprünge am Nahtrand grundsätzlich nicht die Werte der Dichtungsbahn (mindestens 15%) [16]. Statt mit Druckluft kann der Prüfkanal auch mit Wasser unter Druck gesetzt werden. Ähnlich wie beim Wölbversuch mit Wasser wird der Druck dabei in Stufen von 2 bar erhöht, wobei der Druck auf jeder Stufe für 2 Minuten gehalten wird. Die Druckerhöhung wird bis zum Bruch der Schweißnaht geführt. Gute Nähte erreichen Drücke von 20 ... 40 bar [16]. Bemerkenswert ist dabei das unterschiedliche Versagensverhalten. Es gibt Nähte, bei denen der Prüfkanal sich aufwölbt, verstreckt und duktil bricht, ähnlich wie beim duktilen Versagen eines Rohrs. Andere Nähte schälen an lokal eng begrenzten Stellen auf. Es gibt jedoch auch Nähte, bei denen im Randbereich des Prüfkanals das Material schlagartig und scharfkantig, über eine Strecke von einigen Zentimetern spröde bricht. Wie diese deutlich unterschiedlichen Versagensbilder mit Werkstoff, Schweißnahteigenschaften und Schweißparametern korrelieren, wurde bisher nicht untersucht.

Eine bislang wenig gebräuchliche und in der Erprobung befindliche Methode ist die Infrarot-Thermographie von Schweißnähten. Dabei wird die Schweißnaht unmittelbar nach dem Schweißen mit einer Infrarot-Kamera fotografiert. Hohlräume und nur geringfügig verschmolzene Bereiche in der Naht zeigen sich dabei als Anomalien im Infrarot-Bild.

10.3 Prozessmodell zur Bewertung der Qualität von Heizkeil-Überlappnähten

Wann ist eine Schweißnaht gut? Auf der Grundlage der langjährigen und vielfältigen Erfahrung von Fachleuten legen die DVS-Richtlinien Kriterien fest: die Nahtgeometrie muss stimmen, das Versagensverhalten im Schäl- und Zugscherversuch muss der in den Richtlinien gegebenen qualitativen Beschreibung entsprechen, die Nähte müssen in der Druckluft- bzw. in der Vakuumprüfung dicht sein, der Fügeweg bzw. der Nahtdickenfaktor muss innerhalb der vorgegebenen Toleranzen liegen. Wie sind die Schweißparameter zu wählen, damit eine gute Naht entsteht? Die Richtlinien verdichten praktische Erfahrung zu Parameterbereichen. Auf der Baustelle wird durch Probeschweißung dann ausprobiert, wie die genaue Parameterwahl sein wird. Wie ist das Langzeitverhalten von guten Nähten? Untersucht wurde vor allem das Langzeitverhalten von Schweißnähten unter Zugscherbeanspruchung. Die dabei erreichten Standzeiten sind aufgrund der Nahtgeometrie, die eine Spannungskonzentration im Nahtrandbereich erzeugt, immer erheblich geringer als die der Dichtungsbahn. Die erreichte Standzeit wird primär durch die Spannungsrissbeständigkeit des Werkstoffs bestimmt. Die Güte der Schweißnaht ist eher von sekundärer Bedeutung. Jedenfalls dürfen Schweißnähte völlig unabhängig von ihrer Güte nicht dauerhaft unter Zugspannung geraten (siehe Fußnote 4). Ein über die Kurzzeitversuche hinausgehendes Gütekriterium für den Schweißprozess und die daraus resultierende Naht ist damit aber nicht gewonnen.

Diese Antworten sind aus schweißtechnischer Sicht im Vergleich mit dem technischen Stand in anderen Bereichen des Schweißens noch nicht befriedigend [17]. Wünschenswert wäre einmal ein Prüfverfahren, das unmittelbar mit der Festigkeit und den Eigenschaften des Fügebereichs zu tun hat und das hinreichend stark zwischen einer unterschiedlichen Wahl der Schweißparameter differenziert. Zum anderen aber müsste ein handhabbarer, systematischer Zusammenhang zwischen der Wahl der Schweißparameter und der Eigenschaft der Naht in dieser Prüfung gewonnen werden. Fachleute für das Dichtungsbahnschweißen hatten sich schon seit längerem mit diesem Problem beschäftigt. Die Aufmerksamkeit gilt dabei bisher vorwiegend den im Heizkeilschweißen hergestellten Überlappnähten mit Prüfkanal, die Auftragnähte werden bislang sehr stiefmütterlich behandelt. Aufbauend auf den Arbeiten am Süddeutschen Kunststoffzentrum (SKZ) in Würzburg (K. BIELEFELDT, M. GEHDE, L. GLÜCK und H. KLINGENFUSS) [18] und von F. W. KNIPSCHILD und P. MICHEL [17] wurde von G. LÜDERS [19], [20], [21] ein solches Bewertungsmodell für die Güte von im Heizkeilschweißen hergestellten Überlappnähten angegeben.

K. BIELEFELDT und E. SCHMACHTENBERG haben als erste darauf hingewiesen, dass der Zeitstand-Schälversuch geeignet ist die Güte von Überlappnähten zu charakterisieren [22]. Der Versuch wird in der Regel bei 80 °C in 2-Gew.-% tensidhaltigem Wasser mit einer Linienkraft von 4 ... 6 N/mm durchgeführt. Die Proben versagen überwiegend durch Aufschälen der Naht. Die Spannungsrissbildung verläuft hier im eigentlichen Fügebereich. Es ergeben sich nicht nur deutliche Unterschiede zwischen guten und schlechten Nähten (im obigen Sinne), sondern auch zunächst gute Nähte erreichen unterschiedliche Standzeiten. Aussehen und Beschaffenheit des Bruchspiegels erlauben eine qualitative Beurteilung des mit dem Fügevorgang verbundenen Schmelzeflusses [19]. Eingefrorene Orientierung, Schmelzeverwirbelung und -verdrängung aus der Nahtmitte, die auf einen mangelhaften Fügevorgang hinweisen, werden erst in der mit dem Schälversuch geöffneten Naht sichtbar.

Von G. LÜDERS wurde aufgezeigt, wie die Ergebnisse des Zeitstand-Schälversuchs in systematischer Weise von den Schweißparametern abhängen. Dieser Zusammenhang wird im Folgenden, auf der Grundlage der Ausführungen in [19], dargestellt.

Schon eingangs wurde hervorgehoben, dass sich der Schweißprozess zumindest gedanklich in zwei Teilschritte zerlegen lässt: Bereitstellen von zwei Schmelzeschichten auf den zu verschweißenden Teilen und Vermischen der Schmelzen. Beim Extrusionsschweißen fallen thermischer und rheologischer Prozess zusammen. Beim Heizkeilschweißen sind diese Prozesse jedoch getrennt. Auf dem Heizkeil werden die Dichtungsbahnen aufgeschmolzen. Mit den Andruckrollen werden danach die aufgeschmolzenen Bereiche zusammengepresst, vermischt und dabei zugleich ein Schmelzefluss aus der Naht heraus erzeugt.

Dem thermischen Vorgang kann als Kennwert die Schmelzschichtdicke L_0 zugeordnet werden, dem rheologischen Vorgang[5)] bei gegebener Schmelzeschicht-

---

[5)] Neben dem Fügeweg charakterisiert offenbar auch die Größe des Nahtwulstes, der beim Schmelzefluss aus der Naht erzeugt wird, den rheologischen Prozess. Zugleich beeinflusst die Art und Form des Nahtwulstes die Kerbwirkung im Nahtrandbereich und damit die Standzeit im dicke der oben definierte Fügeweg s_f (Gleichung 10.1). Die Zuordnung ist intuitiv verständlich: je größer der Wärmeeintrag, umso dicker die aufgeschmolzene Schicht, je größer und länger wirkend die Fügekraft bei gegebener Schmelzeschichtdicke, umso größer der Fügeweg. Das Verhältnis dieser beiden Größen, das sogenannte Fügewegverhältnis s_f/L_0, charakterisiert den Schweißprozess insgesamt: Eine hinreichend dicke Schmelzeschicht nützt nur dann, wenn sie, einfach gesagt, genügend durchmischt wird, wenn genügend Grenzfläche für eine Diffusion der polymeren Ketten entsteht. Ist das Verhältnis jedoch zu groß, wirkt also eine zu große Fügekraft und ein starker Schmelzefluss aus der Naht heraus, so ist der verbleibende Fügebereich stark orientiert und enthält u.U. Bereiche, wo gar keine Schmelze mehr vorhanden ist: Die Naht ist mangelhaft. Ist umgekehrt das Verhältnis zu klein, so ist die Schmelzeschicht nicht genügend durchmischt worden: Auch hierbei entsteht eine Naht, die den Anforderungen nicht genügt: Gerade solche Nähte schälen im Zeitstand-Schälversuch frühzeitig auf. Im Bruchspiegel zeigen sich dann, wie bereits erwähnt, die Auswirkungen eines nicht optimalen Fügewegverhältnisses: ganze oder teilweise Verdrängung der Schmelze aus der Nahtmitte, schuppiger Schmelzefluss und orientierte Flächengebilde im Fügebereich [19]. Eine einwandfreie Naht mit hoher Standzeit zeigt dagegen eine gleichmäßige, helle, durch Fließzonen (*crazes*) feinstrukturierte Bruchfläche, wie sie etwa auch im NCTL-Test am Grundmaterial auftritt, siehe Abbildung 5.6.

Ein optimales Fügewegverhältnis ist eine notwendige, aber noch keine hinreichende Bedingung für eine einwandfreie Naht. Man muss in Erinnerung behalten, dass bereits im thermischen Vorgang auf alle Fälle eine ausreichende Schmelzeschicht bereitgestellt werden muss: Auch für L_0 selbst gibt es daher einen Bereich optimaler Werte, die erreicht werden müssen, um eine einwandfreie Naht zu fertigen. Eine einfache Überlegung macht das deutlich: Ist nämlich L_0 z.B. sehr klein, so kann mit einer ganz geringen Fügekraft ein optimales Fügewegverhältnis erreicht werden, dennoch wird eine solche Naht, bei der die Dichtungsbahnen nur ganz oberflächlich aneinander haften, den Prüfanforderungen sicherlich nicht genügen.

In der DVS 2225-4 wird, wie im vorherigen Abschnitt dargestellt, der Fügeweg s_f allein als Qualitätskriterium für die Güte einer Naht verwendet. Nach den hier angestellten Überlegungen ist offensichtlich, dass dieser Ansatz noch keine einwandfreie Naht garantieren kann. Bei geringer Schmelzschichtdicke kann durch ein weitgehendes Austreiben der Schmelze aus der Naht ein noch richtlinienkonformer Fügeweg erreicht werden. Man wird dann jedoch sicherlich eine nur mangelhafte Naht erzeugen. Ein erfahrener Schweißer wird dies zwar erkennen. Erst das Verhältnis von s_f zu der Schmelzeschichtdicke L_0 eines bestimmten Wertebereichs stellt jedoch ein quantitatives Kriterium für die Nahtgüte dar.

Die Schmelzschichtdicke L_0 und das Fügewegverhältnis s_f/L_0 sind also die wesentlichen Kenngrößen oder Prozessparameter, die den Schweißprozess beim Heizkeilschweißen charakterisieren. Die Standzeiten im Zeitstand-Schälversuch

---

Zeitstand-Zugversuch. Messungen der Nahtwulstfläche wurden ebenfalls zur Beschreibung der Güte von Überlappnähten verwendet, siehe dazu [18],[23]. Diese Größe allein kann den Schweißprozess jedoch nicht vollständig und eindeutig charakterisieren.

sollten daher stark von diesen beiden Größen abhängen. Umgekehrt sollte anhand der Standzeiten der Bereich zulässiger Werte eingegrenzt werden können.

Bevor die Ergebnisse der Zeitstand-Schälversuche von G. LÜDERS betrachtet werden, ist jedoch eine Vorbemerkung erforderlich. Die Standzeit einer Naht im Schälversuch hängt zwar ab von der Güte des Schweißprozesses, also von der Herstellung eines in ausreichender Masse, homogen durchmischten Fügebereichs, ab. In die erreichbare Standzeit geht jedoch zusätzlich die Beständigkeit der PE-HD-Formmasse gegen Spannungsrissbildung ein. Selbst wenn der Schweißprozess einwandfrei war und sich während des Aufschälens ein gleichmäßiger, feinstrukturierter Bruchspiegel ausbildet, wird die Standzeit dennoch bei unterschiedlicher Spannungsrissbeständigkeit des Grundwerkstoffs unterschiedlich sein. Ein Werkstoff mit sehr hoher Spannungsrissbeständigkeit wird auch bei einer mangelhaften Naht immer noch relativ hohe Standzeiten erreichen, umgekehrt wird ein sehr spannungsrissempfindlicher Werkstoff auch bei optimaler Nahtqualität rasch versagen: In der Regel wird dann sogar ein Bruch im Grundmaterial außerhalb der Naht zum Versagen führen. Soll daher die Abhängigkeit von den Prozesskennwerten aus den Standzeiten extrahiert werden, so muss die Abhängigkeit vom Werkstoff unterdrückt werden. Dazu wurden die für Dichtungsbahnen aus einer bestimmten Formmasse an den Nähten erreichten Standzeiten auf die bei diesen Nähten erreichte maximale Standzeit normiert. Nicht der Absolutwert der Standzeit ist das Gütekriterium für die Naht, sondern die Standzeit relativ zur mit dem Werkstoff maximal möglichen Standzeit. Diese maximale Standzeit kann jedoch als Kriterium für die Schweißbarkeit eines Werkstoffs dienen.

Abbildung 10.7 zeigt die so ermittelten relativen Standzeiten als Funktion des Fügewegverhältnisses der jeweiligen Naht. Die Daten stammen aus einer Vielzahl von Prüfungen an Nähten aus Dichtungsbahnen, die aus 4 unterschiedlichen Formmassen hergestellt wurden, und die mit 7 unterschiedlichen Schweißmaschinen mit unterschiedlicher Wahl der Schweißparameter geschweißt wurden. Dabei wurden nicht nur im Labor hergestellte Schweißnähte untersucht (schwarze Kreise, Abbildung 10.7), sondern auch Schweißnähte, die direkt auf Deponiebaustellen von unterschiedlichen Verlegefachbetrieben hergestellt wurden (weiße Kreise, Abbildung 10.7). Offensichtlich wird eine große relative Standzeit immer dann erreicht, wenn das Fügewegverhältnis in einem relativ schmalen Bereich liegt. Wie erwartet ist das jedoch noch nicht hinreichend. In diesem Bereich liegen auch Nähte, die nur geringe Standzeiten erreichen. Fragt man jedoch nach der zugehörigen Schmelzeschichtdicke L_0, so zeigt sich, dass die langen Standzeiten immer dann erreicht werden, wenn zusätzlich L_0 ebenfalls in einem relativ schmalen Bereich liegt (Abbildung 10.8). In den Standzeiten des Zeitstand-Schälversuchs zeigt sich also die aus der theoretischen Betrachtung vermutete Abhängigkeit zwischen der Güte einer Naht und den Kenngrößen des Schweißprozesses. Aus dem Kriterium[6], dass eine Naht dann qualitätsgerecht gefertigt

---

[6] Die Festlegung dieses Kriteriums enthält eine gewisse Willkür. Der Bereich sollte nicht zu weit sein, da das Bewertungsmodell dann zu wenig Früchte trägt. Der Bereich darf auch nicht schmaler sein, als ohnehin die Streuung der Daten nur zulässt. Ein zu schmaler Bereich würde in der Konsequenz des Bewertungsmodells die Arbeit des Schweißers auch aus praktischen Gründen zu sehr einschränken.

wurde, wenn sie mindestens etwa 60% der möglichen maximalen Standzeit im Zeitstand-Schälversuch erreicht, kann jetzt der danach zulässige Bereich für die Prozessparameter angegeben werden (Tabelle 10.1)

Bisher wurde noch nicht angegeben, wie die Prozessparametern L_0 und s_f/L_0 bestimmt werden können. Für den Fügeweg ist das offensichtlich: Er wird aus den gemessenen Dicken der Naht und der verschweißten Dichtungsbahnen gemäß Gleichung 10.1 berechnet.

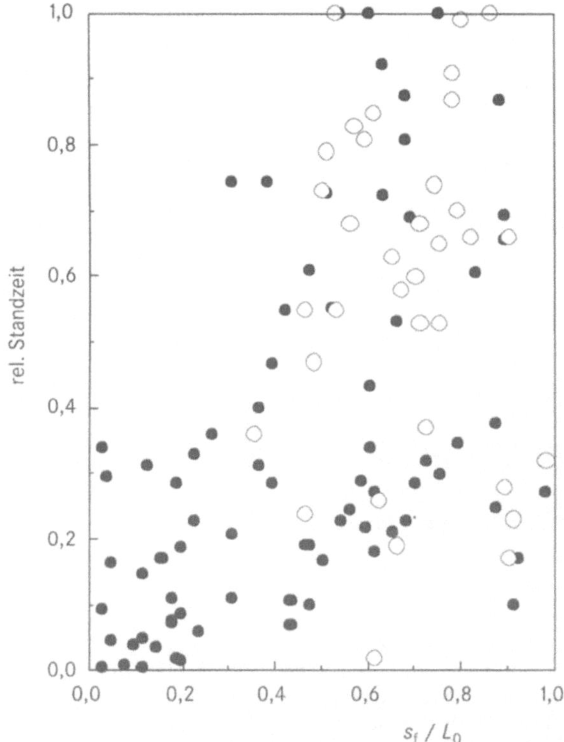

Abb.10.7: Die relative Standzeit von Überlappnähten im Zeitstand-Schälversuch, d.h. die Standzeit bezogen auf die bei der jeweiligen PE-HD-Formmasse der Dichtungsbahn maximal erreichte Standzeit, als Funktion ihres Fügewegverhältnisses (s_f/L_0). Das Fügewegverhältnis wurde danach für jede Naht durch die Berechnung von L_0 aus den Herstellungsbedingungen der Naht nach Formel (10.6) und aus der Berechnung von s_f aus den Maßen der Naht nach Gleichung (10.1) ermittelt. Die Schweißnähte wurden im Labor (schwarze Kreise) und im Feld (weiße Kreise) hergestellt. (Quelle: [24])

Die Bestimmung der Schmelzeschichtdicke ist dagegen schwierig. Die Schmelzeschicht entsteht beim Gleiten der Dichtungsbahn über die Heizkeiloberfläche. Ihr größtes Ausmaß hat sie unmittelbar hinter dem Heizkeil erreicht, bevor dann durch die Andruckrollen die Vermischung des aufgeschmolzenen Materials erfolgt. Die Dicke der Schmelzeschicht ist daher einer direkten Messung praktisch nicht zugänglich. Für das Prozessmodell ist eine solche Messung jedoch nicht unbedingt erforderlich. Vielmehr genügt es, wenn die funktionale Abhängigkeit dieses Prozessparameters von den Schweißparametern und den maschinenspezifischen Eigenschaften so genau bekannt ist, dass eine zu dem eigentlichen physikalischen Prozessparameter proportionale Größe L_0 für jede Naht (und Maschine) eindeutig berechnet werden kann[7]. Die genaue Kenntnis der Proportionalitätskonstanten ist dabei überflüssig, da der zulässige Parameterbereich für L_0 ohnehin empirisch aus den Zeitstand-Schälversuchen an den Nähten festgelegt wird (Abbildung 10.8).

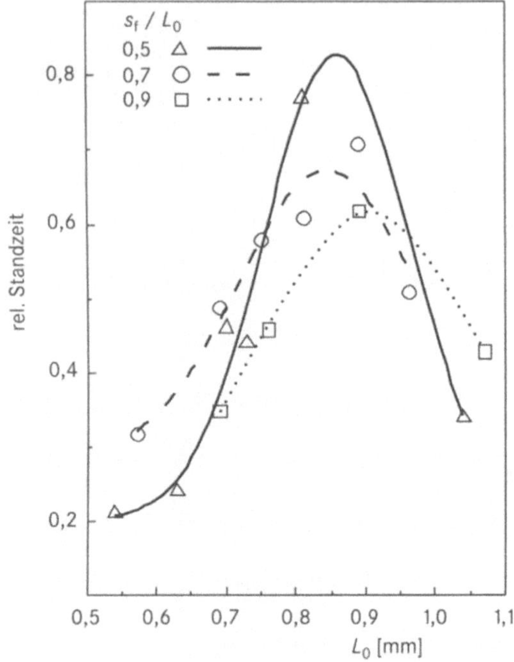

Abb. 10.8: Die relative Standzeit einer Naht im Zeitstand-Schälversuch als Funktion der Schmelzeschichtdicke L_0 für ein vorgegebenes, festes Fügewegverhältnis (s_f / L_0). Es wurden dazu Nähte mit s_f / L_0-Werten von 0,5 (Dreiecke); 0,7 (Kreise) und 0,9 (Quadrate), also im optimalen Bereich dieses Prozessparameters, herausgesucht. Jeder Datenpunkt repräsentiert damit den Mittelwert von 18 bis 24 einzelnen Nähten. Die Linien der Glockenkurven führen das Auge. Offensichtlich wird eine sehr lange Standzeit (etwa 60% der maximalen Standzeit) erst dann erreicht, wenn die L_0-Werte der Nähte im Bereich von 0,75 bis 0,95 liegen. Von G. LÜDERS wird nach genauerer Untersuchung ein zulässiger Bereich von 0,75 bis 0,9 angegeben. (Quelle: [24])

---

[7] An dieser Stelle entstehen oft Diskussionen über die genaue Bedeutung von L_0. Rein physikalisch können nach G. LÜDERS zwei Schmelzschichtdicken unterschieden werden. Thermisch gesehen wäre es die Tiefe L_0^{th} (von der Oberfläche der auf dem Heizkeil aufliegenden Dichtungsbahn her gesehen), bei der die Temperatur bis auf die Schmelztemperatur des Polyethylens abgesunken ist. In diesem Bereich herrscht ein Temperaturgradient und ein entsprechender Gradient in der Viskosität. Nur ein Teil der Schicht ist daher fließfähig genug, dass er zum rheologischen Vorgang des Schmelzeflusses beiträgt. Es gibt also eine rheologisch relevante Schmelzeschichtdicke L_0^{rheo}, die erheblich kleiner als L_0^{th}, aber im wesentlichen proportional dazu ist. Beide Größen sind praktisch an der Schweißmaschine beim Schweißvorgang nicht direkt messbar. L_0 ist ein aus der Modellierung des Schmelzvorgangs abgeleiteter Parameter, der als „Stellvertreter" für diese Größen dient.

Tabelle 10.1: Prozessparameter für das Heizkeilschweißen von Dichtungsbahnen und zulässiger Bereich der Parameterwerte nach G. LÜDERS [22].

Prozessparameter	zulässiger Bereich
Schmelzeschichtdicke L_0	0,75 bis 0,9
Fügewegverhältnis s_f / L_0	0,5 bis 0,9

Die entscheidende Bedeutung der Schmelzeschichtdicke als Prozessparameter wurde natürlich nicht erst beim Heizkeilschweißen von Dichtungsbahnen erkannt. Auch in anderen Bereichen des Kunststoffschweißen, insbesondere beim Heizelement-Stumpfschweißen wird diese Größe verwendet. Dazu liegen vielfältige theoretische und praktische Untersuchungen vor. Von H. POTENTE wurde eine Theorie des Heizelements-Stumpfschweißens aufgestellt, in deren Rahmen L_0 aus der Gleichung für die Wärmeleitung als Funktion der Grenzflächentemperatur, der Schmelztemperatur des Werkstoffs und der Erwärmzeit berechnet wurde [3]. Bei diesem Ansatz geht als weitere wichtige Werkstoffkenngröße die Wärmeleitfähigkeit bzw. die effektive Temperaturleitfähigkeit a ein.

Von P. MICHEL wurde dieses Konzept auf das Heizkeilschweißen übertragen und in Anlehnung an H. POTENTE der gesuchte Zusammenhang zwischen der Schmelzeschichtdicke L_0 und den diese bestimmenden Größen angegeben [17]. Es sind dies die für den Aufschmelzvorgang relevanten Schweißparameter, nämlich Heizkeiltemperatur T_{HK} und Schweißgeschwindigkeit v. Zusätzlich werden maschinenspezifische Eigenschaften eine Rolle spielen: die Gestaltung des Heizkeils und die daraus resultierende effektive Heizkeillänge L_{HK}, d.h. die Länge der Strecke über die hinreichender Kontakt zwischen Dichtungsbahn und Heizkeil besteht, erkennbar an der schwarzen Einfärbung durch Materialreste. Aus der Heizkeillänge und der Geschwindigkeit resultiert nämlich die Erwärmzeit t_E eines über den Heizkeil gleitenden Oberflächenelements der Dichtungsbahn:

Tabelle 10.2: Übersicht über die verwendeten Symbole und ihre Bedeutung

Prozessparameter	s_f	Fügeweg
	L_0	Schmelzeschichtdicke
	F	Fügekraft
Schweißparameter	T_{HK}	Heizkeiltemperatur
	v	Schweißgeschwindigkeit
Werkstoffkennwerte	T_S	Schmelztemperatur des PE-HD-Werkstoffs
	a	effektive Temperaturleitfähigkeit
Maschinenkennwert	L_{HK}	effektive Heizkeillänge
	t_E	Erwärmzeit
Umgebungseinfluss	T_{KDB}	Oberflächentemperatur der Dichtungsbahn

$$t_{\mathrm{E}} = \frac{L_{\mathrm{HK}}}{v} \qquad\qquad (10.5)$$

Die Umgebungsbedingungen beeinflussen den Schweißvorgang ebenfalls, da aus ihnen eine bestimmte Temperatur T_{KDB} der Dichtungsbahn resultiert. Eine weitere Einflussgröße ist natürlich die Schmelztemperatur T_{S} der PE-HD-Werkstoffe. In Tabelle 10.2 sind die verwendeten Größen übersichtlich zusammengestellt. Die Details der Herleitung können hier nicht erläutert werden. Näheres findet man in der Literatur. Jedenfalls erhält man die Gleichung:

$$L_0 = 1{,}905\left(1 - \frac{T_{\mathrm{S}} - T_{\mathrm{KDB}}}{T_{\mathrm{HS}} - T_{\mathrm{KDB}}}\right) \cdot \sqrt{a \cdot t_{\mathrm{E}}} \quad , \qquad\qquad (10.6)$$

t_{E} lässt sich dabei nach Gleichung 10.5 auf die Schweißgeschwindigkeit v und den Maschinenparameter L_{HK} zurückführen.

Mit der Gleichung (10.6) in Verbindung mit (10.5) ist daher die Aufgabe gelöst, den Prozessparameter L_0 als Funktion der Schweißparameter Heizkeiltemperatur und Schweißgeschwindigkeit sowie der Parameter der Maschine und Umgebungsbedingungen zu bestimmen. In der Auswertung der Zeitstand-Schälversuche (Abbildungen 10.7 und 10.8) wurde der nach den Gleichungen 10.5 und 10.6 berechnete Werte von L_0 für die einzelnen Nähte verwendet. Für einwandfreie Nähte müssen daher umgekehrt bei gegebenem T_{S} und a, T_{KDB} sowie L_{HK} die Schweißparameter T_{HK} und v so gewählt werden, dass der nach den Gleichungen 10.5 und 10.6 berechnete Wert von L_0 im Bereich zwischen 0,75 und 0,9 liegt (Tabelle 10.1).

Um nun zu einem Prozessmodell zu kommen, das eine vollständige Bewertung der im Heizkeilschweißen hergestellten Überlappnähte ermöglicht, muss noch die Abhängigkeit der Fügekraft von den Prozessparametern hinzugefügt werden[8]. Ist diese Abhängigkeit bekannt, können nämlich umgekehrt beide Prozessparameter (L_0 und s_{f}/L_0) einer Überlappnaht, die unter bestimmten Bedingungen (T_{KDB}) mit einer bestimmten Maschine (L_{HK}) und bestimmten Schweißparametern (F, T_{HK}, v) an PE-HD-Dichtungsbahnen (T_{S}, a) geschweißt wurde, eindeutig ermittelt werden. Es können dann aber bei vorgegebenen Bedingungen die Schweißparameter systematisch so gewählt werden, dass eine Naht hoher Güte entsteht, d.h. dass die Prozessparameter im zulässigen Bereich liegen (Tabelle 10.1).

---

[8] Eigentlich ist der Druck, der in der Schmelzeschicht (und der Druckgradient zum Rand der Naht hin) die physikalisch relevante Größe. Diese Größe ist jedoch bei gegebener Breite und gegebenem Radius der Andruckrolle durch den Schweißparameter Fügekraft eindeutig bestimmt. Die folgenden Betrachtungen gelten daher nur für bestimmte Andruckrollen. Typische Andruckrollen sind 15 ... 19 mm breit und haben einen Radius von etwa 50 mm. Streng genommen muss für jedes Andruckrollensystem und damit für jede Maschine, die Wertetabelle 10.3 der Funktionen $A(L_0)$ und $B(L_0)$ empirisch bestimmt werden. Erwähnt wurde bereits, dass auch die Bestimmung von L_0 maschinenabhängig ist. Streng genommen muss man auch die von der Maschine angezeigte Heizkeiltemperatur von der rechnerisch eigentlich erforderlichen Temperatur der Schmelze an der Heizkeilspitze unterscheiden. Auch hier besteht jedoch eine eindeutige maschinenspezifische Beziehung. Auf diese Details wird hier nicht eingegangen, da sie das Verständnis des gesamten Zusammenhangs nur stören. Von G. LÜDERS wurden die bauartspezifischen Aspekte des Bewertungsmodell inzwischen für fast alle gängigen Schweißmaschinen ausgearbeitet und Maschinenherstellern und Verlegefachbetrieben zur Verfügung gestellt.

Aus der Untersuchung einer Vielzahl von Nähten wurde von G. LÜDERS gefunden, dass bei einer gegebenen Schmelzeschichtdicke L_0 der Fügeweg s_f linear mit der Fügekraft zusammenhängt:

$$F = A \cdot s_f + F_0 \ . \tag{10.7}$$

Auch dieser Zusammenhang ist intuitiv plausibel: F_0 entspricht einer gewissen Mindestkraft, die aufgebracht werden muss, damit überhaupt der eigentliche Fügevorgang gegen den rheologischen Widerstand der Schmelzen in Gang gesetzt werden kann. Wird dieser von L_0 abhängige Mindestwert überschritten, so ist der Zuwachs an Fügeweg Δs_f proportional zum Anwachsen der Fügekraft ΔF, wobei die Proportionalitätskonstant A ebenfalls von L_0 abhängt. Dividiert man in Gleichung 10.7 durch L_0 so erhält man eine Beziehung zwischen Fügekraft und Fügewegverhältnis:

$$\frac{F}{L_0} = A(L_0)\frac{s_f}{L_0} + B(L_0) \ . \tag{10.8}$$

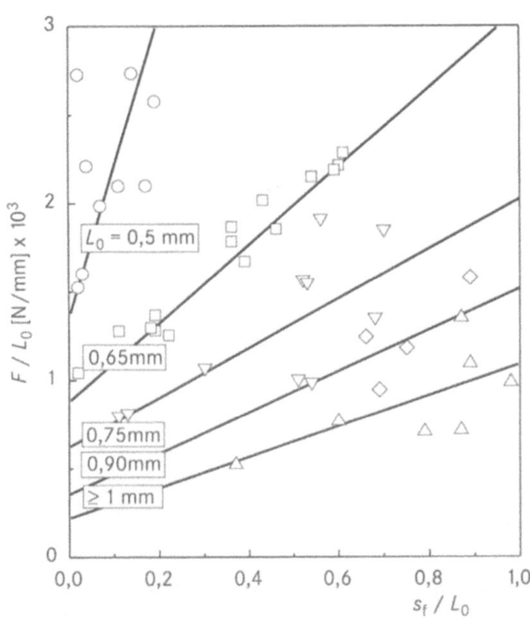

Abb. 10.9: Zusammenhang zwischen Fügekraft und Fügeweg, bzw. Fügekraftverhältnis F/L_0 und Fügewegverhältnis s_f/L_0 für eine vorgegebene Schmelzeschichtdicke. Jeder Datenpunkt repräsentiert den Mittelwert der Fügekraft einer Gruppe von 18 bis 24 Nähte, die alle nahe an einem bestimmten Wert von s_f/L_0 und L_0 liegen. Der Achsenabschnitt $B(L_0)$ und die Steigung $A(L_0)$ der Geraden sind dabei Funktionen von L_0. (Quelle: [24]).

Abbildung 10.9 zeigt die experimentell gefundene Beziehung zwischen F/L_0 und s_f/L_0. Dazu wurde an einer Vielzahl von Schweißnähten der Fügeweg gemessen und die Schmelzeschichtdicke nach Gleichung 10.6 berechnet. Nähte mit annähernd gleicher Schmelzeschichtdicke wurden zu einer Gruppe zusammengefasst und für diese Gruppe die Beziehung zwischen F/L_0 und s_f/L_0 ermittelt.

Dazu wurden, der Übersichtlichkeit halber, wiederum Nähte mit annähernd gleichem Fügewegverhältnis zu einer Gruppe zusammengefasst und für diese Gruppe der Mittelwert von F/L_0 bestimmt. Jeder Datenpunkt in Abbildung 10.9 repräsentiert eine solche Gruppe von Nähten mit einem vorgegebenen L_0 sowie s_f/L_0 und dem zugehörigen Fügekraftverhältnis F/L_0. Jede Gruppe besteht so aus 18 bis 24 vermessenen Schweißnähten. Offensichtlich liegen die Datenpunkte für ein vorgegebenes L_0 auf einer Geraden und der Ansatz von Gleichung 10.8 wird daher bestätigt. Aus der Anpassung von Geraden an die in Abbildung 10.9 gezeigten Daten kann jetzt auch eine Wertetabelle der Funktionen $A(L_0)$ und $B(L_0)$ ermittelt werden.

Damit ist die Aufgabe, den Zusammenhang zwischen den in Tabelle 10.2 genannten Prozessparametern, an denen die Güte der Schweißnaht abgelesen werden kann, und den Schweißparametern, den Werkstoffparametern, den Maschinenparametern sowie den Umgebungseinflüssen herzustellen, vollständig gelöst. Die Gleichungen 10.6 in Verbindung mit 10.5 sowie die Gleichung 10.8 in Verbindung mit der Wertetabelle 10.3 erlauben die Berechnung der Prozessparameter für eine tatsächlich geschweißte oder zu schweißende Naht. Die Handhabung dieser Formeln ist allerdings offensichtlich sehr unübersichtlich und aufwendig. Es wurden daher maschinenbezogen Tabellen und Graphiken erstellt, mit denen die Zusammenhänge einfach illustriert werden und die erforderlichen Schweißparameter direkt abgelesen werden können. Nähere Informationen sind hierzu bei einer inzwischen Vielzahl von Schweißmaschinenherstellern erhältlich.

Tabelle 10.3: Wertetabelle der Funktionen $A(L_0)$ und $B(L_0)$, nach Abbildung 10.9 [22].

L_0 (mm)	$A(L_0)$ (N/mm)	$B(L_0)$ (N/mm)
0,50	8800	1335
0,65	2200	880
0,75	1400	625
0,90	1150	360
$\geq 1,00$	≤ 870	≤ 225

Die hier vorgestellten Ergebnisse wurden in einem von G. Lüders geleiteten Forschungsvorhaben erarbeitet, das gemeinsam mit dem Arbeitskreis Grundwasserschutz[9] (AK GWS), dem Fachverband der Dichtungsbahnhersteller und Verlegefachbetriebe in Deutschland, durchgeführt wurde. Der AK GWS hatte zugleich ein Güteüberwachungssystem für Verlegefachbetriebe aufgebaut, die Dichtungsbahnen nach den Anforderungen der Technischen Anleitungen Abfall und Siedlungsabfall in Deponieabdichtungen verlegen. Die BAM ist im Rahmen der Güteüberwachung als unabhängiger Auditor tätig. Das Forschungsvorhaben wurde mit dieser Güteüberwachung verknüpft. Es ergab sich dadurch die einmalige Möglichkeit, während der vielen Besuche der Verlegefachbetriebe am Heimatstandort und auf den Deponiebaustellen, zum einen Probenähte mit willkür-

---

[9] Informationen über den Fachverband sind über die Internet-Seite *www.akgws.de* erhältlich.

lich gewählten Parameter mit unterschiedlichsten Maschinen herzustellen, zum anderen aber die tatsächlich hergestellten Schweißnähte der Deponieabdichtungen zu beproben und zu bewerten. Dadurch wird ein repräsentativer Überblick über die Qualität von heizkeilgeschweißten Überlappnähten möglich, die von güteüberwachten Verlegefachbetrieben hergestellt werden, und damit über den erreichten Stand der Technik.

Für jede einzelne Naht wurden die Schweißparameter, die Werkstoffeigenschaften, die Maschinenparameter und die Umgebungseinflüsse ermittelt und die Nahtgeometrie vermessen. An den Nähten wurden dann die Prozessparameter ermittelt und Zeitstand-Schälversuche durchgeführt. Die Datenflut ist in die Abbildung 10.7 und versteckt in die Abbildung 10.8 eingegangen.

Ausgehend von Abbildung 10.9 lässt sich jedoch ein besserer Überblick über die Ergebnisse gewinnen. Lange Standzeiten im Zeitstand-Schälversuch werden erreicht, wenn die Prozessparameter der Naht die Anforderungen der Tabelle 10.1 erfüllen. Der Datenpunkt $(F/L_0, s_f/L_0)$ einer solchen Naht hoher Güte, der die Nahteigenschaften vollständig repräsentiert, müsste in Abbildung 10.8 in einem Arbeitsfeld liegen, dass sich auf der Abszisse zwischen den Werten 0,5 und 0,9 erstreckt, andererseits durch die beiden Geraden mit $L_0 = 0,75$ und 0,9 begrenzt wird. Erinnert sei daran, dass nach Abbildung 10.8 auch Nähte mit L_0-Werten von 0,95 immer noch nahe an der maximalen Standzeit liegen, das bis zu dieser Grenze erweiterte Arbeitsfeld also immer noch optimale Nähte enthält.

In Abbildung 10.10a werden die Untersuchungsergebnisse aufgeschlüsselt nach den benutzten, insgesamt 7 verschiedenen Schweißmaschinen (Buchstaben, a bis g), in Abbildung 10.10b nach den insgesamt 13 Verlegefachbetrieben (Ziffern, 1 bis 7), die besucht worden waren. Normale Ziffern bzw. Buchstaben bezeichnen Nähte deren Parameter willkürlich gewählt wurden, die also in diesem Diagramm zufällig verteilt sind. Fettgedruckte Ziffern bzw. Buchstaben bezeichnen jene Nähte, die von den Schweißern nach dem Stand der Technik, wie er in der DVS-Richtlinie beschrieben wird, hergestellt wurden. Fast alle diese Nähte liegen in dem Arbeitsfeld, das Nähte hoher Güte eingrenzt. In den ganz wenigen Fällen, wo diese Nähte herausfallen, konnte in jedem Einzelfall ein zunächst nach den herkömmlichen Regeln der Qualitätssicherung (DVS-Richtlinien) unerkannt gebliebener handwerklicher oder maschinentechnischer Fehler aufgedeckt werden.

Die auf Deponiebaustellen von anerkannten und güteüberwachten Verlegefachbetrieben hergestellten heizkeilgeschweißten Überlappnähte entsprechen also in fast allen Fällen den Güteanforderungen, die im Rahmen dieses Bewertungsmodells an Hand der statistischen und morphologischen Untersuchungen des Versagensverhaltens von Nähten im Zeitstand-Schälversuch aufgestellt wurden. Zugleich wird deutlich, dass mit diesem Bewertungsmodell Fehler noch zuverlässiger erfasst und damit vermieden werden können. Vor allem aber ist die Grundlage gewonnen, auf der eine automatische Prozesssteuerung der Heizkeilschweißmaschinen erarbeitet werden kann.

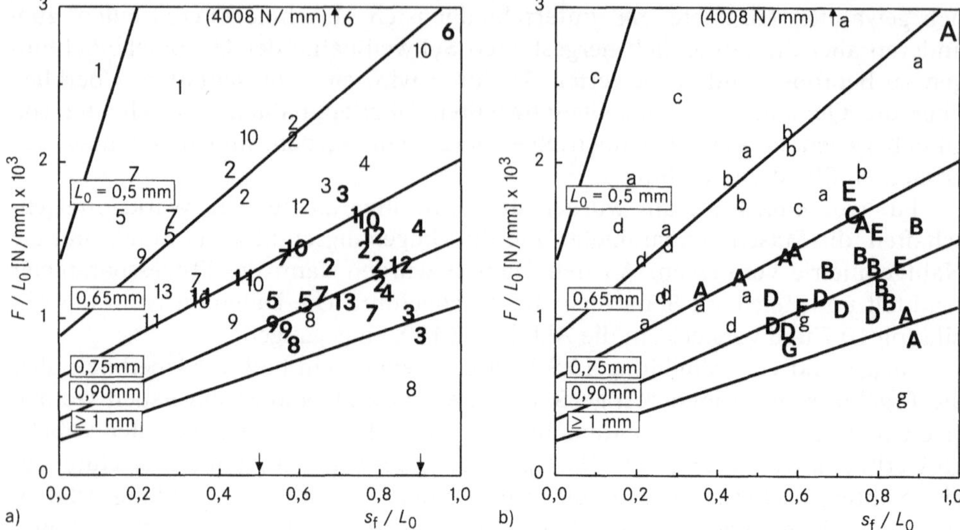

Abb. 10.10: Eine Vielzahl von Nähten, die mit willkürlich gewählten Schweißparametern geschweißt wurden (kleine Buchstaben und nicht fette Zahlen), sowie von Nähten, die nach den Anforderungen der DVS-Richtlinien auf Deponien geschweißt wurden (fette Zahlen und fette Großbuchstaben) wurden detailliert analysiert und aus den Herstellungsbedingungen die Schmelzeschichtdicke L_0, das Fügekraftverhältnis F/L_0 und Fügewegverhältnis s_f/L_0 ermittelt und in die Abbildung 10.9 eingetragen. Abbildung a) verschlüsselt nach den 13 Verlegefachbetrieben, die die Nähte hergestellt hatten, Abbildung b) nach den dabei benutzten 7 verschiedenen Schweißmaschinen.
Auf Deponiebaustellen hergestellt Nähte liegen fast durchweg in dem nach dem Bewertungsmodell zulässigen Parameterbereich $0{,}5 \le s_f/L_0 \le 0{,}9$ und $0{,}75 \le L_0 \le 0{,}9$ bis $0{,}95$.

Dieser Abschnitt handelte bislang nur von den Heizkeil-Überlappnähten. Wie steht es um die Auftragnähte? Durch Extrusionsschweißen hergestellte Auftragnähte sind auch bei der großflächigen Verlegung von Dichtungsbahnen kaum zu vermeiden. Die Güte von Auftragnähten über zulässige Bereiche von Prozessparametern quantitativ zu beschreiben und die Korrelation der Prozessparameter zu den vielfältigen Einflussgrößen herzustellen, ist eine erst in den Anfängen bearbeitete, aber dennoch wichtige und lohnende schweißtechnische Aufgabe.

10.4 Literatur

[1] SAECHTLING, H.; ZEBROWSKI, W.; WOEBCKEN, W.; OBERBACH, K.
Kunststoff-Taschenbuch. München, Wien: Carl Hanser Verlag 1998.

[2] WOOL, R. P.; YUAN, B.-L.; McGAREL, O.J.
Welding of Polymer Interfaces. *Polymer Engineering and Science*, 29 (1989), H. 19, S. 1340–1367.

[3] POTENTE, H.
Zur Theorie des Heizelement-Stumpfschweißens. *Kunststoffe*, 67 (1977), H. 2, S. 98–102.

[4] DEUTSCHER VERBAND FÜR SCHWEISSEN UND VERWANDTE VERFAHREN E.V. (HRSG.)
Taschenbuch DVS-Merkblätter und -Richtlinien, Fügen von Kunststoffen. Düsseldorf:
DVS-Verlag 1998, 540 Seiten.

[5] LANDRETH, R. E.
EPA/530/SW-91/051, Technical Guidance Document: Inspection Techniques for the
Fabrication of Geomembrane Field Seams. Washington, D. C.: U. S. Environmental
Protection Agency 1991.

[6] STRUVE, F.
Extrusion Fillet Welding of Geomembranes. *Goetextiles and Geomembranes*,
9 (1990), S. 281–293.

[7] MÜLLER, W. (HRSG.)
Richtlinie für die Zulassung von Kunststoffdichtungsbahnen für die Abdichtung von
Deponien und Altlasten. Bremerhaven: Wirtschaftsverlag NW, Verlag für neue Wis-
senschaften GmbH 1999.

[8] DIEDRICH, G.; GAUBE, E.
Schweißverfahren für Rohre und Platten aus Hart-Polyäthylen, Zeitstandfestigkeit
und Langzeitschweißfaktoren. *Kunststoffe*, 60 (1970), H. 2, S. 74–80.

[9] DIEDRICH, G.; GAUBE, E.
Zeitstandfestigkeit und Langzeit-Schweißfaktoren von geschweißten Rohren und
Platten aus Hart-Polyäthylen und Polypropylen. *Kunststoffe*, 63 (1973), H. 11,
S. 793–797.

[10] HESSEL, J.; JOHN, P.
Langzeitfestigkeit von Schweißverbindungen an Dichtungsbahnen aus Polyethylen.
Werkstofftechnik, 18 (1987), S. 228–231.

[11] GEHDE, M.
Schweißverbindungen an Deponiedichtungsbahnen – Prüfung und Versagensverhalten. In: Knipschild, F. W. (Hrsg.): Tagungsband der 8. Fachtagung „Die sichere Deponie, wirksamer Grundwasserschutz mit Kunststoffen". Würzburg: Süddeutsches
Kunststoffzentrum (SKZ) 1992.

[12] VIERTEL, A.
Untersuchung zur Lebensdauer von Überlappschweißverbindungen an Deponiedichtungsbahnen aus PE-HD. In: Knipschild, F. W. (Hrsg.): Tagungsband der
13. Fachtagung „Die sichere Deponie". Würzburg: Süddeutsches Kunststoffzentrum
(SKZ) 1997.

[13] HEITZ, E.; HENKHAUS, R.
Abschlußbericht des Forschungsvorhabens 7577: Langzeitverhalten von Schweißverbindungen an Deponiedichtungsbahnen aus Polyethylen. Frankfurt: DECHEMA
1992.

[14] KNIPSCHILD, F. W.
Qualitätssicherung beim Bau von Deponieabdichtungen – Einbau der Kunststoffdichtungsbahn. In: Fehlau, K.-P.; Stief, K. (Hrsg.): Fortschritte der Deponietechnik
1992, Qualitätssicherung für Deponieabdichtungssysteme und Eigenkontrollen beim
Aufbau der Deponie. Berlin: Erich Schmidt Verlag 1992.

[15] HUTTEN, A.
Anwendungsspezifische Eigenschaften von PE-HD-Dichtungsbahnen unter besonderer Berücksichtigung des Relaxationsverhaltens. In: Knipschild, F. W. (Hrsg.): 7. Tagungsband der Fachtagung „Die sichere Deponie, wirksamer Grundwasserschutz mit
Kunststoffen". Würzburg: Süddeutsches Kunststoffzentrum (SKZ) 1991.

[16] MÜLLER, W.; PREUSCHMANN, R.
Zulassung von Kunststoffdichtungsbahnen in Kombinationsdichtungen - Anforderungen an Material, Herstellung und Einbau. *AbfallwirtschaftsJournal*, 4 (1992), H. 1, S. 61–68.

[17] MICHEL, P.
Qualitätssicherung beim Schweißen von Kunststoffdichtungsbahnen. In: Knipschild, F. W. (Hrsg.): Tagungsband der 11. Fachtagung „Die sichere Deponie, wirksamer Grundwasserschutz mit Kunststoffen". Würzburg: Süddeutsches Kunststoffzentrum (SKZ) 1995.

[18] BIELEFELDT, K.; GLÜCK, L.; KLINGENFUSS, H.
Forschungsbericht FV 187, Beurteilung des Langzeitverhaltens der Fügenähte von Kunststoffdichtungsbahnen zur Basis- und Oberflächenabdichtung bei Deponien. Würzburg: Süddeutsches Kunststoffzentrum (SKZ) 1991.

[19] LÜDERS, G.
Zeitstandschälverhalten von Heizkeilschweißnähten in Zusammenhang mit ihren Schweißparametern. In: Knipschild, F. W. (Hrsg.): Tagungsband der 13. Fachtagung „Die sichere Deponie". Würzburg: Süddeutsches Kunststoffzentrum (SKZ) 1997.

[20] LÜDERS, G.
Assessment of Seam Quality and Qptimization of the Welding Process in HDPE Geomembranes. In: Rowe, R. K. (ed.): Sixth International Conference on Geosynthetics, Conference Proceedings. Atlanta Georgia USA: Industrial Fabrics Association International 1998, S. 337–352.

[21] LÜDERS, G.
Praxiserprobung eines Modells zur Bewertung der Qualität von heißkeilgeschweißten Überlappnähten. In: Knipschild, F. W. (Hrsg.): Tagungsband der 15. Fachtagung „Die sichere Deponie". Würzburg: Süddeutsches Kunststoffzentrum (SKZ) 1999, S. M1–M20.

[22] BIELEFELDT, K.; SCHMACHTENBERG, E.
Development of a Short Term Testing Method for Welded Liners. In: Koerner, R. M. (ed.): Geosynthetic Testing for Waste Containment Applications, ASTM Special Technical Publication 1081. Philadelphia, USA: ASTM 1990.

[23] CORBET, S. P.; PETERS, M.
First Germany/USA Geomembrane Workshop. *Geotextiles and Geomembrane*, 14 (1996), H. 12, S. 647–726.

[24] LÜDERS, G.
Quality assurance in hot wedge welding of HDPE geomembranes. In: Cancelli, A.; Cazzuffi, D.; Soccodato, C. (eds.): Proceedings of the Second European Geosynthetics Conference. Bologna: Pàtron Editore 2000.

[25] GEHDE, M.
Maschinen und Geräte zum Schweißen von Dichtungsbahnen. In: Knipschild, F. W. (Hrsg.): Tagungsband der 15. Fachtagung „Die sichere Deponie, Wirksamer Grundwasserschutz mit Kunststoffen". Würzburg: Süddeutsches Kunststoffzentrum (SKZ) 1999.

11 Dichtungskontrollsysteme für Kunststoffdichtungsbahnen

11.1 Funktion und Arten von Dichtungskontrollsystemen

Einwandfrei hergestellte und fachgerecht eingebaute Kunststoffdichtungsbahnen sind flüssigkeitsdicht, d.h. es sind keine Porenkanäle vorhanden durch die das Wasser, angetrieben von einem hydraulischen Gradienten (hydrostatischer Druck, Schwerkraft und Kapillarkraft) hindurch sickern kann. Damit ist auch kein advektiver Transport (siehe Abschnitt 7.3) der im Wasser gelösten Schadstoffe möglich. Solange die Dichtungsbahn mechanisch nicht beschädigt wird, bleibt sie auch bei einer praktisch beliebig hoch anstehenden Wassersäule dicht. Die PE-HD-Dichtungsbahn ist nahezu unempfindlich gegen flächige Kompression (hydrostatischer Druck, homogen verteilte Auflast). Die Barodiffusion (siehe Abschnitt 7.2) kann dabei in fast allen Fällen vernachlässigt werden. Andererseits kann selbst eine 2,5 mm dicke PE-HD-Dichtungsbahn, trotz einer beträchtlichen mechanischen Robustheit, bei einem nicht sachgemäßen Baubetrieb durch Bauwerkzeuge und Baumaschinen leicht beschädigt werden. Durch Löcher und Risse kann dann bei sehr ungünstigen Randbedingungen (große Löcher, gut durchlässiges Auflager, großer hydraulischer Gradient) Wasser sogar in beträchtlichem Ausmaß wieder hindurch sickern. Ein Vorteil dieses Abdichtungselements, die völlige Dichtigkeit gegen Flüssigkeiten, wäre dadurch verloren gegangen. Es gibt drei Möglichkeiten dies zu verhindern:

1. Hohe Anforderungen an Fachkenntnis und Erfahrung der Fachfirmen stellen und strenge, mehrstufige Qualitätskontrolle (siehe Abschnitt 9.4) beim Einbau durchsetzen, d.h. Schäden präventiv vermeiden.

2. Die Dichtungsbahn mit einem nur gering durchlässigen Auflager (z.B. Dichtungsbahn und mineralische Dichtung oder Dichtungsbahn und Bentonitmatte) kombinieren, wodurch die Auswirkung von Löchern stark begrenzt werden kann, oder mit einer Kapillarsperre, in der das durch ein Loch noch gelangende Wasser in der Kapillarschicht abgeleitet wird, d.h. die Auswirkung von Schäden minimieren.

3. Dichtungskontrollsysteme einsetzen, mit denen die während des Einbaus oder später im Betrieb entstehenden Löcher und Risse zuverlässig erkannt und lokalisiert werden können [1], [2], [3], kurz gesagt: Schäden erkennen.

Um eine möglichst zuverlässig wirksame, ausfallsichere und fehlertolerante Abdichtung, wie sie z.B. bei Deponieabdichtungen erforderlich ist, zu erreichen, kann man die drei Möglichkeiten kombinieren. Die Verwaltungsvorschriften fordern für Deponieabdichtungen die Kombinationsdichtung, schreiben umfangreiche Qualitätssicherungsmaßnahmen vor und legen über ein Zulassungsverfahren hohe Qualitätsstandards fest. Es werden Schäden also präventiv vermieden und deren mögliche Auswirkung zusätzlich minimiert. Man kann von einem vorbeugenden, sozusagen „passiven" Sicherungskonzept sprechen. Die Kontrolle des eigentlichen Abdichtungssystems spielt hier noch keine Rolle. Bei Basisabdichtungen bietet die dritte Möglichkeit tatsächlich auch kaum einen gangbaren Weg, da während des Betriebs nachgewiesene Löcher praktisch nur mit extrem großen Aufwand oder gar nicht repariert werden könnten. Daneben ist natürlich eine Kombination aus Dichtungsbahn und mineralischer Dichtung zur Abdichtung der Deponiebasis auch aus anderen Gründen, z.B. im Hinblick auf den diffusiven Stofftransport, erforderlich.

Für Oberflächenabdichtungen, wo die eigentlichen Abdichtungskomponenten in der Regel noch einfach zugänglich und reparierbar sind, stellt die Verbindung der ersten und dritten Möglichkeit aber eine gleichwertige Alternative dar, jedenfalls gemessen an den Schutzzielen, die erreicht werden müssen. Man kontrolliert und repariert die Abdichtung. Der mehrkomponentige fehlertolerante Dichtungsaufbau wird damit überflüssig. Man kann hier von einem „aktiven" Sicherungskonzept sprechen.

Für Sonderabfalldeponien fordert die TA Abfall [4] in Nr. 9.4.1.4, dass „...das Deponieoberflächenabdichtungssystem ... so auszuführen (ist), dass Undichtigkeiten für die Dauer der Nachsorge lokalisiert und repariert werden können.". Danach ist also sogar die Kombination aller drei Möglichkeiten erforderlich.

Es richtet sich nach der jeweiligen Anwendung, nach deren technischen und wirtschaftlichen Randbedingungen, und den Anforderungen an die Dichtigkeit, in welchem Umfang man in welcher Kombination diese Möglichkeiten entfaltet. Es wird sich in der weiteren Betrachtung jedoch zeigen, dass das Konzept „Schäden erkennen", ein vorbeugendes Vermeiden von Schäden durch hohe Anforderungen an Material, Fachfirmen und Qualitätssicherung in der Regel nicht wird ersetzen können. Auch wenn man Dichtungskontrollsysteme verwendet, sollte man daher keine Abstriche an diesen Anforderungen machen.

Im Folgenden werden Dichtungskontrollsysteme beschrieben, die bei Kunststoffdichtungsbahnen eingesetzt werden können. Es gibt hier verschiedene Möglichkeiten und man kann drei Arten von Konzepten für die Kontrolle unterscheiden:

1. Dichtungskontrollsysteme, die die Auswirkungen des durch ein Loch sickernden Wassers auf den Zustand (Feuchtigkeit, Temperatur, Schadstoffgehalt in der Bodenluft) des Auflagers messen. Das Loch wird nur indirekt über die Veränderung von Eigenschaften des Auflagers detektiert.

2. Doppeldichtungen aus Kunststoffdichtungsbahnen mit geschlossenen Kammern, in denen ein Unterdruck erzeugt wird. Hier wird die Eigenschaft der Dichtung selbst durch das Auftreten eines Loches verändert und so der Schadensfall anhand des Druckanstieges oder der für einen vorgegebenen Unterdruck benötigten Pumpleistung in dem betroffenen Kammersegment angezeigt.

3. Dichtungskontrollsysteme, bei denen die mit einem Loch verbundenen elektrischen Anomalien gemessen werden. Hier wird ausgenutzt, dass die Dichtungsbahn nicht nur für Flüssigkeiten, sondern auch für den elektrischen Strom undurchlässig ist. Es werden sozusagen stellvertretend „elektrische Löcher" gemessen.

Bei der Betrachtung der einzelnen Systeme wird deutlich werden, dass für eine großflächige Abdichtung mit Kunststoffdichtungsbahnen in den meisten Fällen nur die elektrischen Systeme eine hinreichend genaue Kontrolle ermöglichen. Nur auf die Anforderungen an diese Systeme wird dann im folgenden Abschnitt 11.2 näher eingegangen.

Bei der ersten Art von Dichtungskontrollsystemen werden Sensoren unter der Kunststoffdichtungsbahn verteilt, die in spezifischer Weise auf Veränderungen im Auflager reagieren, die sich beim Wasserzutritt durch das Loch ergeben könnten. Dieses Konzept wurde und wird von verschiedenen Anbietern verfolgt. Drei Beispiele sollen hier genannt werden.

Mit einer ortsaufgelösten Messung der Dielektrizitätszahl im Boden kann eine Änderung seines Feuchtigkeitsgehaltes bestimmt werden. Dazu wird im Boden ein isoliertes Paar von Kabeln verlegt. Die Ausbreitung elektromagnetischer Wellen in diesem Kabelpaar wird von der komplexen Dielektrizitätszahl des umgebenden Bodens und diese wieder von dessen Feuchtigkeit beeinflusst. Veränderungen im Wassergehalt durch einsickerndes Wasser machen sich so bemerkbar. Nach diesem Verfahren können die Wassergehalte typischer mineralischen Abdichtungen mit einer absoluten Genauigkeit von $\pm 2\%$ (Wassergehalt) bestimmt werden [5].

Das durch ein Loch einsickernde Wasser kann neben einer Veränderung in der Feuchtigkeit auch eine lokale Veränderung in der Temperatur bewirken. Wird daher unterhalb der Dichtungsbahn eine in ihrem zeitlichen Verlauf ungewöhnliche, lokale Temperaturveränderung gemessen, so kann dies als Hinweis auf ein Loch interpretiert werden. Dazu ist jedoch eine sehr genaue ortsaufgelöste Temperaturmessung erforderlich. Auch solch ein Dichtungskontrollsystem, das auf der faseroptischen Temperaturmessung beruht [6], wird am Markt angeboten [7]. Ein Glasfaserkabel wird mäanderförmig im Auflager der Dichtungsbahn verlegt. Durch das Kabel werden Laserpulse geschickt. Aus dem Photonenpaket, das durch das Kabel läuft, werden laufend Photonen zurückgestreut. Die Intensität eines Teils des Spektrums der rückgestreuten Photonen hängt dabei in charakteristischer Weise von der Temperatur am Ort der Streuung ab. Aus der Zeit zwischen dem Start des Laserpulses und der Messung des Spektrums des Streulichts kann errechnet werden, von welcher Stelle des Kabels und damit an welchem Ort unterhalb der Dichtungsbahn die gerade analysierten Photonen gestreut wurden. Indem man so die Intensität über der Laufzeit ermittelt, erhält man eine flächige Temperaturverteilung mit einer Genauigkeit von wenigen Zehntel Grad Celsius.

Schließlich wird seit längerem ein Leckerkennungs- und Ortungssystem (LEOS) der Firma Siemens KWU AG bei der Überwachung von Gas- und Ölpipelines eingesetzt, mit dem ortsaufgelöst Schadstoffgehalte in der Luft oder im Boden gemessen werden können. Es wurde vorgeschlagen, dieses System auch für die Überwachung großflächiger Deponieabdichtungen zu verwenden [8]. Dazu werden Gasröhrchen mäanderförmig unterhalb der Dichtungsbahn verlegt, die eine gute diffusive Durchlässigkeit für gewisse Schadstoffe (in der Regel leicht flüchtige organische Substanzen) zeigen, und ein Spülgas (Luft) durch die Röhrchen gepresst. Der Schadstoffgehalt im Spülgas am Ende der Leitung wird in einem Detektor fortlaufend gemessen. Aus dem Zeitpunkt des Auftretens von Schadstoffen und der Strömungsgeschwindigkeit des Spülgases kann dann wieder auf den Ort zurück gerechnet werden, an dem die Schadstoffe in das Röhrchen eingedrungen sind.

Konzeptionell sind die eben besprochenen Systeme sehr ähnlich: Es werden indirekt Auswirkungen von Löchern detektiert. Dazu muss das Loch hydraulisch schon wirksam geworden sein, d.h. es muss bereits in erheblichem Umfang Wasser tatsächlich durch das Loch hindurchgesickert sein. Erheblich bedeutet, dass die Werte von Feuchtigkeit, Temperatur oder Schadstoffgehalt in der Bodenluft sich so großflächig um das Loch herum verändert haben müssen, dass die Umgebung der Leiterbahnen (für elektromagnetische Wellen, Laserpuls oder Spülgas) davon erfasst werden. Das Schadensausmaß, bei dem ein Sensor anspräche, wäre hier im Vergleich zum Schadensausmaß, das man für kleinere Löcher in der Dichtungsbahn kurzfristig allenfalls erwarten würde, ganz erheblich. Die „Ansprechschwelle" ist zu hoch. Diese Systeme sind daher wohl in dem beschriebenen Sinne viel zu unempfindlich, als dass damit eine Kunststoffdichtungsbahn kontrolliert werden könnte. Die Systeme erscheinen eher geeignet, um Abdichtungen, wie die mineralische Dichtung oder Kapillarsperren, die ohnehin in gewissem Umfang durchlässig sind, zu kontrollieren.

Bei der Doppelabdichtung werden zwei Kunststoffdichtungsbahnen aufeinander verlegt. Auf der Oberseite der unten liegenden Dichtungsbahn sind Noppen aufgeprägt (siehe Abschnitt 6.1), die als Stütze für die aufliegende Dichtungsbahn dienen. Die oben und unten liegenden Dichtungsbahnen werden jeweils untereinander verschweißt, es wird jedoch auch abschnittsweise die obere Dichtungsbahn mit der unteren verbunden. Es entstehen dadurch flächenartige Kammern, an die jeweils ein Stutzen angeschweißt wird, über den dann die Luft aus der Kammer gepumpt werden kann. Bei einem Loch würde ein Unterdruck in der Kammer entweder gar nicht oder nur mit zu großer Pumpleistung erreicht. Im Prinzip können damit auch sehr kleine Löcher gefunden werden. Die Doppeldichtungen werden seit Jahren bei der Abdichtung von LAU-Anlagen (Anlagen zum Lagern, Abfüllen und Umschlagen wassergefährdender Stoffe) eingesetzt. Inzwischen finden Sie auch im Tunnelbau Anwendung [9]. Dort ist vorgesehen, dass durch die Injektion von Dichtungsmasse in die Kammer auch nicht mehr zugängliche schadhafte Stellen nachträglich abgedichtet werden können.

Sofort ins Auge fällt, dass bei einer Doppeldichtung in beträchtlichem Umfang Schweißnähte anfallen, die dann auch in der Regel nicht als Maschinennähte, sondern als von Hand geschweißte Auftragnähte hergestellt werden müssen. Solche Nähte sind jedoch fehleranfällig und schwierig zu prüfen (siehe Kapitel 10). Die Doppeldichtungen sind daher unter Fachleuten nicht unumstritten. Gelegentlich wird etwas überpointiert gesagt, dass das System selbst überhaupt erst die Fehleranfälligkeit erzeugt, die dann seinen Einsatz rechtfertigt. Es gab tatsächlich immer wieder Fälle, wo es sich als sehr mühsam erwiesen hat, die Betriebsfähigkeit herzustellen, oder klar zu bewerten, wann das System einen betriebsfähigen Zustand erreicht hat. Im Bereich der Bauwerksabdichtungen hat sich die Doppeldichtung daher nur teilweise bewährt. Im Tunnelbau werden derzeit Erfahrungen gesammelt. Vom Einsatz in großflächige Abdichtungen, wie etwa Deponiebasis- oder Oberflächenabdichtungen, würde man nach den gemachten Erfahrungen eher abraten.

Bei der dritten Art von Dichtungskontrollsystemen nutzt man aus, dass Kunststoffdichtungsbahnen in der Regel sehr gute Isolatoren sind. Der spezifische Durchgangswiderstand einer PE-HD-Dichtungsbahn liegt oberhalb von 10^{15} $\Omega \cdot cm$ und damit um viele Zehnerpotenzen über dem spezifischen Widerstand des feuchten Bodens von einigen 10^3 $\Omega \cdot cm$. Dazu kommt, dass man Ströme und Potentiale sehr empfindlich messen kann. Ein Loch kann sich daher unter nicht allzu ungünstigen Bedingungen längst elektrisch bemerkbar machen, bevor es sich hydraulisch tatsächlich auswirkt [10].

Die beiden Skizzen (Abbildung 11.1a und 11.1b) sollen die Funktionsweise dieser Art von Dichtungskontrollsystemen illustrieren. Gezeigt werden unter der Dichtungsbahn verlegte Sensorelektroden und eine oberhalb der Dichtungsbahn installierte Quellelektrode, über die der Strom eingespeist wird. Man kann natürlich auch mehrere Quellelektroden einbauen. Wird die Quellelektrode mit einer der unter der Dichtungsbahn liegenden Elektroden verbunden, so baut sich ein elektrisches Potenzial auf, und es kann ein elektrischer Strom fließen. Die Äquipotenziallinien sind hier nur rein qualitativ eingezeichnet (In der Nähe der Elektroden sind sie kreisförmig, auf der Oberfläche eines Isolators müssen sie senkrecht stehen). Bei einer intakten Dichtungsbahn (Abbildung 11.1a) entsteht ein relativ homogenes elektrisches Feld. Wenn die Erdstoffschichten ober- und unterhalb der Dichtungsbahn am Rand der Abdichtung miteinander in Verbindung stehen, kann ein geringer Strom über den Randbereich der Abdichtung fließen, der dort die Kontrollmöglichkeit beeinträchtigt.

Bei einem Loch in der Dichtungsbahn (Abbildung 11.1a) ändert sich der Potenzialverlauf in der Nähe des Loches drastisch. Durch das Loch können jetzt relativ starke Ströme fließen. Wesentlich ist dabei jedoch, dass über das Loch tatsächlich ein elektrischer Kontakt zwischen den Erdstoffen auf der Unter- und Oberseite der Dichtungsbahn entsteht. Dies ist insbesondere dann immer der Fall, wenn das Loch mit einem elektrisch leitenden Material, also mit Wasser oder feuchtem Boden, gefüllt ist. Ist im Loch dagegen nur die isolierende Luft vorhanden, ergeben sich Schwierigkeiten beim Nachweis. Von J. O. PARRA wird angegeben, wie die Rückwirkung eines Loches in einer Kunststoffdichtungsbahn auf die Potenzialverteilung im Einzelnen berechnet wird [11], [12].

Es gibt nun unterschiedliche Verfahren mit denen die elektrische Anomalie, die mit einem Loch einhergeht ortsaufgelöst gemessen werden kann [13], [14]. Die Verfahren gehen zurück auf schon sehr alte geoelektrische Erkundungs- und Messmethoden. Die Skizzen legen nahe, dass jeweils eine der Sensorelektroden mit der Quellelektrode verbunden und der Strom gemessen wird. Aus der Stromverteilung bei unterschiedlichen Schaltungen kann dann das Loch lokalisiert werden. Bei dem heute üblicherweise verwendeten Verfahren wird eine oder mehrere Quellelektroden oberhalb der Dichtung mit einer als Erdpotential dienenden, von der Dichtungsbahn weiter entfernt installierten, sogenannten Fernelektrode verbunden und zwischen ihnen ein elektrisches Potenzial aufgebaut.

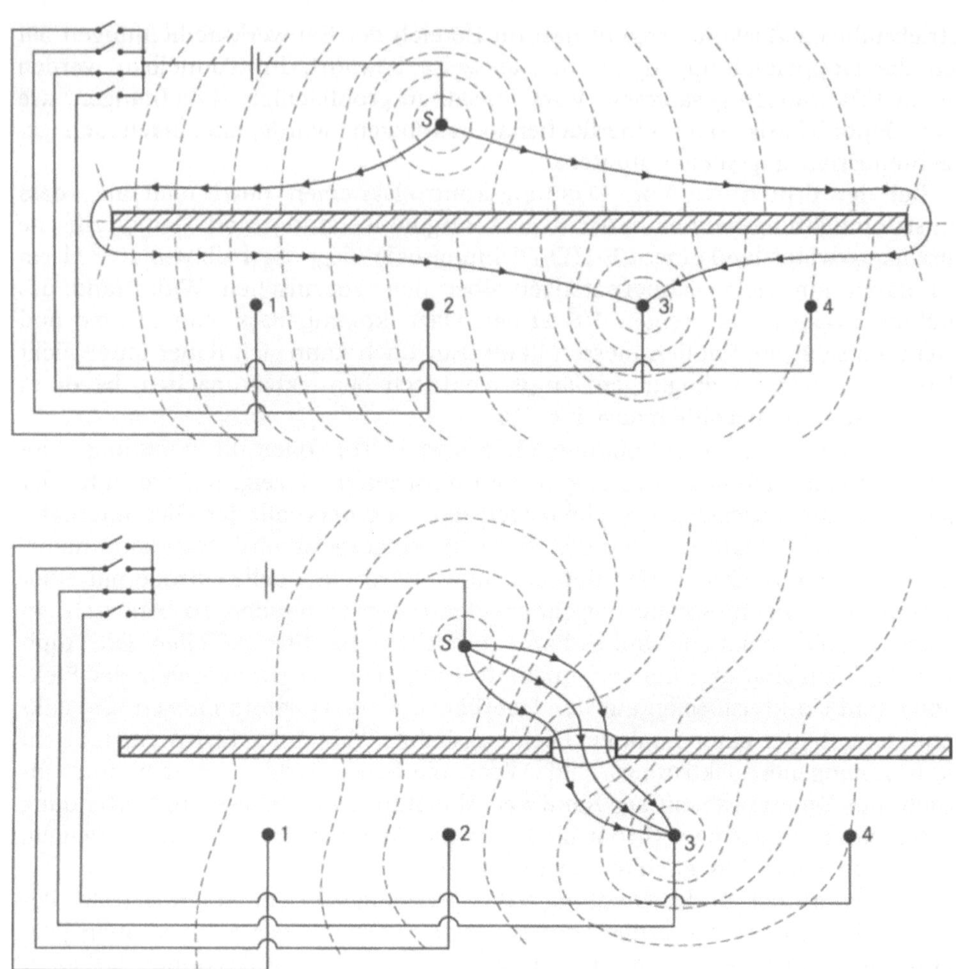

Abb. 11.1: Schematisch Darstellung der Funktionsweise von elektrischen Dichtungskontrollsystemen. Oberhalb der Dichtungsbahn (schraffierter Balken) wird eine Quellelektrode S installiert, unterhalb flächig verteilte Sensorelektroden (1, 2, 3 4). Angedeutet ist in der Zeichnung die Verkabelung der Elektroden. Wird eine Spannung zwischen Quellelektrode und einer Sensorelektrode angelegt, so entsteht ein Potenzialfeld (gestrichelte Linien). Bei einer intakten Dichtungsbahn fließt nur ein geringer Strom über den Rand der Dichtung. Entsteht jedoch in der Nähe der geschalteten Elektrode ein Loch, das zu einem elektrischen Kontakt der Erdstoffe unterhalb und oberhalb der Dichtungsbahn führt, so fließt ein relativ starker Strom.

Zumeist wird eine der Sensorelektroden als Fernelektrode weit weg von der Dichtungsbahn installiert. Das Potenzial zwischen Quellelektrode und dieser Fernelektrode ist bei einer intakten Dichtungsbahn in deren Nähe homogen verteilt. Mit einem Loch ergibt sich jedoch eine Anomalie im Potenzialverlauf, die dann von den dem Loch benachbarten Sensoren gemessen werden kann.

Mit den flächig verteilten Sensorelektroden wird dann rasterartig das Potential nach Größe und Richtung gemessen. Aus der Eigenart der Potenzialverteilung in der Fläche kann dann das Loch ermittelt werden. Die Sensorelektroden können dazu unterhalb, aber auch oberhalb der Dichtungsbahn verlegt werden. Je nach der gewählten Konfiguration ist die Empfindlichkeit mit der ein bestimmtes Loch detektiert werden kann, sehr unterschiedlich. Die Skizze erhellt auch, dass zum Rand der Dichtung hin, der eindeutige Nachweis von Löchern zunehmend schwierig werden kann, wenn die gezeichneten elektrischen „Randumläufigkeiten" auftreten. Werden die Enden der Dichtungsbahn jedoch aus dem Randbereich herausgeführt, fließt praktisch gar kein Strom mehr und diese Schwierigkeit wird vermieden.

Die folgende Serie von Abbildungen soll einen Eindruck von der Verlegung dieser Systeme vermitteln. Abbildung 11.2 zeigt, wie eine Furche in die Oberfläche der mineralischen Dichtung gefräst wird, in der dann das Kabel, in das die Elektroden in regelmäßigen Abständen integriert sind, verlegt wird (Abbildung 11.3 und 11.4). Abbildung 11.5 zeigt eine andere Variante, bei der jede einzelne Elektrode auf der Fläche verkabelt wird. Die Anschlussleitungen enden schließlich in einem Kabelschrank, in dem auch die Auswerteeinheiten untergebracht sind (Abbildung 11.6).

Abb. 11.2: In die Oberfläche der mineralischen Dichtung wird eine Furche gefräst, in der dann die Sensorkabel verlegt werden. Der Umfang der vorbereitenden Arbeiten am Auflager der Dichtungsbahn hängt von dessen Beschaffenheit ab. Kabel und Sensoren dürfen zu keinen unzulässigen Eindrücken in der Dichtungsbahn führen (siehe Abschnitt 8.3.1).

Abb. 11.3: In die Furche wird ein Kabel verlegt, in das in regelmäßigen Abständen die Sensorelektroden integriert sind.

Abb. 11.4: Ein Blick auf das Auflager, in dem bereits die Kabel in regelmäßigen Abständen verlegt sind.

Abb. 11.5: Dieser Blick auf ein vorbereitetes Auflager zeigt eine andere Variante. Die in regelmäßigen Abständen über der Fläche verteilten Elektroden sind jeweils einzeln verkabelt.

Abb. 11.6: Diese Abbildung zeigt das Herzstück jeder Anlage. Die Zuleitungen zu den Sensorelektroden und zur Quellelektrode münden alle in einen Kabelkasten, der auch die Auswerteelektronik enthält. Alle Systemkomponenten sind hier vor den Unbilden der Witterung geschützt.

Mit diesen Systemen kann auch eine Abnahmemessung unmittelbar nach Abschluss der Bauarbeiten durchgeführt und damit der einwandfreie Zustand der fertiggestellten Abdichtung überprüft werden. Dies ist eine wesentliche Anforderung an Dichtungskontrollsysteme für Kunststoffdichtungsbahnen, da Schäden ganz überwiegend aus einem mangelhaften Auflager oder aus den Beanspruchungen in der Bauphase nach Verlegung der Dichtungsbahn (selten jedoch aus dem Einbau der Dichtungsbahn selbst) resultieren. Die Dichtungsbahnen unterscheiden sich hier von den mineralischen Dichtungen, wo Schäden selten aus dem Baugeschehen herrühren, wohl aber aus langfristigen Beanspruchungen entstehen (Austrocknung, Durchwurzelung, Setzungen).

Alle bisher besprochenen Dichtungskontrollsysteme haben die Eigenschaft, dass damit auch längerfristig die Abdichtung kontrolliert werden kann, wenn die Systemkomponenten langzeitbeständig ausgelegt werden.

Ein weiteres Dichtungskontrollsystem, welches die elektrisch isolierenden Eigenschaften einer PE-HD-Dichtungsbahn ausnutzt, ist dagegen nur für die Kontrollmessung unmittelbar nach der Verlegung, noch vor dem Einbau der Schutzschicht geeignet, Abbildung 11.7 [15]. Dazu wird eine PE-HD-Dichtungsbahn aus zwei Schichten koextrudiert. Die dickere Schicht besteht überwiegend aus der PE-HD-Formmasse mit einem für den UV-Schutz ausreichenden Rußgehalt von etwa 2 Gew.-% (Abschnitt 2.1). Auf der Unterseite schließt jedoch eine dünne Schicht an, in der der Rußgehalt auf ca. 8 ... 12 Gew.-% eingestellt wurde. Bei diesem Rußgehalt berühren sich hinreichend viele Rußpartikelchen, so dass durchgängige Leiterbahnen entstehen: Das Polyethylen wird so elektrisch leitend [16], [17]. Durch die elektrisch leitende Unterseite hat die Dichtungsbahn überall einen genügend guten elektrischen Kontakt zum Erdpotential. Mit einem auf Hochspannung liegenden Metallbesen wird nun nach und nach über die ganze Oberfläche der verlegten Dichtungsbahnen entlang gefegt. Überstreicht der Besen eine bis zur leitenden Unterschicht durchgreifende Beschädigung oder gar ein Loch oder Riss, so kommt es zum elektrischen Überschlag, der optisch und akustisch deutlich bemerkbar ist.

Bei einer Hochspannung des Besens von 15.000 bis 35.000 Volt können nach Firmenangaben Löcher in der Fläche ab einem Durchmesser von etwa 1 mm detektiert werden (bei 1,5 bis 2 mm dicken PE-HD-Dichtungsbahnen). Ein Prüfer kontrolliert danach zu Fuß in einer Stunde eine Fläche von ca. 2000 m^2 und mit einem fahrzeugmontierten Besen bis zu einem Hektar verlegter Dichtungsbahn. Mit diesem Kontrollsystem können Fehlstellen in den eigentlich kritischen Auftragnähten ebenfalls in gewissem Umfang detektiert werden, nicht jedoch in den maschinengeschweißten Überlappnähten mit Prüfkanal. Hier muss man sich damit begnügen, dass die Doppelnaht und die Möglichkeit der durchgängigen Prüfungen über den Prüfkanal eine schon ausreichende Absicherung gegen Fehler darstellt. Aber auch bei den Auftragnähten kann das Verfahren die üblichen Qualitätssicherungsmaßnahmen (siehe Abschnitt 10.2) nur ergänzen.

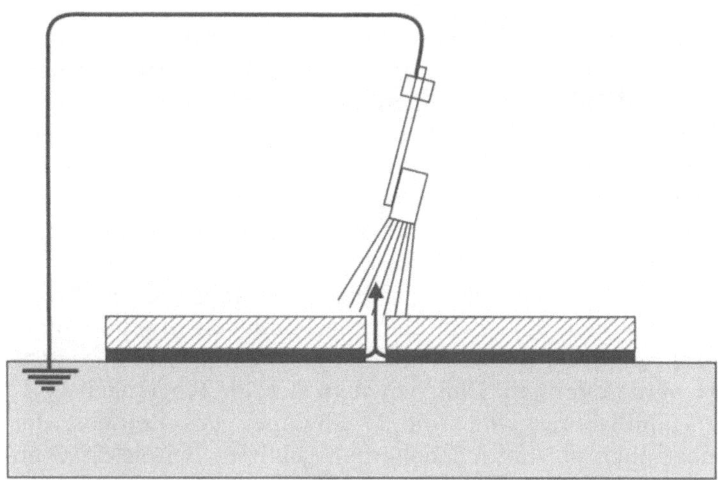

Abb. 11.7: Durch eine über den Rußgehalt eingestellte, elektrisch leitende PE-HD-Schicht (schwarz) auf der Unterseite der Dichtungsbahn (schraffiert) entsteht ein guter elektrischer Kontakt zum Erdpotenzial (grau). Wird mit einem auf Hochspannung (15 … 35 kV) liegenden Besen über ein Loch gefahren, so kann ein Funkenüberschlag die Entladungsstrecke trotz der isolierenden Eigenschaften der Luft überbrücken, wenn das Loch genügend groß ist.

11.2 Anforderungen an Dichtungskontrollsysteme

In diesem Abschnitt geht es um die Frage, welche technischen Leistungskriterien an die Dichtungskontrollsysteme zu stellen sind, die fest installiert eine langzeitige Kontrolle ermöglichen sollen. Die Betrachtungen konzentrieren sich dabei auf die elektrischen Dichtungskontrollsysteme, da nur mit diesen Systemen bereits im Vorfeld eines Schadensfalls mit relativ hoher Genauigkeit und Zuverlässigkeit Löcher in einer Kunststoffdichtungsbahn gefunden werden können. Die Ortungsgenauigkeit, d.h. die Mindestgröße der Fläche, auf die die Position eines Lochs eingrenzt werden kann, beträgt bei diesen Systemen in der Regel wenige Quadratmeter. Sie sollte in der Größenordnung der bautechnisch zumeist ohnehin erforderlichen Aufgrabungsfläche bei einer Reparatur liegen.

Als erstes drängt sich die Frage auf, welche Leistungsfähigkeit tatsächlich gefordert werden kann. Unter Leistungsfähigkeit wird hier eine Festlegung verstanden, die angibt, mit welcher Ortungsgenauigkeit welche technische Nachweisschwelle erreicht wird und wie mehrere Löcher sich auf die Nachweisschwelle auswirken. Die technische Nachweisschwelle ist der Durchmesser eines als rund angenommenen Loches in der Dichtungsbahn, das vom Dichtungskontrollsystem mit praktisch hundertprozentiger Wahrscheinlichkeit detektiert wird. Es wird dabei angenommen, dass in der Dichtungsoberfläche ausreichende Feuchtigkeitsverhältnisse, wie etwa nach einem durchschnittlichen Niederschlagsereignis, vorhanden sind.

Aus den Eigenschaften der Systemkomponenten selbst kann die Leistungsfähigkeit eines Systems nicht abgeleitet werden, da die tatsächliche Ortungsgenauigkeit und die technische Nachweisschwelle auch von den jeweiligen Bedingungen des Bauwerks und sogar von der zeitlichen Veränderung der Bedingungen (z.B. Trockenperiode oder Niederschlagsperiode) abhängt. Man muss sich daher auf eine von den einzelnen Systemen unabhängige Anforderung an die Leistungsfähigkeit verständigen und diese durch eine genau definierte Funktionsprüfung bei jedem einzelnen Bauvorhaben nachweisen.

Neben den Anforderungen an die Leistungsfähigkeit ergeben sich natürlich Anforderungen an die Haltbarkeit, vor allem der erdgebundenen Komponenten, die praktisch nur mit sehr großem, in das Abdichtungssystem selbst eingreifendem Aufwand repariert werden können. Daneben stellt sich die Frage nach Leistungskriterien für die Handhabung, wozu die Maßnahmen des Betriebs, der Wartung und Pflege, aber auch die Betriebssicherheit gehören. Bei elektrischen Anlagen ist die Frage nach dem Blitzschutz von besonderer Bedeutung. Die Verträglichkeit des Dichtungskontrollsystems muss gewährleistet sein, d.h. Einbau und Betrieb darf das eigentliche Abdichtungssystem nicht beeinträchtigen. Hinzu kommen Anforderungen an das Qualitätsmanagement bei der Herstellung der Komponenten des Kontrollsystems sowie Regeln und Qualitätssicherungsmaßnahmen für den Einbau, wozu auch die Beschreibung der Funktionsprüfung gehört. Schließlich ergeben sich Anforderungen an die technische Dokumentation, die es einem technisch qualifizierten Anwender ermöglichen muss, das Kontrollsystem eigenständig zu betreiben und zu warten.

Die Anforderungen werden sich nach dem Anwendungszweck und der angestrebten Betriebsdauer richten. Beispielhaft ist jedoch der Anforderungskatalog der von dem Arbeitskreis Dichtungskontrollsysteme für Deponieabdichtungen (AK DKS) erarbeitet worden ist [18]. Vor allem gebührt diesem Arbeitskreis das Verdienst, eindeutige Anforderungen an die Leistungsfähigkeit formuliert zu haben.

Es wurden nämlich folgende Bedingungen gefordert: Technische Nachweisschwelle: Lochdurchmesser ≥ 5 mm. Ein kreisförmiges Loch von 5 mm Durchmesser (entsprechend einer Fläche je Loch von 20 mm^2) muss zu 100% nachgewiesen werden. Ortungsgenauigkeit: Die von einem Dichtungskontrollsystem angezeigte Position eines Lochs muss innerhalb eines Kreises mit Radius $\approx 2,5$ m (entsprechend einer Fläche von ca. 20 m^2) um die tatsächliche Position Lochs liegen. Drei Löcher (je 5 mm Durchmesser), die in einem Abstand von jeweils mehr als 5 m voneinander liegen, müssen einzeln nachgewiesen werden. Diese Anforderung impliziert, dass kleinere Löcher möglicherweise nicht gefunden werden. Um eine daher theoretisch noch vorhandenen Restdurchlässigkeit zu begrenzen, wurden Anforderungen an die Durchlässigkeit und die Dicke des Auflagers gestellt. Der Durchlässigkeitsbeiwert soll $\leq 1 \cdot 10^{-6}$ m/s und die Dicke mindestens 0,15 m betragen.

Die unter ungünstigen Bedingungen dann noch vorhandene Systemdurchlässigkeit kann mit Hilfe der im Abschnitt 7.5 angegebenen Gleichung (7.45) berechnet werden. Dazu muss man aber Annahmen über die Häufigkeit von Löchern treffen, siehe dazu den folgenden Abschnitt 11.3. Nimmt man z.B. an, dass 5 Löcher pro Hektar mit einem Durchmesser von 3 mm trotz einer Kontrollmessung noch vorhanden sind und ein großflächiger Aufstau von 30 cm Wasser gegeben ist, so errechnet sich eine Systemdurchlässigkeit von $1,4 \cdot 10^{-12}$ m/s. Unter ungünstigsten Annahmen, nämlich der Ausbreitung des einsickernden Wasser in großflächige Hohlräume zwischen Dichtungsbahn und Auflager, kommt man mit Gleichung (7.63) allenfalls zu einer Systemdurchlässigkeit von $4 \cdot 10^{-10}$ m/s hoch. Wobei man bedenken muss, dass sich die dabei gemachten ungünstigen Annahmen widersprechen. Man darf eigentlich nicht gleichzeitig einen großflächigen Aufstau, also auch eine großflächige Ballastierung der Dichtungsbahn, und trotzdem großflächige Hohlräume unter der Dichtungsbahn, also gar keine oder nur eine punktuelle Ballastierung, annehmen. Jedenfalls erscheint nach solchen Betrachtungen die Anforderung der Empfehlung an die Leistungsfähigkeit von Dichtungskontrollsystemen recht vernünftig.

Der Nachweis wird vor Ort durch eine Funktionsprüfung geführt, deren Ablauf und Randbedingungen in der Empfehlung genau beschrieben werden. Es kann hier nicht auf alle Details eingegangen werden, dazu sei auf das Empfehlungspapier verwiesen [18].

Schon die nur schematischen Abbildungen 11.1a und 11.1b und die Abbildungen 11.4 und 11.5 zeigen, dass ein Dichtungskontrollsystem aus Komponenten besteht, für die sich unterschiedliche Anforderungen an die Haltbarkeit ergeben. Die unterhalb der Dichtung verlegten erdgebundenen Kabel und Sensoren können nur mit sehr großem Aufwand oder praktisch gar nicht repariert werden. Die oberhalb der Dichtung liegenden Kabel und Sensoren und als weitere Komponenten die Steuer- und Auswerteinheiten sind in der Regel gut zugänglich und können repariert oder ausgetauscht werden. An diese Komponenten wird man daher nur die üblichen, für elektrische Geräte und Installationen geltenden Anforderungen stellen. Für die erdgebundenen Komponenten unter der Dichtung wird man jedoch besondere Beständigkeitsnachweise fordern müssen. In der Empfehlung wird von einer typischen Nutzungsdauer von 30 Jahren ausgegangen. Für einen Beständigkeitsnachweis über diesen Zeitraum kann in der Regel noch auf vorhandene Regelwerke oder Normen zur Prüfung und Bewertung erdverlegter Kabel in anderen Anwendungsbereichen zurückgegriffen werden. Die relevanten Normen sind in der Empfehlung genannt. Die Herstellung solcher Komponenten muss einem Qualitätsmanagement unterliegen, das von der Eingangskontrolle der Werkstoffe und Halbzeuge bis zur Endkontrolle der fertigen Systemkomponenten reicht.

Trotz dieser Anforderung sollte das Dichtungskontrollsystem in der erdgebundenen Sensorik redundant ausgelegt werden. Der Ausfall weniger Sensoren darf nicht schon zum Zusammenbruch des ganzen Systems führen.

Auch für die Handhabung des Dichtungskontrollsystems gelten einige grundlegende Anforderungen. Das System muss unabhängig von dem jeweiligen Hersteller betrieben und gegebenenfalls repariert werden können. Das setzt voraus, dass eine vollständige technische Dokumentation des Kontrollsystems inklusive Funktionsbeschreibungen, Bestückungslisten, Schalt- und Bauplänen vorhanden sind. Das System muss betriebssicher sein. Es gelten hier also die einschlägigen Anforderungen für den Betrieb elektrischer Anlagen. Dazu gehört jedoch auch, dass Betriebsstörungen des Dichtungskontrollsystems vom Bedienpersonal rasch erkannt werden können. Ein Dichtungskontrollsystem muss daher über eine

Einrichtung zum Selbsttest verfügen, die eindeutig entweder die Funktionsbereitschaft des Systems oder aber Störungen signalisiert. Die Steuer- und Auswertesoftware sollte Störungen automatisch melden, protokollieren, und dem Betreiber Hilfestellungen bei der Analyse möglicher Ursachen geben.

Bei langfristig betriebenen Dichtungskontrollsystemen großflächiger Abdichtungen stellt der Blitzschutz ein Problem dar. Im Jahr werden in Deutschland bis zu einer Million Blitzeinschläge registriert. Die Häufigkeit nimmt von Norden nach Süden zu und ist in den Bergen (Schwarzwald, Alpen) besonders hoch. Es kracht dabei vor allem im Sommer (Abbildung 11.8). Das Dichtungskontrollsystem muss daher über Einrichtungen verfügen, die die Überspannungen an den erdgebundenen Komponenten ableiten und Personen und die Steuer- und Auswerteinheiten schützen. Eine fachkundige, unabhängige Prüfstelle muss die Blitzschutzeinrichtung begutachtet haben.

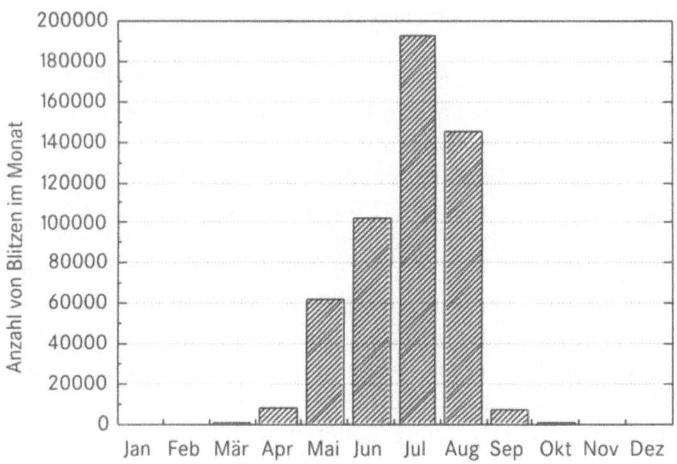

Abb. 11.8: Die monatliche Anzahl von Blitzen, die im Verlauf eines Jahres, in Deutschland eingeschlagen sind. (Quelle: [25])

Dem Thema Handhabung könnte man ebenfalls zuordnen, dass der Hersteller des Kontrollsystems einen angemessenen Haftpflichtversicherungsschutz (Betriebshaftpflicht 5 Mio. DM, Produkthaftpflicht mind. 5 Mio. DM Deckungssumme) abgeschlossen haben muss, der auch die Haftung für solche Folgekosten explizit mit einschließt, die aufgrund eventueller fehlerhafter Anzeigen von Leckagen in intakten Dichtungsabschnitten während der Abnahmemessung der Abdichtung und später während der Gewährleistungsfrist entstehen. Es gilt ja die Grundregel, dass bei einer Fehleranzeige immer auch aufgegraben, kontrolliert und repariert werden muss.

Der Einbau des Dichtungskontrollsystems muss sich in den Bauverfahrensablauf für den Einbau der Dichtungsbahn (siehe Kapitel 9) einfügen. Die Einbauverfahren des Herstellers müssen daher auf diese Bedingungen abgestimmt sein. Der AK DKS gibt im Anhang seiner Empfehlung Musterentwürfe an und zwar der zusätzlichen technischen Vertragsbedingungen und des Leistungsverzeichnisses für die Ausschreibung eines Dichtungskontrollsystems sowie eines Qualitätssicherungsplans für dessen Einbau. Es ist ratsam, in einem Probefeld von mindestens 1000 m², welches Teil der Abdichtung sein kann, das Dichtungskontrollsystem zunächst zu überprüfen. Der Aufbau des Probefeldes sollte natürlich nach Art und Materialien mit dem Aufbau der geplanten Abdichtung übereinstimmen. Vom Arbeitskreis wird besonders empfohlen, den Einbau des Dichtungskontrollsystems in steilen Böschungen auf einem Probefeld vorher zu testen.

11.3 Art und Häufigkeit von Fehlstellen

Abschließend sollen noch einige in der Literatur angegebene Daten und Einschätzungen zur Art und Häufigkeit von Fehlstellen bei Kunststoffdichtungsbahnen zusammengestellt werden [19]. Die Datenlage ist allerdings sehr bescheiden. Systematische empirische Untersuchungen zu diesem Thema wurden (nach meiner Kenntnis) bislang nicht durchgeführt. Das rührt auch daher, dass gravierende Schadensfälle offenbar eher selten auftreten und dass insgesamt positive Erfahrungen mit Dichtungsbahnen gesammelt wurden.

Bei Angaben über Art und Häufigkeit von Fehlstellen wird zumeist auf die älteren Arbeiten von J. P. GIROUD und R. BONAPARTE zurückgegriffen [20], [21]. Die dort gemachten Aussagen über Art und Häufigkeit von Fehlstellen wurden aus Daten von Qualitätssicherungsmaßnahmen und aus der Begutachtung von Schadensfällen abgeleitet. Dabei wurden Abdichtungen mit allen Arten von Kunststoffdichtungsbahnen und verschiedenen Anwendungszwecken, Speicherbecken, Deponien etc. betrachtet. Fehlstellen wurden überwiegend an Schweißnähten gefunden. Die Daten beziehen sich aber zumeist auf Auftragnähte, die in Handarbeit mit einem Handextruder hergestellt wurden. Die Qualität solch einer Naht (siehe zu diesem Themenkomplex Kapitel 10) hängt sehr stark von der Güte der Nahtvorbereitung und dem Geschick und der Erfahrung des Schweißers ab. Die Naht kann zudem nur stückweise mit einer Saugglocke geprüft werden.

Bei der Herstellung einer großflächigen Kunststoffabdichtung nach dem heutigen Stand der Technik werden die Dichtungsbahnen jedoch weitgehend maschinell mit Überlapp-Doppelnähten gefügt. Bei der Überlappnaht mit Prüfkanal, die mit Heizkeilschweißmaschinen mit geregelter und dokumentierter Prozesssteuerung hergestellt werden, sind, zum einen, zwei parallele, maschinell hergestellte Nähte vorhanden, die, zum anderen, über die gesamte Nahtlänge durch Luftdruck im dazwischen liegenden Prüfkanal überprüft werden können. Die Häufigkeit von Fehlstellen dürfte bei diesen Nähten erheblich kleiner sein als bei Auftragnähten.

J. P. GIROUD und R. BONAPARTE rechnen mit einer Fehlstelle alle 10 m bei einer im Feld ohne besondere Qualitätssicherung hergestellten (Auftrag-)Schweißnaht. Wird dagegen eine Qualitätssicherung nach dem (damaligen) Stand der Technik durchgeführt, sollte nur alle 300 m eine Fehlstelle auftreten. Unter dieser Voraussetzung rechnen die Autoren mit einer Häufigkeit von 3 bis 5 Fehlstellen pro Hektar. Daneben können Fehlstellen auch durch die Perforation der Dichtungsbahn beim Einbau der Schutz- und Dränschichten und der weiteren Erdschichten entstehen. Denkbar sind auch spätere Perforationen oder Risse durch die Einwirkung scharfkantiger Gegenstände unter der Auflast, durch zu große Verformungen bei Setzungen, durch Blitzeinschlag usw. Die Befunde zusammenfassend, wird von den beiden Autoren vorgeschlagen, für die Abschätzung von Leckraten eine Häufigkeit von einer Fehlstelle alle 4000 m^2 anzunehmen. Diese Annahme geht, wie bereits erwähnt, von einer nach dem damaligen Stand intensiven und fachkundigen Qualitätssicherung aus. Ohne solche Maßnahmen wird mit bis zu 25 Löchern pro 4000 m^2 gerechnet.

Die Abschätzung der Größe von Defekten beruht auf der Auswertung von Interviews mit Fachleuten der fremdprüfenden Stellen. Danach ist bei Fehlstellen in Schweißnähten mit typischen Radien von 1 bis 3 mm, in Ausnahmefällen bis zu 5 mm zu rechnen. Für die typische Größe der Perforationen wird ein Radius von 10 mm angenommen.

Die Erfahrungen mit Dichtungskontrollsystemen sind noch relativ jung. Einer der Hersteller hat einen Bericht zu den dabei weltweit gemachten Erfahrungen über Art und Umfang der Fehlstellen vorgelegt [14], [22]. Untersucht wurden alle Arten von Abdichtungsmaßnahmen mit Dichtungsbahnen aus verschiedenen Werkstoffen und unterschiedlichstem Niveau der Verlegetechnik und Qualitätssicherung. Überwiegend sind es jedoch Deponieabdichtungen mit dünnen PE-HD-Dichtungsbahnen. In den Beispielen sind keine nach dem Stand der Technik gebaute Kombinationsdichtungen mit 2,5 mm dicken PE-HD-Dichtungsbahnen enthalten.

Die überwiegende Zahl von Fehlstellen (73%) entstanden danach bei dem Aufbringen weiterer Schichten, resultieren also aus dem Baugeschehen nach der Verlegung der Dichtungsbahn, nur 24% der Fehlstellen wurden beim Verlegen und Schweißen verursacht. Vernachlässigbar war die Häufigkeit von Fehlstellen (3%), die erst nach Abschluss der Baumaßnahmen entstanden waren. Von den Fehlstellen, die vom Verlegen und Schweißen herrührten, waren dann aber der Großteil (61%) Fehler in den Schweißnähten. Geprüft wurden nach den Firmenangaben 94 Baustellen mit insgesamt fast einer Million Quadratmeter verlegter Fläche. Bei 23 Baustellen (17% dieser Fläche) wurden keine Schäden, bei 48 Baustellen (49% der Fläche) wurden bis zu 5 Schäden pro Hektar und bei 11 Baustellen (7% der Fläche) bis zu 20 Fehler pro Hektar gefunden. Der Rest hatte mehr als 40 Schäden pro Hektar. Unter Schäden werden dabei Löcher, Risse und fehlerhafte Schweißnähte verstanden. Nähere Angaben zu deren Größe werden leider nicht gemacht. Da die Löcher und Risse jedoch überwiegend aus dem Erdbaugeschehen nach dem Einbau der Dichtungsbahn resultieren, wird man recht große Fehlstellen (> 5 mm) annehmen dürfen. All diese Befunde zeigen, dass die Häufigkeit stark davon abhängt, wie fachmännisch das Baugeschehen abläuft.

Die Ergebnisse können daher nicht ohne weiteres auf Kombinationsdichtungen von Deponien übertragen werden, die in Deutschland nach dem Stand der Technik in den 90er Jahren hergestellt wurden. Im Zusammenhang mit Risikoabschätzungen für den Entsorgungspfad Ablagerung wurde jedoch nach Angaben für Deponieabdichtungen gesucht. Da für diese Abdichtungen Daten fehlen, wurde von G. HEIBROCK und H. L. JESSBERGER in Zusammenarbeit mit E. GARTUNG 1993 eine umfangreiche Expertenbefragung speziell zu dem Thema Dichtungsbahnen in Kombinationsdichtungen durchgeführt. Die Ergebnisse sind in [23] zusammengestellt und ausgewertet. Einige der Fragen bezogen sich dabei auf Art, Ursache und Häufigkeit von Fehlstellen. Die Ergebnisse werden als typisch, wahrscheinlich, möglich, wenig wahrscheinlich und unwahrscheinlich klassifiziert.[1]

Die Experten mit Bezug zu Kunststoffdichtungsbahnen halten für wahrscheinlich, dass die Dichtungsbahnen fehlerfrei verlegt werden. Unter den Experten, die Fehler erwarten, und das sind zumeist keine Experten mit Bezug zu Kunststoffdichtungsbahnen, ist die Auffassung über Art, Ursachen und Häufigkeit relativ einheitlich. Beim Stand der Qualitätssicherung und Schweißtechnik werden die Fehlerquellen nicht so sehr im Schweißnahtbereich vermutet, als vielmehr in bautechnischen Mängeln bei den Schutzschichten und in den Beanspruchungen durch die weiteren Baumaßnahmen nach der Verlegung der Dichtungsbahn. Diese Fehlerquellen werden jedoch alle für weitgehend vermeidbar gehalten. Die handgeschweißten Auftragnähte im Bereich von Bauwerksanbindungen gelten allerdings als besonders kritische Bereiche für das Entstehen von Fehlstellen. 3 bis 5 Fehlstellen pro Hektar werden als wahrscheinlich angesehen. Eine höhere Fehlerzahl gilt als wenig wahrscheinlich. Zur Fehlergröße werden folgende Aussagen gemacht. Für die Länge von Rissen und Schweißnahtfehlern ist ein Wert im Bereich 0 bis 10 mm typisch. Größere Werte sind nur wenig wahrscheinlich. Die typischen Lochflächen liegen unterhalb von 100 mm^2. Größere Löcher gelten als unwahrscheinlich.

In der Tendenz sind die Aussagen eher optimistischer, als die Aussagen von J. P. GIROUD und R. BONAPARTE und die Daten des Firmenberichts. Wobei man wegen der drastischen Unterschiede im bautechnischen Standard und in der Schweißtechnik zwischen dem Erfahrungsfeld, das von J. P. GIROUD und R. BONAPARTE und in dem Firmenbericht betrachtet wurde, und dem Erfahrungsfeld, das in der Expertenbefragung angesprochen war, deutlich größere Differenzen in den Aussagen zur Häufigkeit und Größe von Fehlstellen erwartet hätte[2].

Wie gesagt fehlen spezielle Untersuchungen und zuverlässige Datenerhebungen für Art und Häufigkeit von Fehlstellen in großflächigen Abdichtungen mit Kunststoffdichtungsbahnen. Hier wird jedoch der zunehmende Einsatz von Dichtungskontrollsystemen in der Zukunft Abhilfe schaffen können. Erste Untersuchungsberichte einer anderen Firma, die Dichtungskontrollsysteme herstellt, liegen schon vor [24].

Die hier gegebenen Daten müssen daher noch mit großer Vorsicht verwendet werden. Es soll jedoch eine Einschätzung versucht werden: Nach den Erfahrungen des Autors können und erfahrene Verlegefachbetriebe, die für diese Aufgabe speziell qualifiziert sind (Abschnitt 9.4.1), bei einem Bauverfahrensablauf (Abschnitt 9.2 und 9.3) und einer Qualitätssicherung (Abschnitt 9.4) nach dem Stand

---

[1] *Typisch* war eine Angabe, wenn die Mitte des geschätzten Konfidenzintervalls für die Sicherheit, mit der die Angabe von den Experten für möglich gehalten wurde, oberhalb von 60% lag, *wahrscheinlich*, wenn sie zwischen 40 ... 60% lag, *möglich*, wenn sie zwischen 20 ... 40% lag, *wenig wahrscheinlich*, wenn sie zwischen 10 ... 20% lag und schließlich *unwahrscheinlich*, wenn sie unterhalb von 10% lag [23].

[2] Es ist immerhin nicht ausgeschlossen, dass die nicht enger mit Kunststoffdichtungsbahnen befassten Experten ihr Wissen vielleicht sogar aus der Lektüre der Arbeiten von J. P. GIROUD und R. BONARPARTE gewonnen haben.

der Technik fehlerfreie Abdichtungen mit Dichtungsbahnen herstellen. Fehler, die durch einen unfachmännischen Einbau der Dichtungsbahn entstehen, liegen überwiegend im Bereich von Schweißnähten, sind dann ziemlich klein und dürften selbst von den elektrischen Dichtungskontrollsystemen nur schwer zu erfassen sein. An einem fachmännischen Einbau der Dichtungsbahn führt daher kein Weg vorbei. Man kann jedoch offenbar nur schwer ganz ausschließen, dass im weiteren Erdbaugeschehen, Aufbringen von Dränschichten, Erdkörpern, Deckwerken, Müll usw. die Dichtungsbahnen nachträglich beschädigt werden. Sind Fehler vorhanden, resultieren sie mit großer Wahrscheinlichkeit aus diesem Baugeschehen. So verursachte Fehler sind allerdings von elektrischen Dichtungskontrollsystemen sehr gut zu erkennen, da die Größe der Fehlstellen dann zumeist über der technischen Nachweisschwelle der elektrischen Systeme liegen dürfte.

Diese Einschätzung führt zu der Frage, wie die Abnahmemessung mit einem Dichtungskontrollsystem sich in das Geschehen der Bauabnahme der einzelnen Gewerke einfügt. Zunächst muss natürlich das Dichtungskontrollsystem selbst abgenommen und seine Funktionsfähigkeit nachgewiesen werden. Dies erfolgt in einem größeren Probefeld, das Teil der Abdichtung ist. Die eigentliche Abnahmemessung mit dem Dichtungskontrollsystem sollte dann aber erst nach dem Abschluss der gesamten Baumaßnahme im jeweiligen Bauabschnitt erfolgen. Man kann die Abnahme des Gewerkes Einbau der Dichtungsbahn nur schlecht von einer Abnahmemessung abhängig machen, die erst sehr spät erfolgt, bei Deponien z.B. erst nach dem Aufbringen der Rekultivierungsschicht, zumal man die gefundenen Fehler aller Voraussicht nach nur selten dem Verlegefachbetrieb wird anlasten können. Im Falle eines durch umfangreiche Qualitätssicherungsmaßnahmen begleiteten Gewerkes Einbau der Dichtungsbahn sollte man daher auch ohne Kontrollmessung eine Abnahme allein auf Grundlage der Prüfberichte aus der Qualitätssicherung vornehmen. Wiederholte Messungen mit dem Dichtungskontrollsysteme können jedoch auch die ganze Bauphase begleiten. Hier müssen letztlich die Parteien vor Ort sich über den Ablauf einig werden.

11.4 Literatur

[1] SEEGER, S.
Anforderungen an Dichtungskontrollsysteme aus der Sicht des Anwenders. In: Knipschild, F. W. (Hrsg.): Tagungsband der 15. Fachtagung „Die sichere Deponie. Wirksamer Grundwasserschutz mit Kunststoffen". Würzburg: Süddeutsches Kunststoffzentrum (SKZ) 1999.

[2] SEEGER, S.
Dichtungskontrollsysteme für Oberflächenabdichtungen. In: Knipschild, F. W. (Hrsg.): Tagungsband der 16. Fachtagung „Die sichere Deponie. Sicherung von Deponien und Altlasten mit Kunststoffen". Würzburg: Süddeutsches Kunststoffzentrum (SKZ) 2000.

[3] HIX, K.
Leak Detection for Landfill Liners, Overview of Tools for Vadose Zone Monitoring, Technical Status Report, EPA-542-R-98-019. Washington D. C.: U. S. Environmental Protection Agency (EPA) 1998.

[4] Zweite Allgemeine Verwaltungsvorschrift zum Abfallgesetz (TA Abfall, Teil 1), Technische Anleitung zur Lagerung, chemisch/physikalischen und biologischen Behandlung, Verbrennung und Ablagerung von besonders überwachungsbedürftigen Abfällen, vom 12.03.91. Gemeinsames Ministerialblatt (GMBl), S. 139.

[5] BRANDELIK, A.; KRAFFT, G.; HUEBNER, C.; RUPPERT, P.; SCHWARZMÜLLER, H.; HERBST, F.; SCHUMANN, R.; ZISCHAK, R.; HÖTZL, H.
Zerstörungsfreie in-situ Messung der Feuchte und Dichteänderung von mineralischen Deponieabdichtungen. *Müll und Abfall*, 28 (1996), H. 4, S. 263–268.

[6] HARTOG, A. ET AL.
Photonic distributed sensing. *Physics World*, 3 (1991), S. 45–49.

[7] HURTIG, E.; GROSSWIG, S.; KÜHN, K.
Überwachung von Deponiebasis und Deponiebasisabdichtung mit faseroptischen Temperaturmessungen. In: August, H.; Holzlöhner, U.; Meggyes, T. (Hrsg.): Tagungsband der 3. Arbeitstagung des BMBF-Forschungsvorhabens Weiterentwicklung von Deponieabdichtungssystemen. Berlin: Fachgruppe IV.3, Bundesanstalt für Materialforschung und -prüfung (BAM) 1995.

[8] EGOFFSTEIN, T.; BURKHARDT, G.
Kontrollierbar Abdichtungssysteme für Deponien. In: Tagungsunterlagen des VDI-Seminars Nr. 43-14-01, Deponiedichtungssysteme nach TA Abfall. Düsseldorf: Verein Deutscher Ingenieure (VDI), VDI-Bildungswerk 1993.

[9] Empfehlung Doppeldichtung Tunnel-EDT. Berlin: Verlag Ernst & Sohn 1997.

[10] DARILEK, G. T.; LAINE, D. L.
Performance-based Specification of Electrical Leak Location Surveys for Geomembrane. In: Proceedings of the Geosynthetic Conference 1999. Boston: Industrial Fabrics Association International (IFAI) 1999.

[11] PARRA, J. O.
Electrical response of a leak in a geomembrane liner. *Geophysics*, 53 (1988), H. 11, S. 1445–1452.

[12] PARRA, J. O.; OWEN, T. E.
Model studies of electrical leak detection surveys in geomembrane-lined impoundments. *Geophysics*, 53 (1988), H. 11, S. 1453–1458.

[13] RÖDEL, A.
Langlebige Überwachungssysteme für die Langzeitüberwachung von Deponie-Oberflächenabdichtungen. In: Knipschild, F. W. (Hrsg.): Tagungsband der 14. Fachtagung „Die sichere Deponie". Würzburg: Süddeutsches Kunststoffzentrum (SKZ) 1998.

[14] NOSKO, V.
SENSOR DDS technology – modern and high effective way of testing integrity of geomembranes. In: Knipschild, F. W. (Hrsg.): Tagungsband der 14. Fachtagung „Die sichere Deponie". Würzburg: Süddeutsches Kunststoffzentrum (SKZ) 1998.

[15] CADWALLADER, M. W.; BARKER, P. W.
Post Installation Leak testing of Geomembranes. In: Proceedings of the Fifth International Conference on Geotextiles, Geomembranes and Related Products. 1994.

[16] GILG, R.-G.
Ruß für leitfähige Kunststoffe. In: Mair, H. J.; Roth, S. (Hrsg.): Elektrisch leitende Kunststoffe. München: Carl Hanser Verlag.

[17] WESSLING, B.
Elektrisch leitfähige Kunststoffe, Vergleich leitrußgefüllter Compounds mit intrinsisch leitfähigen Polymeren. *Kunststoffe*, 76 (1986), H. 10, S. 930–936.

[18] SEEGER, S. (HRSG.)
Anforderungen an Dichtungskontrollsysteme in Oberflächenabdichtungen von Deponien, Empfehlungen des Arbeitskreises Dichtungskontrollsysteme (AK DKS). Berlin: Labor Deponietechnik, Bundesanstalt für Materialforschung und -prüfung (BAM) 2000.

[19] MÜLLER, W.
Stofftransport in Deponieabdichtungssystemen, Teil 3: Auswirkungen von Fehlstellen in der Dichtungsbahn, ein Überblick. *Bautechnik*, 76 (1999), H. 9, S. 757–768.

[20] GIROUD, J. P.; BONAPARTE, R.
Leakage through Liners Constructed with Geomembranes-Part I. Geomembrane Liners. *Geotextiles and Geomembranes*, 8 (1989), S. 27–67.

[21] GIROUD, J. P.; BONAPARTE, R.
Leakage through Liners Constructed with Geomembranes-Part II. Composite Liners. *Geotextiles and Geomembranes*, 8 (1989), S. 71–111.

[22] NOSKO, V.; TOUZE-FOLTZ, N.
Geomembrane Liner Failure: Modelling of its Influence on Contaminant Transfer. In: Cancelli, A.; Cazzuffi, D.; Soccodato, C. (eds.): Proceedings of the Second European Geosynthetic Conference. Bologna: Pàtron Editore 2000.

[23] HEIBROCK, G.; JESSBERGER, H. L.
Entwicklung eines Sicherheitskonzeptes für Deponieabdichtungssysteme, Teil 2: Expertenbefragung zur Gewinnung von Daten über Belastung, Zustand und Eigenschaften von KDB in Kombinationsdichtungen an der Basis von Deponien. Bochum: Ruhr-Universität Bochum, Fakultät für Bauingenieurswesen 1996.

[24] ARNDT, M.; DITTER, P.; RÖDEL, A.; SCHUMÜLLER, S.
Kontrollierbare Oberflächenabdeckung für die Altablagerung Bemerode. *Müll und Abfall*, 31 (1999), S. 354–362.

[25] FABICH, C.
Himmlische Attacke, Blitze und Überspannungen. *c't*, 17 (1999), S. 130.

Anhang 1

Anforderungstabellen aus der Zulassungsrichtlinie der BAM

Die folgenden Tabellen sind aus der *Richtlinie für die Zulassung von Kunststoffdichtungsbahnen für die Abdichtung von Deponien und Altlasten* der BAM entnommen. Einige kleinere Fehler wurden gegenüber dem Originaltext korrigiert.

Übersicht

Tabelle 1: Allgemeine physikalischen Anforderungen

Tabelle 2: Mechanische Anforderungen

Tabelle 3: Anforderungen an die Beständigkeit und das Langzeitverhalten

Tabelle 4: Zusätzliche Anforderungen an Dichtungsbahnen mit strukturierter Oberfläche

Tabelle 5: Art und Umfang der Prüfungen an der Formmasse und am Rußbatch im Rahmen der Eigenüberwachung der Herstellung der Dichtungsbahnen

Tabelle 6: Art und Umfang der Prüfungen an der Dichtungsbahn im Rahmen der Eigenüberwachung ihrer Herstellung

Tabelle 7: Art und Umfang der Prüfungen an Formmasse, Rußbatch und Dichtungsbahn im Rahmen der Fremdüberwachung der Herstellung

Tabelle 1, Teil 1: Allgemeine physikalischen Anforderungen

Nr.	Eigenschaft	Prüfgröße	Anforderung	Prüfung/Prüfbedingung
1.1	Oberflächen-beschaffen-heit	Erscheinungsbild	geschlossene Oberfläche, frei von Rissen, Blasen und Poren, keine Beschädigungen	visuelle Beurteilung nach DIN 16726, Abschnitt 5.1
1.2	Homogenität	Erscheinungsbild der Querschnittsfläche	frei von Poren, Lunkern, Fremdeinschlüssen	
1.3	Rußgehalt	Masseanteil	Richtwert: 1,8 bis 2,6 Gew.-%, Die Einzelwerte dürfen von dem im Zulassungsschein festgeschriebenen Richtwert nur um $\pm$ 10 % abweichen	thermogravimetrische Analyse in Anlehnung an DIN EN ISO 11358, Absch. B1 in den Hinweisen zu den Prüfungen[1], oder Bestimmung nach ASTM 1603-94
1.4	Rußverteilung	Hinweise zu den Prüfungen[1]	Hinweise zu den Prüfungen[1]	ASTM D5596-94, Absch. B2 in den Hinweisen zu den Prüfungen[1]
1.5	Geradheit	größter Abstand der Dichtungsbahnkante vom geraden Kantenverlauf über eine Länge von 10 m bei 12 m Ausrolllänge	$\leq$ 50 mm, Einzelwerte	Bestimmung der Geradheit und Planlage nach DIN 16726, Abschnitt 5.2
1.6	Planlage	größter Abstand der gewellten Dichtungsbahn von der ebenen Unterlage über eine Länge von 10 m bei 12 m Ausrolllänge	$\leq$ 50 mm, Einzelwerte	
1.7	Dicke	Nenndicke und Mittelwert	das arithmetische Mittel der Dickenmessungen muss $\geq$ der Nenndicke sein	gemäß DIN 16726, Abschnitt 5.3 werden die Dicken nach DIN 53370 bestimmt. Die Dicken werden über die ganze Dichtungsbahnenbreite im Abstand von 0,2 m gemessen
		Einzelwert	die Mindestdicke ist 2,50 mm. Bei einer Nenndicke von 2,50 mm müssen daher alle Einzelwerte $\geq$ 2,50 mm sein, für die Einzelwerte gilt: Einzelwert = Mittelwert $\pm$ 0,15 mm. Bei den übrigen Nenndicken gilt: Einzelwert = Mittelwert $\pm$ 0,20 mm	

[1] Die „Hinweise zu den Prüfungen bei der Zulassung von Kunststoffdichtungsbahnen für Deponieabdichtungen" sind erhältlich über die Fachgruppe IV.3, BAM Berlin

Tabelle 1, Teil 2: Allgemeine physikalischen Anforderungen

Nr.	Eigenschaft	Prüfgröße	Anforderung	Prüfung/Prüfbedingung
1.8	Schmelzindex	Schmelzindex der Formmasse, Schmelzindex der Dichtungsbahn	$\lvert\delta\,\mathrm{MFR}\rvert \leq 15\,\%$, $\lvert\delta\,\mathrm{MFR}\rvert$: Betrag der relativen Änderung zwischen Schmelzindex der Formmasse und Dichtungsbahn	DIN ISO 1133
1.9	Maßänderung nach Warmlagerung	Betrag der relativen Änderung $\lvert\delta\,\mathrm{L}\rvert$ der Seitenmaße einer quadratischen Platte	$\lvert\delta\,\mathrm{L}\rvert \leq 1{,}0\,\%$ für alle Einzelwerte	Warmlagerung und Bestimmung der Maßänderung in Anlehnung an DIN 16726, Abschnitt 5.13.1, DIN 53377 und Entwurf DIN EN 495-1, Lagerung bei $(120 \pm 2)\,°\mathrm{C}$ für 1 Stunde, Bestimmung der Maßänderung an 10 cm breiten, quadratischen Proben, entnommen im Abstand von 1,0 m über die Breite der Dichtungsbahn. Messgenauigkeit der mechanischen Messeinrichtung mindestens 0,01 mm. Die rel. Maßänderung wird auf ‰-Werte gerundet
1.10	Dichtigkeit gegenüber Kohlenwasserstoffen	Permeationsrate für Trichlorethylen bei 23 °C	$< 80\ \mathrm{g/m^2 d}$, ermittelt aus der Ausgleichsgeraden	Messung im stationären Zustand bei 23 °C, 80 mm aktivem Probendurchmesser und 2,5 mm Probendicke in Anlehnung an DIN 53532, Absch. B4 der Hinweise zu den Prüfungen[1]
		Permeationsrate für Aceton bei 23 °C	$< 0{,}5\ \mathrm{g/m^2 d}$, ermittelt aus der Ausgleichsgeraden	
1.11	Oxidationsstabilität[2]	Oxidations-Induktionszeit (OIT))	bei 210 °C ≥ 20 min	Prüfung in Anlehnung an DIN EN 728, Absch. B5 der Hinweise zu den Prüfungen[1]

[1] Die „Hinweise zu den Prüfungen bei der Zulassung von Kunststoffdichtungsbahnen für Deponieabdichtungen" sind erhältlich über die Fachgruppe IV.3, BAM Berlin

[2] Die Wirksamkeit von Antioxidantien hängt u.a. von der Temperatur ab. Eine bei Anwendungstemperaturen wirksame Antioxidants wird daher bei den hohen Temperaturen der OIT-Messung möglicherweise gar nicht erfasst. Dies wird bei der Beurteilung der Oxidationsstabilität nach 1.11 und 3.3 berücksichtigt. Abhängig von der Rezeptur der Stabilisierung, die der Zulassungsstelle vorgelegt wird, müssen gegebenenfalls andere analytische Verfahren zur Messung der Veränderung der Stabilisierung bei den Immersionsversuchen eingesetzt werden.

Tabelle 2: Mechanische Anforderungen

Nr.	Eigenschaft	Prüfgröße	Anforderung	Prüfung/Prüfbedingung
2.1	Verhalten bei mehraxialer Verformung	Wölbbogendehnung ε_w	$\varepsilon_w \geq 15\,\%$, ohne Verstreckung des Materials	in Anlehnung an DIN 53861-1 und ASTM D5617, siehe Absch. B6 der Hinweise zu den Prüfungen[1]
2.2	Verhalten im Zugversuch	Streckspannung σ_Y Streckdehnung ε_Y Bruchdehnung ε_B jeweils längs und quer zur Extrusionsrichtung	$\sigma_Y \geq 15\,N/mm^2$ $\varepsilon_Y \geq 10\%$ $\varepsilon_B \geq 400\%$	Zugversuche nach DIN EN ISO 527-3, Probekörper Typ 5, (die Probekörperdicke weicht von der Norm ab), Klima 23/50-2, Prüfgeschwindigkeit 50 mm/min bis 20% Dehnung, dann 200 mm/min, 5 Probekörper, jeweils längs und quer zur Extrusionsrichtung über die Breite der Dichtungsbahnen entnommen
2.3	Widerstand gegen Weiterreißen	Weiterreißkraft	Weiterreißkraft ≥ 500 N Weiterreißkraft ≥ 300 N	Weiterreißversuch DIN 53356-A, Weiterreißversuch (Winkelprobe nach Graves) DIN 53515, Proben längs und quer zur Extrusionsrichtung
2.4	Widerstand gegen punktförmige, statische Einzellasten	Stempeldurchdrückkraft	≥ 6000 N	Stempeldurchdrückversuch DIN EN ISO 12236, Stempelgeschwindigkeit 50 mm/min
2.5	Widerstand gegen fallende Lasten	Dichtigkeit an der beanspruchten Stelle	keine Undichtigkeit	Prüfung nach DIN 16726, Abschnitt 5.12, Fallhöhe 2000 mm
2.6	Kältesprödigkeit (Biegen in der Kälte)	Beschaffenheit der Biegekante	keine Risse	Biegeversuch DIN EN 1876-1, Biegekante längs und quer zur Extrusionsrichtung
2.7	Relaxationsverhalten	Spannung als Funktion der Zeit bei konstanter Verformung (Zeit-Spannungs-Linie)	in der Zeit-Spannungs-Linie muss nach 1000 Stunden die Spannung bezogen auf die Spannung nach einer Minute $\leq 50\,\%$ sein	Spannungsrelaxationsversuch DIN 53441, konstante Dehnung von 3%, Klima 23/50-2, Proben längs und quer zur Extrusionsrichtung
2.8	Nahtqualität	Verformungs- und Versagensverhalten unter Scheren	kein Abscheren der Naht, deutliches Verstrecken des Grundmaterials neben der Naht	Zugscherversuch nach DVS R 2226-2, Prüfgeschwindigkeit 50 mm/min
		Verformungs- und Versagensverhalten unter Schälen	kein Aufschälen der Naht, deutliches Verstrecken des Grundmaterials neben der Naht	Schälversuch nach DVS R 2226-3, Prüfgeschwindigkeit 50 mm/min

[1] Die „Hinweise zu den Prüfungen bei der Zulassung von Kunststoffdichtungsbahnen für Deponieabdichtungen" sind erhältlich über die Fachgruppe IV.3, BAM Berlin

Tabelle 3,Teil 1: Anforderungen an die Beständigkeit und das Langzeitverhalten

Nr.	Eigenschaft	Prüfgröße	Anforderung	Prüfung/Prüfbedingung
3.1	Beständigkeit gegen Chemikalien (hochkonzentrierte flüssige Gemische)[1]	Gewichtsänderung, Änderung von Streckspannung und Streckdehnung	Änderung des Gewichtes nach Rücktrocknung $\leq$ 10% Änderung der Streckspannung und der Streckdehnung $\leq$ 10%	Immersionsversuche in Anlehnung an DIN ISO 175, siehe Absch. B9 der Hinweise zu den Prüfungen[1]. Lagerungstemperatur 23 °C. Die Einlagerungen müssen mindestens 90 Tage, in jedem Fall aber bis zur Gewichtskonstanz durchgeführt werden. Zugversuch an den rückgetrockneten Proben
3.2	Beständigkeit gegen Spannungsrissbildung	Standzeit im Zeitstandzugversuch	$\geq$ 200 h bei einer Prüfspannung von 30% der im Klima 23/50-2 gemessenen Streckspannung	Notched constant tensile load test nach ASTM D5397, siehe Absch. B7 der Hinweise zu den Prüfungen[2]
3.3	Beständigkeit gegen thermisch oxidativen Abbau in Luft	Änderung der äußeren Beschaffenheit, rel. Änderung der Bruchdehnung ε_R OIT-Wert nach einem halben Jahr: OIT(0,5 y); Rel. Änderung des OIT-Wertes: $$\frac{OIT(0,5y)- OIT(1y)}{OIT(0,5y)}$$	keine Änderung, siehe Tabelle 1.1, Keine Änderung im Rahmen der Messgenauigkeit Mittelwert $\geq$ 10min $\leq$ 0,3 bezogen auf die Mittelwerte	Warmlagerung im Umluftwärmeschrank, Lagerungstemperatur 80 °C, Lagerungszeit 1 Jahr, OIT-Messung in Anlehnung an DIN EN 728 und ASTM D3895, bei 210 °C, Al-Tiegel
3.4	Langzeitverhalten bei kombinierter Beanspruchung[3]	Vergleichsspannung-Zeitkurven (Rohrkurven)	Die Extrapolation unter Berücksichtigung der Extrapolations-Zeitgrenzen der DIN 16887 aus Vergleichsspannung-Zeitkurven, die bei höheren Temperaturen (z.B. 80 °C, 60 °C) ermittelt wurden, muss zeigen, dass bei Spannungen von 4 N/mm^2 bei 40 °C nach 50 Jahren noch kein Versagen zu erwarten ist.	Zeitstand-Rohrinnendruckversuch nach DIN 16887 an Rohren, die aus der Formmasse der Dichtungsbahnen extrudiert oder anderweitig hergestellt wurden

[1] für PE-HD Dichtungsbahnen kann auf die Medien 2, 3, 6, 7, 10, und 11 verzichtet werden, siehe die „Hinweise zu den Prüfungen bei der Zulassung von Kunststoffdichtungsbahnen für Deponieabdichtungen". Sie sind erhältlich über die Fachgruppe IV.3, BAM Berlin.

[2] Die „Hinweise zu den Prüfungen bei der Zulassung von Kunststoffdichtungsbahnen für Deponieabdichtungen" sind erhältlich über die Fachgruppe IV.3, BAM Berlin

[3] Die Extrapolation von Rohrkurven nach DIN 16887 bzw. ISO DIS 9080 bildet die durch wissenschaftliche Untersuchungen und jahrzehntelange Erfahrung fundierte Grundlage der sehr weit reichenden Aussagen über das Langzeitverhalten der PE-HD-Dichtungsbahnen. Auf Rohrkurven für den Werkstoff einer Dichtungsbahn kann im Einzelfall verzichtet werden, wenn eine ausreichende Spannungsrissbeständigkeit nach 3.2 nachgewiesen wurde und wenn sich durch eine zum Rohrversuch nach DIN 16887 analoge Lagerung von Proben aus der Dichtungsbahn im Wasser (z.B. Zeitstandzugversuch) bei 80 °C über mindestens 10^4 h eine ausreichende Oxidationsstabilität nach den Anforderungen aus 3.3 ergeben hat.

Tabelle 3,Teil 2: Anforderungen an die Beständigkeit und das Langzeitverhalten

Nr.	Eigenschaft	Prüfgröße	Anforderung	Prüfung/Prüfbedingung
3.6	Witterungsbe-ständigkeit	Veränderung der mechanischen Kennwerte	Absch. B 10 der Hinweise zu den Prüfungen[1]	Absch. B 10 der Hinweise zu den Prüfungen[1]
3.7	Beständigkeit gegen Mikro-organismen	visuelle Beurteilung, Masseänderung, Änderung der mechanischen Eigenschaften	keine wesentlichen Veränderungen der Mittelwerte, $\Delta m \leq 5\%$, $\Delta\varepsilon, \Delta\sigma \leq 10\%$	DIN EN ISO 846, Verfahren D, Erdeingrabversuche in mikrobiell aktiver Erde, Versuchsdauer 1 Jahr, Zugversuche nach DIN ISO 527, siehe Tab. 2, 2.1
3.8	Wurzelfestig-keit	visuelle Beurteilung	kein Durchwuchs	FLL-Verfahren[2] zur Untersuchung der Durchwurzelungsfestigkeit bei Dachbegrünungen, FLL-Richtlinie Dachbegrünung, die Prüfungen erfolgt am Grundmaterial und an Schweißnähten
3.9	Schweißeigen-schaften der Formmassen[3]	Standzeit im Zeitstandschälversuch	geometrischer Mittelwert ≥ 35 h	Zeitstandschälversuch in Anlehnung an DVS R 2203-4 und DVS R 2226-3. Mit Heizkeilschweißmaschinen hergestellte Überlappnähte mit Prüfkanal im Optimum der Schweißparameterwahl, siehe Absch. B 11 der Hinweise zu den Prüfungen[1]

[1] Die „Hinweise zu den Prüfungen bei der Zulassung von Kunststoffdichtungsbahnen für Deponieabdichtungen" sind erhältlich über die Fachgruppe IV.3, BAM Berlin

[2] FLL, Forschungsgesellschaft Landschaftsentwicklung Landschaftsbau e.V., Bonn. Das FLL- Verfahren wird derzeit im CEN/TC 254 überarbeitet.

[3] Die Anforderung an die Standzeit charakterisiert die Schweißeigenschaften der unterschiedlichen Formmassen. Sie kann nicht als Maß für die Qualität einer Schweißnaht selbst verwendet werden. Eine Schweißnaht, die nicht im Optimum der Schweißparameterwahl und der zugehörigen, für die Formmasse typischen Standzeiten liegt, ist eine mangelhafte Naht, auch wenn der Wert ihrer Standzeit 35 h übersteigt.

Tabelle 4: Zusätzliche Anforderungen an Dichtungsbahnen mit strukturierter Oberfläche

Nr.	Eigenschaft	Prüfgröße	Anforderung	Prüfung/Prüfbedingung
4.1	Dicke im Struktur-bereich	Dicke	alle Strukturen müssen außerhalb der Mindest-dicke der Dichtungsbahn (2,50 mm) bzw. bei dickeren Dichtungsbah-nen außerhalb der jewei-ligen Nenndicke liegen	Prüfung z.B. nach ASTM D5994-96, siehe Absch. B3 der Hinwei-se zu den Prüfungen[1]
4.2	Maßänderung nach Warmla-gerung	Betrag der relati-ven Änderung $\|\delta L\|$ der Seiten-maße einer qua-dratischen Platte	$\|\delta L\| \leq 1,50\%$ für alle Einzelwerte bei gepräg-ten Strukturen $\|\delta L\| \leq 1,00\%$ für alle Einzelwerte bei aufge-brachten Strukturen	Tabelle 1: 1.9
4.3	Festigkeit im strukturierten Bereich	Bruchdehnung ε_B	Festlegung im Einzelfall	Tabelle 2: 2.2
4.4	Homogenität der Struktur-ausbildung bei nachträglich aufgebrachten Strukturen	Größe und Streu-ung der flächen-bezogenen Masse des Strukturmaterials	Festlegung im Einzelfall	Bestimmung für eine vorgegebe-ne Fläche (typischerweise 100 cm^2)
		Streuung in den Reibungspara-metern	keine wesentliche zu-sätzliche Streuung in den Reibungsparametern	Scherkastenversuch, Flächen-stücke von 30 cm x 30 cm, GDA E 3-8
		Gleichmäßigkeit des Sprühbildes	Vergleich mit bei der Zulassungsstelle hinter-legten Mustern	visuelle Beurteilung
4.5	Haftung von Strukturparti-kel der nach-träglich auf-gebrachten Strukturen	Verhalten im Scherkastenver-such	kein Abschälen oder Abreißen.	Scherkastenversuch bei für Deponien typischen Lastberei-chen, GDA E 3-8
		Abhobelkraft	Festlegung im Einzelfall	Verfahren der Staatlichen Mate-rialprüfungsanstalt (MPA) Darm-stadt, Absch. B13 der Hinweise zu den Prüfungen[1].
		Zeitstand-Scherversuch	Beurteilung der Stand-zeiten in Anlehnung an DIN 16887	Zeitstand-Scherversuche, Hinweise zu den Prüfungen[1]
4.6	Chemische Beständigkeit der Haftung von Struktur-partikeln	Änderung der Abhobelkraft	Änderung Mittelwert $\leq 10\%$	Einlagerung in den Medien 5 und 9, siehe Tabelle 3: 3.1, Verfah-ren, siehe Absch. B12 der Hin-weise zu den Prüfungen[1]
4.7	Beständigkeit gegen Span-nungsrissbil-dung (Zeitstandzug-versuch)	Standzeiten	geometrischer Mittel-wert der Standzeiten ≥ 700 h	Zeitstandzugversuch in Anleh-nung an DVS R2203-4, ermittelt wird dabei die Standzeit von mindestens 5 Prüfkörper bis zum Bruch bei 80 °C und 4 N/mm^2 Zugspannung in 2% Netzmittel-lösung, Absch. B8 der Hinweise zu den Prüfungen[1]

[1] Die „Hinweise zu den Prüfungen bei der Zulassung von Kunststoffdichtungsbahnen für Deponieab-dichtungen" sind erhältlich über die Fachgruppe IV.3, BAM Berlin

Tabelle 5: Art und Umfang der Prüfungen an der Formmasse und am Rußbatch im Rahmen der Eigenüberwachung der Herstellung der Dichtungsbahnen

Nr.	Prüfgröße	Prüfung/ Probenmaterial	Häufigkeit	Anforderung und Toleranzen
5.1	Dichte	DIN 53479, Verfahren A, Schmelzestrang aus Schmelzindexbestimmung am Granulat / Granulat der fertigen Formmasse oder Granulat des Basispolymers	Stichproben aus jeder Lieferung	Festlegung gemäß Zulassungsschein
5.2	Schmelzindex MFR 190/5 oder MFR 190/21,6	DIN ISO 1133 / Granulat der fertigen Formmasse oder Granulat des Basispolymers	Stichproben aus jeder Lieferung	Festlegung gemäß Zulassungsschein
5.3	Masseanteil an Ruß	Thermogravimetrie in Anlehnung an DIN EN ISO 11358 oder Bestimmung nach ASTM 1603-76 / Granulat des Rußbatch	Stichproben aus jeder Lieferung	Festlegung gemäß Zulassungsschein
5.4	Masseanteil an flüchtigen Bestandteilen, Feuchtigkeit	Messung des Masseverlusts im Wärmeschrank (DIN EN 12099 und R 14.3.1 TW) oder im Infrarot-Ofen / Granulat der fertigen Formmasse oder Granulat des Basispolymers und Granulat des Rußbatch	Stichproben aus jeder Lieferung und je Betriebsanlauf, mindestens jedoch einmal in der Produktionswoche	< 0,10 Gew.-% fertige Formmasse bzw. Basispolymer < 0,25 Gew.-% Rußbatch
5.5	Schüttdichte[1]	DIN EN ISO 60 und DIN 53466/ Granulat des Basispolymers und Granulat des Rußbatch	Stichproben aus jeder Lieferung und je Betriebsanlauf, mindestens jedoch einmal in der Produktionswoche	Festlegung der Dosierungsvorschrift und des Verfahrens im Qualitätsmanagementhandbuch

[1] nur bei volumetrischer Dosierung des Rußbatch

Tabelle 6, Teil 1: Art und Umfang der Prüfungen an der Dichtungsbahn im Rahmen der Eigenüberwachung ihrer Herstellung

Nr.	Prüfgröße	Prüfung/Probenmaterial	Häufigkeit	Anforderung und Toleranzen
6.1	Dicke	Tabelle 1: 1.7 / mindestens 10 Einzelmessungen über die Breite der Dichtungsbahn	kontinuierlich und automatisch[1] und mindestens je 300 lfm mechanische Kontrollmessung	Festlegung gemäß Zulassungsschein; im Abnahmeprüfzeugnis sind mindestens Minimal- und Maximalwert der Kontrollmessung anzugeben
6.2	Erscheinungsbild	Tabelle 1: 1.1	laufend	Tabelle 1: 1.1; im Abnahmeprüfzeugnis wird ein einwandfreies Erscheinungsbild bestätigt
6.3	Geradheit und Planlage	Tabelle 1: 1.5 und 1.6	je Betriebsanlauf[2]	Tabelle 1: 1.5 und 1.6; im Abnahmeprüfzeugnis wird eine einwandfreie Geradheit und Planlage bestätigt
6.4	Masseanteil an Ruß[5]	Tabelle 1: 1.3	je Betriebsanlauf und Chargenwechsel des Rußbatches[3] und mindestens je 900 lfm	Festlegung gemäß Zulassungsschein; im Abnahmeprüfzeugnis wird das Messverfahren und die Einzelwerte der Messung angegeben
6.5	Homogenität der Rußverteilung[5]	Tabelle 1: 1.4	je Betriebsanlauf und Chargenwechsel des Rußbatches[3] und mindestens je 900 lfm	Tabelle 1: 1.4; im Abnahmeprüfzeugnis wird die Homogenität der Verteilung bestätigt
6.6	Streckspannung, Streckdehnung, Bruchdehnung	Tabelle 2: 2.2; Prüfgeschwindigkeit: bis 20% Dehnung 50 mm/min, dann 200 mm/min / je ein Probekörper längs und quer zur Fertigungsrichtung aus den Randbereichen und der Mitte der glatten Dichtungsbahn oder den glatten Randbereichen der strukturierten Dichtungsbahn[4]	je Betriebsanlauf und mindestens je 300 lfm	Festlegung gemäß Zulassungsschein; im Abnahmeprüfzeugnis werden Minimalwert und Maximalwert längs und quer zur Fertigungsrichtung angegeben

[1] Ohne kontinuierliche automatische Dickenmessung muss alle 10 lfm die Dicke über die Breite der Dichtungsbahn mit Ultraschall kontrolliert werden

[2] Betriebsanlauf heißt: Wiederanfahren nach Stillstand der Maschine, Wechsel der Formmasse oder der Dicke

[3] Im Einzelfall kann eine höhere Prüfhäufigkeit nach Betriebsanlauf und Chargenwechsel des Batches festgelegt werden

[4] Die Entnahme von Probekörpern aus dem strukturierten Bereich und deren Beurteilung wird im jeweiligen Zulassungsschein geregelt

[5] Nur bei Zugabe von Ruß (Rußbatch) durch den Dichtungsbahnenhersteller

Tabelle 6, Teil 2: Art und Umfang der Prüfungen an der Dichtungsbahn im Rahmen der Eigenüberwachung ihrer Herstellung

Nr.	Prüfgröße	Prüfung/Probenmaterial	Häufigkeit	Anforderung und Toleranzen
6.7	Schmelzindex und Schmelzindexänderung	Tabelle 1: 1.8 / Proben aus der Dichtungsbahn und Proben aus dem Strukturmaterial	je Betriebsanlauf und mindestens je 900 lfm	Festlegung gemäß Zulassungsschein; im Abnahmeprüfzeugnis wird das Messergebnis nach Tabelle 5: 5.2 und die Differenz zum Messergebnis an der Formmasse angegeben
6.8	Maßänderung	Tabelle 1: 1.9 / Proben aus den Randbereichen und der Mitte der Dichtungsbahn und aus zusätzlichen kritischen Stellen (z.B. Übergang strukturierter, glatter Bereich)	je Betriebsanlauf und mindestens je 300 lfm	Tabelle 1: 1.9; im Abnahmeprüfzeugnis werden die Einzelwerte, der Probeentnahmestelle zugeordnet, angegeben
6.9	Flächenbezogene Masse des aufgebrachten Strukturmaterials	Werksvorschrift	je Betriebsanlauf und mindestens je 300 lfm	Festlegung gemäß Zulassungsschein; im Abnahmeprüfzeugnis sind Minimal- und Maximalwert anzugeben
6.10	Haftung des aufgebrachten Strukturmaterials	Werksvorschrift	je Betriebsanlauf und mindestens je 300 lfm	Festlegung gemäß Zulassungsschein; im Abnahmeprüfzeugnis wird eine einwandfreie Haftung bestätigt

Tabelle 7: Art und Umfang der Prüfungen an Formmasse, Rußbatch und Dichtungsbahn im Rahmen der Fremdüberwachung der Herstellung

Nr.	Prüfgröße	Prüfung / Probenmaterial	Anforderung und Toleranzen [1]
7.1	Dichte	Tabelle 5: 5.1	Festlegung gemäß Zulassungsschein
7.2	Schmelzindex MFR 190/5 oder MFR 190/21,6	Tabelle 5: 5.1	Festlegung gemäß Zulassungsschein
7.3	Schmelzindexänderung	Tabelle 6: 6.7	Festlegung gemäß Zulassungsschein
7.4	Dicke	Tabelle 6: 6.1	Festlegung gemäß Zulassungsschein
7.5	Erscheinungsbild der Oberfläche und des Querschnitts	Tabelle 1: 1.1 und 1.2	Tabelle 1: 1.1 und 1.2
7.6	Erscheinungsbild der Kennzeichnung	visuell	Festlegung gemäß Zulassungsschein und Zulassungsrichtlinie
7.7	Masseanteil an Ruß	Tabelle 1: 1.3 / Dichtungsbahn	Festlegung gemäß Zulassungsschein
7.8	Homogenität der Rußverteilung	Tabelle 1: 1.4 / Dichtungsbahn	Tabelle 1: 1.4
7.9	Maßänderung	Tabelle 6: 6.8	Tabelle 1: 1.9 und Tabelle 4: 4.2
7.10	Wölbbogendehnung	Tabelle 2: 2.1	Tabelle 2: 2.1
7.11	Streckspannung Streckdehnung Bruchdehnung	Tabelle 6: 6.6	Festlegung gemäß Zulassungsschein
7.12	Stempeldurchdrückkraft	Tabelle 2: 2.4	Tabelle 2: 2.4
7.13	flächenbezogene Masse des aufgebrachten Strukturmaterials	Tabelle 6: 6.9	Tabelle 6: 6.9
7.14	Haftung des aufgebrachten Strukturmaterials	Tabelle 4: 4.5 und Tabelle 6: 6.10	Tabelle 4: 4.5 und Tabelle 6: 6.10
7.15	Oxidations-Induktionszeit (OIT)	in Anlehnung an DIN EN ISO 728, siehe Anhang Prüfvorschriften	Tabelle 1: 1.11; Statistisch signifikante Übereinstimmung[2] mit Spezifikation der Formmasse
7.16	Art und Gehalt an Tracer	wird im Einzelfall festgelegt, Prüfung durch die Zulassungsstelle / Dichtungsbahn	vertraulich bei der Zulassungsstelle hinterlegt

[1] Grundsätzlich müssen die Anforderungen der Anforderungstabellen erfüllt werden. Zusätzlich werden im Anhang 1 des Zulassungsscheins Anforderungen und Toleranzen festgelegt, die die besonderen Eigenschaften der jeweiligen, zugelassenen Dichtungsbahn charakterisieren.

[2] Siehe die „Hinweise zu den Prüfungen bei der Zulassung von Kunststoffdichtungsbahnen für Deponieabdichtungen", die über die Fachgruppe IV.3, BAM Berlin erhältlich sind.

Anhang 2

Verzeichnis von Normen, Richtlinien und Empfehlungen

Die folgenden Tabellen stellen die Normen, Richtlinien, Merkblätter und Empfehlungen zusammen, die in diesem Buch aufgeführt sind. Aufgelistet werden zunächst die europäischen und internationalen Normen des CEN (Europäisches Komitee für Normung, *www.cenorm.be*) und der ISO (Internationale Organisation für Normung, *www.iso.ch*), die den Status einer Deutschen Norm erhalten haben, aber mit den entsprechenden Nummern in den meisten Fällen auch in den Bereichen der nationalen Normung in Österreich und der Schweiz eingeführt sind. Danach sind einige spezielle deutschsprachige nationale Normen (Deutsches Institut für Normung e.V., *www.din.de*, Österreichisches Normungsinstitut, *www.on-norm.at*, Schweizerische Normen-Vereinigung, *www.snv.ch*) und US-amerikanische Normen (American Society for Testing and Materials, *www.astm.org*), zusammengestellt. Schließlich folgt eine Tabelle mit einschlägigen Richtlinien, Merkblättern und Empfehlungen.

Tabelle 1: Deutsche Fassung europäischer oder internationaler Normen

DIN EN ISO 60 (Norm-Entwurf)	1999-01	Kunststoffe – Bestimmung der scheinbaren Dichte von Formmassen, die durch einen genormten Trichter geschüttet werden können (Schüttdichte)
DIN EN 117	1990-08	Holzschutzmittel; Bestimmung der Grenze der Wirksamkeit gegenüber Reticulitermes santonensis de Feytaud (Laboratoriumsverfahren)
DIN ISO 175	1989-04	Kunststoffe–Bestimmung des Verhaltens gegen Flüssigkeiten einschließlich Wasser
DIN EN ISO 291	1997-11	Kunststoffe – Normalklima für Konditionierung und Prüfung
DIN EN 495-1 (Entwurf)	1991-12	Dach- und Dichtungsbahnen aus Kunststoffen und Elastomeren; Bestimmung der Maßänderung nach Warmlagerung
DIN EN ISO 527-1	1996-04	Kunststoffe – Bestimmung der Zugeigenschaften – Teil 1: Allgemeine Grundsätze
DIN EN ISO 527-3	1995-10	Kunststoffe – Bestimmung der Zugeigenschaften – Teil 3: Prüfbedingungen für Folien und Tafeln
DIN EN 728	1997-03	Kunststoff-Rohrleitungs- und Schutzrohrsysteme – Rohre und Formstücke aus Polyolefinen – Bestimmung der Oxidations-Induktionszeit
DIN EN ISO 846	1997-10	Kunststoffe – Bestimmung der Einwirkung von Mikroorganismen auf Kunststoffe

DIN EN ISO 877	1997-05	Kunststoffe – Verfahren zur natürlichen Bewitterung, zur Bestrahlung hinter Fensterglas und zur beschleunigten Bewitterung durch Sonnenstrahlung mit Hilfe von Fresnelspiegeln
DIN EN 1107-1 (in Vorbereitung)	2000-09	Abdichtungsbahnen – Bestimmung der Maßhaltigkeit – Teil 2: Kunststoff- und Elastomerbahnen für Dachabdichtungen
DIN EN ISO 1133	2000-02	Kunststoffe – Bestimmung der Schmelze-Massefließrate (MFR) und der Schmelze-Volumenfließrate (MVR) von Thermoplasten
DIN EN 1876-1	1998-01	Mit Kautschuk oder Kunststoff beschichtete Textilien – Prüfungen bei niedrigen Temperaturen – Teil 1: Biegeversuch
DIN EN ISO 2286-3	1998-07	Mit Kautschuk oder Kunststoff beschichtete Textilien – Bestimmung der Rollencharakteristik, Teil 3: Bestimmung der Dicke
DIN EN ISO 3146	1997-03	Kunststoffe – Bestimmung des Schmelzverhaltens (Schmelztemperatur oder Schmelzbereich) von teilkristallinen Polymeren
DIN EN ISO 4599	1997-05	Kunststoffe – Bestimmung der Beständigkeit gegen umgebungsbedingte Spannungsrißbildung (ESC) – Biegestreifenverfahren
DIN EN ISO 4600	1998	Kunststoffe – Bestimmung der umgebungsbedingten Spannungsrissbildung (ESC) – Kugel- oder Stifteindrückverfahren
DIN EN ISO 6252	1998-02	Kunststoffe – Bestimmung der umgebungsbedingten Spannungsrissbildung (ESC) – Zeitstandzugversuch
DIN EN ISO 9000-1	1994-08	Normen zum Qualitätsmanagement und zur Qualitätssicherung/ QM-Darlegung – Teil 1: Leitfaden zur Auswahl und Anwendung
DIN EN ISO 9001	1994-08	Qualitätsmanagementsysteme – Modell zur Qualitätssicherung/ QM-Darlegung in Design/Entwicklung, Produktion, Montage und Wartung
DIN EN ISO 9002	1994-08	Qualitätsmanagementsysteme – Modell zur Qualitätssicherung/ QM-Darlegung in Produktion, Montage und Wartung
DIN EN ISO 9003	1994-08	Qualitätsmanagementsysteme – Modell zur Qualitätssicherung/ QM-Darlegung bei der Endprüfung
DIN EN ISO 9004-1	1994-08	Qualitätsmanagement und Elemente eines Qualitätsmanagementsystems – Teil 1: Leitfaden
DIN EN 10204	1995-08	Metallische Erzeugnisse – Arten von Prüfbescheinigungen (enthält Änderung A1:1995)
DIN EN ISO 11358	1997-11	Kunststoffe – Thermogravimetrie (TG) von Polymeren – Allgemeine Grundlagen
DIN EN 12099	1997-08	Kunststoff-Rohrleitungssysteme – Polyethylen-Rohrleitungswerkstoffe und -teile – Bestimmung des Gehalts an flüchtigen Bestandteilen;
DIN EN 12224	2000-11	Geotextilien und geotextilverwandte Produkte – Bestimmung der Witterungsbeständigkeit
DIN EN 12225	2000-12	Geotextilien und geotextilverwandte Produkte. Prüfverfahren zur Bestimmung der mikrobiologischen Beständigkeit durch einen Erdeingrabungsversuch
DIN EN ISO 12236	1996-04	Geotextilien und geotextilverwandte Produkte – Stempeldurchdrückversuch (CBR-Versuch)
DIN EN 13719 (Entwurf)	2000-02	Geotextilien und geotextilverwandte Produkte – Bestimmung der langfristigen Schutzwirksamkeit von Geotextilien, die an Geomembranen anliegen
DIN EN 45001	1990-05	Allgemeine Kriterien zum Betreiben von Prüflaboratorien

Tabelle 2: Deutschsprachige nationale Normen

Norm	Datum	Titel
DIN 4062	1978–09	Kalt verarbeitbare plastische Dichtstoffe für Abwasserkanäle und -leitungen; Dichtstoffe für Bauteile aus Beton, Anforderungen, Prüfungen und Verarbeitung
DIN 8075 (alt)	1987–05	Rohre aus Polyethylen hoher Dichte (PE-HD), Allgemeine Güteanforderungen, Prüfung
DIN 8075	1999–08	Rohre aus Polyethylen (PE), PE 63, PE 80, PE 100, PE-HD – Allgemeine Güteanforderungen, Prüfungen
DIN 8075 Beiblatt 1	1984–02	Rohre aus Polyethylen hoher Dichte (HDPE); Chemische Widerstandsfähigkeit von Rohren und Rohrleitungsteilen
DIN 16726	1986–12	Kunststoff-Dachbahnen; Kunststoff-Dichtungsbahnen; Prüfungen
DIN 16739 (Entwurf)	1994–05	Kunststoff-Dichtungsbahnen aus Polyethylen (PE) für Deponieabdichtungen; Anforderungen, Prüfung
DIN 16776-1	1984–12	Kunststoff-Formmassen; Polyethylen(PE)-Formmassen; Einteilung und Bezeichnung
DIN 16887	1990–07	Prüfung von Rohren aus thermoplastischen Kunststoffen; Bestimmung des Zeitstand-Innendruckverhaltens
DIN 18200 (alt)	1986–12	Überwachung (Güteüberwachung) von Baustoffen, Bauteilen und Bauarten; Allgemeine Grundsätze
DIN 18200	1998–12	Übereinstimmungsnachweis für Bauprodukte, werkseigene Produktionskontrolle, Fremdüberwachung und Zertifizierung von Produkten
DIN 50011-1	1978–01	Wärmeschränke, Begriffe und Anforderungen
DIN 50011-1	1960–05	Werkstoff-, Bauelemente- und Geräteprüfung; Wärmeschränke, Richtlinien für die Lagerung von Proben
DIN 50011-11	1982–03	Klimaprüfeinrichtungen, Allgemeine Begriffe und Anforderungen
DIN 50011-12	1987–09	Klimaprüfeinrichtungen, Klimagröße; Lufttemperatur
DIN 50014	1985–07	Klimate und ihre technische Anwendung
DIN 50035-1	1989–03	Begriffe auf dem Gebiet der Alterung von Materialien; Grundbegriffe
DIN 50035-2	1989–04	Begriffe auf dem Gebiet der Alterung von Materialien; Polymere Werkstoffe
DIN 51005	1993–08	Thermische Analyse, TA, Begriffe
DIN 53370	1976–02	Bestimmung der Dicke durch mechanisches Abtasten
DIN 53377	1969–05	Prüfung von Kunststoff-Folien; Bestimmung der Maßänderung
DIN 53353 (alt)	1971–06	Bestimmung der Dicke mit mechanischen Tastgeräten
DIN 53356	1982–08	Prüfung von Kunstleder und ähnlichen Flächengebilden; Weiterreißversuch
DIN 53441	1984–01	Prüfungen von Kunststoffen, Spannungsrelaxationsversuch
DIN 53515	1990–01	Prüfung von Kautschuk und Elastomeren und von Kunststoff-Folien; Weiterreißversuch mit der Winkelprobe nach Graves mit Einschnitt
DIN 53479	1976–07	Prüfung von Kunststoffen und Elastomeren; Bestimmung der Dichte
DIN 53521	1987–11	Prüfung von Kautschuk und Elastomeren; Bestimmung des Verhaltens gegen Flüssigkeiten, Dämpfe und Gase

DIN 53532	1989–06	Prüfung von Kautschuk und Elastomeren; Bestimmung der Durchlässigkeit von Elastomerfolien für Flüssigkeiten
DIN 53728-4	1975	Prüfung von Kunststoffen, Bestimmung der Viskosität von Lösungen, Polyäthylen(PE) und Polypropylen (PP) in verdünnter Lösung
DIN 53861-1	1992–11	Prüfung von Textilien; Wölb- und Berstversuch; Begriffe
DIN 55350-11	1995–08	Begriffe zu Qualitätsmanagement und Statistik – Teil 11: Begriffe des Qualitätsmanagements
ÖNORM S 2073	1998–03	Deponien – Dichtungsbahnen aus Kunststoff – Anforderungen und Prüfungen
ÖNORM S 2076-1	1999–10	Deponien – Dichtungsbahnen aus Kunststoff – Verlegung

Tabelle 3: US-amerikanische Normen

ASTM E145-94	1994	Standard Specification for Gravity-Convection And Forced-Ventilation Ovens
ASTM D638-99	1999	Standard Test Method for Tensile Properties of Plastics
ASTM D792-98	1998	Standard Test Methods for Density and Specific Gravity (Relative Density) of Plastics by Displacement
ASTM D883-96	1996	Standard Terminology Relating to Plastics
ASTM D1004-94a	1994	Standard Test Method for Initial Tear Resistance of Plastic Film and Sheeting
ASTM D1204-94	1994	Standard Test Method for Linear Dimensional Changes of Nonrigid Thermoplastic Sheeting or Film at Elevated Temperature
ASTM D1238-99	1999	Standard Test Method for Flow Rates of Thermoplastics by Extrusion Plastometer
ASTM D1248-84	1984	Standard Specification for Polyethylen Plastics Molding and Extrusion Materials
ASTM D1505-98	1998	Standard Test Method for Density of Plastics by the Density-Gradient Technique
ASTM D1603-94	1994	Standard Test Method for Carbon Black In Olefin Plastics
ASTM D1693-97a	1997	Standard Test Method for Environmental Stress-Cracking of Ethylene Plastics
ASTM D2839-87	1987	Standard Practice for Use of a Melt Index Strand for Determining Density of Polyethylene
ASTM D3895-97	1997	Standard Test Method for Oxidative-Induction Time of Polyolefins by Differential Scanning Calorimetry
ASTM D4218-96	1996	Standard Test Method for Determination of Carbon Black Content in Polyethylene Compounds by the Muffle-Furnace Technique.
ASTM D4437-84	1988	Practice for Determining the Integrity of Field Seams Used in Joining Flexible Polymeric Sheet Geomembranes
ASTM D4833-00	2000	Standard Test Method for Index Puncture Resistance of Geotextiles, Geomembranes, and Related Products
ASTM D4883-99	1999	Standard Test Method for Density of Polyethylene by Ultrasound Technique
ASTM D5199-95	1995	Standard Test Method for Measuring Nominal Thickness of Geotextiles and Geomembranes

ASTM D5322-92	1992	Standard Practice for Immersion Procedures for Evaluating the Chemical Resistance of Geosynthetics to Liquids
ASTM D5397-95	1995	Standard Test Method for Evaluation of Stress Crack Resistance of Polyolefin Geomembranes Using Notched Constant Tensile Load Test
ASTM D 5514-94	1994	Test Method for Large Scale Hydrostatic Puncture Testing of Geosynthetics
ASTM D5596-94	1994	Standard Test Method for Microscopic Evaluation of the Dispersion of Carbon Black in Polyolefin Geosynthetics
ASTM D5617-94	1994	Standard Test Method for Multi-Axial Tension Test of Geosynthetics
ASTM D5641-94	1994	Practice for Geomembrane Seam Evaluation by Vacuum Chamber
ASTM D5721-95	1995	Standard Practice for Air-Oven Aging of Polyolefin Geomembranes
ASTM D5747-95a	1995	Standard Practice for Tests to Evaluate the Chemical Resistance of Geomembranes to Liquids
ASTM D5820-95	1995	Practice for Pressurized Air Channel Evaluation of Dual Seamed Geomembranes
ASTM D5885-95	1995	Standard Test Method for Oxidative-Induction Time of Polyolefin Geosynthetics by High-Pressure Differential Scanning Calorimetry
ASTM D5886-95	1995	Standard Guide for Selection of Test Methods to Determine Rate of Fluid Permeation Through Geomembranes for Specific Application
ASTM D5994-96	1996	Standard Test Method for Measuring Core Thickness of Textured Geomembrane

Tabelle 4: Richtlinien, Empfehlungen und Merkblätter, die Kunststoffdichtungsbahnen in der Geotechnik betreffen

ISO/TR 9080	1992–07	Thermoplastic pipes for the transport of fluids – Methods of extrapolation of hydrostatic stress rupture data to determine the long-term hydrostatic strength of thermoplastics pipe materials
ISO/DIS 9080 (Entwurf)	1998–02	Kunststoff-Rohrleitungssysteme – Bestimmung der Zeitstand-Innendruckfestigkeit von Rohren aus Thermoplasten mittels Extrapolation
ISO 11403-3	1999–04	Kunststoffe – Ermittlung und Darstellung vergleichbarer Vielpunkt-Kennwerte – Teil 3: Umgebungseinflüsse auf Eigenschaften
CR ISO 13434	1998–12	Guidelines on durability of geotextiles and geotextile-related products
ISO/DTR 13438	1998	Geotextiles and geotextile-related products – Screening test method for determining the resistance to oxidation
DVS R 2203-4	1997–07	Prüfen von Schweißverbindungen an Tafeln und Rohren aus thermoplastischen Kunststoffen – Zeitstand-Zugversuch
DVS R 2205-1	1987–06	Berechnung von Behältern und Apparaten aus Thermoplasten, Kennwerte
DVS R 2207-1	1995–08	Schweißen von thermoplastischen Kunststoffen, Heizelementschweißen von Rohren, Rohrleitungsteilen und Tafeln
DVS R 2209-1	1981–12	Schweißen von thermoplastischen Kunststoffen, Extrusionsschweißen, Verfahren – Merkmale

DVS M 2211	1979-11	Schweißzusätze für thermoplastische Kunststoffe; Geltungsbereich, Kennzeichnung, Anforderung, Prüfung
DVS R 2225-1	1991-02	Fügen von Dichtungsbahnen aus polymeren Werkstoffen im Erd- und Wasserbau, Schweißen, Kleben, Vulkanisieren
DVS R 2225-2	1992-08	Fügen von Dichtungsbahnen aus polymeren Werkstoffen im Erd- und Wasserbau, Baustellenprüfungen
DVS R 2225-3	1997-07	Fügen von Dichtungsbahnen aus polymeren Werkstoffen im Erd- und Wasserbau, Anforderungen an Schweißmaschinen und Schweißgeräte
DVS R 2225-4	1996-02	Schweißen von Dichtungsbahnen aus Polyethylen (PE) für die Abdichtung von Deponien und Altlasten
DVS R 2226-1 Gelbdruck	1998-08	Prüfen von Fügeverbindungen an Dichtungsbahnen aus polymeren Werkstoffen – Prüfverfahren, Anforderungen
DVS R 2226-2	1997-07	Prüfen von Fügeverbindungen an Dichtungsbahnen aus polymeren Werkstoffen – Zugscherversuch
DVS R 2226-3	1997-07	Prüfen von Fügeverbindungen an Dichtungsbahnen aus polymeren Werkstoffen – Schälversuch
GDA E 2-7	1998	Gleitsicherheit der Abdichtungssysteme
GDA E 2-21	1997	Spreizsicherheitsnachweis und Verformungsabschätzung für die Deponiebasis
GDA E 3-8	1997	Reibungsverhalten von Geokunststoffen
GDA E 3-9	1997	Eignungsprüfung für Geokunststoffe
GDA E 7-1	1997	Standsicherheitsnachweise für Geokunststoffbewehrungen im Deponiekörper
BAM-Richtlinie Kunststoffdichtungsbahnen	1999	Richtlinie für die Zulassung von Kunststoffdichtungsbahnen für die Abdichtung von Deponien und Altlasten
BAM-Richtlinie Schutzschichten	1995	Anforderungen an die Schutzschicht für die Dichtungsbahnen in der Kombinationsdichtung, Zulassungsrichtlinie für Schutzschichten
ZG Kunststoffbahnen in LAU-Anlagen, Entwurf des DIBt	2000	Zulassungsgrundsätze für Kunststoffbahnen als Abdichtungsmittel von Auffangwannen, Auffangräumen, Auffangvorrichtungen und Flächen für die Lagerung und das Abfüllen und das Umschlagen wassergefährdender Stoffe
Hinweise zu den Prüfungen	1999	Hinweise zu den Prüfungen bei der Zulassung von Kunststoffdichtungsbahnen für Deponieabdichtungen, BAM Berlin, Labor IV.32
NRW-Richtlinie	1985	Deponiebasisabdichtungen aus Dichtungsbahnen, Landesumweltamt, Nordrhein-Westfalen, Essen
FLL-Richtlinie Dachbegrünung	1995	Richtlinien für die Planung, Ausführung und Pflege von Dachbegrünungen, Forschungsgesellschaft Landschaftsentwicklung Landschaftsbau e.V., Troisdorf
R 14.3.1 TW	1998-01	Druckrohre aus PE 80 und PE 100 für Trinkwasser mit dem Gütezeichen der Gütegemeinschaft Kunststoffrohre e.V., Bonn
DS 853 der Deutschen Bahn AG		Eisenbahntunnel planen, bauen und instandhalten, Abdichtung von in Untertagebauweise hergestellten Eisenbahntunneln.
SIA-Norm V280	1996	Kunststoff-Dichtungsbahnen (Polymer-Dichtungsbahnen) – Anforderungswerte und Materialprüfung

FGSV-Merkblatt	1994	Merkblatt für die Anwendung von Geotextilien und Geogittern im Erdbau des Straßenbaus (1994) der Forschungsgesellschaft für Straßen- und Verkehrswesen, Köln
GRI Standard GM11	1997	Accelerated Weathering of Geomembranes Using a Fluorescent UVA Condensation Exposure Device
GRI Standard GM13	1998	Test Properties, Testing Frequency and Recommended Warrant for High Density Polyethylene (HDPE) Smooth and Textured Geomembranes
EPA Method 9090	1996	Compatibility Tests for Wastes and Membrane Liners
EPA/600/2-88/052	1991–05	Technical Guidance Document: Inspection Techniques for the Fabrication of Geomembrane Field Seams, US-Environmental Protection Agency (US-EPA)

Hersteller, Dienstleister, Fachverbände

Die folgende Übersicht enthält Informationen über Produkte und Dienstleistungen. Für den Inhalt sind die genannten Firmen bzw. Verbände verantwortlich.

GSE Lining Technology GmbH
Buxtehuder Str. 112
D-21073 Hamburg
Tel. +49-40/76742-0
Fax +49-40/76742-33
E-mail: Europe@gseworld.de
Internet: www.gseworld.com

GSE PE-HD Abdichtungsbahnen werden in Breiten von 7,50 m, zur Abdichtung von Flüssigkeits- und Feststoffbehältern, hergestellt. Sie verfügen über gute mechanische und physikalische Eigenschaften, sowie über eine hohe Beständigkeit gegenüber Chemikalien.

Diese Kunststoffdichtungsbahnen können auch mit rauhen Oberflächen hergestellt werden, um gezielte Reibungsbeiwerte zu erhalten. Diese Bahnen werden im Böschungsbereich verwendet. Mit dem von GSE entwickelten Besprühungsverfahren werden besonders hohe Reibungsbewerte erreicht ohne dabei die Zugeigenschaften der Grundbahn zu mindern.

Außerdem verfügt die GSE Produktpalette über die GSE Betonschutzplatte und den GSE Tunnel-Liner. Damit werden alle Anwendungen im Bereich Deponietechnik, Wasserbau, Industrie, Abwasser und Tunnel abgedeckt.

Geolining Abdichtungstechnik GmbH
Altes Feld 21
D-22885 Barsbüttel/Hbg.
Tel. +49-40/67.05.05-0
Fax +49-40/67.05.05-10
E-mail: info@geolining.de
Internet: www.geolining.de

Qualifizierter Grundwasserschutz mit Dichtungsbahnen und Geokunststoffen

Fachgerechte Projektabwicklung sowie konstruktive Beratung bei der Planung

DURA SEAL-Dichtungsbahnen mit:
BAM-Zulassung
DIBT-Zulassung

sowie:
Geotextilien
Dränmatten
Bentonitmatten
Geogitter

Deponiebau

Altlastensicherung

Wasserbau

Betonkorrosionsschutz

Behälterauskleidung

Fachbetriebszertifikate:
WHG § 19I
AK GWS gem. BAM-Zulassung
DIN EN ISO 9002

GEBRÜDER FRIEDRICH GmbH
Museumstraße 69
D-38229 Salzgitter
Tel. +49-5341/8466-72
Fax +49-5341/8466-66
E-mail: geokunststoffe@gebruederfriedrich.de
Internet: www.gebruederfriedrich.de

Kunststoffdichtungsbahnen sind vor punktförmiger Beanspruchung aus der Drainagekörnung der Entwässerungsschicht infolge Müllauflast zu schützen. Eine Möglichkeit hierzu bietet das patentrechtlich geschützte und BAM (Bundesanstalt für Materialforschung und -prüfung, Berlin) zugelassene MDDS®-System (Mineralisches-Deponie-Dichtungs-Schutz-System).

Das MDDS®-System besteht aus einem doppellagigen, beschichteten, sandgefüllten PEHD Bändchengewebe und wird direkt auf der Kunststoffdichtungsbahn der Basisabdichtung verlegt. Somit kann die herkömmliche Bauweise aus einem Schutzvlies mit Sandschutzschicht und ggf. einem weiteren Trennvlies, entfallen. Der Schutzwirksamkeitsnachweis bis 60 m Müllhöhe liegt vor.

Schutzschichten in Basisabdichtungen
MDDS®-System
Mineralisches-Deponie-Dichtungs-Schutz-System

Naue Fasertechnik GmbH & Co. KG
Wartturmstr. 1
D-32312 Lübbecke

Tel. +49-5741/4008-0
Fax +49-5741/4008-40
E-mail: geokunststoffe@naue.com
Internet: www.naue.com

Carbofol® sind Kunststoffdichtungsbahnen aus polyolefinen Rohstoffen. Sie sind sowohl für die Deponiebasis als auch in der Oberflächendichtung einsetzbar. Carbofol® ermöglicht zuverlässigen Grundwasserschutz nach WHG bei Anlagen zum Lagern, Abfüllen, Umschlagen sowie zum Herstellen, Behandeln und Verwenden wassergefährdender Stoffe. Das Produkt kommt auch im Trinkwasserbereich zur Anwendung. Zudem dichtet Carbofol® Bauwerke, Tunnel, Kanäle und Teiche sicher ab. Durch verschiedene Oberflächenprofile werden individuelle Problemlösungen bei Standsicherheitsfragen realisiert. Spezialbahnen mit Noppen und Stegen für den Betonschutz runden das Angebot ab.

Carbofol® PEHD 507 hat in einer Stärke von 2,5 mm sowohl in der glatten als auch in der strukturierten Ausführung die BAM-Zulassung für den Einsatz im Deponiebau. Im Bereich Grundwasserschutz dient Carbofol® als Abdichtung unterhalb von Industrieflächen, Verkehrsflächen, Bahnkörpern, Pipelines, Auffangwannen, Öllagerräumen und an Brücken.

Für diesen Einsatzbereich haben verschiedene Carbofol® Typen ab 1,5 mm die DIBt-Zulassung. Bei Dichtungsmaßnahmen in Wassergewinnungsgebieten (RiStWag) verhindern Carbofol® Kunststoffdichtungsbahnen die Ausbreitung von wassergefährdenden Stoffen. Carbofol® erfüllt die in der RiStWag beschriebenen Anforderungen. Ebenso entspricht Carbofol® den Anforderungen der Deutschen Bundesbahn an die Abdichtung von Eisenbahntunnel (Ril 853) und Straßentunnel (ZTV-Tunnel). Alle Carbofol® Typen sind UV-stabilisiert und verfügen über hohe Festigkeitswerte und chemische Beständigkeiten. Umfangreiche Eigen- und Fremdüberwachungen ermöglichen die lückenlose Dokumentation vom Rohstoff bis zum Endprodukt. Carbofol® ist eine hochwertige Kunststoffdichtungsbahn, die seit Jahrzehnten, gemäß den strengen Zulassungsrichtlinien in Deutschland, erfolgreich eingesetzt wird.

Gern übernimmt die Naue Sealing GmbH & Co. KG die fachgerechte Verlegung vor Ort. Durch langjähriges Know-how und die Erfahrung eines geprüften und vom TÜV überwachten Verlegeteams sind auch technisch anspruchsvolle Bauvorhaben problemlos realisierbar.

Die Naue Fasertechnik Unternehmensgruppe gehört im In- und Ausland zu den Marktführern der Geokunststoffbranche mit jahrzehntelanger Erfahrung bei der Entwicklung und Produktion hochwertiger Systemlösungen für alle Bereiche des Ingenieurbaus. Weltweit ist die Naue Fasertechnik Unternehmensgruppe der einzige Geokunststoffanbieter, der Produkte für alle Anwendungen selbst entwickelt und herstellt und gleichzeitig auch alle Leistungen rund um die Produktpalette anbietet - Beraten, Herstellen, Liefern und Verlegen.

DBI - EWI GmbH

Ingenieurgesellschaft für Spezialbau, Wasser und Umwelt

Geschäftsbereiche und Büros in:
Halsbrücker Str. 34
D-09596 Freiberg/Sachsen
(Sitz der Firma)
Tel. +49-3731/365-255
Fax +49-3731/365-271
E-mail: DBI-EWI.Freiberg@t-online.de

Grefestraße 2a
D-38889 Blankenburg
Tel. +49-3944/90.04.10
Fax +49-3944/90.04.11
E-mail: DBI-EWI.Blankenburg@t-online.de

Breitscheidstraße 43
D-01462 Dresden OT Cossebaude
Tel. +49-351/453.14.77
Fax +49-351/453.14.79

Die DBI - EWI ist als Ingenieurgesellschaft seit mehr als 10 Jahren in folgenden Fachgebieten tätig.

Abdichtungen im Verkehrs-, Tief-, Wasser- und Deponiebau:
Teilplanungen
Bauleitung
Qualitätsüberwachung incl. Eigen- und Fremd-
prüfung von Dichtungskonstruktionen aller Art
(mineralisch, Kunststoff, Asphalt)

Altlasten:
Erkundung
Sanierungsplanung
Bauüberwachung

Spezialbau:
Sanierungsplanungen
Fachbauleitungen
Bauüberwachung, z.B. an Staubauwerken

Baugrunderkundung und geotechnische Überwachung:
Durchführung von Aufschlussarbeiten,
Kennwertermittlungen im eigenen Labor
Erarbeitung der geotechnischen Berichte
Eignungs- und Kontrollprüfungen nach RAP Stra 98

Kulturbau:
Landschaftspflegerische Begleitpläne
Planungen und Bauüberwachungen für Ausgleichs-
maßnahmen und Renaturierungen

Büro Dr. Knipschild

Ingenieurbüro und Prüflabor für Kunststofftechnik im Bauwesen

Hittfelder Straße 7
D-21224 Rosengarten

Tel. +49-4105/65.65-0
Fax +49-4105/65.65.65
E-mail: BueroKnipschild@t-online.de
Internet: www.knipschild.com

Kunststofftechnische Beratung

- Prüfung von Plan- und Ausschreibungsunterlagen

- fachtechnische Prüfung und Wertung von Angeboten

- projekt- und produktbezogene Qualitätssicherungspläne

- Überwachung der Fertigung und Bauausführung

- Kontrollprüfungen im Rahmen der Qualitätssicherung

- Sonderprüfungen und gutachtliche Stellungnahmen

- kunststoff-, bau- und anwendungstechnische Beratung

**Dichtungsbahnen • Geotextilien
Dränmatten • Bentonitmatten
Rohre • Bauteile • Schächte**

INGENIEURBÜRO SCHICKETANZ
Beratende Ingenieure VDI
Graf-Schwerin-Str. 1a
D-52066 Aachen
Tel. +49-241/62648
Fax +49-241/61997
E-mail: Schicketanz@t-online.de
Internet: www.deponieonline.de/schicketanz/

Kunststofftechnik • Korrosionsschutz Qualitätswesen

Inspektionsstelle • Prüflaboratorium

➢ Beratung und Planung beim Einsatz von Abdichtungen und Bauteilen aus Kunststoff im Grundwasserschutz, Anlagen- und Deponiebau

➢ Durchführung von Fremdüberwachungen und Zertifizierungen

➢ Beratung und Planung von Korrosionsschutz-maßnahmen für Beton und Stahl

➢ Beratung bei der Einrichtung von Qualitäts-managementsystemen

➢ Sachverständigengutachten

Nach DIN EN 45004 und DIN EN ISO/IEC 17025 durch die DAP Deutsches Akkreditierungssystem Prüfwesen GmbH akkreditierte Inspektionsstelle Typ A sowie akkreditiertes Prüflaboratorium.

Die Akkreditierung gilt für die in den Urkunden aufgeführten Inspektions- und Prüfverfahren.

DAP-IS-3031.00 und DAP-PL-3031.00

G quadrat
Geokunststoffgesellschaft mbH
Kochstraße 44
D – 47805 Krefeld

Telefon: 07 00 / Gquadrat
             0 21 51/3 68-2 41
Telefax: 0 21 51/3 68-2 43
E-Mail: info@gquadrat.de
Internet: www.gquadrat.de

Ihr neuer, starker Ansprechpartner für Geokunststoffe:

- Beratung zu allen Geokunststoffen: Kunststoffdichtungsbahnen, Bentonit- und Dränmatten, Geogittern und Vliesstoffen
- schnelle und kompetente Angebotserstellung
- Erstellung von kostenoptimalen Alternativen
- Lieferung und Einbau von Geokunststoffen führender Hersteller

G² ist Vertriebspartner Deutschland von der agru Kunststofftechnik GmbH, A-4540 Bad Hall
Wir freuen uns auf Sie.

Ihr G² - Team

Arbeitskreis Grundwasserschutz e.V.
Friedrichstraße 95
D-10117 Berlin

Tel. +49-30/209.636.85 E-mail: info@akgws.de
Fax +49-2151/368.243 Internet: www.akgws.de

Der Arbeitskreis Grundwasserschutz e.V. ist der Zusammenschluss von Fachfirmen, die Kunststoffdichtungsbahnen für den gesamten Bereich des Grundwasserschutzes speziell beim Bau von Deponien und bei der Sicherung von Altlasten herstellen und anwenden. Er verfolgt folgende Ziele:

- Grundwasserschutzmaßnahmen mit Kunststoffdichtungsbahnen

- Forschungen anzuregen, durchzuführen und zu finanzieren sowie anwendungsgerechte Konzepte zu entwickeln

- Seminare und Fachtagungen zu veranstalten sowie Fach- und Erfahrungsberichte zu veröffentlichen, um die technischen Möglichkeiten des Grundwasserschutzes mit Kunststoffdichtungsbahnen darzustellen

- in technischen Arbeitskreisen und Sachverständigenausschüssen mitzuarbeiten

- die Qualifikation der Fachfirmen für den Einbau der Kunststoffdichtungsbahnen durch ein intensives Güteüberwachungssystem in Zusammenarbeit mit der BAM, Berlin sicherzustellen

Zum hohen technischen Stand bei der Anwendung von Kunststoffdichtungsbahnen im Bereich des Grundwasserschutzes in Deutschland hat dieser Arbeitskreis insbesondere auch durch Mitarbeit in Fachgremien beigetragen. Seine Mitglieder sind u.a. in folgenden Ausschüssen und Arbeitskreisen vertreten:

- Deutsche Gesellschaft für Geotechnik, Fachsektion Kunststoffe in der Geotechnik

- AK „Kunststoffe in der Geotechnik und im Wasserbau"

- Deutscher Verband für Schweißtechnik AGW 4-UG „Kunststoffdichtungsbahnen"

- Bundesanstalt für Materialforschung und -prüfung (BAM), Fachbeirat zur Zulassung von Geokunststoffen für die Abdichtung von Deponien und Altlasten

Der Arbeitskreis Grundwasserschutz e.V. arbeitet mit der Überwachungsgemeinschaft Bauen für den Umweltschutz e.V. zusammen.

ATV-DVWK Deutsche Vereinigung für Wasserwirtschaft, Abwasser und Abfall e.V.
Theodor-Heuss-Allee 17
D-53773 Hennef

Tel. +49-2242/872-0 E-mail: atvorg@atv.de
Fax +49-2242/872-135 Internet: www.atv.de

Die ATV-DVWK ist der deutsche Repräsentant der in den Bereichen Abwasser, Abfall und Wasserwirtschaft tätigen Fachleute. Zu den Haupttätigkeitsgebieten des Verbandes zählen technisch-wissenschaftliche Themen und die wirtschaftlichen sowie rechtlichen Belange des Umweltschutzes.

Die politisch und wirtschaftlich unabhängige Vereinigung arbeitet national und international in den Bereichen Gewässerschutz, Abwasser, wassergefährdende Stoffe, Abfall, Wasserbau, Wasserkraft, Hydrologie, Bodenschutz und Altlasten.

Die ca. 16 000 Mitglieder sind in Kommunen, Ingenieurbüros, Behörden, Unternehmen und Verbänden sowie Hochschulen tätig. Davon besteht bei 10 000 Fachleuten eine persönliche Mitgliedschaft; dies sind Ingenieure, Naturwissenschaftler, Juristen, Kaufleute, Betriebspersonal und Techniker.

Über die fördernde Mitgliedschaft in der ATV-DVWK werden ca. 160 000 Fachleute erreicht. Jedes ATV-DVWK-Mitglied ist einem der sieben Landesverbände zugeordnet. Zentrale Aufgaben sind die Erarbeitung und Fortschreibung des ATV-DVWK-Regelwerkes, die Durchführung der beruflichen Bildung und die umfassende Information der Mitglieder.

Stichwortverzeichnis